国防电子信息技术丛书

海洋遥感导论
（第二版）

An Introduction to Ocean Remote Sensing, Second Edition

[美] Seelye Martin 著

李庶中 李越强 潘 瑛 罗 军 等译

电子工业出版社
Publishing House of Electronics Industry
北京·BEIJING

内 容 简 介

本书论述了海洋遥感技术的基础理论和专业知识,主要内容包括海洋表面性质、电磁理论、可见光和红外谱段遥感、被动微波遥感、主动微波遥感、重力场和海面盐度观测以及海冰、极地冰盖观测等与海洋遥感相关的知识,并详细介绍了大气特性、海洋/大气界面等基础理论和可见光海洋水色反演、红外海面温度反演、海面与大气被动微波反演等技术。本书内容系统覆盖了海洋遥感的理论与方法,内容全面完整,列举了许多研究实例,并回顾了1975—2013年间卫星海洋学的发展,描绘了未来的卫星发展计划。

本书可作为高等院校海洋遥感领域的高年级本科生和研究生参考教材,也可作为相关专业工程技术人员的参考书。

This is a simplified Chinese language edition of the following title published by Cambridge University Press: An Introduction to Ocean Remote Sensing, Second Edition, 9781107019386 by Seelye Martin. First Edition © Cambridge University Press. Second Edition © Seelye Martin 2014.

This simplified Chinese language edition for the People's Republic of China (excluding Hong Kong, Macau and Taiwan) is published by arrangement with the Press Syndicate of the University of Cambridge, Cambridge, United Kingdom.

© Cambridge University Press & Publishing House of Electronics Industry 2022.

This simplified Chinese language edition is authorized for sale in the People's Republic of China (excluding Hong Kong, Macau and Taiwan) only. Unauthorised export of this simplified Chinese language edition is a violation of the Copyright Act. No part of this publication may be reproduced or distributed by any means, or stored in a database or retrieval system, without the prior written permission of Cambridge University Press and Publishing House of Electronics Industry.

Copies of this book sold without a Cambridge University Press sticker on the cover are unauthorized and illegal.

本书封面贴有 Cambridge University Press 防伪标签,无标签者不得销售。
本书中文简体翻译版的版权属于 Cambridge University Press 和电子工业出版社。
未经出版者书面同意,不得以任何方式复制或发行本书的任何部分。
此版本经授权仅限在中国大陆销售。
版权贸易合同登记号　图字:01-2021-6666

图书在版编目(CIP)数据

海洋遥感导论:第二版 /(美)希利·马丁(Seelye Martin)著;李庶中等译. —北京:电子工业出版社,2022.1
书名原文:An Introduction to Ocean Remote Sensing,2nd Edition
ISBN 978-7-121-42450-2

Ⅰ. ①海… Ⅱ. ①希… ②李… Ⅲ. ①海洋遥感 Ⅳ. ①P715.7

中国版本图书馆 CIP 数据核字(2021)第 244546 号

责任编辑:窦　昊
印　　刷:北京七彩京通数码快印有限公司
装　　订:北京七彩京通数码快印有限公司
出版发行:电子工业出版社
　　　　　北京市海淀区万寿路 173 信箱　邮编:100036
开　　本:787×1092　1/16　印张:24.25　字数:646.4 千字　彩插:8
版　　次:2022 年 1 月第 1 版(原著第 2 版)
印　　次:2024 年 5 月第 2 次印刷
定　　价:200.00 元

凡所购买电子工业出版社图书有缺损问题,请向购买书店调换。若书店售缺,请与本社发行部联系,联系及邮购电话:(010)88254888,88258888。

质量投诉请发邮件至 zlts@phei.com.cn,盗版侵权举报请发邮件至 dbqq@phei.com.cn。
本书咨询联系方式:(010)88254466,douhao@phei.com.cn。

译 者 序

海洋是人类生存发展的源泉，海洋战略决定着国家海洋事业的兴衰成败。丰富的海洋资源支撑了中华民族的繁衍和发展，开发和利用海洋是世界强国发展的必由之路。党的十八大提出建设海洋强国的战略目标，党的十九大报告进一步提出"坚持陆海统筹，加快建设海洋强国"的战略部署，这对维护国家主权、安全、发展利益，对实现中华民族伟大复兴具有重大而深远的意义。

2019年4月，在中国人民解放军海军成立70周年之际，我国提出海洋命运共同体理念，引发国际共鸣。自2008年12月中国海军执行首批亚丁湾、索马里海域护航任务以来，中国更加全面、积极地参与了联合国框架内海洋治理机制和相关规则制定与实施，落实海洋可持续发展目标。

建设海洋强国必须大力发展海洋高新技术。海洋遥感是海洋高新技术的典型代表之一，广泛应用于调查与监测大洋环流、近岸海流、海冰等海洋水文、气象、生物、海洋污染等方面，涉及海洋学、物理学、地理学等诸多学科。本书作者 Seelye Martin 是海洋遥感领域的知名专家，长期在美国国家航空航天局（NASA）任职，参与了包括机载"冰桥"计划等研究工作，《海洋遥感导论》这本书的撰写正是得益于这些丰富的工作经历。本书是第二版，与第一版相比主要更新了海洋观测卫星的新进展。

本书共14章，可分为5部分。第一部分（第1~3章）主要介绍卫星系统、海洋表面性质和电磁理论等背景知识；第二部分（第4~7章）主要介绍可见光和红外谱段遥感知识，包括大气特性、海洋/大气界面特性、可见光海洋水色反演和红外海面温度反演技术等；第三部分（第8~9章）主要介绍被动微波遥感知识，包括天线、仪器、大气性质以及海面和大气变量反演技术等；第四部分（第10~13章）主要介绍主动微波遥感知识，包括反演风速和风向、海面高度以及海面成像的多种雷达技术；第五部分（第14章）介绍用于重力场和海面盐度观测的多个卫星计划，以及用于海冰、极地冰盖观测的激光雷达和雷达高度计卫星。

本书的翻译出版得到海军工程大学、华中科技大学、中国船舶集团公司、中国电子科技集团公司等单位相关专家的大力支持，在此一并表示感谢。

对于翻译中的错误与不当之处，敬请指出，以便今后改正。

前　言

自十多年前本书的第一版出版以来，海洋观测卫星的种类和应用持续发展，再加上计算机资源以及地面接收和分发网络的扩展，这些极大地加深了人们对上层海洋及其上覆大气的特性的理解。

十多年前，许多遥感卫星的体积较大，星上搭载的传感器较多，卫星也仅由某个国家/地区单独管理。目前，根据国际协议，各国可以共享一系列小卫星星座的观测数据。这些小卫星的轨道互补，且每个小卫星的功能都集中在对生物风场和海面温度（SST）等单一海洋或大气要素的观测上。小卫星星座获取的海面温度等数据采用统一的格式存储和分发，同时提供处理这些数据的软件工具。这些卫星星座和它们提供的数据为科研人员的研究提供了难得的机会。

关于遥感，电磁频谱技术与海洋表面和大气测量的结合，持续推动了卫星载荷的革新。卫星遥感同样可以实现地球重力场的观测，从而改善人们对于地球大地水准面、冰盖消融和大洋环流变化的理解。20世纪80年代的许多试验性的遥感载荷，现在已经成为海洋学业务化观测的主要手段。这些载荷包括：估计生物初级生产力的窄波段光学遥感器，满足气候变化精度要求、能够获取海面温度的红外遥感器，不受云影响获取全球海面风场、海面温度和海面盐度的被动微波遥感器，以及海面测高精度优于2cm的雷达高度计。

遥感是涉及多学科的技术，本书内容涵盖了电磁理论、大气和海水特性、物理海洋学和生物海洋学、海洋表面物理特性和卫星轨道理论等必要背景知识。书中从云和泡沫反射及发射特性到海浪的雷达散射特性，以及与浮游生物相关的光学特性等，都逐一做了介绍，并给出许多具体实例。书中回顾了1975—2013年间卫星海洋学的发展，并概述了未来的一些卫星规划。阅读本书要求具备电磁理论和微分方程的一些基本知识。

全书分为5部分。第1~3章介绍卫星系统、海洋表面性质和电磁理论。第4~7章讨论可见光和红外谱段遥感，包括大气特性、海-气界面、可见光海洋水色反演和红外海面温度反演。第8章和第9章讨论被动微波遥感，包括天线、仪器、大气性质以及海面和大气变量反演。第10~13章讨论主动微波遥感，包括反演风速和风向、海面高度以及海面成像的多种雷达。最后，第14章讲述用于重力场和海面盐度观测的多个卫星计划，以及用于海冰、极地冰盖观测的激光雷达和雷达高度计卫星。

1993—1994年我开始本书第一版的写作，当时我是东京国家极地研究所的访问学者。修订是2011年我从华盛顿大学退休后完成的。本书的撰写得益于我在美国国家航空航天局（NASA）的工作经历，这些工作经历包括：20世纪80—90年代服务于NASA的学术委员会；2006—2008年，在NASA总部作为冰冻圈项目的项目经理；2009—2012年，参与"机载冰桥计划"的多项工作。我很感谢NASA给了我这些机会。

目　录

第1章　绪论 ... 1
  1.1　引言 ... 1
  1.2　遥感的定义 ... 2
  1.3　卫星轨道 ... 3
    1.3.1　卫星轨道及其应用 ... 3
    1.3.2　卫星空间环境：太阳风暴、辐射压、南大西洋异常、重力扰动、空间碎片、死亡轨道和射频干扰（RFI） ... 6
  1.4　地球同步轨道卫星 ... 8
  1.5　太阳同步轨道卫星 ... 9
  1.6　成像技术 ... 11
    1.6.1　地球表面观测几何原理 ... 11
    1.6.2　交轨或摆扫式扫描仪 ... 11
    1.6.3　沿轨或推扫式扫描仪 ... 13
    1.6.4　混合式交轨扫描仪 ... 14
    1.6.5　分辨率 ... 15
  1.7　数据处理级别、存档、记录和处理 ... 16
    1.7.1　卫星影像数据的处理级别 ... 16
    1.7.2　数据存档 ... 17
    1.7.3　数据记录的格式类型 ... 17
    1.7.4　数据处理和存档中心 ... 18
  1.8　过去、现在和将来的卫星计划 ... 18
    1.8.1　美国的海洋卫星计划 ... 19
    1.8.2　其他卫星计划和卫星星座 ... 20
    1.8.3　2015年以前的卫星计划 ... 21

第2章　海洋表面现象 ... 25
  2.1　引言 ... 25
  2.2　海洋表面的风和浪 ... 25
    2.2.1　波剖面随振幅的变化 ... 27
    2.2.2　波浪破碎、能量吸收和泡沫特性 ... 28
    2.2.3　均方根振幅和有效波高 ... 31
    2.2.4　海浪斜率 ... 32
    2.2.5　表面油膜 ... 32
  2.3　洋流、地转流和海面高度 ... 32
  2.4　海冰 ... 35

第3章 电磁辐射 ... 38
- 3.1 引言 ... 38
- 3.2 电磁辐射的描述 ... 38
  - 3.2.1 电磁波谱段的划分 ... 39
  - 3.2.2 色散关系和折射系数 ... 40
  - 3.2.3 极化和斯托克斯参数 ... 42
  - 3.2.4 立体几何回顾 ... 43
- 3.3 描述电磁辐射的方法 ... 44
  - 3.3.1 朗伯面 ... 46
  - 3.3.2 光谱特性 ... 47
- 3.4 理想发射体的辐射 ... 47
  - 3.4.1 普朗克方程的特性 ... 48
  - 3.4.2 普朗克方程的频率形式 ... 49
  - 3.4.3 普朗克方程的一些极限形式 ... 49
  - 3.4.4 热发射 ... 50
  - 3.4.5 基尔霍夫定律 ... 50
- 3.5 理想仪器 ... 51
  - 3.5.1 瑞利准则 ... 52
  - 3.5.2 简单望远镜 ... 52
  - 3.5.3 斜视观测仪器 ... 54
  - 3.5.4 有限带宽仪器和噪声处理 ... 55

第4章 大气特性与辐射传输 ... 57
- 4.1 引言 ... 57
- 4.2 大气成分 ... 57
  - 4.2.1 大气中的水 ... 59
  - 4.2.2 云 ... 59
  - 4.2.3 气溶胶 ... 60
  - 4.2.4 臭氧 ... 61
  - 4.2.5 电离层自由电子 ... 62
- 4.3 分子吸收与发射特性 ... 62
  - 4.3.1 分子消光 ... 63
  - 4.3.2 光学厚度与透过率 ... 64
  - 4.3.3 发射特性 ... 65
- 4.4 散射 ... 65
  - 4.4.1 各向同性散射与散射相函数 ... 66
  - 4.4.2 瑞利散射和气溶胶散射 ... 67
  - 4.4.3 分子散射或瑞利散射 ... 67
  - 4.4.4 气溶胶散射或米氏散射 ... 69
- 4.5 大气衰减 ... 69

	4.6	在理想仪器中的应用 ········· 73
	4.7	辐射传输方程 ················ 74
		4.7.1 热发射源项 ············· 74
		4.7.2 散射源项 ··············· 74
		4.7.3 辐射传输方程的一般形式 ··· 76
	4.8	特定条件下辐射传输方程的解 ··· 76
		4.8.1 以吸收-发射为主的情形 ···· 77
		4.8.2 单次散射近似 ············ 78
		4.8.3 气溶胶单次散射 ·········· 80
	4.9	漫射透过率和天空光 ············ 80
		4.9.1 漫射透过率 ·············· 80
		4.9.2 天空光 ·················· 81

第5章 海-气界面的反射、透射和吸收

5.1	引言 ······························ 82
5.2	海-气界面 ·························· 83
	5.2.1 散射的一般考虑 ················ 84
	5.2.2 镜面反射与透射 ················ 85
	5.2.3 毛细波表面的反射 ·············· 86
5.3	穿过界面的透射 ····················· 88
	5.3.1 界面上下的入射辐射 ············ 88
	5.3.2 折射收敛与发散 ················ 90
5.4	海水的吸收和散射特性 ··············· 91
	5.4.1 清洁海水的光学特性 ············ 92
	5.4.2 辐照度反射率 ·················· 94
	5.4.3 离水辐亮度 ···················· 95
	5.4.4 两种遥感反射率 ················ 96
	5.4.5 漫衰减系数 ···················· 97
5.5	泡沫反射 ··························· 97

第6章 海洋水色

6.1	引言 ······························ 99
6.2	浮游植物、颗粒物和溶解物的吸收和散射特性 ·· 101
	6.2.1 吸收光谱特性 ·················· 102
	6.2.2 散射特性 ······················ 105
6.3	海洋水色卫星载荷 ··················· 107
6.4	SeaWiFS、MODIS、VIIRS 载荷特点和定标方法 ·· 110
	6.4.1 SeaWiFS ····················· 111
	6.4.2 SeaWiFS 定标 ················· 112
	6.4.3 MODIS ······················· 113
	6.4.4 VIIRS ························ 115

6.5 大气纠正和离水辐亮度反演 ··116
    6.5.1 对总辐亮度的贡献 ··116
    6.5.2 气溶胶程辐射的确定 ···120
    6.5.3 CZCS 大气校正算法 ··123
6.6 海表验证数据集与替代定标 ···123
    6.6.1 海表验证数据集 ··124
    6.6.2 替代定标 ···124
6.7 叶绿素反射率与荧光 ··126
    6.7.1 反射率 ···126
    6.7.2 荧光 ··127
6.8 经验算法、半解析算法与生物地球化学算法 ···127
    6.8.1 NASA 归档数据 ··128
    6.8.2 生物光学经验算法 ··128
    6.8.3 Garver-Siegel-Maritorena（GSM）半解析算法 ·····································135
    6.8.4 NASA 海洋生物地球化学模式（NOBM） ··138
6.9 PACE 计划 ···140

第 7 章 红外遥感海表面温度

7.1 引言 ···143
7.2 什么是 SST ···145
7.3 AVHRR、MODIS 和 VIIRS 用于 SST 反演的波段特征 ··148
    7.3.1 AVHRR、MODIS 和 VIIRS 热红外波段 ···148
    7.3.2 AVHRR 数据形式 ··149
7.4 大气和海洋的红外特性 ···150
    7.4.1 热红外波段的发射和反射 ···150
    7.4.2 太阳辐射反射的贡献率 ···152
7.5 SST 算法 ···153
    7.5.1 背景知识 ···154
    7.5.2 AVHRR 业务化 SST 算法 ··156
    7.5.3 Pathfinder、MODIS 和 VIIRS 算法 ··157
    7.5.4 SST 匹配数据集 ··158
    7.5.5 Reynolds 和 OSTIA SST 数据集 ···161
    7.5.6 先进沿轨扫描辐射计（AATSR） ··162
7.6 云检测和掩模算法 ··163
    7.6.1 云检测算法的基础知识 ···164
    7.6.2 海洋先进晴空处理器（ACSPO）业务化算法 ······································165
    7.6.3 MODIS 和 VIIRS 的云检测算法 ··167
7.7 数据的误差和偏差 ··168
    7.7.1 SST 数据误差分析 ··168
    7.7.2 火山灰和沙尘暴的影响 ···169

7.8 其他 GHRSST 数据集和融合产品 ···170
   7.8.1 数据产品和存档 ···170
   7.8.2 GHRSST 多源数据产品集（GMPE）···171
7.9 图解与实例 ···171
   7.9.1 AVHRR 图像分析 ···171
   7.9.2 全球 MODIS SST 图像分析 ···173
   7.9.3 从厄尔尼诺到拉尼娜的演变 ··173

第 8 章 微波成像仪简介 ···175
8.1 引言 ··175
8.2 常规天线特性 ···176
   8.2.1 功率方向图 ···177
   8.2.2 与功率方向图有关的立体角 ··178
   8.2.3 增益 ··179
8.3 天线对表面辐射的观测 ···179
8.4 圆锥扫描仪和表面发射率 ··181
8.5 天线方向图校正（APC）···182
8.6 被动微波成像仪 ··184
   8.6.1 多通道微波扫描辐射计（SMMR）··185
   8.6.2 专用传感器/微波成像仪（SSM/I）···186
   8.6.3 TRMM 微波成像仪（TMI）和 GPM 微波成像仪（GMI）···························188
   8.6.4 先进微波扫描辐射计 EOS（AMSR-E）及其后续者 AMSR2 ·······················189
   8.6.5 WindSat 辐射计 ···191

第 9 章 大气和海洋表面的被动微波观测 ··193
9.1 引言 ··193
9.2 微波的大气吸收和透射 ···193
   9.2.1 大气中氧气和水汽的吸收特性 ··194
   9.2.2 氧气和水汽对大气透射率的贡献 ···195
   9.2.3 水滴的透射率 ··196
9.3 微波辐射传输 ···198
   9.3.1 辐射传输方程 ··198
   9.3.2 太阳的影响 ···199
   9.3.3 射频干扰（RFI）···200
   9.3.4 法拉第旋转 ···201
   9.3.5 反演的参量 ···202
9.4 表面波和泡沫对发射率的影响 ··202
   9.4.1 海浪对发射率的贡献 ··203
   9.4.2 无泡沫风生粗糙海面的方位向平均发射率 ··204
   9.4.3 泡沫对发射率的贡献 ··205
   9.4.4 方位角与垂直极化发射率和水平极化发射率的关系 ··································207

		9.4.5 4个斯托克斯参数与方位角的关系	209
9.5	温度和盐度		212
9.6	开阔海域算法		214
	9.6.1	开阔海域算法的细节	214
	9.6.2	SSMI 算法	214
	9.6.3	TMI、AMSR-E、AMSR2 和 WindSat 算法	216
9.7	WindSat 风速和风向反演		219
9.8	海冰算法		222

第10章 雷达 ... 229

10.1	引言		229
10.2	雷达方程		229
	10.2.1	点目标和面目标的雷达后向散射	230
	10.2.2	极化	232
	10.2.3	海洋和大气对雷达回波信号的影响	232
10.3	视场内 σ_0 的确定		233
10.4	距离分辨		234
	10.4.1	线性调频信号	236
	10.4.2	脉冲重复频率	236
10.5	多普勒分辨		237
	10.5.1	与观测角有关的多普勒频移	237
	10.5.2	多普勒分辨率	240
	10.5.3	地球的自转	240
10.6	海洋的后向散射		241
	10.6.1	镜面和角反射	241
	10.6.2	两种类型的海洋后向散射	241
	10.6.3	机载观测试验	243

第11章 散射计 ... 246

11.1	引言		246
11.2	背景		247
11.3	散射计风速反演		250
	11.3.1	地球物理模式函数	251
	11.3.2	用模式函数反演风速矢量	253
11.4	NSCAT 散射计		254
11.5	AMI 和 ASCAT 散射计		256
	11.5.1	先进微波仪器（AMI）	256
	11.5.2	METOP 卫星搭载的高级散射计（ASCAT）	257
11.6	旋转波束散射计		258
	11.6.1	SeaWinds 散射计	258
	11.6.2	内定标和噪声去除	261

  11.6.3 大气透射率和降雨 ·················· 262
  11.6.4 风速和风向的反演精度 ··············· 262
 11.7 不同散射计的优缺点 ························· 264
 11.8 ISS-RapidScat 散射计 ······················· 265
 11.9 交叉定标的多平台风场 ······················· 266
 11.10 应用与实例 ······························· 267
  11.10.1 QuikSCAT 观测大气锋面 ············ 267
  11.10.2 半球风场 ···························· 268
  11.10.3 特万特佩克湾 ······················ 269
  11.10.4 极地冰研究 ·························· 269

第 12 章 雷达高度计 ·································· 271
 12.1 引言 ·· 271
 12.2 地球的形状 ································· 272
 12.3 卫星高度计的发展历程 ······················· 275
 12.4 TOPEX/POSEIDON 高度计 ····················· 276
  12.4.1 TOPEX/POSEIDON 高度计轨道 ········ 276
  12.4.2 TOPEX 微波辐射计（TMR） ·········· 278
  12.4.3 电离层 ······························ 279
  12.4.4 精密定轨（POD） ·················· 279
  12.4.5 海上定标 ···························· 281
 12.5 JASON-1 和 JASON-2 ······················· 283
  12.5.1 JASON-1 ····························· 283
  12.5.2 JASON-2 ····························· 283
  12.5.3 在轨定标验证阶段 ··················· 284
 12.6 高度计脉冲与平坦海面的相互作用 ··········· 284
  12.6.1 可变指向角对测高的影响 ············ 284
  12.6.2 脉冲有限覆盖区域 ··················· 285
  12.6.3 脉冲传播时间的确定 ················ 287
 12.7 波浪对高度计回波的影响 ···················· 288
  12.7.1 小尺度粗糙度和风速 U 的确定 ······ 288
  12.7.2 自动增益控制（AGC）和脉冲平均 ···· 288
  12.7.3 涌浪的影响 ·························· 289
 12.8 海面高度反演中的误差分析 ·················· 291
  12.8.1 高度计仪器噪声 ····················· 291
  12.8.2 大气误差源 ·························· 291
  12.8.3 海况偏差 ···························· 291
  12.8.4 轨道误差 ···························· 292
  12.8.5 小结和误差讨论 ····················· 292
  12.8.6 环境误差源 ·························· 293

	12.9	应用与实例	294
		12.9.1　大尺度的地转流	294
		12.9.2　海面高度的季节变化	295
		12.9.3　20年全球海平面变化趋势	297
		12.9.4　涡流的西向传播	298

第13章　成像雷达 …… 300

	13.1	引言	300
	13.2	背景知识	301
		13.2.1　概述	301
		13.2.2　分辨率和像元尺寸	302
		13.2.3　极化	303
		13.2.4　干涉雷达	303
		13.2.5　过去、现在和将来的SAR卫星	305
	13.3	SLR分辨率	306
	13.4	SAR如何达到它的分辨率	306
		13.4.1　由多普勒波束锐化推导SAR的分辨率	307
		13.4.2　PRF的限制	308
		13.4.3　信噪比限制	310
		13.4.4　斑点噪声	310
		13.4.5　辐射平衡	310
		13.4.6　距离走动	310
	13.5	RADARSAT-2 SAR卫星	311
		13.5.1　成像模式	313
		13.5.2　数据的存储和下传	315
	13.6	其他运行的SAR卫星	316
		13.6.1　先进合成孔径雷达（ASAR）	316
		13.6.2　ALOS PALSAR	316
		13.6.3　Sentinel-1A与Sentinel-1B	316
	13.7	应用与实例	317
		13.7.1　开阔海域	317
		13.7.2　海冰	321

第14章　其他卫星任务：重力场测量任务、ICESat-1/2、CryoSat-2、SMOS和Aquarius/SAC-D …… 326

	14.1	引言	326
	14.2	重力场测量任务	326
		14.2.1　挑战小卫星载荷任务（CHAMP）	327
		14.2.2　重力恢复与气候试验任务（GRACE）	327
		14.2.3　重力场与稳态海洋环流探测器（GOCE）	329
	14.3	ICESat-1、ICESat-2和CryoSat-2任务	330

  14.3.1 ICESat-1 ·· 330
  14.3.2 ICESat-2 ·· 331
  14.3.3 ICESat-1 的观测结果 ·· 332
  14.3.4 CryoSat-2 ·· 335
 14.4 SMOS 和 Aquarius/SAC-D ·· 336
  14.4.1 土壤湿度与海洋盐度（SMOS） ··· 337
  14.4.2 Aquarius/SAC-D ·· 337
参考文献 ·· 341

第1章 绪 论

1.1 引言

在过去 40 年，科学技术的快速发展提高了卫星观测和监测全球海洋与大气的能力。同样，计算机软硬件的发展使得快速获取和处理海量的卫星数据成为可能，例如，全球海浪分布、与大尺度洋流系统和行星波相关的海面高度变化、海面风矢量、区域和全球海洋生物变化等数据。这些数据的及时获取使得它们可以用在数值模式中，进一步改善海洋、气候预报的精度。

占地球表面面积约 70%的海洋，以各种尺度的形式运动，包含了绝大多数的地球水资源以及重要的海洋生态系统。海洋容纳了地球植物总量的 25%，主要集中在几个海岸带区域（Jeffrey 和 Mantoura，1997）。生物高产区包括纽芬兰海岸的大岸滩、白令海和阿拉斯加湾、北海和秘鲁沿岸，这些区域及类似的区域占世界渔获量的 80%~90%。至于在气候中的作用，海洋热含量变化的确定以及海气之间的热量、水汽和 CO_2 垂直通量的测量，对于理解全球变暖和气候变化至关重要。

大尺度的洋流携带赤道和两极之间热输送量的一半左右，大气把热量的剩余部分从极地传走。这些热量输运的结合相对于大气海洋具有大热容量，意味着海洋调节了全球气候并提高了大陆的可居住性（Stewart 等，1981；Chelton，2001）。极地区域中，格陵兰岛和南极冰盖加快消融，北极夏天海冰显著下降，监视南北极冰的覆盖范围和厚度（Comiso，2010），对于短期航行保障和长期气候研究都是重要的。所有这些例子都证明，我们需要在从局部区域到全球尺度上监视和观测海洋。

卫星系统的发展部分来自技术的驱动，部分来自社会的关注。社会关注海洋对国家安全和海军活动、全球商业行为、严重风暴潮与飓风的预报、渔业管理、海上油气和矿藏开采、公共卫生和娱乐方面的重要性。对于商业行为，在 2012 年，大约 100 000 条船从事商务活动，包括石油、天然气和矿产的勘探，以及渔业和娱乐（Allianz，2012）。同时，各国也积极关注包括全球海平面上升和南北极海冰消融等全球变化。全球大约 50%的人口生活在离海岸线 200km 以内的沿海区域，17 个最大的城市中有 14 个是沿海城市。其中，11 个在亚洲，包括曼谷、雅加达、上海、东京、胡志明市、加尔各答和马尼拉等城市（Creel，2003）。生活在沿海区域的人们在风暴潮、海平面上升和飓风或台风引起的洪水的自然灾害面前非常脆弱。在公共卫生方面，如城市河流、污水和垃圾排放到海洋，以及监测和预报病菌生物，如赤潮的发展这些问题也备受关注。卫星观测系统在解决这些问题中扮演了重要角色。

20 世纪 70 年代，美国发射了第一颗海洋遥感卫星。从那时开始，许多国家/地区陆续发射了携带海洋遥感器的卫星。如 1.8 节所述，在 2002 年前后，国际上开始有不同的国家/地区参与到卫星观测星座中。这些星座由携带同类型传感器的卫星组成，设计用于在互补的轨道上观测同一海洋参数。这样，单个卫星的覆盖范围将通过星座的观测而增强。卫星星座的数据以通用格式在用户或其他相关机构之间进行存档和分发。

关于卫星的观测，重点是将数据迅速分发到各级政府机构和私营部门，将近实时数据应用到数值模型和其他领域,如搜救、海洋学调查船保障以及货船航线避免暴风。卫星观测的海洋参量包括海表面温度,海浪的波高和方向分布,风速和风向,大气水汽含量和降水率,与海洋潮汐、洋流和行星波相关的海面高度变化,浮游植物浓度,沉积物和浮游及可溶解矿物质含量,极地冰的面积范围和类型。

在20世纪80年代之前,这些数据由专用的、成本高昂的调查船获得,或者在极地地区由飞机、漂流船和冰岛调查获得。这意味着对海洋的调查只能是一个渐进的、缓慢的过程。现在卫星成像仪可以在1~1000km尺度同时观测所需的海洋参量,即使用许多条船也很难达到这样的观测能力。对于那些不能直接从遥感获得的参量,如近表面大气温度等,卫星可以把锚泊或漂移浮标直接测量的数据传输到国家/地区数据中心。对于卫星不能观测到的海洋深度,布放大量称为漂流浮标的仪器,能够测量海洋内部剖面,并周期性地返回海洋表面,把观测数据发送给卫星。

卫星可以近全球覆盖和1~10天间隔观测大量的海洋信息,然后迅速将这些观测信息分发到国内和国际的预报中心,这些数据对于业务应用具有重要作用。另外,这些观测也应用于全球气候变化、海平面上升以及大气和海洋年代际变化等长期研究和数值建模,包括对太平洋年代际涛动(PDO)、北大西洋涛动(NAO)、厄尔尼诺/南方涛动(ENSO)和北极涛动(AO)的研究。

1.2节给出遥感的定义,并描述它的海洋应用;1.3节描述用于遥感的卫星轨道,并介绍卫星会遇到的危险因素;1.4节和1.5节介绍地球同步轨道卫星和太阳同步轨道卫星;1.6节讨论太阳同步轨道卫星和其他低轨地球轨道卫星使用的成像技术;1.7节介绍卫星图像数据的不同处理级别以及NASA的数据存档;1.8节简要回顾过去40年卫星遥感发展史,介绍这些卫星观测活动的国际背景,也介绍过去、现在和将来直到2015年的卫星计划。

1.2 遥感的定义

地球遥感定义为使用电磁辐射获取海洋、陆地和大气信息,而不与要调查的地物目标进行物理接触。遥感不仅指本书中的电磁辐射,它也包括通过遥感观测重力异常来研究海洋环流变化和冰盖性质的技术。船载测量,如测海表面温度(海表温度,海面温度,SST)和风速,是直接在测量点用温度计和风速计测量的,而遥感测量这些数据可以覆盖广大区域并且是非直接的,这些信息是从海面反射或发射的辐射特性中反演出来的。用于观测的传感器包括安装在船只、石油平台或航空器上的微波辐射计,以及多光谱卫星成像仪。下面简要描述有关遥感和各种观测波段的概念。

由于卫星传感器没有与要调查的现象进行物理接触,它的属性必须从接收的辐射(散射)强度和频率分布中反演出来。此分布依赖于接收的辐射是如何产生的,在大气中传播是如何改变的。辐射有三个主要来源:表面发射的黑体辐射、反射的太阳辐射和卫星雷达发射的定向能量脉冲被传感器接收到的反向散射能量。接收辐射特性也依赖于传感器,传感器必须按观测波长是否适用于待研究现象来设计。最后,接收的数据必须形成图像或数据集,用于查看待调查要素的空间分布。这里介绍的只是遥感的狭义定义,在过去的10年,它被扩展为包括应用卫星重力测量以反演陆地、冰盖和海洋的变化。

第4章和第9章描述大气对辐射反射和接收的影响。海洋只能在三个电磁波段或大气窗口上进行观测，即可见光、红外和微波波段。在可见光和扩展到近红外波段的观测依赖于太阳反射，因此这些波段被限制在白天和无云情况下使用。可见光波段包括可以穿透海洋10~100m量级深度的几个波段，其仅能获得一定深度海洋水色变化的平均值，这些观测值与浮游植物和沉积物浓度有关；红外波段测量海洋上层几微米的黑体发射，尽管这些测量不依赖于白天，但仍然要求无云条件。

微波特别是波长较长的波段，能够穿透云进行观测，仅受强降雨的影响。微波观测分为主动观测和被动观测。被动微波传感器测量黑体的自然辐射，用来反演大气和海洋参量，如冰覆盖范围、大气水汽和液态水含量、海表面温度（SST，也称为海表温度、海面温度）、盐度以及与海洋表面粗糙度、风速。

各种类型的雷达为主动观测设备，这些传感器向海面发射脉冲，并接收其后向散射信号，因此雷达能主动提供辐射能量。主动传感器包括成像雷达（合成孔径雷达或称为SAR）、定向脉冲垂直波束雷达（高度计）、与卫星轨道有一定倾斜角的扇形脉冲波束雷达（散射计）和倾斜旋转脉冲波束雷达（也称为散射计）。散射计是方向性很强的非成像雷达，其接收来自相对较小海洋面积的后向散射。总之，这些仪器提供了海表面粗糙度和海表面地形、风速和风向、波高、海浪方向谱、海冰的分布和类型等信息。

1.3 卫星轨道

地球观测卫星的轨道分为两类：卫星在相对地球质心的轨道平面运动，卫星轨道相对于地球旋转。卫星轨道位置随时间的变化称为卫星星历。由于地球的自转，卫星轨道常用地面轨迹描述，其是卫星和地球质心之间连线与地表的交点随时间的变化。卫星正下方的位置称为星下点。下面首先考虑卫星在轨道平面运动的理论情况，然后解释地球旋转如何确定卫星地面轨迹；第二，考虑卫星的实际空间环境，即空间碎片和失控卫星强加给卫星仪器及卫星本身的限制、重力引起的轨道扰动、太阳风暴以及辐射和射频干扰（RFI）等。

1.3.1 卫星轨道及其应用

Rees（2001，第10章）、Elachi（1987，附录B）、Duck和King（1983）研究了遥感中常用的近圆形轨道。卫星轨道在以地球质心为坐标原点的直角坐标系统中描述。z轴为指北方向并与地球自转轴一致，x轴位于赤道平面并指向白羊星座一颗恒星的方向γ。y轴与x轴、z轴构成右手坐系。相对于这个坐标系，以6个开普勒轨道参量来描述卫星的位置。这些参量中有两个用来描述椭圆轨道，因此对于圆形轨道，6个参量减少为4个参量。

4个参量示于图1.1中，描述如下。首先，升交点赤经或简称为升交点Ω，其为x轴和轨道穿过赤道位置之间的夹角；第二，径向距离参量H是卫星与地球质心的距离；第三，真近点角参量θ是卫星在轨道上相对于Ω的角位置；第四，轨道倾角参量I为地轴与轨道法线之间的夹角，常约定I总是正的。这些参量中，I和Ω描述了轨道平面相对于固定星座的方向和位置，H和θ描述了卫星在轨道平面内的位置。I、Ω和H是固定的，或者变化不大。因此，在短时间内，θ表示卫星的瞬时位置。根据I的大小分为三种类型轨道：$I=90°$，卫星轨道为极轨；$I<90°$，轨道顺着地球自转方向运行，称为顺行轨道，如图1.2所示；$I>90°$，轨道逆着地球自转方向运行，称为逆行轨道。

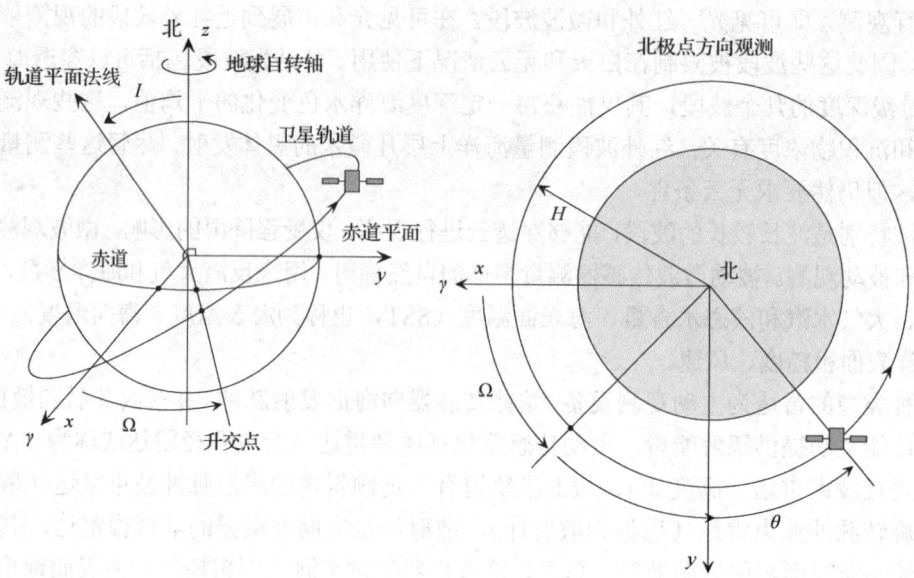

图 1.1　圆形轨道中用于描述轨道平面和卫星在轨道上位置的开普勒参数

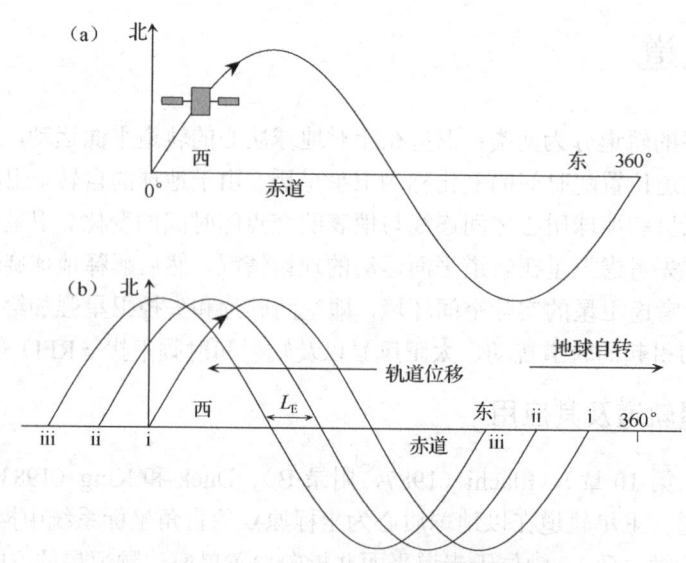

图 1.2　图 1.1 中所示的卫星地面轨迹的墨卡托投影
(a) 非旋转地球；(b) 旋转地球

遥感通常关注的不是卫星在轨道中的位置，而是卫星的地面轨迹。假设地球不旋转，卫星轨迹将是一个大圆，或者在墨卡托投影上显示为一个简单的正弦波（Elachi，1987，B-1-4 节），如图 1.2（a）所示。由于地球的旋转，卫星地面轨迹规则地向西偏移，形成如图 1.2（b）显示的连续卫星轨迹。在图 1.2（b）中，i、ii、ii 标记了卫星每一轨迹的起始和结束位置，例如，标记为 ii 的点为同一时间和同一地理位置。另一个关注的轨道参数是连续两条轨道在赤道上的间隔 L_E。如果赤道周长除以 L_E 为整数，则这个轨道为精确重复轨道，即一定周期时间后，卫星重复同一轨迹。这个属性对于高度计这样的传感器非常有价值，它能够沿着同样的轨道重复观测海表面高度。

一般有三种主要的地球卫星观测轨道类型：地球同步轨道、太阳同步轨道和低倾角近赤道轨道（见图 1.3）。除此之外，还有一种用来观测海表面高度的高度计轨道，这种轨道比太阳同步轨道稍高一点；也有一些低纬度的非太阳同步轨道，这样的轨道用来观测诸如风场和降雨等现象。在后面的总结中可知，每个特定轨道都各有利弊。由于没有一个轨道能够覆盖所有空间和时间范围，不存在这样"完美"的卫星轨道和系统，因此轨道的选择依赖于研究的现象。

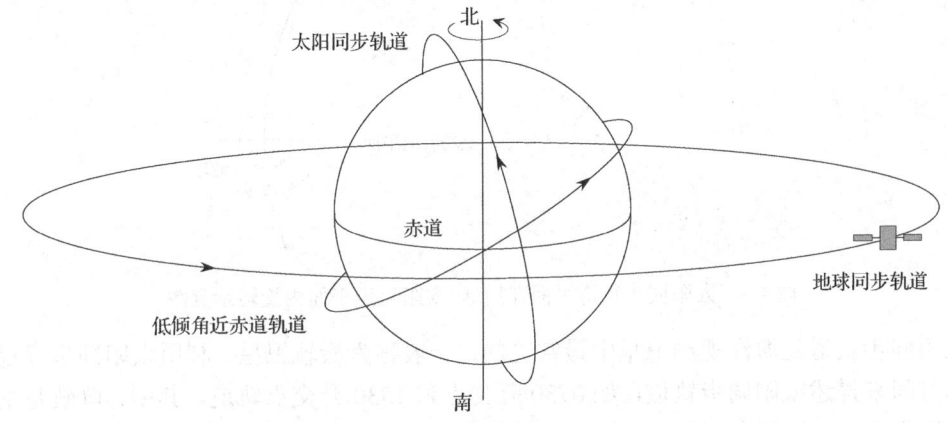

图 1.3　太阳同步轨道、地球同步轨道和低倾角近赤道轨道

地球同步轨道位于赤道上空 35 800km 的高度。地球静止轨道属于特殊情况，它位于赤道平面内（$I=0°$）。在这个轨道中，尽管卫星围绕着地球运行而进入和移出地球阴影，但它始终保持在一个固定的赤道位置，如此，它能够连续观测同一区域。一般情况下，地球同步轨道平面相对赤道是倾斜的（$I≠0°$），因此，尽管卫星平均位置是不变的，但它的地面轨迹是一个以赤道为中心的"8"字形（Elachi，1987）。地球同步卫星轨道周期是 23.93 小时，这是地球相对于固定恒星绕其轴旋转的时间，相比而言，一天 24 小时是连续两个中午的时间间隔，这里中午定义为太阳直射于头顶时刻。因此，一天的时间长度是由地球自转结合地球公转决定的。

地球同步卫星的运营者和管理者定义了"地球同步轨道带"的概念，它是地球同步轨道高度±200km 和纬向±15°的区域（IADC，2007；Weeden，2010）。在这个轨道带里，卫星占据经向约 2°的观测位置，同时运营商将卫星保持在 0.1°的观测窗口里（Weeden，2010）。在地球观测中，地球同步卫星提供天气、海洋表面温度和海洋水色的观测，同时也提供数据中继服务。

太阳同步轨道是逆行轨道，即轨道倾角 $I>90°$，卫星位于约 800km 高度的轨道或比地球同步轨道低一些。太阳同步轨道运行一周约为 90 分钟，每天约有 16 条轨道。这种轨道称为太阳同步轨道的原因是，全年中每次经过赤道都是一天中的同一地方时。因此，轨道参数 $Ω$ 不是常量，而是随着时间改变的。$Ω$ 的变化是因为地球在赤道区凸起，进而引起近极地轨道平面绕极轴旋转较慢（Rees，2001）。对于逆行轨道，轨道倾角和高度被设定为轨道在椭圆或地球太阳平面每天旋转大约 1°，且以同样数值与地球环绕太阳轨道运动相反的方向旋转。相对于固定星座，太阳同步轨道平面每年旋转一次，轨道平面与太阳和地球的连线保持固定角度。图 1.4 显示了大约 90 天的时间内，当地球在轨道上移动了 90°时，卫星轨道在地球-太阳轨道平面中的角度位置变化。

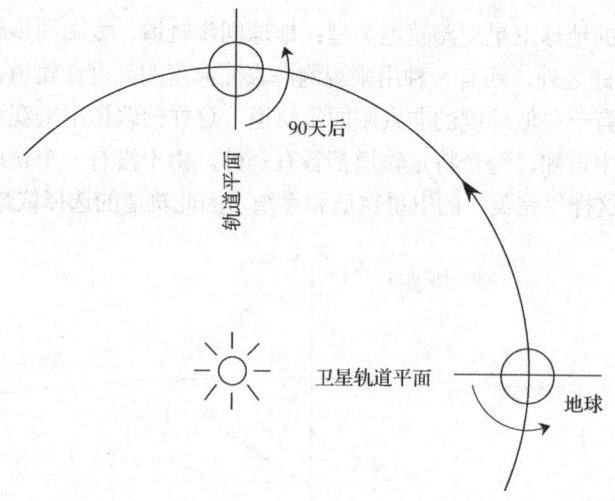

图 1.4 太阳同步轨道平面在地球-太阳轨道平面内旋转示意图

太阳同步轨道是海洋观测卫星中最常见的,一般称为极轨卫星。利用太阳同步卫星与赤道交点时间来描述太阳同步轨道,如 0730 降交点和 1330 升交点轨道。其中,降轨是指向南卫星速度方向,升轨是指向北卫星速度方向,交点时间为地方时。这种轨道常以跨交点时间来描述,分别称为"早上午""中上午""早下午"。因为太阳同步轨道跨赤道的时间总是出现在一天中的同一地方时,因此,这种轨道的卫星可以在每个白天的同一时间观测 SST 或海洋叶绿素。一般来说,由于海上的云一天里持续增加,因此交点时间选择在卫星下面云最少的时刻。

太阳同步轨道的缺点是,轨道平面的倾斜导致卫星不能直接通过极地上空。这将造成极地周围区域可能不在传感器覆盖范围内,相应的覆盖缺失称为"极地洞"。本书的图 4.2 和图 9.18 给出这种轨道地面覆盖范围的几个例子,图中显示,单个太阳同步卫星可以在 1~2 天间隔内提供近全球覆盖范围的数据。

近赤道小倾角轨道用于诸如热带降雨量测量任务(TRMM),采用轨道高度为 350km 的圆形轨道,倾角为 35°。这类轨道大约覆盖一半地球面积,观测周期为 1 个月,可 1 天 24 小时观测指定区域,在热带的采样率大致是极轨卫星的两倍。这类轨道的优点是,能够在整个日周期内观测热带降雨的变化。这个项目的后续计划是美国和日本联合研制的全球降雨观测(GPM)卫星,它具有稍大的轨道倾角(65°),计划在 2014 年发射。另一个 GPM 星座卫星是印度/法国的 Megha-Tropiques 降雨观测项目,其轨道倾角为 22°,已于 2010 年发射。

最后,介绍观测海表面高度的高度计轨道。由于太阳同步轨道与全日潮和半日潮同时相,因此,位于太阳同步轨道的卫星正下方高度计轨道采用 1200~1400km 高度的非太阳同步轨道。这样的轨道周期与潮汐不同时相,卫星受到大气阻力也小。这种类型的高度计卫星包括美国/法国 TOPEX/POSEIDON JASON-1、JASON-2 和后续的 JASON-3 计划,具体介绍见第 12 章。

1.3.2 卫星空间环境:太阳风暴、辐射压、南大西洋异常、重力扰动、空间碎片、死亡轨道和射频干扰(RFI)

太空中存在多种因素干扰卫星轨道和传感器的正常运行。首先,月亮和太阳的重力场以及来自太阳风的辐射压施力于卫星并扰动其轨道。其次，地球重力场有两个突起点，称为拉格朗日点，一个在印度（105°W），一个在美国落基山脉（75°W），它们也对轨道产生影响（Weeden，2010）。针对这个情况，所有卫星都有发动机并携带燃料以使得自己维持需要的轨道。第三，卫星受到空间碎片或退役卫星的碰撞而破坏或摧毁。

NASA 轨道碎片项目办公室（NASA，2012a）负责监视空间碎片，ESA（2012a）描述了关于空间碎片监视的情况。截至 2009 年，ESA 声明有 14 000 个编目的空间碎片，大约有 60 万个大于 1cm 无法编目的碎片。由于它们之间的相对速度，即使一个很小的物体也能破坏和摧毁卫星。在近地轨道（LEO），大多数轨道碎片集中在两个轨道高度上：800～1000km 的极轨卫星轨道和 1400km 的卫星高度计轨道。对于地球同步卫星轨道带，空间碎片的数量约比 LEO 的小两个数量级。

ESA（2012a）解释了太空碎片数量的增加以及它们的来源。例如，2007 年 1 月中国使用反卫星导弹摧毁了太阳同步轨道的风云 1C 卫星，导致这一轨道碎片增加了 25%。2009 年 2 月，两颗近地轨道卫星意外碰撞，其中一个是美国的商业卫星 Iridium-33，另一个是俄罗斯军事卫星 Kosmos-2251，两个卫星都遭到了破坏，产生大量的空间碎片。在当年，5 颗飞行器，即 700km 高度的遥感卫星 AQUA 和 Landsat-7，以及 400km 高度的空间站和航天飞机、NASA 的太阳同步轨道跟踪和数据中继卫星（TDRS-3），通过操控避免了被碎片碰撞（David，2010）。基于卫星碎片的增多，Donald Kessler 预料到所谓"Kessler"级联效应的出现，这时，相撞的频率将以某种速率提高，同时产生更多的碎片，以至于近地轨道的所有卫星将被摧毁（Kessler interview in David，2010）。

对于地球同步轨道卫星，2010 年，Weeden（2010）声明在地球同步轨道带中有 1238 个编目物体，其中 391 个可控、594 个漂浮、169 个已经被拉格朗日点捕获，其余的丢失了或未记录。其中，国际通信卫星 Galaxy-15 在 2010 年 4 月太阳风暴期间——当时卫星刚好飞行在 130°W 位置——失去了与地面控制的联系。由于这次风暴，卫星向东北美拉格朗日点漂移，获得绰号"僵尸卫星"（Zombiesat）。当它向东漂移时，它的应答系统不断地接收和发射来自地面的广播数据，导致产生无线电干扰和对其他卫星的破坏。一直到 2011 年 1 月，卫星通过约有 15 颗通信卫星的轨道，国际通信卫星组织开始恢复和卫星（Galaxy-15）的联系并将其重新调整到安全位置（Space News，2011）。

针对空间碎片问题，11 个有太空规划的国家/地区和 ESA 形成了含 12 个成员的空间碎片国际协调委员会（IADC，2012）。IADC 建议，为避免进一步产生碎片，成立两个保护区域。一个区域是近地轨道（LEO），IADC 将其定义为从地球表面到高度 2000km 的全球区域，覆盖太阳同步轨道和高度计轨道；另一个区域包括地球同步轨道（GEO）。对于近地轨道，IADC（2007）建议卫星接近寿命末期时应进入大气层销毁；对于地球同步轨道，IADC 建议卫星在寿命末期应进入地球同步轨道带上空 100～200km 高度的"墓地"轨道。对于这两类轨道，为减少由卫星解体产生的碎片，所有燃料箱应降压并将包括动量轮里的能量都耗尽。

另一个危害卫星正常运行的因素是太阳风暴和耀斑产生的大量带电粒子，它会造成卫星电子器件的暂时或永久性的破坏。NOAA 空间气象预报中心（SWPC）能监测太阳风暴，并向卫星运营机构发布警报（SWPC，2012）。这些带电粒子对 GEO 高度的卫星影响大，但对于 LEO 高度的卫星，如 Brautigam（2002）所述，这种情况仅仅出现在南美上空，称为南大西洋异常（SAA）。SAA 是地球磁场的永久异常区，这种异常是由于地球自转轴和磁轴之间的偏离引起的。两个轴的不一致使范艾伦带的带电粒子在巴西和南大西洋上空向地球表面倾斜（见图 1.5），这些带电粒子可对卫星电子器件造成暂时或永久性的破坏（也称为单粒子事件）。Dodd 等（2010）解释了 AQUA 和 TERRA 卫星上的中分辨率成像光谱仪（MODIS）曾受到的 SAA 影响。对于上述卫星，高能量粒子能降低传感器的效率并导致计算机电路发生比特翻转，这将导致在 SAA 区域卫星不能接收到重要指令。

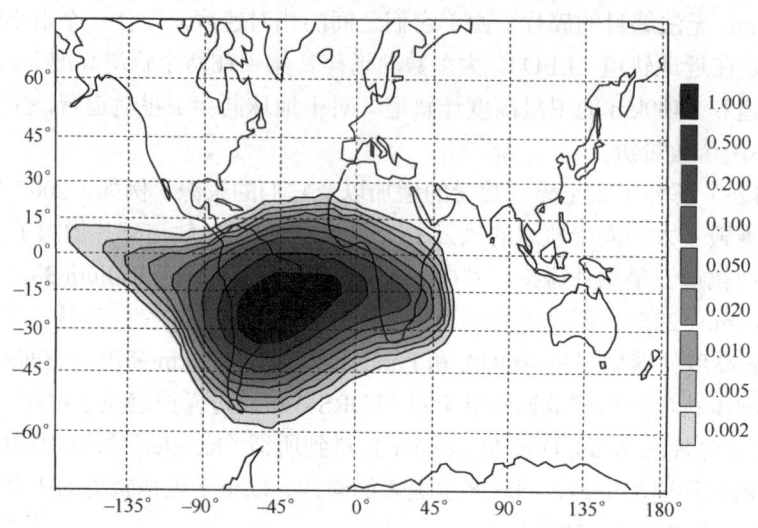

图 1.5　南大西洋异常（SAA）区域。图中显示了空间观测系统单粒子事件相对概率的等值线。SAA 由在 1000km 高度的高能粒子引起。更多信息见文中描述［转印自 Brautigam（2002，图 8）］

最后，第 9 章将更加详细地描述在微波波段中只有有限的波段可以用于遥感观测，许多广播源都会严重影响卫星观测，这称为射频干扰（RFI）。如第 9 章所述，广播卫星的数量在增加，包括卫星广播、电视和通信。大功率太空观测雷达和地面蜂窝通信等新增的谱段也增加了射频干扰的影响。这导致用于地球卫星观测的波段宽度在减小，并在一些情况下减少了遥感观测的全球覆盖。

1.4　地球同步轨道卫星

对海洋学很重要的地球同步轨道卫星主要有观测卫星、气象卫星和数据中继卫星。GOES 网站（2012）介绍了不同类型的地球同步轨道卫星，按其扫描方式分成旋转扫描和固定方向观测两类卫星。旋转扫描的卫星由不对称的旋转部分组成，这部分安装在非旋转部件上，同时包括用于数据下传到地面站的天线。旋转截面的方向是长轴平行地球自转轴，以 100r/min 的角速度旋转。在每一圈的旋转中，可见光/红外传感器扫过地球表面，并存储或下传数据。在下一圈的旋转中，南-北传感器的视角轻微地改变，进行重复扫描。经过多次扫描，需要 20min 的时间生成地面影像。旋转将帮助卫星保持平衡和保持卫星在轨稳定。

使用旋转扫描技术的卫星包括欧洲的 Meteosat 系列和日本退役的静止气象卫星（GMS）系列（GOES，2012）。新型的卫星如美国的静止轨道环境业务卫星（GOES）系列，有固定的观测方向且使用不同的扫描技术。GOES 卫星影像是利用装配的两个扫描仪获得的，其中一个为东西方向扫描,另一个为南北方向扫描。后续的 EUMETSAT 和日本的地球同步卫星就采用类似上述的系统。

欧洲有两大海洋遥感机构,一个是成立于 1973 年的欧洲航天局(ESA,也称为欧空局),另一个是成立于 1986 年的欧洲气象卫星应用组织(EUMETSAT)。ESA 负责欧洲全面的太空计划,EUMETSAT 负责管理欧洲地球同步和太阳同步的气象卫星(EUMETSAT,2012)。2012 年,ESA 管理委员由 19 个成员国组成,包括奥地利、比利时、捷克、丹麦、芬兰、法国、德国、希腊、爱尔兰、意大利、卢森堡、荷兰、挪威、葡萄牙、罗马尼亚、西班牙、瑞典、瑞士和英国。根据特别协议,加拿大也是管理委员会成员之一(ESA,2012b)。

地球同步气象卫星网能够覆盖全球±60°纬度间的区域。截至 2012 年 2 月,NOAA 负责两颗地球同步卫星即东 GOES 和西 GOES,它们位于赤道上空大约 75°W 和 135°W,或者在美国东西海岸的经度上。EUMETSAT 负责两个旋转扫描的地球同步气象卫星,称为 Meteosat,一颗位于大西洋上空近似 0°E,另一颗位于印度洋上空约 60°E。俄罗斯和印度运行的卫星在 75°E,印度通常保存它的数据满足国内使用。日本的 MTSAT-2 地球同步气象卫星在 145°E。这样全球被 5 颗具有重叠观测视场的卫星所覆盖(见图 1.6),覆盖区域在赤道近似等间隔分布,位于 105°E 的是全球第 6 颗,也是中国的地球同步气象卫星。

这 5 颗卫星每隔大约 3h 制作出公开可用的卫星图像。尽管这些图像不能覆盖极区,但它们以 20~30min 的时间间隔提供赤道和温带地区的连续云、SST 模式的可见光和红外影像。另一类地球同步卫星由数据中继卫星组成,它们将极轨的数据传回到地面。美国由 4 颗现役卫星和 3 颗预备卫星组成跟踪和数据中继卫星系统(TDRSS)。TDRSS 是 TERRA 和 AQUA 卫星与地面之间的主要通信链路。欧洲航天局、中国和日本也拥有数据中继卫星。

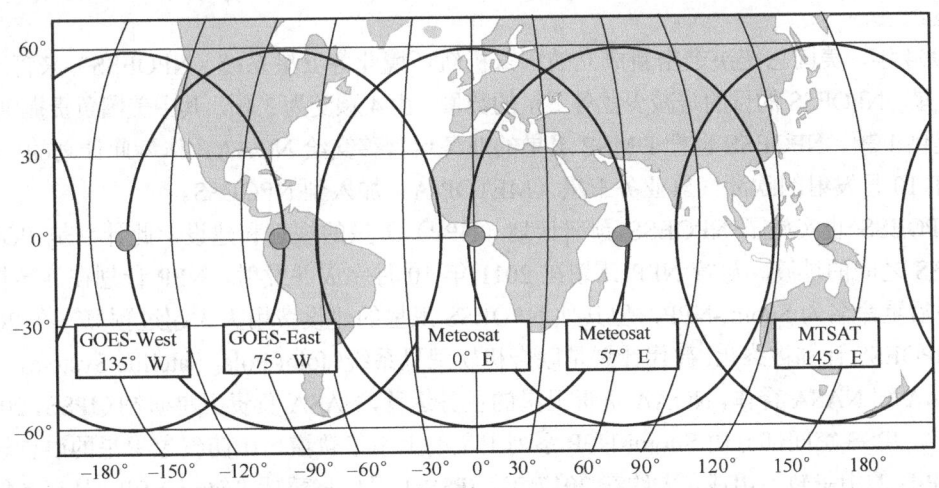

图 1.6 5 颗地球静止气象卫星的观测范围,可提供全球大部分的覆盖。矩形框给出卫星的名字和它们的中心经度;椭圆形显示它们的覆盖范围[转印自 Vignola 等(2012,图 6)]

1.5 太阳同步轨道卫星

一些国家/地区拥有搭载海洋遥感器的业务化太阳同步卫星,其中业务化意味着这些卫星数据长期在海洋或大气预报中使用。美国有三个政府机构负责卫星的海洋应用:NASA 负责科学研究卫星系列，NOAA 负责业务化的气象和海洋卫星，国防部（DOD）负责运行国防气象卫星计划的两颗带有海洋应用的气象卫星，并由 NOAA 负责管理。其他的业务化太阳同步卫星计划，包括俄罗斯的 Meteor（流星）系列和中国风云 FY-1C 和 FY-1D 系列。

美国 NOAA 的卫星由 NASA 发射，NOAA 负责管理，卫星上搭载着法国和英国的传感器。1994 年以前，DOD 和 NOAA 运行同样的业务卫星。对于 NOAA，极地环境业务卫星计划（POES）管理这些卫星，称为 POES 或者 NOA 卫星。国防气象卫星（DMSP）搭载可见光-红外的光学线扫描传感器和被动微波辐射成像仪。如第 9 章和第 10 章所讨论的，SSM/I 和 2003 年之后改进发射的 SSMI/S 均提供时间序列的海冰观测。

美国 POES 卫星由 NASA 研制，NOAA 负责业务运行。这些卫星在研制期间和发射之前以字母标记，如 NOAA-K；发射以后则以数字表示，如 NOAA-K 变为 NOAA-15。NOAA 卫星除用于收集大气环境数据的传感器外，其主要海洋遥感器是用于 SST 反演的可见光/红外先进甚高分辨率辐射计（AVHRR）。AVHRR 的观测开始于 1978 年，当时它搭载于电视摄影及红外观测卫星（TRO-N）上。第一个专门用于 SST 反演的 AVHRR 是 1981 年发射的 NOAA-7 上搭载的 AVHRR/2。AVHRR 数据以公开的数据格式连续广播，因此使用相对简易的地面站，能够在全球大部分地区接收这些数据。如第 7 章所述，AVHRR 已提供了 30 年的全球 SST 观测数据。

NOAA 卫星运行高度在 830~870km 之间，卫星下降或向南移动穿过赤道，上午星降交点地方时为 7:30，下午星降交点地方时为 13:30。对于 POES，两颗卫星的过赤道时间相差 6h，在晚上升轨大约 19:30 过赤道，降轨在大约 1:30 过赤道，卫星以每 6h 的间隔获取观测区域的图像。国防气象卫星计划（DMSP）的卫星以 830km 的高度轨道运行，在晨昏交替时过赤道。

1994 年，美国总统决定由新成立的国家极轨环境业务卫星系统（NPOESS）来管理所有这些卫星。NPOESS 的目的是减少业务卫星的数量，由 4 颗变为 3 颗，其中美国负责提供 2 颗，欧洲提供 1 颗。NPOESS 也把 DMSP 卫星的业务运营移交给 NOAA。作为此计划的一部分，2006 年 10 月发射的欧洲气象业务卫星（METOP-A）加入到 NPOESS。

NPOESS 也实施了 NPOESS 预研计划（NPP）卫星的规划和建设，此计划是 POES 和 NPOESS 之间的过渡。尽管 NPP 计划在 2011 年 10 月完成并发射，NPP 计划在旋转扫描卫星出现后重命名为 Suomi-NPP，但其他 NPOESS 卫星的建设费用大大超过预算，在 2010 年 2 月，NPOESS 计划被终止。替代计划是联合极轨卫星系统（Joint Polar Satellite System，JPSS），由 NOAA 和 NASA 合作，NOAA 负责卫星的业务运营，NASA 负责卫星研制（JPSS，2013a）。2013 年，JPSS 空间部分由 Suomi-NPP 系列卫星的上下午轨道、国防气象卫星的晨昏轨道和 METOP-B 的中午轨道组成。大约在 2017 年，JPSS-1 卫星将替代 Suomi-NPP，具有 7 年寿命的 JPSS-1 卫星搭载了与 Suomi-NPP 同样的传感器（JPSS，2013b）。

在上述卫星中，DMSP 上午星降交点地方时为 5:30。该系列卫星的下一颗为中午星 METOP-B，星降交点地方时为 9:30，它也搭载着 AVHRR 传感器。Suomi-NPP 下午星降交点地方时为 13:30（CGMS，2012）。这 3 颗卫星以 4h 的间隔对全球大部分区域进行观测。Suomi-NP 搭载的是替代 AVHRR 的传感器，即可见光/红外辐射计组件（VIIRS）。第 7 章主要描述 AVHRR 传感器，在第 6 章和第 7 章描述了 VIIRS 传感器。

1.6 成像技术

卫星采用多种扫描方式产生图像。如 1.4 节所述,地球同步轨道卫星采用旋转扫描或固定方向扫描方式获得影像。对于太阳同步和其他近地轨道,可见光/红外卫星使用不同但相关的扫描方法生成图像。如第 8 章、第 10 章和第 14 章所述,不同的扫描方法被主动和被动传感器采用。1.6.1 节简要介绍传感器观测地球表面的几何原理,举例说明视场是如何随观测角变化的。1.6.2 节至 1.6.4 节讨论低轨卫星采用的三种扫描技术,即交轨或摆扫式、沿轨或推扫式和本书中提到的混合式交轨扫描。这些扫描技术都依赖于卫星沿轨道的运动。1.6.5 节讨论分辨率问题。

1.6.1 地球表面观测几何原理

卫星传感器观测地球表面所用术语和几何原理如图 1.7 所示。图中卫星正下方为天底点,传感器观测的点为卫星扫描点。天顶为观测点的正上方。卫星天底方向和传感器视向的夹角称为扫描角 θ_V,扫描点视向和局地法线的夹角称为天顶角 θ_S 或者视角 θ。视角在偏离垂直方向的情况下,由于地球曲率的不同,θ 和 θ_V 不一样。图 1.7 显示,太阳天顶角 θ_S 也能通过相对局地法线来测量。考虑到海洋表面特性是天顶角 θ 的函数,后续章节中主要使用 θ 表示卫星的视角(View angles,2013)。

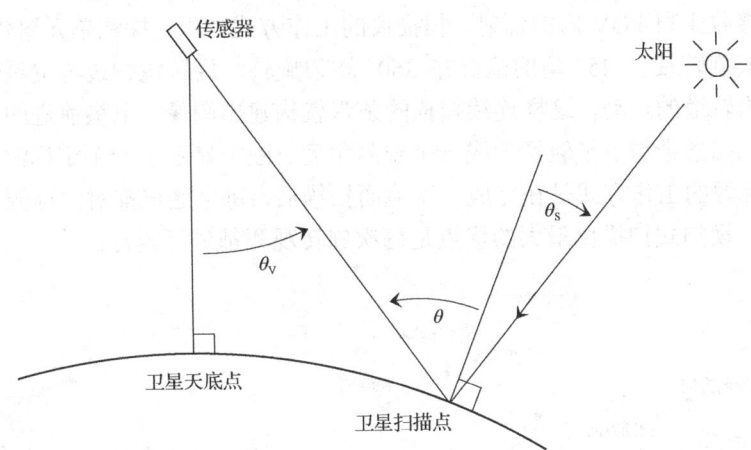

图 1.7　传感器的观测几何示意图。θ_V 是视角或扫描角,与卫星传感器相关,定义为相对于卫星天底的角度。θ 是天顶角,θ_S 为太阳天顶角,这两个角都是相对卫星扫描点法线的夹角

许多光学仪器使用带圆形镜头和透镜的望远镜以不同视角观测地球(见图 1.8)。在这种情况下,仪器的立体角 $\Delta\Omega = \Delta A/r^2$ 是一个常数,其中 ΔA 是望远镜在天底方向观测的面积,r 是从仪器到地球表面的距离。这里的面积也称为仪器的视场或等效视场(IFOV),或简称为视场(FOV)。对于天底指向的观测,FOV 是一个圆;对于非天底指向的观测,FOV 是一个椭圆。

1.6.2 交轨或摆扫式扫描仪

下面三节分别介绍可见光/红外传感器和低轨卫星使用的三种扫描技术。将在第 8 章

介绍类似的微波扫描传感器。首先,摆扫式扫描仪利用卫星沿轨道运动和望远镜/镜片相对卫星的旋转来构建影像。这里有三个方向描述遥感器的扫描过程,分别是沿轨方向(卫星的轨道方向)、轨道右侧的交轨方向和遥感器在地面的扫描方向。AVHRR 和 SeaWiFS 都采用这种扫描方式。

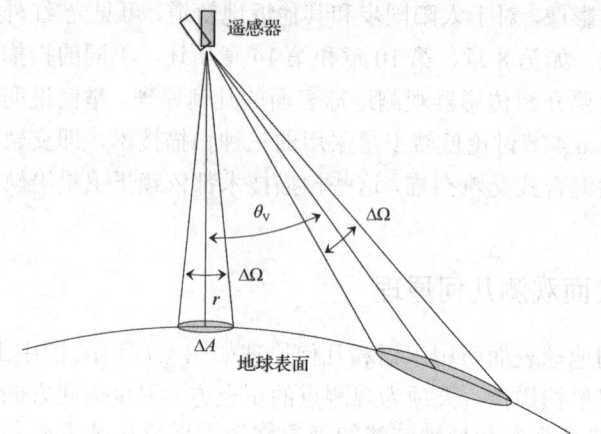

图 1.8　固定立体角光学仪器天底和非天底指向观测的 FOV

对于这一扫描仪,图 1.9 给出了理想状态下单通道和多通道传感器地面扫描模式示意图。图 1.9(a)是单通道扫描仪以单一波段接收来自 FOV 内的辐射;图 1.9(b)是多通道扫描仪以不同波段接收来自 FOV 内的辐射。扫描仪的工作方式如下:探测单元聚焦在旋转镜上,镜子安装在与其旋转轴呈 45°角的位置并 360°均匀旋转。旋转镜扫过与卫星轨道相交的视场,随着卫星沿轨道的运动,这样连续扫描的条带就构建出图像。卫星前进的同时旋转镜也在转动,导致扫描条带与卫星轨道形成一个观测角度。图中显示了一个定标源,用于保持辐射的稳定。定标源的工作方式是在完成一次地面扫描后,每个通道都对定标源进行观测并存储一个定标值。摆扫式扫描仪最大的优点是每次旋转观测都进行定标。

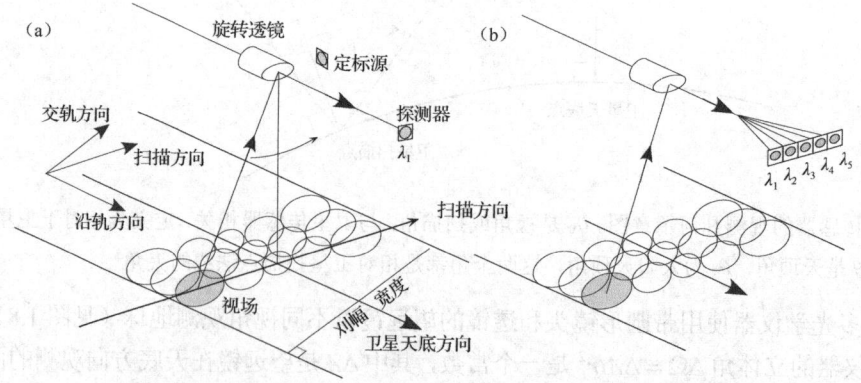

图 1.9　交轨或摆扫式扫描仪示意图。图中圆环表示观测范围。灰色椭圆为仪器 FOV;来自 FOV 辐射聚焦在探测单元上,图上也显示为灰色。(a) 单波长扫描仪;(b) 多波长扫描仪。λ_1 为扫描仪中心波长

摆扫式扫描仪的特点是,随着扫描角的增大,FOV 的大小增加且形状从圆形变为椭圆。对于 800km 高度的太阳同步卫星,$\theta_v = 45°$ 时的 FOV 面积是其星下点沿轨道方向面积的 1.5 倍、沿扫描方向的 3.5 倍,在 $\theta_v = 55°$ 时分别是 2 倍和 6 倍。对于摆扫式扫描仪,旋转镜转

动速率的设置是为了达到在连续扫描中星下点 FOV 彼此相邻的效果。因此，随着偏离天底角观测的程度，相互重叠的 FOV 面积在增加。由于 FOV 面积随着入射角增加，扫描条带的整个形状类似蝴蝶结，这种 FOV 面积随着偏离星下点扫描角的增加而增加的现象称为"蝴蝶结效应"。

接收得到的数据在很短时间内平均到一系列连续时间单元内，这进一步增加了 FOV 的面积，平均视场 FOV 称为有效视场（EFOV）。在 1.7 节中有详细的介绍，地面数据被重采样到均一网格，其中格点上的每个单元都有星下点视场面积的大小。大气影响和 EFOV 随天顶角的增加而增加，θ_v 大于 45°～55°时数据的噪声远远大于星下点数据的噪声。最后，一些遥感器如 DMSP 卫星上的光学线扫描仪（OLS）和 VIIRS 的白天/夜间波段[Day-Night Band（DNB）]，使用不同的扫描技术，如采用可变焦望远镜来调整传感器的固定角度，使 FOV 的面积不依赖于视角。

1.6.3 沿轨或推扫式扫描仪

与摆扫式扫描仪不同，推扫式扫描仪使用长的线性阵列传感器进行交轨方向的观测，其中，每个传感器（或多波段）的观测聚焦在星下特定的轨迹（见图 1.10）。对于这样的传感器，星下点视场 FOV 是一个圆，偏离星下点的 FOV 是椭圆。该技术的优点是，传感器驻留观测时间或观测的时间间隔比摆扫式观测的时间长。这样，推扫式比摆扫式观测仪器有更高的信噪比和更高的空间分辨率，在扫描方式中增加了传感器的观测时间是其最大的优势。采用该扫描方式的遥感器有 LANDSAT-7 上具有 30m 空间分辨率的 ETM+（Enhanced Thematic-Mapper Plus），搭载于印度 IRS-P3 上的德国的 MOS（Modular Optical Scanner），欧洲航天局 ENVISAT 上搭载的、1200km 刈幅宽度的 MERIS。推扫式扫描仪的优点是具有更长的驻留观测时间和更好的空间分辨率；缺点是每个传感器不能相互标定，这降低了仪器的准确度。一般来说，推扫式扫描仪比摆扫式扫描仪的刈幅宽度小，因为用于每个观测像元所需的探测器数量较少，安装大量探测器将使仪器过于笨重。

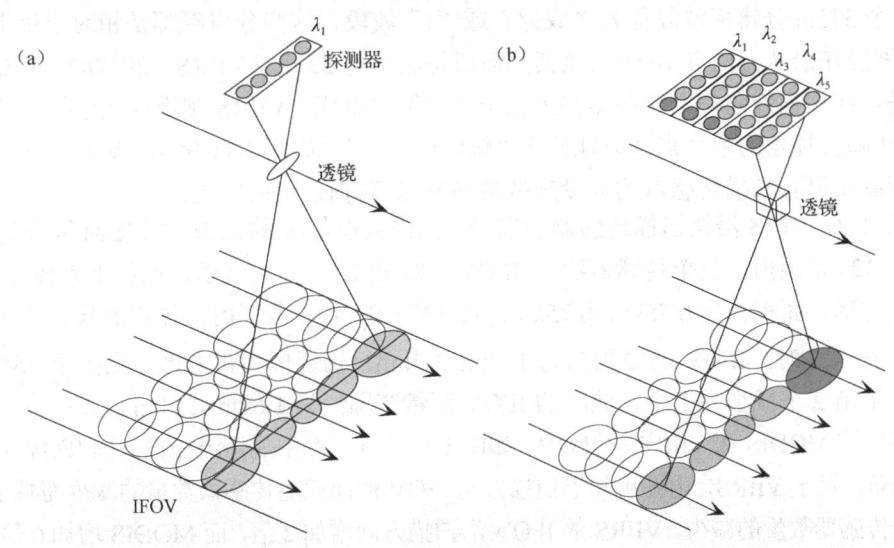

图 1.10 沿轨或推扫式扫描仪观测示意图。（a）单波长扫描仪；（b）多波长扫描仪。图中椭圆为 FOV；灰色的椭圆是多波段扫描仪中的一组波段观测的 FOV

1.6.4 混合式交轨扫描仪

对宽刈幅和高分辨率观测扫描仪的应用需求，促进了混合式交轨扫描仪的发展，它结合了摆扫式和推扫式扫描仪的特点。混合式扫描仪使用线性阵列传感器，它的长轴方向与轨道方向一致。这些阵列传感器接收来自大纵横比椭圆视场 FOV 的辐射，它沿轨方向的长度比垂直轨道方向的长度长很多。这种扫描仪的优点是增加了宽刈幅传感器的观测时间和高分辨率，同时，每旋转观测一次都对传感器进行定标。

TERRA 和 AQUA 上的 MODIS 有 2300km 的刈幅宽度，Suomi-NPP 的 VIIRS 有 3000km 的刈幅宽度。MODIS 的星下点 FOV 沿轨道方向为 10km，沿交轨方向为 1km（Barnes 等，1998；Wolfe 等，2002）。在沿轨道方向主要依赖于观测波长，探测器的数量为 10、20 或 40，其相应的星下点分辨率为 1.0km、0.5km 或 0.25km。MODIS 有 36 个谱段，在星下点，其中 29 个谱段有 1km 的分辨率，5 个谱段有 0.5km 的分辨率，2 个谱段有 0.25km 的分辨率。如果采用这种扫描技术，多探测器系统被单个摆扫式传感器替代，那么获得同样的空间分辨率将会以 10 倍的速度旋转，这减少了驻留时间、增加了噪声，且两者都以 10 倍因子变化。MODIS 传感器的问题是有"蝴蝶结效应"，同时，在刈幅边缘星下点，1km 分辨率在沿轨方向则增加到 2km，在交轨方向增加到 5.6km（Wolfe 等，2002）。

Suomi-NPP 上搭载的 VIIRS 取代了 MODIS 和 AVHRR，在沿轨方向，VIIRS 和 MODIS 有相似的传感器设置。尽管 VIIRS 比 MODIS 有更好的空间分辨率，但与 36 个 MODIS 波段相比，它仅有 22 个波段（Welsch 等，2001）。在这些波段中，其中之一是 1.6.2 节讨论的白天/夜间波段（DNB），其他的在后面讨论。和 MODIS 比较，VIIRS 较少数量的波段减少了 VIIRS 的复杂性、费用和重量（VIIRS，2012a）。VIIRS 使用旋转镜和沿轨线性阵列传感器收集数据。VIIRS 交轨方向有±56°的视角和 3000km 的刈幅宽度，比 MODIS 的刈幅宽 30%。

VIIRS 在星下点和 MODIS 相似，VIIRS FOV 沿轨方向约为 12km，交轨方向为 750m。FOV 的辐射主要聚焦到两个线性探测阵列，其中，16 个 750m 分辨率波段称为"中等"或"M"波段，5 个 375m 分辨率波段称为"成像"或"I"波段，这些分辨率都是相对于星下点的。"中等"波段在沿轨方向有 16 个探测器，而成像波段 32 个（VIIRS，2012b）。VIIRS 的主要特点是，在扫描方向每个探测器都由三个子探测器组成。VIIRS 利用这些子探测器、通过限制 FOV 随扫描角的增大来部分地校正"蝴蝶结效应"。如图 1.11 所示，VIIRS 通过随视角的增加而减少沿轨扫描传感器的数量来抵消 FOV 随着扫描角的增大。

图 1.11 为 VIIRS 沿轨扫描传感器的布局、扫描或视角 θ_V 的范围，以及 M 波段的 IFOV。在 $0<\theta_V<32°$ 范围内，三个传感器决定 IFOV，如图 1.11（a）所示，在星下点传感的 FOV 近似为正方形，面积约为 0.75km×0.75km，在 $32°<\theta_V<45°$ 范围内，传感器数量从 3 个减少到 2 个；在 32°时，IFOV 的面积约为 1.1km×1.3km，仍近似为正方形；当大于 45°时，传感器的数量由 2 个减少为 1 个，此时的 IFOV 测量范围约为 1.6km×1.6km。

下面比较 MODIS 和 VIIRS 的 IFOV，如图 1.12 所示，图中显示沿扫描方向 IFOV 的大小依赖于扫描角。对于 VIIRS，由图可知沿扫描方向 IFOV 的面积随传感器数量的减少而减小。随着扫描方向传感器数量的减少，VIIRS 的 IFOV 沿扫描方向增加 2 倍，而 MODIS 增加 6 倍。最后，对于刈幅上的不同位置，图 1.13 给出 AVHRR、MODIS 和 VIIRS 波段 IFOV 的比较。

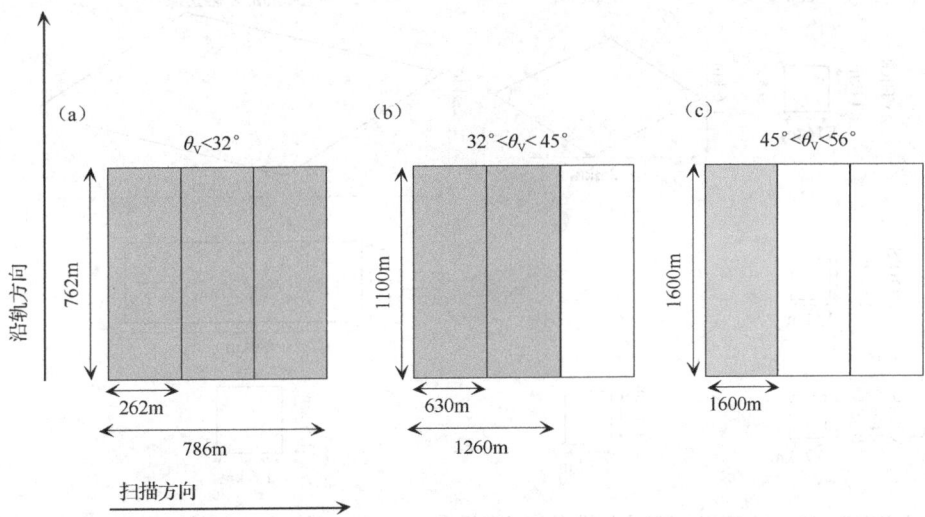

图 1.11 沿轨扫描探测器个数的配置。由图看出，FOV 是 VIIRS 传感器中等分辨率波段视角的函数，灰色矩形代表用于表面辐射反演的传感器，矩形上方的角度范围对应着不同的观测角选取不同的传感器数量。(a) 天底方向；(b) $\theta_V = 32°$；(c) $\theta_V = 45°$。见正文详细说明[改编自 Guenther 等(2011)]

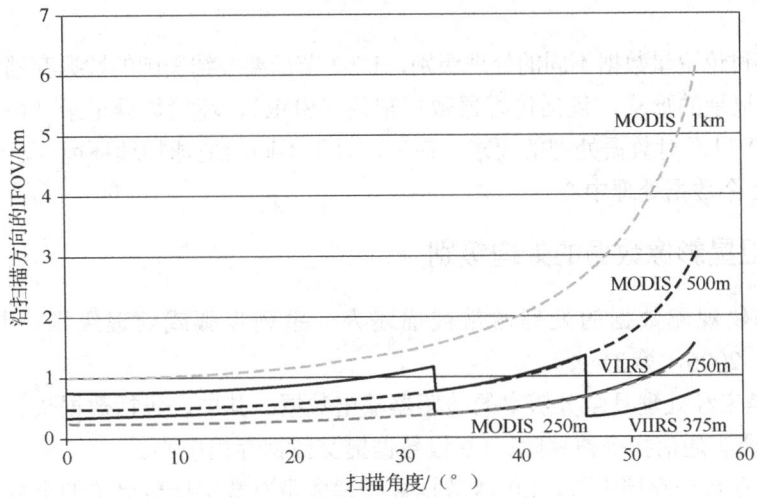

图 1.12 不同 MODIS 和 VIIRS 图像沿轨扫描的 IFOV 大小。见正文详细说明[引自 Guenther 等(2011)]

1.6.5 分辨率

后面的章节会进一步介绍，遥感器获得的数据被重新采样到均一网格，网格点的尺寸近似于星下点 FOV 的大小。网格点中的单元称为像元，是图像元素的简写。如 AVHRR 和 SeaWiFS，像元范围为 1km×1km，称为 1km 的像元，其中像元的面积和星下点 FOV 相等。对于这种情况，仪器也称具有 1km 的分辨率，也意味着小于 1km 的目标在图像不能被识别。在可见光、红外和被动微波遥感中，空间分辨率定义为和星下点 FOV 相等。这里讲的像元和 13.2.2 节讲述的雷达分辨率不同，因为其最小像元尺寸等于分辨率的一半。

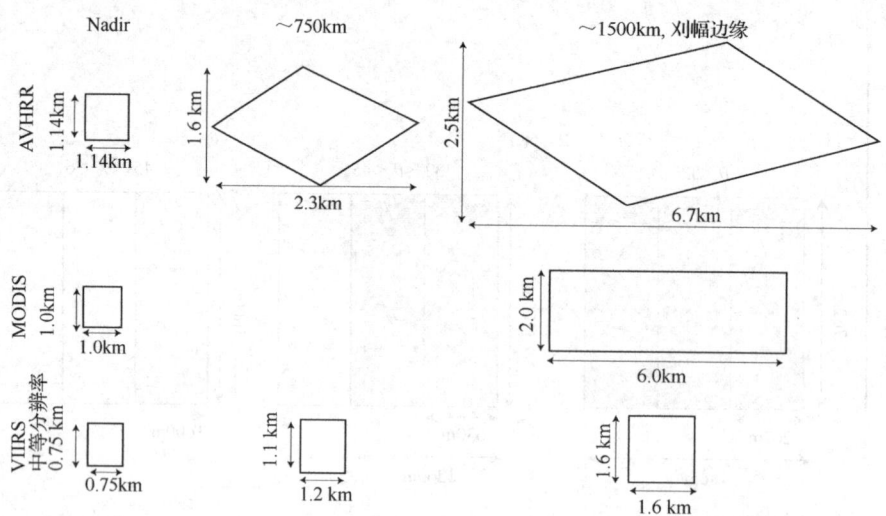

图 1.13 AVHRR, 1km MODIS 和中等分辨率波段在天底、(Nadir)刈幅中间和刈幅边缘 IFOV 大小的比较。详见正文 [AVHRR 和 VIIRS 改编自 Zhou (2011, 幻灯片 4); MODIS 改编自 Wolfe 等 (2002)]

1.7 数据处理级别、存档、记录和处理

1.7.1 节将讨论卫星数据不同的处理级别，1.7.2 节简要介绍美国的数据存档策略，1.7.3 节介绍卫星数据记录的形式，包括传感器数据记录（SDR）、环境数据记录（EDR）和气候数据记录（CDR）以及对数据处理的要求。最后，对于不同的地球物理环境信息，1.7.4 节介绍生产 CDR 的多个数据处理中心。

1.7.1 卫星影像数据的处理级别

卫星扫描仪观测数据的处理通常被描述为一系列步骤或处理级别，具体描述如下（Parkinson 等，2006，第 31 页）。

L0 级：是未经处理且全分辨率的传感器输出数据。其中，包括数据头、重复数据和遥测误差在内的所有通信指令被移除。L0 级数据提交数据存档中心。

L1A 级：在数据存档中心，L0 级数据被处理成带有数字计数单位的全分辨率数据，增加了一些包括参考时间、定标系数和地理位置信息的辅助数据。

L1B 级：L1A 级数据转换为诸如辐亮度或亮温的传感器数据，以数字计数的方式记录数据，并以沿轨刈幅的形式表示出来，沿轨刈幅对应传感器扫描线。在上述观测数据的表示中，数据点之间的地理距离是沿交轨方向到星下点 FOV 的大小。辅助数据文件包括地理位置数据和数据质量信息。L1B 级文件以易读取的格式供数据下载和进一步分析。另外，不是所有的遥感器都有类似的 L1B 级产品。

L2 级：L1 级数据经处理后获得的地球物理数据产品，如 SST 或海冰面积，数据以沿轨方式存储，是具有和 L1 级数据一样分辨率的产品。以第 7 章介绍的 SST 为例，它的计算包括多波段数据的使用、云掩模的应用、大气辐射和水汽引起的衰减校正以及根据海洋和大气物理特性对接收到辐射的解译。

L3 级：将地球物理数据产品投影到均匀网格上的数据，其中网格上有些区域缺少数据。以每天网格化的全球 SST 资料为例，其 L2 级沿轨数据产品中由于云导致缺失的数据在 L3 级数据产品中仍然存在。

L4 级：L3 级产品中的地球物理信息结合多颗卫星和现场测量数据生成在均匀网格上，并无缺失数据的产品。对于 SST，L4 级产品是结合不同卫星以及如浮标观测的现场海温数据经过最优插值获得的。

1.7.2 数据存档

NASA 的地球科学任务数据的处理是在 12 个存档和数据处理中心完成的。其中，与海洋相关的数据处理中心包括阿拉斯加 SAR 数据中心（AFS，2013b）、美国国家冰雪资料存档和分发中心（NSIDC，2013c）、NASA 海洋生物处理组织（NASA，2013b）和喷气动力实验室的物理海洋数据存档分发中心。根据美国法律，NASA 不对数据收取费用。上述任何一个网站都可以通过戈达德（Goddard）地球科学数据和信息服务中心（GES DISC）登录获取数据，它们提供获取地球科学数据的网络地址（NASA，2013a），这些数据处理中心提供数据存档，也包括提供数据处理工具，对于 GES DISC，基于网络的应用称为空间交互式在线可视化和分析基础平台存档系统（GIOVANNI，或者更常见的 Giovanni），它不需要下载数据就能够实现登录、分析和遥感数据可视化（Giovanni，2013），这些数据存档中心提供用户支持，并确保数据可以访问。

1.7.3 数据记录的格式类型

根据（美国）国家研究委员会（National Research Council，2004）的分类，卫星海洋学中至少使用三种数据记录格式。首先是传感器数据记录（SDR），包括时间标签、地理位置和定标的天线辐射，但不保证数据的长期可靠性。第二个是环境数据记录（EDR），它们是地球物理数据产品，如 SST 是由 SDR 反演得到的。EDR 只处理一次数据用于业务化应用，不适用于长期气候研究。第三个是气候数据记录（CDR），是一致性和连续性的时间序列地球物理数据产品，用来研究气候变化。如下面描述，CDR 是由多颗卫星长时间序列的数据经定标、检验和重处理后生成的数据，可以在气候研究中应用。CDR 数据中包括 SST、海洋水色、海冰密集度和范围、海面风场等信息。CDR 有时也称为地球科学数据记录（ESDR）、专题 CDR（TCDR）或基础 CDR（FCDR）。

CDR 数据的生产依据如下原则（National Research Council，2004，Box ES-1）。

（1）仪器定标：卫星发射之前，仪器必须根据标准进行标定，如（美国）国家标准与技术研究所（NIST）的标准。卫星在轨期间须连续监视传感器的性能。定标方案应确定在轨定标到地面参考源定标之间的关系（Turpie 等，2012）。在轨定标对于热红外仪器来说，每次推扫都需要观测 300K 黑体和冷空；对于海洋水色仪器来说，由于月亮具有大约和海洋同样的辐射，理想的在轨定标包括每月对月亮观测一次（McClain，2009）。上述定标是数据处理业务流程的一部分。为允许同类观测卫星的交叉定标，应有至少两年的交叉点数据。总的来说，在仪器寿命期间内，必须记录从最初的地面定标到最后在轨定标时的传感器特性。

（2）替代定标：连续的现场观测计划为定标提供数据源。这里以海洋水色定标为例，锚系浮标和船舶获得辐亮度和叶绿素浓度等现场观测数据。卫星观测和现场数据的比较称为

"替代"定标。海洋水色卫星仪器接收到的辐射和浮标数据进行比较,可以从辐亮度中移除偏差。由于确定这些偏差需要30~50个观测值,替代定标至少需要2年或3年的观测数据。在轨定标和替代定标相结合能够提供观测误差的全面评估。

(3) 算法检验和重处理:算法检验必须投入资金和相应的计算资源,这样算法或者定标的改进才变得可能,并可以重处理整个CDR数据集。业务运行产品必须处理到L3级,以便能很容易地检查和理解数据的时空变化趋势(Turpie等,2012)。这里的关键问题是能够提供长时间序列卫星的定标和辐射数据,要有同样的数据格式以能够方便地进行数据重处理。在第9章和第11章,将讨论数据重处理的例子,具体是2003年发射的SeaWinds传感器的风矢量重处理。最初的算法只适用于风速小于20m/s和无雨条件的风速反演;然后,Meissner和Wentz(2009)对风速反演算法进行了改进后,可以处理大于30m/s的风速的数据,这大大提高了数据的应用范围。

1.7.4 数据处理和存档中心

EDR和CDR数据产品由专门的数据处理中心生产。下面介绍生产和存档这些地球物理数据产品的一些组织和机构。

(1) 海洋生物信息产品:在国内外研究人员的帮助下,戈达德(Goddard)太空飞行中心的海洋生物处理组织(OBPG)负责处理海洋生物产品。如第6章所述,Giovanni存档这些CDR数据产品。

(2) 红外海面温度产品:如第7章所述,NOAA的卫星应用与研究中心(STAR)提供滤除云的每日海面温度EDR产品,用于不同的预报业务。NOAA国家海洋数据中心(NODC)重处理EDR产品,称为Pathfinder SST CDRs。PO.DACC也存档SST产品,并通过网站对外发布。

(3) 被动微波遥感产品:遥感系统(RSS)公司对美国微波数据进行初级处理,提供各种风场产品、微波SST以及各种大气产品,所有这些数据被重处理为CDR产品。

(4) 雷达高度计数据产品:法国空间研究中心(CNES)和JPL的PO.DAAC处理TOPEX和JASON卫星高度计数据,同时它们也提供海平面的变化信息,这是CDR产品中的主要参数。

(5) 主动微波遥感风场数据产品:JPL负责美国主动微波风场任务,在第11章也有描述,生产大量的风场CDR产品,并在PO.DAAC存档。

(6) 海冰产品:被动微波遥感获取的海冰面积和范围的时间序列产品,使用戈达德太空飞行中心的算法生成,存档在NASA国家冰雪资料中心(NSIDC)。合成孔径雷达(SAR)海冰影像存档在阿拉斯加卫星机构(ASF)。

(7) 盐度遥感产品:JPL的PO.DAAC存档宝瓶座(Aquarius)盐度卫星数据。

1.8 过去、现在和将来的卫星计划

美国的海洋遥感始于20世纪70年代。到20世纪80年代以及90年代早期,由于美国卫星的成功经验,欧洲航天局和日本也开始了相应的卫星计划。截至2013年,至少11个国家或地区拥有了海洋遥感观测仪器和卫星,分别是巴西、加拿大、欧洲航天局、印度、日本、中国、韩国、俄罗斯、乌克兰和美国等。其中,加拿大拥有RADARSAT合成孔径雷达(SAR)

卫星，日本宇宙航空开发机构（JAXA）拥有全球气候观测任务（GCOM），印度空间研究组织（ISRO）拥有 OCEANSAT 卫星，中国国家航天局（CNSA）拥有风云系列，ESA 拥有 METOP 卫星和新的"哨兵"系列。在欧盟，法国、德国和意大利有自己的空间计划。1.8.1 节介绍美国海洋卫星的发展历程，1.8.2 节介绍 2003 年规划的全球综合地球观测系统（GEOSS），1.8.3 节概述 2015 年前的海洋卫星计划。

1.8.1 美国的海洋卫星计划

Wilson（2001）以及 Wilson、Apel 和 Lindstrom（2001）概述了 1970 年到 2000 年间美国的三代海洋卫星计划。第一代卫星包括 1960 年到 1965 年的 NASA 电视摄影及红外观测卫星，这类卫星重点是红外观测；1973 年 Skylab 上的散射计试验卫星；美国海军 1975 年发射和运行的 GEOS 高度计卫星；1973 年和 1976 年运行的 NIMBUS-5 卫星上搭载了单通道扫描微波辐射计（ESMR）。这些卫星任务验证了散射计风场反演、卫星高度计测高和被动微波遥感反演海冰的潜力。

第二代卫星包括 1978 年发射的 TIROS-N、SEASAT 和 NIMBUS-7 卫星。TIROS-N 搭载了早期的 AVHRR 传感器，开始 SST 的观测（TIROS，2013），TIROS-N 是 NOAA 卫星系列的第一颗。SEASAT 上搭载了 4 个先进的仪器，包括扫描多通道微波辐射计（Scanning Multichannel Microwave Radiometer，SMMR）、散射计、SAR 和雷达高度计。SEASAT 运行 99 天就出现了故障，随后又发射了 NIMBUS-7 卫星。尽管 NIMBUS-7 没有高度计、SAR 和散射计，但其携带海岸水色扫描仪（CZCS）和类似 SEASAT 的微波成像仪。CZCS 一直运行到 1986 年，SMMR 和 NIMBUS-7 一直运行到 1988 年。

第一代和第二代卫星观测提供 SST、海面高度、海洋水色、海面风场和海冰特性反演的成功例证。大约在 1985 年，NASA 开始第三代卫星任务，采用了不同以往的方式 Wilson，2001。简单来说，NASA 有两方面的需求：一是海洋科学界促成卫星的论证、规划和支持，二是每个未来卫星计划都有非 NASA 的合作伙伴，其中第二个需求的部分原因是空间计划经费预算过大。第一个需求促进了一系列海洋领域的联合研究，最终使 NASA 的卫星计划集中于 4 个领域：海表面高度或者高度计、海洋水色或初级生产力、海冰特性以及 SAR 在陆地、海冰和开阔海域的应用。

基于大量研究和合作伙伴的要求，NASA 决定完成以下任务：（1）衔接 1987 年的 NIMBUS-7 被动微波观测的 DMSP 卫星；（2）NASA 阿拉斯加 SAR 研究机构（AFS，后称为阿拉斯加卫星研究机构）的完工，在 1991 年 9 月开始业务运行，NASA 同意与加拿大、ESA 和日本共享 ASF 接收的 SAR 数据；（3）1991 年法国发射美/法 TOPEX/POSEIDON 高度计卫星；（4）1995 年美国发射加拿大 RADARSAT SAR 卫星；（5）1995 年发射安装在日本 ADEOS 卫星上的散射计；（6）与轨道科学公司签订合同，购买了 1997 年发射的 SeaWiFS 海洋水色数据。

在后续的卫星计划中，卫星计划的科学目标和合作伙伴，是 NASA 推迟卫星发射的一个主要原因。1978 年发射的 NIMBUS-7 卫星和 1991 年发射的 TOPEX 高度计卫星之间的卫星推迟了很长时间。卫星推迟发射的另一个原因是需要花费多年的时间分析第二代卫星收集的海洋水色、SAR 和散射计数据。在第三代卫星计划和仪器研制的同时，也需要为新卫星任务的算法研究投入大量的时间。

从20世纪80年代中期开始，人们越来越关注气候变化对全球食物供给以及极端天气、日益严重的海岸侵蚀、风暴潮和洪灾对沿岸人口的威胁。这对后续卫星计划提出如下需求：(1) 对于风暴潮，如台风和飓风，有更好的预报能力；(2) 卫星数据应发挥在物理和生物海洋模型中的贡献；(3) 海洋和海冰要素具有长时间序列的观测。这些需求促进了NASA地球观测系统（EOS）计划的多国大卫星项目的规划和发射。此后，两个具有多个载荷的大卫星发射成功，一个是1999年发射的TERRA，另一个是2002年发射的AQUA。另外，在2002年发射了两个大卫星，一个是ESA的ENVISAT（环境卫星），另一个是日本的ADEOS-2（先进地球观测系统），但是ADEOS-2在一年内停止工作。EOS最初的想法是构建一个15年的卫星计划，这里假定15年足以观测到全球变化的发生，每个卫星及其替代者的寿命大约是5年。

Assar (2011)认为这些搭载多个传感器的大卫星有两个缺陷。一个缺陷是，在平台上安置很多仪器意味着普通的电源故障可能会破坏整个任务，如ADEOS-2卫星。第二个缺陷尤其针对EOS计划，其提出的15年观测卫星任务将意味着传感器的设计技术局限在20世纪80年代的水平。

因此，批评人士建议大卫星应该由小卫星星座代替，完成EOS观测计划，这样给仪器技术更新、低成本替代失效卫星和促进国际参与提供了一个很好的方式。由于这些批评建议，同时基于成本的考虑，以AQUA和TERRA为代表的EOS计划缩短到5年，其中一些卫星观测计划纳入联合极轨卫星系统（JPSS），另一些观测计划由专用的小卫星完成，或纳入非美国的卫星计划中。

1.8.2 其他卫星计划和卫星星座

第四代卫星计划是由多个国家/地区卫星计划向国际卫星星座的过渡。在2002年，如Lautenbacher (2006)、Christian (2005)和GEO (2012)所述，大约60个国家/地区的部长和欧盟委员会建立了地球观测组织（GEO），目标是在10年内即2005—2015年期间实现全球对地观测系统（GEOSS）计划。GEOSS的目标是把所有的民用卫星规划纳入自愿协调一致的计划中。

如GEO (2012)所述，GEOSS的另一个目标是把现有的国家/地区计划和国际计划，与现有的卫星系统合并为一个系统，同时推进通用的数据格式存储和访问。它的具体目标是减少国家/地区的投入、改善和提高其他领域的工作，如气候变化，减少灾害引起的人类生命财产损失，改善对水循环和天气预报的理解（GEO, 2012；Lautenbacher, 2006）。在数据缺失的地方，GEO支持新卫星系统的发展，鼓励各国空间计划通过加入国际星座合作的方式提高卫星的效益，也鼓励卫星数据和现场观测数据同化到近实时的数值预报模式中。

GEOSS卫星计划通过地球观测委员会（CEOS）统一协调。CEOS成立于1984年，负责组织卫星星座计划（CEOS, 2012）。CEOS四个主要海洋相关的星座包括海表面动力地形、海洋水色、海面风场和SST以及与海洋相关的降雨任务。例如，日本发射的水色卫星GCOM-C1，它的轨道以及过赤道时间均与其他国家/地区同类的观测计划统一协调。在1.5节中描述的JPSS也是卫星星座的一部分。

另一个卫星星座是国际下午星座或A-Train（NASA, 2012b），它由7颗卫星组成。它们采用太阳同步轨道，当地时间13:30前后过赤道。A-Train星座的卫星经过同一位置相互之间差几秒到几分。A-Train主要关注云、液态水和飓风的研究。AQUA是A-Train星座中的第二颗卫星，它搭载着日本用于海冰和 SST 观测的先进微波扫描辐射计（AMSR-E）。在 2011 年 10 月，AQUA 上的传感器 AMSR-E 失效。随后，2012 年 5 月日本发射了 CGOM-W1 卫星，卫星上仅搭载了 AMSR2 传感器，采用与 A-Train 中的 AQUA 一致的轨道，这样可以维持观测的连续性。

在 ESA 的 2010 年至 2020 年全球环境安全监视（GMES）计划中，5 颗"哨兵"系列卫星纳入 GEOSS（ESA，2012c）。这几颗卫星中，"哨兵-1 号"和"哨兵-3 号"是与海洋相关的卫星计划。"哨兵-1 号"是专用的 SAR 卫星，采用太阳同步轨道，能提供每日覆盖的海洋环境信息，如溢油、海况、海冰和海浪方向谱等。"哨兵-3 号"也是太阳同步轨道卫星、用来观测海表温度、海面动力地形和海洋水色。

日本纳入 GEOSS 计划的是全球气候观测任务（GCOM）（JAXA，2012）。GCOM 包括两个卫星计划，一个是 GCOM 气象卫星计划（GCOM-W1），它搭载着 AMSR2。另一个是 GCOM 气候卫星计划（GCOM-C1），计划 2014 年发射，它使用第二代全球成像仪（SGLI）观测海洋水色。每个 GCOM 卫星的设计寿命为 5 年，每个卫星计划有 3 颗卫星，有一年的重叠观测。因此，GCOM-C1、C2、C3 系列将有超过 13 年的连续观测（Shimoda，2010）。

最后，JAXA 和 NASA 联合构建了全球降水观测计划（GPM）卫星，计划 2014 年发射，这是 TRMM 的后继星，是构建 GMP 卫星星座的基础，该星座还有来自法国、印度、EUMETSAT 和 NOAA（GPM，2013）的贡献。

一个与 GEOSS 相关的工作是全球海洋数据同化试验（GODAE），现在称为国际业务化海洋预报（GODAE Ocean View）组织（GODAE，2012a，2012b）。1999 年，GODAE 开始致力于研究全球业务化海洋学的相关问题，也就是发展近实时海洋模式、预报以及研究成果的推广。和 GEO 相比，GODAE 是一个工作组，主要工作集中在将卫星和现场观测数据同化到全球和区域海洋模型中。Clark 等（2009）描述了 GODAE 的现场和卫星观测部分，如验潮仪和卫星数据的使用、冰川和冰盖融化的观测以及为海洋变暖提供业务化的全球海平面变化的估计。在第 7 章讨论的 SST，是由不同国家/地区和组织根据 GODAE 的高分辨率海表面温度（GHRSST）生成的产品（GHRSST，2012a）。GHRSST 数据集是由不同国家和地区利用各种卫星和现场观测数据以通用格式生产的产品，根据 GHRSST 的描述，在 2013 年大约有 60 个不同的 GHRSST 数据集（GHRSST，2013c）。

1.8.3　2015 年以前的卫星计划

表 1.1 列出了 2015 年之前的海洋卫星计划，标明了卫星的发射时间、寿命、所属国家/地区或机构、任务名称、遥感器及其任务目标。在卫星名称下，表中列出了与海洋观测相关的仪器，如果是另一个国家/地区或机构提供的仪器设备，则把其国家/地区或机构的名字用括号标记。对于已经立项但没有发射的卫星，其发射时间标记为"—"。为简化此表，许多业务系统如 POES、JPSS 和 DMSP 不在列，几个雷达卫星任务表中没有列出，将在第 13 章描述。

由表 1.1 可看出，自 1995 年以来，卫星计划的数量和种类呈增长趋势。在 2000—2010 年期间，表中显示卫星的发展趋势是从如 TERRA、AQUA 和 ENVISAT 的多传感器大卫星计划到搭载 1 个或 2 个传感器的小卫星星座。单个卫星和仪器的投入费用少，且容易替换，同时增加了国际合作的可能。

表 1.1 2015 年之前的海洋卫星计划

发射时间/年	所属国家/地区或机构	卫星名称和载荷	海洋观测载荷及要素
1978（3个月）	美国	SEASAT 高度计 SAR，合成孔径雷达 SASS，SEASAT-A 卫星散射计 SMMR，扫描式多通道微波辐射计	海表面高度，SAR，风矢量，被动遥感
1978—1987	美国	NIMBUS-7 CZCS，海岸带水色扫描仪	被动微波遥感，海洋水色
1985—1990	美国海军	GEOSAT 高度计	海表面高度
1991—2001	ESA	ERS-1，ERS-2，地球资源卫星 AMI，先进微波传感器（包括 SAR 和散射计） ATSR，沿轨扫描辐射计	风场，SAR，SST
1992—1998	日本	JERS-1，日本地球资源卫星 SAR	SAR，陆地、海洋观测
1992—2006	美国/法国	TOPEX/POSEIDON NASA 高度计 Poseidon 高度计（法国）	海表面高度
1995—	加拿大	RADARSAT-1	SAR
1996—2006	印度	IRS-P3，印度资源卫星 MOS，模块化光学扫描仪（德国） WiFS，宽视场传感器	海洋水色
1996—1997	日本	ADEOS-1，先进地球观测卫星 NSCAT，NASA 散射计（美国） OCTS，海洋水色和温度传感器	海洋水色、风场
1997—	美国/日本	TRMM，热带降雨观测计划 TMI，TRMM 微波成像仪	降雨，SST
1979—2010	美国/轨道科学公司	SeaStar 卫星 SeaWiFS，海洋观测宽视场传感器	海洋水色
1999—2010	印度	IRS-P4（OCEANSAT-1） OCM，海洋水色监测仪（德国）	海洋水色
1999—2001	中国	FY-1C，风云-1C MVIRSR，多光谱可见光/红外扫描辐射计	SST
1999—2009	美国	QuikSCAT SeaWinds	海面风矢量
1999—2008	中国台湾	ROCSATOCI，海洋水色仪器	海洋水色

续表

发射时间/年	国家/地区或机构	卫星名称和载荷	海洋观测载荷及要素
1999—	美国	TERRA ASTER，先进空载热发射和反射辐射计（日本） MISR，多视角成像光谱辐射计 MODIS，中等分辨率光谱仪	海洋水色，SST
1999—2008	韩国	KOMPSAT，韩国 OSMI，海洋扫描多光谱成像仪	海洋水色
2001—	美国/法国	JASON-1 Poseidon 高度计	海洋表面地形
2002—2012	ESA	ENVISAT，环境卫星 AATSR，先进沿轨扫描辐射计 ASAR，先进 SAR MERIS，中等分辨率光谱成像仪 RA-2，雷达高度计	SST，SAR，海洋水色
2002—	美国	AQUA MODIS，中等分辨率成像仪 AMSR-E，先进微波扫描辐射计（日本）	海洋水色，被动微波遥感
2002—	美国/德国	GRACE，重力恢复和气候试验卫星	重力测量
2002—2012	中国	FY-1D MVIRSR，多光谱可见光/红外扫描辐射计	SST，海洋水色
2002—2004	中国	HY-1A，Haiyang-1（海洋-1）	海洋水色
2002—2003	日本	ADEOS-2， AMSR，先进微波扫描辐射计	海面风，海洋水色
2003—	美国海军/NPOESS	Coriolis/WindSat	被动微波风矢量
2003—2009	美国	ICESat GLAS，地球科学激光高度计系统	海冰，冰盖，表面地形
2006—2011	日本	ALOS，先进陆地观测卫星 PALSAR，相位阵列 L 波段 SAR	SAR
2006—	中国	FY-3A VIRR，可见光/红外辐射计 MODI，中等分辨率可见光/红外成像仪	海洋水色，SST
2006—	ESA	METOP-A ASCAT，先进散射计 AVHRR-3，先进甚高分辨率辐射计	海面风场，SST
2006—	加拿大	RADARSAT-2	SAR

续表

发射时间/年	国家/地区或机构	卫星名称和载荷	海洋观测载荷及要素
2007—	ESA	SMOS，土壤湿度和海洋盐度	海表面盐度
2007—2011	中国	HY-1B，海洋-1B	海洋水色
2008—	美国/法国/EUMETSAT	JASON-2 高度计	海洋表面地形
2009—	印度	OCEANSAT-2（IRS-P7） OSCAT，OCEANSAT 散射计	海面风场，海洋水色
2010—	ESA	CryoSat-2 SIRAL，干涉合成孔径雷达高度计	海冰，冰盖地形
2011—	美国/巴西	AQUARIUS	海表面盐度
2011—	美国	NPOESS 预研项目（Suomi-NPP） VIIRS，可见光/红外成像/微波组件	SST，海洋水色
2011—	法国、印度	Megha-Tropiques MADRAS，微波分析和探测降雨与大气结构传感器	降雨
2012—	日本	GCOM-W1 AMSR-2，先进微波扫描辐射计	海冰，SST
2012	ESA	METOP-B	海洋风，SST
2013	印度/法国	SARAL AltiKa（Ka 波段高度计），Argos（数据中继）	Envisat-Alt 的后继星
2013	日本	ALOS	SAR
2014	NASA/CNES/NOAA	JASON-3 POSEIDON-3B 高度计	海洋表面地形
2014	日本	GCOM-W1 SGL1，第二代全球成像仪	海洋水色
2014	ESA	Sentinel-3	SST，海洋水色
2014	NASA/JAXA	全球降雨观测计划 GPM，双频降雨雷达微波成像仪	降雨
2015	美国	ICESat-2 激光高度计	冰盖，冰盖地形
2015	美国/德国	GRACE-2	重力测量

源自 CEOS（2013）和 NASA 的多种信息源。

第 2 章 海洋表面现象

2.1 引言

本章对开阔海洋与海冰的有关特性进行总结，这些特性会改变海洋表面（海表面，或称为海表、海面）状态并影响所有频率的发射辐射与反射辐射。对于开阔海洋，海面的特性包括风生毛细波和毛细重力波、破碎波、泡沫的生消以及长波和海流对短波的调制等。自然和人为的油膜也会抑制短波。在更长的时间周期和更大的空间尺度上，洋流涡旋、罗斯贝波和开尔文行星波会引起海洋表面较大的高度变化。影响辐射的极地海冰特性包括密集冰的区域范围和类型、冰山的存在及其大小等。

2.2 节将讨论对遥感十分重要的海面风场和海浪的特性，特别是短周期的毛细波和长周期的重力波之间的差异，重力波形状随波浪振幅的增加发生的变化，毛细波在长波表面上的生长，波浪破碎的影响和泡沫的生成等。泡沫由气泡构成，其反射率大，能够改变海表面的反射率和发射率。泡沫的这种物理特性对遥感所有频段的观测都有重要影响。这一节还讨论波面斜率的分布与风向方位角的函数关系。虽然上述关系问题不是很清晰，但它对于确定可以将卫星所有频段观测淹没掉的太阳反辉区、对于微波频段风场的观测，都是一个关键问题。这一节最后还将对表面油膜进行简要介绍。2.3 节讨论洋流和长周期行星波导致的海面高度变化，2.4 节简要介绍海冰的类型及特征。

2.2 海洋表面的风和浪

海洋表面风场在温带海面的变化中起着主导作用。最普遍的海面变化过程是风产生海浪，另一个过程是表面风应力和大气热交换驱动大洋环流。图 2.1 显示了由两种方式获得的全球无冰水域的风速分布，一种方式是通过星载被动微波遥感/专用微波成像仪（SSM/I）的风速观测，相应的技术在第 9 章介绍；另一种方式是与卫星观测资料的位置匹配的基于网格化海表面气压计算出的（美国）国家环境预报中心（National Center for Environmental Prediction，NCEP）再分析风速。图 2.1 以及全书中的海面风速表示对应于 10m 高度上的测量值，称为 10m 风速 U。图 2.1 中两组数据的统计结果表明，风速分布的峰值在 5～8m/s，约有 40% 的风速在该范围内，平均风速约为 7m/s。虽然超过 12m/s 的风速在生成波浪、泡沫以及把动量转移到淹流方面有很大的贡献，但在直方图上仅占 10%。

如 Phillips（1977）所述，风生海浪的振幅和波长的范围取决于大气洋湍流通量。该通量在很大程度上依赖于海面上的温度层化，如果大气比海面暖，那么大气是稳定层化，这样对于同等的风速，湍流通量比不稳定的层化要小。因此，在同等风速下，较强的通量能够生成更多的波和海面粗糙度；反之，弱的通量对波和粗糙度的生成效果差。微小的悬浮物同样也会影响海面的响应。总之，风生海浪的频率和振幅分布不仅取决于风速 U，也与海洋-大气温度差和海上微小悬浮物的有无相关。

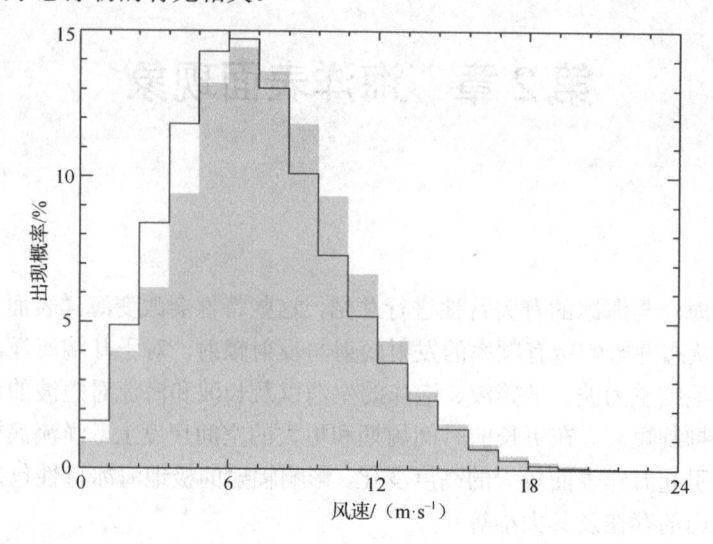

图 2.1 由 SSM/I（阴影区）和位置匹配的 NCEP 气压（轮廓线）数据得到的 10m 风速直方图。两组数据由 1992 年 1 月到 1997 年 12 月期间测量的 6.8×10^{10} 个观测点组成。图中横轴的最小刻度为 1.2m/s

风生波浪的波长范围从小于 1cm 到几百米，这取决于卫星遥感器的观测窗口，上述波长对遥感观测而言都非常重要。海洋长波是重力主导的，但对于厘米级波长的波浪来说，表面张力或毛细作用的影响变得很重要。对于海水的表面张力，图 2.2 中对比了纯重力波和毛细重力波的相速度（Phillips, 1977）。图中显示，重力波的相速度随着波长的增加而增加，而毛细重力波的相速度在波长为 1.8cm 处最小。图中还显示了在同样的波长条件下，毛细重力波比重力波传播得快，并且波长直到 7cm 左右时表面张力仍有重要影响。虽然毛细重力波比长重力波的波长短，但它们的存在和相对于风向的分布对微波遥感有很大影响。

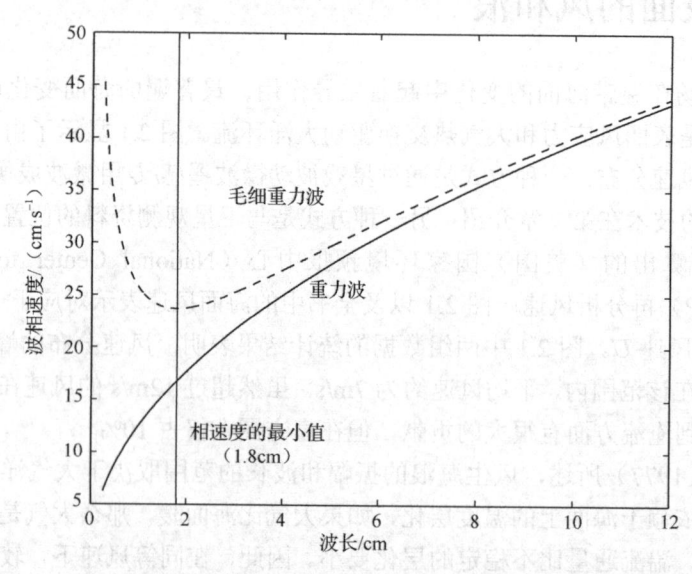

图 2.2 海水毛细重力波（虚线）和纯重力波（实线）相速度的比较。垂直线标出了毛细波相速度最小值。更多信息见正文

对池塘或水池的观察表明，与 Kawai（1979）在试验中所演示的一样，当波长接近相速度达到最小波长时，毛细重力波在阵风之后即形成并生长。在风后的几秒内，这些波在最小波长附近达到一种平衡的分布，与位置无关，并且在风停后迅速衰减。如果风持续，最大振幅或主波的频率变为低频和长波长。这和毛细波在涌浪场上的生长是相同的（Donelan 和 Pierson，1987，第 4975 页）。

海洋涌浪的生成与毛细波不一样，主要是因为海洋涌浪产生的位置可以离观测位置很远，涌浪特性在风速变化下只是缓慢改变。风生长周期波的演变可以描述成时间或风区的函数，风区可以定义为由海岸持续作用的顺风距离。这里引入时间描述均匀风场（uniform wind）的情况，风在一个特定的时刻开始，吹过远离海岸的、起初平静的水面。毛细波最先出现，随后是高频率的重力波出现。随着时间的推移，波在更低的频率上形成，具有较长波长、较大振幅，和频率不同的是，振幅分布和大小随着时间的推移而增加。波持续生长到从风中获得的能量等于破碎和黏滞所消耗的能量而结束，这时达到平衡且波谱与位置无关。风区的描述应用于稳定的风由岸吹向海洋的情况，这时波浪谱不依赖于时间，主要依赖于风速和作用距离（Huang 等，1990，特别是其中的图 1）。从而，当风吹的距离增加时，波的振幅和波长增加。在远离海岸的地方，波浪谱再次达到与风速的平衡。

在冬季，北半球季节性的最强风和最大波浪出现在北大西洋和北太平洋；在南半球，最强风和最大波浪出现在南大洋，南大洋是一个环极地的没有陆地阻隔的海域。Kinsman（1984）的研究表明，1500km 的风区足以形成巨浪。迄今已观测到的最大浪高是 34m，由美国军舰 Ramapo 号 1934 年在北太平洋中部记录（Kinsman，1984，第 10 页）。暴风中波浪的特征波长（characteristic wavelength）从北大西洋的 150m 到南大洋的 240m。已经观测到波长长至 600m 的长周期涌浪（Kinsman，1984）。

2.2.1 波剖面随振幅的变化

通常，用 a_w 来表示波浪振幅，振幅定义为波峰到波谷距离的一半，波数定义为 $k_w = 2\pi/\lambda_w$，角频率为 $\omega_w = 2\pi/T_w$，这里 T_w 是波周期，λ_w 是波长，下标 w 是用来和以前表示电磁波的项加以区分的。如果 η 是从平均自由表面测量的波高，并且 x 方向和波传播方向一致，小振幅的波浪可描述为

$$\eta = a_w \sin(k_w x - \omega_w t) \tag{2.1}$$

波振幅的无量纲形式是波陡 $a_w k_w$。在小振幅或 $a_w k_w \ll 1$ 时，重力波完全是正弦波；随着 $a_w k_w$ 的增加，波剖面的描述需要增加高阶谐波。对三个不同的 $a_w k_w$ 值，图 2.3 显示了从式（2.1）得出的波剖面的变化，它是从经典的斯托克斯波动解的三次展开式导出的 [Lamb，1945，250 节，公式（3）]。图 2.3 中最上面的曲线对应着 $\lambda_w = 100$m 和 $a_w = 1.6$m，近似为正弦曲线；图中中间的曲线，在相同的波长下，a_w 增加到 3.2m；图中最下面的曲线 a_w 增加到 64m。对比这些曲线，可以看到加入非线性项后波剖面表现为宽的波谷和窄而尖的波峰，所以使得波的形状趋向于摆线状（Kinsman，1984，第 255 页）。随着波振幅的增加，波剖面从正弦到摆线变化，这对于被动微波遥感和雷达高度计的海面观测有非常重要的影响，如下所述，对于波的衰减和破碎也有同样重要的影响。

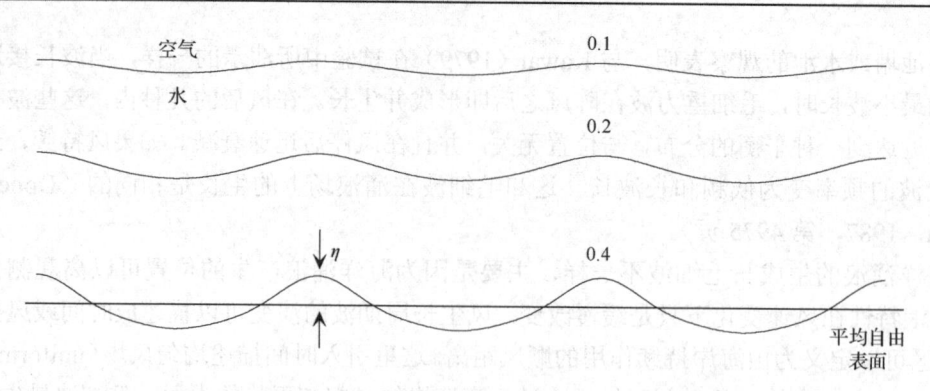

图 2.3　单一频率重力波剖面。不同波陡 $a_w k_w$ 值标在每个波剖面的上方，纵轴方向大了 60%，以突出波形随波幅的变化

Lighthill（1980，第 453~454 页）给出了重力波可能达到的最大振幅 a_{max}：

$$a_{max} k_w = 0.444 \text{ 或者 } a_{max} = 0.0706 \lambda_w \tag{2.2}$$

由此得出，波长为 100m 的波浪最大振幅是 7m。当波浪接近这个最大振幅时，理论研究表明，波峰保持对称，内角趋于 120°。在 1/4 波长处测量，最大波陡是 15°。

对于大振幅的重力波和毛细重力波，如 Kinsman（1984，第 538 页）描述的，波峰曲率增加的效应之一是，长波能量的传播导致在波峰的背风面形成毛细重力波（见图 2.4）。由于毛细波因黏滞性迅速衰减，从长波传递给它们的能量被耗散掉，导致长波振幅减小。因此，这些波称为"寄生毛细波"。因为这些毛细波导致了波峰的不对称性，所以对粗糙度敏感的仪器在逆风向观测时比顺风时有更大的响应，如第 9 章和第 11 章所述，可以利用微波仪器测定风速和方向。

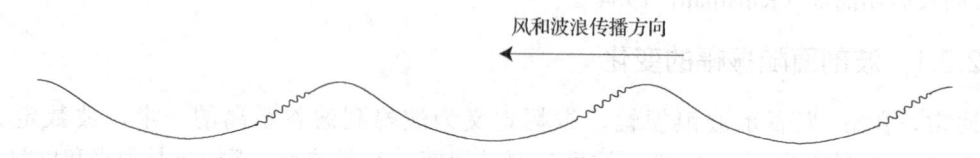

图 2.4　寄生毛细波成长于波峰的背风面（图中纵轴方向的尺度被放大）

2.2.2　波浪破碎、能量吸收和泡沫特性

如果风持续地将能量传递到波浪长波中且振幅达到了它的最大值，那么长波就会破碎；相反，毛细重力波则不会破碎，而是将能量传递给更短波长的寄生毛细波和不破碎的湍流。图 2.5 展示了波浪槽内 10cm 长波的一张照片及其振幅的示意图，并且显示了一处波峰区域没有破碎的湍流，寄生的毛细波在背风面。

海浪长波在深水条件下的破碎有以下几种情况：若风速足够大，当波峰达到接近 120°的三角形，那么波峰向前涌出并且在波浪的正面落下，形成破碎（Donelan 和 Pierson，1987），这称为"白浪"。白浪在风速约大于 3m/s 时开始出现（Melville，1996；Anguelova 和 Webster，2006）。波浪破碎，降低了波浪的振幅，使得海水滴进入到空气中，以及把气泡混在海水中而生成短暂的泡沫层。当风速为 9~11m/s 时，泡沫开始形成，它由波峰中溅出的飞沫组成。

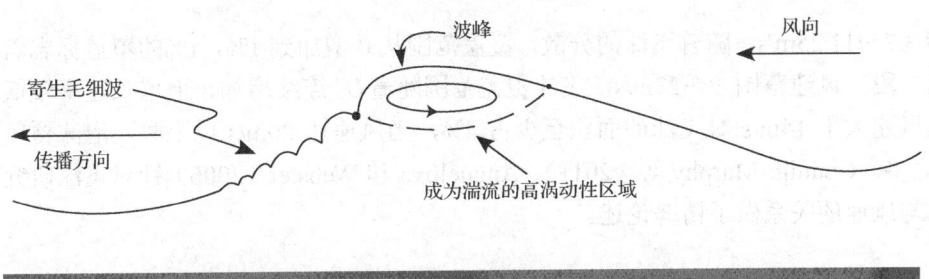

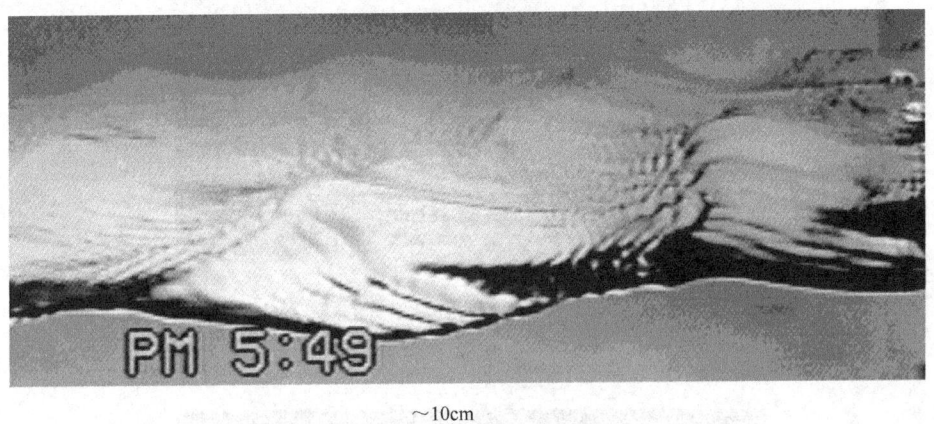

图 2.5 一张风生重力波的照片和示意图，风生重力波传递能量到寄生毛细波 [引自 Jessup 和 Zappa（1997）的图 1]

图 2.6 显示了 3 幅在北大西洋风暴中破碎波和泡沫生成的照片。阵风风速为 25～30m/s，报告的浪高为 12～15m。图片展示了强风期间的海表面粗糙度和泡沫。图 2.7 是一张日本海低空斜视航空照片，风速是 17m/s，泡沫覆盖了海表面相当大的部分。这里的图片中每一张都能看出高风速和波浪破碎，泡沫在海面上非常普遍。Perkowitz（2000）指出，一般情况下有 2%～3%的海洋表面被泡沫覆盖，这相当于美国的国土面积。如第 9 章所述，寄生毛细波破碎波和泡沫必须在海面微波遥感中予以考虑。

由破碎波导致的液滴飞沫在光学遥感中也具有重要影响。Perkowitz（2000）证明，海水飞沫每年将 10^9 t 的海水盐分输送到海洋边界层，这些盐分生成的气溶胶降低了海洋边界层的透过率，所以在水色反演中必须确定气溶胶的含量。飞沫改变了海洋表面的反射和发射特性。在可见光波段，飞沫的反射率比海水高，这会造成水色反演的误差；在微波波段，飞沫与海水的发射特性不同，飞沫覆盖的面随着风速增加，飞沫对风场反演具有重要影响。

Frouin 等（1996）和 Moore 等（2000）总结了白浪飞沫的物理性质。它由两部分组成：海表面飞沫和水面下泡沫。海表面飞沫是由薄海水膜包裹起来的小体积气泡组成的；水面下泡沫是由破碎的波浪把空气卷入海水中形成的。根据 8m/s 风速条件下的现场观测资料，Lamarre 和 Melville（1996）的研究表明，气泡可至少深达 3m，处于表面以下的空隙率约为 20%，且气泡数密度随深度以 0.18m 的 e 折尺度衰减（Melville，1996，图 3；Baldy，1993）。表面气泡的聚合和更深处气泡的缓慢上升可持续约半个波周期或长达 10～20s（Lamarre 和 Melville，1996；Koepke，1984）。

虽然飞沫的面积和持续时间依赖于风区、风速和空气与海水温度，但 Callaghan 等（2008）利用现场观测资料证明飞沫覆盖范围近似依赖于 U^3，并且可用分段函数表示。第一段，风速范围 3.7~11.25m/s，随着飞沫的分散，覆盖范围从 0 增加到 1%，1%的覆盖标志着海浪破碎；第二段，风速范围 9~23m/s，飞沫覆盖范围随着U^3连续增加，但增长速率较低。这就导致当风速大于 14m/s 时飞沫的面积至少占 4%，当风速达 20m/s 以上时，泡沫覆盖面积可达 8%之多。Goddijn-Murphy 等（2011）、Anguelova 和 Webster（2006）针对飞沫研究和飞沫覆盖率与风速的关系做了精辟论述。

图 2.6　1991 年 12 月期间在北大西洋风暴中海浪和破碎波的实例。阵风风速 25~30m/s，报告的波高是 12~15m。上图是大的破碎波；中图是"骑"在长波上的较短波长破碎波；下图是短暂而强劲的风产生的破碎波［图片由 E. Terrill 和 W. K. Melville 拍摄；引自 Melville（1996），Annual Review of Fluid Mechanics，卷 28，图 1］

图 2.7 通过航空倾斜摄影拍摄的破碎波和泡沫照片。2000 年 2 月 28 日拍摄于日本海上空的双旋翼气象飞机上。周围气温约为-0.8℃,飞机高度为 38m,飞行方向是 330°,风速 17m/s,风向 340°(见彩插)

2.2.3 均方根振幅和有效波高

很多情况下,波浪场可以描述为一系列任意振幅、波长和传播方向的波浪的总和。与单一频率的波浪相似,合成波浪的振幅定义为波高 $\eta(x,y,t)$ 的函数,其中,x 和 y 位于平均自由表面所在的平面,为了与下一节统一,x 轴指向顺风方向,y 轴是侧风方向。在定义中,$\bar{\eta} \equiv 0$,$\bar{\eta}$ 的上横线表示对波浪振幅长时间周期的平均,均方根位移 σ_η 由下式给出:

$$\sigma_\eta^2 = \overline{\eta^2} \tag{2.3}$$

此参数经常用来描述随机海浪场的振幅。对于式(2.1)中的简单正弦波,$\sigma_\eta^2 = a_w^2/2$。

波浪的振幅也可以用有效波高(SWH)或 $H_{1/3}$ 来描述。有效波高的定义比较特别,它的定义是 1/3 个大波波峰到波谷垂直距离的平均值。在遥感中,$H_{1/3}$ 通常用来描述卫星高度计观测的海洋涌浪特性。$H_{1/3}$ 的定义基于海员如何从船上估计波高,用于早期的波浪预报模型中(Kinsman,1984)。Wunsch 和 Stammer(1998,第 233 页)描述 $H_{1/3}$ 为"过时的但历史上很重要"的一种波浪高度定义。Kinsman(1984,第 302 页)认为没有什么特别重要的意义,它只是一种平均而已。Chelton 等(2001b)回顾了 $H_{1/3}$ 并认为它可以用 σ_η 表示:

$$H_{1/3} = 4\sigma_\eta \tag{2.4}$$

图 2.8 示出了通过数学模型计算得到的波浪场 σ_η 和 $H_{1/3}$。对于窄带宽的遥感观测,式(2.4)是精确的;对于较宽的带宽,式(2.4)中的系数从 4 减少到 3。因为 Chelton 等(2001b)指出这个变化对高度计反演的影响可以忽略不计,所以式(2.4)是一个合理的近似。

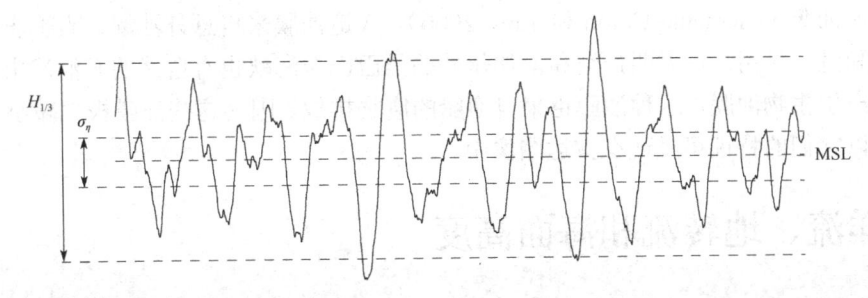

图 2.8 振幅近似高斯分布的随机波浪场和放大后的振幅示意图。图中示意了平均海面(MSL)、均方根波高和有效波高

2.2.4 海浪斜率

相对于风向的波浪斜率方位分布以三种方式影响遥感。第一，在所有频率上，具有不同斜率的海面可以反射太阳光到仪器里且淹没需要的观测信息。在山坡上或高的建筑物上看水表面，可以看到在由风产生的粗糙表面上太阳光的反射为一个明亮的漫射斑点，它由许多短暂的小反射平面构成。这个现象称为"太阳耀斑"或"太阳耀光"。第二，波浪斜率使穿过海面到达水体内的太阳光漫射，改变了对水色反演十分重要的离水辐亮度。第三，波浪斜率的方位分布与风向有关，因此，利用主动和被动微波遥感的观测可以反演风速和风向。

在讨论海浪斜率时，总均方斜率 σ^2 以及顺风和侧风的波浪斜率（σ_L 和 σ_C）定义为

$$\sigma_L^2 = \overline{\eta}_x^2, \sigma_C^2 = \overline{\eta}_y^2, \sigma^2 = \sigma_L^2 + \sigma_C^2 \tag{2.5}$$

对于式（2.1）的正弦波，均方斜率是 $\sigma_L^2 = a_w^2 k_w^2/2$。在遥感领域也许是引用最多的文献 Cox 和 Munk（1954）中，使用了拍摄于夏威夷附近不同风条件下太阳耀斑的航空照片描述作为风速函数的反射斜面角分布。结果表明，最大斜率存在于逆风和顺风方向；最小斜率在横风方向，且斜率随着方位角平缓变化。他们还发现，大的波面斜率在逆风向比顺风向的可能性稍大。

Cox 和 Munk（1954，第 206 页）提出波浪斜率分布的这种不对称性，来自前向波面的寄生毛细波。因此，太阳在海面上的反射形成一个椭圆，长轴与风向平行，短轴垂直于长轴，且逆风向的椭圆稍大一些。对于 1m/s<U<12m/s，Cox 和 Munk（1954）以及 Wu（1990）结合许多研究成果重新进行分析，表明侧风和顺风均方斜率之比 σ_C^2/σ_L^2 在 0.6~1.0 之间变化，均值为 0.8。

根据 Mobley（1994，4.3 节），Cox 和 Munk（1954）发现平均斜率与风速的线性关系，

$$\sigma_L^2 = AU, \quad A = 3.5 \times 10^{-3} \text{s/m}$$
$$\sigma_C^2 = BU, \quad B = 2.8 \times 10^{-3} \text{s/m} \tag{2.6}$$

在 Wu（1990）的重新分析中发现，斜率随风速 U 以对数形式变化。在 U< 7m/s 时，σ^2 的各分量随风速缓慢增加；而当 U >7m/s 时，它们随风速更快地增加。

2.2.5 表面油膜

根据现场试验的结果，Cox 和 Munk（1954）认为，1μm 厚度的油膜可使海面斜率减少到清洁水体时的 $\frac{1}{2}$ 或 $\frac{1}{3}$，并且导致波长小于 0.3m 的波消失。如第 13 章所述，油膜对波的抑制，使得可以用雷达来获取油膜信息。来自海洋的油膜分为自然的和人造的油膜，以及生物油膜和石油油膜（Clemente-Colón 和 Yan，2000）。人造油膜来自意外泄漏、船舶非法排放的石油产品和港口排污。在墨西哥湾和南加州外的圣巴巴拉海峡也有自然的石油渗出。浮游生物和鱼类产生生物油膜，这种油膜也来自渔船的废物排放。因为这些油膜极大减小了短波的振幅，所以它们的特征可显现在雷达图像中。

2.3 洋流、地转流和海面高度

海洋的上层主要受风驱动的动力现象所支配，例如墨西哥湾流、黑潮、南极绕极流和沿

岸上升流。结合热带蒸发、南北极冷却,以及季节性的加热和冷却,风应力决定了上层海洋的垂向质量通量并维持其密度结构(Wunsch,2002)。

对于旋转的地球,地转流动近似描述了地转流、密度结构和表面高度之间的关系。在垂直方向上,假定海洋接近流体静力学平衡,因此

$$\frac{\mathrm{d}p}{\mathrm{d}z} = -g\rho(p,S,T) \tag{2.7}$$

在式(2.7)中,p是压强,g是重力加速度,ρ是密度,S是盐度,T是温度。变量ρ、S、T使用海洋仪器测量并经常根据局地直角坐标系坐标(x, y, z和t)给出,它们随着地球而转动(见图2.9)。从Cushman-Roisin(1994)开始,这些坐标遵从以下约定:z与重力平行且向上为正,x和y位于水平面,x与经线平行,y与纬线平行。

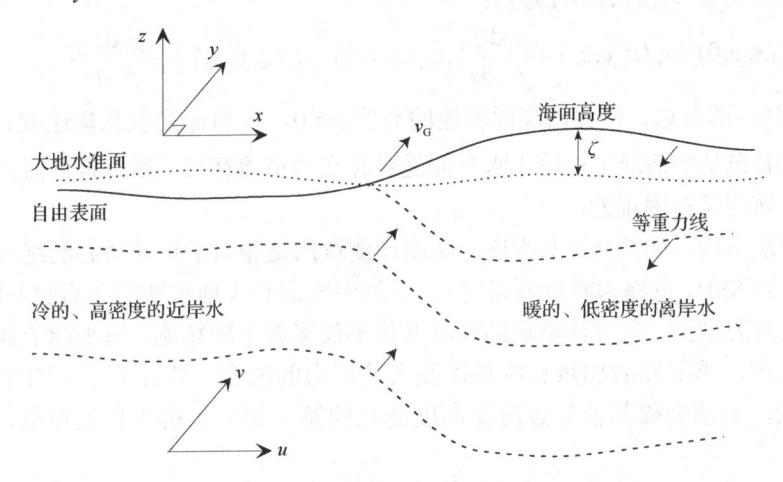

图 2.9 北半球的地转流沿着固定的纬度线,此图基于墨西哥湾流绘制。此图示意了自由表面(实线)、大地水准面(geoid)、等势面(equipotential)(点线)和等密度线(虚线)以及达到地转平衡的速度。变量ζ是高度计观测的海面高度[改编自Stommel(1996)中的图1]

在水平方向上,近似忽略了运动方程里的时间项和非线性项(Cushman Roisin,1994)。地转流源于水平压力梯度和科氏力(Coriolis force)的平衡。$f = 2\Omega_\mathrm{E} \sin\chi$是科氏参数,其中$\Omega_\mathrm{E} = 7.727 \times 10^{-5}\,\mathrm{s}^{-1}$是地球自转角速度,$\chi$是纬度。对于地转流$x$和$y$方向上的分量分别为$u_\mathrm{G}$和$v_\mathrm{G}$,近似可得

$$\rho f v_\mathrm{G} = \frac{\mathrm{d}p}{\mathrm{d}x}, \rho f u_\mathrm{G} = -\frac{\mathrm{d}p}{\mathrm{d}y} \tag{2.8}$$

结合式(2.7)和式(2.8)得出在高度z下的v_G,其和z_0有关,

$$v_\mathrm{G}(x,y,z) = \frac{g}{f} \int_{z_0}^{z} \frac{\mathrm{d}p}{\mathrm{d}x} \mathrm{d}z + v_0(x,y,z_0) \tag{2.9}$$

u_G也有类似的方程。在式(2.9)中,v_0是一个依赖于z_0的未知参考速度。在任意深度测量v_0,包括自由表面,结合内部密度分布的知识可以求解绝对速度剖面。

图2.9为地转流的示意图。图中基于墨西哥湾流绘制了沿固定纬线上的密度分布和海面高度。箭头指向为地转流v分量,虚线表示等密度面,实线表示海面高度,且点线表示大地水准面。如第12章所述,大地水准面是没有加速度水平分量的等势面,在无外力时与平均海平面相对应。

海洋中不均匀的密度分布导致了海面高度在大地水准面上的起伏。如图2.9所示，近海水体冷且密度大，远海水体暖且密度低。在这些水体内，如果相邻的水团位于海水表面和相同压力的等深面之间，那么这样的水体有相同的质量。因为近海的水团比远海水团的密度大，它的高度比远海水团低。湾流海面高度的变化范围为10cm～1m，海洋涡旋高度变化相对较小。

传统海洋学中相对海面高度的测量与高度计的观测之间存在重要差异。在传统海洋学中，海面高度是一个相对观测量，称为"动力高度"$\zeta_D(x,y)$。动力高度是相对于参考深度或压强计算的，其中，压强通过对各海洋站点或断面垂向密度异常值的积分得到（Pond 和 Pickard，1986，第8章）。参考深度被称为"静止水平面"，如果在此深度有运动，相对于任意参考面的表面高度位移和地转流的速度可被测量出来。在海表面，地转流的速度可以用动力高度的斜率来表示（Knauss，1997）：

$$v_G(x,y,0) - v_0(x,y,z_0) = \frac{g}{f}\frac{d\zeta_D}{dx}, u_G(x,y,0) - u_0(x,y,z_0) = -\frac{g}{f}\frac{d\zeta_D}{dy} \qquad (2.10)$$

在式（2.10）的左边，估算出表面流速的高度 $z=0$，v_0 和 u_0 是任意恒速度。因为深度的不确定性，或者在某些情况下，静止水平面是否存在也值得怀疑，所以根据海洋学观测来确定绝对地转流速度是很困难的。

与上述方法不同，如第12章所述，高度计测量的是相对于地球质心的绝对海面高度。这里，海面高度（SSH，也称为海表面高度）定义为海表面和大地水准面之间的差值$\zeta(x,y,1)$。因为这是个绝对的测量，高度计测量的高度变化不仅来源于地转流，还来源于其他地球物理过程，包括潮汐、季节性的加热和冷却以及大气压力的改变。要计算 ζ 分布中仅由于地转流产生的贡献，必须去除其他导致海面高度变化的源。然后，引入科氏参数，式（2.10）可写为

$$v_G(x,y,0) = g(2\Omega_E \sin\chi)^{-1}\frac{d\zeta}{dx} \quad u_G(x,y,0) = -g(2\Omega_E \sin\chi)^{-1}\frac{d\zeta}{dy} \qquad (2.11)$$

因为式（2.11）是以绝对表面位移 ζ 表达的，所以式（2.10）的未知量 v_0 和 u_0 不再出现。上式表明，直接海面斜率测量可得到表面地转流速度。基于这个结果，假如能够获取同步的海洋内部测量值，那么根据式（2.9）可计算得到内部地转流速度剖面。

影响地转平衡的因素至少有三个方面。第一，在赤道附近 χ 变成了0，式（2.11）的分母也接近于0，则该式的地转流方法不再有效。因此，近赤道流的动力学变化与高纬度区域不同。第二，真实的海洋流动不是稳定的，而是随时间变化的。在这种情况下，地转平衡要附加一个小的加速度项。因为不稳定因素在地转方程中非常小，基本上不能由海洋测量直接地观测到，因此地转流速度仍由式（2.9）和式（2.10）导出。第三，即使在式（2.11）中给出高度计观测的 ζ，导出的地转表面流速度也不一定是真实的表面流速。这是因为在表面边界层流速并不趋于地转平衡，流场更多地受风和海浪产生的湍流应力的影响。尽管风的作用支配着海洋上层100m的流体，而地转流速在这个深度以下占主导地位，相应的压力梯度决定了海面斜率，所以内流和海面斜率之间的关系仍然满足（Wunsch and Stammer，1998）。

表2.1给出了不同海流的典型时空尺度。在表中典型高度/空间尺度这一列，第一个数是海流相应的典型高度，第二个数是水平运动的空间尺度。海流的最小空间尺度相当于Rossby变形半径，范围从北极区域的10km左右、中纬度的60km到热带的200km；最小的时间尺度是 1～2 天（Cushman-Roisin，1994）。海流最大的空间尺度是海盆尺度，在太平洋有

10 000km。不同尺度的海流是相关的，例如，墨西哥湾流和黑潮这些西边界流，构成了强劲的北向流，其横向宽度约为100km，而且其扩散的翻转流在海盆内的空间尺度达10^4 km量级。叠加在时间平均海流上的是多种与时间相关的流，它发生在不同的时空尺度，通常称为中尺度涡，并且可能比平均海流的能量高一个或更多个量级（Wunsch和Stammer，1998）。

表2.1 不同海流的典型时空尺度

现 象	典型高度/空间尺度	周 期	说 明
西边界流（墨西哥湾流，黑潮）	130cm/100km	数天到数年	位置是变化的，在输运上有25%的变化
海盆尺度环流（北大西洋流、北太平洋流）	50cm/(3～10)×10^3km	一年到多年	25%的变化
中尺度涡	10～25cm/100km	100天	100%的变化
小尺度涡	10cm/10～100km	1～2天	100%的变化
东边界流	30cm/100km	数天到数年	100%的变化，并可能反向
赤道流	30cm/5000km	数月到数年	100%的变化
潮汐	1m/1～100km	1天	100%的变化
沿岸上升流	10cm/10～100km	1天至1周	100%的变化
罗斯贝波和开尔文波	10cm/1000km	数月	100%的变化

表中第二列，第一个数是典型高度；第二个数是水平运动的空间尺度。改编自Stewart（1981）的表1和Chelton（2001）的图3。

最后，拉尼娜和厄尔尼诺之间的转换是行星尺度流的一个重要例证。它们之间的转换造成了热带大气的显著变化，生成了赤道的开尔文波和罗斯贝波，改变了大西洋和太平洋赤道附近的物理和生物特性，并影响了全球气候。在20世纪，厄尔尼诺与拉尼娜交替转换的周期为3～7年，其中，1997—1998年的拉尼娜现象是有记录以来最强的（McPhaden，1999；McPhaden等，2011）。

2.4 海冰

北极和南极覆盖的海冰具有强的季节周期，在调节海洋下层的热和盐通量中扮演着重要角色。Wadhams（2000）通过许多照片对海冰做了很好的介绍。Zwally等（1983）、Parkinson等（1987）和Gloersen等（1992）绘制的北极和南极的图集也描述了海冰的特性，并提供了很多相关的照片。关于北极和南极海冰的当前状态以及用于研究它们的遥感工具，Comiso（2010）也给出了有价值的参考。

第9章将讨论南北极海冰具有周期性的变化特征，冬季海冰覆盖范围最大，夏季则最小。在北极，基于40年的卫星观测表明，夏季海冰覆盖范围的最主要特征是面积以每10年9%～10%的速率减小，在2007年最小的海冰覆盖范围，大约是最初面积的一半（Comiso等，2008）。与此同时，南极海冰覆盖面积基本保持不变，观测不到变化的趋势（Comiso，2010，第6章）。

由于北极海洋是一个几乎被陆地环绕的海盆，而南极海洋则围绕着南极大陆且南极海洋被开阔大洋环绕，所以海冰的类型在这两个海域内是不同的。北极海洋的垂向热通量小，并且每年约有 200mm 的降雪（Wadhams，2000）。北极主要的海冰类型包含初期冰、初冰（冰龄不到 1 年，厚度在 1~2m）以及多年冰（冰龄比初冰长，厚度在 2~4m）。如 Cavalieri（1994）所述，新形成的初期冰有一个高盐度的表层，这使其具有明显的微波遥感信号。

初冰表层含盐量较少，在近表层中包含盐和空气，而多年冰的上表面硬且几乎由淡水组成。夏天，所有类型的北极海冰接近冰点，随着海冰淡化，上层融化形成融池。经历夏天的海冰再冻结，形成多年冰。海冰表面特性的变化，使得可以通过被动微波遥感器来反演出不同海冰的范围。海冰厚度的反演随后介绍。海冰的密度低于海水密度，所以海冰漂浮在水面并且高出吃水线，海冰在吃水线上面的部分称为"出水高度"，如第 14 章所述，通过激光和雷达高度计测量的出水高度，可以反演出海冰厚度。

与北极不同的是，在海洋环绕的南极大陆，邻近开阔大洋具有较大海浪的北大西洋和太平洋冰缘的海冰有着不同的形态。如果有波浪生成，散热和波致混合作用将上层海洋的水冷却至冰点，有时甚至导致轻微的过冷现象。这意味着一旦开始结冰，毫米尺度的冰晶遍及上层，称为"屑冰晶体"，它们浮在海表面。当这些晶体在表面聚集时，形成浆状，称为"油脂状冰"，类似于海上油膜，对短周期波浪有衰减，并且表面呈现出光滑的外观［见图 2.10（a）］。

图 2.10　利用船舶拍摄的格陵兰海上的海冰照片。（a）浆状屑冰晶体称为油脂状冰；（b）莲叶冰

当冰厚接近 100mm 时，它的表面开始冻结，在长周期海洋涌浪的作用下，这些冰断裂成直径为 0.3~0.5m 的浮冰，称为"莲叶冰"[见图 2.10（b）]。波浪驱动的碰撞使莲叶冰的边缘上翘，这种上翘冰边缘的存在增大了大气拖曳系数和雷达反射率。南极周围的海冰主要是通过这个机制形成的，随着时间的推移，这些莲叶冰聚集成大的浮冰。在北大西洋，也会形成这种形状的冰，称为 Odden（Wadhams，2000）。小的冰晶和莲叶冰也会出现在称为"冰间湖"的有风的开阔海域。如第 13 章所述，上述两种冰的类型都可用合成孔径雷达观测到。

因为南极海洋的垂向热通量大约是北极的 5 倍，初冰的厚度约为 0.7m（Wadhams，2000，2.3.2 节）。同样，从陆地吹向海洋的雪和来自邻近开阔大洋的水汽通量，致使南极的海冰聚集的厚度比北极大得多，典型的冰厚为 0.5~0.7m。当薄一些的冰伴有较厚的积雪时，意味着大多数冰处于水面以下。海水浸没了冰表面上的雪，并在海冰的上层表面冻结。根据第 9 章的讨论，上述冻结的过程可以解释为什么南极的海冰相对于北极有不同的微波特性。最后，因为南极的海冰大部分在夏天融化，所以南极很少有多年冰。

第3章 电磁辐射

3.1 引言

本章介绍电磁辐射（ElectroMagnetic Radiation，EMR）与遥感相关的特性。其中，3.2 节简要介绍电磁波的基本属性，包括在不同介质中的传播与偏振；3.3 节介绍描述辐射通量的几种不同方法；3.4 节讨论黑体辐射、普朗克方程以及发射和吸收的概念；3.5 节讨论用于可见光及红外遥感观测仪器的有关光学基本理论，还介绍在实际遥感仪器应用中的带宽和信噪比等术语。

3.2 电磁辐射的描述

像许多教科书描述的那样，电磁辐射具有双重属性，它既表现为离散的量子辐射又表现为电磁波（Jackson，1975；Born 和 Wolf，1999）。在量子理论中，辐射以光子形式传播，光子是由原子和分子状态改变而释放出的没有质量的、离散的能量束。

每一束光子携带的能量 $\hat{E}$ 是

$$\hat{E} = hf \tag{3.1}$$

其中，f 是频率，单位是周期每秒或赫兹，$h = 6.626 \times 10^{-34}$ J·s 是普朗克常数。当辐射只是由少量的分子产生时，这些量子是离散的；当分子的数量增加时，相应的辐射就用经典的波动解来描述。

在波的描述中，麦克斯韦方程组给出了完整表述，其中描述辐射传输介质的参数是磁导率 μ、介电常数 ε 和电导率 σ。海洋学关心的三种不同介质是真空、大气和海洋。这三种介质均被假定为均匀及各向同性、无磁性且不含自由电荷的介质。对于这三种介质中的每一种，$\mu = \mu_0$，μ_0 是真空磁导率，ε 和 σ 是常数。在大气和真空中，$\sigma = 0$，而在海洋中，σ 不为 0。

麦克斯韦方程组的平面波解以电场矢量 E 和磁场矢量 B 给出（变量加粗表示矢量），B 和 E 相互垂直并均垂直于传播方向（见图 3.1），使用这些符号，平面波解的电场部分有如下形式：

$$E = E_0 \exp[i(kz - \omega t)] \tag{3.2}$$

B 也有类似的形式。在式（3.2）中，E_0 是复数波振幅；$k = k + ik_{im}$ 是复波数，实部为 k，虚部为 k_{im}；ω 是波频率，单位是 rad/s。复波数 k 的实部 k 与波长 λ 的关系是 $k = 2\pi/\lambda$；ω 与波周期 T 的关系是 $\omega = 2\pi/T$，与频率的关系是 $\omega = 2\pi f$。

波长 λ 的单位是长度单位，根据观察窗口不同分别用 m、μm（微米或 10^{-6} m）或 nm（纳米或 10^{-9} m）表示；波频率 f 的单位是 Hz、MHz（兆赫兹或 10^6 Hz）或 GHz（千兆赫兹或 10^9 Hz）。早期的光学研究主要按不同波长区分光，因此可见光/红外电磁波主要按不同波段描述；而早期的微波研究主要使用不同频率区分微波,因此微波主要以不同频段来描述。在第二次世界大战中,雷达研发属于保密范围,因此某一具体的波频段通用某一字母表示,在本书中最常用的是 C 频段(4~8GHz)、X 频段(8~12GHz)和 Ku 频段(12~18GHz)。

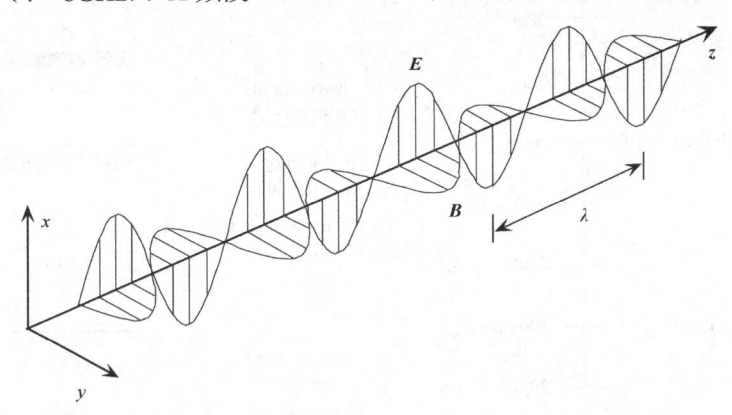

图 3.1　一个平面极化电磁波的电场和磁场分量

3.2.1　电磁波谱段的划分

卫星遥感所在的电磁波谱段非常拥挤,尤其是在微波波段,这严重限制了实际观测频率和带宽的设置。图 3.2 中给出了美国在不同频率和波长范围内的电磁波谱分配情况。在 10^5 Hz,调幅(AM)无线电的波长在千米级,没有用在卫星遥感上。在更高频的 10^7 ~ 10^8 Hz 范围内,包含调频(FM)广播、电视和移动电话谱段。在 10^9 ~ 10^{11} Hz(1~100GHz)频率范围内,包含被动、主动微波遥感和大量商用、军用的通信和地面雷达业务。红外波段在 10^{13} ~ 10^{14} GHz,狭窄的可见光波段在 10^{15} GHz,紫外(UV)波段则在更高的频率上。

因为在图 3.2 中压缩了比例,所以各谱段的分配在图中显得并不拥挤。在 9kHz~1000GHz 范围,美国的电信和信息管理机构以可下载的图表和文档两种形式提供更为详细的谱段分配情况(NTIA,2012),图表中显示了广泛的用户群体及其对遥感谱段产生的拥挤压力,尤其是在 1~20GHz 的频率范围内。如第 9 章所述,这些频率在大气和云中的辐射传播只有少量衰减或几乎没有衰减,因此在这一范围内有大量用户,包括军用和民用雷达、飞机导航、卫星直播和通信、移动电话系统。这些用户给遥感所用频段带来巨大压力,使人们不得不改变已分配的频段并限制其带宽。

正如 9.3.3 节详细介绍的,对于微波频段,这些用户的辐射会干扰对地观测,造成无线电频率干扰(Radio Frequency Interference,RFI)。RFI 既包括卫星直接接收到的广播信号,也包括由海洋表面反射回仪器上的通信卫星信号。无论是被动微波探测还是主动雷达探测,RFI 都会直接影响卫星观测结果。

可见光与红外(VIR)波长在 0.4~20μm 范围。这些波长的电磁波在遥感中被广泛使用,除偶然的激光和一些夜间光污染外,几乎不受其他人工用户干扰。但是,它们会受到云、气溶胶和烟雾的影响。表 3.1 给出了在可见光/红外及其邻近波段内的波段术语和缩写。可见光波谱段位于 0.4~0.7μm,并且近似分成以下光谱段:紫色,400~440nm;蓝色,440~500nm;绿色,500~550nm;黄色,550~590nm;橙色,590~630nm;红色,630~700nm。

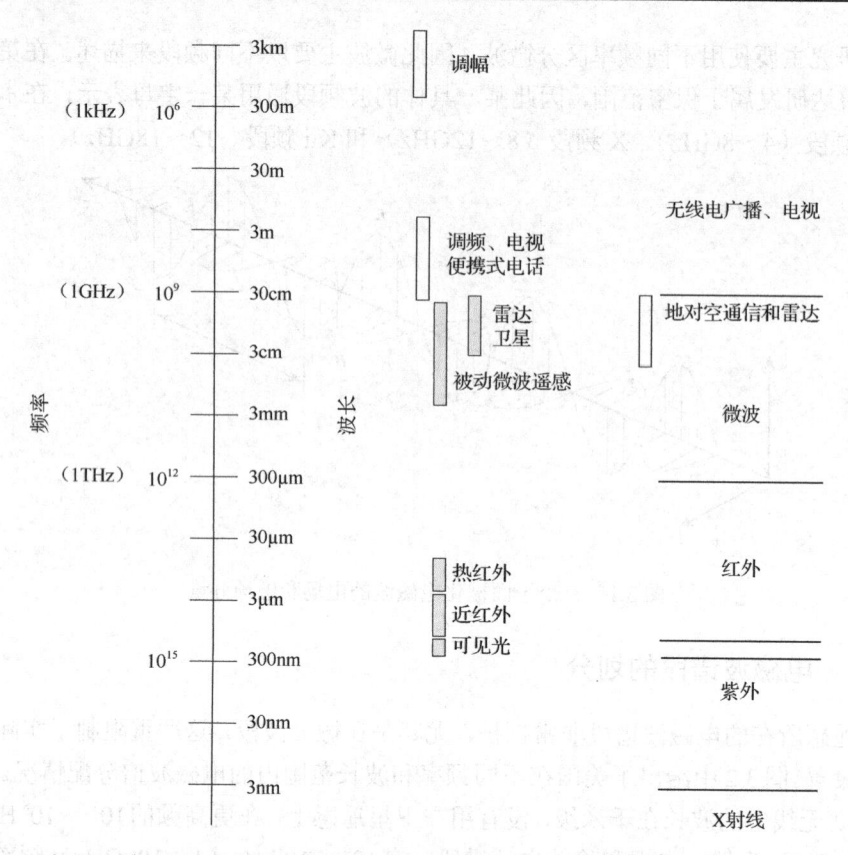

图 3.2　在不同频率和波长范围内的电磁波谱段及其应用。灰色条表示用于卫星遥感的谱段

表 3.1　从紫外到红外的不同波段划分

名　称	缩　写	波　段
紫外（Ultraviolet）	UV	10～400nm
紫外 B（Ultraviolet-B）	UV-B	280～320nm
可见光（Visible）	V	400～700nm
近红外（Near Infrared）	NIR	0.7～3.5μm
可见光/近红外（Visible/Near Infrared）	VNIR	0.4～3.5μm
热红外（Thermal Infrared）	TIR	3.5～20μm
可见光/红外（Visible/Infrared）	VIR	0.4～20μm

改编自 Kramer（1994）、Thomas 和 Stamnes（1999）。

紫外（UV）波段的波长比可见光的短。为完整起见，表中列出对于生物很重要的 UV-B 辐射的波长范围，它破坏 DNA 并会导致皮肤癌。近红外（NIR）波段的波长比可见光的长，与可见光的相似，主要是反射的太阳辐射。热红外（TIR）波段主要来自地球表面热辐射，如第 7 章所述，热红外波段通常用来反演海表面温度。

3.2.2　色散关系和折射系数

色散关系决定了电磁辐射在不同媒介中的传播和在海洋中的衰减。依据 Jackson（1975,

第 10 章）的研究，色散关系的一般形式是

$$k^2 = \omega^2 \mu\varepsilon - \mathrm{i}\omega\mu\sigma \tag{3.3}$$

对于真空，电导率 $\sigma = 0$，因而式（3.3）变成

$$k^2 = \omega^2 \mu_0 \varepsilon_0 \tag{3.4}$$

式中，下标 0 表示真空中的变量。辐射的传播速度即相速度 v 为

$$v = \omega/k = \lambda f \tag{3.5}$$

因而在真空中，光速 c 可以写成

$$c = 1/\sqrt{\mu_0 \varepsilon_0} = 3 \times 10^8 \,\mathrm{m/s} \tag{3.6}$$

在其他介质中，v 是局部光速（local speed of light），可与 c 不等；例如，水中的光速是 $0.75c$。与深水海洋波浪的相速度随着波长增加不同，对于均匀介质，v 是常数。

大气中的辐射传播速度与真空中近似相等，并且在真空、大气、海水三种介质中 $\mu = \mu_0$。但是，因为海水的 $\sigma > 0$，辐射传输变得更加复杂，其色散关系如下式所示（Born 和 Wolf，1999）：

$$k^2 = \omega^2 \mu_0 \varepsilon_0 [(\varepsilon/\varepsilon_0) + \mathrm{i}\sigma/(\omega\varepsilon_0)] \tag{3.7}$$

为把式（3.7）写成更加有用的形式，定义复介电常数 ε_r 为

$$\varepsilon_\mathrm{r} = \varepsilon' + \mathrm{i}\varepsilon'' \tag{3.8}$$

式中，$\varepsilon'' = \varepsilon/\varepsilon_0$，因而，$0 \leqslant \varepsilon' \leqslant 1$，且 $\varepsilon'' = \sigma/(\varepsilon_0\omega)$。将式（3.6）中的 c 和式（3.8）中的 ε_r 代入式（3.7），得

$$k = (\omega/c)\sqrt{\varepsilon_\mathrm{r}} \tag{3.9}$$

为进一步简化上式，折射指数 η 定义为 $\eta = \sqrt{\varepsilon_\mathrm{r}}$ 并且写成 $\eta = n + \mathrm{i}\chi$，这里 n 是实部，χ 是虚部。基于这个定义，

$$k = (\omega/c)(n + \mathrm{i}\chi) \tag{3.10}$$

根据 Born 和 Wolf（1999）的推导，把式（3.10）代入平面波传播方程，得

$$\boldsymbol{E} = \boldsymbol{E}_0 \exp[\mathrm{i}(kz - \omega t)]\exp(-\omega\chi z/c) \tag{3.11}$$
$$\quad\quad\quad\quad (a) \quad\quad\quad\quad (b)$$

在式（3.11）中，（a）项是振荡波动解，其中 $k = \omega n/c$，即波以 c/n 的相速度传播；（b）项是一个指数衰减项。

波的能量与 $\boldsymbol{E}^2$ 成正比，水中的辐射传输由于上式中的（b）项，能量以 $\exp(-2\omega\chi z/c)$ 衰减，或等价为 $\exp(-4\pi\chi z/\lambda)$。因此，吸收系数 $a(\lambda)$ 可定义为

$$a(\lambda) = 4\pi\chi/\lambda \tag{3.12}$$

对于能量衰减，吸收深度 d_a 定义为

$$d_\mathrm{a} = [a(\lambda)]^{-1} = \lambda/(4\pi\chi) \tag{3.13}$$

对于与海水有类似特性的蒸馏水来说，图 3.3 展示了 λ 从紫外到微波范围内折射指数 η 的实部和虚部。图中 χ 最显著的特征在可见光附近，其幅度有 10^{10} 的变化。这一狭窄区域是整个光谱内光可以穿透较深海水的唯一一部分，其物理机理见 Jackson（1975）和 Mobley（1994）的讨论。尤其是，对于 $\lambda = 440\,\mathrm{nm}$ 的蓝光，其在海水中传播，$\chi = 9 \times 10^{-10}$，得到的 d_a 约为 40m。然而，对于 $d_\mathrm{a} = 10\,\mathrm{\mu m}$ 的红外线，$\chi = 0.05$，因而 $d_\mathrm{a} = 16\,\mathrm{\mu m}$，这要比可见光小得多。第 5 章用 η 描述界面上的反射和折射，而对于可见光，则用吸收系数的直接测量结果来探讨 d_a 对 λ 的依赖。

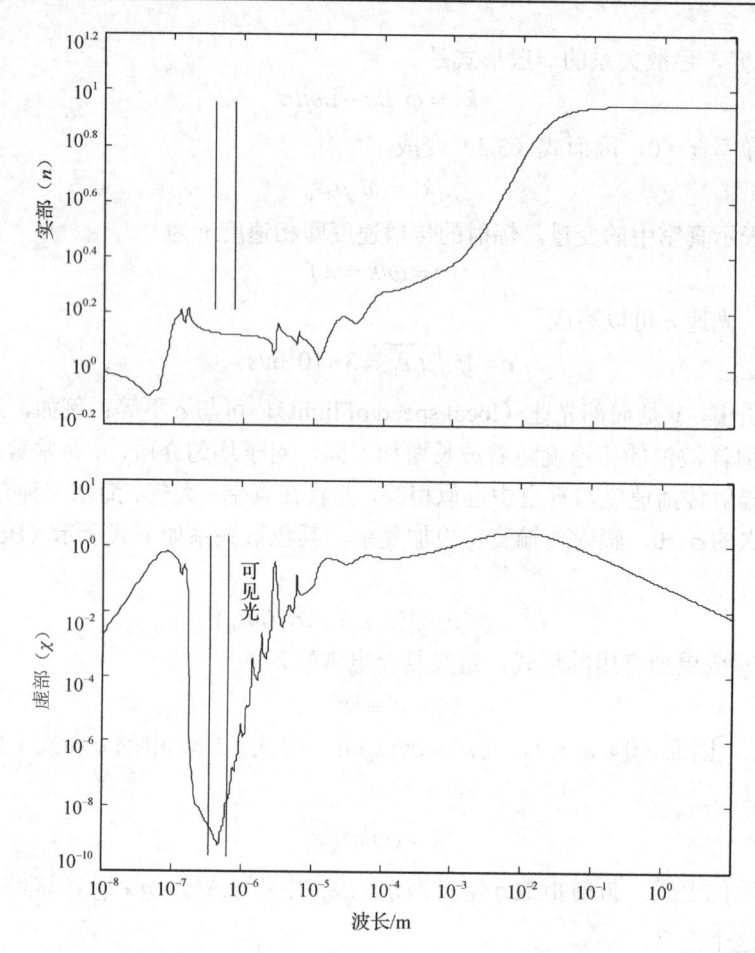

图 3.3 关注波长范围内折射指数 η 的实部和虚部图。两幅图的纵坐标比例不同;一对垂线表示可见光谱范围[改编自 Mobley(1995);数据来源于 Segelstein(1981)]

3.2.3 极化和斯托克斯参数

对于遥感而言,根据从某一表面发射或反射出来的辐射强度和频率分布,可以推断该表面的属性。就像下面要讨论的,辐射的极化(偏振)同样重要。按 Jackson(1975,第 7 章)的描述,平面电磁波一般可以表示为频率 f 在 z 轴方向传播的两个波矢量的和,第一个波的电场矢量平行于 x 轴方向,幅度为 E_x;第二个波的电场矢量平行于 y 轴方向,幅度为 E_y。对于合成的波,对电场矢量 E 随时间变化的描述是遥感的一个重要内容。

首先,对于合成的 E 仅指向一个方向的特殊情况,波是线极化的。第二,如果两个分量的幅度相等但相位不同,那么 E 围绕着 z 轴以频率 f 旋转,波是圆极化的。顺着波传播方向观察,如果旋转是逆时针的,那么波是左旋圆极化,反之则为右旋圆极化。第三,如果两个分量的幅度不同,那么波是椭圆极化的。第四,从太阳这样的源发出的辐射可以是随机极化的,意味着 E 有随机的不同方向。

Jackson(1975)指出,任意极化的平面电磁波可由 4 个斯托克斯(Stokes)参数完全描述。前两个斯托克斯参数是辐射的垂直极化(V-pol)和水平极化(H-pol)分量。对于地球遥感而言,垂直极化和水平极化相对于地球表面的定义如图 3.4 中给出的三维空间透视图和侧视图。电场矢量 E 的水平极化分量位于与地表平行的平面上；垂直极化分量与水平极化分量垂直且位于与地表垂直的平面内。基于这些定义，电场 E^2 的能量正比于 $E_V^2 + E_H^2$，其中下标 V、H 表示不同极化。垂直极化和水平极化的划分仅在 $0 < \theta < \pi/2$ 时有效；在 $\theta = 0$ 或垂直入射时，E 完全位于水平平面上。

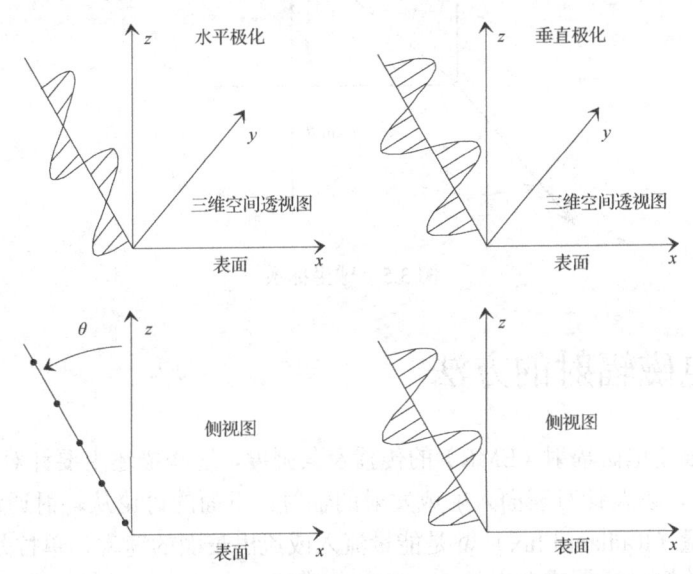

图 3.4 垂直极化和水平极化辐射的电场矢量平面之间的差异（相对于地球表面确定）

如 Jackson（1975）和 Yueh（1997）所述，第 3 个斯托克斯参数与 E 的垂直极化和水平极化分量相关的实部成比例，第 4 个斯托克斯参数与这两个极化分量相关的虚部成比例。另一种表述这两个斯托克斯参数的方式如下：第 3 个参数是水平极化分量和垂直极化分量在 $x-y$ 平面内旋转 $\pm 45°$ 后获得的两个分量之间的差异；第 4 个参数与电磁波的左旋圆极化分量和右旋圆极化分量间的相对强度差异成比例。

如第 9~13 章所述，发射或反射辐射的极化依赖于海洋表面状态，因此在微波遥感中常使用对垂直极化和水平极化敏感的仪器。根据海洋表面发射或反射辐射的频率、极化、强度的测量可以确定海表温度与盐度、风速与方向以及表面是否有冰覆盖。虽然第 3 个和第 4 个斯托克斯分量在遥感中用得要比垂直极化和水平极化分量少很多，但就如第 9 章所述，WindSat 被动微波辐射计通过同时获得 4 个斯托克斯参数来测量矢量风速。

3.2.4 立体几何回顾

本书大都使用图 3.5 所示球坐标系的不同形式，其中 r 是径向距离，θ 是天顶角，ϕ 是方位角。图中还给出了由 θ 和 ϕ 的微小变化产生的微分面积 dA。微分立体角 $d\Omega$ 定义为

$$d\Omega = dA/r^2 = \sin\theta d\theta d\phi \tag{3.14}$$

立体角的单位是球面度 sr（也称为立体弧度），球面的立体角为 4πsr。NASA 经常使用正交弧度来描述光学仪器测量的立体角，以 AVHRR 为例，它有 $1.3\text{mr} \times 1.3\text{mr}$ 的立体角分辨率，其中毫弧度 mr 等于 10^{-3} 弧度。作为比较，3.5.1 节给出了人眼分辨率约为 0.25mr，即约为 AVHRR 分辨率的 $\frac{1}{5}$。

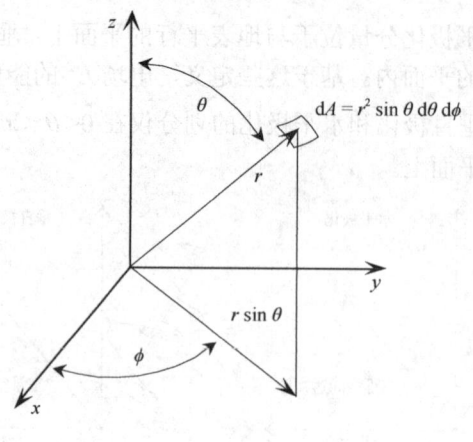

图 3.5　球坐标系

3.3　描述电磁辐射的方法

有多种方式描述电磁辐射（EMR）的传播及其强度，这些描述主要针对能量通量或功率（单位是 J/s 或 W），以及针对表面入射或发射的辐射。下面的讨论从辐射通量 Φ 开始。

（1）辐射通量（Radiant Flux）Φ 是能量流入或流出表面的速率，单位是瓦特（W）。例如，太阳发射的总辐射通量或功率是 $\Phi_S = 3.9 \times 10^{26}$ W。

（2）辐射强度（Radiant Intensity）$I = \mathrm{d}\Phi/\mathrm{d}\Omega$ 是单位立体角的辐射通量，单位是 W/sr，用来描述点光源的辐射传输。根据 Φ 的定义，以及一个球面有 4π 立体弧度，可得太阳的辐射强度是 $I = 3.1 \times 10^{25}$ W/sr。

（3）通量密度（Flux Density）$\mathrm{d}\Phi/\mathrm{d}A$ 的单位是 W/m^2，是入射到单位表面或从单位表面上发射的辐射通量。入射通量密度称为辐照度（Irradiance）E；发射或者流出的通量密度称为出射度（Exitance）M。本书遵循海洋学的惯例用辐照度 E 表示入射和出射辐射。例如，假设一个 1m^2 的正方形面板在地球轨道上与阳光垂直，对于平均地日距离 1.5×10^8 km，这一面板所对应的立体角是 4.4×10^{-23} sr，因此入射到面板的辐照度是 $E = 1400$ W/m^2。

用符号 E 表示辐照度是不合适的，因为它会和电场矢量符号 $\boldsymbol{E}$ 相混淆，即使 E 是和 $\boldsymbol{E}^2$ 成正比的。辐照度有三种形式，分别为标量辐照度（Scalar Irradiance）、矢量辐照度（Vector Irradiance）和平面辐照度（Plane Irradiance）（Mobley, 1994）。标量辐照度是从所有方向入射到球面传感器上的辐照度；矢量辐照度是一个辐照度的正交空间分量；本书主要使用的是平面辐照度，其由各方向入射到平面上侧或从平面下侧出射的通量构成，某一方向的通量对平面辐照度的贡献权重为其与该平面垂线方向的夹角的余弦。平面辐照度就是平板传感器收集到的辐射。

想象一个放置在海洋表面的 1m^2 的平板，收集入射到它上面的所有辐射。图 3.6 中给出了一个平板收集器的示例，它测量平面辐照度，通常称为余弦收集器（cosine collector）。具体观测原理如下：如果一束平面平行辐射垂直入射到一个平面上，那么一个面积为 ΔA 的面元接收到的辐照度为 $\Delta \Phi / \Delta A$；但是，如果这个平面相对于垂直于光束方向有夹角 θ，那么与光线垂直的 ΔA 分量以 $\cos \theta$ 减小，入射到 ΔA 的辐照度也因而以 $\cos \theta$ 减少（见图 3.7）。因此，虽然一个平板收集器接收上平面所有方向的辐射，但法线以外方向的辐射权重是$\cos\theta$。最后，在处理海表面以上和以下的可见光辐射时，平面辐照度又可分为向上辐照度E_u和向下辐照度E_d。

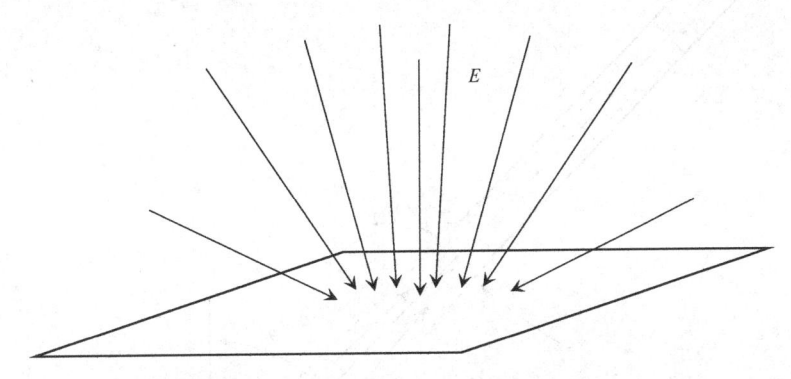

图3.6 入射到平面一侧（注：对应半球立体角）的辐照度

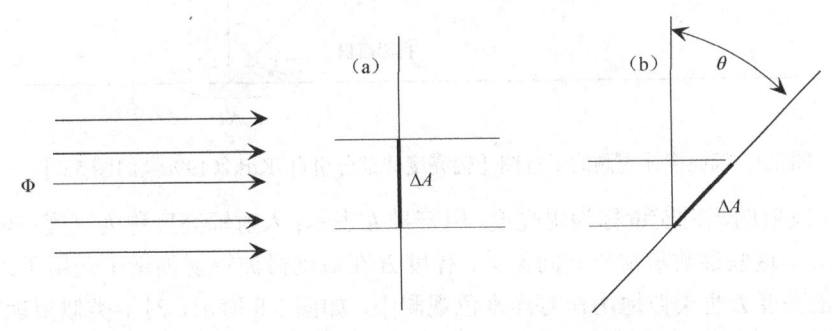

图3.7 一束平面平行辐射入射到（a）与光束垂直的平面和（b）倾斜θ角的平面。倾斜减少了入射到ΔA的辐照度

（4）辐亮度（Radiance）L的单位是$W/(m^2 \cdot sr)$，定义为在某一特定方向上$d\Omega$立体角内入射或离开一个平面的辐射通量。辐亮度是一个比较难理解但很重要的概念。它的价值在于描述了从任意方向指向一个平面的管筒收集到的辐射通量，这正是描述卫星传感器观测地球表面的方法之一。从一个与辐射传播方向夹角为θ的微分面元dA出射或入射的能量通量，可以写为

$$L \equiv \frac{d^2\Phi}{d\Omega dA \cos\theta} \tag{3.15}$$

图3.8给出了一个管筒状辐亮度计（也称为辐射计）指向一个表面的示意图。这个仪器捕获从面元ΔA发射或反射的在立体角$d\Omega$内传输的辐亮度，面元ΔA的法线相对仪器观测方向倾斜一个角度θ，其中，$\Delta A \cos\theta$是面元在观测方向的面积分量。由式（3.15）可知，入射到探测器上的辐亮度是

$$L \equiv \frac{\Delta^2 \Phi}{\Delta\Omega \Delta A \cos\theta} \tag{3.16}$$

在海洋学上具有重要意义的几个表面辐亮度均与观测角度无关，使用这个术语有很多方便之处，因此辐亮度这个概念将在以后的章节里频繁使用。

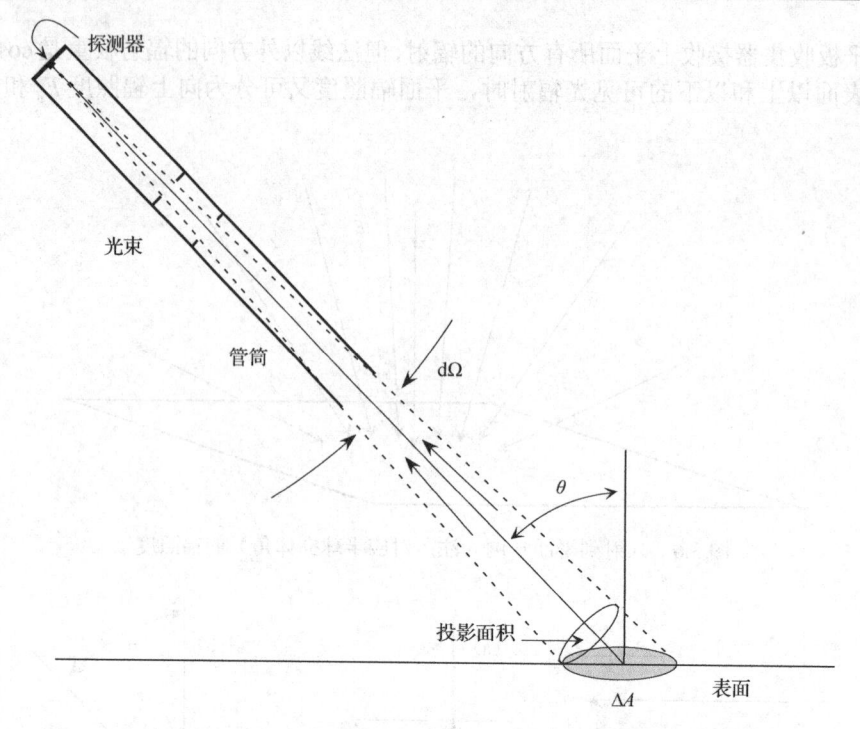

图 3.8 辐亮度计观测的示意图 [辐亮度计部分引自 Kirk（1996）的图 5.6]

传统上，发射的辐射能量称为辐亮度，用符号 L 表示；入射辐亮度称为亮度（Brightness），用符号 B 表示。这些参数常常与方向无关，亮度 B 在被动微波辐射测量中既用于入射也用于出射辐射，辐亮度 L 也类似地用在海洋水色观测中。如图 3.8 所示，对于类似望远镜的仪器，在不同的倾角观测海面，并在一个特定的立体角内收集光线或辐射，辐亮度正是一个合适的描述。对在自由空间中的传输，仅用 $\theta = 0$ 时的辐亮度，称为场辐亮度（Field Radiance）。

辐亮度的概念可能在理解上比较困难。为了对辐亮度进行更好的理解，以下各节首先讨论一些辐射表面有用的近似、定义和特性，然后使用辐亮度描述理想光学仪器的操作并以例子进行小结。如以下各节所示，辐亮度可以理解为是由一个朝向延展平面的管筒收集到的辐射通量，辐亮度是应用于这一概念的自然单位，且其对应于由一个卫星传感器收集到的辐射通量。

3.3.1 朗伯面

朗伯面（Lambert Surface）具有出射辐亮度与方向无关的有用特性，如本章和后续章节所述，这些表面在可见光与红外海洋遥感领域具有特别的重要性。朗伯面这个术语也可用于反射体，例如，泡沫和云可以认为是朗伯的或太阳光的朗伯反射体，即在可见光与红外（VIR）波段内，反射的辐亮度在很大的观测角范围内与方向无关。对于一个平面朗伯面来说，辐照度 E 和辐亮度 L 之间存在一个简单的关系，可通过上半平面 L 的积分计算 E，即

$$E = \frac{\mathrm{d}\Phi}{\mathrm{d}A} = L\int_0^{2\pi}\mathrm{d}\phi\int_0^{\pi/2}\cos\theta\sin\theta\mathrm{d}\theta = \pi L \tag{3.17}$$

第 5 章将使用这个关系讨论海洋内部的后向散射辐亮度。

3.3.2 光谱特性

因为卫星仪器使用特定的频率或波长,并在特定带宽 Δf 或 $\Delta \lambda$ 内观测海洋,所以必须确定电磁辐射在这些狭窄窗口内的特性。为了处理窄带窗口问题,下面定义辐射通量和辐亮度的光谱形式,其中"光谱的"(spectral)这个词表示"单位波长"或"单位频率"的意思(Mobley,1994,第1章)。在波长域的辐射通量的光谱形式是

$$\left.\frac{d\Phi}{d\lambda}\right|_\lambda = \Phi_\lambda \qquad (3.18)$$

其单位是 W/m,因此,对于一个中心波长在 λ_c 的窄波段,其在光谱窗口接收的能量近似为 $\Phi_\lambda(\lambda_c)\Delta\lambda$。在频率域的等价表示形式是

$$\left.\frac{d\Phi}{df}\right|_f = \Phi_f \qquad (3.19)$$

单位是 W/s。光谱辐亮度的波长和频率表示形式是

$$\left.\frac{dL}{d\lambda}\right|_\lambda = L_\lambda \text{ 和 } \left.\frac{dL}{df}\right|_f = L_f \qquad (3.20)$$

这里 L_λ 的单位是 $W/(m^3 \cdot sr)$,L_f 的单位是 $J/(m^2 \cdot sr)$。对于光谱辐照度和辐射强度,有类似的表述形式。在文献中,"光谱的"(spectral)这个定语,以及下标 λ 和 f,常常出于简洁起见而省略,尽管不使用这些标识,但仍意味着是在一个波长或频率范围内积分获得的非光谱参量(Mobley,1994,第1章)。本书接下来将使用光谱标识,而在后面的章节中将省略。

3.4 理想发射体的辐射

在1900年,普朗克(Max Planck)指出,对于保持在均匀恒定温度下的理想发射体或辐射体,其光谱辐亮度只是温度和波长的函数,或等同于温度和频率的函数。这样的辐射体称为黑体辐射体,或黑体(black body)。在其理想状态下,其黑色表面应该是粗糙且无反射的,这个概念可以应用到不透明的表面,如在热红外和微波波段的海洋,以及可以应用到均匀小区域的发射体,如各种气体。普朗克方程给出的黑体发出的光谱辐亮度如下:

$$L_\lambda(\lambda, T) = \frac{2hc^2}{\lambda^5 \exp[hc/(\lambda k_B T) - 1]} \qquad (3.21)$$

式(3.21)的单位是 $W/(m^3 \cdot sr)$,这个单位可以解释为单位面积、单位立体角、单位波长的瓦特数。在式(3.21)中,h 是前面已定义的普朗克常数,c 是光速,$k_B = 1.38 \times 10^{-23}$ J/K 是玻尔兹曼(Boltzmann)常数。为便于后面使用,式(3.21)右边定义为普朗克函数 $f_P(\lambda, T)$。黑体的一个重要属性是它们均为朗伯面。

图3.9比较了由普朗克方程导出的温度为5900K的理想黑体太阳的光谱辐照度、实测的大气顶(TOA)的太阳辐照度和在太阳天顶角 $\theta_S = 60°$ 时地表测量的太阳辐照度。5900K 的太阳辐照度按以下方法计算得到。太阳半径是 7.0×10^5 km,日地距离是 1.5×10^8 km,因此,在大气顶部,太阳圆盘展开的立体角为 6.8×10^{-5} sr。如果假定太阳圆盘是一个黑体朗伯辐射体,那么辐照度可以从 E 的定义和式(3.16)得出。

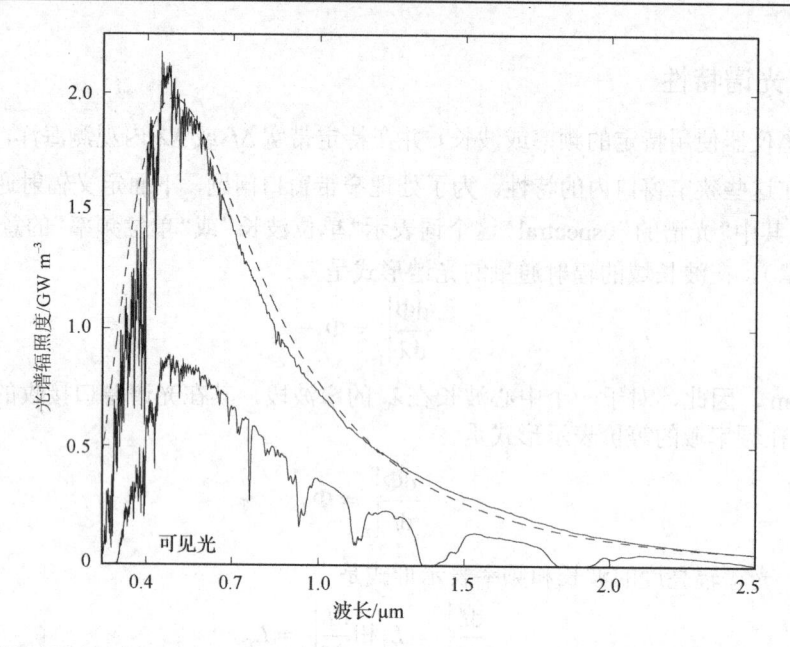

图 3.9 大气顶的太阳辐照度（上部实线）和普朗克方程在 $T = 5900K$ 时的结果（虚线），以及和太阳天顶角为 60° 时的地表太阳辐照度（下部实线）的比较。可见光谱位于图中的一对垂线范围内；进一步的描述和数据源见正文

大气顶的太阳辐照度数据由 Harvard-Smithsonian 天文台的 Robert Kurucz 计算得到，这是目前对辐照度光谱的最佳估计，由 Robert Cahalan 提供。在大气顶部，太阳辐照度中的精细结构是由太阳光球的夫琅禾费（Fraunhofer）吸收线引起的。如图 3.9 所示，5900K 曲线与大气顶部辐照度非常接近，且太阳辐照度的峰值位于可见光谱段内。底部实线显示了到达地球表面的太阳辐照度，为使图中的曲线分开，太阳天顶角 θ_S 设置为 60°，即太阳辐照度减小了 1/2。该曲线中附加的间隙和精细光谱结构源于大气中各种气体的衰减作用，这将在第 4 章中进一步讨论。最后，每条曲线都显示了普朗克方程中相对于其最大值的不对称性；在波长较短的 UV 波段，辐亮度随着 λ 的减小迅速降低；在波长较长的红外波段，随着 λ 的增加，其降低的速率要慢得多。

3.4.1 普朗克方程的特性

对于不同的黑体温度，图 3.10 给出了黑体辐射随波长的变化，并具有如下特性。

（1）维恩位移定律（Wien Displacement Law）给出了普朗克方程峰值波长和温度的关系。这个波长与 $1/T$ 成正比，即暖物体最大辐射的波长要比冷物体最大辐射的波长短。

（2）斯蒂芬-玻尔兹曼定律（Stefan-Boltzmann Law）描述了普朗克方程曲线下所有辐射（即能量）与温度的关系，并且显示其增长与 T^4 成正比。

（3）在任意波长均有辐射发射，因此，如果在某一个波长观测到一个特定的辐亮度，那么只有一个可能的亮度温度与之对应。这意味着，忽略大气的影响，若能以足够的准确度在任意波长下测量海洋的辐亮度，那么其表面亮度温度可以被唯一确定。

第3章 电磁辐射

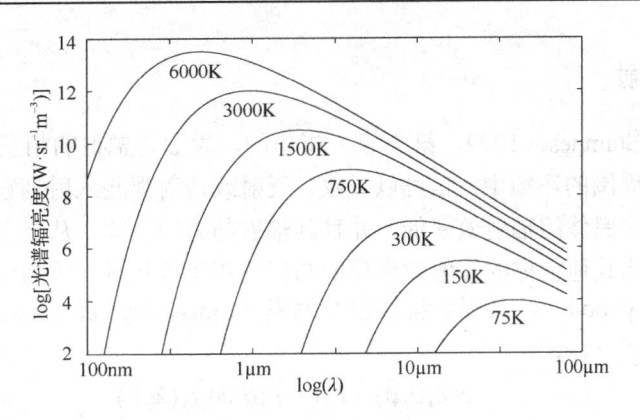

图3.10 不同温度的黑体辐射谱比较

如果没有大气，那么根据普朗克方程，海面温度可几乎从任意波长的单次表面辐亮度测量中推算出来。实际上，因为大气对辐射的吸收、辐射和散射，在大多数情况下，卫星接收到的辐亮度与表面发射的不同，这使得反演变得非常复杂。

3.4.2 普朗克方程的频率形式

将不变的 $\lambda f = c$ 及其微分形式 $d\lambda = -(c/f^2)df$ 代入式（3.21）中，得到普朗克方程的频率形式如下：

$$L_f(f) = \frac{2hf^3}{c^2 \exp[hf(k_B T) - 1]} \tag{3.22}$$

其单位是 $J/(m^2 \cdot sr)$。像太阳辐亮度和大气衰减这样的参量通常以波长倒数的函数形式给出，波长倒数的单位通常是 cm^{-1}；当以波长倒数的形式表述时，普朗克方程的相应形式与式（3.22）类似。

3.4.3 普朗克方程的一些极限形式

有两种普朗克方程的极限形式，一种是用于微波的长波长近似或瑞利-金斯（Rayleigh-Jeans）近似，另一种是短波长近似。在微波的应用中，瑞利-金斯近似是最重要的，该近似在低频率或长波长下是有效的，这里 λ 和 f 必须满足以下不等式：

$$hf/(k_B T) = hc/(\lambda k_B T) \ll 1 \tag{3.23}$$

将式（3.23）代入式（3.22）可得

$$L_f = 2k_B T f^2/c^2 = 2k_B T/\lambda^2 \tag{3.24}$$

对于长波长，式（3.24）表明光谱辐亮度 L_f 是温度的线性函数。正是由于此线性相关，在微波中亮度温度和辐射亮度（辐亮度）经常被互换使用。

对于高频或短波长，$hf/k_B T \gg 1$。将这一限制条件代入到普朗克方程中可得

$$L_f \sim f^3 \exp[-hf/(K_B T)] \tag{3.25}$$

式（3.25）显示，辐亮度随频率的增加而呈指数级减少。总而言之，在高频或短波长下，辐亮度随频率的增加或温度的降低而呈指数级衰减；在低频或长波长时，其以 f^{-2} 减少，在固定频率，随温度线性增加。在短波长和长波长上的这一差异与图3.9和图3.10中给出的不对称一致，使得遥感在长微波波长上成为可能。

3.4.4 热发射

如 Thomas 和 Stamnes（1999，第 5 章）指出的，表面与辐射的相互作用有 4 种方式。它可以发射辐射到周围的环境中，也可以吸收、反射或透射那些入射到它上面的辐射。对于发射，大部分物体比黑体的辐射效率低，并且其辐射与方向有关。从定义上来说，黑体是最有效的辐射体，因此其他物体的辐射效率仅能与黑体相等或更低。因为这种差异，非黑体辐射体称为灰体（gray body），其辐射特性由发射率（Emissivity）$e(\lambda;\theta,\phi)$ 定义。发射率定义为灰体与黑体辐亮度之比：

$$e(\lambda;\theta,\phi) = L_\lambda(\lambda,T;\theta,\phi)/f_P(\lambda,T) \qquad (3.26)$$

根据定义，黑体辐射没有方向性，因此黑体是朗伯发射体和吸收体。由于黑体是最有效的发射体，因此 $0 \leq e \leq 1$。

发射率有几种重要性质。第一，发射率一般依赖于 λ，因此其幅度和方向特性是波长的函数。例如，在红外波段，对于 θ 小于约 45°时，开阔海洋和海冰的发射率都近似为 $e = 0.98$。相反，在微波波段，对于通常使用的 50°观测角，海水的发射率是 0.4，而海冰的发射率近似为 0.8。从而在微波频率上，海冰的亮温比海水大得多。第二，发射率可以认为是物理表面特性，几乎与温度无关，而与表面或物质的性质有关。即使两个表面有同样的物理温度且以同样的 λ 观测，只要它们的发射率不同，它们也可以通过发射辐射的不同而被区分开来。

对于一个黑体发射体，图 3.11（a）和图 3.11（b）比较了辐射强度和辐亮度随角度的分布。辐射强度有一个球形包络线和辐亮度有一个半球包络线，因此是朗伯分布。两者的差异源于式（3.15）中的 $\cos\theta$ 项。图 3.11（c）给出了任意灰体在相同温度下的辐亮度分布。灰体辐亮度依赖于 θ，并且在相同的温度下总是小于或等于黑体辐亮度。

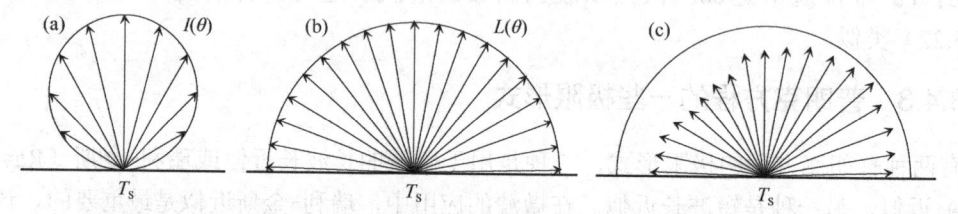

图 3.11 同一个表面温度 T_S 下（a）黑体辐射强度的角度变化，（b）黑体发射的辐亮度，（c）灰体发射的辐亮度。灰体图（c）中的半圆线表示在同样温度下的黑体辐亮度

对于 $e < 1$ 的灰体，入射到其上的辐射可以被吸收、反射或传输。吸收比 $\hat{a}(\lambda;\theta,\phi)$ 定义为灰体吸收的光谱辐亮度与入射的光谱辐亮度之比，在微波中，吸收比称为吸收率（Absorptivity）。对于黑体，所有入射到其表面的能量都会被吸收，而对于灰体，只有部分能量被吸收，其余的能量是被全反射或透射。非发射体例如完全反射体（理想镜子）和全透射体（理想的玻璃片），通过它们时可以无损耗。

3.4.5 基尔霍夫定律

对于处在恒温封闭系统中的一个表面，当其与周围环境达到热平衡时，基尔霍夫定律表明这一表面吸收和发射能量的速率必须相同，即

$$\hat{a}(\lambda;\theta,\phi) = e(\lambda;\theta,\phi) \qquad (3.27)$$

为什么是这样？如图 3.12 所示，图中显示了一个位于黑盒子中的假想灰体，其中灰体和周围的黑体温度都是 T。假设灰体的发射率 $e=0.5$，但吸收比 $\hat{a}=1$。相应地，黑体盒子的温度将随着时间下降，而灰体的温度将上升。对于一个封闭的、没有任何功作用于它的系统，这种情况违反了热力学第二定律。为了避免这种情况，发射比必须和吸收比相等，即物质必须以相同的方式吸收和发射辐射。因此，对于某一具体物质，测量其吸收特性也可确定其发射特性。

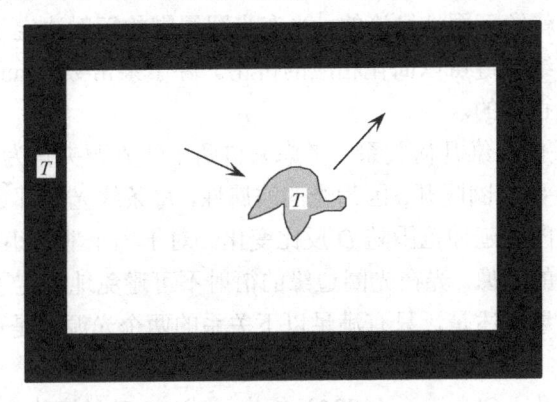

图 3.12　一个位于黑盒子中的假想灰体

对于图 3.12 所示的情形，入射在灰体上辐亮度的 $\hat{a}$ 部分被吸收、$(1-\hat{a})$ 部分被反射，同时，该物体以发射率 $e=\hat{a}$ 向外发射辐射，因此系统保持着热力学平衡。如 Thomas 和 Stamnes（1999，第 133 页）所述，式（3.27）所示的基尔霍夫定律表达式具有广泛的适用性，对于实际应用，它可认为是行星表面的一个确定关系。第 4 章把这个概念应用到气体，推导出了辐射传输方程中的一个重要辐射源项。

与 $\hat{a}(\lambda)$ 的定义类似，$t(\lambda)$ 定义为透射的能量与入射的能量比，$r(\lambda)$ 定义为反射的能量与入射的能量比。对于一般情况，入射到一个介质表面的辐射会被反射、吸收和透射，根据能量守恒且不考虑非线性效应，即以 λ 波长入射的辐射不以 2λ 的波长反射，则

$$\hat{a}(\lambda)+t(\lambda)+r(\lambda)=1 \tag{3.28}$$

式（3.28）中各参量并未写出与角度的关系，其原因如第 5 章所述，反射的入射能量与角度的关系强烈依赖于表面的性质，其范围可从朗伯面反射到镜面反射均有可能。对于无传输界面，

$$\hat{a}(\lambda)+r(\lambda)=1 \tag{3.29}$$

第 5 章基于式（3.29）讨论海洋表面的反射和吸收过程。

3.5　理想仪器

本书之前的描述对于所有遥感波段都是适用的。而本节仅探讨利用可见光红外波段的一个简单望远镜的特性，第 9 章则提供有关微波天线的讨论。3.5.1 节描述瑞利准则（Rayleigh Criterion）及其在确定仪器分辨率方面的作用。3.5.2 节计算一个理想垂直观测仪器的分辨率及它从表面接收的能量通量。3.5.3 节针对任意指向仪器做了相关计算，并说明了对于朗伯面的辐射情况，仪器接收的能量通量与观测角无关。最后，在 3.5.4 节讨论带宽和噪声处理的问题。

3.5.1 瑞利准则

本书中使用了两种不同的瑞利准则，都称为瑞利准则。第一个准则涉及镜头的分辨能力，第二个准则涉及表面辐射的散射。本节讨论第一种情形，5.2 节讨论第二种情形。对于第一种情形，所有光学仪器都有光圈（孔径），光圈是指镜头的光收集区域，或者是一个把传感器和环境隔开的孔径。就像下面将讨论的，光在光圈周围的衍射决定了仪器最小的角度分辨率。假定光圈是一个二维狭缝可以简化相应的讨论。除了乘常数（multiplicative constant），这种分析对于圆孔也是正确的。

图 3.13 给出了相关的二维几何关系。考虑来自两个线光源夹角为 $\Delta\theta$ 的两束光线，且光源和像平面被宽度为 D 的光圈隔开。因为光的波属性，每条线光源都在像平面上产生一个衍射图案，图案在垂直方向的延伸范围随 D 反比变化。对于一个非常小的 $\Delta\theta$，图案交叠，使得不能区分开两个光源的图像。光在光圈边缘的衍射不可避免地决定了仪器角度分辨率的最小极限。瑞利准则的定量描述是，只有满足以下关系的两个光源才是可以区分开的：

$$\Delta\theta \geqslant \lambda/D \tag{3.30}$$

对于两个点源和圆孔，Charman（1995）指出，式（3.30）变为

$$\Delta\theta \geqslant 1.22\lambda/D \tag{3.31}$$

这些关系给出了光学仪器的最小角分辨率。例如，Charman 指出，瑞利准则的分辨率大致相当于健康人眼。对于直径 $D=3$mm 的瞳孔和 $\lambda=0.45\mu$m 的蓝光，式（3.29）给出 $\Delta\theta=0.2$mr。这个值表示对于距离眼睛 1m 的物体表面，人眼分辨率是 0.2mm。

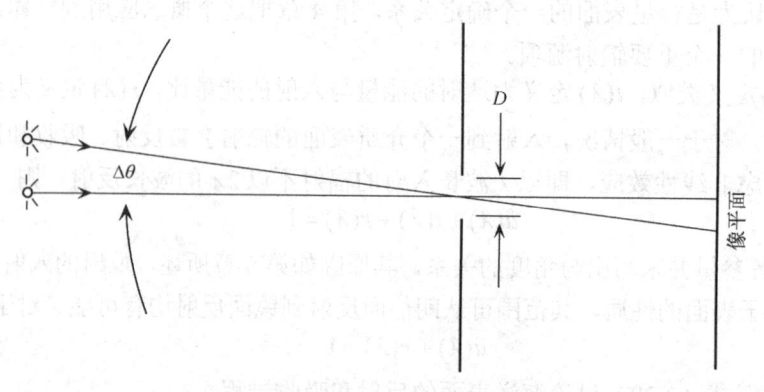

图 3.13　由狭缝产生的两个线光源的衍射

3.5.2 简单望远镜

本节和下一节将推导天底点观测和倾斜观测一个朗伯面的理想仪器接收到的辐射通量，并指出其接收到的通量与观测角度无关。图 3.14 是一个理想光学仪器——望远镜的示意图。在图 3.14（a）中，为清楚起见，各个角度都被放大了。对于人眼或 AVHRR[①]，图 3.14（b）给出了仪器观测立体角和观测视场的近似尺度。

如图 3.14（a）所示的仪器包括焦距为 f_L 的透镜、一个面积为 A 的光圈和一个面积为 A_S

---

① NOAA 卫星的一个遥感器——先进甚高分辨率辐射计。

的传感器或探测器。对于摄影胶片，感应器面积由胶片上单个硝酸银盐颗粒的直径决定；对于眼睛，它由视网膜上神经末梢的大小决定；对于一个卫星传感器，它由焦平面上电荷耦合器件（CCD）的尺寸决定。仪器距表面高度为 h，传感器收集辐射的 FOV（视场）是 A_{FOV}，FOV 的微元是 ΔA_F。从几何上考虑，仪器的立体角分辨率是

$$\alpha = A_S / f_L^2 = A_{FOV} / h^2 \tag{3.32}$$

式（3.32）只适用于满足式（3.31）瑞利准则的情况。假定在有些情况下需要把 FOV 做得尽可能小，式（3.32）表明，这可以通过减小传感器像素尺寸和增加焦距来实现。然而，如果不满足瑞利准则，那么无论焦距多长或传感器多小，都无法改进分辨率。

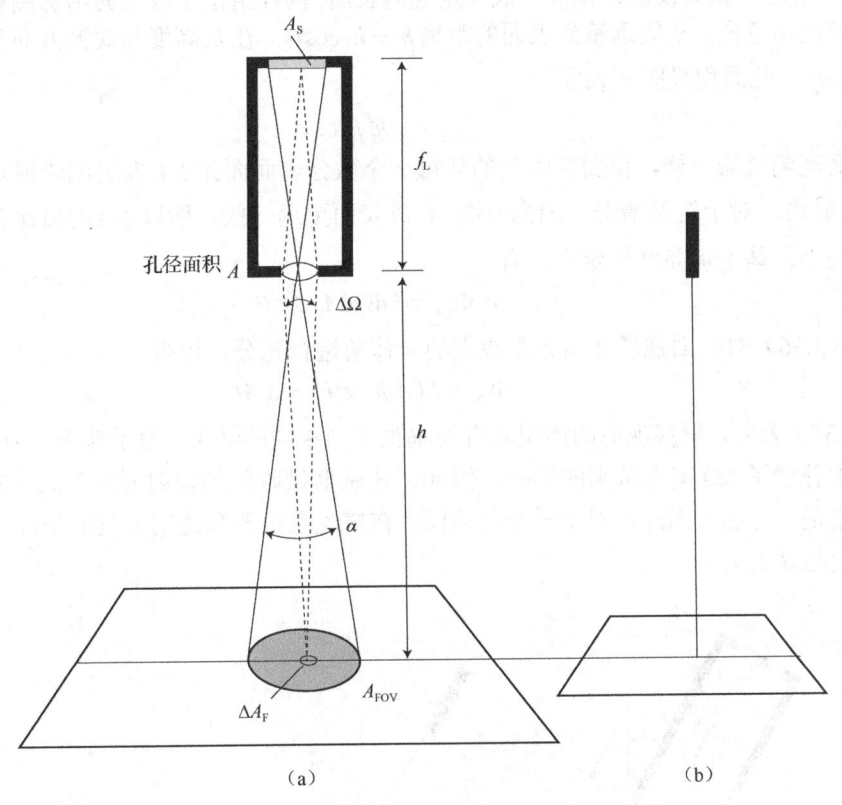

图 3.14 一个理想望远镜的示意图。(a) 仪器比例被放大；(b) 分辨率和立体角画成近似于 AVHRR 或人眼的比例

如果满足瑞利准则，那么聚焦在探测器上从表面面元 ΔA_F 上发射或反射的辐射在立体角 $\Delta\Omega = A/h^2$ 内传播，这在图 3.14（a）中以虚线标出。仪器中有 2 个立体角 α 和 $\Delta\Omega$。立体角 α 决定了 FOV；$\Delta\Omega$ 决定了入射在探测器上的能量通量大小。给定图 3.14 所示的天底观测仪器，在假定没有大气影响 $\alpha \ll 1$ 的窄光束仪器、朗伯反射或发射表面的情况下计算入射辐射通量 Φ_{IN}。对于这些假设，Φ_{IN} 遵从式（3.15）中 L 的定义，且对窄波束仪器有 $\cos\theta \cong 1$，因此具有微分形式：

$$d^2\Phi_{IN} = L d\Omega dA_F \tag{3.33}$$

根据式（3.33），Φ_{IN} 的计算包括把整个视场表面的面元辐射的积分和微分面元与光圈构成立体角的积分。进一步假设光束的形状比例足够小，以至于每个微分面元与光圈构成的立体角 $\Delta\Omega$ 是相等的，则 Φ_{IN} 可以写成

$$\Phi_{IN} = L\int_{A_{FOV}} dA_F \int_{\Delta\Omega} d\Omega = LA_{FOV}(A/h^2) = LA\alpha \tag{3.34}$$

对于天底观测仪器，式（3.34）表明探测器接收的能量通量是表面辐射、光圈面积和仪器立体角的乘积，其中后面两个量是由仪器设计决定的。注意，如果仪器与表面的距离加倍，接收到的辐射通量仍保持不变。正如下一节所述，这对于非天底角观测表面的仪器来说也是正确的。

3.5.3 斜视观测仪器

图 3.15 给出了相同仪器以偏离天底 θ 角观测表面，同样给出了放大的示意图和在分辨率上近似比例的示意图。从望远镜到表面的距离 $h_1 = h/\cos\theta$。在 h_1 高度与观测方向垂直的视场面积 $A_1 = \alpha h_1^2$，此面积投影到表面为

$$A_{FOV} = \alpha h_1^2 / \cos\theta \tag{3.35}$$

与天底观测仪器一样，仪器接收到的从每一个微分表面面元 ΔA_F 发射的辐射均位于立体角 $\Delta\Omega = A/h_1^2$ 内。对于这种情况，因为光圈 A 离表面更远一些，所以 $\Delta\Omega$ 的值比其天底观测情形的值要小。基于辐亮度的定义，有

$$d^2\Phi_{IN} \equiv L d\Omega dA_F \cos\theta \tag{3.36}$$

将式（3.36）对表面视场和由光圈决定的立体角进行积分，可得

$$\Phi_{IN} \equiv L(A/h_1^2)\alpha h_1^2 = \alpha AL \tag{3.37}$$

式（3.37）表明，斜视观测的情况具有与垂直观测相同的结果。对于非天底方向的观测，视场的增加补偿了 $\Delta\Omega$ 减小带来的影响，因此，传感器接收到的辐射通量与式（3.34）天底观测的结果是一样的。因此，对于一个朗伯面，在窄光束仪器和透明大气的条件下，仪器接收的辐亮度与 θ 无关。

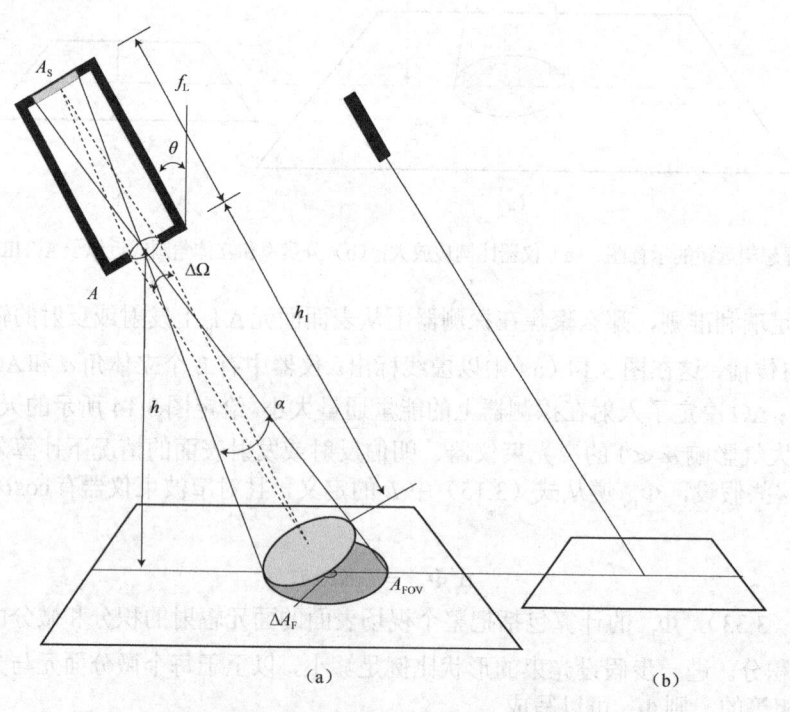

图 3.15 斜视观测仪器示意图。(a) 放大比例；(b) 近似比例

式(3.37)表明了使用辐亮度这个参数的好处，尤其是对于朗伯面。这里再给出两个例子。第一个例子，考虑一张被荧光灯照亮的白纸，因为其微小尺度下粗糙的表面，当以不同的距离和角度观察纸张时，其散射光分布近似是朗伯分布，根据式(3.37)，对于恒定孔扩张大小的眼睛，只要眼睛的每个神经末梢所定义的立体角比纸决定的立体角小，从纸上接收到的辐射通量就近似与观测角度和距离无关。这和日常生活中的体验是一致的。

第二个例子，考虑从太阳和星星来的光。从地球观测太阳表面的角度大约为0.5°即约10mr，这比人眼的分辨率0.2mr大很多，因此直接看太阳是非常危险的。这是因为，根据式(3.35)，眼睛的分辨率α小于太阳张角，因此其内全部太阳辐亮度仅集中在一个神经末梢上，会造成眼睛的潜在严重灼伤。但对于相距数光年的、与太阳同样的恒星，其张角要远小于人眼的0.2mr张角。这样的结果就是，虽然太阳和遥远的恒星有相同的辐亮度，但人眼从恒星上接收到的能量要远小于从太阳接收的，因此不会发生眼睛损伤。

3.5.4 有限带宽仪器和噪声处理

在实际仪器的观测中，其中心波长和带宽是根据要观测的现象和大气窗口而定的。如果传感器的光谱特性由中心波长λ_c和带宽$\Delta\lambda$描述，其中$\Delta\lambda$充分小，以至于表面辐亮度可以近似看作常数$L(\lambda_c)\Delta\lambda$，那么入射到传感器的辐射通量$\Phi_{IN}$变为

$$\Phi_{IN} = A\alpha L(\lambda_c)\Delta\lambda \tag{3.38}$$

传感器及其电子线路将辐射能Φ_{IN}转换成电能Φ_{OUT}。如图3.16所示，在仪器内，每个时刻的噪声功率Φ_N定义为

$$\Phi_N = \Phi_{OUT} - \Phi_{IN} \tag{3.39}$$

噪声的标准差或噪声的均方根σ_N可从Φ_N的时间序列计算出来，因此式(3.39)可写为

$$\Phi_{IN} = \Phi_{OUT} \pm \sigma_N \tag{3.40}$$

给定σ_N，按照Stewart(1985，8.1节)的描述，仪器的信噪比(signal-to-noise ratio) S_N定义为

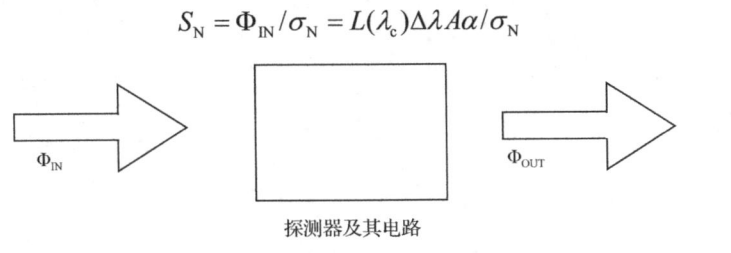

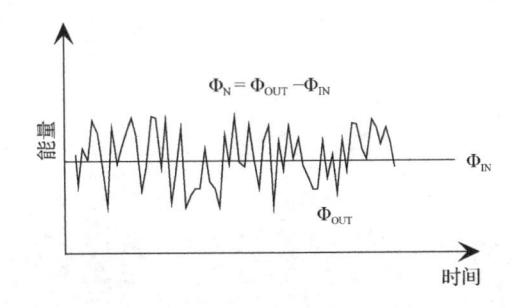

$$S_N = \Phi_{IN}/\sigma_N = L(\lambda_c)\Delta\lambda A\alpha/\sigma_N \tag{3.41}$$

图3.16 探测器及其电路噪声的产生

为尽可能消除噪声对 Φ_{OUT} 的影响，S_N 必须足够大，通过式（3.41）可以看出，有如下几种不同方法来实现。

第一种方法是将光圈 A 变大，这在原理上很简单，但是现实中很难实现。举例来说，哈勃空间望远镜镜头直径受航天飞机货舱大小的限制。任何对 A 的增加均意味着仪器将变得更大、更重，这些都将增加把仪器发射到轨道上的难度和成本。

第二种方法是使立体角 α 尽可能地大。但绝大多数场合，我们的目标却是使 α 变小，从而得到小的表面 FOV。

第三种方法是选择合适的 λ_c 和 $\Delta\lambda$ 使得接收能量最大化。但因为 λ_c 和 $\Delta\lambda$ 一般是根据所要获取的环境信息来选取的，这也有可能不可行。如第 4 章所述，λ_c 的位置部分地由大气窗口的位置和特性决定，且如本章前面所述，λ_c 的位置也受邻近频段内存在的射频干扰（RFI）的影响。类似地，$\Delta\lambda$ 的设置可以是根据所要探测的现象，如可见光生物研究，也可以是根据大气窗口的宽度进行设置，如热红外遥感。

在上述这些限制条件下，减小 S_N 最简单的方法是减小 σ_N。这可以通过两种方法来实现：第一，保证仪器的热噪声很低，这涉及冷却仪器和遮蔽太阳光照；第二，在辐亮度 L 没有改变的足够短的时间内，对同一区域进行多次观测平均。上述两种技术，如后续章节所述，都被用来降低噪声。

最后，因为 σ_N 是因不同仪器而异的 Φ_{IN} 的非线性函数，因此 σ_N 通常基于与输入辐射通量、辐亮度或黑体温度的相对大小来定义。这意味着在不确定性的物理解释上，当 Φ_{OUT} 被转换成为辐亮度或温度的时候，σ_N 被转换为相同单位的一个不确定度。对于这些情形，σ_N 写成等效噪声辐亮度差（NE ΔL）或等价地表示为噪声等效温差（NE ΔT）。这里，噪声表示为接收到的辐亮度或温度的 rms 不确定度。例如，AVHRR 对海表面温度的一个 300K 观测可能有 0.5K 的 NE ΔT，对于这个例子，仪器被描述成在 300K 时其 NE ΔT 为 0.5K。

第4章 大气特性与辐射传输

4.1 引言

海面与卫星遥感器之间的大气对辐射传输有着极大影响。大气层是各种密度的气体的大气混合物，如氧气、二氧化碳、臭氧和二氧化氮，以及各种含量的水汽等，这意味着利用可见光、红外和微波谱段对地观测时只有很小的观测窗口。即便在这些窗口，大气的吸收也随着水汽、液态水滴和构成云的冰晶颗粒浓度的变化而变化。大气吸收还受海洋上空对流运动的大气气溶胶的影响。气溶胶包括海洋边界层上的水滴、盐核，以及城市污染、生物质燃烧和火山爆发等产生的陆源颗粒物。

4.2 节介绍大气的垂直结构和影响大气辐射传输的大气分子及气溶胶。4.3 节和 4.4 节讲述窄光束（准直光束）的传播、吸收和散射特性。4.5 节讨论在不同的大气成分中透过率随光谱波长的变化，以及这些不同成分对大气窗口的决定作用，为避免篇幅冗长，仅讨论可见光和近红外波段，第9章将讨论微波频段。4.6 节将讲述理想化仪器的理论应用。4.7 节讨论辐射传输方程（RTE）和大气发射及散射的来源。4.8 节将推导辐射传输方程的两个有限解，一个适用于吸收和发射占主导地位的近红外及微波波段，另一个适用于以吸收和散射为主的可见光波段。4.9 节将完成关于漫衰减和天空光内容的讨论。

4.2 大气成分

图4.1 给出了大气的典型垂直温度廓线。左边纵坐标代表大气压强，单位为毫巴（mb）；右边纵坐标代表基于平均海平面的高度；横坐标代表温度。从下往上，大气层分为对流层、平流层、中间层和热层，分别由对流层顶、平流层顶和中层顶区分开来。热层以外是外逸层（图中未给出）。另外，图4.1 中还给出了云形成区、臭氧区以及电离层的大致高度，云的形成区位于大气对流层以及平流层底部，电离层由受太阳辐射而电离的大气分子和原子组成，弥散在大气中间层、热层和外逸层。对于遥感而言，有4种比较重要的成分，分别是以气态、液态和固态形式存在的水、气溶胶、臭氧和电离层中的自由电子。每种成分都会影响大气的透射和散射特性，只是影响的波段不同，影响的时间尺度也不尽相同，从几小时到若干年不等。

对大气温度廓线进行分析发现，空气的温度在垂直方向随高度的变化在 180~300K 之间变化，从而也说明了大气的稳定性。从海表面向上，对流层是临界稳定的，但与平流层有强烈的垂直混合特性。由于这种混合特性，对流层变化复杂，其主要成分为不同形态的水和各种气溶胶，变化的时间尺度从一天到一周不等。平流层位于对流层顶上方，这一层的主要成分是臭氧，并且温度随高度增加而增加，这一稳定的温度廓线意味着平流层垂向混合特征不明显，因此臭氧浓度的变化时间尺度常以月计。在平流层顶以上，温度随高度继续变化，但变化的温度维持在 200~300K。

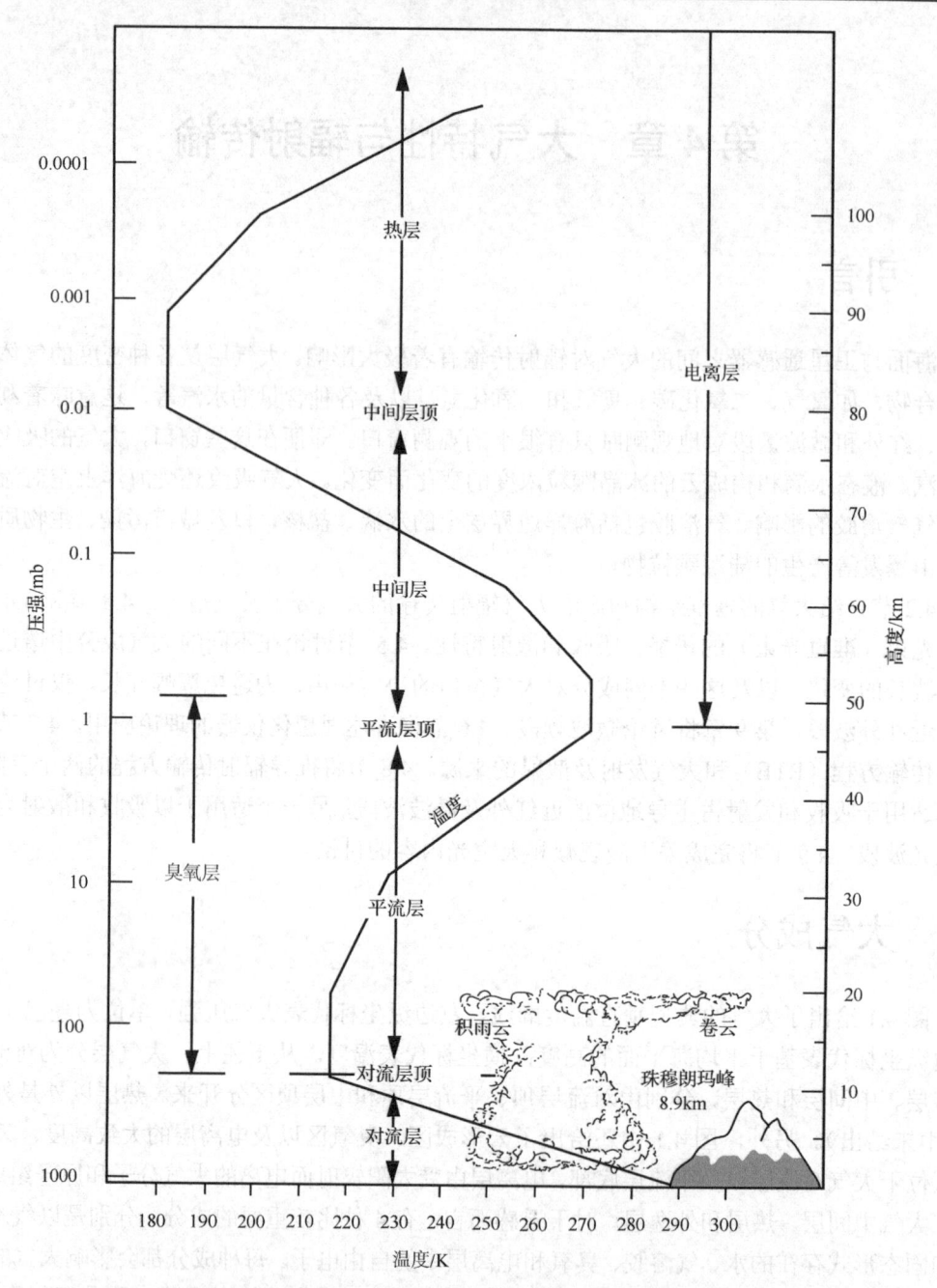

图 4.1 大气一维结构 [改编自 Eos Science Steering Committee（1989）]

如图 4.1 中左边纵轴的压强所示，大约 90%的大气气体都集中在对流层，另外有 9.9%集中在平流层。Ulaby 等（1981）指出，对流层中干大气的密度 ρ_a 随高度有以下变化关系：

$$\rho_a = \rho_0 \exp(-z/H_a) \tag{4.1}$$

其中，$\rho_0 = 1.225 \text{kg/m}^3$，标高 H_a 约为 9.5km。这一表达式在 $z \leqslant 10$km 时精度较高；在臭氧区的平流层，由于高度远大于式（4.1）的高度范围，其密度结果有较大偏差。由于对流层中存在着大部分的大气气体和几乎所有的水汽，因此也是产生散射和吸收效应的主要区域。

表 4.1 列出了大气主要成分的分子量与体积分数。这些成分可分为充分混合、不变和可变

成分。不变的成分包括氧气、氮气和各种微量气体；由于对流层是充分混合的，它们的相对浓度不随地点变化。可变成分将在下面的水、气溶胶、平流层臭氧和自由电子等相关章节介绍。

表 4.1 大气主要成分的分子量（相对分子质量）及体积分数

成 分	分 子 量	体 积 分 数
氮气（N_2）	28.016	0.78
氧气（O_2）	32.00	0.21
氩气（Ar）	39.94	9.3×10^{-3}
二氧化碳（CO_2）	44.01	3.5×10^{-4}
水汽（H_2O）	18.02	可变
臭氧（O_3）	47.99	可变
氧化氮（N_2O）	44.01	0.5×10^{-6}
甲烷（CH_4）	16.04	2×10^{-6}
一氧化碳（CO）	28.01	微量，可变

改编自 Weast（1976）和 Ulaby 等（1981）。

4.2.1 大气中的水

大气中的水分别以水汽、液态水、云中的冰晶、雨和雪的形式存在。Ulaby 等（1981）和 Chahine 等（1983）认为，大气水汽的垂直廓线可用下式描述：

$$\rho_v = \rho_{v0} \exp(-z/H_v) \tag{4.2}$$

其中，ρ_{v0} 是水汽的密度，水汽标高 $H_v \approx 2.5\text{km}$。$H_v \ll H_a$，说明水汽主要集中在对流层的底部。根据式（4.2），水汽的总密度既可以用 ρ_{v0} 表示，单位为 g/m^3，也可以用柱状水汽 V 表示，这是贯穿大气的垂向柱体中所包含的总水汽含量。本书主要用 V 来表示水汽，单位可取 g/cm^2，也可用柱状液态水的高度（以 mm 为单位）来表示。Ulaby 等（1981）和 Chahine 等（1983）指出，ρ_{v0} 的变化很大，在极地区域的冬季为 $10^{-2}g/m^3$，在热带地区则可高达 $30g/m^3$，其均值为 $10g/m^3$。

同样遵循式（4.2），V 从 0.03mm 变化到 75mm，全球平均值为 25mm。全部大气的柱状质量相当于 10m 高的液态水，水汽在大气质量中只占约 0.3%。虽然水汽的质量所占比例很小，但对大气吸收的贡献却很大（见 4.5 节）。第 9 章描述了从被动微波数据反演 V 的方法，图 9.18 和图 9.20 给出了反演实例，结果表明，大部分水汽集中在热带地区。

液态水和冰晶存在于云和与云相关的雨、雹、雪等现象中。液态水有两种形式：一种是未形成降雨的云中包含的水，记为柱状液态水 L（mm）；另一种是降雨的形式，记为降雨率 R_R（mm/h）。L 和 R_R 都能够从被动微波数据中反演得到的，详见第 9 章。L 的变化范围是 0～0.25mm，因而未形成降雨的云所包含的柱状水要少于水汽含量，而 R_R 的特征值为 2mm/h，最大值约为 25mm/h（Wentz 和 Spencer，1998）。

4.2.2 云

云是瞬变的大气现象，由小的冰和液态水粒子构成。液态水构成的云滴特征半径约为

10μm，浓度为$10^2 \sim 10^3/cm^3$。云滴的半径在约100μm时就会作为降雨落下来（Petty，2006，7.4.4节；Baker，1997）。这些冰晶颗粒和液态水粒子参与对流层中的垂直对流，这种对流在一定程度上源于云中的水滴和冰晶的蒸发、结冰及凝结等现象。云中的这些相态变化，尤其是在边缘区域，对云的变化起很大作用。云的性质是随高度变化的，对流层的低层区存在由水滴组成的海洋层云和积云，而高层区域则存在由冰晶组成的薄卷云。

在某些情况下，对流云层也可延伸到平流层的低层区域。在可见光、近红外波段，云中包含的液态水和冰晶会对辐射信号进行吸收和散射，因此有厚云层遮挡时不能对地球表面进行观测。与海洋表面相比，厚云的反射很强，且温度更低。因为云层能表征主要的天气系统，如台风、气旋和大气锋面等，而且云与海洋和陆地背景场的反射率、温度截然不同，因而气象卫星用观测云的性质来追踪风暴。

云大约覆盖着整个地球表面积的2/3。图4.2为2012年3月20日春分这一天的全球彩色合成图像，可清晰看出云的覆盖情况。该图像来自AQUA卫星平台上搭载的中分辨率成像光谱仪（MODIS）。由图可以明显看出典型的陆地特征，包括北非沙漠和南北美洲、南非、印度和东南亚的绿色植被；图中也显示了南极附近云层的气旋云旋涡，格陵兰和欧洲之间的北大西洋发生的风暴，以及另一个逼近北美西海岸的风暴。

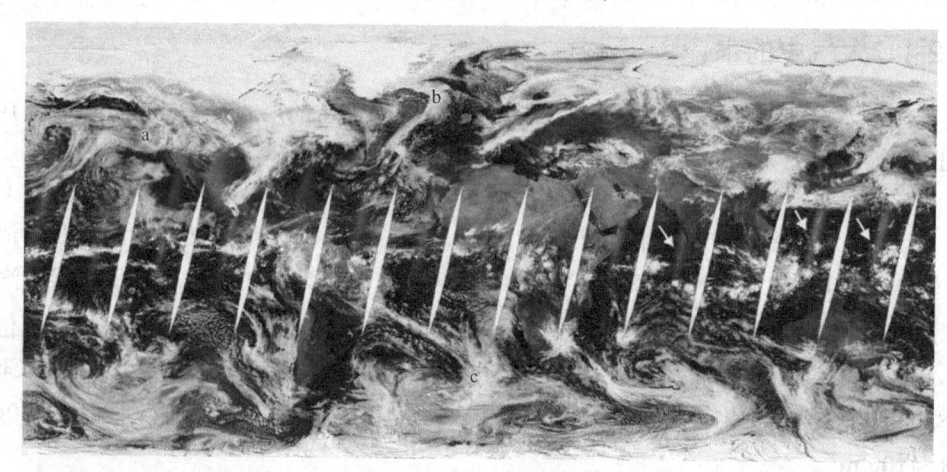

图4.2 由中分辨率成像光谱仪（MODIS）获取的2012年3月20日全球彩色合成图像。该图像由太阳同步轨道在地球日照面的卫星观测数据组成。其中，几个观测刈幅用白色箭头标识出了由太阳直射产生的太阳耀斑区，字母a、b、c表示在图9.18云中液态水中的风暴，见相应章节的具体介绍（见彩插）

4.2.3 气溶胶

大气气溶胶是大气变化的另一个主要原因，它由来自地球表面的小的液体或固体颗粒组成。气溶胶分为几类：即对流层中由海洋和陆地产生的气溶胶，以及位于平流层由火山爆发产生的气溶胶。海洋气溶胶发生在海洋边界层，一般是在当地海表局部产生的，由半径约为10μm的水滴和由破碎波产生的海盐核构成（Stewart，1985）。陆地性气溶胶在陆地上空产生，然后通过对流运动到达海洋上空。相关的例子包括沙尘、工业和城市污染物，以及生物质燃烧产生的煤烟等。典型的沙尘包括源自北非撒哈拉沙漠的尘埃，在大西洋上空通过对流运动可到达远至佛罗里达；来自非洲西南部沙漠的尘埃在南大西洋上空进行对流；东亚戈壁滩的灰尘会平流到太平洋上空。工业和城市污染物主要来自欧洲、俄罗斯、北美和南亚，这些污染物平流在北大西洋、北冰洋、北太平洋和印度洋上空。

煤烟和颗粒物是由墨西哥、中美和南美以及非洲和亚洲部分地区生物质燃烧产生的季节性物质，这些物质分别在各自邻近的海域上空流动（Wang 等，2000）。一般来说，陆地和海洋气溶胶层的标高约为 1km，90%的气溶胶存在于海面之上 2km 的区域内（Gordon 和 Castaño，1987）。火山是气溶胶的另一个重要来源。火山爆发会带着微米尺度富含硫磺的酸性水滴和其他悬浮颗粒进入对流层和平流层。如第 7 章介绍的，这些物质能在火山爆发后的 1~3 年内对大气吸收产生影响。

4.2.4 臭氧

臭氧是大气平流层的主要成分，由太阳辐射下分解的氧气分子组成。臭氧是一种稳定的化学物质，变化周期以月计，具有季节性变化。图 4.3 给出在中纬度地区的夏季和冬季臭氧浓度随高度的典型变化。由图可以看出，臭氧浓度在夏季比冬季要低。平流层中的臭氧意义重大，因为它吸收 280~320nm 的紫外线（UV-B），而紫外线的照射可导致皮肤癌（Thomas 和 Stamnes，1999）。由于臭氧会使可见光发生衰减，并与季节和纬度有关，因此在海洋遥感水色反演中必须考虑臭氧的影响（见第 6 章）。臭氧层也很重要，因为在南半球的夏季有个臭氧洞存在，类似的北半球也有一个，只是强度较低。在对流层中，其他具有长期变化的气体还有温室气体，比如甲烷和二氧化碳等。它们的长期变化也对大气性质有影响，但在 10 年尺度的时间范围内，对卫星观测辐射量变化的影响不大。

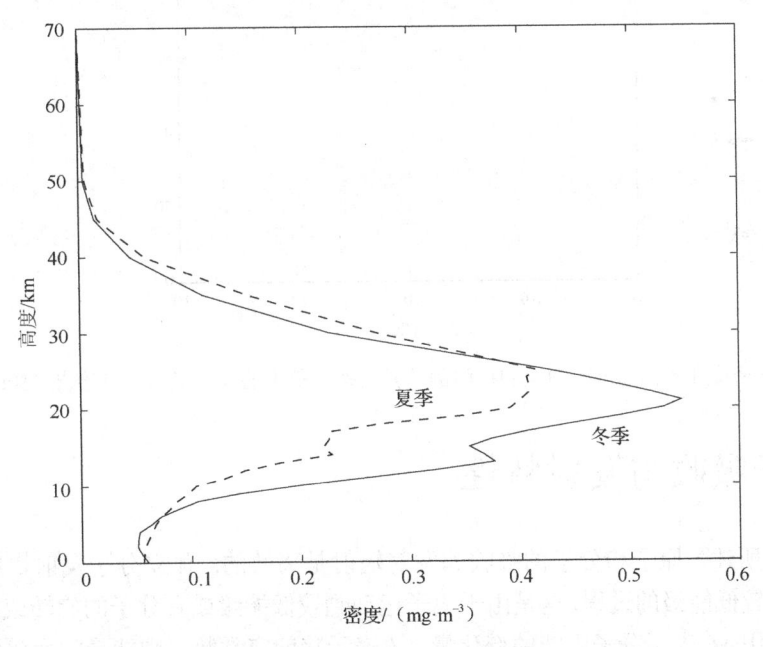

图 4.3 基于标准的 MODTRAN 得到的中纬度地区夏季和冬季臭氧浓度廓线。4.5 节介绍 MODTRAN 程序和实例

4.2.5 电离层自由电子

电离层自由电子是大气层中受太阳激发而电离的分子产生的（Chelton 等，2001b；Bird，1998）。这些电子分布在 100～1000km 的高空，并在特定频段形成反射层，因此会对陆地无线电通信产生很大影响。部分大气分子白天发生电离，而晚间又会还原，因此其密度有强烈的日变化。图 4.4 比较了白天和夜间的电子密度廓线，可以看出，电子密度在夜间下降。自由电子的柱状密度单位为 TECU（Total Electron Content Unit），即总的电子能量单位，1TECU = 10^{16} 电子 $/m^2$（Chelton 等，2001b）。电子密度的日变化为 10～120TECU，年变化与 11 年太阳活动周期有关，在 1997 年和 2008 年达到最小值，在 2001 年和 2013 年达到最大值。这些日变化和年变化的重要性在于，电子密度对电磁场的相速度有影响，如第 12 章所述，高度计的反演中必须考虑自由电子的影响。

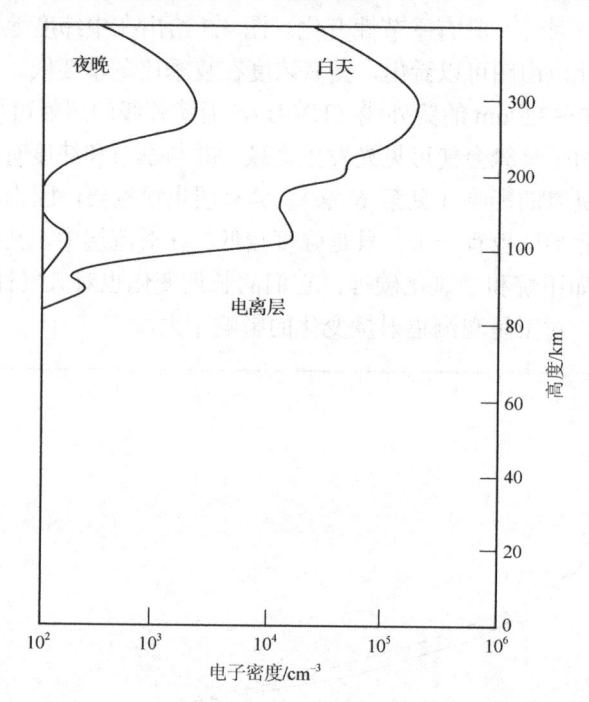

图 4.4 电子密度在不同高度下白天和夜间的差异［按原稿中的高度坐标，重绘自（Bird，1998）］

4.3 分子吸收与发射特性

如第 3 章所述，原子和分子的吸收和发射辐射是离散的。孤立分子发射辐射是电子从较高能级跃迁到较低能级的过程，这是由于电子运动到较低能级或者分子的旋转或振动状态发生了改变。如果用 $\Delta \hat{E}$ 表示分子内能的变化量，h 表示普朗克常数，则能量的变化由下式计算：

$$hf = \Delta \hat{E} \tag{4.3}$$

分子吸收辐射时则正好相反，电子从较低能级跃迁到较高能级。式（4.3）表明，分子发射或吸收辐射的频率由 $\Delta \hat{E}$ 的大小决定。由于这些分子状态的改变是不连续的，因此每种分子会产生不同的吸收或发射谱线。

然而，大气中的吸收和发射并不是离散的线性谱，因为在"谱线增宽"的作用下光谱形成谱段。这个过程有两种：洛仑兹展宽和多普勒展宽。在特定压力和温度下，气体层中分子碰撞干扰了单个分子的能级间隔，从而加宽了光谱线，此时就会出现洛仑兹展宽。多普勒展宽是由气体分子运动产生的，每个气体分子都有朝向或远离观测者的速度分量，产生相应的多普勒频移，造成吸收或发射光谱线加宽，由于其速度峰值和分布范围随温度升高而增加，多普勒展宽也随温度的增加而增加。洛仑兹展宽和多普勒展宽是谱线展宽的主要机制，二者合起来称为"Voigt 线型"。图 4.5 中的下图显示了展宽谱线的近似形状（Ulaby 等，1981，5.3 节；Liou，1980）。

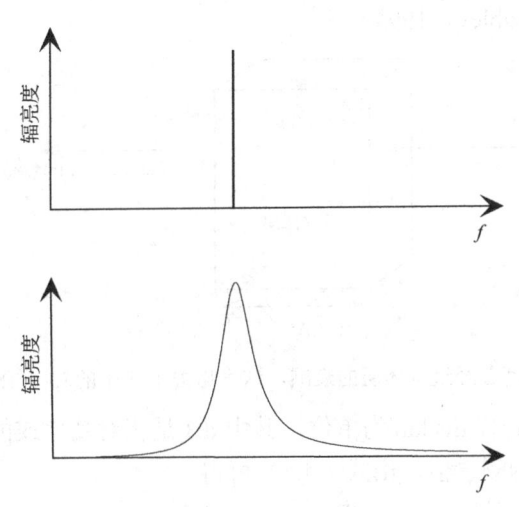

图 4.5　线光谱和展宽光谱的比较［由 22GHz 处的水吸收线谱模拟得到，见 Ulaby 等（1981）的式（5.19）］

4.3.1　分子消光

用于描述大气辐射透射特性的术语与大气窗口的选择有关，在可见光、近红外波段称为透过率；在微波窗口则称为透射比（Ulaby 等，1981，187 页，表 4.1）。在可见光、近红外波段，根据辐射源的不同，大气中的辐射衰减可分为两部分：由不连续光源产生的窄光束的衰减（比如，激光或点光源等），由扩展源产生的辐射衰减（比如由海表面的太阳反射产生的光源，或观测仪器视场角外的任何表面产生的光源）。窄光束产生的透射为光束透过率或简称为透过率；而主要由散射引起的扩展源的衰减称为漫射透过率，一般只在可见光波段中起作用。两种透过率都使用符号 t，只是下标不同。有关漫射透过率的详细描述将在 4.9.1 节讨论瑞利散射后进行，下面先讨论光束衰减的问题。

假设平行光束的辐亮度 L 以方向 z 传播，并入射到厚度为 Δz 的气体层中，气体层由单一分子组成，温度为 T，压强为 p（见图 4.6）。在气体层中有两种衰减发生，即分子吸收和偏离光束方向的散射。如果忽略散射和黑体发射，则由比尔定律可以得出，光束穿过气体层时，辐亮度的变化与入射辐亮度成正比（Kidder 和 Vonder Haar，1995），即有

$$\Delta L(\lambda) = -[\kappa_A(\lambda) + \kappa_S(\lambda)]L(\lambda,z)\Delta z \tag{4.4}$$

其中，$L(\lambda,z)$ 为入射辐亮度，$\Delta L(\lambda)$ 为光束穿过气体层时辐亮度的变化，$\kappa_A(\lambda)$ 为体吸收系数，$\kappa_S(\lambda)$ 为体散射系数。在大气中，这些系数的单位为 m^{-1} 或 km^{-1}。如定义消光系

$\kappa_E(\lambda) = \kappa_A(\lambda) + \kappa_S(\lambda)$,则式（4.4）可写为

$$\Delta L/L(z) = -\kappa_E(\lambda)\Delta z \tag{4.5}$$

其中，κ_E 有时称为衰减系数。由于式（4.5）对窄垂直光束都适用，因此该式也可用于辐射强度和辐照度的情况。将式（4.5）写成微分形式，则有

$$\frac{dL}{dz} = -\kappa_E L \text{ 或者 } \frac{dL}{L} = -\kappa_E dz \tag{4.6}$$

当 κ_E 为常数时，即为指数衰减。κ_E 的大小与 T、p 和气体成分有关。若上述过程发生在海洋中（第 5 章讲述），则吸收系数记为 $a(\lambda)$，体散射系数记为 $b(\lambda)$，衰减系数记为 $c(\lambda)$，三者的单位均为 m^{-1}（Mobley，1994）。

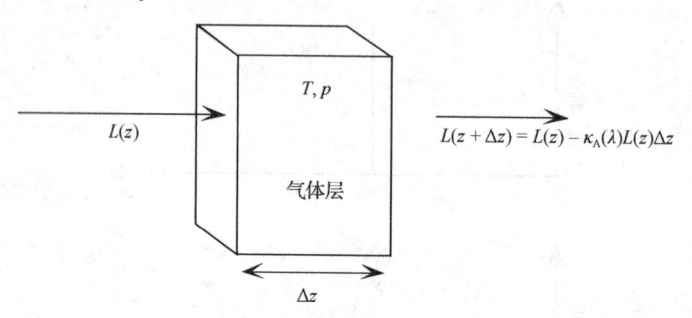

图 4.6　辐亮度 L 经过气体层的衰减，这里略去了 E 中的 λ。详细内容见文中

在大气中，κ_E 有时也以 dB/km 为单位，其中 dB 是相对功率或能量的度量，定义如下，若 L_0 为参考辐照度，L 为测量值，由式（4.5）可得

$$dB = 10\log_{10}(L/L_0) \tag{4.7}$$

由式（4.7）可知，透过气体层后辐照度以倍数 10 减小，则对应于-10dB；而 50%的衰减对应于-3dB。

4.3.2　光学厚度与透过率

将上述消光模型用于大气中，须对每种分子组分利用式（4.6）沿大气的路径积分。边界条件为 $z = 0$，$L = L_0$。将式（4.6）从表面到任意高度 z 进行积分，则有

$$L(z) = L_0 \exp\left[-\int_0^z \kappa_E(z)dz\right] \tag{4.8}$$

由式（4.8）可导出两个重要术语的定义——光学深度或光学厚度 $\tau(\lambda)$，透过率 $t(\lambda)$。两个物理量都是波长的函数，为简便起见，后文省略了波长的表示。光学厚度 τ 可相对于任何参考高度或路径方向来定义。对垂直表面入射而言，光学厚度 $\tau(z)$ 可记为

$$\tau(z) = \int_0^z \kappa_E(z)dz \tag{4.9}$$

如果大气顶（TOA）的高度为 $z = z_H$，那么大气的光学厚度 τ 为

$$\tau = \int_0^{z_H} \kappa_E(z)dz \tag{4.10}$$

若 τ 给定，大气的光束透过率 t 就由式（4.10）给出，有 $t = \exp(-\tau)$，且 $L(z_H) = L_0 \exp(-\tau) = L_0 t$。由上述定义可知，若大气透明，则有 $\tau = 0$，$t = 1$；若大气不透明，则有 $\tau = \infty$，$t = 0$。t 和 τ 的优点是无量纲，而 κ 是有量纲的。

4.3.3 发射特性

在处理气体吸收和发射之间的关系上，3.4.5 节中的基尔霍夫定律会有相应的改变（Thomas 和 Stamnes，1999，5.3.1 节）。假设一个黑盒子中盛有少量气体，且气体和周围的墙面之间达到热平衡，基尔霍夫定律认为，单位体积上发射与吸收的辐射是相同的。若气体层的宽度为 Δz，并且 z 为任意方向，则气体从墙面吸收的辐亮度为

$$\Delta L_{absorbed} = -\kappa_A(T,p,\lambda) f_P(\lambda,T) \Delta z \tag{4.11}$$

因此，气体向 z 方向发射的热量必须是

$$\Delta L_{emitted} = \kappa_A(T,p,\lambda) f_P(\lambda,T) \Delta z \tag{4.12}$$

所以吸收率 $\hat{a} = -\kappa_A \Delta z$，发射率 $e = \kappa_A \Delta z$。由于方向 z 是任意方向的，式（4.12）表明发射的辐亮度是吸收系数与普朗克函数的乘积，且表现为各向同性。

虽然上述关系的建立具有限制条件，但 Thomas 和 Stamnes（1999）认为该理论也可应用于真实大气。当具有强烈方向性的太阳辐射入射到大气层时，吸收也有方向性，而大气辐射是各向同性的，因此即使吸收和发射常数是相等且相反的，入射和发射的辐亮度也不同。在这些条件下，大气在白天加热而在夜间冷却。下面的介绍表明，式（4.12）中的辐射源项在近红外和微波频段尤为重要。

4.4 散射

散射对任一点观测的窄光束辐射至少有两个影响。第一是前面提到的偏离光束方向的散射造成能量的损失；第二，当传感器在特定方向观测大气或海洋时，太阳或其他外部能量源的散射造成观测方向能量的增加。第一种情形会造成光束的能量损失，而第二种情况会造成额外的能量增加。散射分为单次散射和多次散射。

单次散射情况下，一个光子在传播方向最多只发生一次碰撞。单次散射的一个简单例子是，在远处观测一束探照灯光束，明净的夜空，光束划出铅笔尖型的形状伸向远方，之所以能被看见，是因为光子的单次散射将其从光束方向散射到观测者方向；相反，在有雨或雾的夜晚，光束周围看起来如同裹着白光，这是由于发生了多次散射。很多情况下，单次散射可用分析方法模拟，而多次散射更复杂，一般用数值方法来解决。

前面已经讲到，吸收和发射都是标量的过程。而散射与方向有很大关系，是更为复杂的矢量过程。图 4.7 定义了散射特性讨论中用到的变量与坐标。根据 Kirk（1996）以及 Thomas 和 Stamnes（1999）的描述，假设平面辐照度 E 沿 z 轴传播，入射到小的气体体积单元 $dV = dAdz$，这里 $dA = dxdy$，并与入射辐照度垂直。在这个小体积中，有部分入射通量被散射而偏离其传播方向，因而 E 的大小随传输路径长度的增加而减少。

被散射的能量有如下假设。首先，体积 $dAdz$ 无限小，保证其内部只有单次散射发生；其次，被散射的能量沿传输方向以轴对称分布，只是散射角 α 的函数，并以立体角 $d\Omega$ 内的辐射强度 $dI(\alpha)$ 的角分布来描述；第三，没有其他波长上的荧光或能量发射，即被散射的辐射与入射辐射具有相同的波长。

入射到小体积单元上的能量为 $\Phi = EdA$，由 3.3 节对 I 的定义，散射到任何方向上的能量为 $d^2\Phi = dId\Omega$。体散射相函数 $\beta(\alpha,\lambda)$ 定义为单位长度、单位立体角内散射到特定方向上

的能量与入射总能量之比：

$$\beta(\alpha,\lambda) = \frac{\mathrm{d}I(\alpha)}{E\mathrm{d}A\mathrm{d}z} = \frac{\mathrm{d}^2\Phi}{\Phi\mathrm{d}z\mathrm{d}\Omega} \tag{4.13}$$

由式（4.13）可知，$\beta(\alpha,\lambda)$ 单位为 $\mathrm{m}^{-1}\cdot\mathrm{sr}^{-1}$。该式可改写为

$$\mathrm{d}^2\Phi(\alpha) = \beta(\alpha)\Phi\mathrm{d}\Omega\mathrm{d}z \tag{4.14}$$

式中省略了 β 中的 λ。

为计算单位长度上损失的能量，对式（4.14）进行除前向以外所有方向上的积分，因为前向的散射并没有从光束的能量中损失掉。积分范围如下：Φ 从 0 到 2π，α 从 0_+ 到 π，这里的下标"+"是指排除前向散射。积分结果为

$$\frac{\mathrm{d}\Phi}{\Phi_0\mathrm{d}z} = 2\pi\int_{0+}^{\pi}\beta(\alpha)\sin\alpha\mathrm{d}\alpha \tag{4.15}$$

式（4.15）是单位长度上的散射能量与入射能量之比，其值与 α 无关，只与波长有关。将式（4.15）左边的分子和分母同除以 $\mathrm{d}A$，注意光束损失的能量是负数，则式（4.15）可改写成与式（4.5）类似的形式。因此，$\kappa_\mathrm{S}(\lambda)$ 可表示为

$$\kappa_\mathrm{S}(\lambda) = 2\pi\int_{0+}^{\pi}\beta(\alpha)\sin\alpha\mathrm{d}\alpha \tag{4.16}$$

式（4.16）给出了体散射系数与体散射函数的关系。利用式（4.16），下面讨论极限情况下的各向同性散射并定义散射相函数 $P(\alpha)$。

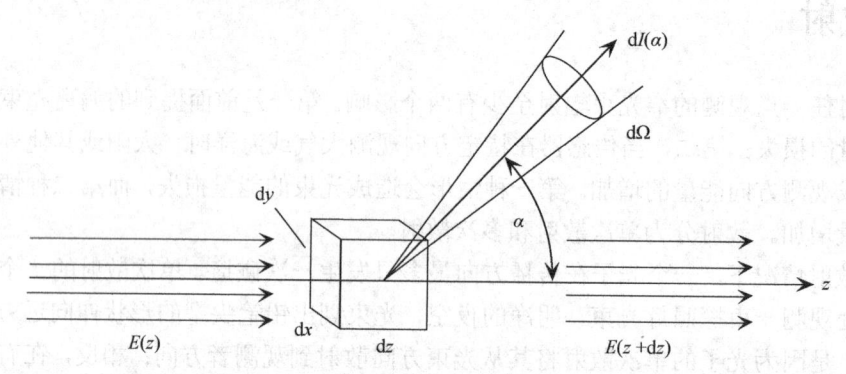

图 4.7　散射特性讨论中用到的变量与坐标

4.4.1　各向同性散射与散射相函数

所谓各向同性散射，是指散射分量在所有方向都相同，即有

$$\beta(\alpha) = 常数 = \beta_0 \tag{4.17}$$

代入式（4.16），有

$$\kappa_\mathrm{S}(\lambda) = 4\pi\beta_0 \tag{4.18}$$

与式（4.18）类似，散射相函数 $P(\alpha)$ 可定义如下：

$$P(\alpha) = 4\pi\beta(\lambda,\alpha)/\kappa_\mathrm{S}(\lambda) \tag{4.19}$$

式（4.19）中，$P(\alpha)$ 的单位为 sr^{-1}。对各向同性散射而言，$P(\alpha) \simeq 1$。由式（4.19），可将 β 表示为

$$\beta(\lambda,\alpha) = P(\alpha)\kappa_\mathrm{S}(\lambda)/4\pi \tag{4.20}$$

因此，$P(\alpha)$ 与角度有关，而 $\kappa_s(\lambda)$ 与波长有关。有了这些定义，散射分量对散射角 α、波长 λ 和气体成分的依赖关系就容易理解了。

4.4.2 瑞利散射和气溶胶散射

大气和海洋中的分子与颗粒物散射可分为两类：瑞利散射或分子散射，米氏散射或气溶胶散射。散射的类型取决于分子散射或气溶胶散射体相对于入射波长的尺寸，或者取决于尺度参数 q 的大小，q 定义为

$$q = 2\pi a / \lambda \tag{4.21}$$

在式（4.21）中，a 是分子或颗粒物半径，λ 是入射波长。对分子散射而言，a 约为 0.1nm，而可见光的波长 λ 约为 500nm，则 q 约为 10^{-3} 的量级。此时 $q \ll 1$，则有一个简单的闭合解，称为瑞利散射。当 q 趋近于 1 时，入射光在颗粒物周围形成的折射产生强烈的前向散射，称为米氏散射，大气中的水滴和气溶胶散射都属此列，它有着复杂的数学表达式。在可见光波段，瑞利散射占主导地位，再加上低浓度气溶胶的米氏散射贡献；在红外波段，瑞利散射基本可以忽略，米氏散射也可以忽略，因为红外遥感是在没有厚云和气溶胶的情况下进行的。在微波波段，瑞利散射和米氏散射一般由云中的水滴和大的雨滴产生，波长越短，散射越强。

4.4.3 分子散射或瑞利散射

瑞利散射可用下式计算（Thomas 和 Stamnes，1999）：

$$P_R(\alpha) = 3/4(1 + \cos^2 \alpha), \quad \kappa_R \lambda \sim \lambda^{-4} \tag{4.22}$$

其中，下标 R 代表瑞利散射。图 4.8 比较了瑞利散射与各向同性散射的相函数分布，可以看出，$P_R(\alpha)$ 的前、后向散射是对称的。由于 $\kappa_R(\lambda)$ 以 λ^{-4} 变化，瑞利散射随波长 λ 的降低而增加。

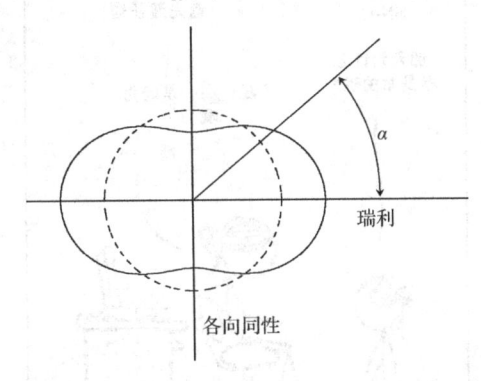

图 4.8　各向同性散射（虚线）和瑞利散射（实线）的散射相函数随散射角 α 的变化关系

比如，当波长 λ 从 700nm 降到 400nm，或者说降低约 1/2 时，瑞利散射的大小则增加约 16 倍。在 4.9.2 节将讨论，瑞利散射产生的辐亮度称为"天光"，它提供了独立于直射太阳光的另一个光源，这解释了为什么影子不是黑的。

在海面标准大气压时（p_0=1013.25mb），整个大气层瑞利散射的光学厚度由下式表示[Evans 和 Gordon，1994，方程（10）；Hansen 和 Travis，1974]：

$$\tau_{RO}(\lambda) = 0.0089\lambda^{-4}(1 + 0.0113\lambda^{-2} + 0.00013\lambda^{-4}) \tag{4.23}$$

若以 $\tau_R(\lambda)$ 表示任意海面压强下的瑞利散射光学厚度，则有

$$\tau_R(\lambda) = \tau_{RO}(\lambda)(p/p_0) \tag{4.24}$$

表 4.2 给出了特定波长 λ 下的 $\tau_{RO}(\lambda)$，表明了它对波长的依赖关系。

表 4.2　式（4.23）标准压强下瑞利散射系数随 λ 的变化

λ/mm	$\tau_{RO}(\lambda)$
400	0.390
500	0.152
600	0.072
700	0.038

粗略一看，眼睛感知的蓝天颜色和依赖于 λ^{-4} 的瑞利散射的蓝天颜色之间存在差异。Smith（2005）指出，人类眼睛感知的蓝天的光波长约为 475nm，而与 4 次幂关系瑞利散射对应的波长约为 400nm。那么，为什么天空是蓝色的而不是紫色的（见图 4.9）？这里有两方面的原因，一个原因是太阳光谱与瑞利散射的相互作用，另一个原因则与人眼对这个光谱的感知有关。由图 3.9 可以看出，太阳光谱的峰值在 460nm 左右，在短波区域急剧下降，Smith（2005，图 3）指出，太阳光谱的瑞利散射谱是一个双峰连续谱，一个峰值在 410nm 左右，另一个峰值在 470nm 左右。

图 4.9　天空为什么是蓝色的

光谱的颜色感知依赖于人眼的生理反应，人眼内有三类锥体，分别对蓝色、绿色和红色敏感，即使天空含有所有的可见光波长，但眼睛感知的是白光和一个线光谱的组合，中心波长就在 475±5nm 处，这个组合的光谱和人类视觉细胞的特性决定了人眼感知的天空是蓝色的［进一步的讨论见 Bohren（未标注日期）］。

4.4.4 气溶胶散射或米氏散射

当散射体的大小与入射光的波长相当或比波长更大时,前向散射变得尤为强烈。海面边界层上方的气溶胶散射方程用 Henyey-Greenstein 函数求解(Gordon 和 Castaño,1987),图 4.10 比较了该散射与各向同性散射和瑞利散射随散射角的变化趋势。可以看出,米氏散射的特点是前向散射很强,还有一个特点是与 λ^{-1} 或 λ^0 的依赖关系弱。总之,分子散射与波长有很强的依赖关系,有着随波长减小而增加的解析解;气溶胶散射与波长的依赖关系较弱,散射随波长减小而缓慢增加,并有强前向散射的数值解。

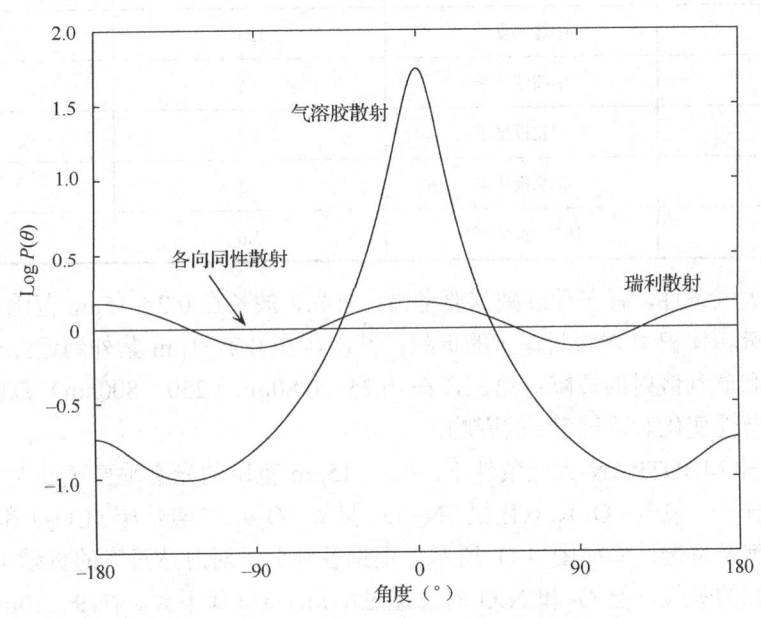

图 4.10 散射与各向同性散射和瑞利散射随散射角的变化趋势

4.5 大气衰减

本节将讨论可见近红外波段的大气透过率,9.2 节将讨论微波的大气透射比。总的透过率可由各光学厚度求和或等同于不同分子类型和过程的透过率相乘得到。若只考虑分子吸收和散射,总的光学厚度 τ_{tot} 和透过率 t_{tot} 可表示为

$$\tau_{tot} = \tau_R + \tau_{CO_2} + \tau_{O_3} + \tau_{H_2O} + \cdots$$
$$t_{tot} = t_R \cdot t_{CO_2} \cdot t_{O_3} \cdot t_{H_2O} \cdots \quad (4.25)$$

对天底观测的卫星而言,从海表辐亮度 L_0 接收到的 L_H 可简单地表示为

$$L_H = t_{tot} L_0 \quad (4.26)$$

以下文中 t_{tot} 的下标 tot 被省略。基于上述定义,接下来的三幅图分别给出了在不同分子成分和大气条件下(从热带到副极地),t 随波长 λ 的变化情况。

不同分子成分和大气条件下的透过率由 MODTRAN 程序(Anderson 等,1995)计算。MODTRAN 是目前广泛应用的一系列计算机程序(LOWTRAN、MODTRAN、HITRAN、FASCODE)之一,这些程序在不同波长条件下描述大气辐射传输特性。Clough 等(2005)

审查了公共可用的辐射代码和数据库。表4.3列出了6种默认的MODTRAN大气条件下海面水汽密度与等效的柱状水汽含量。表中的"热带"表示纬度小于30°的地区;"中纬度"地区为30°~45°;副北极地区为45°~60°。可以看出,在这6种大气条件下,V在5~50mm之间变化。

表4.3 MODTRAN标准条件下的大气水汽含量

大气状况	名 称	海面水汽密度ρ_{v0}/(g·m^{-3})	等效的柱状水汽含量 V/mm
1	热带	17.3	48
2	中纬度夏季	13.0	35
3	中纬度冬季	3.5	11
4	副北极夏季	8.7	25
5	副北极冬季	1.3	5
6	1976标准大气	5.6	17

对于这些大气条件,有三种衰减需要考虑:首先,波长在0.2~15μm范围内时,考虑各种大气分子含量和体积V对透过率t的贡献;其次,在0.2~1μm紫外到近红外波段内,要细致考虑分子和瑞利散射的贡献;第三,在0.25~0.80μm(250~800nm)范围内,要考虑臭氧含量的季节性变化对透过率t的影响。

在上述6种MODTRAN大气条件下,0.2~15μm范围的光谱垂直穿过大气路径时,大气中的5种成分——氧气(O_2)、氧化氮(N_2O)、臭氧(O_3)、二氧化碳(CO_2)和水汽(H_2O),对透过率的贡献及总透过率如图4.11所示。根据各种分子对总透过率的贡献可知,O_2在近红外波段有很强的吸收,但O_2和N_2O对总透过率t的贡献却不大。在9~10μm,臭氧的吸收很强,正如图4.12所要说明的那样,臭氧在波长小于0.35μm的波段阻挡了紫外光的透过。

当$\lambda>3\mu m$时,CO_2和水汽含量确定了透过率的大小;CO_2在大约14μm波长处透过率变为0;在较短波段则有几个主要的不透明区。在1~14μm范围内,水汽是决定大气透过率的主要因素,也是引起透过率变化的主要原因。由图4.11中总透过率的图来看,当$\lambda>3\mu m$时,或者说在热辐射比较重要的波段,存在三个反演海表温度SST的大气窗口,即3~4μm、8~9μm、10~12μm。在第7章会讲到,3~4μm范围内的大气透过率的变化基本与水汽无关,而在10~12μm范围内,水汽是决定透过率的最主要因素。

图4.12显示了在0.20μm<λ<1μm(200nm<λ<1000nm)范围内和两种MODTRAN极限条件下,即热带和副北极,冬季氧气、臭氧、水汽和瑞利散射对总透过率的贡献。图4.11和图4.12的主要区别在于,当λ<1μm时,瑞利散射的贡献很大。由图可以看出,臭氧在600nm附近有较小但很重要的透过率变化,而且对紫外光有衰减作用。氧气在近红外波段有两个吸收区,在762nm附近的称为O_2-A波段,此外,氧气在紫外波段也有衰减作用,但是波长比臭氧更短。水汽只在几个特定的波段有贡献,一般在600nm之后。因此,在大多数的可见光波段,水汽吸收可以忽略。最后,在λ<600nm的短波段,臭氧和瑞利散射决定了吸收系数的变化。

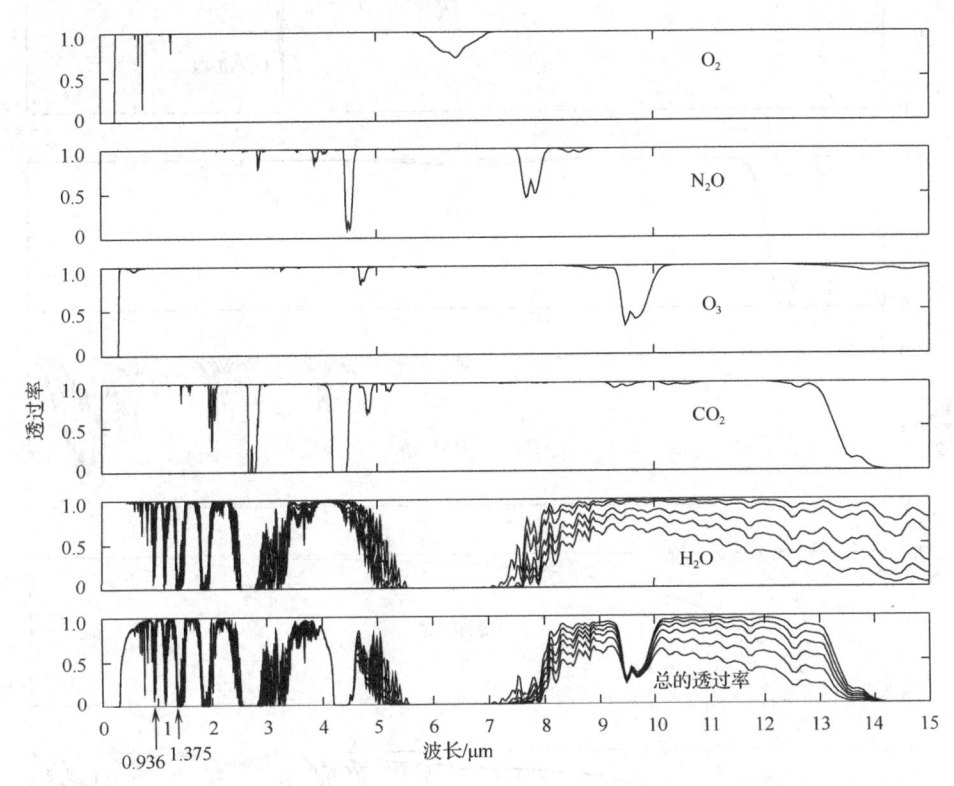

图 4.11 可见光和红外波段，透过率对于 5 种对大气吸收率有主要贡献的分子的依赖关系，以及柱状水汽含量在表 4.3 列出的 6 种 MODTRAN 大气条件下波长与透过率的关系。图中 H_2O 的曲线对应着副北极冬季、中纬度冬季、1976 标准大气、副北极夏季、中纬度夏季和热带的透过率依次减小。图中下部在 $0.936\mu m$ 和 $1.375\mu m$ 处的箭头标示了水汽吸收带与将在第 7 章中介绍的高卷云，以示区分。更多内容见文中所述

臭氧变化对透过率的影响在图 4.12 的坐标轴刻度中很难看出，而图 4.13 给出了两种臭氧含量下透过率之差随波长的变化，分别代表中纬度夏季和 MODTRAN 冬季模型（见图 4.3）。由图可以看出，在 300~350nm 的紫外波段，夏季的透过率更大一些，而在 450~700nm 范围内则缓慢增加。如第 6 章所述，海洋水色反演必须考虑臭氧造成的可见光波段透过率的变化。总而言之，图 4.11 和图 4.12 表明，在可见光和红外波段，有许多大气窗口可用于海表面观测。虽然瑞利散射对较短波长有强烈衰减，但大部分可见光波长是可透过的。另外的大气窗口位于 $0.8\sim 0.9\mu m$ 的近红外波段和位于 $3\sim 4\mu m$、$8\sim 9\mu m$ 及 $10\sim 12\mu m$ 的热红外波段。在 4.8.1 节将会讲到，一种称为"大气探测仪"的卫星遥感器将利用这些窗口之间不透明的区域来计算大气温度廓线。

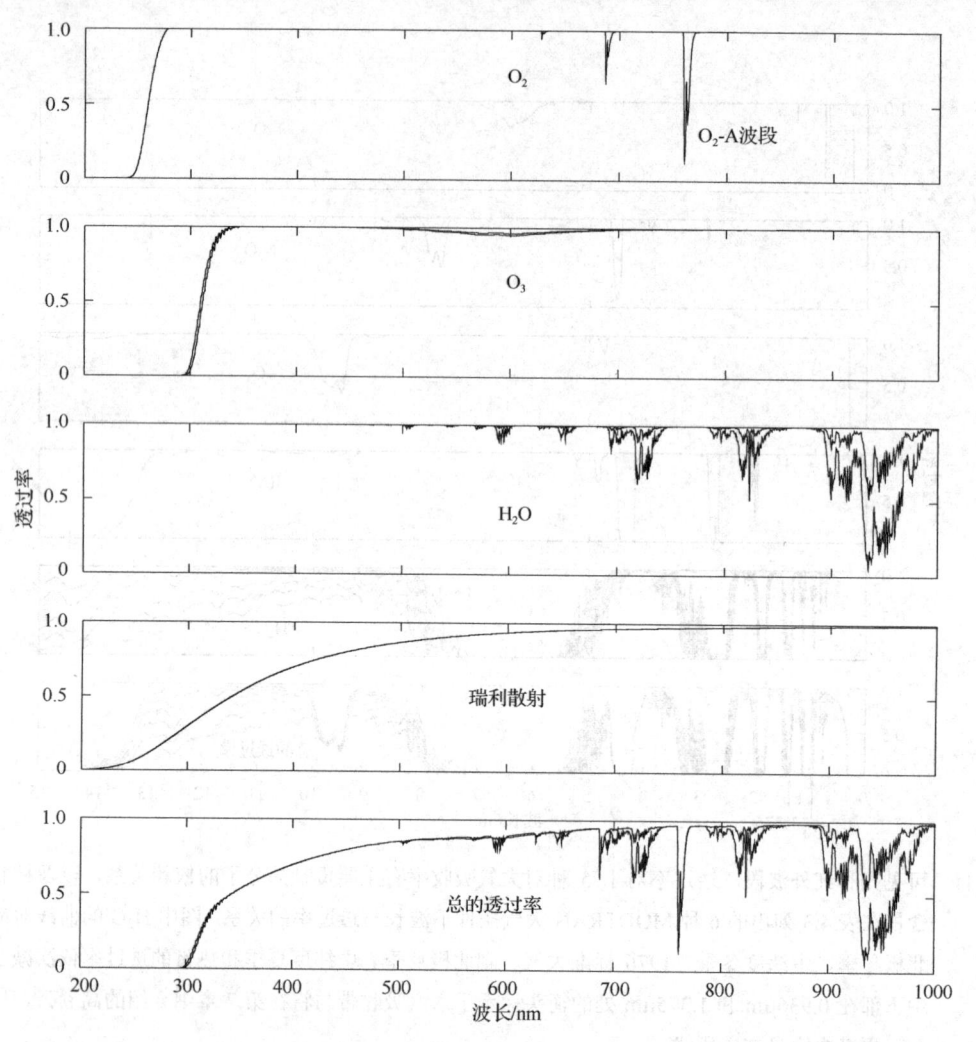

图 4.12 在热带和亚北极冬季两种 MODTRAN 极限条件下氧气、臭氧、水汽和瑞利散射大气透过率随波长的变化。对于水汽的图，下面的线表示冬季的情形

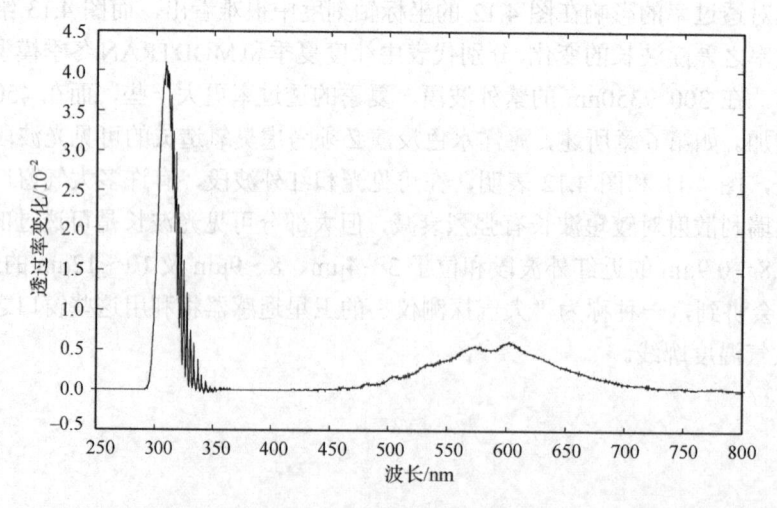

图 4.13 MODTRAN 中纬度夏季和冬季臭氧透过率的差别，与夏季臭氧的减少有关

4.6 在理想仪器中的应用

在 3.5.2 节中介绍的理想情况下的天底指向望远镜,经过大气衰减来观测海洋,则式(3.37)可写为

$$\Phi_{IN} = t\alpha A L \tag{4.27}$$

这样,给定波长 λ,Φ 是随 t 线性变化的。假设卫星采用非天底指向观测地球,若忽略地球曲率,且大气变量 p、T 和 κ_E 是平面平行分布的,即都只是 z 的函数,那么非天底观测同样有一个简单的解决方法。

针对这种情况,如图 4.14 所示,传感器以入射角 θ、沿路径 r 对海面进行观测。因为 T 和 p 只是 z 的函数,则 $\kappa_E(T,p,\lambda) = \kappa_E(z,\lambda)$,若去掉外部变量 λ,就可写为 $\kappa_E(z) = \kappa_E(r\cos\theta)$。对于常数 θ 而言,若 κ_E 沿海面和卫星之间的斜路径积分,则有 $L_H = L_0 \exp(-\tau')$,其中,

$$\tau' = \int_0^{r_H} \kappa_E(r)\cos\theta \, dr \tag{4.28}$$

r_H 是沿 θ 方向的 TOA 高度。若将式(4.28)中的 r 改为 z,根据 $\sec\theta = 1/\cos\theta$,则 $r = z\sec\theta$,式(4.28)可写为如下形式:

$$\tau' = \int_0^{z_H} \kappa_E(z)\sec\theta \, dz = -\tau(z_H)\sec\theta \tag{4.29}$$

由式(4.29)可知,在斜视观测情况下,卫星接收的辐亮度为

$$L_H = L_0 e^{-\tau\sec\theta} = L_0 t^{\sec\theta} \tag{4.30}$$

由式(4.30)可知,除了 τ 由 $\tau\sec\theta$ 代替、t 由 $t^{\sec\theta}$ 代替,非天底观测和天底观测的解有相同的形式。对于 3.5.4 节中有限波段宽度的仪器,式(3.38)变为

$$\Phi_{IN} = L(\lambda_c)\Delta\lambda A\alpha_S t^{\sec\theta} \tag{4.31}$$

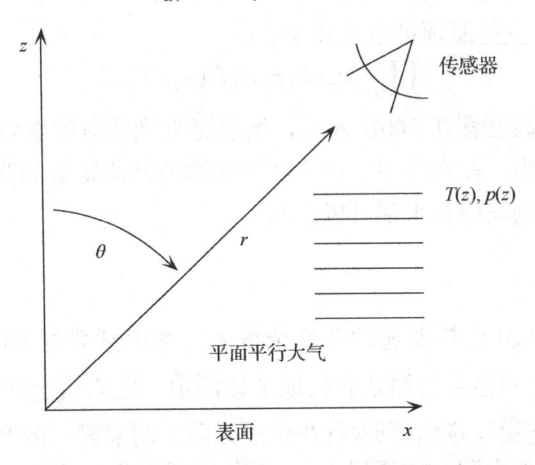

图 4.14 传感器透过平面平行大气观测海面的坐标系

若透过完全衰减的平面平行大气观测海面,式(4.31)给出了所接收辐射通量的一般形式。如第 7 章所述,式(4.31)中对 $\sec\theta$ 的相关性在红外波段的 SST 反演中变得很重要。

由式(4.31)知,在某些情况下,θ 引起的变化并不是很重要。比如,假设大气透过率为 0.8,θ 从 0° 变化到 45°,虽然路径长度增加 41%,但衰减系数仅变化了 10%,由天底观测时的 0.8 变化到 45° 时的 0.73,这意味着在某些情况下,有的摆扫型扫描仪可不必修正 θ。

4.7 辐射传输方程

本节讨论辐射传输方程（Radiative Transfer Equation，RTE）及其衰减项和源项。4.7.1 节和 4.7.2 节讨论发射和散射源项；对于波束透过率的情况，4.7.3 节对穿过整个大气层的辐射方程求解。接下来的讨论中，透过率分为直射透过率和漫射透过率。直射透过率主要发生在热红外和微波波段，这时没有外来的辐射源被散射到传播路径，主要的辐射衰减来自大气的发射。漫射透过率主要发生在可见光波段，沿路径的辐射不仅随着传播衰减，还会受到该路径上瑞利散射的影响。

考虑位于 $x=x,y,z$ 沿指定角度 (θ,ϕ) 辐射传输的一般情况。沿着该路径，由于吸收和散射作用，辐亮度受到衰减；同时也获得来自热辐射和散射到该方向上外源的能量。联合上述各项可得 RTE 的表达式（Kirk，1996）：

$$\frac{\mathrm{d}}{\mathrm{d}r}L(\lambda,x,\theta,\phi) = -\kappa_{\mathrm{E}}(\lambda,x)L(\lambda,x,\theta,\phi) + \prod(\lambda,x,\theta,\phi) \qquad (4.32)$$

在式（4.32）中，r 的方向由 θ, ϕ 确定，式左边是该方向单位长度上的辐亮度变化量，右边第一项表示由吸收和散射产生的衰减，第二项是源项 $\prod$，由下式给出：

$$\prod(x,\theta,\phi) = \prod\nolimits_{\mathrm{emit}}(x,\theta,\phi) + \prod\nolimits_{\mathrm{scat}}(x,\theta,\phi) \qquad (4.33)$$

在式（4.33）和下面的讨论中，点 x 处 $\prod_{\mathrm{emit}}(x,\theta,\phi)$ 是发射源项，$\prod_{\mathrm{scat}}(x,\theta,\phi)$ 是散射源项，散射源项包括所有从非传输方向散射到传输方向上的散射分量。为简便起见，以下省略 λ 的标识。

4.7.1 热发射源项

根据式（4.12），热发射源项可由下式表示：

$$\prod\nolimits_{\mathrm{emit}} \kappa_{\mathrm{A}}(T,p,\lambda)f_{\mathrm{P}}(\lambda,T) \qquad (4.34)$$

因为大气和海洋的温度都在 300K 左右，所以可见光波段的发射辐射可以忽略，但在红外和微波波段则必须考虑。在水体中，由于红外和微波波段辐射的穿透深度不超过几毫米，所以其热发射在所有观测波段几乎都可以忽略。

4.7.2 散射源项

散射源项 $\prod_{\mathrm{scat}}(x,\theta,\phi)$ 比热发射项要复杂得多。考虑到观测方向上 x 点处长度 $\mathrm{d}r$ 的体元，在该点 (θ,ϕ) 方向上的辐射传输之和构成了该源项，它来自全部的外部辐射源入射到体元上并散射到该方向的辐射，除了原本就在传播方向上的辐射。散射的几何关系见图 4.15。图中来自外部辐射源（如太阳）的辐射 L_{ex}，以角度 θ', ϕ' 入射在坐标原点上。在原点上有一部分辐射被散射到面向传感器的方向 (θ,ϕ) 上，这里是入射和散射辐射之间的夹角 α。

针对上述几何关系，$\prod_{\mathrm{scat}}$ 可写为体散射函数 β 的形式。式（4.13）将 $\beta(\alpha,\lambda)$ 定义为单位长度和单位立体角内入射辐射的散射量。Mobley（1994，5.2 节）认为 β 也可用辐射来替换，即任意一点单位路径长度上散射到观测方向上的外部辐射，相对于该点的入射角为 α。图 4.16 为放大后的散射几何关系图，其中散射发生在坐标原点。入射辐照度为 $E_{\mathrm{ex}} = L_{\mathrm{ex}} \Delta \Omega'$，

L_{ex} 为外部辐射源（如太阳）的辐亮度，$\Delta\Omega'$ 是辐射源的立体角。Mobley（1994）认为，传感器接收的、由坐标原点处单位路径长度上散射过来的辐亮度为

$$\prod\nolimits_{scat} \equiv \frac{dL}{dr} = \beta(\alpha) L_{ex} \Delta\Omega' \tag{4.35}$$

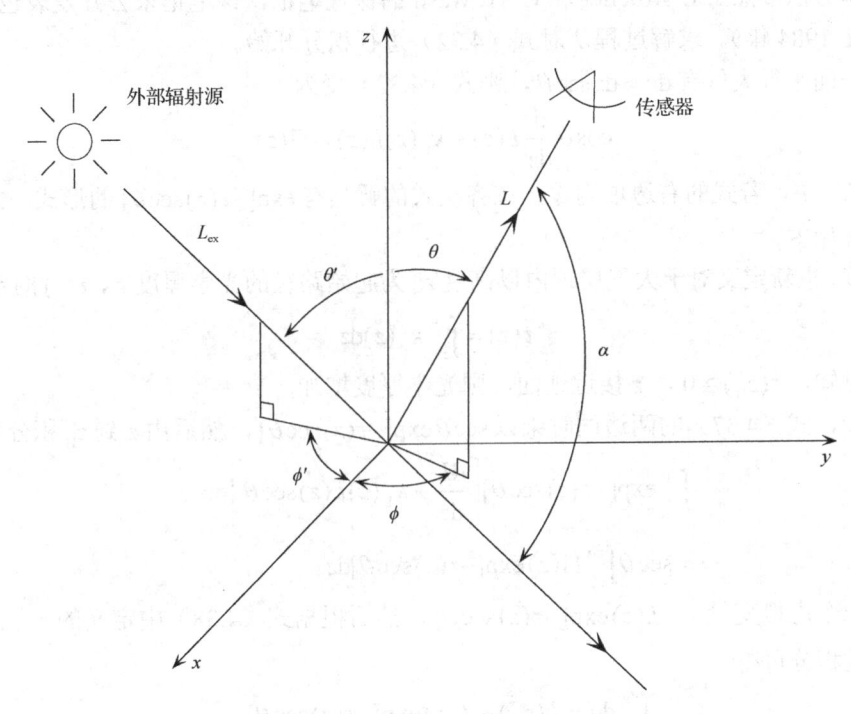

图 4.15 讨论散射源项时采用的坐标系和相应的几何关系

在多个外部辐射源的情况下，对式（4.35）在立体角内积分，可得

$$\prod\nolimits_{scat}(\theta,\phi) = \int_{4\Pi} \beta(\theta,\phi;\theta',\phi') L_{ex}(\theta',\phi') d\Omega' \tag{4.36}$$

其中，L_{ex} 代表所有外部辐射源。在 β 和 L_{ex} 的分布给定时，对式（4.36）的右边积分可得散射源项，见 4.8.2 节。

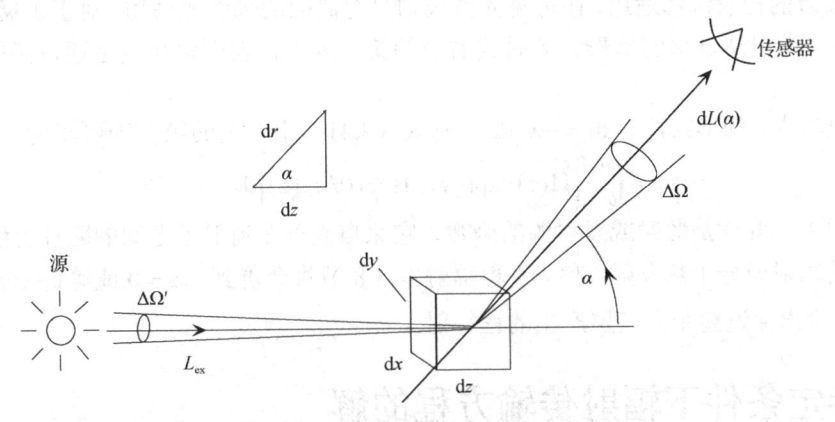

图 4.16 讨论散射到接收光束方向上的辐射时用到的坐标系

4.7.3 辐射传输方程的一般形式

本节将对光束衰减情况下卫星接收的辐亮度进行求解。假设辐射以 θ 角入射,然后穿过大气层(本方法参照 J. L. Mueller 和 C. H. Wash 的课程笔记,该笔记未公开发表也未标注日期,大概在1984年)。求解过程从对式(4.32)进行积分开始。

对于平面平行大气有 $\mathrm{d}r = \mathrm{d}z \sec\theta$,则式(4.32)变为

$$\cos\theta \frac{\mathrm{d}}{\mathrm{d}z} L(z) + \kappa_E(z) L(z) = \Pi(z) \tag{4.37}$$

在式(4.37)中,若式的右边项为零,该齐次式的解具有 $\exp[-\tau(z)\sec\theta]$ 的形式。式(4.37)的求解过程如下。

第一步,重新定义对于大气层顶内以高度 z_H 为起始路径的光学厚度 τ,$\tau(z)$ 的定义如下:

$$\tau(z) = \int_z^{z_H} \kappa_E(z) \mathrm{d}z \tag{4.38}$$

由此定义可知,$\tau(z_H) \cong 0$,z 接近地面,则光学厚度增加。

第二步,式(4.37)的两边同时乘以 $\sec\theta \exp[-\tau(z)\sec\theta]$,然后由 z 到 z_H 积分可得

$$\int_z^{z_H} \exp[-\tau(z)\sec\theta] \left[\frac{\mathrm{d}L}{\mathrm{d}z} + \kappa_E(z) L(z) \sec\theta \right] \mathrm{d}z$$
$$= \sec\theta \int_z^{z_H} \Pi(z) \exp[-\tau(z)\sec\theta] \mathrm{d}z \tag{4.39}$$

引入一个虚拟变量 $u = L(z)\exp[-\tau(z)\sec\theta]$,然后根据式(4.38)中定义的 τ,式(4.39)的左边通过积分可得

$$\int_z^{z_H} \mathrm{d}u = L(z_H) - L(z)\exp[-\tau(z)\sec\theta] \tag{4.40}$$

对于直射透射而言,式(4.39)的解如下:

$$L(z_H) = L(z)\exp[-\tau(z)\sec\theta] + \sec\theta \int_z^{z_H} \Pi(z)\exp[-\tau(z)\sec\theta] \mathrm{d}z \tag{4.41}$$

从物理上来讲,式(4.41)表明,卫星接收到的辐亮度包括 z 处辐亮度的指数衰减值和该源项在 z 和 TOA 之间的积分。在红外和微波波段,由于散射作用极弱,式(4.41)对扩展辐射源和离散的辐射源都适用,在可见光波段则只对离散的辐射源适用。对于扩展可见光源,4.9 节讨论了漫射透过率的情形,此时式右边的第一项中,表面辐亮度是通过漫射透过率衰减的。

将 z 改写为 τ 的形式,有 $\mathrm{d}\tau = -\kappa_E \mathrm{d}z$,则式(4.41)中右边的第二项可写为

$$\sec\theta \int_0^{\tau(z)} [\Pi(z)\exp(-\tau(z)\sec\theta)/\kappa_E(z)] \mathrm{d}\tau \tag{4.42}$$

式(4.42)中,$\Pi(z)$ 是散射或发射源的函数,它来自高度 z 到卫星之间的路径上散射到该光束方向上的辐射或分子热发射,称为"程辐射"。4.8 节将会讲到,$z = 0$ 或等价于 $\tau(0) \equiv \tau$ 时,式(4.42)给出穿过整个大气层产生的程辐射。

4.8 特定条件下辐射传输方程的解

本节讨论特定条件下的辐射传输方程求解。4.8.1 节针对红外和微波波段求解,此时散射作用可以忽略。在可见光波段,分子散射占主导地位,4.8.2 节介绍单次瑞利散射程辐射,4.8.3

节简要讨论单次气溶胶散射程辐射。

由于散射和发射项的相对大小在可见光、红外和微波窗口有很大差别，因此，针对每种情况单独给出式（4.41）的近似解，可能比寻求一般解更容易。近似解可以实现的原因有两个，首先，海表和大气的温度都在 300K 左右，其次，分子散射只是在可见光波段比较重要。根据普朗克方程，在海洋和大气的平均温度条件下，最大辐射对应的波长在 10 μm 左右。

因此，在可见光波段，大气热辐射可以忽略，辐射传输方程主要由瑞利散射和气溶胶散射来决定，称为散射为主的求解方法。在红外和微波波段，由于波长较长，对红外波段在无云的情况下散射可以忽略，而对微波波段除了大雨之外的其他任何情况都可忽略散射的影响，在这些波段，RTE 主要表现在大气吸收和发射之间的平衡，称为以吸收-发射为主的求解。下面各节首先针对以吸收-发射为主的 RTE 求解，然后讨论以散射为主的情形。

4.8.1 以吸收-发射为主的情形

如 4.4.3 节中所说，波长大于可见光时分子散射可以忽略。若气溶胶散射也可类似地忽略，则 RTE 就可近似为吸收和发射之间的平衡关系。这种方法适用于红外和微波波段，称为 Schwarzschild 方程。在红外波段观测海面时要求在无云条件下，则只有分子散射可能发生，而分子散射在此波长又是可以忽略的，所以该近似是合理的。在微波波段，海面在有云情况下也可观测，该近似在波长较长时适用，但在大雨和较短波长时不再适用，第 9 章将有详细描述。

在无散射作用、吸收-发射平衡的情况下，则有 $\kappa_E = \kappa_A$。因为热辐射是唯一的源项，将式（4.34）和式（4.42）代入式（4.41）可得大气顶（TOA）的 RTE 解：

$$L(z_H) = L_0 \exp[-\tau(z_H)\sec\theta] + \sec\theta \int_0^\tau f_P(\lambda, T) \exp[\tau'(z)\sec\theta] d\tau' \quad (4.43)$$

在式（4.43）中，L_0 为海表辐亮度，$L(z_H)$ 为 TOA 辐亮度，$f_P(\lambda, T)$ 为普朗克函数，见式（3.21）。右边第一项是衰减后的海表辐亮度，第二项是大气热辐射项。这种重要的解法也应用在热红外和微波波段（Kidder 和 Vonder Haar，1995）。

若大气的平均温度设为 $\overline{T}$，平均光学厚度设为 $\overline{\tau}$，则式（4.45）可写为

$$L(z_H) = L_0 \exp(\overline{\tau}\sec\theta) + f_P(\overline{T}, \lambda)[1 - \exp(-\tau\sec\theta)] \quad (4.44)$$

依据式（4.10）关于 t 的定义，式（4.44）也可写为

$$L(z_H) = L_0 t^{\sec\theta} + f_P(\overline{T}, \lambda)(1 - t^{\sec\theta}) \quad (4.45)$$

在这种近似下，式（4.44）和式（4.45）表明，在大气顶接收到的辐亮度可分为两部分：海表 L_0 经过大气吸收衰减后的辐亮度和与普朗克函数成比例的大气热辐射项。在第 7 章将介绍，式（4.45）的简化方程用于 SST 的反演。在 9.3 节将介绍，对于微波波段，由于海表和大气的温度都在 300K 左右，式（4.45）同样适用，利用长波长近似可线性化。

通过透射比与波长的关系，接收的辐亮度主要由式（4.45）右面两项中的其中一项主导。若窗口的透射比很高，接收的辐亮度以海表辐亮度为主，若窗口透射比很低，则以热辐射的大气程辐射为主。在第二种情况时，接收的辐亮度与不同大气层的温度成比例，也与波长有关。大气探测仪就是利用这些窗口来反演大气温度廓线的（Kidder 和 Vonder Haar，1995，第 3 章和第 6 章）。

4.8.2 单次散射近似

本节讲述单次散射近似。单次散射主要存在于可见光波段，并且有解析解。在可见光波段，热辐射可以忽略，所以散射在 RTE 中占主导地位。单次散射近似分为两部分：本节介绍类似太阳这种外部光源产生的程辐射，4.9.1 节讨论由外部源表面辐射经过漫射衰减产生的程辐射。

本节只介绍分子单次散射产生的瑞利程辐射，4.8.3 节给出气溶胶单次散射的结果，两者都被用于水色反演中。大气层简单分为两层——平流层和对流层。平流层中假设只有臭氧的衰减而没有散射，假设可见光在对流层大气中无吸收，则对流层大气中只有瑞利散射和气溶胶散射发生。海洋上方的对流层有时再分为两层，靠上的一层以瑞利散射为主，靠下的一层以气溶胶散射为主。

在计算瑞利程辐射之前，先介绍 Mobley（1994）对光谱单次散射反照率 $\omega_0(\lambda)$ 的定义：

$$\omega_0(\lambda) = \frac{\kappa_S(\lambda)}{\kappa_E(\lambda)} = \frac{\kappa_S(\lambda)}{\kappa_A(\lambda) + \kappa_S(\lambda)} \tag{4.46}$$

$\omega_0(\lambda)$ 是散射系数与消光系数之比，可理解为一个光子在给定的传输过程中被散射而不是被吸收的概率。在全散射时，$\omega_0 = 1$；对全吸收则有 $\omega_0 = 0$。对瑞利单次散射而言，$\omega_0(\lambda) \equiv \omega_R(\lambda) \cong 1$。对于气溶胶单次散射，$\omega_0(\lambda)$ 由气溶胶单次散射比 $\omega_A(\lambda)$ 代替，有

$$\omega_A(\lambda) = \kappa_{AS}(\lambda)/\kappa_{AE}(\lambda) \tag{4.47}$$

式（4.47）中，κ_{AS} 是气溶胶散射系数，κ_{AE} 是气溶胶消光系数。一般情况下，$\omega_A(\lambda) < 1$（Gordon 和 Castaño，1987）。

接下来，假设太阳是唯一的外部辐射源，且太阳辐照度可近似为一个点源，位于太阳天顶角和方位角分别为 θ_S 和 ϕ_S 的地球坐标系中。大气顶的太阳辐照度可描述为 $F_S(\lambda)\delta(\theta-\theta_S,\phi-\phi_S)$，这里 $\delta(\theta-\theta_S,\phi-\phi_S)$ 为 δ 函数。由第 3 章可知，$F_S(\lambda) = \Delta\Omega L_S(\lambda)$，其中 $\Delta\Omega$ 是大气顶处的太阳所对的立体角，$L_S(\lambda)$ 是太阳辐亮度。这意味着，在单次散射情况下，太阳被近似为一个黑空中的亮点源，与太阳辐射的瑞利散射相关的天空光被忽略了。

本节的任务是计算观测海面的卫星传感器接收的程辐射，略做修改，就可将本算法应用于背离太阳方向从海面进行观测的传感器。图 4.17 给出了海面和传感器的几何关系。为简化算法，假设观测路径和太阳辐照度有相同的方位角，因此 θ 和 θ_S 位于同一平面内。在计算中忽略了海表辐亮度。入射的太阳辐射在观测路径的每个小体元内朝传感器的方向散射。因为每个光子只散射一次，散射后的辐射在此路径上不会再有其他衰减，所以在此路径上对每个光子的贡献积分，就可得到瑞利程辐射。程辐射的计算也分为两部分。先计算散射源在观测路径的任意高度 z 处的散射分量，然后对其在整个路径上积分即可。

计算高度 z 处、图 4.17 中点 A 的散射源项的过程如下。若太阳辐照度 $F(\lambda,z)$ 只受到瑞利散射的衰减，则点 A 处的辐照度变为

$$F(\lambda,z) = F_S(\lambda)\delta(\theta-\theta_S,\phi-\phi_S)\exp[-\tau_R(z)/\cos\theta_S] \tag{4.48}$$

式（4.48）中，$\tau_R(z)$ 是瑞利光学厚度，由式（4.38）和不确定分布的 $\kappa_R(z)$ 计算。在最后的结果中，τ_R 仅表现为整个大气层光学厚度。

第二步，在观测路径上任意高度 z 处的点 B，有部分辐射被散射到朝向传感器的方向。用式（4.48）代替式（4.36）中的散射源项并在所有立体角内积分，则 z 处的散射源函数可

写为

$$\prod\nolimits_{\text{scat}}(\lambda,z;\theta,\phi) = \int_{4\pi}\beta(\theta,\phi;\theta',\phi')F(\lambda,z)\mathrm{d}\Omega' \qquad (4.49)$$
$$= F_{\text{S}}(\lambda)P_{\text{R}}(\alpha)\kappa_{\text{R}}(\lambda,z)\exp[-\tau_{\text{R}}(z)\sec\theta_{\text{S}}]/(4\pi)$$

式（4.49）中的第二行是用式（4.20）代替 β 得到的。式（4.49）给出在高度 z 处的与太阳辐照度方向夹角为 α 方向上的瑞利散射。

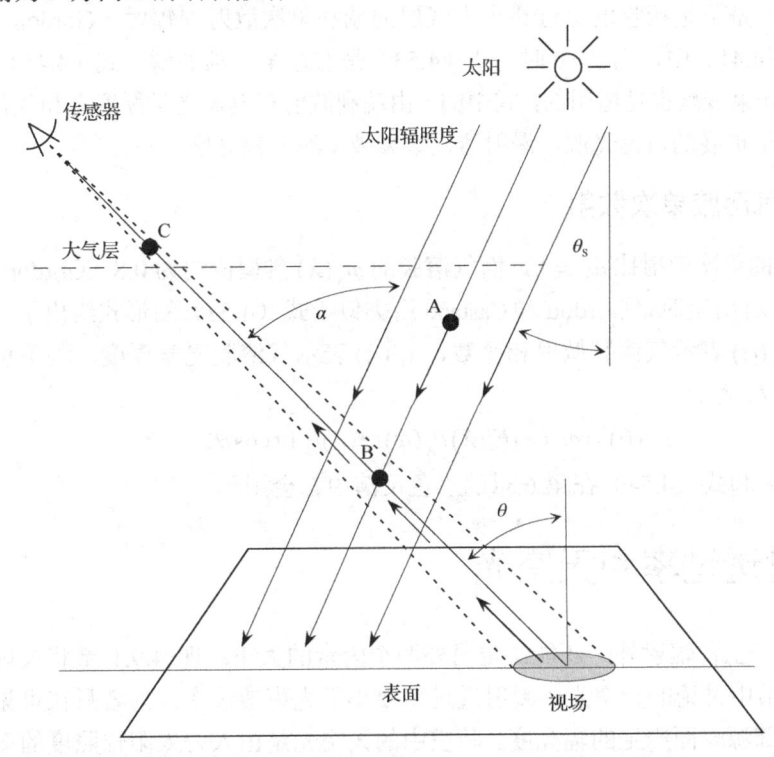

图 4.17　在单次散射近似的讨论中用到的坐标系和定义。灰色椭圆代表卫星视场。详细内容见正文

用式（4.49）代替式（4.42）中的源项，并在由 θ 定义的路径上对整个大气层积分，可得下述瑞利散射程辐射 $L_{\text{R}}(\theta)$：

$$L_{\text{R}}(\theta) = [F_{\text{S}}(\lambda)P_{\text{R}}(\alpha)\sec\theta/(4\pi)]\int_0^{\tau_{\text{R}}}\exp[-\tau_{\text{R}}(z)(\sec\theta_{\text{S}}+\sec\theta)]\mathrm{d}\tau_{\text{R}} \qquad (4.50)$$

在图 4.17 中，L_{R} 是在大气顶或图上点 C 处观测的瑞利程辐射。由于瑞利散射是主要的衰减项，式（4.42）中的 τ 可用式（4.50）中的 τ_{R} 取代。单次散射近似也意味着，散射后的辐射在向传感器传输的过程中不会进一步衰减。因此在式（4.50）的积分中，$\sec\theta$ 项被设为 0，对方程积分可得

$$L_{\text{R}}(\theta) = F_{\text{S}}(\lambda)P_{\text{R}}(\alpha)\cos\theta_{\text{S}}(1-\exp[-\tau_{\text{R}}(\lambda)\sec\theta_{\text{S}}])/(4\pi\cos\theta) \qquad (4.51)$$

对真实大气而言，F_{S} 和 L_{R} 还受到平流层臭氧的衰减。为减弱臭氧衰减和对流层散射之间的耦合关系，假设衰减只发生在平流层而散射只发生在对流层。对卫星传感器而言，L_{R} 主要由臭氧层的衰减决定，首先，太阳下行辐射穿过臭氧层发生衰减，其次，散射后的辐射在上行到达传感器时又经过臭氧层再次产生衰减。由于太阳和传感器都位于大气层之上，可用经过双程臭氧衰减的太阳辐照度 $F'_{\text{S}}(\lambda)$ 来替换式（4.51）中的 $F_{\text{S}}(\lambda)$。给定臭氧光学厚度 τ_{OZ}，$F'_{\text{S}}(\lambda)$ 可表示为

$$F'_S(\lambda) = F_S(\lambda)\exp[-\tau_{OZ}(\sec\theta + \sec\theta_S)] \qquad (4.52)$$

当太阳入射角 $\theta_S \leq 45°$ 时,式(4.52)可继续简化,此时 $\sec\theta_S \leq 1.4$,对于式(4.24)和表 4.2 中的可见光瑞利散射光学厚度 $\tau_R(\lambda)$,有 $\tau_R(\lambda)\sec\theta_S < 1$,则有 $\exp[-\tau_R(\lambda)\sec\theta_S] \cong 1 - \tau_R(\lambda)\sec\theta_S$。将此式和式(4.52)代入式(4.51),可得

$$L_R(\theta) = F'_S(\lambda)P_R(\alpha)\tau_R(\lambda)/(4\pi\cos\theta) \qquad (4.53)$$

式(4.53)是卫星接收的穿过整个大气层的瑞利单次散射程辐射(Gordon 和 Castaño,1987)。在式(4.41)中,当 $z=0$ 时,式(4.53)是右边第二项的解。式(4.41)右边第一项,若源区很小,光束衰减也是适用的,式中的 τ 由瑞利散射和臭氧光学厚度之和代替。正如 4.9.1 节讨论的,对于扩展的可见光源,漫射透过率衰减了海表辐亮度。

4.8.3 气溶胶单次散射

瑞利散射的单次散射比 $\omega_R = 1$,而气溶胶的 $\omega_A(\lambda)$ 典型值约为 0.8(Gordon 和 Castaño,1987)。当 $\omega_A(\lambda)$ 给定时,Gordon 和 Castaño 用类似于式(4.52)的形式给出了气溶胶的单次散射解。用 $P_A(\alpha)$ 表示气溶胶散射相函数,$\tau_R(\lambda)$ 表示气溶胶光学厚度,则卫星接收的气溶胶程辐射亮度 L_A 为

$$L_A(\theta) = \omega_A(\lambda)F'_S(\lambda)P_A(\alpha)\tau_A(\lambda)/(4\pi\cos\theta) \qquad (4.54)$$

式(4.53)和式(4.54)在第 6 章的水色反演中都会用到。

4.9 漫射透过率和天空光

散射除了产生程辐射外,还能决定另外两个因素的大小:即 4.9.1 节将要讲到的漫射透过率和 4.9.2 节中讨论的天空光。漫射透过率要小于光束透过率,前者只在可见光中比较重要,适用于外部源表面产生的辐亮度。晴空中的天空光是由入射太阳辐照度的瑞利散射产生的,天空光会在地平线以上产生各方向的下行辐照度。

4.9.1 漫射透过率

如 Gordon 等(1983)和 Wang 等(1999)描述的,从开阔海表面发射的辐亮度进入散射大气后,卫星接收的辐亮度不仅来自视场范围内,还来自周围散射到仪器观测立体角内的辐射(见图 4.18)。上述情况对于短波长可见光的影响尤为明显。来自视场区域以外的贡献对接收的辐亮度有两方面的影响:第一,接收到的辐射源比观测视场的辐亮度大;第二,接收辐亮度的大小比仅考虑光束衰减时要大。在海洋观测视场接近陆地或海冰、冰山或任何发射或反射特性不同于开阔大洋的表面时,这种散射会产生一些问题。由于观测视场邻近区域的贡献,卫星接收的辐亮度不再完全来自开阔大洋,而被认为受到污染,比如陆地污染等。由于这个原因,水色遥感只有在远离陆地几个像元的地方才能正常观测。

来自海表面辐射的散射给卫星接收辐亮度带来额外贡献,这与波长太阳光照入射角、大气光学特性、仪器观测角和海面反射辐射的角分布有关。在大多数情况下,卫星接收的辐亮度及其漫射透过率 $t_D(\lambda,\theta)$ 只能通过数值方法求解。Gordon 等(1983)认为,从均匀漫射表面的朗伯体反射及瑞利和气溶胶单次散射的数值计算来看,t_D 可通过下述解析表达式近似计算:

$$t_D(\lambda,\theta) = \exp([-\tau_R(\lambda)/2 + \tau_{OZ}]\sec\theta) \qquad (4.55)$$

式（4.55）给出了十分有用的近似解。通过近似计算显示，散射以系数 2 对衰减进行降低，相应地增加了仪器的视场（见图 4.18）。

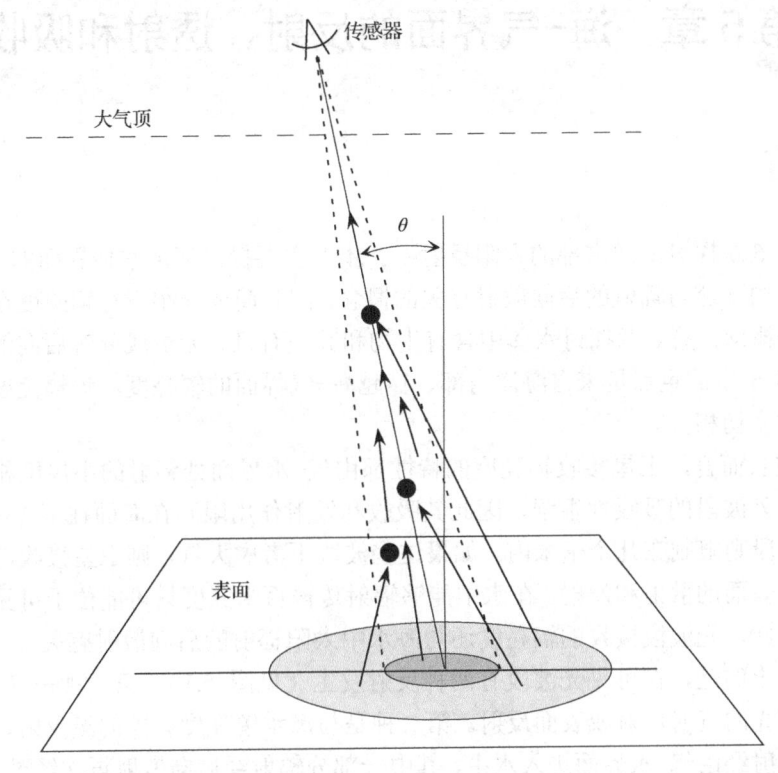

图 4.18 漫射透过率的原理示意图。图中的黑灰色椭圆代表仪器观测视场；较大的亮灰色椭圆代表散射辐射产生的区域，该区域的海表辐射经单次散射到达观测波束方向，从而对卫星接收的辐亮度做出贡献。图中的黑点代表多次散射发生的位置。进一步的说明见正文

Gordon 等（1983）也认为，气溶胶散射对漫射透过率 t_D 有影响，但可以忽略。因为对薄气溶胶而言，强烈的前向散射意味着辐射不会有明显衰减；但对于厚气溶胶而言，这一解释不成立。Wang（1999）将式（4.55）和数值解法的结果做了比较，发现前者在无吸收和弱吸收气溶胶的情形下，当 $\tau_A \leq 0.4$，$\theta \leq 40°$ 时，解析模型精度可以达到 2%～3%。当 $\tau_A \leq 0.6$，$\theta \leq 60°$ 时，Wang 给出的修正后的漫射透过率数值模型计算精度大约在 1%以内。对单次散射而言，式（4.41）的第一项 t_D 用来描述海表辐亮度的衰减。

4.9.2 天空光

天空光是指经瑞利散射后的太阳辐射，也是晴天时天空呈蓝色的原因。由于天空光的缘故，入射到海表面的太阳辐照度分为两部分：太阳直射辐射和瑞利单次散射漫射。Gordon 和 Clark（1981）将这两项合起来，建立了一个估算海表面 $z = 0_+$ 处平面的下行太阳辐照度 $E_d(0_+)$ 的模型。这里假设臭氧的衰减与对流层的瑞利散射无关，通过数值计算可以得到 $E_d(0_+)$：

$$E_d(0_+) = F_S(\lambda)\cos\theta_S \exp([-\tau_R(\lambda)/2 + \tau_{OZ}]\sec\theta_S) = F_S(\lambda)\cos\theta_S[t_D(\lambda,\theta_S)] \quad (4.56)$$

水色反演中将会用到式（4.56），该式同时说明海表的太阳辐照度也是 t_D 的函数。

第 5 章 海-气界面的反射、透射和吸收

5.1 引言

　　本章和第 6 章探讨海洋内部的太阳反射率。本章主要探讨清洁水体界面的反射和透射，并明确与海洋内部透射辐射的后向散射有关的概念，同时简要介绍下行辐照度在海水中的衰减。基于这个概念，第 6 章探讨水体中含有生物和其他有机、无机成分时后向散射特性的变化。本章和第 6 章的重点是来自海洋内部、穿越海-气界面的辐亮度，该辐亮度与航空和卫星传感器接收密切相关。

　　对所有波长而言，卫星接收辐亮度的特性都由气-水界面处辐射的小尺度相互作用来决定。海洋对红外波段的吸收性很强，因此其吸收和发射作用限制在海面往下 $1\sim100\mu m$ 的水体内，微波波段则限制在几个毫米内。如果这些波段不考虑大气，则卫星接收的辐亮度特性将仅取决于海表面的散射和反射。在水中能够辐射传输百米深度只可能位于可见光和近紫外光谱区间，因此，光波段接收的辐亮度还与海水中太阳辐射的后向散射有关。

　　特别要指出的是，在可见光波段有两种反射发生（见图 5.1）。第一种是气-水界面处太阳辐射和天空光的直射反射或表面反射。第二种是与离水辐亮度有关的漫反射，离水辐亮度是入射太阳辐射经由气-水界面进入水中，其中一部分辐射经后向散射再次经过水-气界面进入大气层而产生的辐射量。第 6 章将会讲到，由水体内部散射产生的离水辐亮度或水表面的光亮度对可见光遥感至关重要，它们使得诸如叶绿素浓度等水体属性的反演得以实现。对于清洁的海水，本章考虑两类反射，分别是海洋表面的反射和传播至 $1\sim100m$ 深度的辐亮度的后向散射。

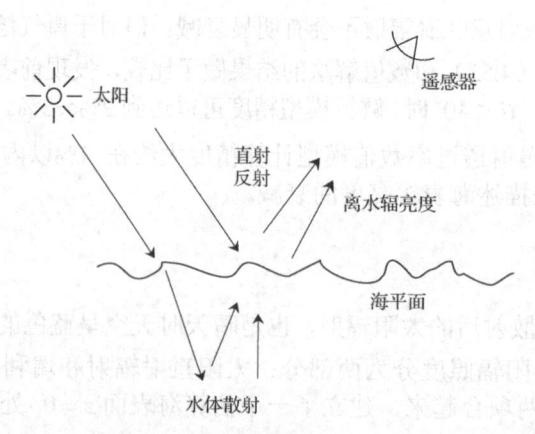

图 5.1　海表的太阳直射反射与由水体散射产生的离水辐亮度有关的漫反射

　　为进一步说明光亮度，Raman（1922）详述了在白天的晴空条件下，海表水色并不是由天空光的表面反射产生，而是由水体内的散射产生的。如 5.4.1 节所述，尽管水分子的体散射系数在形式上与大气分子的瑞利散射类似，但大了 160 倍。当太阳在天顶且不考虑吸收时，

50m深水体的散射能与高度约8km处的大气相等，这时水表面的亮度和天空几乎一样。Raman认为，即使考虑吸收，在太阳直射辐射的情况下，水体的散射也是海表呈蓝色的主要原因。当有厚云覆盖时，水体散射下降，水色由穿透云层的太阳前向散射的海表直接反射决定，所以海表呈灰色。

对水体中的辐射传输而言，由式（3.13）可知吸收深度为

$$d_a = a(\lambda)^{-1} \tag{5.1}$$

为给出吸收深度相对于辐射波长的大小，定义一个无量纲量 $\hat{d} = d_a/\lambda$，其与 λ 的关系如图 5.2 所示。由图可见，$\hat{d}$ 在可见光波段达到最大值，当 $\lambda > 3\mu m$ 时，$\hat{d} < 1$。在紫外、可见光及近红外波段之外，水体吸收很强，因此水体透过率只是在大约以可见光为中心的较窄窗口内比较重要。

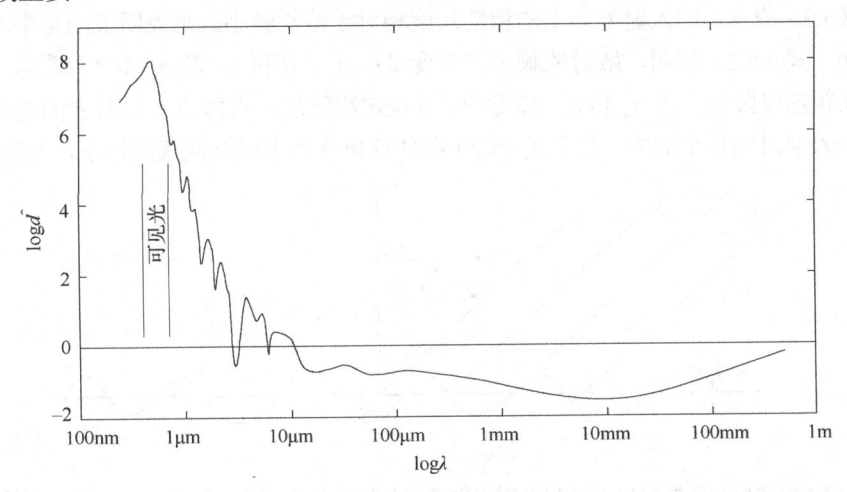

图 5.2 波长 λ 在 200nm 至 0.5m 范围内的归一化衰减深度 $\hat{d}$ 随波长的变化。图中的水平直线代表此处的吸收深度等于一个波长

5.2 节将讨论菲涅耳方程和斯涅耳定律，它们主要描述了入射的辐射与平滑海表面和有浪情况下海面之间的相互作用。波浪反射形成的太阳耀斑或闪光是传感器接收到的太阳辐射的随机反射。5.3 节讨论界面的透射。5.4 节讨论清洁海水的吸收和散射特性、入射辐射的界面透射及其在水面下的后向散射、两种遥感反射率和漫衰减深度。最后，由于不论是在海表还是在水体内，气泡与泡沫覆盖的界面是结合在一起的，因此 5.5 节讨论海面泡沫的反射。

5.2 海-气界面

入射到气-水界面的电磁辐射，根据界面特性的不同，一部分能量被反射或散射，一部分被吸收，还有部分穿透界面。假设以角度 θ 入射到平滑表面的辐射，则其反射为镜面反射，即入射角等于反射角。对粗糙表面而言，反射过程要复杂一些。根据文献 Rees（2001），至少存在两种描述粗糙表面的方法。第一种是通用区分平滑表面和粗糙表面的方法，称为瑞利准则。此瑞利准则与 3.5.1 节中针对透镜分辨率的瑞利准则是不一样的；第二种方法描述了由毛细波和重力波覆盖的表面辐射的反射。

5.2.1 节利用瑞利准则定义粗糙度，然后描述平滑表面和粗糙表面的反射与散射。针对镜

面或平滑表面，5.2.2 节讨论斯涅耳定律和菲涅耳方程，其中斯涅耳定律主要描述特定入射角引起的反射角与透射角；菲涅耳方程描述角度对反射和透射辐射量级的影响。5.2.3 节描述有毛细波和短重力波覆盖界面的反射。若将此表面近似看作由多个与水平方向成不同倾角的小平面构成，每个平面都遵从镜面反射定理，则此种情况下的散射辐射可获得数值解。

5.2.1 散射的一般考虑

对海表反射和散射而言，表面平滑或粗糙取决于瑞利粗糙度准则。根据 Rees（2001），图 5.3 描述了入射到某一表面的辐射，其中 σ_η 为海表面高度均方根。一般来说，若辐射以 θ 角入射，波长为 λ，满足下式时为镜面散射：

$$(\sigma_\eta \cos\theta)/\lambda < 1/8 \tag{5.2}$$

若式（5.2）成立，即入射方向上的粗糙尺度相对于波长较小，则表明表面是平滑的，否则为粗糙表面。式（5.2）表明，散射依赖于三个变量：σ_η、θ 和 λ。若 σ_η 和 θ 为常数，随着 λ 的增加，表面粗糙度降低。当 σ_η 和 λ 为常数时，θ 决定粗糙度，近垂直入射时表面是粗糙的，但在接近水平入射时则是平滑的。对于式（5.2）在任何角度都不成立的极限情况，则为朗伯反射。

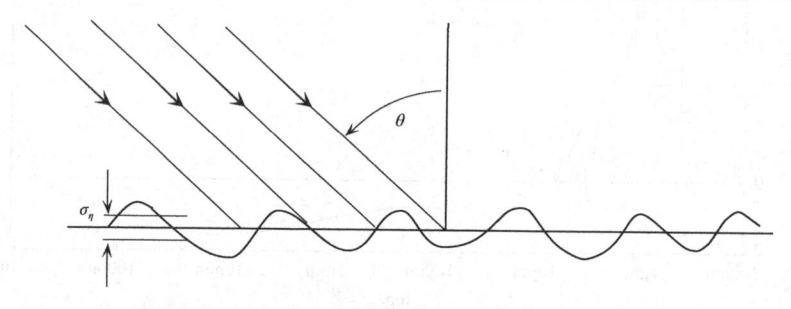

图 5.3 讨论表面散射与镜面反射的瑞利准则时用到的几何示意图 [改编自 Rees（2001）中的图 3.10]

图 5.4 给出入射辐射在 4 个粗糙度逐渐增大的表面上的反射。图 5.4（a）是理想平滑表面上的镜面反射，反射角与入射角大小相等、方向相反。这是单纯的一致性镜面散射或反射，说明反射光束与入射辐射有特定的相位关系（Rees，2001）。在准镜面的情况下，沿镜面反射方向有部分相干散射，在其他方向上有部分非相干散射或漫射散射，其中非相干散射与入射辐射有随机的相位关系，见图 5.4（b）。随着粗糙度的增加，镜面反射减少而非相干散射增加。对较粗糙的表面，散射变为准朗伯散射，意味着大部分散射是随机的，在镜面反射方向只有一小部分相干散射，见图 5.4（c）。最后，图 5.4（d）给出理想状态下粗糙表面上的反射情形，其反射为完全朗伯反射。在可见光/红外波段，泡沫和云可被近似为朗伯散射。

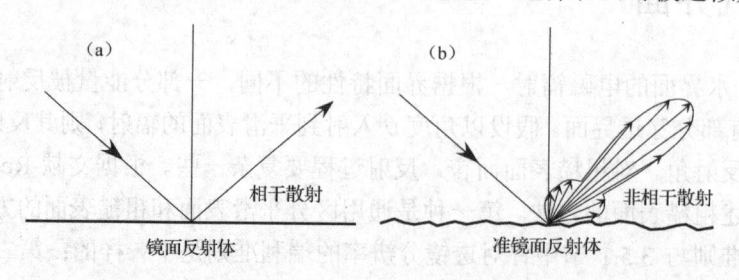

图 5.4 表面反射与散射的极限形式。（a）镜面反射体；（b）准镜面反射体；（c）准朗伯反射体；（d）朗伯反射体。朗伯反射的例子只对扩展表面适用

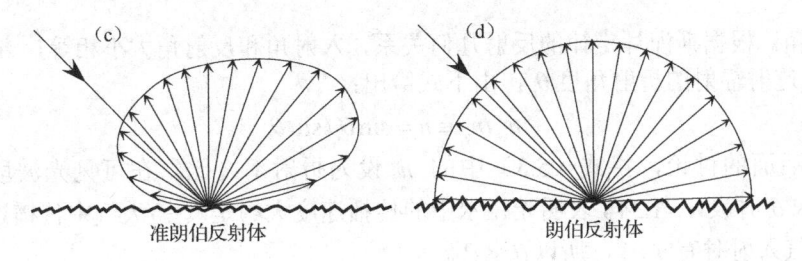

图 5.4　表面反射与散射的极限形式。(a) 镜面反射体;(b) 准镜面反射体;(c) 准朗伯反射体;(d) 朗伯反射体。朗伯反射的例子只对扩展表面适用（续）

5.2.2　镜面反射与透射

平滑界面的反射和透射可以用斯涅耳定律和菲涅耳方程来描述,其中,斯涅耳定律决定入射辐射反射和折射的角度,菲涅耳方程将反射和折射的大小定义为入射角的函数。

我们先从斯涅耳定律开始。假设一理想状态下的平滑界面如图 5.4(a)所示,界面之上为大气,之下是水,且每个介质内的光学特性只随着与界面的距离垂直变化。这种理想的物理状态可应用于平滑表面和近似为许多小平面构成的粗糙表面。Mobley (1994) 认为,气-水界面可假设为一个无限薄的薄片通过这个薄片,折射率的实部从大气中的相应值逐步变化为海水中的值。

Mobley 还认为,假设入射辐射与界面的相互作用为线性的,这样反射和透射的辐射大小也是随入射辐射的增加而线性增加,而倍频等非线性效应则不会发生。由于本节仅局限于宏观讨论,因此,光子-原子在表面上的相互作用在此没有考虑。最后,假设海洋是足够深的,这样所有透射的辐射在达到海底之前都被吸收了。在上述假设条件下,反射和透射辐射的特性取决于大气和水折射率的实部和虚部。

图 5.5 给出在平滑的平面界面上,入射的窄光束产生的镜面反射与透射,这里的"窄光束"是指入射辐射包含的立体角很小。图中的上半部分为空气,下半部分为水。目的是描述光束与海表面相互作用时产生的反射与折射。描述分为两部分：与界面相互作用的几何关系和由菲涅耳关系式给出的反射与折射辐射的相对大小。

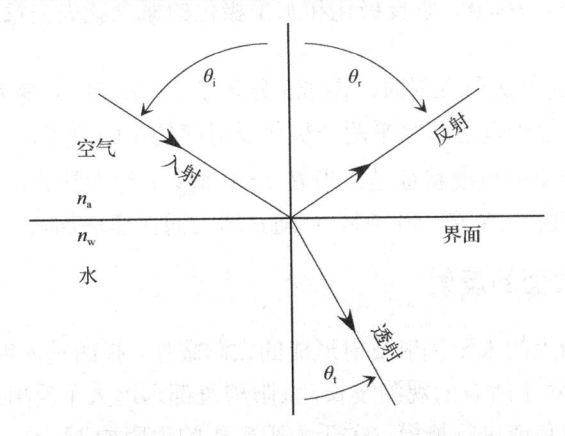

图 5.5　由大气入射的辐射在镜面上的反射与折射

在图 5.5 中,n_a 和 n_w 分别代表大气和水折射率的实部,θ_i、θ_r 和 θ_t 分别为入射角、反

射角和透射角。根据斯涅耳定律的反射几何关系，入射角和反射角大小相等，方向相反，因此$\theta_i = -\theta_r$。透射辐射的折射角度θ_t，由下式给出：

$$n_w/n_a \equiv n = \sin\theta_i / \sin\theta_t \quad (5.3)$$

为简化后面的讨论，将式（5.3）中的 n 设为折射率之比。在可见光波段有$n_a = 1$和$n_w \cong 1.34$，求θ_t时设$n = 1.34$，表明光在水中的传播速度大约是真空/大气中传播速度的75%。当辐射从大气入射时有$n > 1$，所以$\theta_t < \theta_i$。

根据入射辐射的强度和入射角大小，菲涅耳方程可以给出反射和透射辐射的强度。在可见光、近红外波段，下文中给出的系数是常量。然而，第9章将讨论到，对于微波的低频段，这些系数受到盐度的影响。下面先讨论平滑界面上的非极化入射辐射，然后讨论垂直极化和水平极化入射辐射。非极化情况下，辐亮度反射率$r(\lambda, \theta_r)$定义为反射辐亮度与入射辐亮度之比：

$$r(\lambda, \theta_r) = L_r(\lambda, \theta_r)/L_i(\lambda, \theta_i) \quad (5.4)$$

由菲涅耳方程，$r(\theta_i)$可表示为θ_i和θ_t的函数（Born和Wolf, 1999；Mobley, 1994）：

$$r(\theta_i) = (1/2)([\sin(\theta_i - \theta_t)/\sin(\theta_i + \theta_t)]^2 + [\tan(\theta_i - \theta_t)/\tan(\theta_i + \theta_t)]^2) \quad (5.5)$$

其中，$\theta_i \neq 0$，且θ_i和θ_t可由斯涅耳定律联系起来。当入射辐射是垂直入射时，反射率则为

$$r(0) = (n-1)^2/(n+1)^2 \quad (5.6)$$

对极化入射的反射而言，菲涅耳关系式由垂直极化和水平极化的反射系数$\rho_V(\theta_i)$和$\rho_H(\theta_i)$表示，两者的定义方式与式（5.4）类似。若省略θ_i的下标，则当$\theta > 0$时，这些系数可写为

$$\begin{aligned}\rho_H(\theta) &= [(p - \cos\theta)^2 + q^2]/[(p + \cos\theta)^2 + q^2] \\ \rho_V(\theta) &= [(\varepsilon'\cos\theta - p)^2 + (\varepsilon''\cos\theta + q)^2]/[(\varepsilon'\cos\theta + p)^2 + (\varepsilon''\cos\theta + q)^2]\end{aligned} \quad (5.7)$$

在式（5.7）中，$\varepsilon' = n^2 - \chi^2$，$\varepsilon'' = 2n\chi$，分别是式（3.8）中定义的复介电常数的实部和虚部。p和q分别由下式给出：

$$\begin{aligned}p &= (1/\sqrt{2})[[(\varepsilon' - \sin^2\theta)^2 + \varepsilon''^2]^{1/2} + [\varepsilon' - \sin^2\theta]^{1/2}] \\ q &= (1/\sqrt{2})[[(\varepsilon' - \sin^2\theta)^2 + \varepsilon''^2]^{1/2} - [\varepsilon' - \sin^2\theta]^{1/2}]\end{aligned} \quad (5.8)$$

垂直入射的情况下，$\theta = 0$，垂直极化和水平极化的概念就失去意义，由式（5.6）可得，$\rho_H(0) = \rho_V(0) = r(0)$。

当$n = 1.34$且辐射是从大气入射时，图5.6显示了r、ρ_H和ρ_V随入射角θ的变化。该图表明，极化的反射率r位于垂直和水平两个极化反射率的中间位置，当$\theta \cong 60°$时，$\rho_V = 0$，称为布儒斯特角。反射率的重要特征是：当$\theta \leq 50°$时，r约为常数，有$r \cong 0.02$，说明大约98%的入射辐亮度被透射。当$\theta > 50°$时，r随θ增大而快速增加。

5.2.3 毛细波表面的反射

在风生粗糙海表面上的太阳辐射反射形成的太阳耀斑，指的是入射太阳辐射从粗糙海面被散射到传感器方向。对于所有的观测波长，太阳耀斑都远远大于反射或发射的海表辐亮度，所以这种情况一定要避免或进行掩模。关于太阳耀斑的说明如下。

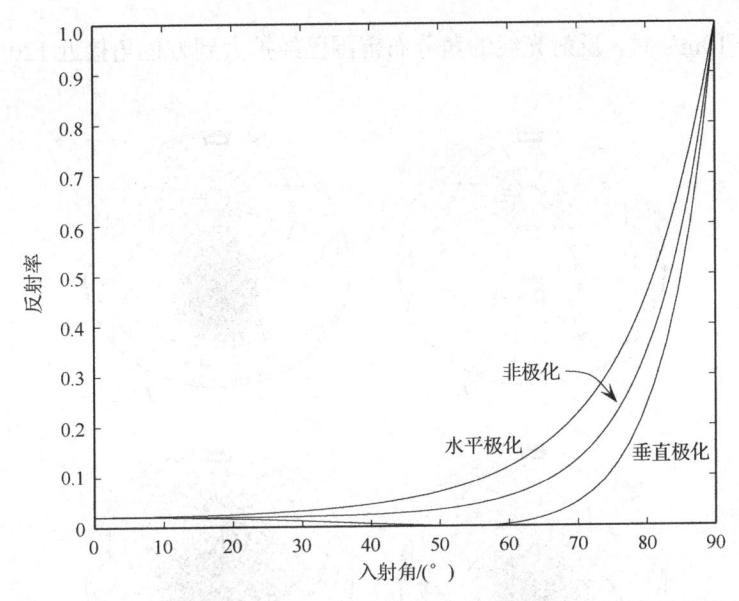

图 5.6 可见光波段，非极化、垂直极化和水平极化的入射辐射在平滑气-水界面的辐射反射率随入射角 θ 的变化

对风生粗糙海表面而言，单一反射角的概念是没有意义的。为解决这个问题，Mobley（1995，1999）假设海表面仅由风生毛细波覆盖，毛细波的斜率与风速有关，形式类似于式（2.6）。他还进一步假设波浪表面可近似为由一系列全等腰三角形构成，称为小平面，每个小平面都是镜面反射体。当小平面的尺寸远大于波长 λ 且小平面与波浪表面的偏差远小于波长 λ 时，这一近似是合理的（Rees，2001）。同样，当近似为小平面的部分表面曲率半径 R_c 满足

$$R_c \gg \lambda \tag{5.9}$$

时，近似也是成立的。

若满足式（5.9），表面的辐射场可用正切平面的辐射场来近似（Valenzuela，1978；Wu 和 Smith，1997）。水体的波长 λ_w 较短，其曲率在 1~10cm 范围内，而可见光、近红外波段的辐射波长 λ 都小于 20μm，因此式（5.9）很容易满足。对 9.4 节和 10.6.2 节讲到的被动微波和主动微波而言，却不是这样。因为微波的波长较长，一般不能满足这种条件。相反，散射发生在不满足方程式（5.9）的短波表面上，反射发生在表面积较大的元素上。

在可见光、近红外波段，一束窄光束以 θ 入射，并假设每个小平面都发生菲涅耳反射，而且小平面之间允许多次反射，Mobley（1999）用数值方法解决了反射辐亮度的角分布问题。假设在一个 Mobley 称之为四边形的区域内在 $\theta = 40°$ 处有个辐射源，天顶角为 10°，方位角为 15°，当风速 U 分别为 0、2、5、10m/s 时，测量的反射辐射的合成分布见图 5.7。当 $U = 0$ 或镜面反射时，图中给出由辐射源发出的 100 条入射光线在极点经反射所产生的、半球范围内的反射辐亮度分布，每个黑点代表一次反射的角度位置。在这种情况下，所有的入射辐射都被反射到与入射源区域的角度大小相等、方向相反的共轭四边形内。

当辐射源为太阳时，若观测者沿共轭角度进行观测，则太阳在极点处的反射有时称为"亚太阳黑子"。在其余三种情况下，图中所示为 5000 条入射光线的情形。可以看出，随着风速和海表粗糙度的增加，反射辐射的角度范围扩大了，但反射光线的分布范围仍以共轭四边形

为中心。当 $U = 10\text{m/s}$ 时，反射光线的角分布范围已经扩大到方位角接近 120°，天顶角稍大于 90°。

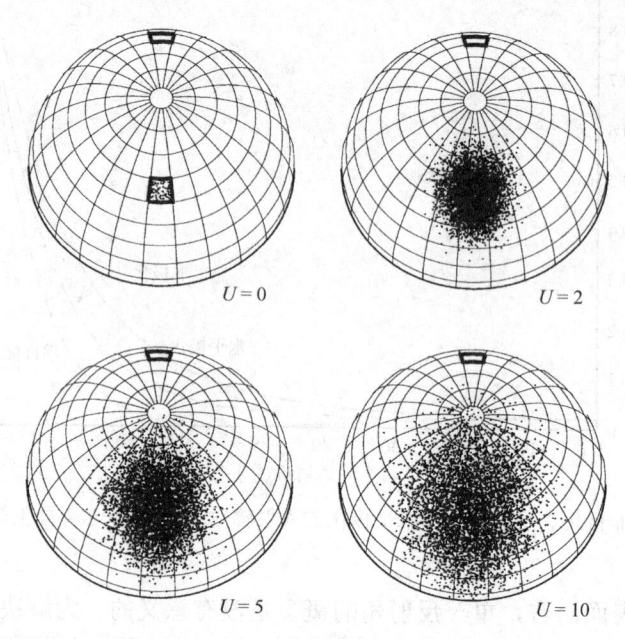

图 5.7　在不同粗糙度表面上的反射辐亮度角分布，表面粗糙度与风速成比例。辐射源远离半球表面以 $\theta = 40°$ 入射，球面上的每个四边形区域所包含的天顶角为 10°，方位角为 15°［摘自 Mobley（1999）的图 2］

通过互易原理可知，反之亦然。根据风速的不同，由辐射源区确定的立体角内的传感器会观测到所有来自图上黑点区域内的辐射。对在不同光谱范围内进行观测的仪器而言，在特定的风速、观测角和天顶角条件下，海面的直射太阳辐射会进入传感器。这意味着在仪器设计或数据处理上，都必须尽量避免太阳直射反射和太阳耀斑的影响。

5.3　穿过界面的透射

可见光及近紫外光波长的太阳辐射能够穿过清洁海水界面，并在水体中传输 100m 量级的深度。如 5.4 节所述，除透射外，另外还有一部分辐射被后向散射，形成向上传输的辐照度，并从水下入射到水-气界面上。了解这些界面上发生的辐射现象对生物学遥感有重要意义，所以本节将讨论从界面上、下入射辐射的性质变化（Mobley，1995），其中界面上入射称为"大气入射"，界面下入射称为"水下入射"。5.3.1 节讨论水下入射和大气入射在镜面气-水界面上的辐射过程，5.3.2 节讨论折射的收敛与发散。5.4 节则在某些近似条件下，将上述物理概念推广到真实海洋的情况。

5.3.1　界面上下的入射辐射

当上行辐射入射到镜面水-气界面时，辐射传输方向与图 5.5 所示正好相反，根据斯涅耳定律，有

$$\sin\theta_i / \sin\theta_t = 1/n = 0.75 \tag{5.10}$$

图 5.8 给出从水下入射的非极化辐射穿过水-气界面时，根据式（5.10）得出的反射率 r

随入射角的变化。由图可以看出，当 $\theta_i \leqslant 30°$ 时，r 近似为常数 0.02，当 $\theta_i = 49°$ 时，r 突变到 1，因此，当 $\theta_i = 49°$ 时发生全反射。以入射角 $\theta_i = 49°$ 从水下入射的辐亮度折射到大气中的折射角为 $\theta_i = 90°$，此时辐亮度与界面平行。因此，当 $\theta_i = 49°$ 时就会发生全反射而没有透射发生了。图 5.9（a）展示了水下入射的实例，只有在总角度约为 98° 的锥体内的辐射传输才能穿透界面。一旦穿过界面，则产生折射并在整个半球内传输。在界面以下，这个锥体之外任何方向上的辐射传输都称为"阴影区"，即只会产生内部反射，不会穿透界面。这个辐射穿透界面角度变宽称为"折射发散"。

与此相反，图 5.9（b）为大气入射到镜面，根据式（5.3），入射角为 θ_i，其辐射透射角从 0° 垂直入射到 49° 掠入射。这表明水面以下所有的入射辐射均在 98° 的锥体内，因此整个水面半球入射都映在了一个圆盘区域内，此圆盘称为"斯涅耳窗口"（Sabbah 等，2006）。当我们在水下游泳时可以看见这个圆盘区域，具体参见 RaDyO（2009）的视频。

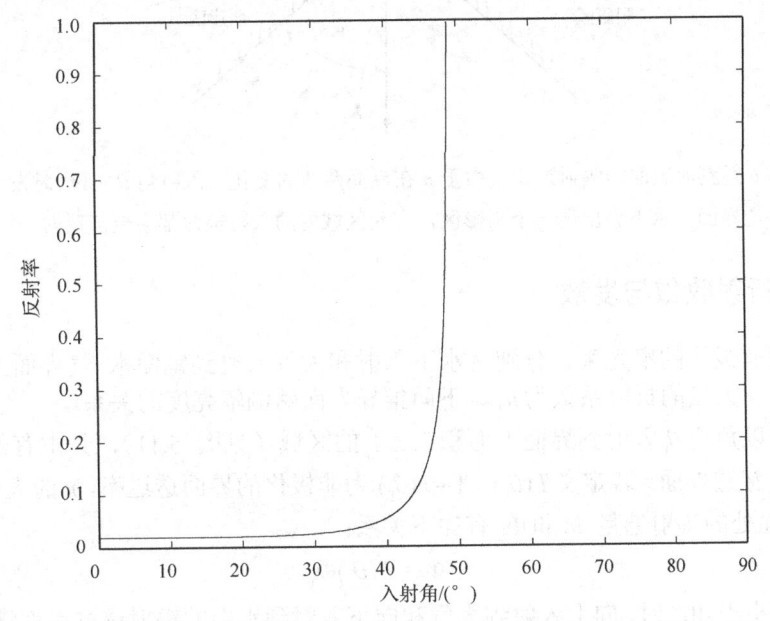

图 5.8　水下入射的非极化辐射穿过水-气界面时，可见光波段的反射率随入射角的变化

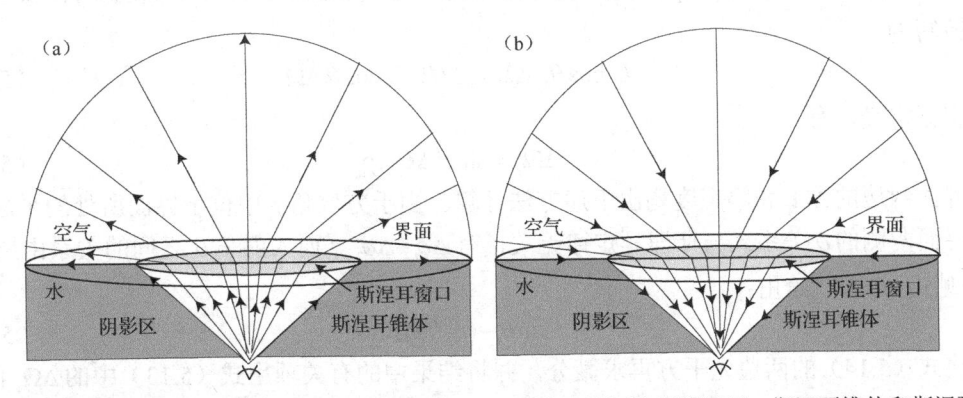

图 5.9　气-海界面上的水下入射（a）和大气辐射（b）。图中分别标注了阴影区、斯涅耳锥体和斯涅耳窗口

从另一个视角来看，图 5.10 给出从不同方向入射的光线在镜面海-气界面上产生的折射。

图中 $\theta_i > 49°$ 时出现的一个阴影区说明,在这个立体角区域内入射的辐射都会发生全反射。因为从水下的阴影区内入射的辐射不能穿过界面,若水下的入射辐照度为朗伯体分布,则有将近一半的入射辐射不会穿透界面。图 5.9 和图 5.10 还说明,以小的立体角从水下向上传输的光线在空气中会将光线的入射角度拉大,反之亦然。这种气-水界面上的聚焦和散焦作用分别称为"折射收敛和发散"。这种现象对离水辐亮度的计算很重要,下一节将详细讨论。

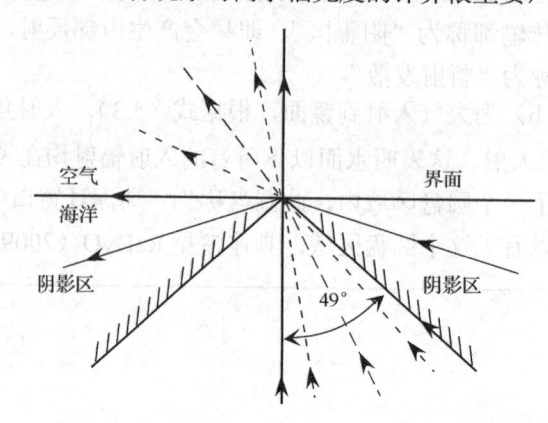

图 5.10 从水下入射到海表面的辐射过程。由于 n 在界面两边的变化,入射角 $\theta > 49°$ 时发生全反射,辐射不能穿透界面,水下会出现一个阴影区,在此区域内的入射辐射都会全部反射

5.3.2 折射收敛与发散

对于一束非极化的窄光束,分别从水下入射和大气入射到镜面水-气界面上,其中水的折射系数为 n_1,大气的折射系数为 n_2。下面推导界面两侧辐亮度的关系。

假设辐射以角度 θ_1 入射到界面上面积为 ΔA_S 的区域(见图 5.11),其中有部分入射辐射通量以角度 θ_2 穿透界面。若定义 $T(\theta_1) = 1 - r(\theta_1)$ 为非极化的界面透过率,r 的大小见图 5.6 和图 5.8,则界面处的辐射通量 Φ_1 和 Φ_2 有如下关系:

$$\Phi_2 = T(\theta_1)\Phi_1 \tag{5.11}$$

当入射角小于 40° 时,向上入射到大气和向下入射到水中的辐射透过率都满足 $T \cong 0.98$,相应的辐射分别以立体角 $\Delta\Omega_i (i=1,2)$ 在界面两侧传播。利用式(3.16),参照图 5.11,式(5.11)可以改写为

$$L_2 \cos\theta_2 \Delta\Omega_2 = T(\theta_1) L_1 \cos\theta_1 \Delta\Omega_1 \tag{5.12}$$

根据定义,有

$$\Delta\Omega_i = \sin\theta_i \Delta\theta_i \Delta\phi_i \tag{5.13}$$

界面两边的 $\Delta\Omega_i$ 和辐亮度均由下述方法计算。由于方位角 ϕ_i 位于界面所处的平面内,因此界面两侧的 ϕ_i 关系式与斯涅耳定律无关,有 $\Delta\phi_1 = \Delta\phi_2$。而入射角 θ_i 之间的关系由斯涅耳定律[见式(5.3)]给出:

$$\sin\theta_1 = (n_2/n_1)\sin\theta_2 \tag{5.14}$$

将式(5.14)的两边先平方再求微分,并将结果中的有关项用式(5.13)中的 $\Delta\Omega_i$ 代替,则有

$$\Delta\Omega_1 \cos\theta_1 = (n_2/n_1)^2 \Delta\Omega_2 \cos\theta_2 \tag{5.15}$$

式（5.15）给出了界面两侧的立体角、入射角和折射率之间的关系，称为 Staubel 不变式（Mobley，1994，第 160 页）。

将式（5.15）代入式（5.12），可得

$$L_2 = (n_2/n_1)^2 T L_1 \tag{5.16}$$

当 $T = 1$ 时，式（5.16）称为辐射测量基本定理（Mobley，1994，第 161 页）。若如图 5.11 所示的过程发生在可见光波段，令 L_1 为刚好在界面以下的上行辐射，L_2 为离水辐射，并有 $n = n_1/n_2 = 1.34$，则当 $\theta < 40°$ 或 $T \cong 0.98$ 时，式（5.16）变为

$$L_2 = T L_1/n^2 \cong 0.55 L_1 \tag{5.17}$$

对于以 $\theta < 50°$ 的空气入射情况，式（5.16）推导可得

$$L_1 = n^2 T L_2 \cong 1.76 L_2 \tag{5.18}$$

式（5.18）中，L_1 和 L_2 分别是水中和大气中的辐射。由式（5.17）和式（5.18）可以看出，当辐射从水下入射时，透过海表的辐射降低了 1/2 左右；而从大气入射时，透射辐射则几乎增加 2 倍。这表明了透射辐射通量与辐亮度之间的巨大差别，因为从水下入射时，由式（5.11）可知，透射辐射通量只受 T 的影响，$T \approx 0.98$，但由于辐射在大气中传播，由式（5.17）可知，L_2 下降为入射辐亮度的 0.55 倍，而在从大气入射时，辐射通量减小 0.98 倍，但根据式（5.18）可知，透射辐射几乎增加 2 倍。透射辐射的增加也是在水下看不见太阳的原因。

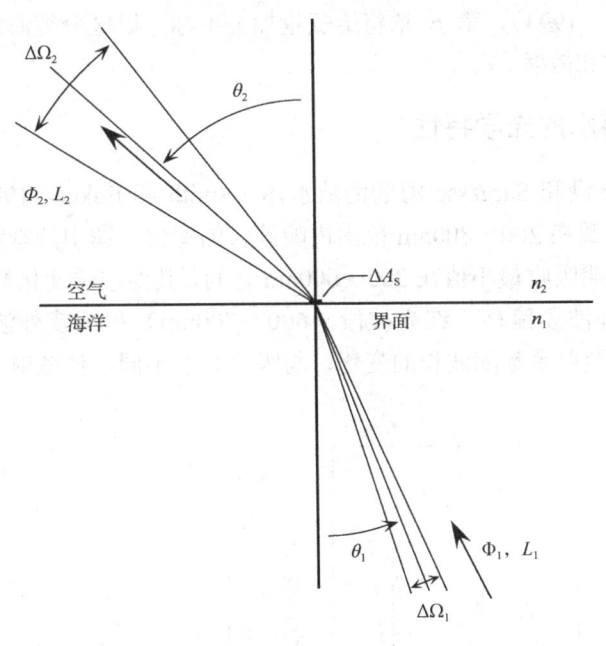

图 5.11　由于折射发散，海-气界面某处上行辐射在穿透界面时辐亮度的变化

5.4　海水的吸收和散射特性

对于大致以可见光为中心的波长范围，本节描述水体中可见光的吸收和散射特性。5.4.1 节讨论光学上清洁海水的吸收和散射特性，光学上的清洁意味着不考虑水体颗粒物和溶解物质。Smith 和 Baker（1981）通过研究总结出，在可见光波段，清洁的纯水和海水拥有相同的

吸收和散射特性。当 $\lambda > 375nm$ 时，纯水和盐水没有差异，不确定性差异发生在较短波长波段。

5.4.2 节描述吸收、散射和下行太阳辐照度的相互作用过程，从而产生上行辐照度。5.4.3 节给出水-气界面如何改变上行辐照度，从而产生大气中的离水辐亮度 $L_w(\lambda,\theta)$。5.4.4 节讨论两种卫星反演中用到的遥感反射率。5.4.5 节主要总结漫衰减系数 $K_d(\lambda)$，水体中辐照度的下行传输主要受其控制。

海洋光学遥感特性分为固有光学特性（IOP）和表观光学特性（AOP）（Mobley，1994，1995）。固有光学特性仅与传播介质的性质有关，包括吸收、散射和衰减系数，以及菲涅耳反射率。表观光学特性不仅依赖于传播介质，还与周围光场分布有关。两者之间的关系可表示为，若 AOP 有关特性相对于辐射和观测方向是不变的，则为 IOP。辐射传输方程连接起 IOP 和 AOP。本节将讨论 AOP 应用于海洋学的几个示例，包括漫衰减系数 $K_d(\lambda)$、海面的辐照度反射率 $R(\lambda,0_-)$ 和遥感反射率 $R_{rs}(\lambda)$。

对 IOP 而言，尽管描述海水消光、吸收和散射过程的术语与大气有所不同，但数学方程却是一样的。$a(\lambda)$ 为海水中的体吸收系数，$b(\lambda)$ 为散射系数，衰减系数 $c(\lambda)$ 和大气消光系数是对应的。a、b 和 c 的单位均为 m^{-1}。海洋物理科学协会（Association for Physical Sciences of the Ocean，IAPSO）推荐用 $\beta(\alpha,\lambda)$ 表示体散射函数，单位为 $m^{-1} \cdot sr^{-1}$，这与在大气中使用的表示方法一致（Mobley，1995）。大气中的散射相函数 $P(\alpha)$ 在海水中则表示为 $\tilde{\beta}(\alpha)$，单位仍为 sr^{-1}（Mobley，1994）。第 6 章将给变量加上下标，以区分纯海水与含有各种悬浮物和溶解物的海水吸收和散射。

5.4.1 清洁海水的光学特性

通过测量 Crater 湖和 Sargasso 海的清洁水体（Smith 和 Baker，1981），图 5.12 给出了水体的吸收和散射系数在 200~800nm 范围内随波长的变化，图中的垂线表示可见光的观测范围。图 5.12（a）表明吸收最小值在 300~600nm 之间，其他波长变化显著。在可见光波段，吸收的最小值朝紫外波段偏移，红光波段（600~700nm）和短紫外波长处的吸收增大。图 5.12（b）给出体散射系数随波长的变化，与吸收有所不同，体散射系数随波长的增加而快速减小。

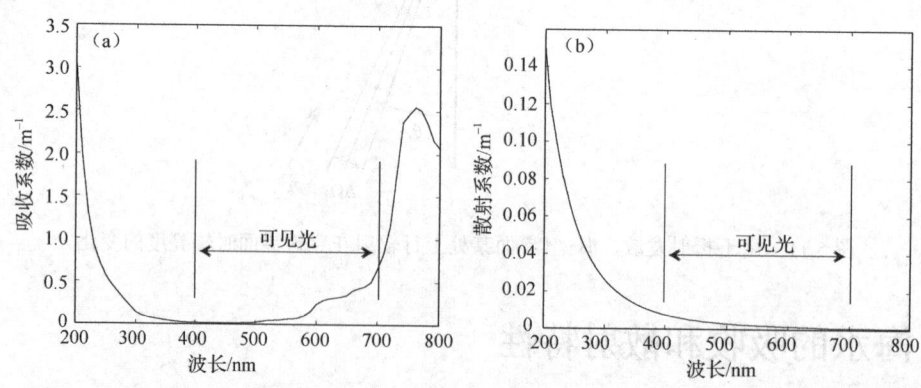

图 5.12 （a）纯海水的吸收系数随波长的变化，（b）散射系数随波长的变化。图中的垂直线表示可见光谱范围［数据引自 Smith 和 Baker（1981）］

Mobley（1994，第 103 页）给出海水的体散射函数、散射相函数和散射系数的计算公式如下：

$$\beta(\alpha,\lambda) = 4.72 \times 10^{-4} (\lambda_0/\lambda)^{4.32} (1 + 0.835\cos^2\alpha) \mathrm{m}^{-1}\cdot\mathrm{sr}^{-1} \quad (5.19)$$

$$\bar{\beta}(\alpha) = 0.06225(1 + 0.835\cos^2\alpha)\mathrm{sr}^{-1} \quad (5.20)$$

$$b(\lambda) = 7.58 \times 10^{-3}(\lambda_0/\lambda)^{4.32}\,\mathrm{m}^{-1} \quad (5.21)$$

其中，$\lambda_0 = 400\mathrm{nm}$。将式（5.20）和式（5.21）与描述瑞利散射的式（4.23）相比可以发现，大气和海水的分子散射都是随波长的减小而急剧增加的。正是由于这些相似性，有时海水散射也会被错误地描述为瑞利散射。因为海水的密度是空气的上千倍，其散射特性用爱因斯坦-斯莫卢霍夫斯基（Einstein-Smoluchowski）提出的"液体中的小尺度波动理论"计算，与瑞利散射计算方法截然不同（Mobley，1994）。

上述方程证实了 Raman（1922）关于亮度的论点［5.1 节，式（4.56）］，表明，由于瑞利散射的影响，天空光与$\tau_R(\lambda)$成正比，而且根据式（4.10）知，其值等于大气内体散射系数的积分。海洋上$b(\lambda)$被用来定义类似τ_R的光学厚度［见式（5.21）］。当$\lambda = 400\mathrm{nm}$时，假设$b(400)$与深度无关，如果b是水体上层 50m 深度的积分，那么根据式（4.10），可得到$\tau_w(400) = 0.379$。比较表 4.2 中的瑞利光学厚度，发现 50m 水深的τ_w大致等于整个大气厚度的τ_R。由此对于无云天空以及相对清洁的水体来说，水体表面和天空的亮度是相等的。

水体的衰减深度d_a随波长λ变化很剧烈。图 5.13 给出 300～800nm 范围内d_a随波长的变化，其中$a(\lambda)$有两个数据来源，一个是现场观测［图 5.13 中下面的曲线，来自 Smith 和 Baker（1981）的海上观测］，另一个来自实验室［图 5.13 中上面的曲线，来自 Pope 和 Fry（1997）］测量纯淡水 380～700nm 的吸收系数。Dickey 等（2011）指出开展实验室测量有一定难度，特别是在 420nm 极小吸收附近的测量，其深度衰减$d_a = 225\mathrm{m}$。到目前为止，Pope 和 Fry（1997）对纯淡水的测量精度是最高的。当$\lambda > 520\mathrm{nm}$，两条曲线基本一致，波长小于 520nm，曲线发散。

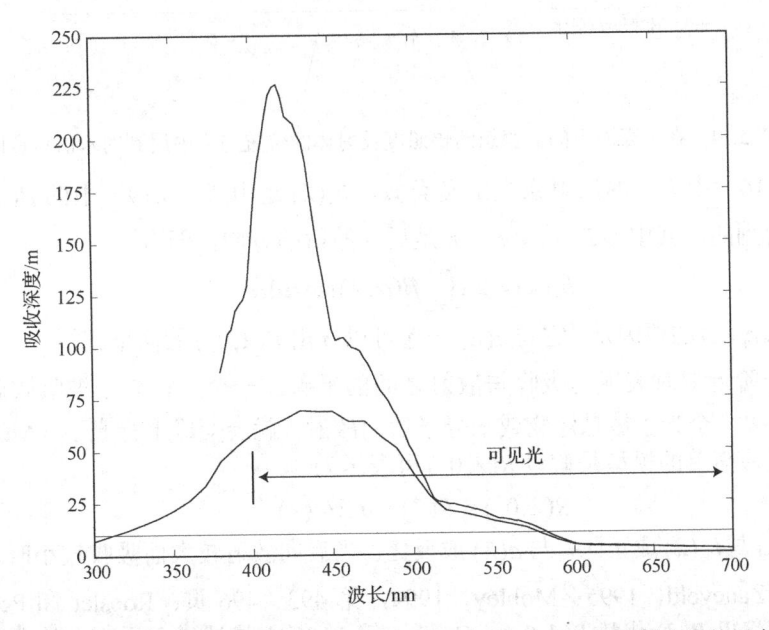

图 5.13 海水的吸收深度；水平线代表 10m 深度水层的吸收深度。图中上面的曲线数据来自 Pope 和 Fry（1997）对纯水的测量，下面的曲线来自 Smith 和 Baker（1981）对清洁海水的测量

图 5.13 中最下方的水平线表示 10m 吸收深度,对于光传播深度超出 10m 时,它的波长集中在 350nm ≤ λ ≤ 550nm 范围。这表明,可见光波长 λ < 550nm 时,穿透能力强,因此,可见光在海上能够透射。海水吸收数据集也表明,640nm 处 d_a = 3m,750nm 处 d_a = 0.4m,随着波长的增加,d_a 迅速降低。

5.4.2 辐照度反射率

本节和 5.4.3 节首先给出平面辐照度反射率 $R(\lambda,z)$ 的定义,然后在此基础上建立离水辐亮度和入射太阳辐射以及海水吸收和散射特性的关系。虽然辐照度的概念比辐亮度要简单得多,但由于 $R(\lambda,z)$ 是依赖于入射光场分布的表观光学特性,反而更难以计算。Zaneveld(1995,式 27)将 $R(\lambda,z)$ 定义为上行平面辐照度 $E_u(\lambda,z)$ 与下行辐照度 $E_d(\lambda,z)$ 之比:

$$R(\lambda,z) = E_u(\lambda,z)/E_d(\lambda,z) \tag{5.22}$$

刚好在水表面以下的辐照度反射率用 $R(\lambda,0_-)$ 表示,这里 $z = 0_-$ 代表界面一侧的水体部分,在实际情况中代表水表面以下足够远的距离,这样波浪才不会使光学测量仪器暴露在海面之上。

如图 5.14 所示,反射率 $R(\lambda,0_-)$ 可看作一个刚好在水表面以下的假想辐照度反射体,它代表水体中的所有散射与吸收作用。其位置恰好避免了界面透射的问题。它可由光谱仪直接测量,正如下一章所示,与水体中的叶绿素和悬浮物浓度等水体特性有关。$R(\lambda,0_-)$ 可与离水辐亮度直接联系起来,后者也可由卫星或航空飞机测得,二者具有同等的重要性。为获得该反射体的特性,下面将定义光谱后向散射系数 $b_b(\lambda)$(Mobley, 1995)。

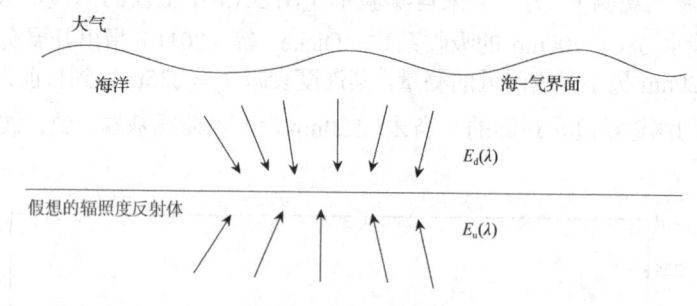

图 5.14 在水表面下的、假想的辐照度反射体的位置与文中用到的术语示意图

与式(4.16)中大气的散射系数定义类似,$b_b(\lambda)$ 是由式(5.19)中的 $\beta(\alpha,\lambda)$ 在上半平面内的积分得到的,其中 $\pi/2 \leq \alpha \leq \pi$,$\pi$ 是后向散射的方向,即有

$$b_b(\lambda) = 2\pi \int_{\pi/2}^{\pi} \beta(\alpha,\lambda) \sin\alpha d\alpha \tag{5.23}$$

这里引入 $b_b(\lambda)$ 的原因是,它与 $a(\lambda)$ 一起可以导出 $R(\lambda,0_-)$ 的简单解析式。水体中的辐射传输过程在一阶近似时表现为吸收与散射之间的平衡。一个下行光子被吸收就不能再被散射,但是,如果一个光子被悬浮物或水分子后向散射,就会变成上行光子(Mobley, 1994)。描述这一过程最简单的模型是假设 $R(\lambda,0_-)$ 可表示为

$$R(\lambda,0_-) \equiv R(\lambda) \sim b_b \lambda / a(\lambda) \tag{5.24}$$

其中,$R(\lambda,0_-)$ 与 $b_b(\lambda)$ 成正比,与 $a(\lambda)$ 成反比。当后向散射较大而吸收较小时,产生较强的上行辐照度(Zaneveld, 1995;Mobley, 1994,第 493~496 页;Roesler 和 Perry, 1995)。下面的讨论中将以 $R(\lambda)$ 代替 $R(\lambda,0_-)$。Gordon 等(1988)描述过一系列水的不同光学特性的计算,并发现,当太阳天顶角 $\theta_S \geq 20°$ 时,有

$$\frac{R(\lambda)}{Q} = \sum_{i=1}^{2} l_i \left(\frac{b_b}{a+b_b}\right)^i \tag{5.25}$$

在式（5.25）中，$l_1 = 0.0949$，$l_2 = 0.0794$，这些常数可以数值求解，它们被称为几何因子（Maritorena 和 Siegel，2006）。Q 可以当作为将上行辐照度转变为垂直传播辐射的一个因子，在理想的朗伯体条件下，$Q \approx \pi$。根据 θ_S 的取值范围以及不同海况条件，Webley（1994，第 495 页）研究表明，Q 的取值在 3～6 之间。

根据式（5.25）和清洁水体的吸收系数 a，$R(\lambda)$ 容易计算得到。设 $Q = \pi$ 时，图 5.15 展示了 Smith 和 Baker（1981）、Pope 和 Fry（1997）测量数据集的反射率曲线。两个数据集均表明，波长 λ 大于 550nm 时反射率接近于 0；当 λ 降低时，$R(\lambda)$ 增加，并在 400nm 附近达到峰值。由于太阳辐亮度的峰值大概在 490nm 处，太阳辐照度和 $R(\lambda)$ 的乘积所产生的上行辐亮度则位于 400～490nm 范围内，所以海表颜色呈蓝色。相比之下，Pope 和 Fry（1997）中清洁水体的曲线在约 415nm 处有一个强峰值，暗示着相关的颜色度为深蓝。

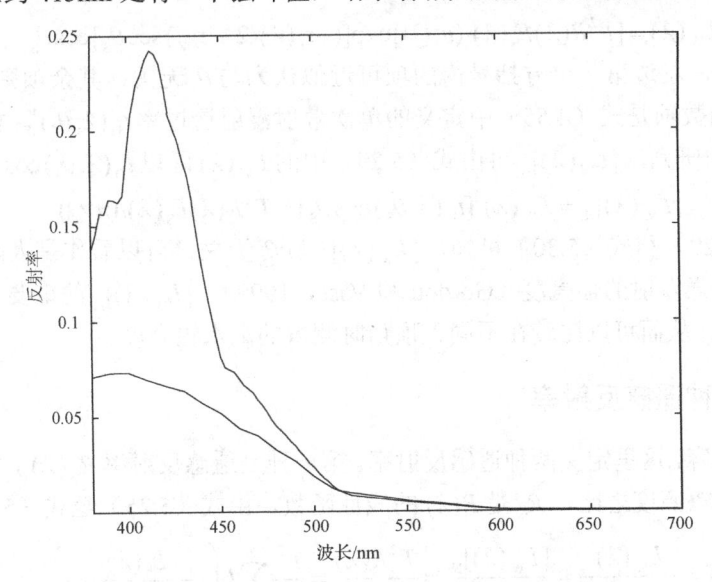

图 5.15 由式（5.24）计算的海面下清洁海水的反射率。图中上面的曲线数据来自 Pope 和 Fry（1997）对纯水的测量；下面的曲线来自 Smith 和 Baker（1981）对清洁海水的测量

Morel 等（2010）指出，复活岛附近的南太平洋环流是最清洁的自然海水。这里的海水叶绿素浓度、其他溶解物和悬浮物的浓度都很低。现场调查表明，由于吸收系数很低，几乎位于 Pope 和 Fry（1997）测量光谱曲线的最低值附近，此处海水呈现深蓝色或几乎为紫色（Dickey 等，2011）。对于俄勒冈州的火山口湖 600m 深的清洁淡水，Strayed（2012，第 271 页）曾形容其颜色为"我所见过的最无法形容的、纯净的湛蓝色"。

5.4.3 离水辐亮度

根据式（4.56）的定义，$E_d(0_+)$ 表示水面之上的太阳辐照度。在水面之下的太阳辐照度 $E_d(0_-)$ 可由下式近似给出：

$$E_d(0_-) = TE_d(0_+) \tag{5.26}$$

当太阳天顶角 $\theta_S < 50°$、风速 $U < 16$m/s 时，Kirk（1996，图 2.10）认为 T 近似等于常数

0.98，所以 $E_d(0_-)$ 是 $E_d(0_+)$ 的线性函数。当 θ_S 较大时，他认为 T 是 θ_S 和 U 的函数。

在已知 $E_d(0_+)$ 和 $R(\lambda)$ 时，由式（5.22）和式（5.26）可求出 $E_d(0_-)$ 和 $E_u(0_-)$。假设 $E_u(0_-)$ 的辐亮度为准朗伯体分布，则由式（3.17）可知，刚好在水面之下的上行辐亮度是 $L_{up}(\lambda,0_-) = E_u(0_-)/Q$，其中 Q，由式（5.25）得到，则有

$$L_{up}(\lambda) = R(\lambda)TE_d(\lambda,0_+)/Q \tag{5.27}$$

将式（5.27）代入式（5.17），可得刚好在水面之上的离水辐亮度为

$$L_W(\lambda,0_+) = T^2 R(\lambda)E_d(\lambda,0_+)/(n^2 Q) \cong 0.54 R(\lambda)E_d(\lambda,0_+)/Q \tag{5.28}$$

其中的 T^2 表示太阳辐射先以下行方向进入水中，然后产生的上行辐射再次穿过界面。式（5.28）右边的 0.54 由 $T = 0.98$ 和 $n = 1.34$ 计算得到，这只对可见光波段适用。

根据下行辐亮度和反射率，式（5.28）给出了离水辐亮度。由 $L_W(\lambda)$ 可进一步定义归一化离水辐亮度 $[L_W(\lambda)]_N$，有时也写为 nL_W。在推导 $[L_W(\lambda)]_N$ 过程中，以式（4.56）中的 $E_d(0_+)$ 代入式（5.28），则 $L_W(\lambda)$ 可写为

$$L_W(\lambda) = [T^2 R(\lambda)F_S(\lambda)/(n^2 Q)]\exp[(-\tau_r(\lambda)/2 + \tau_{OZ})\sec\theta_S]\cos\theta_S \tag{5.29}$$

在式（5.29）中，左边第一个方括号内的项可近似认为与 θ_S 无关；其余项则是 $\cos\theta_S$ 与指数项的乘积，该指数项是式（4.55）中定义的单次散射漫射透过率 $t_D(\lambda,\theta_S)$。根据 Gordon 和 Clark（1981）的研究，$[L_W(\lambda)]_N$ 可由式（5.29）中的 $L_W(\lambda)$ 除以 $t_D(\lambda,\theta_S)\cos\theta_S$ 得到：

$$[L_W(\lambda)]_N = L_W(\lambda)/[t_D(\lambda,\theta_S)\cos\theta_S] = T^2 R(\lambda)F_S(\lambda)/(n^2 Q) \tag{5.30}$$

比较式（5.29）和式（5.30）可知，$[L_W(\lambda)]_N$ 与 θ_S 无关，可以看作是太阳在天顶和无衰减大气条件下海洋发射的辐亮度（Gordon 和 Voss，1999）。$[L_W(\lambda)]_N$ 的重要意义在于，它将 θ_S 从 L_W 中去除，从而可以比较在不同天顶角时测得的离水辐亮度。

5.4.4 两种遥感反射率

根据上文内容，这里定义两种遥感反射率。第一种是遥感反射率 $R_{rs}(\lambda)$，表示为 $L_W(\lambda)$ 与海面入射的太阳辐照度之比，R_{rs} 是 $R(\lambda)$ 的线性函数，由式（5.25）至式（5.30）推导出：

$$R_{rs}(\lambda) = \frac{L_W(\lambda)}{E_d(\lambda,0_+)} = \frac{[L_W(\lambda)]_N}{F_S(\lambda)} = \frac{T^2 R(\lambda)}{n^2 Q} = \frac{T^2}{n^2}\sum_{i=1}^{2} l_i \left(\frac{b_b(\lambda)}{a(\lambda) + b_b(\lambda)}\right)^i \tag{5.31}$$

与 $R(\lambda)$ 不同，$R_{rs}(\lambda)$ 的单位为 sr^{-1}。在推导式（5.31）的过程中，$E_d(\lambda,0_+)$ 可直接测量，也可通过式（4.56）获得；$R(\lambda)$ 来自式（5.25）。式（5.31）计算的是海面上的反射率，它在船基观测的分析中应用较多，文献中经常引用。上式的 $R_{rs}(\lambda)$ 可将卫星测量的 AOP 和水下测量的 IOP 联系起来。

第二种是大气顶反射率 $\rho_W(\lambda)$，可表示为 $L_W(\lambda)$ 与大气顶（TOA）的太阳辐亮度之比（Gordon 和 Voss，1999），即有

$$\rho_W(\lambda) = \pi L_W(\lambda)/[F_S(\lambda)\cos\theta_S] = \pi T^2 R(\lambda)t_D(\lambda,\theta_S)/(n^2 Q) \tag{5.32}$$

这里的系数 π 用来将太阳辐照度转换为辐亮度，式中第三项是将 $L_W(\lambda)$ 用式（5.30）代替得到。ρ_W 是离水辐亮度与大气层外太阳辐亮度之比，它是无量纲的量。

类似地，可将归一化反射率 $[\rho_W(\lambda)]_N$ 定义为

$$[\rho_W(\lambda)]_N = \rho_W(\lambda)/t_D(\lambda,\theta_S) = \pi[L_W(\lambda)]_N/F_S(\lambda) = \pi T^2 R(\lambda)/(n^2 Q) \tag{5.33}$$

这里给出的是太阳在天顶时的反射率。由式（5.33）可以看出，$[\rho_W(\lambda)]_N$ 只是海表参数和

辐照度反射率的函数。最后，根据式（5.31）和式（5.33），在近似条件下，遥感反射率和大气顶反射率有如下关系：$[\rho_W(\lambda)]_N = \pi R_{rs}(\lambda)$（Gordon 和 Voss, 1999）。$\rho_W$ 和 R_{rs} 在第 6 章的水色反演中都会用到，带有不同下标的 ρ 可表示任何表面或大气辐亮度与太阳辐照度之比。

5.4.5 漫衰减系数

对下行辐照度 $K_d(\lambda)$ 来说，另一种能够通过卫星反演得到的重要 AOP 为漫衰减系数。根据 Lee 等（2005）的总结，式（4.6）影响着下行辐照度 $E_d(\lambda,z)$ 的衰减。在此情形下，$K_d(\lambda,z)$ 为衰减指数，其中 $E_d(\lambda,z)$ 为衰减系数（单位：m^{-1}），并可写为

$$E_d(\lambda,z) = E_d(\lambda,0_-)\exp[-K_d(\lambda)z] \tag{5.34}$$

由式（5.34）可得

$$K_d(\lambda,z) = (1/z)\ln[E_d(\lambda,0_-)/E_d(\lambda,z)] \tag{5.35}$$

根据定义，$K_d(\lambda,z)$ 和 $R(\lambda,z)$ 都是辐照度之间的比值，因此它们不受仪器漂移的影响。

根据现场观测和 Mueller（2000）引用的数据，Gordon 和 McCluney（1975）指出，90% 的离水辐亮度来自最初的光穿透深度，或者 z_{-1} 的深度，定义为

$$E_d(\lambda,z_{-1}) = E_d(\lambda,0_-)\exp(-1) \tag{5.36}$$

联合式（5.35）和式（5.36），得

$$K_d(\lambda,z) = (1/z_{-1}) \tag{5.37}$$

其中，z_{-1} 深度是波长 λ 的函数，λ 通过分析深度对辐照度剖面的影响来获得。针对包含悬浮物、溶解有机质和无机质的水体，Mueller（2000）用 $\bar{K}_d(\lambda)$ 代替 $K_d(\lambda,z)$，它是对光穿透深度范围内 $K_d(\lambda,z)$ 的平均值。根据 Smith 和 Baker（1981，表 1），清洁水体的 $\bar{K}_d(\lambda)$ 等于 $a(\lambda)$ 和小部分前向散射项之和，因此取一阶近似，则 $\bar{K}_d(\lambda) \approx a(\lambda)$。

通过海水数据的回归分析，Mueller（2000）发现，

$$\bar{K}_d(490) = K_W(490) + 0.15645\left[\frac{[L_W(490)]_N}{[L_W(555)]_N}\right]^{-1.5401} \tag{5.38}$$

其中，$K_W(490) = 0.016 m^{-1}$ 是 Mueller 和 Trees（1997）的研究结果以及 Pope 和 Fry（1997）讨论的清洁水体的数据。Mueller 等（2002）认为，$\bar{K}_d(490)$ 是遥感中的关键参量。

5.5 泡沫反射

破碎波产生的零星泡沫的反射在野外实验和实验室研究中都是当前研究的热点。Gordon 和 Wang（1994b）认为，一般情况下，泡沫可视为朗伯反射体，反射率记为 $R_F(\lambda)$。在仪器观测的像元中，泡沫反射的辐照度是 $R_F(\lambda)$ 与泡沫覆盖面积的乘积。

Frouin 等（1996）和 Moore 等（2000）认为，$R_F(\lambda)$ 随波长的增加而降低。这是因为泡沫是由包含在海表水层中的少量空气和夹带进海水近表面水层的气泡组成的（见 2.2.2 节），因此泡沫反射率同时包含表面和表面以下的分量。在可见光波段，两者都对反射率有贡献；而在红外波段，由于海水的吸收增强，表面以下的贡献大大降低。Frouin 等（1996）根据碎波带的现场观测数据发现，当 $400nm \leqslant \lambda \leqslant 650nm$ 时，$R_F(\lambda) = 0.40$；当 $\lambda = 850nm$ 时降低 40%，

$R_F(\lambda) = 0.25$；当 $\lambda = 1.02\mu m$ 时降低 50%；当 $\lambda = 1.65\mu m$ 时降低 85%，Moore 等（2000）根据横跨赤道太平洋 6000km 范围内船载仪器的观测数据验证了上述结果。他们还发现，在卫星观测像元的尺度上，当风速为 9～12m/s 时，卫星接收的来自海面泡沫的反射率，在可见光波段为 0.001～0.002，而且与风速没有明显的依赖关系。上述泡沫的反射特性在第 6 章介绍的水色反演算法中将会用到。

第6章 海洋水色

6.1 引言

本章主要介绍关于水体中有机物、无机物、溶解物和悬浮物含量的反演研究。第5章讨论了清洁水体的光学特性，定义了辐照度反射率、离水辐亮度和卫星接收的大气顶辐亮度。本章将描述水体中溶解物和悬浮物的存在如何改变清洁水体离水辐射量的光谱变化。如下文所述，在可见光和近红外区间，通过卫星遥感可以观测海洋叶绿素 a（与海洋植物生长相关的主要的光合色素）。

大多数海洋植物都是单一或多细胞、自由漂浮的植物，称为藻类或浮游植物（其英文名字来源于希腊文字 phyton 和 planktos，其中，phyton 意味着植物，planktos 意味着漫游的）（Jeffrey 和 Mantoura，1997）。通过光合作用，浮游植物将无机碳固化为有机碳的形式，比如碳水化合物。浮游植物属于无性繁殖，它们在全球都有分布，种类数以万计，数量占到整个地球植被的 25%（Jeffrey 和 Mantoura，1997）。Jeffrey 和 Vesk（1997）以及 Lalli 和 Parsons（1993）介绍了浮游植物的种类和物种的多样性。

Siegel 等（2012）的研究表明，发生于太阳照射的海洋上层水体中的浮游植物光合作用，是作为海洋食物链供应的有机物质的主要来源。浮游植物对全球海洋和陆地净初级生产力的贡献占了总量的一半左右。浮游植物平均每天能够将 1 亿吨（10^{11}kg）的二氧化碳转化为有机碳，转化率则依赖于局地的营养状况与光照等条件。每 2~6 天，全球的浮游植物都会被消耗掉一遍（Behrenfeld 等，2006a）。

总的说来，浮游植物至少起到两个作用。第一，根据 Jeffrey 和 Mantoura（1997）的介绍，浮游植物构成海洋食物链的基础。小的海洋动物（称为浮游动物）通过浮游植物获得自身所需的能量，而大一点的海洋动物，如鱼和哺乳动物捕食浮游动物。第二，浮游植物能够固化无机碳，而且能够将太阳光转化为化学能，因此它们对全球的碳循环做出了贡献。一旦浮游植物数量增加，它们将上层水体中的 CO_2 转化为有机碳。有机碳增长和碳固化的速率称为初级生产力，其计量单位为微克/(米^3·秒)（以碳计）[$\mu g/(m^3 \cdot s)$]。它们可以通过使用碳的反射性同位元素技术对 ^{14}C 的摄入量进行测量（Behrenfeld 和 Falkowski，1997b）。

一旦浮游植物死亡，它们沉入海底并在深海进行碳分离，这一过程称为生物泵。由于石化燃料的消耗，大量的 CO_2 输送到海洋和大气中，碳循环超出了平衡。大气中的 CO_2 增加了热红外窗口的不透明度，引发全球变暖。浮游植物的碳固化作用将大气中部分过量的碳转移到深海。如果我们关注碳循环的不平衡、人口持续增长对食物的需求以及对环境承载量的监测，就会迫切需要知道海洋叶绿素和初级生产力的全球分布和区域分布。

从空中探测海洋水色依赖于光合作用的小尺度特性。大多数海洋中的碳是无机的；存在于每一个浮游植物细胞中的光合作用色素能够降低二氧化碳或将二氧化碳固化为有机碳，太阳能也因此转化为化学能，并伴生副产品——氧气。这些色素包括无所不在的叶绿素 a

(Chl-a)、辅助色素叶绿素 b 和叶绿素 c 以及光合的类胡萝卜素。海洋叶绿素的年产量约 10^{12}kg（Jeffrey 和 Mantoura，1997）。当细胞生活在强光环境时，辅助光保护作用类胡萝卜素会保护细胞免受光氧化影响（Trees 等，2000）。上述所有色素占到了浮游植物光吸收总量的 95%（Aiken 等，1995）。由于叶绿素 a 是所有浮游植物中唯一的光合色素，因此它提供了一种测量浮游植物丰度和生物量的方法。

Jeffrey 和 Vesk（1997）总结了浮游植物的种类，其中包括硅藻、腰鞭毛虫和藻青菌。在温带和高纬度地区，一般来说硅藻是最主要的浮游植物（Lalli 和 Parsons，1993）。图 6.1 是在华盛顿州附近太平洋沿岸观测到的硅藻。其中，位于对角线上的硅藻属于角毛藻属（Chaetoceros），它由一串硅质外壳的单细胞组成，并具有向外伸展的针状突出物。由图中还看出，每个细胞中的色素分布是不均匀的，准确地说色素处于一些小的细胞器中，称为叶绿体。这些色素是绿色的叶绿素和棕黄色的类胡萝卜素的混合物。由于这些色素的细胞器随着藻种类别的变化而变化，因此，即使在相同的叶绿素浓度条件下，藻种的差异也会引起入射光响应的不同。

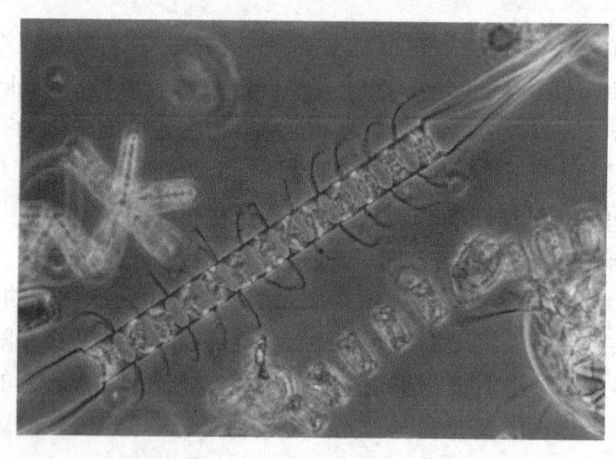

图 6.1 在太平洋沿岸的华盛顿州附近观测到的硅藻。位于图中对角线位置的硅藻是角毛藻属，它由一串硅质外壳的单细胞组成，具有向外伸展的针状突出物。其细胞宽度为 20～25μm。每个细胞内的叶绿体包含光合色素，这些色素是绿色的叶绿素和棕黄色的类胡萝卜素的混合物。角毛藻下面是其他的硅藻类，由一串单细胞组成（见彩插）

生物遥感的目标之一是利用海洋水色的观测模拟初级生产力的全球分布。但在下面的章节中，主要探讨利用海洋水色提取与生物量成一定比例关系的叶绿素浓度，而不是初级生产力。尽管叶绿素可用来测量生物量，初级生产力可估算浮游植物生长状况，但两者之间并非存在必然联系。只根据卫星观测图像，很难说清楚叶绿素浓度的变化是因为浮游植物生长发育、被浮游动物消耗减少，还是因为更靠近水体表层而引起的（Balch 和 Byrne，1994）。例如，北太平洋的初级生产力增加，浮游动物能够以保持不变的速率消耗浮游植物，生产力的增加表现为浮游动物的增加（Lalli 和 Parsons，1993）。与此相反，在北太平洋，生产力的增加伴随着浮游植物生物量和观测的叶绿素浓度两者的同时增加。

初级生产力与能获取的营养物和阳光密切相关，因此浮游植物生长发生在上升流区域，能够将营养物带到表层。这些区域主要在大陆的西海岸沿线、大西洋的赤道海域、拉尼娜期间的太平洋和西印度洋。相反，在远离赤道的区域，受太阳辐射变暖的海表层使上层海洋保持稳定，只有小规模的上升流，因此初级生产力较小。通常，基于观测的叶绿素信息计算净海洋初级生产力的模型称为垂向归纳模型（VGPM）(Behrenfeld 等，2006b；Behrenfeld 和 Falkowski，1997b）。除了观测的叶绿素，模型的其他输入参数还包括进行云纠正的日均海表太阳入射辐照度估算值、海洋光学深度以及决定有机体碳吸收能力的一些生理学变量。

本章将介绍的海洋初级生产力的全球分布、浮游植物藻种的分布以及有机物和无机物的固有光学特性反演，主要基于三种不同数据源：水色卫星观测、营养物质和藻种特性的区域现场观测，以及将卫星观测和现场观测联系起来的数值模拟。除了一些清洁水体，海洋水体都可以描述为层化的多组分水溶液（Dickey 等，2011，第 44 页）。也就是说，光在海洋中的吸收和散射模型必须考虑下面这些物质：浮游植物色素、溶解有机物、悬浮有机和无机颗粒物。

在前面章节讨论过，太阳光在清洁海水中的散射和吸收产生蓝色的上行光，而溶解物和颗粒物产生棕黄色的光。叶绿素 a 在蓝光和红光波段有两个吸收峰，因此，当水体中的叶绿素浓度从无到有并逐渐增加时，水体的蓝色将减轻，而绿颜色越来越多。这些容易观察到的水色变化表明，航空或航天的可见光传感器可以用来调查大范围海域的生物学行为。海洋水色的反演是个复杂的任务。首先，它利用的是来自最大深度达 100m 的上行的蓝绿光辐亮度；其次，可见光波段的气溶胶散射和分子散射主导了大气的衰减，而离水辐亮度只占到总接收辐亮度的 10%左右。这就意味着离水辐亮度的确定需要精确估算所有其他的辐亮度。

在下面的讨论中，6.2 节概述浮游植物、颗粒物和溶解物如何改变清洁海水的吸收和散射特性，6.3 节描述海洋水色卫星仪器以及它们的波段选取，6.4 节介绍 SeaWiFS、MODIS 和 VIIRS 遥感器及其定标策略，6.5 节讨论大气纠正算法，6.6 节介绍海表验证数据集及其在替代定标中的应用，6.7 节描述叶绿素反射和荧光特性，6.8 节描述 NASA 获取的数据库、三类水色反演算法（即经验算法、波段比值算法、GSM 半分析算法）和 NASA 开发的 NOBM 模型，6.9 节介绍将于 2019 年发射的 PACE 卫星计划，该任务的设计目标是改进现有水色卫星遥感器的不足之处。

6.2 浮游植物、颗粒物和溶解物的吸收和散射特性

引起海水颜色变化的因素包括浮游植物及其色素、溶解有机物和悬浮颗粒物。海水颜色主要依赖于颗粒物粒径尺寸及其分布、溶解有机质的浓度及其光学特性（Zaneveld 等，2006）。溶解有机物，也称为带颜色的溶解有机物（CDOM）或黄色物质（McClain，2009），既可以来源于陆地也可以来源于海洋。陆源的 CDOM，也称为 tDOM（terrigenoius DOM，陆源 DOM），包括溶解的腐植酸和黄腐酸，它们主要来自携带腐烂植被的陆基径流。

在开阔大洋，CDOM 产生于因浮游动物摄食或光解作用而降解的浮游植物（Carder 等，1999）。有机颗粒，称为腐质（detritus），包括浮游植物和浮游动物细胞碎屑以及浮游动物的粪粒（Roesler 等，1989）。无机颗粒物包括沙尘，它们来自陆基岩石和土壤的侵蚀。这些无机颗粒物通过径流、风起沙尘在海洋表面沉积，或波浪和海流使底部沉积物悬浮等方式进入上层海洋（Mobley，1994）。

基于溶解物和悬浮物的地理分布特性，Morel 和 Prieur（1977）将海洋划分为一类水体和二类水体。在一类水体中，浮游植物色素及其共变的碎屑色素主导海水的光学特性，C_a 用于表征叶绿素 a 的浓度，单位是 mg/m³。对二类水体而言，其他物质如悬浮泥沙、有机颗粒和 CDOM 并不与叶绿素 a 共存，而且起主导作用。尽管二类水体相比一类水体而言只占世界海

洋的一小部分，但它们处于沿岸区域，有大的径流和高密度的人类活动，如渔业、娱乐和航行等，因此两类水体同等重要。根据 C_a 的量级，在海洋生物活动或热带海区中有如下定义：寡营养（C_a<0.1mg/m³）、中等营养（0.1mg/m³<C_a<1.0mg/m³）和富营养（C_a>1.0mg/m³）。清洁水体是寡营养的，而中等营养和富营养一般用于描述较多数量的生物活动（Bailey 和 Werdell，2006）。全球大洋的平均 C_a 值大约是 0.2mg/m³，因此大部分海洋都是寡营养的（Dierssen, 2010）。

水体中的散射受到活性的和非活性的悬浮颗粒物的粒径分布影响。根据 Stramski 和 Kiefer（1991）以及 Mobley（1995）的研究，最小的活性有机物是病毒，其直径在 10~100nm 之间，海洋浓度为 10^{12}~10^{15}m^{-3}。由于它们小的粒径，病毒可看作是瑞利散射体。其次为细菌，0.1~1μm 的直径，浓度可达 10^{13}m^{-3}，它们是蓝光的重要吸收体。第三，浮游植物的粒径为 2~200μm，其中较大尺度的、包含细胞的集合体。由于浮游植物粒径大于可见光波长，因此它们被视为米氏（Mie）散射体。第四，捕食浮游植物的浮游动物，长度尺度从 100μm 到 20mm。

这些有机物的浓度依赖于它们的粒径，其中大的有机物出现的频率低于小的有机物。直径在 30nm~100μm 范围内的有机物浓度与直径的四次方成反比关系（Stramski 和 Kiefer，1991）。这一关系在较大尺度时也能成立，因此，尽管海洋中存在特征大小为 0.1~10m 的鱼和海洋哺乳动物，但这种情况很少出现。因此在卫星观测尺度，它们并不会影响散射和吸收。非活性有机物粒径与浮游植物相当。非活性有机物内的任何光合色素会迅速氧化，因此有机颗粒失去了它们的特征叶绿素 a 的吸收特性。无机物颗粒包括细沙、矿尘、泥土和金属氧化物，尺度范围远小于 1~10μm 级。

散射和吸收特性对遥感的特性可参见式（5.32），遥感反射率 $R_{rs}(\lambda)$ 可表示为 IOP 参数 $b_b(\lambda)$ 和 $a(\lambda)$ 的函数。对非清洁水体而言，Maritorena 等（2002）认为，式（5.31）中的吸收系数和后向散射系数可用下面的总吸收系数和后向散射系数代替，$a_T(\lambda)$ 和 $b_{bT}(\lambda)$ 可表示为

$$a_T(\lambda) = a_w(\lambda) + a_{ph}(\lambda) + a_{CDOM}(\lambda) \tag{6.1}$$

$$b_{bT}(\lambda) = b_{bw}(\lambda) + b_{bp}(\lambda) \tag{6.2}$$

式（6.1）描述了吸收特性，式（6.2）描述了后向散射特性。下标 w 表示清洁水体，ph 代表浮游植物，p 代表颗粒物。有机物 CDOM 和无机颗粒物的光谱吸收特性类似，它们二者对吸收的贡献都包含在 $a_{CDOM}(\lambda)$ 中。Pope 和 Fry（1997）给出了清洁水体的吸收系数，式（5.19）和式（5.23）给出了后向散射系数，因此可增加三项参数来描述水体的遥感特性：浮游植物吸收系数 $a_{ph}(\lambda)$、CDOM 吸收系数 $a_{CDOM}(\lambda)$ 和颗粒物后向散射系数 $b_{bp}(\lambda)$。

离水辐亮度依赖于水体中的有机物和无机物，所以可用式（6.1）和式（6.2）进行上述参数的反演。6.2.1 节将讨论浮游植物、CDOM 的吸收光谱特性；6.2.2 节将讨论颗粒物的散射特性，然后简要讨论叶绿素荧光特性。

6.2.1 吸收光谱特性

本节基于现场观测得到的经验关系，描述 CDOM 和浮游植物的光谱吸收特性。

CDOM 及颗粒物。对于三种不同浓度的 CDOM 和颗粒物，图 6.2 展示了 $a_T(\lambda)$ 的波长依赖关系。每条曲线都显示蓝光区间的吸收是最强的，然后以指数方式顺着长波长方向降低。Roesler 等（1989）、Hoepffner 和 Sathyendranath（1993）提出，在 350nm<λ<700nm 光谱区间，根据 Maritorena 等（2002）的表述，$a_{CDOM}(\lambda)$ 可以表示为

$$a_{\text{CDOM}}(\lambda) = a_{\text{CDOM}}(\lambda_0)\exp[-S(\lambda-\lambda_0)] \tag{6.3}$$

其中，$a_{\text{CDOM}}(\lambda_0)$ 是与浓度相关的系数，量级在 $0.1\sim0.001\text{m}^{-1}$ 之间（PACE-SDT，2012），λ_0 一般取在 443nm 左右，S 是与 CDOM 来源相关的常数（Maritorena 等，2002；Garver 和 Siegel，1997）。式（6.3）中，S 变化区间为 $0.006\sim0.02$（Roesler 等，1989；Garver 和 Siegel，1997）。Maritorena 和 Siegel（2006）通过对大量清洁水体现场观测数据的分析表明，$S=0.0206\text{nm}^{-1}$。该式说明，描述 CDOM 吸收系数的数学形式为吸收系数光谱变化关系乘以某个特征波长的吸收系数。式（6.1）和式（6.2）中其他的固有光学特性也可以采用类似的形式。

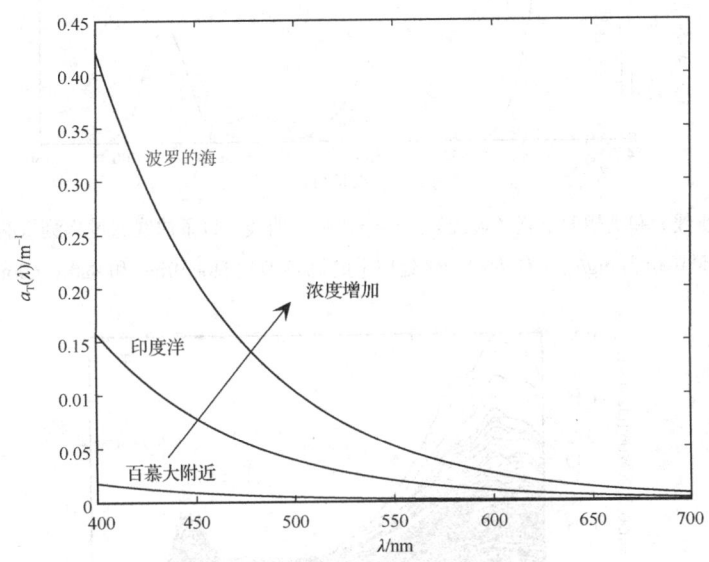

图 6.2 三个位置观测的总吸收系数对波长的依赖关系，它们分别具有不同的 CDOM 和颗粒物浓度［数据引自 Mobley（1995，表 7）］

浮游植物。与 CDOM 吸收相比，浮游植物吸收与波长的依赖关系更复杂。一般表示为叶绿素浓度 C_a 与经验型吸收光谱 $a_{\text{ph}}^*(\lambda)$ 的乘积，后者是叶绿素特征吸收系数，单位为 $\text{m}^2\cdot\text{mg}^{-1}$。

$$a_{\text{ph}}(\lambda) = C_a a_{\text{ph}}^*(\lambda) \tag{6.4}$$

图 6.3 为北大西洋夏季一类水体中叶绿素 a 和类胡萝卜素的吸收曲线，其中，每条曲线都利用对应的色素浓度 C_a 进行了归一化处理。类胡萝卜素的光谱曲线包括光合的和光保护的两种类胡萝卜素的贡献。由于叶绿素 b 和叶绿素 c 的浓度远远小于叶绿素 a 的浓度，因此它们常被忽略。

观察叶绿素 a 的吸收曲线，可以发现存在两个主要的吸收峰，其一位于蓝光 440nm 附近，称为索雷谱带（Soret band）（Trees 等，2000），其二位于红光区间，中心波长为 665nm。绝大多数情况下，蓝光的吸收峰值大约超出红光的吸收峰值 3 倍（Mobley，1994）。在 $550\sim650\text{nm}$ 范围内，吸收接近于 0，这也说明富叶绿素水体的特征色为绿色（Kirk，1996）。图 6.3 中的虚线表示类胡萝卜素的吸收，它的吸收峰趋向 500nm，而且吸收峰的范围从 $450\sim550\text{nm}$。PACE-SDT（2012，表 A-1）表明，C_a 的现场观测数据变化范围是 $0.015\sim40\text{mg/m}^3$，或可认为其变化幅度在三个量级左右。

图 6.4 给出了 9 月份北大西洋水样的归一化总吸收曲线，其中消除了纯海水的吸收，共有以下三种吸收：上面是特征总吸收系数，中间是 CDOM 的吸收系数，下面是浮游植物的

吸收系数。图中显示出特征叶绿素 a 吸收峰位于 440nm 和 665nm，CDOM 吸收随波长 λ 的增加呈指数衰减，归一化浮游植物吸收的变化与其种类、打包效应和辅助色素等紧密相关。

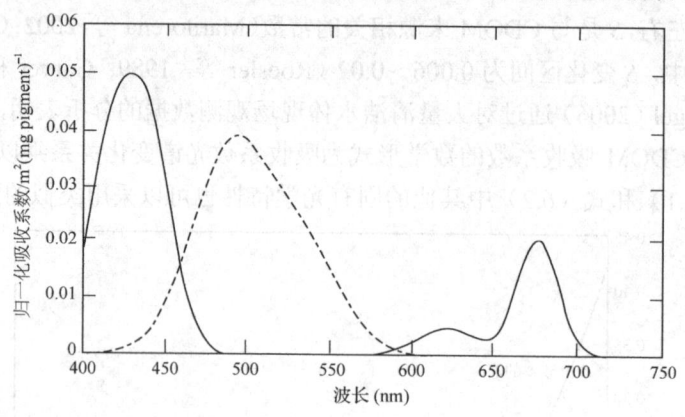

图 6.3　叶绿素 a（实线）和类胡萝卜素（虚线）的归一化吸收曲线。每条曲线通过将测量的吸收除以各自的色素密度（测量单位为 mg/m³）作为归一化处理 [重制/修改自 Hoepffner 和 Sathyendranath（1993，图 9）]

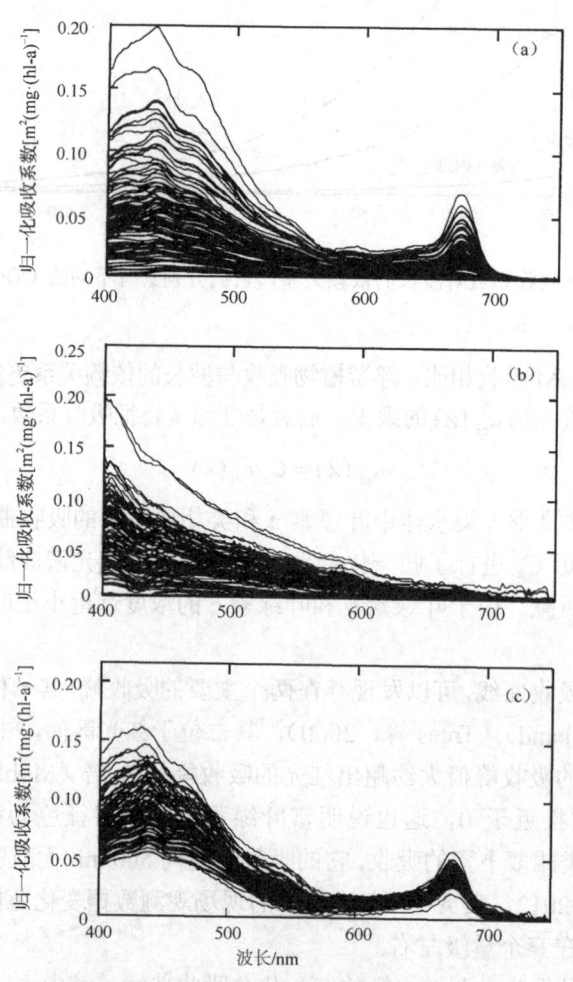

图 6.4　吸收对波长的依赖关系，测量地点位于西北大西洋。每条曲线都去除了纯海水的吸收。(a) 总吸收；(b) CDOM 吸收；(c) 浮游植物吸收 [重制/修改自 Hoepffner 和 Sathyendranath（1993，图 3）]

6.2.2 散射特性

式（6.2）中的最后一个未知项是颗粒物后向散射 $b_{bp}(\lambda)$，包括 CDOM 和其他颗粒物。最近发表的关于后向散射测量与研究的文献有 Dickey 等（2011）、RaDyO（2009）以及 Sullivan 和 Twardowski（2009）。

总的来说，水体中非常少量的颗粒物都将产生强烈的前向散射，使散射系数增加一个量级（Mobley，1995，P.43.33）。来自小颗粒的散射可当作瑞利散射进行求解，其有一个较小的前向散射峰，且与波长强烈相关；来自较大颗粒物的散射可看作米氏散射，拥有较强的前向散射，与波长的关系较弱。

为了说明前向散射体的影响，针对三种不同的水体，图 6.5 比较了它们与纯海水在不同测量角度下体散射函数 $\beta_T(\alpha,\lambda)$ 的分布。每个散射函数都是在单一波长 514nm 下测量的；在相同波长下，纯海水的值由式（5.19）得到。浑浊水体取自圣迭戈港，近岸水体来自加利福尼亚州圣巴巴拉海峡，大洋水体来自巴哈马海峡。尽管这些散射函数提取于不同的水体和位置，但它们的光谱形状几乎相同。通过比较这些曲线发现，悬浮物的增加使前向散射增加了 4～5 个量级，后向散射也最大增加了 1 个量级。由于强烈的前向散射，相对而言，后向散射较小，它们只占到总散射的 2%左右（Carder，2002）。

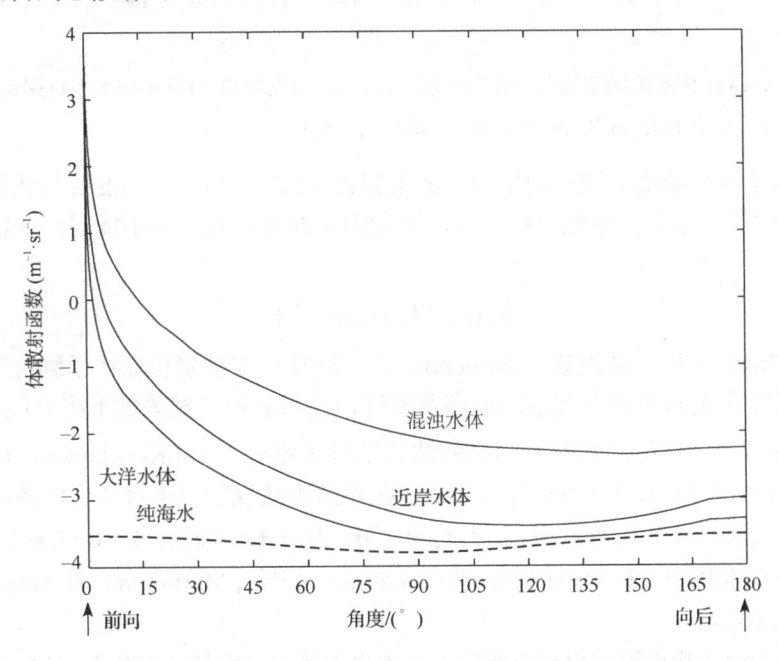

图 6.5 纯海水（虚线）和 3 种不同的水体在 514nm 处的体散射函数与角度的依赖关系。图底部的箭头标明了前向和后向散射的方向［数据源自 Petzold（1972）；列于 Mobley（1994）的表 3.10 中］

根据式（5.23），后向散射系数 $b_b(\lambda)$ 是体散射相函数 $\beta(\alpha,\lambda)$ 在 $90° \leq \alpha \leq 180°$ 区间的积分，180°是后向散射方向。Sullivan 和 Twardowski（2009）利用新型的多角度散射光学测量仪（MASCOT）收集并分析了几百万条颗粒物后向散射光谱。MASCOT 可以测量 658nm 处的体散射函数 $\beta_p(\alpha,\lambda)$，其中 α 在 10°～170°之间每隔 10°有一个测量值。它们通过 MASCOT 收集近岸和大洋 10 种不同类型水体的后向散射系数，范围从碎波带到南大洋。

根据在 10 个不同地点测量的散射角在 90°～170°之间的后向散射系数，图 6.6 给出了经过后向散射系数 $b_{bp}(658)$ 归一化处理后的 $\beta_p(\alpha,658)$ 平均值。可以看出，虽然测量地点很分散，但水体的归一化体散射曲线在形状和量级上都很一致，且前向散射占据主导。

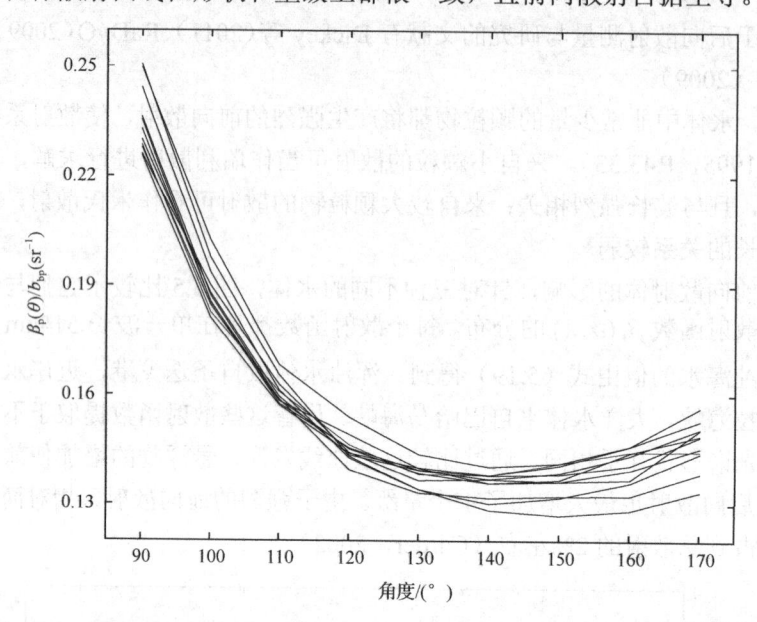

图 6.6 利用 MASCOT 测量的颗粒物归一化后向散射相函数，数据取自 10 种不同类型近岸水体和大洋水体。详见正文 [引自 Sulivan 和 Twardowski（2009，图 2c）]

大洋水体中散射函数与波长的依赖关系根据式（5.21）知，后向散射与波长为幂指数关系：$b_{bw}(\lambda) \sim \lambda^{-4.32}$。但对悬浮颗粒物而言，这种固定的幂指数关系不成立。颗粒物后向散射关系变为

$$b_{bp}(\lambda) = b_{bp}(\lambda_0)[\lambda/\lambda_0]^{-Y} \tag{6.5}$$

式中，$\lambda = 443$nm，Y 表示幂指数（Maritorena 等，2002）。Y 的量值取决于颗粒物的尺寸。粒径尺寸比波长 λ_0 大的颗粒物有强烈的前向散射峰，且与波长的相关性不明显（$\lambda^{-0.3}$）；而小颗粒散射拥有更对称的散射函数和较明显的波长依赖关系（$\lambda^{-1.7}$）（Kopelevich，1983；描述于 Mobley，1994）。类似地，Carder 等（1999）在对随机获取的二类水体后向散射数据进行建模时发现，对大颗粒和米氏散射而言，Y 约等于 0；而对于小颗粒，$Y > 0$（Carder 等，1999）。此外，对从一类水体中采样获得的后向散射系数进行分析 [Maritorena 和 Siegel（2006）]，结果表明 $Y = 1.0337$。

最后，在吸收光谱中没有出现但对反射光谱很重要的一个特性就是在 683nm 的叶绿素 a 荧光峰的出现，邻近 665nm 的吸收峰。在荧光峰处，浮游植物发射的辐射能够被卫星监测到。荧光部分还将在 6.6.2 节中进一步探讨。

上述讨论表明，为观测 CDOM、浮游植物和荧光特性，海洋水色仪器需按下述方式配置波段。叶绿素和 CDOM 浓度的反演需要用到叶绿素吸收峰 443nm 和 CDOM 主导的波长 410nm。测量还必须有 500～550nm 区间的波段，其间叶绿素吸收为 0，而主要为类胡萝卜素吸收。荧光探测则需要 683nm 附近的荧光峰。这些吸收和发射特性为探测波长的选择提供了基础，这些将在下节中介绍。

6.3 海洋水色卫星载荷

海洋水色的观测始于 1978 年，以装载在 NIMBUS-7 卫星上的海岸带水色扫描仪（CZCS）为标志（Mitchell，1994）。尽管在其寿命的最后几年因传感器老化出现一些问题，CZCS 观测还是持续到 1986 年 6 月（Evans 和 Gordon，1994）；随后，日本发射了 ADEOS-1 卫星，其上搭载了水色和水温传感器（OCTS），运行时间从 1996 年 8 月到 1997 年 6 月；另外，德国研制的模块化光学扫描仪（MOS）装载在印度遥感卫星 IRS-P3 上，在轨运行时间为 1996—2006 年。

美国 1997 年 8 月发射了 SeaStar 卫星，搭载了宽视场水色扫描仪 SeaWiFS，卫星设计寿命为 5 年，实际在轨运行至 2010 年 12 月，收集了 13 年的观测数据，这是国际上最成功的水色观测卫星之一。如 6.4.1 节所述，得益于高水平的总体结构设计和定标体制，SeaWiFS 获取了大量高质量的水色观测卫星数据。2002 年 3 月，欧洲中等分辨率成像光谱仪（MERIS）装载在 ENVISAT 卫星上发射升空。MERIS 属于推扫体制的载荷，近极地太阳同步轨道，降交点地方时为 10:00，配置有 15 个观测波段，波长范围是 400~900nm，至 2012 年 5 月完成了观测使命。

TERRA 和 AQUA 卫星分别发射于 1999 年 12 月和 2002 年 5 月，搭载了中分辨率成像光谱仪 MODIS，在 6.3.2 节将会详细讨论。直到 2013 年，AQUA 仍然正常提供水色卫星数据产品。2011 年 10 月，Suomi-NPP 卫星成功发射，搭载有 VIIRS 遥感器，成为另一个可提供海洋生物数据的卫星数据源。与 SeaWiFS 和 MODIS 的主要差别在于，VIIRS 由 NOAA 运行控制，与基于 NASA 管理的卫星数据相比，在数据继承性方面略有欠缺。在表 1.1 中给出了其他由中国、印度和韩国发射的水色卫星。

针对所有这些仪器，国际海洋水色协调组（IOCCG）网站详细介绍了它们的波段设置和特性，包括在轨和停止运行的各个载荷，并提供了一系列相关的载荷设计与算法文档（IOCCG，2013）。IOCCG 还提供关于全球水色数据定标和检验的论坛，以确保获取的现场数据能够满足共同数据标准。IOCCG 同时也鼓励各成员单位用标准格式生成数据产品，以利于数据的交换，并促进 CEOS 协调下的海洋水色星座的运行。

基于本章讨论的关于生物、海洋和大气观测的制约因素，相应的观测仪器使用了相似的光谱波段。SeaWiFS 和 MODIS 已经实施了一系列计划，包括调查航行、海表面观测以及大量有关仪器及其算法的系列论文、报告和研讨会，下面将集中介绍这两个仪器和 VIIRS。表 6.1 列举了 VIIRS、MODIS、SeaWiFS 和 CZCS 海洋水色观测的光谱波段，其中 MODIS 的波段 13、14 都位于 VIIRS 的 M5 波段。MODIS 和 SeaWiFS 之间的重要差异在于 MODIS 的波段较窄，相当于 SeaWiFS 波段的 1/2 到 1/4；而 VIIRS 的波段宽度与 SeaWiFS 类似。另外，VIIRS 和 MODIS 数据为 12bit 数字化，而 SeaWiFS 为 10bit 数字化。

MODIS 和 SeaWiFS 两者之间波段位置的最大变化在于，SeaWiFS 的 510nm 波段 11 移到了 MODIS 的 531nm。波段位置移动的目的是增强仪器对辅助色素的响应，并可匹配航空遥感利用的 531nm 激光波长（Esaias 等，1998）。其他变化还包括增加了 678nm 处的荧光波段 14。6.6.2 节将会讲到，MODIS 波段 13、14、15 都用于浮游植物荧光探测，而 VIIRS 则去掉了这些波段。另外，所有这些载荷都没有配置短于 400nm 的紫外波段，紫外探测将有助于区分 CDOM 和浮游植物信号（PACE-STD, 2012，图 2.2）。所有这些波段位置的设置都是基于两方面的考虑：浮游植物、悬浮物和溶解有机物的光谱特性（见 6.2 节），以及下面将要讨论的大气和太阳吸收波段的位置。

表 6.1　VIIRS、MODIS、SeaWiFS 和 CZCS 遥感器设置的海洋水色波段比较，详细介绍见正文

VIIRS/MODIS/SeaWiFS	λ_0/nm	波段带宽/nm			
		VIIRS	MODIS	SeaWiFS	CZCS
M1/8/1	412	402～422	405～420	402～422	—
M2/9/2	443	436～454	438～448	433～453	433～453
M3/10/3	490	478～498	483～493	480～500	—
—/—/4	510	—	—	500～520	510～530
—/11/—	531	—	526～536	—	—
M4/12/5	555	545～565	546～556	545～565	540～560
M5/13/6	670	662～682	662～672	660～680	660～680
M5/14/—	678	662～682	673～683	—	—
M6/15/7	765	739～754	743～753	745～785	—
M7/16/8	865	846～885	862～877	845～885	700～800

除了 MODIS 的波段 11、14 和 15，其余波段中心波长 λ_0 与 SeaWiFS 相当。
SeaWiFS 和 CZCS 数据来自 Gordon 和 Voss（1999），表 1；O'Reilly 等（1998），表 4。MODIS 数据来自 MODIS 数据产品文档，2013；VIIRS 数据来自 Hsu（2010）。详细内容见正文。

为阐明大气和太阳吸收造成的限制，图 6.7 对 MODIS 和 SeaWiFS 的波段位置与大气顶端（TOA）太阳辐照度的光谐关系，大气透过率以及地球表面太阳辐照度进行了比较。图 6.7（a）显示了 TOA 太阳辐照度（来自图 3.9），图中的化学符号标记了主要的夫琅禾费吸收线的位置，该吸收线产生于太阳日冕（Phillips, 1992）。

图 6.7（b）显示了针对 MODTRAN 1976 标准大气的大气透过率，图中标记了氧气、氧气-A 和水汽的吸收波段，图 6.7（c）展示了标准入射时（太阳处于天顶）地球表面太阳辐照度，上方的灰色条棒给出了 VIIRS 中等分辨率（M）波段和 SeaWiFS 波段的位置，下方的灰色条棒标记了 MODIS 波段的位置。图中显示，SeaWiFS 的 745～785nm 波段与氧气-A 波段重叠，而 MODIS 和 VIIRS 的波段设置避开了主要有夫琅禾费吸收线和大气的吸收波段。

表 6.1 和图 6.7 表明，SeaWiFS 配置了与 MODIS 和 VIIRS 相似的波段，但是 MODIS 在 678nm 有一个专门用于荧光探测的波段。MODIS 在可见光波段的波段宽度为 10nm，而 SeaWiFS 和 VIIRS 的为 20nm 或更大。与之相比，表 6.1 表明 CZCS 在蓝-绿区间有三个波段，红光区间 1 个和 1 个单一的近红外（NIR）波段（未列出），且没有足够的增益，因而不能进行有效的气溶胶散射修正。上述波段设置主要基于如下应用：412nm 波段用于监测 CDOM 和悬浮泥沙；443nm、490nm、510nm 和 555nm 波段用于监测叶绿素浓度。MODIS 的 13 波段 670nm、14 波段 678nm 和 15 波段 765nm 用于测量 683nm 处的叶绿素 a 荧光峰高度；MODIS14 波段、SeaWiFS 6 波段和 VIIRS M5 波段的波长略小于荧光峰波长，是为了避开 687nm 处的氧气吸收带。对于所有三种仪器 765nm 和 865nm 波段用于大气气溶胶修正，而 CZCS 只设置了 670nm 波段用于这一目的。

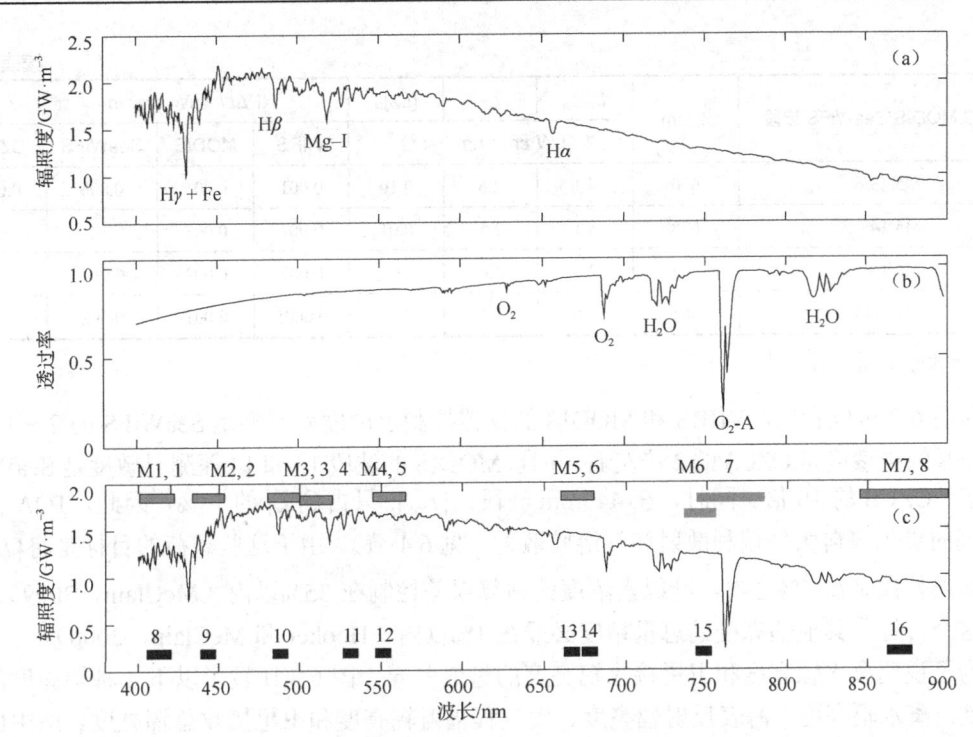

图 6.7 太阳辐照度、大气透过率和表面辐照度以及 SeaWiFS 和 MODIS 波段位置。(a) 大气顶辐照度，图中还标记了夫琅禾费线，其中 Hα、Hβ 和 Hγ 分别为不同的氢线 [取自 Phillips（1992，表 3.2）]；(b) 根据 MODTRAN 1976 标准大气条件下的透过率，图中标记了吸收线；(c) 大于天顶时的表面辐照度，其中图框上面的灰色条棒和数字表示为 VIIRS（M）和 SeaWiFS 波段，图框下灰色条棒表示为 MODIS 波段。为了清楚地表示，SeaWiFS 的第四波段在垂直方向上有轻微的位移。具体细节见正文

对上述 4 个传感器，表 6.2 列举了有关其可接收的辐亮度及与仪器有关的噪声。辐亮度测量于夏季马尾藻海色素浓度非常低的水域，而且为了最大化噪声，选取了扫描数据的边缘区域（Gordon 和 Voss，1999）。表的前 5 列分别为波段编号、中心波长 λ_0、卫星能接收的最大的总辐亮度 L_{Tmax}，典型的总接收辐亮度 L_T 和相对应的离水辐亮度值 $[L_W]_N$。最后 4 列为噪声等效辐亮度差 NEΔL（见 3.5.4 节的定义），其中，VIIRS、MODIS 和 SeaWiFS 的值来自发射前的技术指标；CZCS 的值来自在轨测量结果。如第 1 章所描述，对每个波段而言，VIIRS 传感器的数量随着观测角的增大而降低，因此，其 NEΔL 是所有传感器噪声的总和（Turpie 等，2012）。

表 6.2 VIIRS、MODIS、SeaWiFS 和 CZCS 测量和提取的辐亮度及其等效噪声辐亮度差比较

VIIRS/MODIS/SeaWiFS 波段	λ_0/nm	L_{Tmax}	L_T	$[L_W]_N$	NEΔL/ ($\mu W \cdot cm^{-2} \cdot nm^{-1} \cdot sr^{-1}$)			
		/($\mu W \cdot cm^{-2} \cdot nm^{-1} \cdot sr^{-1}$)			VIIRS	MODIS	SeaWiFS	CZCS
M1/8/1	412	13.6	9.3	1.1	0.003	0.005	0.019	—
M2/9/2	443	13.8	8.7	1.1	0.006	0.005	0.013	0.033
M3/10/3	490	11.1	7.1	0.7	0.004	0.004	0.010	—
—/—/4	510	8.9	5.6	0.3	—	—	0.0109	0.017
—/11/—	531	8.9	5.6	0.3	—	0.004	—	—
M4/12/5	555	7.4	4.5	0.12	0.003	0.003	0.008	0.019

续表

VIIRS/MODIS/SeaWiFS 波段	λ_0/nm	L_{Tmax}	L_T	$[L_W]_N$	NEΔL/($\mu W\cdot cm^{-2}\cdot nm^{-1}\cdot sr^{-1}$)			
		/($\mu W\cdot cm^{-2}\cdot nm^{-1}\cdot sr^{-1}$)			VIIRS	MODIS	SeaWiFS	CZCS
M5/13/6	670	4.1	2.6	0.10	0.001	0.001	0.006	0.012
M5/14/—	678	4.1	2.5	0.01	0.001	0.001	—	—
M6/15/7	765	2.9	1.6	—	0.002	0.002	0.004	—
M7/16/8	865	2.0	1.1	—	0.0005	0.001	0.002	—

数据来源参见表 6.1。

从表 6.2 可以看出，VIIRS 和 MODIS 的仪器探测灵敏度差不多是 SeaWiFS 的 2～3 倍，SeaWiFS 的灵敏度是 CZCS 的 2 倍左右。并且，MODIS 的波段 13 和 14 探测灵敏度是 SeaWiFS 的 6 倍、CZCS 的 10 倍。同时，在 443mm 波段，$[L_W]_N$ 只占到 L_T 的 13%，因此，TOA 信号约 90% 的贡献来自大气瑞利散射和气溶胶散射（见 6.4 节）。由于这些载荷的目标是将 $[L_W]_N$ 的估算误差控制在 5% 之内，叶绿素浓度的估算误差控制在 35% 以内（McClain，2009），为达到这个目标，其他辐亮度的总量精度必须在 1% 以内（Hooker 和 McClain，2000）。

为了说明离水辐亮度和卫星接收辐亮度的量值差异，图 6.8 比较了以下 4 种辐亮度的相对贡献：离水辐亮度、海表反射辐亮度、大气程辐射辐亮度和卫星接收总辐亮度。图中曲线是针对 10nm 波长分辨率、通过数值模拟计算得出的。其中，水体辐射采用 HydroLight 程序计算、大气辐射采用 MODTRAN 辐射传输模型计算，以热带海洋和大气特性作为输入计算得出的（NRC，2011，第 8～9 页）。图 6.8 所示与表 6.2 一致，蓝色/绿色（400～555nm）中的离水辐亮度最多为卫星接收辐射的 10%。

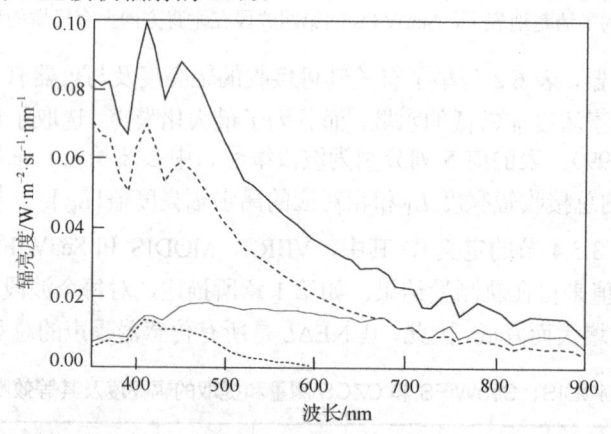

图 6.8 离水辐亮度（底部虚线）、海表反射辐亮度（细实线）、大气程辐射辐亮度（上方虚线）和卫星接收总辐亮度（上方实线）的对比 [重印自 NRC（2011，图 1.2）]

6.4 SeaWiFS、MODIS、VIIRS 载荷特点和定标方法

本节概述 SeaWiFS、MODIS 和 VIIRS 的仪器特性，重点描述定标功能。由于所有载荷在轨期间都会发生载荷漂移和老化问题，如果没有定标环节，将导致传感器测量数据质量大幅降低。6.4.1 节讨论 SeaWiFS 载荷，6.4.2 节详细描述其定标策略，6.4.3 节和 6.4.4 节分别

讨论 MODIS 和 VIIRS 的仪器特点及其定标方法与过程。

6.4.1 SeaWiFS

SeaWiFS 是专门为海洋水色探测设计的载荷，是目前为止最重要的水色遥感器之一，在本章讨论的所有卫星中，它产生的数据质量最高（McClain，2009）。SeaWiFS 及其 OrbView-2 航天器均由私营的轨道科学公司（Orbital Sciences Corporation）建造和发射。1997 年 8 月，利用机载 L-1011 航空平台在 15km 高度将 SeaWiFS 发射升空。SeaWiFS 采用太阳同步轨道，轨道高度为 705km，降交点地方时为 12:00。

SeaWiFS 项目组的报告（2012a，2012b）对仪器特性进行了详细介绍，并提供了许多卫星图片。SeaWiFS 为交轨（cross-track）扫描仪，刈幅宽度为 2800km，对应的扫描角范围为 ±58.3°。1.6m 的扫描角对应天底点地面分辨率为 1.1km。这一设计使 SeaWiFS 能够达到 2 天间隔的全球覆盖。2010 年 12 月，SeaWiFS 停止运行，在轨成功运行 13 年，是其 5 年设计寿命的 2.5 倍多。

图 6.9 和图 6.10 分别展示了 SeaWiFS 交轨光学扫描仪和电子模块的设计图和照片。相对于卫星位置，该扫描仪设计了旋转式可折叠的离轴望远镜和非旋转的光学座架。望远镜以每秒 6 转的速度在交轨方向上旋转，因此可以提供天底点的连续覆盖。SeaWiFS 的数据传输与在轨运行的 AVHRR 直接广播方式（将在第 7 章中介绍）是兼容的。图 6.9 表明，仪器主镜收集表面辐亮度，并且将它从偏振扰偏器反射到半角镜，该半角镜将辐亮度集中在非旋转的后光学基板。半角镜以望远镜一半的速度旋转，在望远镜连续扫描过程中，半角镜交互向两侧旋转。为了避免太阳耀斑的影响，整个仪器可以在沿飞行轨迹方向以+20°、0°和-20°三个倾斜角进行观测。

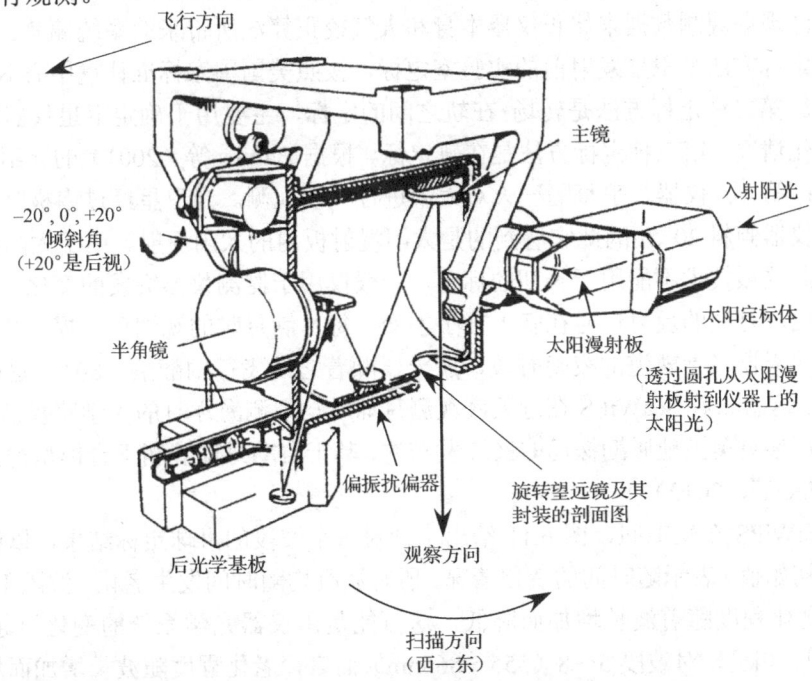

图 6.9 SeaWiFS 仪器的剖面图。仪器通过 4 个顶部的安装点固定在航天器的底部 [来自 Hooker 等（1992）中的图 7]

图 6.10 SeaWiFS 仪器的照片，附带了测径器以显示尺寸。向上观察，太阳定标器位于右后边，图中看不见后光学基板。进一步的信息参见正文和图 6.18

6.4.2 SeaWiFS 定标

对所有载荷的定标都是为了提供高质量的环境与气候数据（EDR 和 CDR）。由于仪器配置的扫描镜和透镜都会随着时间老化，对 SeaWiFS 和其他载荷而言，有 4 种定标方法。前三种是对仪器进行定标，用于修正透镜、扫描镜和传感器随时间的老化；第 4 种是替代定标方法，通过海洋现场观测数据来修正仪器本身和大气校正算法所带来的系统偏差。

第一种定标方法是卫星发射前的实验室定标，按照美国国家标准计量中心 NIST 的可溯源标准进行。第二种定标方法是转场-在轨之间的定标，主要用于确定卫星仪器在发射和刚入轨后的变化情况。第三种定标方法是在轨定标。根据 Barnes 等（2001）的介绍，在轨定标分为三部分：第一，仪器几乎每隔一天对太阳进行一次观测。当卫星经过南极时，开启太阳标定，当时仪器倾斜 20°，因此它看到的是太阳漫射板内的太阳反射。由于太阳漫射板会逐渐老化，因此这项技术不能用于长期的标定，一般仅用于监测仪器突发的变化。

第二，由于月亮的反射信号在晚上几乎不变，每月满月时的观测可以提供长期的定标。满月期间及航天器飞行轨道的夜晚时段，航天器顺着它的飞行轴翻滚 180°，这样仪器就可以指向月球。这意味着 SeaWiFS 在近天底观测月球时与观测海洋时的光学路径是相同的。月球亮度数据可参见美国地质勘探局 USGS 发布的、基于自动月球观测平台模型得到的月球辐射数据（Eplee 等，2012）。

对于 SeaWiFS 在轨期间，图 6.11 给出了针对每个波段的月球定标结果，以归一化辐亮度（观测值/初始值）表示随时间的变化情况。所有波段均随时间发生老化。波段 1~4（412~510nm）的老化程度随着波长增加而降低，这可能是由仪器光学系统的变化引起的［Eplee 等，（2012）］。相反，对波段 5~8（555~865nm）而言，老化程度随波长增加而增加，主要原因是充电粒子对光敏二极管造成了损伤。在整个生命周期，865nm 波段老化了 19%，765nm 波段老化了 8%，其他波段的老化则在 1%~3%之间。

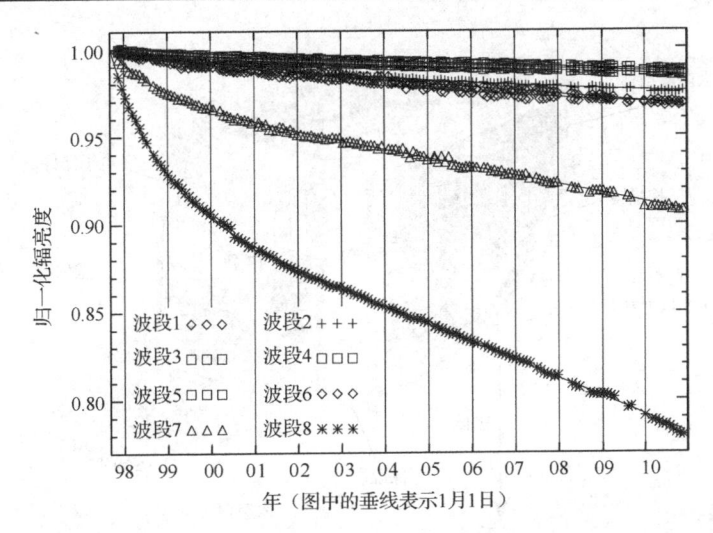

图 6.11 SeaWiFS 在轨期间（1997 年 8 月至 2010 年 12 月），通过月亮定标方法获得的各波段性能变化。波段 1 和 6—菱形；波段 3、4、5—正方形；这两组数据有相似的变化曲线。波段 2、7、8 分别用十字、三角形和星号表示［图源自 Eplee 等（2012）中的描述］

月亮定标的优势在于不仅可以对可见光波段定标，而且能够对红光和近红外波段进行定标。当然，蓝光和绿光波段也可以通过现场观测数据进行定标，而近红外波段不行，因为现场测量的水体光谱要小于观测仪器的本底噪声。

SeaWiFS 通过上述这些定标方法，大气顶（TOA）辐射观测不确定度可以达到 3%～4%（Eplee 等，2001）。由图 6.8 可知，卫星接收的信号有 90% 左右是由大气瑞利散射和气溶胶散射产生的，TOA 信号 1% 的误差会导致蓝绿波段离水辐亮度 10% 的误差，而 TOA 信号 4% 的误差则会导致离水辐亮度 40% 的误差（Barnes 等，2001）。卫星在轨期间，CDR 产品要求仪器的在轨定标稳定性在 0.1%（Turpie 等，2011）。

第四种定标方法，即替代定标是将现场观测数据与卫星接收数据进行比对，与上述三种方法都不同。在轨定标能够消除仪器随时间老化的影响，而替代定标则能消除系统的误差。由于讨论这一问题需要首先了解大气校正的重要性，因此详细讨论将在 6.6 节进行。

6.4.3 MODIS

MODIS 是 TERRA 和 AQUA 卫星上主要的可见光/红外仪器（Barnes 和 Salomonson，1993；MODIS，2012；MODIS，2013b）。MODIS 属于混合式交轨扫描仪，刈幅宽度为 2300km，对应的扫描角范围为±55°。在赤道，相邻刈幅几乎是连续的，因此可实现一到两天的全球覆盖（图 4.2 提供了一个单天影像覆盖的实例）。MODIS 能够同步观测海洋水色和 SST，海洋水色观测波段和热（红外）波段天底点的空间分辨率为 1km。陆地/云特征波段（波段 3～7）的天底点空间分辨率为 500m，陆地/云边界波段（波段 1 和 2）具有 250m 的分辨率。

MODIS 的工作方式与 SeaWiFS 不一样。首先，SeaWiFS 使用旋转望远镜，而 MODIS 利用一个固定的望远镜观测两侧旋转的明轮镜。明轮镜以 20.3r/min 的速度连续地旋转，其两侧（下文称为 1 和 2）交替地接收表层的扫描信息（见图 6.12）。扫描镜将表层辐亮度反射到另一个图中未见到的镜面上，然后进入望远镜并将辐亮度传输到光具座。通过光具座，任一波段的辐亮度聚焦于线性探测器阵列上，再沿轨迹方向将扫描信息细分为若干像元。

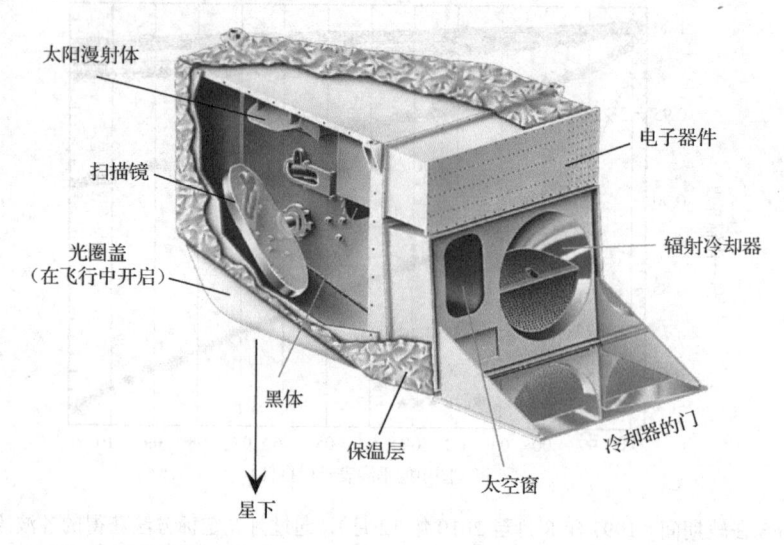

图 6.12　MODIS 仪器结构图。仪器尺寸为 1m×1m×1.6m，质量为 250kg；扫描镜长度为 0.58m

对于 1km 分辨率波段，10 个传感器将 10km 宽的对幅分为 1km 像元；对于 500m 波段，利用 20 个传感器；250m 波段利用 40 个传感器。如 1.6.4 节所述，MODIS 采用线性传感器线阵，而不是像 SeaWiFS 那样使用单一的传感器，这使其可以大大减小反射镜旋转的速度、增加停留时间，从而产生较高的信噪比。此外，SeaWiFS 能够倾斜观测，而 MODIS 没有倾斜观测功能。这样虽会产生太阳耀斑的影响，但 MODIS 两个非倾斜的仪器比一个倾斜的仪器能提供更好的空间覆盖。

和 SeaWiFS 一样，TERRA 和 AQUA/MODIS 均采用太阳和月亮观测进行在轨定标。望远镜在不同角度和不同镜面每进行一次旋转，都能够利用冷空间观测窗口进行月亮观测定标；一个太阳漫射板，用于稳定性监测和太阳反射波段观测，通过内部定标器"光谱辐射定标阵列"（SRCA）进行。这意味着 MODIS 反射波段可以在不同观测角度进行三种方法的定标。采用类似方式，热红外波段通过黑体和冷空观测窗口进行定标。

卫星经过北极附近时，漫射屏被太阳照射。通过衰减屏将太阳入射能量衰减 92%左右。漫射屏有个保护头，大约每两周开一次（Turpie 等，2011）。每当月光充满冷空观测点时，月亮定标模式启动（也称为择机定标）；每隔 1 个月左右，卫星遥感器部分转动进行定标，称为计划定标。观测月亮辐射不饱和的这些波段（波段 1～4 和 8～12）通过冷空观测点定标（Eplee 等，2009）。在进行有计划的月亮定标观测时，由于是满月，在沿轨和交轨方向可以同时观测 7 个 1km 像元；择机定标观测时，月亮有多种月相的变化。对 TERRA 和 AQUA 而言，MODIS 的波段衰减与波段、镜面、观测角和探测器相关。

由于太阳和月亮观测在不同角度进行，不同定标过程的观测角度可以确定。在给定的旋转镜和望远镜观测几何条件下，MODIS 看月亮的入射角是 55°，与地球观测起始扫描角度相当；看漫射屏是在接近天底的时刻；看 SRCA 是在中间角度（Turpie 等，2011）。

SeaWiFS 和 AQUA/MODIS 的联合定标提供两个载荷之间的直接比对。2003 年 4 月 14 日，两个卫星同时进行 180°翻转以在天底附近观测满月。结果表明，两个载荷各波段的偏差在 1%～5%。对 TERRA/MODIS 和 AQUA/MODIS 而言，这种定标可以同时确定传感器变化、系统响应的角度相关性以及两个镜面的反射特性差异对定标系数的影响（Sun 等，2007）。因此，在 SeaWiFS 停止运行之前，AQUA/MODIS 可将其作为一个辅助的定标源（NRC，2011，第 40 页）。

关于仪器的定标结果如下所述。根据 Sun 等（2007，图 13 至图 16），两个 MODIS 载荷的波段敏感性随时间下降，波长越短，下降越明显。对 AQUA/MODIS 而言，2006 年受到的镜面影响很小，第 8 波段的敏感性下降最快，增益系数从 1 下降到 0.8。与 TERRA/MODIS 相比，镜面影响较小，但受观测角度影响较明显。AQUA/MODIS 412nm 波段的增益下降了 20%。上述这些影响都反映在定标系数查找表中。

6.4.4 VIIRS

Suomi NPP 卫星搭载的 VIIRS 是以 SeaWiFS 为原型进行设计的，利用旋转望远镜将光线反射进入一个两面半角镜。望远镜的旋转速度是 33.3r/min，为对图像进行消旋处理，半角镜以一半的速度进行旋转，将接收的辐亮度反射到光具座（Welsch 等，2011）。仪器尺寸为 1.3m×1.4m×0.8m，质量为 275kg（VIIRS，2012c）。关于"蝴蝶结"现象的消除策略见 1.6.4 节。

与 MODIS 类似，VIIRS 的扫描角范围为±56°，刈幅宽度为 3000km。其在轨定标也采用半角镜进行，VIIRS 在相同角度观测太阳漫射屏，通过冷空观测窗口观测月亮。这就意味着在轨定标不需要考虑观测角度的影响。月亮定标有计划观测和择机观测两种方式。除非因运行控制的原因取消，该定标一般每月一次，此时 Suomi NPP 卫星侧滚 10°，以在相同月相下进行月亮观测（F. Patt，2013，私人交流）。

通过 VIIRS 的性能检测发现了一系列问题。比如，单一波段在相邻波段观测不同辐亮度目标时，其观测重复性很差。这些光谱性能的变化能够影响仪器的光谱定标继承性（Turpie 等，2011，p.81530M-5）。另一个问题是，在仪器制造过程中，氧化钨污染了 4 个探测器镜面（VIIRS，2013a；Turpie 等，2012）。当在轨期间暴露于紫外线环境时，这些污染使得镜面变黑。

图 6.13 给出一个月亮和太阳定标的例子，可以看出，这种钨污染导致红光和近红外波段的增益系数急速下降。此外，太阳漫射屏监测器也以未曾预料的速度快速变黄，这明显是由于缺少保护罩造成的。这些初期的定标系数随着卫星在轨时间的推移而快速变化，之后变化速度放慢并降到一个可控水平（Turpie 等，2012）。即使定标在变化，在轨期间其性能表现依然优于同期 MODIS 和 SeaWiFS 的水平。而且 NOAA 和 NASA 在 VIIRS 发射初期，联合进行的工程和科学方面的努力已经超越 MODIS 和 SeaWiFS 早期的水平。

VIIRS 的另一个问题在于，其由 NOAA 主导进行算法方面的研制，不受 NASA 的影响。而 MODIS 和 SeaWiFS 由 NASA 主导。这样，他们一般不会延续 NASA 海洋生物学处理团队（OBPG）的一些工作，后者曾全面参与 CZCS、SeaWiFS 和 MODIS 数据产品的处理，尤其重视关于水色应用产品和气候变化相关的数据集。与之相反，NOAA 主要关注业务化应用的数据集，而不是气候变化数据集 CDR。根据 1.7.3 节对 CDR 的需求描述，Turpie 等（2012）认为 VIIRS 缺少对数据重处理的支持，且其大气修正算法与 MODIS 和 SeaWiFS 都不同。

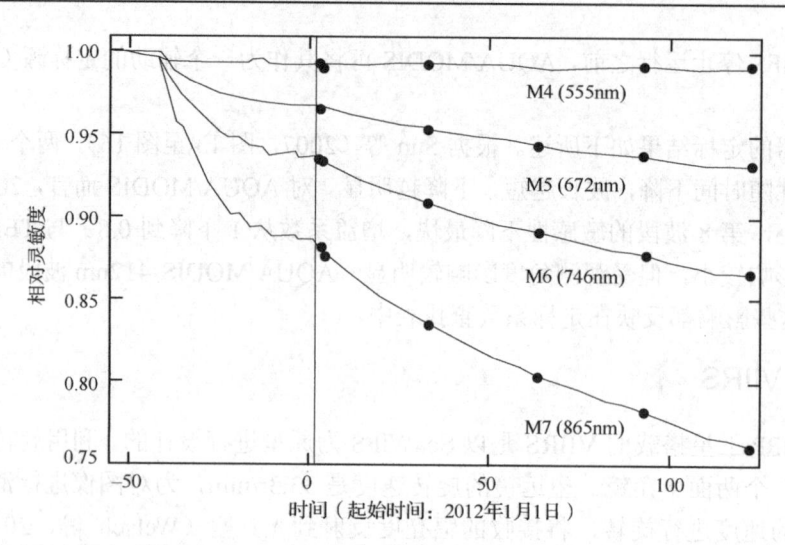

图6.13 VIIRS 太阳和月亮定标初步结果。黑点代表月亮定标结果，波段号和波长标示在各自的曲线下详见正文 [重绘自 VIIRS（2013a）]

在本书写作期间，OBPG 正在生产 VIIRS 水色数据的内部版本。假以时日，相信一定会解决上面提到的问题，并进一步思考 VIIRS 数据生产和继承 NASA CDR 是否有益。如果 OBPG 可以直接将 MODIS 和 SeaWiFS 的标准算法和步骤应用于 VIIRS，则可以提供水色 CDR。否则，水色 CDR 至少会有一个两年的断档期，直到下一代 VIIRS 发射上天或日本 OCI 开始运行（NRC，2011）。

6.5 大气纠正和离水辐亮度反演

自从1997年 SeaWiFS 卫星发射以来，大量的投入极大地促进了 SeaWiFS 仪器和观测方面分析和算法的发展。另外，由于 SeaWiFS、MODIS、MERIS 和其他已有的与计划发射的载荷均采用了相似的大气纠正波段，因此，这里关于离水辐亮度反演的讨论将依据 SeaWiFS 算法进行介绍。反演的第一步就是确定扫描图像中的海洋像元是否被云覆盖。SeaWiFS 的云检测利用870nm波段。因为这一波段的离水辐亮度近似为0，而云是有反射的，因此像元的反射率超过预先设置的阈值就判断为"云覆盖"。在 MODIS 的云检测算法中包括可见光和红外波段，这将在红外 SST 算法之后的7.6.3节介绍和讨论。

在无云的情形下，$L_W(\lambda)$的反演需要消除卫星接收的总辐亮度 $L_T(\lambda)$中其他的辐亮度贡献。另外，还需要计算光束（直射）和漫射透过率。6.5.1节将逐项讨论各部分对总辐亮度的贡献及其评估，6.5.2节和6.5.3节讨论 SeaWiFS 和 MODIS 的气溶胶反演，6.5.4节介绍 CZCS 气溶胶纠正的特例。

6.5.1 对总辐亮度的贡献

在式（5.31）定义的大气层外反射率和辐亮度的表述中描述了离水辐亮度的反演（Esaias 等，1998）。由于它们为现场测量和卫星仪器观测的物理量，因此下面的讨论主要基于辐亮度。对于任意波长λ，反射率和辐亮度之间仅相差一个常数倍，因此反射率也有相似的表达式。

大气纠正包括确定并从 $L_T(\lambda)$ 中消除臭氧吸收、与太阳耀斑和白帽有关的辐亮度、瑞利程辐亮度,以及计算过程中最为困难的气溶胶程辐亮度。如表 6.2 所示,这些辐亮度占到接收信号的 90%,所以消除它们的影响对反演 $L_W(\lambda)$ 至关重要。图 6.14 举例说明了传感器接收的总辐亮度中各项的贡献,并分别描述了 CZCS 和 SeaWiFS/MODIS/VIIRS 算法中的各项。算法中都对臭氧吸收、瑞利路径和气溶胶程辐亮度进行了纠正。CZCS 算法假定平静海面和单次瑞利散射及气溶胶散射近似,CZCS 通过倾斜 ±20° 的角度来避免太阳耀斑。SeaWiFS/MODIS/VIIRS 算法采用的假设条件是粗糙的海表面及大气分子和气溶胶多次散射,同时消除来自海面泡沫反射的辐亮度。

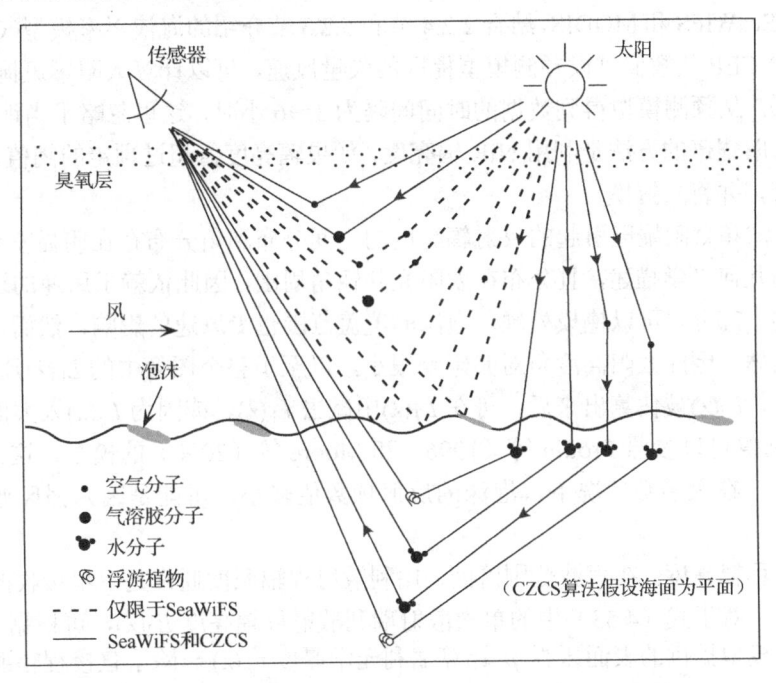

图 6.14 对 VIIRS、MODIS、SeaWiFS 和 CZCS 而言,卫星接收信号来自太阳直射反射、大气程辐亮度、反射的程辐亮度和海面离水辐亮度的贡献 [改编自 McClain 等(1992)的图 4]

据 Hooker 和 McClain(2000),卫星接收的总辐亮度 $L_T(\lambda)$ 可写为

$$L_T(\lambda) = t_D(\lambda)[L_W(\lambda) + L_F(\lambda)] + t(\lambda)L_G(\lambda) + L_R(\lambda) + L_A(\lambda) \tag{6.6}$$

式(6.6)中,$t_D(\lambda)$ 为漫射透过率,$L_F(\lambda)$ 为泡沫反射的辐亮度,$L_G(\lambda)$ 为太阳耀斑,$L_R(\lambda)$ 和 $L_A(\lambda)$ 分别为大气瑞利程辐亮度和气溶胶程辐亮度。其中,$L_A(\lambda)$ 还包括了瑞利-气溶胶相互作用散射项。为了简化,式中所有变量的 θ 项都省略了。如下所述,上式所有项都要利用式(4.52)进行臭氧吸收纠正。由于 $L_G(\lambda)$ 由波面的菲涅耳反射产生,因此它的衰减通过直射透过率计算。与其相反,因为 $L_F(\lambda)$ 和 $L_W(\lambda)$ 由朗伯体反射所产生,因此它们的衰减为漫射透过率 $t_D(\lambda)$。Hooker 和 McClain(2000)对这些辐亮度提供了另外一种表示方法,将 $L_T(\lambda)$ 的贡献划分为大气产生的程辐亮度 $[L_R(\lambda) + L_A(\lambda)]$,产生于海表面太阳耀斑和泡沫反射的辐亮度 $[t_D(\lambda) L_F(\lambda) + t(\lambda) L_G(\lambda)]$,以及产生于水体内部的、经漫射衰减的离水辐亮度 $[t_D(\lambda) L_W(\lambda)]$。这些项的计算将在下面逐项阐述。

臭氧。 在波长 500~700nm 区间,图 4.12 展示了臭氧对衰减的季节性影响虽然比较小,却是不可忽略的。根据 Cordon 和 Voss（1999）的研究，针对 SeaWiFS 波段，臭氧的衰减 $\tau_{OZ}(\lambda) \leq 0.035$，其中臭氧假设为强吸收和无散射。由于 $L_T(\lambda)$ 中的所有项都依赖于太阳辐照度，因此它们每一项上行和下行穿过臭氧层衰减时都将受到季节和纬度的影响。在 MODIS 和 SeaWiFS 数据处理中，臭氧和 $\tau_{OZ}(\lambda)$ 的时空分布是由美国国家环境预报中心（NCEP）及 METOP-B 和 AURA 卫星数据提供的，AURA 属于 A-Train 系列，用于探测臭氧和大气相关特性（Keyser, 2012）。

太阳耀斑。如图 5.7 所示，由于波面菲涅耳反射产生的太阳直射辐射的角度分布为太阳高度角和风矢量的函数，图 4.2 中白色箭头标记了太阳耀斑条带沿着 MODIS 扫描刈幅的分布情况。对于 SeaWiFS 和 MODIS，结合 2.2.4 节和 5.2.3 节介绍的海浪斜率模型（Cox 和 Munk, 1954），利用 NCEP 从数值气候预测模型提取的矢量风速，可以计算太阳耀斑掩模（Wang 和 Bailey, 2001）。从预测模型得到数据的时间间隔为 3～6 小时，这里忽略了当地阵风的影响。另一个检验太阳耀斑的方法是利用 NIR 辐亮度，如果辐亮度值超过预定的阈值，则认为该像元为太阳耀斑，并将其掩模。

泡沫。泡沫和太阳耀斑引起的反射辐亮度的空间分布和角分布存在明显差异。太阳耀斑反射辐亮度由几何光学描述，且分布在太阳光共轭角周围，因此依赖于风速的这些辐亮度仅仅影响图像的一部分，可以掩模处理。泡沫的覆盖范围也受风速的影响，然而，泡沫的反射更接近于朗伯体，因此太阳高度角对其影响很小，以至于整个图像中的 $L_F(\lambda)$ 几乎是一致的。在处理过程中，$L_F(\lambda)$ 被估算出来后，可在 $L_T(\lambda)$ 中减去 $L_F(\lambda)$，或因为 $L_F(\lambda)$ 太大而弃用该幅图像。LF(λ) 的估算可以参照 Frouin 等（1996）和 Moore 等（2000）的模型，这已在 5.5 节中介绍。实际上，在大多数情况下，泡沫的反射项数值较小，可能是因为强风通常伴随多云的天气。

瑞利散射程辐亮度。在短波范围区间，瑞利散射程辐照度通常是卫星接收的辐亮度中贡献最大的一项。对于式（4.53）中的单次散射瑞利散射程辐亮度 $L_R(\lambda)$，可根据式（4.24）和数值气候预报模型提供的表面压强 p 计算瑞利光学厚度 $\tau_R(\lambda)$。除了直接程辐射及瑞利和气溶胶散射之外，存在另外两个较小的程辐射项，因此全部程辐射分成以下三部分（见图 6.15）：

（a）由下行太阳辐照度散射产生进入传感器观测方向的主程辐亮度，见式（4.53）；

（b）顺着与传感器观测方向共轭的路径，经过表面反射进入传感器方向而产生的程辐亮度；

（c）经太阳辐亮度反射产生的传感器方向的程辐亮度。

菲涅耳表面反射率比较小，因而式中第一项最大。尽管包含多次散射的计算比这些要复杂，但并不影响它们的计算量值。而且风浪会改变（b）和（c）中的反射辐亮度的量值，这些辐亮度是风速的函数（Wang, 2000）。最后，上述三项中的角度和反射率一般合并成一个扩展的相函数（Gordon 和 Wang, 1992）。上述每一项都可以通过数值计算进行消除。

气溶胶散射程辐亮度。气溶胶程辐亮度和漫射透过率的反演是非常复杂的，它们也是 $L_W(\lambda)$ 反演的核心。下文将介绍，当水体中叶绿素和 CDOM 较低时，NIR 观测波段 748～870nm 能够实现气溶胶辐亮度的反演并估算其他波长的气溶胶散射。由于气溶胶程辐亮度反演的复杂性，本文对此进行两次讨论，第一次是在简要概述中，然后在下一节中进行更细致的讨论。

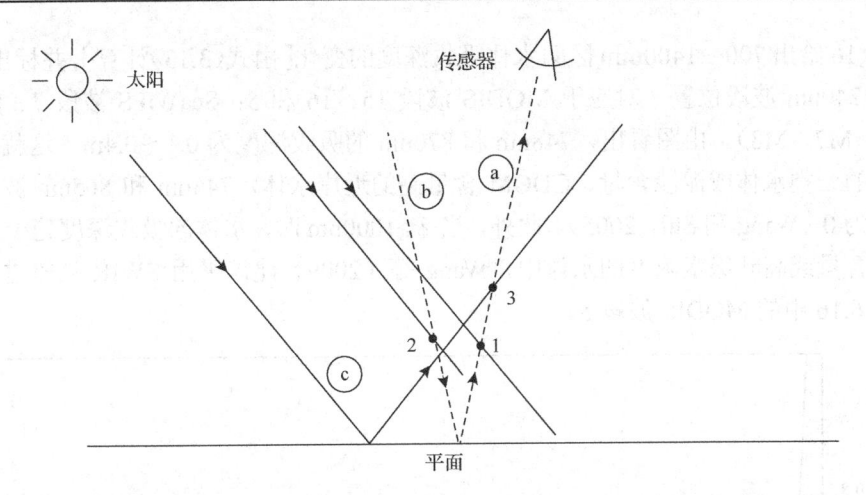

图 6.15 太阳光产生的单次散射程辐亮度的来源。(a) 传感器和海表面之间的程散射位置由点 1 所示；(b) 点 2 产生并经反射进入传感器的大气散射程辐亮度；(c) 对程辐亮度的贡献，由点 3 的射太阳辐亮度并顺着（a）进入传感器。程辐亮度显示为虚线；太阳入射辐照度为实线。点 1、2、3 仅是说明性的符号表示

气溶胶程辐亮度 $L_A(\lambda)$ 的量值取决于气溶胶的类型和浓度，对其进行计算并从总信号中移除的思路是浅显易懂的。由于瑞利散射、泡沫和太阳耀斑反射是可以直接计算并移除的，若水体离水辐射为 0，则剩下的就是气溶胶散射的贡献。如图 5.15 所示，NIR 波段水体反射率趋近于 0，水体中少量的叶绿素存在也不会改变此种现象。因此，一种大气校正方法就是利用 NIR 波段，假设 NIR 波段离水辐射为 0。对 748~870nm 波段而言，大多数情况下 $L_W(\lambda)$ 可设置为零。利用移除瑞利散射、泡沫和太阳耀斑反射后的 870nm 辐亮度，以及 870nm 与 748nm 波段辐亮度比值，就可以计算气溶胶类型和其他可见光波段的气溶胶散射，至此完成气溶胶散射的修正。

假设 NIR 波段离水辐射为 0，则气溶胶辐亮度估算流程如下。首先从所有波段中消除臭氧吸收、太阳耀斑、泡沫反射和瑞利散射项的贡献。对于两个 NIR 波段，假设 $L_W(\lambda)$ 等于 0，可以得到 $L_A(748)$ 和 $L_B(870)$ 的值。将上述观测获得的气溶胶波段指数，与经过许多不同气溶胶模型数值计算得到的波段指数进行比较，如果观测值与计算值相一致，则可进行气溶胶类型和浓度的估算，进一步将观测的 NIR 气溶胶辐亮度外推至可见光区间。然后从 $L_T(\lambda)$ 中减去这些外推的辐亮度值，剩下的只有衰减后的离水反射率 $t_D(\lambda)L_W(\lambda)$。获取 $L_W(\lambda)$ 的最后一步就是估算和消除 $t_D(\lambda)$。

漫射透过率。在 4.9.1 节中讨论到，$t_D(\lambda)$ 描述了辐亮度的衰减，该辐亮度经扩展面产生并穿过散射大气。在处理 $t_D(\lambda)$ 的过程中，需要考虑两个因素：陆地污染的贡献和计算方法。首先对散射大气和扩展面来说，接收的辐亮度不仅有来自仪器 FOV 的贡献，也有来自周围区域的贡献。假设 FOV 接近陆地，则接收的辐亮度被陆地污染，因此海洋水色算法对靠近海岸的几个像元不适用。比如在美国华盛顿州的皮吉特湾，水色反演就对近海岸的三个像元不成立（B. Sackmann, 2000，私人交流）。这一污染也出现在邻近冰面边缘或任何表面反射率突然变化的区域。其次，对于单次散射和假设表面辐亮度朗伯体分布，式(4.55)给出了 $t_D(\lambda)$ 的表达式。对于多次散射，$t_D(\lambda)$ 是根据选择的气溶胶模型进行数值计算而确定的。

对于含有高浓度泥沙、CDOM 或叶绿素的表层水体而言，NIR 离水辐射为 0 的假设不再

成立。图6.16给出700~1400nm区间水体吸收深度的变化[由式(3.13)计算]，并标出748nm、865nm、1240nm波段位置（对应于MODIS波段15、16和5；SeaWiFS波段7、8；VIIRS波段M6、M7、M8）。由图看出，748nm和870nm的吸收深度为0.1~0.4m。这就意味着对于富营养的一类水体或泥沙含量、CDOM含量高的近岸水体，745nm和865nm波段的离水辐射不再为0（Wang和Shi，2005）。此外，当λ>1000nm时，水体的吸收深度趋于0。因此，在高泥沙含量或高叶绿素浓度的水体中，Wang等（2009）建议采用SWIR波段进行大气校正，如图6.16中的MODIS波段5。

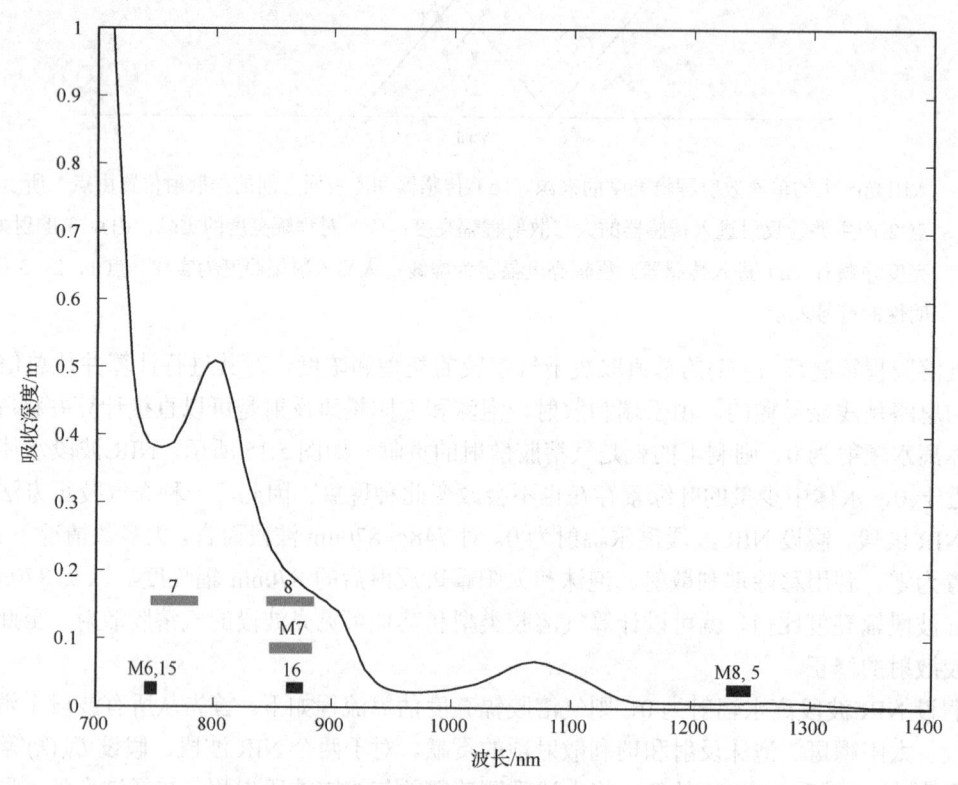

图6.16 NIR波段的水体吸收深度。黑色条棒表示MODIS、VIIRS和SeaWiFS的波段位置

6.5.2 气溶胶程辐射的确定

式(6.6)中气溶胶和混合的瑞利-气溶胶散射项的计算可分为单次和多次散射两种情形。对薄层海洋性气溶胶且远离大陆的海域利用单次散射近似计算是有效的，但对厚层气溶胶不适用，因为多次散射在其中起主导作用。

这里介绍几种不同类型的气溶胶。在开阔大洋和较低大气层，一般是非吸收性的海洋气溶胶，由海盐和波浪破碎引起的水滴组成。在内陆，欧洲、亚洲和北非境内的工业化产生了与人类活动相关的气溶胶，如硫酸盐、汽车和卡车产生的黑色有机碳，通过平流层输送到比海盐气溶胶更高的海洋上空，这种气溶胶一般称为对流层气溶胶。其他与人类活动相关的气溶胶成分主要是非洲生物燃烧产生的烟雾和工业化过程产生的烟灰。最后，风也会将撒哈拉沙漠和戈壁滩的灰尘平流输送至海洋上空（Ahmad等，2010）。海洋气溶胶主要由大颗粒组成，对流层气溶胶主要由小颗粒组成，而沙尘暴的来源则不明确。本节主要回顾反演气溶胶特性和辐亮度的方法,定义针对单次散射和多次散射的专用术语,并讨论全球气溶胶分布。

对可见光波段的单次散射而言,如果消除每个波段中太阳耀斑、泡沫和瑞利散射程辐亮度,则余项包括气溶胶程辐亮度和离水辐亮度。在 NIR 波段,假设离水辐亮度为 0,则余项只剩下单次散射气溶胶辐亮度[根据式(4.53)]:

$$L_A(\lambda) = \omega_A(\lambda)\tau_A(\lambda)F'_S(\lambda)P_A(\lambda,\theta,\theta_S)/(4\pi\cos\theta) \tag{6.7}$$

式(6.7)中 θ_S 为太阳天顶角,θ 为观测角,$\omega_A(\lambda)$ 为单次散射气溶胶反照率[见式(4.46)定义],$P_A(\lambda,\theta,\theta_S)$ 为气溶胶相函数,已扩展到包括反射程辐亮度的贡献,参见图 6.14。

气溶胶类型和浓度的估算如下:首先将 765nm 和 865nm 波段的 $L_A(\lambda)$ 分别除以各自经臭氧吸收衰减修正的 $F'_S(\lambda)$ [根据式(4.52)],然后求两者的比值。根据 Gordon 和 Castaño (1987),该比值表示为

$$\varepsilon(\lambda,\lambda_0) = \frac{L_A(\lambda)F'_S(\lambda_0)}{L_A(\lambda_0)F'_S(\lambda)} = \frac{\omega_A(\lambda)\tau_A(\lambda)P_A(\lambda,\theta,\theta_S)}{\omega_A(\lambda_0)\tau_A(\lambda_0)P_A(\lambda_0,\theta,\theta_S)} \tag{6.8}$$

式中 $\lambda_0 = 870$nm。

Ahmad 等(2010)描述了现有的气溶胶修正步骤及气溶胶分类,替代了早期 Gordon 和 Wang(194a)、Gordon 和 Voss(1999)的分类结果。这两类方法采用相同代码,但利用不同的气溶胶光学特性查找表。针对每两个像元计算 $\varepsilon(748,870)$,然后与查找表中已知的气溶胶类型进行比对。

Ahmad 等(2010)的模型是基于气溶胶观测网 AERONET 实测站点数据计算得到的,包括气溶胶类型、光学厚度和颗粒粒径分布等。AERONET 观测站点的建立始于 20 世纪 90 年代后期。AERONET 的重要贡献在于,根据不同的气溶胶类型,推导出了实际的粒子粒径分布。针对海洋型气溶胶,Ahmad 等(2010)的研究采用了不同岛屿和沿岸海域的观测点数据,包括太平洋拉奈岛、中途岛和大溪地岛,大西洋佛得角、阿森松岛和百慕大群岛,印度洋马尔代夫卡斯杜岛和达尔文港沿岸地区。这些观测数据表明,海洋气溶胶可以定义为半径为 0.1μm 的细颗粒和半径为 3μm 粗颗粒的混合物。这也表明海洋气溶胶可表示为相对湿度的函数,以及细颗粒和粗颗粒的权重之和,细颗粒主要来源于大陆架而粗颗粒来源于海洋。

气溶胶特性参数按照相对湿度 30%、50%、70%~95%之间以 5%的间隔进行计算。针对每种湿度,计算 10 种气溶胶类型,共计 80 种气溶胶特性数据。对于每种湿度,ε 尽可能覆盖所有观测数据,因此模式之间可以进行内插而不是外推。根据 6.9 节介绍的 PACE 载荷设计思路,模式扩展到紫外波段,ε 曲线在 870nm 进行归一化处理。

图 6.17 给出了一个气溶胶模型计算实例:相对湿度 80%时,7 个气溶胶模型计算出的。$\varepsilon(\lambda,870)$ 随波长的变化。图中每条曲线的左侧给出 $\varepsilon(443,870)$ 和该模型气溶胶的有效半径,r_{eff} 单位是 μm。图中的曲线自下往上,半径依次降低,从典型的海洋性气溶胶变化到大陆架气溶胶。下面三条曲线遵循米氏散射原理,上面 4 条大颗粒曲线的 $L_A(443)$ 几乎是 $L_A(870)$ 的 2 倍。而 $L_R(443) \approx 15L_R(870)$,因此瑞利散射对波长的依赖性要远大于气溶胶散射。

将卫星观测的 $\varepsilon(765,865)$ 与计算好的查找表比对,可将 NIR 波段的气溶胶散射外推至可见光波段,并可同时计算漫射反射率。假如观测的 $\varepsilon(748,870)$ 正好符合某一个气溶胶模型,则可以认为可见光波段的。也等于查找表中的对应值。假如。位于两个模型之间,则可见光

波段的。也可以相同方法计算。因此，只要气溶胶模型或一旦确定，即可计算出可见光波段的 L_A。对于443nm，有

$$L_A(443) = \varepsilon(443,870)L_A(870)[F_S'(443)/F_S'(870)] \tag{6.9}$$

将式（6.9）应用到每一个波段，从而消除 $L_T(\lambda)$ 中的气溶胶辐亮度，剩余 $t_D(\lambda)L_W(\lambda)$ 项。对于单次散射，可由式（4.55）求得 $t_D(\lambda)$；对于多次散射，可通过查找表获得 $t_D(\lambda)$。

气溶胶光学特性以两个参数表示，气溶胶光学厚度 τ_A 和 Ångström 指数 α。首先通过计算确定气溶胶类型，根据式（6.7）NIR 波段的散射比 ω_A 和散射相函数 P_A 可以计算得出，从而反演出748nm 和870nm 气溶胶光学厚度 $\tau_A(\lambda)$。τ_A 之比可以表述为

$$\tau_A(748)/\tau_A(870) = (748/870)^{-\alpha} \tag{6.10}$$

对那些比波长 λ 大的颗粒来说，米氏散射发生，因此 τ_A 几乎为常数，α 约为0；对于比较小的颗粒，散射趋向于瑞利散射，α 会比较大。如此看来，气溶胶光学厚度与气溶胶浓度成正比，而 α 则反映了气溶胶颗粒粒径的特性。

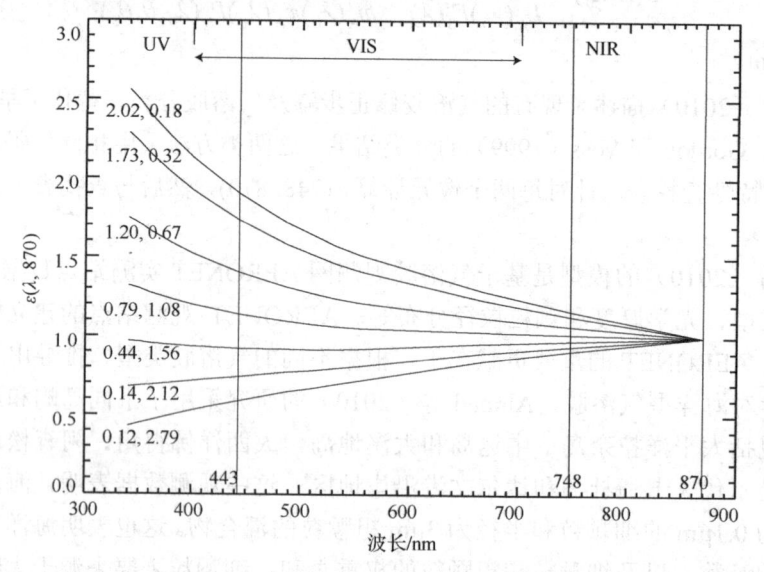

图6.17 气溶胶的 $\varepsilon(\lambda,870)$ 与波长的关系。观测条件为仪器观测角为60°，太阳天顶角为30°，相对方位角为130°，相对湿度80%。对于每种气溶胶，图中曲线左侧都给出了 $\varepsilon(443,870)$ 和有效半径 r_{eff}（μm）的值

全球海洋气溶胶分布能够通过 NIR 波段提取得到。图6.18展示了1998年4月和10月 α 和 $\tau_A(870)$ 的全球海洋分布（Wang 等，2000）。图中陆地为黑色，无数据的区域为灰色。南端和北端的灰色对应海冰，非洲西部的灰色对应撒哈拉沙漠吹来的具有一定光学厚度的沙尘（4月）或对应南非的生物质燃烧（10月）。图6.18中上面的图像显示大多数全球海洋气溶胶拥有较小的光学厚度（$\tau \sim 0.1$，0.2）；下面的图像显示在南半球和远离大陆的区域，α 比较小，说明存在大的海洋颗粒。与此相反，北美东海岸、欧洲周边以及亚洲的东海岸，$\alpha \cong 1$，说明可能存在与燃煤电厂相关的小的硫酸盐颗粒物。

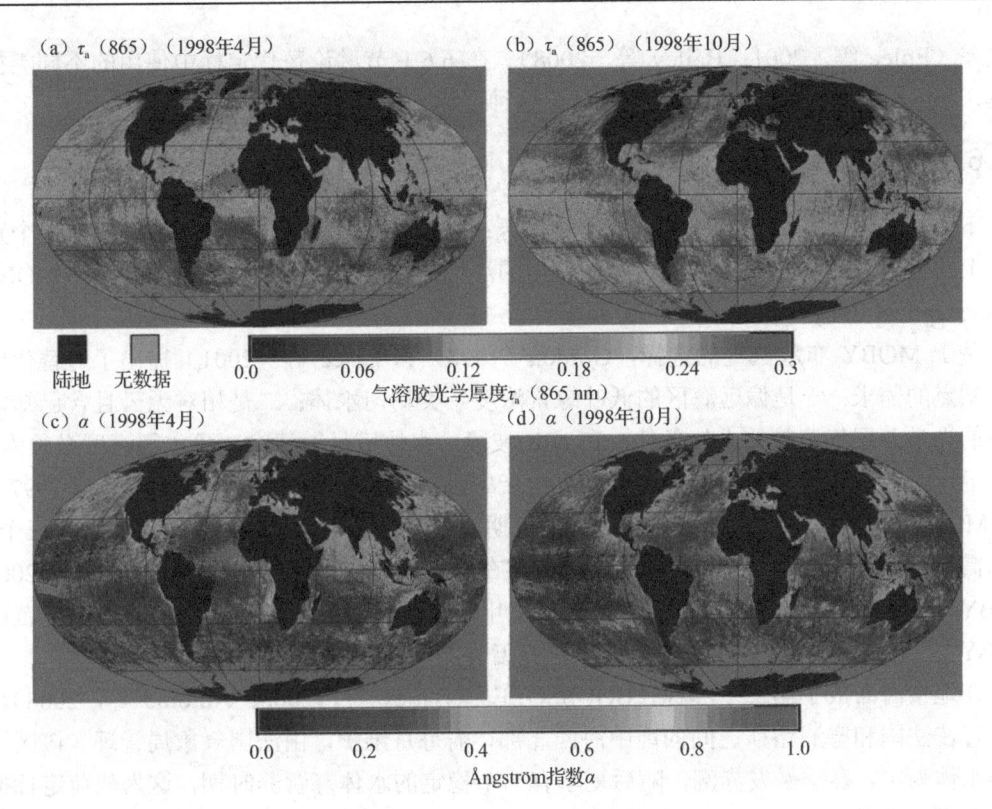

图 6.18　SeaWiFS 1998 年 [（a）4 月，（b）10 月] 月平均气溶胶光学厚度 τ_A（865nm）分布及 [（c）4 月，（d）10 月] Ångström 指数 α 分布色标颜色显示量值分布，陆地是黑色，无数据区域为灰色（见彩插）

6.5.3　CZCS 大气校正算法

由于 CZCS 无近红外波段，因此对于每一影像，处理人员可以应用两种不同的方法通过 670mm 波段来决定 ε 值。在第一种方法中，处理人员通过推测 $\varepsilon(\lambda,870)$ 的值来估计气溶胶的类型。这些值通常假设为近似均匀分布，并且是基于特定的地理区域。基于不同的假设，气溶胶浓度和得到的离水辐亮度也不同。在第二种方法中，处理人员在每幅图像中寻找清洁水体像元，这种像元被假设为纯海水区域，它们的 $L_W(\lambda)$ 可计算得到。对此像元，$L_W(\lambda)$ 和瑞利辐亮度可以从 $L_T(\lambda)$ 中去除，从而获得所有波段上气溶胶辐亮度。这些气溶胶辐亮度进而用来计算 $\varepsilon(\lambda,870)$ 值，而 ε 值被认为在整个图像是固定的。这两种方法都存在一个共同的假设，即认为图像中有像元，$L_W(670)$ 等于纯海水的值。只要气溶胶组成保持不变，即使它的浓度随像元的变化而变化这两种方法都能消除气溶胶辐亮度。ε 的赋值或寻找清洁水体像元都意味着每幅图像必须进行单独处理，这种方法耗时且存在不确定性。

6.6　海表验证数据集与替代定标

由于气溶胶辐射在反演算法中的主导地位，传感器不能仅依靠在轨观测进行定标。在轨测量能够移除仪器随时间老化的影响，替代定标则可以消除与大气校正有关且依赖波长的系统误差（Eplee 等，2001；Bailey 等，2008）。在 6.6.1 节讨论替代定标中使用的不同类型数据集，在 6.6.2 节中 Franz 等（2007）讨论这种定标方法及其结果。

6.6.1 海表验证数据集

下面讨论用于替代定标的现场观测数据源：锚系浮标、南半球开阔海域和船舶上个别观测站上的辐射观测。NASA 替代定标中使用的浮标是夏威夷海域的海洋光学浮标（MOBY，Marine Optical Buoy）。

关于 MOBY 布放位置的选择，Gordon（1998）和 Eplee 等（2001）提出了对替代定标观测站点的需求：一是偏远海区的低叶绿素浓度一类均匀水体；二是相对无云且含已知定常特性的光学薄层气溶胶的大气条件。在 NIR 波段，水体应足够清澈，离水辐亮度必须为零。基于上述约束条件，MOBY 布放在夏威夷拉奈岛西 20km 处（Bailey 等，2008），自 1997 年 7 月，MOBY 一直由 NOAA 布放，在每月维护期间移除浮标上的生物污染。大约每隔三个月，浮标需拖到岸边进一步处理，同样的浮标被放在原位置替代原浮标工作（McClain 等，2006），MOBY 提供卫星对应波段的离水辐亮度以及叶绿素现场测量。在波长 340~955nm 范围，MOBY 以 0.6nm 的光谱分辨率进行离水辐亮度观测。

在地中海布放了第二个浮标（BOUSSOLE）（Bailey 等，2008；Antoine 等，2008）。它的位置在法国和塞浦路斯之间的地中海西北部，需每月维护，由法国气象局管理。该区域以一类水体为主，春季暴发赤潮，随后夏季有一个稳定的水体寡营养时期，这为载荷定标提供了多种有利条件。该海区靠近欧洲大陆，由此出现陆上气溶胶和叶绿素浓度多变的情况，NASA 在传感器定标过程中并未使用 BOUSSOLE 数据。

SeaWiFS 生物光学归档和存储系统（SeaBASS）为传感器定标和算法改进提供了另一个数据集。1997 年初，在 NASA OBPG 的指导下，NASA 赞助的 SeaWiFS 生物光学算法组（SeaBAM）开始收集 SeaBASS 全球海洋海表辐亮度和叶绿素数据集。SeaBASS 包括辐亮度和叶绿素的同步现场观测，少量的现场叶绿素和卫星辐亮度的同步观测，也包括气溶胶厚度的大气特性测量数据（SeaBASS，2013；SeaDAS，2008）。至 1997 年，已经收集了 919 组不同站位的数据集，叶绿素浓度变化范围为 $0.019\text{mg/m}^3 < C_a < 32.79\text{mg/m}^3$（O'Reilly 等，1998）。

2005 年前后，专门针对卫星算法验证，OBPG 定义了 SeaBASS 的一个子集，称为 NASA 海洋生物光学算法数据集（NOMAD）。NOMAD 包括高质量的离水辐亮度观测，水体温度和盐度、固有光学特性和叶绿素浓度观测数据。数据集中的其他参数还有时间、日期、水深和观测站位置的元数据（Werdell 和 Bailey，2005）。

2013 年初，通过由 112 个国家/地区和国际组织发起的 2529 个现场调查项目，SeaBASS 归档了 71 302 个数据文件，数据来自 422 472 个从沿岸到近海的观测站。同时，NOMAD 第 2 版包括 4459 个记录，数据也来自沿海和近岸地区。在 NOMAD-2 中，叶绿素浓度范围为 $0.017 \sim 70.2\text{mg/m}^3$，中值约为 0.54mg/m^3，因此，大多数样本来自寡养区和中养区水体。尽管 NOMAD 有 4000 多个站，但仅有几百个站位数据同时包括离水辐亮度、色素浓度，吸收系数和后向散射系数（J. Werdell，2013，私人交流）。

6.6.2 替代定标

气溶胶修正是海洋水色反演算法的核心，也是最具挑战性的。替代定标的目的是移除经过在轨定标之后仪器/算法带来的系统偏差。对于 SeaWiFS，大气纠正算法是计算出近红外（NIR）波段 7 和 8 的气溶胶辐射比值，然后外推到较短的可见光波段，再将这些值与卫星测得的预测辐射值进行比较。

Franz 等（2007）对定标做了详细介绍。定标的目的是调整遥感器或算法系统的响应，使卫星反演离水辐亮度与现场测量值达到最佳吻合。如果假设在轨定标已经移除了载荷本身随时间变化的漂移，那么在整个任务周期，替代定标的偏差调整是固定的。另外，Eplee 等（2012）介绍了替代定标中的迭代法。

如 6.5 节所述，通过大气纠正可以获得离水辐亮度 $L_W(\lambda)$。在替代定标中，同步获取的现场测量离水辐亮度与卫星反演值之比可以计算得到。该比值即为替代定标系数，目的是将卫星观测离水辐亮度与现场测量值调整一致。该方法分为两个步骤，首先对 NIR 波段进行计算，然后反演气溶胶散射辐亮度，以获得卫星反演的 $L_W(\lambda)$ 再与现场观测值进行比对。

一般需要 2~3 年才能收集到足够的数据用于有效的替代定标。SeaWiFS 用两年时间收集了 30 组与 MOBY 匹配的无云和无太阳耀斑的同步观测数据集；MODIS 由于不能主动倾斜以避免太阳耀斑，花费了 3 年时间才完成同样的任务（McClain 等，2006）。在替代定标过程中，首先假设 865nm 的 NR 波段增益系数为 1，第二个假设是气溶胶类型已知，这样可以计算 SeaWiFS 765nm 波段和 MODIS 748nm 波段的气溶胶散射。根据 OBPG 的建议，一般选择在南太平洋和南印度洋的清洁水体站点进行，这两个地方的 NIR 波段水体离水辐射均为 0，且属于薄层气溶胶类型。一旦 765nm 波段的增益系数确定，就可结合 MOBY 测量数据，将算法应用于其他可见光波段。

在数据筛选过程中，若出现有云、杂散光或气溶胶光学厚度超过 0.15 或叶绿素浓度 C_a 大于 $0.2mg/m^3$ 的情况，则数据被剔除。SeaWiFS 在轨运行 9 年期间，共收集 1450 组可用匹配数据对，其中 150 组通过数据筛选测试。对最终的增益系数调整，利用 150 组数据计算出平均值和标准偏差。为尽量弱化边缘值的影响，只选取数据区间 25%～75% 范围内的数据进行综合计算。图 6.19 给出 SeaWiFS 利用 MOBY 数据，在 443nm、555nm 和 765nm 波段通过替代定标计算出的定标系数。其中，443nm 波段的定标系数为 1.014±0.0007，765nm 波段为 0.9720±0.0011。SeaWiFS 所有波段的系数变化都没超过 4%。

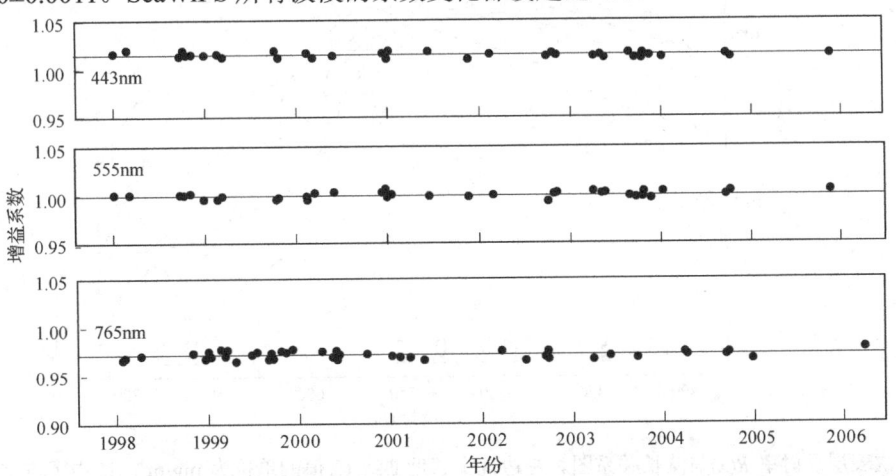

图 6.19 1997 年 9 月至 2006 年 3 月，通过 MOBY 数据匹配获取的 SeaWiFS 替代定标系数（443nm、555nm、765nm）。黑点代表单个计算的增益系数；实线表示综合计算获取的平均值。详见正文［重绘自 Franz 等（2007）中的图 3］

6.7 叶绿素反射率与荧光

6.7.1 节描述不同观测波段下水体次表层发射率对叶绿素浓度增加的响应，6.7.2 节介绍叶绿素荧光反演。

6.7.1 反射率

根据 6.2 节描述的散射及吸收特性，针对从俄勒冈海岸、缅因州海湾及皮吉特湾提取的海水样品，图 6.20 展示了在式（5.22）中定义的次表层反射率 $R(\lambda)$ 对波长和叶绿素浓度 C_a 的依赖关系。图中水平横线表示 SeaWiFS 和 MODIS 波段的位置，而其中黑色条棒表示在叶绿素 a 经验算法中使用的波段。图 6.20 表明，随 C_a 的增加，反射光谱表现出以下特征。首先，当 $\lambda < 550\mathrm{nm}$ 时，R 随 C_a 的增加而降低；当 $\lambda > 550\mathrm{nm}$ 时，R 随 C_a 的增加而增加；而当 $\lambda = 550\mathrm{nm}$ 时，R 几乎与 C_a 的变化无关。其次，在 683nm 荧光峰激发的辐亮度随 C_a 的增加而增加。

许多算法都是利用 $\lambda \leqslant 550\mathrm{nm}$ 时的反射率特征进行建模（见图 6.20）。在 443nm 吸收峰处 $C_a \ll 1$ 或几近为清洁水体时，$R(443) \approx 0.08$。随着 C_a 的增加，$R(443)$ 急剧下降，且最大反射率移向 500nm，因此随着 C_a 的增加，离水辐亮度中绿波段的贡献越来越大于蓝波段。当 C_a 大于 $1 \sim 2\mathrm{mg/m^3}$ 时，$R(443)$ 变得很小以至于达到仪器的噪声级别，而在 490nm 和 530nm 处，随着 C_a 浓度的增加，辅助色素（它们的吸收对 C_a 存在较小的依赖关系）的存在使得反射率 R 下降得更加缓慢。由此，下文将讨论的算法不仅取决于 443nm 处（叶绿素 a 的吸收峰）测量的辐亮度，也取决于以胡萝卜素吸收为主要特征的 490～550nm 波段范围测量的辐射信号。

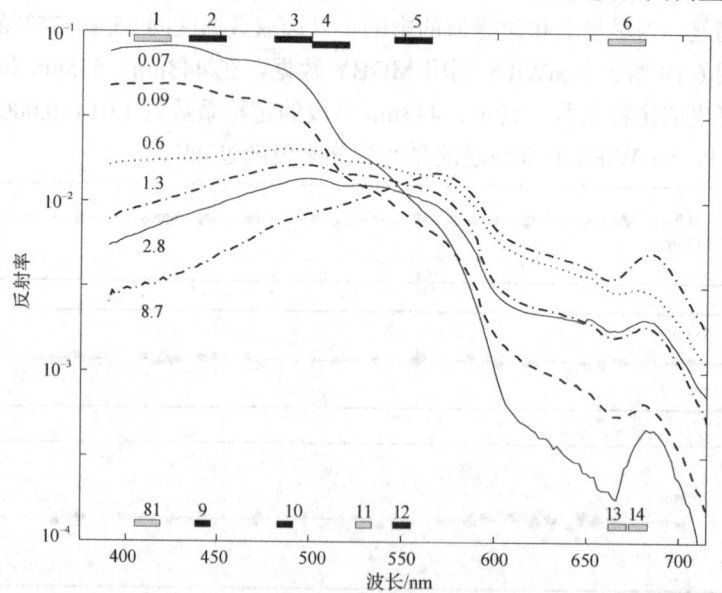

图 6.20 次表层反射率 $R(\lambda)$ 与波长关系图。左边几个邻近曲线 C_a 值的单位为 $\mathrm{mg/m^3}$。图中下方水平条棒表示为 MODIS 波段；上方为 SeaWiFS 波段。为了表示清楚，SeaWiFS 的波段 4 在垂直方向作了小量偏移。对每一组波段，黑色条棒表示将在 6.8 节中讨论的用于 SeaWiFS 和 MODIS 叶绿素 a 反演的经验算法的波段 [数据来源于 Roesler 和 Perry（1995）]

为使算法能够成功运行，全球海洋必须满足"胡萝卜素浓度和辅助色素浓度与叶绿素a的浓度协同变化"这一前提。Trees 等（2000）认为，即使辅助色素与叶绿素 a 浓度的比值呈现出地区差异，但从全球范围来看，两种浓度仍是共变的。对现场测量的辅助色素和叶绿素 a 进行对数回归，相关系数达到 0.934，均方根误差为 28%。这种强相关性也在一定程度上说明了算法的正确性。虽然在 C_a 较小的情况下，$R(412)$ 对于 C_a 的变化非常敏感，但其对 CDOM 和悬浮颗粒物也敏感，这表明，如果不考虑附加的 CDOM 算法，那么 412nm 波段无法用于叶绿素反演。

6.7.2 荧光

图 6.20 也展示了 683nm 处叶绿素荧光峰值量值随着 C_a 增加而增加的情况。浮游植物叶绿素吸收太阳辐射中的可见光，并在红光区间再发射产生了荧光。在吸收的太阳辐射中，约 85%的能量发生热耗散，12%的能量通过光合作用转化成化学能，剩下的 3%左右的能量以荧光方式进行再发射（Esaias 等，1998）。对荧光发射的测量，为我们提供了另一个可行的、估算 C_a 以及确定其他浮游植物特性的方法。Letelier 和 Abbott（1996）与 Esaias 等（1998）的研究表明，荧光量的确定需要 667nm、678nm 及 748nm 三个波段辐亮度，以 10nm 为带宽，其中 678nm 波段用于确定荧光反射信号，而 667nm 和 748nm 波段用来消除背景信号的贡献。由于 687nm 氧吸收带的影响（见图 6.7），荧光波段选在了比荧光峰 685nm 波段稍小一些的 678nm 处。利用上述三个波段可以确定叶绿素产生的荧光基线高度（FLH）。Behrenfeld 等（2009）总结了荧光测量机制的特点，并给出全球海洋的观测结果。

VIIRS 未配置荧光探测波段，SeaWiFS 由于波段 6 带宽大而无法对荧光峰进行精确测量；配置了上述三个荧光探测波段的水色遥感器只有 MODIS、MERIS、GLI 和短期在轨运行的 ADEOS-2。这种测量方法的优势在于，只有叶绿素产生荧光，而与 CDOM 和颗粒物无关。根据 FLN 的测量值，并假设已知吸收的光强和特定种类浮游植物的荧光量子效率，就可以计算出 C_a。换言之，了解藻的种类及其浓度也就能够得出荧光量子效率。总的说来，至少有两种叶绿素 a 算法：构建蓝绿波段（400～550nm）的函数，随 C_a 增加，相对于 550nm，440nm、490nm、530nm 的反射率降低；构建 683nm 荧光峰附近波段的函数，因为随着 C_a 增加，激发的荧光也增加。

6.8 经验算法、半解析算法与生物地球化学算法

6.8.1 节首先介绍 NASA Giovanni 归档数据集（Acker 和 Leptoukh，2007），然后根据复杂程度的增加，依次介绍三种生物参数反演算法，Giovani 归档了这些算法得出的反演产品。6.8.2 节讨论 SeaWiFS 和 MODIS 采用的叶绿素浓度经验统计算法。这些算法仅依赖于 2 个波段的离水辐亮度比值，一次只能反演一个参数，包括叶绿素浓度、490mm 漫射衰减系数、CDOM、方解石和颗粒碳等（McClain，2009）。

6.8.3 节介绍半解析算法，尤其是 Garver-Siegel-Maritorena（GSM）算法（Maritorena 等，2002）。半解析算法基于现场观测获取的水体固有光学特性数据 IOP 模型，如吸收系数和散射系数等（见 6.2 节），和现场测量的水体辐射量进行反演得到海洋水色参数，如叶绿素浓度、CDOM 和颗粒物散射系数等。最后，6.8.4 节以 NASA 提出的 NOBM 模型为例介绍数据同化

模型（Gregg，2008）。NOBM模型将通过经验统计算法反演获得的日平均叶绿素浓度数据与其他卫星遥感产品，如SST、云和考虑大洋环流和海洋生物化学过程的数值模型算出的辐亮度数据，反演得到4种藻类的分布、总叶绿素浓度和一些营养物质参数。

6.8.1 NASA归档数据

美国宇航局哥达德地球科学数据和信息服务中心（NASA GES DISC）提供多种教程、数据和画图工具（NASA，2013a）。其中，交互式在线可视化和分析基础平台（Giovanni）提供了数据查找、分析和可视化工具（Giovanni，2013）。在其海洋门户网站中，Giovanni提供了很多生物学数据和辐射学数据，包括来源于经验统计的算法、GSM和NOBM模型的数据产品。利用Giovanni程序，这些数据产品可以生成图片，或进行时空变换展示，如直方图和瀑布图。GES DISC下属的海洋水色用户图书馆（LOCUS）还能提供文献索引、数据示例和Giovanni教程（LOCUS，2013）。

6.8.2 生物光学经验算法

经验算法由船和卫星同步观测的$L_w(\lambda)$与SeaBASS船载观测的C_a进行回归得来（O'Reilly等，1998；Carder等，1999）。输入到这些算法中的参数为几个波段的$L_w(\lambda)$卫星观测值或等效的$R_{rs}(\lambda)$；输出为叶绿素浓度和其他海洋参数，如CDOM，但是每个参数单独进行反演。

本节主要介绍叶绿素经验算法，因其提供了连续将近40年的水色卫星观测数据结果，Dierssen（2010）对该算法做了综述和评价。在Giovanni中将$R_{rs}(\lambda)$作为模型的输入，通过式（5.31），可得

$$R_{rs}(\lambda) = T^2 R(\lambda)/(n^2 Q) \tag{6.11}$$

从式（6.11）可以看出，$R_{rs}(\lambda)$是次表层反射率$R(\lambda)$的线性函数。图6.20表明，$R(555)$几乎与叶绿素浓度无关，经验算法中输入的辐亮度或反射率数据可以555nm波段作为比值，因此，根据式（6.11）可得

$$\frac{R_{rs}(\lambda)}{R_{rs}(555)} = \frac{R(\lambda)}{R(555)} \tag{6.12}$$

如式（6.11）和式（6.12）所示，利用波段比值而不是单个波段反射率进行反演的优点在于，可以消除海气界面光传播的影响带来的不确定性，该影响效应体现在参数n^2、T^2和Q。由于这个原因，经验算法也称为波段比值法。

在叶绿素反演中，波段比值算法一般用到443/555、490/555和510/555等比值形式。CZCS采用第一种和第三种比值法，SeaWiFS采用所有三种比值法，而MODIS采用前两种比值法。根据实测数据，图6.21给出了不同波段比值与C_a的相关性。可以看出，随着C_a增加，443波段比值降低得最快，490波段比值和510波段比值降低逐渐减慢。这意味着对于小的C_a，443波段比值最大，随着C_a增加，490波段比值变得最大，然后是510波段比值最大。这一特性为SeaWiFS经验算法提供了基础，最终采用了一种"最大波段比值法"。

利用SEABASS数据（见6.5节），O'Reilly等（1998）对两种半解析算法、15种区域和全球经验模型进行测试，全球模型是指一个算法在热带、亚热带和温带区域水体都适用。SeaWiFS提供的与SeaBAM数据最相符的全球算法是最大波段比值海洋叶绿素经验算法

（OC4），是目前推荐的 SeaWiFS 算法的第 4 版。如本节所述，一种相似的最大波段比值算法应用于 MODIS 数据，并推荐应用于 VIIRS 数据（VIIRS，2011b）。

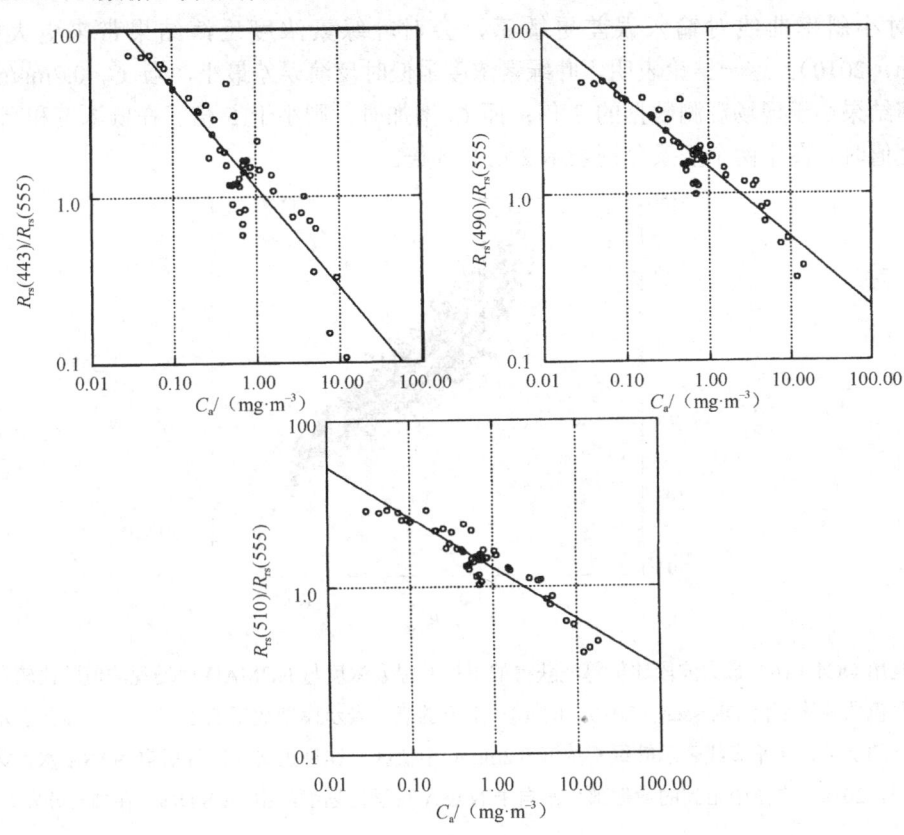

图 6.21　$R_{rs}(\lambda)/R_{rs}(555)$ 与 C_a 的关系，λ = 443nm、490nm 和 510nm。直线为数据线性最小二乘拟合线 [改编自 Aiken 等（1995）]

称之为最大比值法的原因是，没有一个固定的 C_a 值在各比值间进行转换，而是算法采用了 443/555、490/555、510/555 之中比值最大的那个组合。随着 C_a 增加，OC4 算法首先使用 443 波段比值，然后当 490 波段比值大于 443 波段比值时，算法切换到 490 波段比值；最后是 510 波段比值。该算法的优点在于，当 C_a 变化范围较大时，可以尽量保证输入数据的信噪比。目前最新的算法版本是 OC4 第 6 版（v6），利用 NOMAD 数据集给出了遥感反射率与现场测量叶绿素浓度的最优多项式拟合曲线。

对 SeaWiFS 而言，OC4（v6）包含以下 4 阶多项式（Band ratio algorithms，2010）：
$$R_{MAX} = \text{Maximum of } [R_{rs} - \text{ratio}(443/555, 490/555, 510/555)]$$
$$R_L = \log_{10}(R_{MAX})$$
$$\log_{10}(C_a) = 0.3272 - 2.994 R_L + 2.722 R_L^2 - 1.226 R_L^3 - 0.568 R_L^4 \tag{6.13}$$

根据 OC4（v6）算法，图 6.22 给出了 C_a 随 R_{MAX} 的变化。C_a 随着 R_{MAX} 降低而增加。C_a 较小时，443 波段比值占主导；C_a 中等大小时，490 波段比值占主导；C_a 更大时，510 波段比值占主导。由于主导波段之间 10%~30%的重合，当 R_{MAX} 变化时，算法会出现平滑过渡问题。Dierssen（2010，图 1）中的斜线区域标示出大致的分布区间，并给出每个主导波段的斜率。

C_a 增加时，式（6.13）中的多项式有三个不同斜率：443 波段主导的平缓变化曲线是-1.6；中间 490 波段主导的是-2.4；510 波段主导的陡峭变化曲线是-3.6。这些斜率表明，陡斜率的曲线相对小斜率曲线对输入误差更敏感，会对叶绿素浓度反演结果带来更大的误差（Dierssen，2010）。这一结论表明，叶绿素浓度最低时反演误差最小，当 $C_a<0.2\text{mg/m}^3$ 时，卫星反演结果小于现场观测数据的 2 倍；而 C_a 增加时，则小于 5 倍。在低浓度和高浓度叶绿素浓度值时，图中两个竖条分别表示 2 倍和 5 倍。

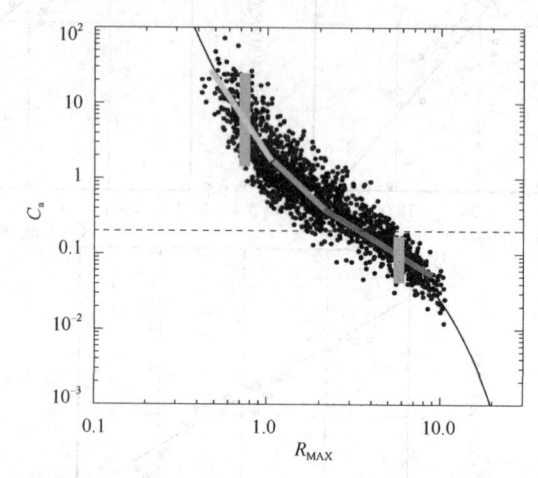

图 6.22　利用 OC4（v6）最大波段比值算法获得的卫星叶绿素浓度与 NOMAD 现场观测值的比较。倾斜的灰色曲线棒来自 Dierssen（2010，图 1）。上方的竖条表示模型数据的 5 倍，下方竖条表示模型数据的 2 倍，水平虚线表示叶绿素浓度 0.2mg/m 中值区。详见正文（图片引自 NASA 水色数据重处理，2010。本图中用到的数据部分来自于 NASA 科学计划组，由 GES DISC 存档与分发）

图 6.23 给出另一个关于 NOMAD（v2）现场观测数据与 OC4（v6）算法反演的叶绿素浓度数据比较结果。图中 45°直线是最佳拟合线；两条虚线分别为 1∶5 和 5∶1 的比例（Band reprocessing，2010）。根据 Szeto 等（2011），将算法不确定性记为 Δ_i，定义为

$$\Delta_i = \log_{10}(X_i) \tag{6.14}$$

式中，$X_i = C_{sat,i}/C_{in\ situ,i}$，表示叶绿素比值，下标 i 表示单次观测序号。根据式（6.14），Δ_i 的平均值是偏差，均方根值代表不确定性。图 6.23 中的数据，偏差为 0.000，相关系数 0.861，rms = 0.250。若假设 Δ_i 为正态分布，则 X_i 为对数正态分布。对图 6.23 而言，这意味着 68%的数据位于 $10^{\pm rms}$ 范围内，或者说中值为 1，分布于 0.56～1.78 之间。

图 6.23 表明，现场观测数据和卫星反演值相比，除了在叶绿素浓度 C_a 小于 0.05mg/m^3 时稍微有些不吻合，且随着叶绿素浓度增加离散性变大之外，两个数据集匹配的一致性较好。如果严格控制数据筛选准则，则可获得更好的数据匹配结果。下面是一个具体实例，利用水深大于 1000m 且经过严格筛选的 SeaWiFS 数据，反演得到的离水辐亮度误差在 6%～12%之间，是期望误差 5%的 12 倍（Bailey 和 Werdell，2006）。根据 Werdell（2013，私人交流）的分析，该误差一半来源于海表光谱测量的误差，另一半来自卫星反演算法的误差。

由于 MODIS 没有配置 OC4 算法中需要的 510nm 波段，MODIS 最大波段比值算法采用了其他三个波段。AQUA/MODIS 目前采用的业务算法是 OC3M（v6），是 SeaWiFS 经验算法的延续，具体如下（Band reprocessing，2010）：

$$R_L = \log_{10}(\max[R_{rs}-\text{ratio}(443/551, 488/551)])$$
$$\log_{10}(C_a) = 0.2424 - 2.742R_L + 1.802R_L^2 + 0.002R_L^3 - 1.228R_L^4$$
(6.15)

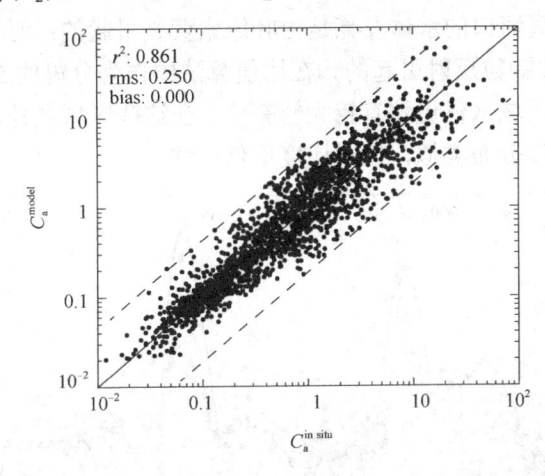

图 6.23 NOMAD 现场数据与 SeaWiFS OC4 算法反演得到的卫星观测的双对数比较。图中，实线为由式（6.15）得到的 C_a；数据点表明了叶绿素浓度与 R_{rs}。波段比值的依赖关系；虚线标出了 5 倍于模型数据的范围图中还给出了数据集的相关性（r^2）、均方根误差（rms）和偏差（bias）。详见正文图例符号，可参见图 6.22

OC3M 算法和 OC4 一样，利用 SeaBAM 数据集开发，将叶绿素浓度和 R_{rs} 之间的相关性进行参数化。Band reprocessing（2010）给出的结果显示，OC3M 计算获得的统计参数与 OC4 相当。Giovanni（2013）归档了 SeaWiFS 和 MODIS/AQUA 月平均和 8 天平均、9km 分辨率的最大波段比值法产品和部分 MODIS 4km 分辨率产品，一般会延迟 1 个月左右发布。

BOUSSOLE 浮标站位数据可用于直接比较卫星反演与现场观测值。图 6.24 给出月平均的现场观测值与 MERIS、AQUA/MODIS 和 SeaWiFS 反演结果的比较。现场观测数据由浮标测量、卫星观测数据在浮标位置 3km×3km 范围内进行平均，并剔除云和太阳耀斑的影响。由图可以看出，卫星观测结果与现场测量值基本吻合，两者的叶绿素浓度观测峰值都出现在春季，随后进入低值期。图中的误差棒分别表示 1∶2 和 2∶1 的比例，表明卫星反演值在现场观测值的 2～3 倍区间范围内。

另一个实例是将 OC4 算法应用于不列颠哥伦比亚省、华盛顿和俄勒冈近岸水体。图 6.25 给出 1999 年 9 月 1 日，865nm、765nm、670nm、555nm、443nm 和 412nm 波段卫星接收总辐亮度 $L_T(\lambda)$ 图像，并图示了瑞利散射的影响。图像右侧的色度条表示辐照度计数值。在 765nm 和 865nm 波段，L_W 趋于 0，陆地和云为白色区域，除了在哥伦比亚河和弗雷泽河河口附近的羽状流泥沙产生了离水辐射，其他海区均为暗色。865nm 波段的图像可明显看出海洋暗背景与云的强烈比对。哥伦比亚河和弗雷泽河都携带大量泥沙，人眼看上去海表水体呈棕黄色。在 670nm 波段，河口羽状流仍然可见，这也意味着在胡安·德富卡海峡有强涡旋或射流。在较短波段，瑞利散射的影响使图像中的陆地和海面变得越来越模糊。

图 6.26 给出了 670nm、555nm、510nm、490nm、443nm、412nm 各波段的归一化离水辐亮度 $[L_W(\lambda)]_N$。除了在河口区域，865nm 和 765nm 波段的离水辐亮度都为 0，因此没有给出它们的图像。辐亮度色标在图像右侧，每幅图像的色标都不同，以使图像达到最佳对比度。

色标的长度与辐亮度分布范围成正比；长度越短，说明观测值越敏感。670nm 波段的图像表明，邻近沿岸海区的富营养水体亮度较高，河口附近亮度非常高，而离岸水体亮度较小，颜色发暗。这也表明，远离河口的水体发亮是由叶绿素荧光引起的；而邻近河口区域的亮水体是由 CDOM 碎屑和泥沙颗粒反射引起的。在比值算法中作为分母的 555nm 波段，水体图像的亮度不均匀，而河口区域水体仍然有较大辐亮度。在这些区域之外，555nm 波段的离水辐亮度分布与叶绿素 a 浓度分布类似，但对比度更低一些。

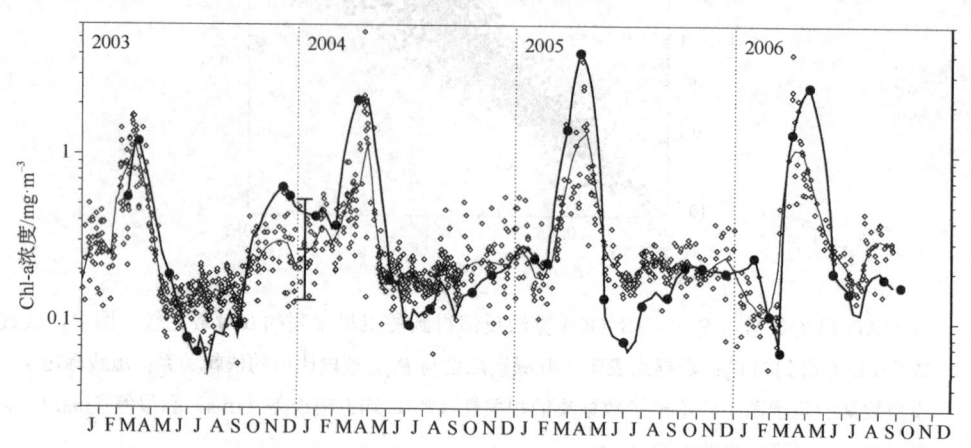

图 6.24 2003—2008 年，BOUSSOLE 浮标站位测量的海表叶绿素浓度季节变化曲线。黑圆点代表现场测量月平均值在 10m 深度内的平均值，菱形代表 MERIS、AQUA/MODIS 和 SeaWiFS 卫星反演值。细线是对卫星观测数据的拟合曲线；粗线是对现场观测数据的拟合曲线。根据卫星观测数据给出其时间变化趋势。卫星观测数据是对浮标位置 3km×3km 范围内的无云数据进行平均计算。图中的交叉竖线表示反演值的 2 倍区间范围

在 510nm 和 490nm 波段，河口区域辐亮度仍然很高，但在其他区域的辐亮度分布则与 670nm 波段相反，因为沿岸区域高叶绿素浓度水体的离水辐亮度比较低营养水平的离岸区域水体更小。在沿岸区域高叶绿素 a 浓度水体，443nm 波段的离水辐亮度$[L_W(\lambda)]_N$ 为 0，仅在弗雷泽河三角洲离岸区域有小部分亮水体的痕迹。最后，在泥沙和 CDOM 吸收最强的 412nm 波段，仅有亮水体出现在低叶绿素浓度的离岸区域。这表明，在 CDOM 和颗粒物占主导的强衰减水体中，河口区域的离水辐亮度在这些波段会变小。总之，从每个波段的图像来看，离水辐亮度都与反演算法和区域海洋学现象相符。同时也说明，在高浓度泥沙水体中，经验统计算法会遇到困难。

图 6.27（a）给出了去掉瑞利散射后的真彩色图像，利用 670nm、555nm 和 410nm 波段进行 RGB 合成和颜色增强。可以清楚地看出绿地、山上的雪和海岸带附近的白云。离岸区域水体呈蓝色；越靠近岸边，蓝色越浅，并开始浮现绿色。同时也能看出哥伦比亚河和弗雷泽河河口附近的羽状流泥沙分布。作为对比，图 6.27（b）给出 OC4-叶绿素 a 浓度图像，单位是 mg/m^3。其中，陆地和云被掩模处理成黑色，海岸线标为红色。由于数据处理中假设了 865nm 和 765nm 波段离水辐射为零，邻近河口区域的水体反演结果不合理。从图 6.27（b）可以看出，邻近沿岸区域时，生物活动变得活跃，好几个羽状流和涡旋延伸到太平洋；而在离岸区域生物活动很弱。在胡安·德富卡海峡的太平洋入口处，可以清晰地看见有股高叶绿素浓度水体流入了贫瘠的太平洋。总体的叶绿素浓度分布与其区域分布是相符的，因为沿海

上升流产生了富营养水体，而近海区域仍然保持寡营养状态。由于受到陆地污染，皮吉特海湾内的水体数据基本不可用。

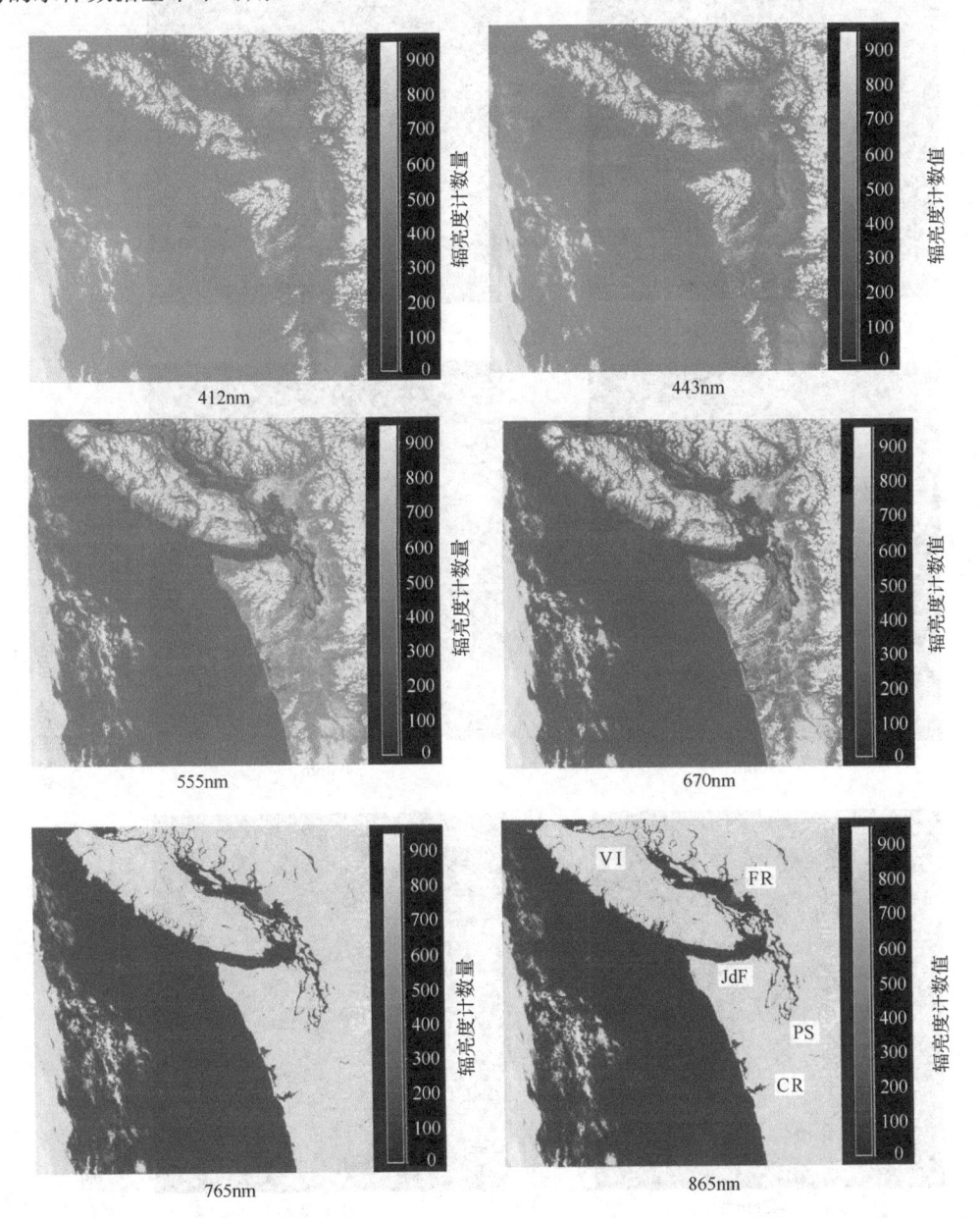

图 6.25 SeaWiFS 接收的总辐亮度。地点：东北太平洋海域，邻近加拿大不列颠哥伦比亚省、美国华盛顿州和俄勒冈州。时间：1999 年 9 月 1 日。包括 NIR 波段 865nm 和 765nm，跨越荧光峰的 670nm 波段，以及蓝绿波段 555nm、443nm 和 412nm 波段。图中，VI—温哥华岛；FR—弗雷泽河；JdF—胡安·德富卡海峡；PS—皮吉特湾；CR—哥伦比亚河（OrbView-2 图像由 SeaWiFS 项目组和 NASA/Goddard 航天飞行中心 ORBIMAGE 提供，数据处理由 Brandon Sackmann 和 Miles Logsdon 完成）

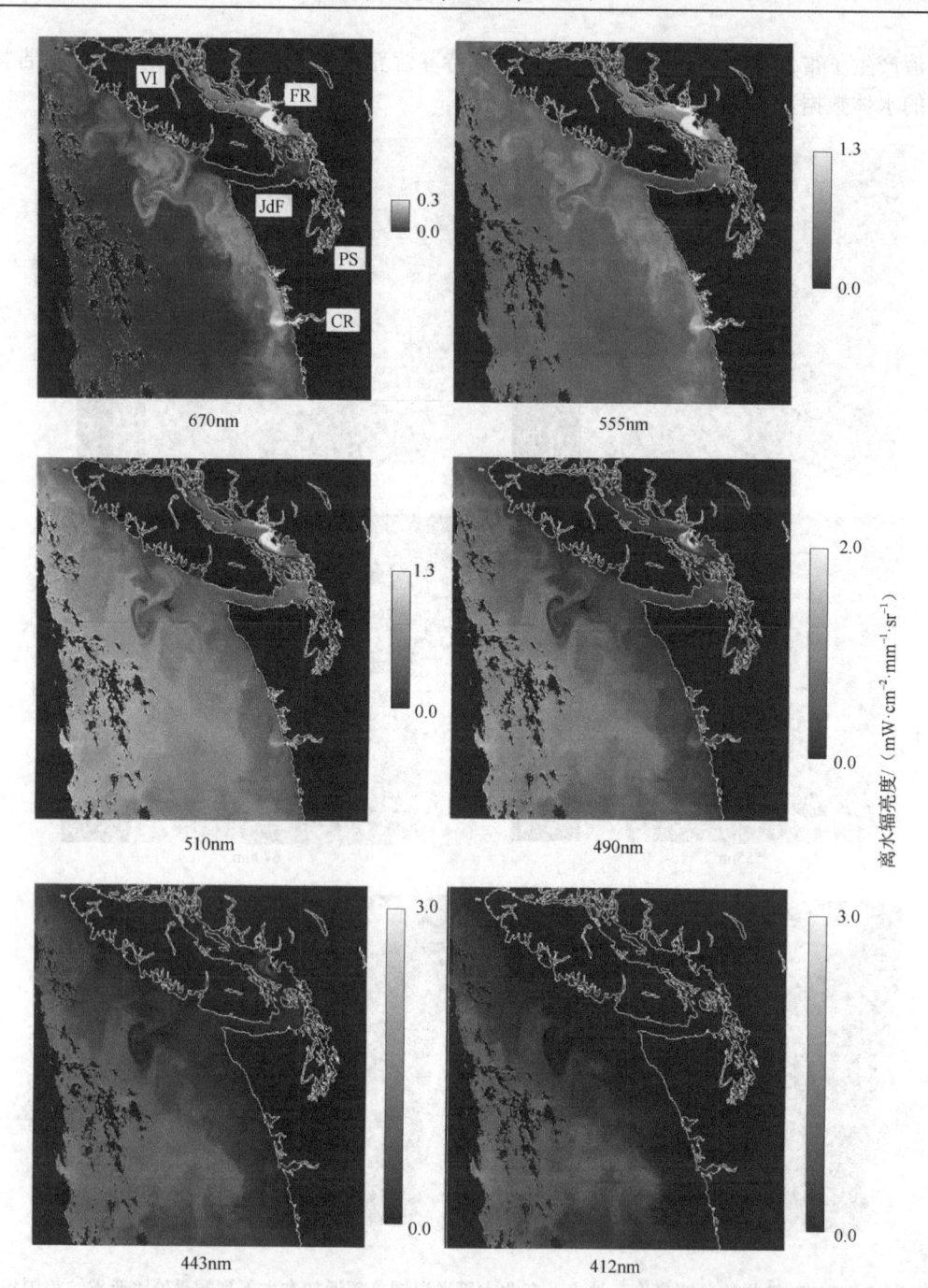

图 6.26 SeaWiFS 可见光波段归一化离水辐亮度。显示区域同图 6.27。图像右侧为离水辐亮度灰度色标。色标的长度与辐亮度分布范围成正比；长度越短，说明观测值越敏感。黑色区域代表陆地和云掩模（OrbView-2 图像由 SeaWiFS 项目组和 NASA/Goddard 航天飞行中心 ORBIMAGE 提供，数据处理由 Brandon Sackmann 和 Miles Logsdon 完成）

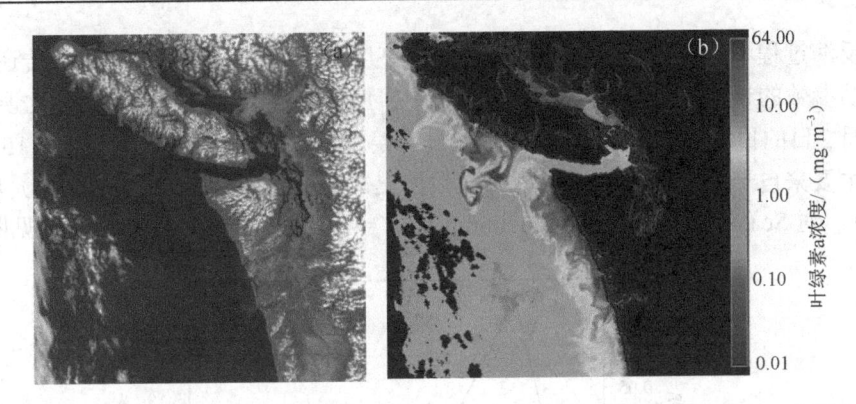

图 6.27 SeaWiFS 合成图像。地点：东北太平洋海域，邻近加拿大不列颠哥伦比亚省、美国华盛顿州和俄勒冈州。时间：1999 年 9 月 1 日。(a) 410nm、555nm 和 670nm 波段去掉瑞利散射后的真彩色合成图；(b) 叶绿素 a 浓度分布，单位是 mg/m³。陆地和云掩模为黑色（OrbView-2 图像由 SeaWiFS 项目组和 NASA/Goddard 航天飞行中心 ORBIMAGE 提供，数据处理由 Brandon Sackmann 和 Miles Logsdon 完成）（见彩插）

6.8.3 Garver-Siegel-Maritorena（GSM）半解析算法

与经验算法相反，半解析算法将理论模型［描述 $R_{rs}(\lambda)$ 和后向散射/吸收比值的依赖关系］和经验公式（吸收和后向散射与颗粒物，CDOM 和浮游植物色素之间的依赖关系，见 6.2 节）联系了起来。Carder 等（1999）指出，将理论和经验模式同卫星观测 $R_{rs}(\lambda)$ 数据相结合，得到一组联立方程求解各物理量（如 C_a 和 CDOM 吸收、颗粒物散射）。在二类水体中，这种方法可以求解有 CDOM 存在情况下的叶绿素浓度。

Giovanni 提供的 GSM 模型将描述 $R_{rs}(\lambda)$ 和后向散射/吸收比值依赖关系的理论模型，与经验公式联系起来，从而可以反演获得 CDOM、C_a 和颗粒物后向散射系数（Maritorena 等，2002；Maritorena 和 Siegel，2006）。

用式（6.1）至式（6.5）中的水体吸收和散射系数项代替式（5.31）中的清洁水体对应项，则有

$$R_{rs}(\lambda) = \frac{T^2}{n^2} \sum_{i=1}^{2} l_i \left(\frac{b_{bT}(\lambda)}{a_T(\lambda) + b_{bT}(\lambda)} \right)^i$$
$$= \frac{T^2}{n^2} \sum_{i=1}^{2} l_i \left(\frac{b_{bw}(\lambda) + b_{bp}(\lambda)}{a_w(\lambda) + a_{CDOM}(\lambda) + a_{ph}(\lambda) + b_{bw}(\lambda) + b_{bp}(\lambda)} \right)^i \quad (6.16)$$

式中，清洁水体的吸收和后向散射已知，而 CDOM 和叶绿素吸收以及颗粒物后向散射系数未知。

上述三个未知量可划分为两部分：以 Y、S 和 $a_{ph}^*(\lambda)$ 表征的函数变化形式［式（6.3）至式（6.5）］，以及各项的数值大小，分别用 $a_{CDOM}(443)$、C_a 和 $b_{bp}(443)$ 表示，式（6.16）的求解可看作是一个非线性最小二乘回归，使得测量和模拟的 $R_{rs}(\lambda)$ 在 410nm、440nm、490nm、510nm 和 555nm 波段的均方根误差达到最小。由于 CDOM、叶绿素 a 和颗粒物后向散射的光谱变化特征不尽相同，例如叶绿素吸收峰在 443nm，CDOM 吸收呈指数下降，而颗粒物散射的光谱变化较为平缓；因此，这些参数的光谱变化是可区分的。

上述反演过程不单是求解了未知项,由于辐亮度的误差也会通过方程进行传递,所以也会带来反演参数的误差。Maritorena 等(2010,图 10)给出了反演结果的百分比误差,包括 2009 年 2 月 2 日的日均值和 2 月的月平均值。日均误差为 20%～70%,月均误差为 15%～45%。利用一个主要来自一类水体贡献的大型海洋数据集,Maritorena 和 Siegel(2006)反演出 Y、S 和 $a_{ph}^*(\lambda)$。对 SeaWiFS 而言,$S = 0.0206 \text{nm}^{-1}$,$Y = 1.0337$;$a_{ph}^*(\lambda)$ 的光谱变化见图 6.28。

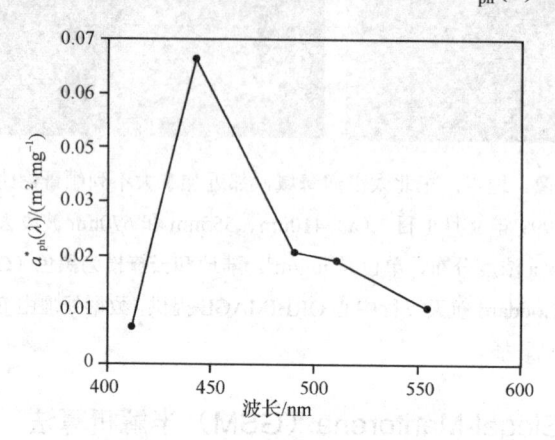

图 6.28 GSM 大洋水体模型中用到的叶绿素吸收光谱曲线 [数据来自 Maritorena 和 Siegel(2006),表 11.1]

对利用波段比值法和 GSM 模型反演获得的 4 个参数的年平均全球海洋分布进行比对,包括波段比值法和半解析两种算法分别反演的叶绿素 a 浓度,CDOM 在 443nm 的吸收系数和归一化荧光基线高度 FLH,数据来源于 Giovanni,见图 6.29。由于这是应用于一类水体和二类水体的全球模式,Maritorena 等(2010)指出,对沿岸水体算法误差更大,在高纬度地区也有类似问题,因算法设计时并没有考虑该地区的应用。Maritorena 和 Siegel(2006)认为该算法可在沿岸海区进行调整,能够建立更适用于二类水体的算法。经验算法反演的叶绿素 a 浓度来自式(6.15),半解析算法反演获得的叶绿素 a 和 a_{CDOM} 来自 GSM 模型,而 FLH 模型来自 6.7.2 节讨论的三波段算法。Giovanni 只归档了 GSM 算法月平均、9km 分辨率的反演结果,且有约 10 个月的时间延迟。

两种算法反演的叶绿素 a 和 FLH 反演图像表明,在沿赤道太平洋区域有明显的高叶绿素条带,这是由赤道上升流引起的。这一条带仅限于赤道南北附近区域,周围大面积区域都是位于亚热带环流范围的寡营养水体。海表太阳照射的加热效应,使得上层海洋结构稳定并限制了营养盐上升流的形成,此部分区域生物量较少。风驱上升流引起的叶绿素浓度升高现象,发生在南美和非洲近赤道区域西海岸,位于福克兰群岛(马岛)附近接近南美东部边缘的地方和南极周边,以及北太平洋的边缘海。对比波段比值法和 GSM 算法反演的叶绿素 a 发现,在高纬度区域,GSM 值大于经验算法结果。即使 FLH 是采用不同算法获取的,其分布特征也与其他反演参数极为相似,沿赤道附近海区荧光较强,在高纬度则降低一些。

CDOM 吸收系数图像显示,受河流径流的影响,最大值出现在河流密集的北半球。在生物生产力较高的海区,由于碎屑和 CDOM 的存在,CDOM 吸收系数也有提升。这一现象发生在赤道太平洋海区和其他富营养水体区,如南极附近。同时也能看出,在大洋中部涡流区,碎屑极少、生物活动不活跃,导致 CDOM 吸收系数非常低。虽然这些反演参数之间的图像差异较大,但都显示了相同的宏观分布特征,且与船测海洋观测结果相符。

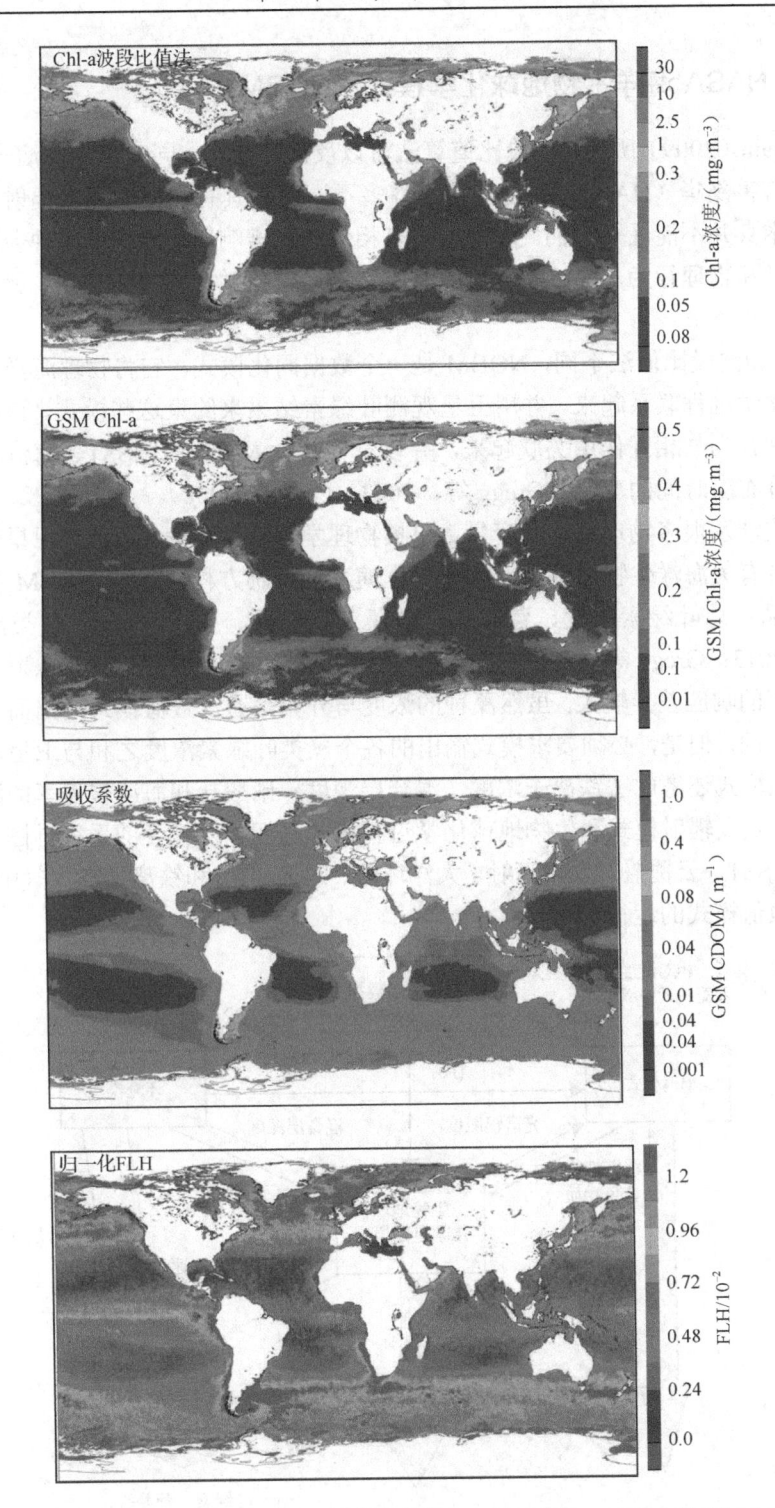

图 6.29 2011 年全球大洋年均产品：Chl-a（波段比值法）、GSM Chl-a、GSM-CDOM 443nm 吸收系数和归一化 FLH。详见正文 [图像通过 Giovanni 在线数据系统制作，由 NASA GES DISC 开发和维护，参见 Acker 和 Leptoukh（2007）。同时感谢 MODIS 任务组科学家及 NASA 对此数据的贡献]（见彩插）

6.8.4 NASA 海洋生物地球化学模式（NOBM）

如 McClain（2009）所述，波段比值算法可以反演叶绿素，同时也能反演一些特定藻种，如颗石藻和有害藻华（HAB）。但是，由于许多不同藻种具有相似的离水辐射光谱形状，仅靠水色数据本身并不能区别它们。即便它们有相似的光谱响应，但特定藻种会表现出独特的生物化学特征和物理行为，NASA 提出的海洋生物地球化学模式（NOBM）就可用于反演藻种分布特征。

与 GSM 和波段比值法不同，NOBM 是一个数据同化模式，它将物理海洋数值模式与海洋生物地球化学过程联系起来，并用卫星观测叶绿素结果来约束这些模式。该模式将 4 种不同藻类的物理行为与相互作用关联起来，并以营养盐、太阳光照、SST、海流和风来描述藻种和营养物分布随时间的变化（Gregg 等，2003；Gregg，2008）。

数值模式涉及很多物理过程和变量，包括物理学、辐射通量、海流、卫星观测的海面动力高度，以及有关海洋生物、地理、化学过程演变的控制方程。通过 NOBM 模式可以获得以下数据产品：总叶绿素浓度、营养盐、硅藻、颗石藻、蓝藻和绿藻 4 类浮游植物浓度（Giovanni，2013；Gregg 等，2003；Gregg，2008）。这些藻种对营养盐、入射光强和不同生长率及沉降率的响应差异较大。虽然藻种的浓度与分布是通过数值模式输出而不是直接利用卫星观测获取的，但是，必须要求模式输出的各个藻类叶绿素浓度之和与卫星观测反演值相同。此外，该模式还考虑了铁离子浓度、混合层深度、硝酸盐和海冰覆盖率的影响。图 6.30 给出了大洋环流、辐射模式和生物地球化学过程模式之间相互耦合的系统框图。由图可以看出，来自风、SST、云覆盖、太阳辐射、大洋环流、对流/扩散和铁离子在大气中的沉淀作用，共同驱动了数值模式的运行。

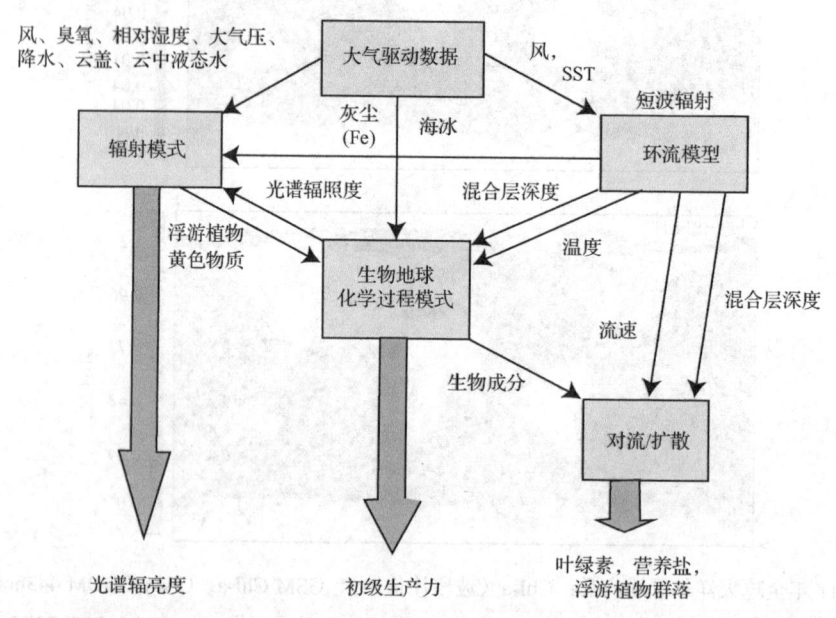

图 6.30 NOBM 描述的大洋环流、辐射模式和生物地球化学过程模式之间相互耦合的系统框图。详见正文 [图来自 Gregg（2008，图 1）]

铁（Fe）是通过大气作用从戈壁滩、撒哈拉沙漠和印度的三个沙漠带来的。含铁的尘埃在海洋上空输送，在撒哈拉西部的北大西洋和印度南部海区沉降最明显，在中国东部的西北太平洋海区则会减弱（Gregg 等，2003，图 6）。铁有助于驱动生物化学模式并促进不同藻类的生长。上述 4 种藻对输入铁的响应不同，硅藻最敏感，颗石藻响应最弱。它们对营养盐、SST 和入射太阳光强的响应也有差异。

图 6.31 给出生物化学过程模式的系统框图（Gregg，2008，附录 A）。图的右侧标出了 4 种藻类。藻类先与左侧的 4 种营养物相互作用，分别是溶解硝酸盐、氨盐基、控制硅藻生长的二氧化硅和由外部大气沉降过程提供的铁。图中间的圆圈标出碎屑池，由固体物质组成；下方的椭圆内表示食草动物；箭头表示物质之间的输送。营养物质之间的交换如下所述：浮游植物死亡之后，氨迅速返回营养物池中；而其他营养物首先进行再次矿化，然后进入营养物池。食草动物会毫无差别地吃掉所有种类的浮游植物，然后通过排泄直接将氨和铁贡献给营养物池。食草动物死亡之后会分解，又将二氧化硅和硝酸盐贡献给营养物池。图片中间的碎屑池代表从硅藻和其他藻类植物获取的物质。这种物质溶解之后，进入营养物池并作为浮游植物生长的另一个食物源。

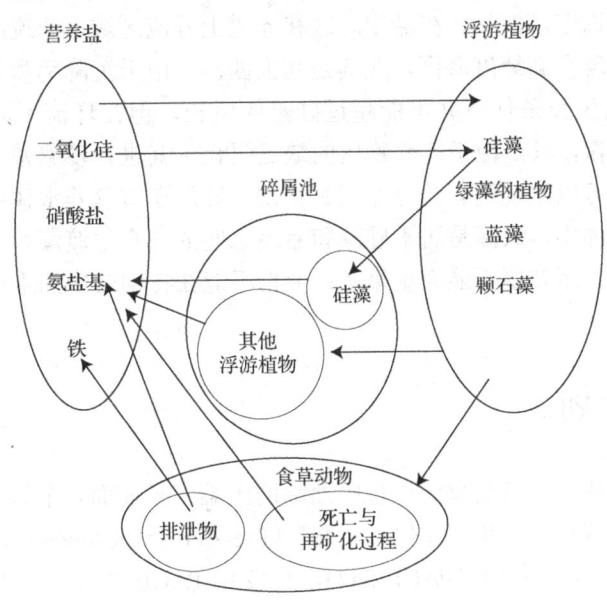

图 6.31 NOBM 描述的生物化学过程模式的系统框图，详见正文［改编自 Gregg 等（2003，图 1）］

藻类活动及其对营养物质和入射光照的不同响应促使海洋生化模式的成功运行（Gregg 等，2003）。硅藻生长速度最快；蓝藻最慢。硅藻沉降率约为每天 1 米，蔬藻细菌不沉降。硅藻对铁最敏感，颗石藻响应最弱。由于生长速率较快，硅藻在获取营养物质方面的能力远胜于其他藻种。

NOBM 输出 4 个藻种、总叶绿素浓度和 4 种营养物质的日均网格化产品。Giovanni 提供 1998 年 1 月 1 日至 2007 年 12 月 31 日期间的日均和月均数据产品。采用第 7 章要讨论的 SST 最优内插模型，NOBM 也能进行内插值处理，以填充云掩模导致的卫星观测叶绿素浓度空值区。LOCUS（2013，教程 8）提供更多的关于数据同化和缺失值填充策略的相关信息。与现场观测数据的对比结果表明，除了绿藻，硅藻、蓝藻细菌和颗石藻的计算值与现场值高度吻合（Gregg 等，2008）。在高纬度海区、沿岸和赤道上升流区域，硅藻占主导地位，这与该区域能够获得足够的营养物质有关。蓝藻细菌一般出现在低营养水平海区；颗石藻属于过渡类型。

  颗石藻是与众不同的浮游植物藻种。大量繁殖暴发时，它们长出外壳又脱落，由微米尺度的方解石成分的白色薄片组成。Moore 等（2012）综述了相关文献；Holligan 等（1993）给出一个最广泛分布的颗石藻物种——球石藻（E. huxcleyi）暴发的案例。球石藻一般出现在中纬度到高纬度海区，暴发期多在 1 个月左右，暴发面积在 $10^5 km^2$ 量级，产生更多的方解石而不是单体有机物。藻类暴发的重要性有两个方面：第一，产生大量的二甲基硫醚（DMS）并输送至大气中，引起云的形成；第二，由于每次暴发产生 $10^9 kg$ 量级的方解石，加速大气中 CO_2 的吸收。犹如白色贝壳状的海面将水体颜色变为乳蓝色，与浮游植物色素相比，后者在蓝光波段辐亮度减小得最快，在绿光波段略有增加，而颗石藻在蓝光和绿光波段的离水辐亮度增加程度并不一致（Balch 等，1999）。

  根据 Giovanni 提供的数据，图 6.32 给出上述 4 个藻种 2007 年 6 月的月平均分布（Gregg 等，2003）。可以看出，高纬度海区的硅藻含量丰富。在 NOBM 模式中，当铁沉积、营养物质丰富时，硅藻大量繁殖。例如，在沿岸海区和赤道上升流区域，湍流混合带来很多营养物质。颗石藻也经常出现在高纬度海区，尤其是北大西洋。由于沉降率和能量获取效率低，虽然蓝藻细菌在有利的生长条件下并不能超过硅藻的生长，但在环流不活跃的大洋中部涡流区，其含量也较为丰富，只是由于营养物质的缺乏阻止了其进一步繁殖。将硅藻和蓝藻细菌反演图像进行比对，可以发现两者的分布正好相反。硅藻在富营养水体中居多，而蓝藻细菌一般出现在寡营养水体中。绿藻是居于硅藻和蓝藻之间的一个过渡藻种。绿藻一般生长在低光照和寡营养水体中，而硅藻不能大量繁殖；但也不能在特别贫瘠的水体中生长，此时绿藻的沉降率超过其生长率。

6.9 PACE 计划

  鉴于在生物学参数与气溶胶反演过程中面临的困难（见前面章节），NASA 后续的卫星发射计划称为"前气溶胶、云和海洋生态系统"（Pre-Aerosol, Clouds and ocean Ecosystem，PACE），预计将于 2019 年发射（PACE-STD，2012）。PACE 主要关注海洋生态学、海洋生物化学和气溶胶；其设计目的是解决有关不同藻种、CDOM、沿岸水体过程，特别是识别、划分和移除气溶胶对卫星接收辐亮度的影响等问题。针对这一计划，在 PACE 的报告中提出了多种设计方案。

  PACE 报告分为两部分：水色遥感器（Ocean Color Instrument，OCI）的介绍和该计划任务目标的描述。OCI 将是一个进行充分定标的遥感器，光谱范围为 350～800nm，光谱分辨率为 5nm。为将 CDOM 与叶绿素区分开来，OCI 在 350nm 设置了一个紫外波段。此外，还包括现有遥感器配置的近红外和可见光波段，以及 1240nm、1640nm 和 2130nm 三个短波红外波段，用于高浓度叶绿素或 CDOM 水体的大气校正。仪器的天底点空间分辨率为 $1km^2$；在近岸水体观测中，天底点的分辨率变为 250～500m。

  任务的设计基于 SeaWiFS 和 MODIS。PACE 将配置在轨太阳定标系统和月亮定标系统，同时开展基于现场测量的替代定标计划。该计划包括算法开发、针对新算法的数据重处理和基于浮标及船测数据的产品检验。鉴于气溶胶在大气辐射传输中的重要性，以及其对海洋水色及生物参数精确反演的影响，气溶胶反演将是该计划关注的一个核心问题。

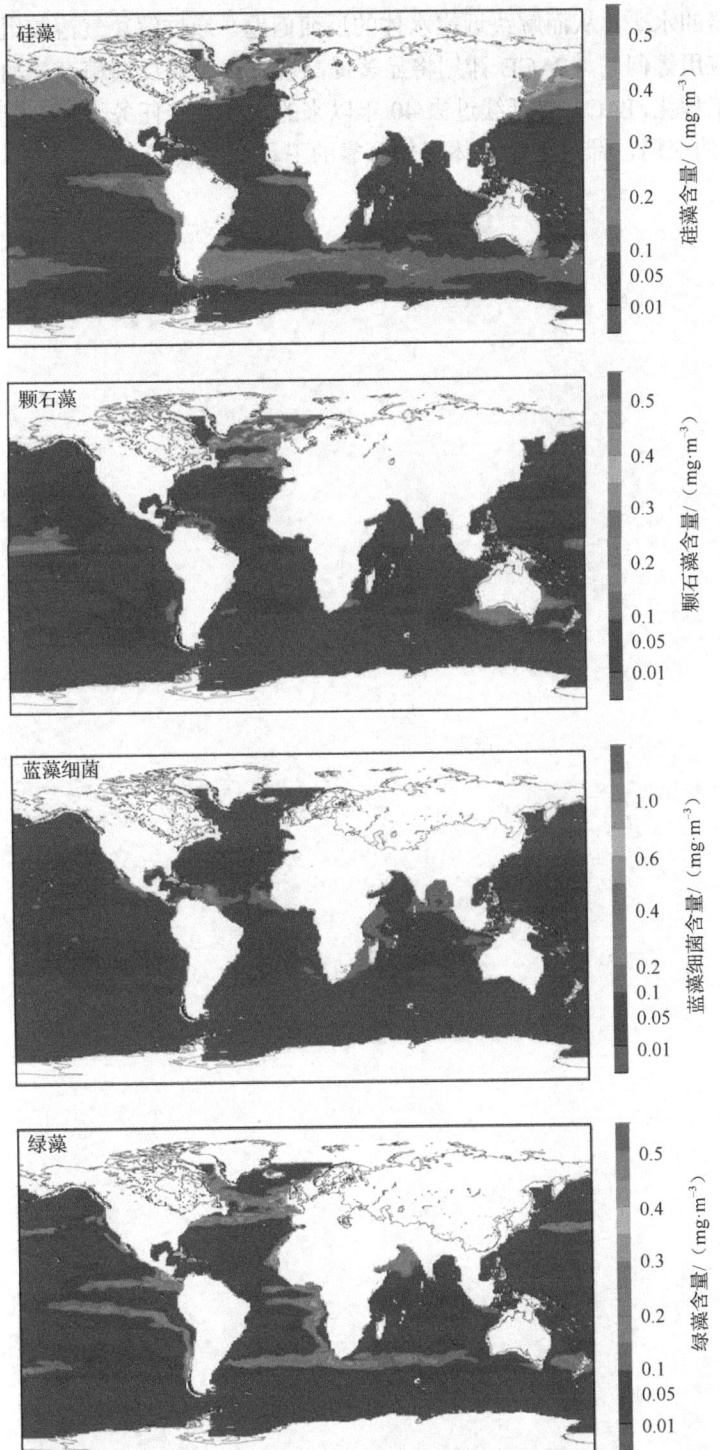

图 6.32　2007 年 6 月月平均产品（NOBM），包括硅藻、颗石藻、蓝藻细菌和绿藻。详见正文（见彩插）

虽然 SeaWiFS 和 MODIS 已经解决了 CZCS 产生的一些问题，PACE 还将设法解决 SeaWiFS 和 MODIS 存在的一些遗憾，比如将观测波段扩展至紫外范围，将光谱分辨率提升至现场观测仪器的水平，从而解决近岸水体的反演问题。通过解决气溶胶组分、分布及其在辐射传输中的应用等问题，PACE 计划将显著提高现有产品的反演精度。如果该计划的设计理念成功实现工程化，PACE 将延续过去 40 年以来的水色观测任务，进一步改进和完善 GSM 和 NOBM 算法的应用，针对近岸水体提供可靠的卫星观测数据。

第7章 红外遥感海表面温度

7.1 引言

利用卫星观测海表面温度（海表温度，海面温度，Sea Surface Temperature，SST），有助于了解区域和全球性气候变化，使人们能够直观地看到大范围海流变化的情况。这些观测的重要性体现在如下三个方面：首先，与覆盖海洋上方的整层大气相比，海洋上层 3m 内的水体与其具有大致相同的热容量，且海洋上层 10m 内的水体与其具有大致相同的质量。因此，上层海洋水体对全球气候系统具有调节作用，而 SST 与上层海洋的热存储成正比（Gill，1982）。SST 在从极地海冰边缘的-1.8℃到赤道附近的 30℃左右的范围内变化。第二，大气中水汽和热通量的时间和空间分布是海表温度的函数。第三，海表面温度的梯度分布与流系、涡旋、急流和上升流等区域有关，这些过程在 SST 图像上可以显现出来。考虑到 SST 对全球热量收支的重要作用，全球气候观测系统（Global Climate Observing System，GCOS）(2011) 指出，SST 是一个至关重要的气候变量。

自 1981 年载有 AVHRR/2 的 NOAA-7 卫星发射升空，卫星红外 SST 观测已有 30 多年历史。这些 SST 观测可用于长期的全球气候变化研究和短期的区域性渔业、船舶航线和飓风预报的研究以及识别海洋锋、上升流区、赤道急流和海洋涡旋等（Walton 等，1998；Gentemann 等，2009）。SST 作为一个至关重要的表面边界条件，可用于数值天气预报（NWP）模式。SST 数据集的应用涵盖了从大洋东岸上升流的区域性研究，到赤道太平洋厄尔尼诺-南方涛动（ENSO）现象的大尺度研究。

SST 的变化随着全球天气的变化而改变。例如，SST 随着赤道太平洋和大西洋的拉尼娜和厄尔尼诺周期性的年际变化而变化。识别和跟踪海洋锋面、涡旋和上升流特性至少需要 SST 达到 0.5K 的观测精度和多次重访观测（Walton 等，1998）。现在，SST 产品可以达到精度要求，但晴空可用的卫星图像只占观测数据的 10%~20%；对于重访观测的需求，只能用现场和卫星数据优化插值来满足。对于海洋气候变化研究，如果 SST 每 10 年的变化速率为 0.2K，则要求连续 20 年 SST 观测的不确定性要小于 0.3K。如 7.7 节所述，NWP 的精度需求较低，为 0.5K，这个误差近似等于观测误差（Minnett，2010）。

SST 数据有两种获取方式：卫星观测和现场测量。因为意识到 SST 的重要性，并发现不同国家（澳大利亚、加拿大、法国、日本、英国、美国）之间的 SST 数据源在数据格式和误差等方面存在很大差异，GODAE 项目从 2001 年初开始召开一系列会议，设立了 GODAE 高分辨率海表温度计划（GHRSST）(Gentemann 等，2009；Donlon，2010)。GHRSST 的目标是推动不同国家/地区和机构生成相同格式的海温产品（Martin 等，2012）。这些数据来源于 SST 星座（SST-VC, 2013）中 6 个太阳同步轨道卫星和 4 个静止卫星的红外和微波观测，以及锚系浮标、漂流浮标和船舶的现场测量。Martin 等（2012）介绍了这些不同的数据集组合生成了不同的 GHRSST 数据产品（见 7.8 节），这些数据中的一部分通过近实时的整体平均处理后输入到 GHRSST 多源数据产品集（GMPE）中，用以生成每日的 L4 级 SST 格点产品。

GHRSST 项目有如下几个目标：第一，不同国家/地区生成的产品具有通用的格式和算法文档；第二，提供逐点像元的不确定性估计和辅助数据，如偏差、标准方差和每个风单元偏差；第三，将这些数据生成 L2、L3 或 L4 级格式。2013 年，JPL 物理海洋分发存档中心（PO.DAAC）提供分发约 61 个可使用的 GHRSST 数据产品，GHRSST（2013a）给出了这些数据集和属性的综合列表。由于红外 SST 反演需要的是无云状态下的海表测量数据，GHRSST 要求每个遥感器都要提供云滤波方案的文档。美国在海洋水色合作组织（NOPP）的指导下为 GHRSST 提供了多通道改进的 SST（MISST）产品，该产品结合利用了现场测量、红外和微波遥感数据。GHRSST（2012b）描述了 GHRSST 修订版本（version 2）的数据规格说明，要求反演的 SST 数据产品必须具有一致性；GHRSST（2011）给出了这些数据集的使用说明。

卫星遥感 SST 观测既可以用红外波段也可以用微波波段。极轨卫星红外遥感器有搭载在近午过境 METOP 系列卫星上的先进的甚高分辨率红外辐射计（AVHRR），该系列卫星包括 2008 年发射的 METOP-A 卫星、2012 年发射的 METOP-B 卫星，以及计划 2017 年发射的 METOP-C 卫星。2009 年发射的下午星 NOAA-19 也搭载了 AVHRR；2013 年发射的载有 VIIRS 载荷的下午星 SuomiNPP 代替了 NOAA-19（NOAA，2012c）。其他的极轨卫星遥感器还有美国发射的、搭载在 AQUA 上的 MODIS，以及印度、日本、中国等发射的一系列卫星遥感器。

静止轨道的遥感器有 Meteosat 二代卫星（MSG-2）上搭载的、可旋转增强的可见光和红外成像光谱仪（SEVIRI），日本的 MTSAT 可见/红外成像光谱仪和计划 2015 年搭载在 GOES-R 上的先进基线成像光谱仪（ABI）。这些遥感器的分辨率为 1~4km。极轨卫星（NOAA-19、METOP-B、NPP）在相同的地方时对全球海洋进行多轨探测，测量的数据需要进行云检测。静止卫星（GOES、Meteosat、MTSAT）大约间隔 30min 对相同的区域进行探测，测量数据需要进行海面曲率校正和云检测。静止卫星的优势是可以对海表温度进行昼夜循环的观测。如第 8 章和第 9 章所述，被动微波遥感器［如微波扫描辐射计 EOS（AMSR-E）和 AMSR2］在无雨云条件下对地球表面进行观测。由 RSS（2013a）描述可知，尽管离岸 75km 内的微波辐射计 SST 数据无法使用，但与热红外相比，通过 0.25°（30km）网格投影方式，微波辐射计可以提供较低分辨率，却不受云影响的产品。Donlon 等（2007，表 1）对不同数据源的 SST 反演结果、覆盖范围和精度进行了总结；Donlon（2010，附录）列出了多种卫星遥感器及其波段范围和分辨率。

通过商业船舶、锚系浮标阵列和漂流浮标能够获得等效的 SST 表面测量。图 7.1 为 1993 年 12 月为日本气象厅（JMA）和其他国家/地区气象服务中心提供的可进行海水进水口温度测量的船舶位置分布图。温度测量的进水口位置位于海表面以下 3~10m。如图 7.1 所示，船舶的测量位置主要集中在北半球，基本位于连接美国、欧洲和亚洲的大圆航线上。锚系浮标和漂流浮标观测也可提供 SST 观测数据。如 7.5.4 节所述，这些浮标布放在气候研究中具有重要性的全球海域，如赤道太平洋海域。

本章将介绍红外遥感反演 SST 的内容。7.2 节讨论上层海洋特性对 SST 的影响；7.3 节描述 AVHRR、MODIS 和 VIIRS 波段在 SST 反演中的应用，以及 AVHRR 的多种数据形式；7.4 节讨论大气的发射特性、海洋表面的发射和反射特性，以及太阳耀斑的问题；7.5 节描述 AVHRR、MODIS 和 VIIRS 业务化算法，以及 AVHRR Pathfinder 算法，该算法利用了非业务化的气候数据集。同时，7.5 节对用于卫星观测定标的 SST 匹配数据集进行讨论，并介绍船舶、锚系浮标和漂流浮标获得的 SST 数据的特性，这些数据可用于生成现场匹配数据集。此外，还介绍了 Reynolds SST、业务化 SST 和海冰分析（OSTIA）格点化 L4 级 SST 数据产品，以及双视角先进沿轨扫描辐射计（AATSR）。7.6 节介绍云检测算法和用于业务化 AVHRR 反演的海洋先进晴空处理器（ACSPO）；7.7 节对 SST 数据集的误差和偏差进行了描述；7.8 节介绍 GHRSST 提供的 SST 数据产品，及其存档的和融合的 GMPE 数据集；7.9 节介绍 AVHRR 和 MODIS 图像的应用示例。

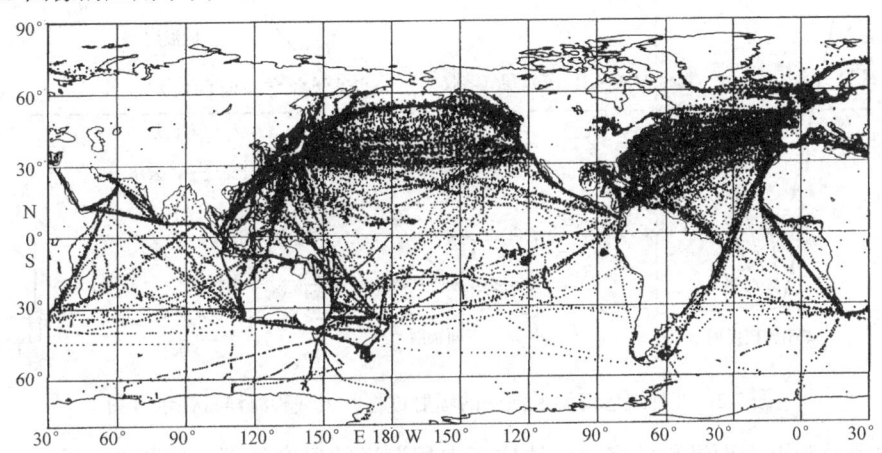

图 7.1　日本气象厅（JMA）1993 年 12 月近表面海洋温度观测船舶位置图［摘自 1993 年 12 月的日本气象厅每月海洋报告（No.12）中的图 21-1］

7.2　什么是 SST

由于 AVHRR、MODIS 和 VIIRS 反演过程中剔除了对流层中水汽产生的大气辐射影响，但没有消除气溶胶的影响，所以必须使用现场观测数据对卫星进行定标。因此，多种类型的 SST 数据是现场和卫星观测结果相结合的数据产品。AVHRR 和 VIIRS SST 数据产品由卫星反演的 SST 和现场测量 SST 相结合得到，MODIS SST 产品则同时利用卫星反演与浮标和船舶观测的方式获得 SST。考虑到 SST 数据产品依赖于大气特性和近表层温度的同步测量，两部分处理过程都必须考虑。首先是遥感数据处理中海表面的影响、大气和太阳辐射对接收的辐亮度的影响，其次是现场测量的 SST 数据中海表面和近表面的影响。

图 7.2 描绘了反演海表面辐亮度过程中涉及的辐射传输过程和大气特性。图中 $\bar{T}$ 是低层大气的特征温度，T_{int} 是海-气界面温度或者水体上层温度；T_f 是下面定义的基础温度（测量深度 0.3～5m）。由海-气界面散热到大气，在 0.01～1mm 的皮层内会出现表面冷却，该层的特性由表层电导和黏滞度主导（Gentemann 和 Minnett，2008；Minnett，2010）。此时，T_{int} 比皮层底部温度低 0.1～0.3K。由于 T_{int} 无法进行测量，海面温度 T_S 是其最好的近似，T_S 是利用卫星红外辐射计 3～13μm 波长探测结果反演得到的。如 7.4.1 节描述的，红外遥感探测的穿透深度为 10～100μm，因此反演的 T_S 为皮层底部的测量温度（Donlon 等，2007）。

影响海面和皮层温度观测的因素可分为白天/夜间和白天两种情况。首先，7.4.2 节详细讨论了在白天进行遥感探测时，必须严格避开进入仪器的太阳耀斑反射。太阳耀斑反射对较短的热红外波长（4μm）具有很严重的影响，但对于较长的波长（11～12μm），其作用是可以忽略的,除非仪器直接对着日下点观测。因此,4μm 的观测窗口只能用于夜间测量。其次,对于极轨卫星的白天/夜晚 SST 的反演,海-气界面昼夜的加热和冷却的影响必须减到最小。

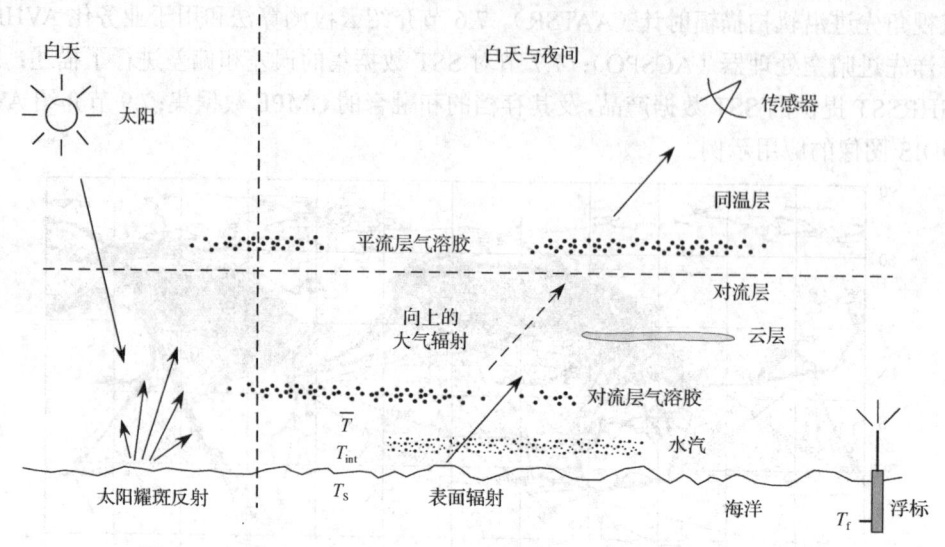

图 7.2 红外遥感海温反演中的辐射过程、大气和海洋特性示意图

海洋表面和近表面过程的多样性决定了上层海洋的温度剖面。如图 7.3 所示,这些作用包括太阳加热、夜间的辐射冷却、蒸发冷却,以及风和浪的混合作用。在海洋近表层,最深的上层海洋温度即基础温度,定义为在不受昼夜变化的深度获得的测量温度 T_f(Donlon 等,2007)。基础温度是指从日温跃层起始的深度温度,或以日温跃层深度为基础的温度,有时又称为体温或浮标温度 T_b。基础温度只能利用测温计通过锚系浮标、漂流浮标或船舶进行测量。在这个观测深度没有温度的日变化,但并不能说明 T_f 是恒定的,它主要受到附近与日加热和冷却无关的湍流混合和冷热水对流过程的影响。

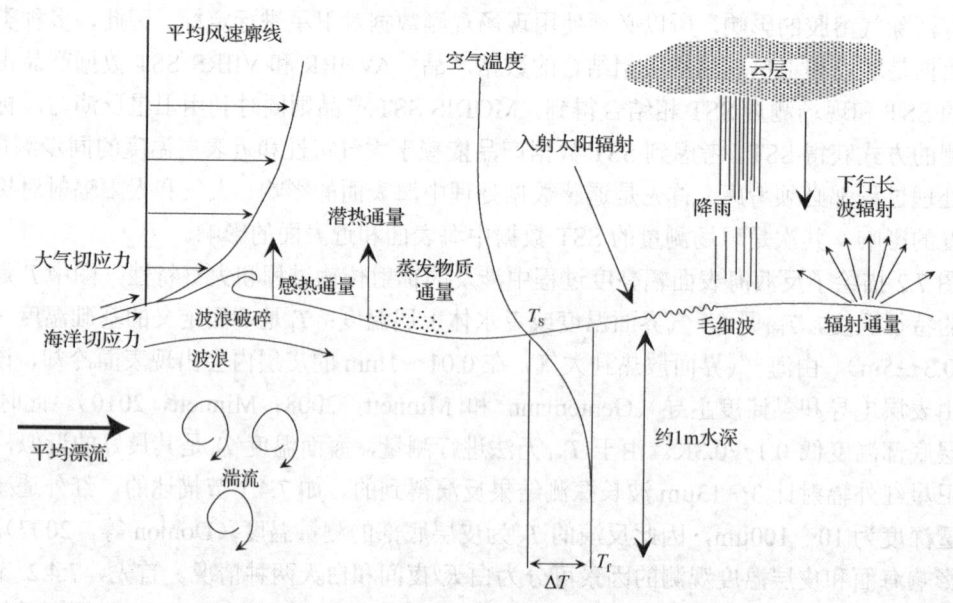

图 7.3 影响表层温度和海洋上层内部温度的因素。ΔT 是基础温度和表层温度的差值[改编自 Katsaros(1980)的图 1]

第7章 红外遥感海表面温度

在弱风和强太阳辐射情况下,图 7.4 给出夜晚和白天上层海洋温度剖面和这些剖面的日变化效应。同时,图中描述了不同温度的标准 GHRSST 标识,即 SST_{int} 表示界面温度,SST_{skin} 表示红外皮温,$SST_{subskin}$ 为微波皮温,SST_{fnd} 为基础温度(Donlon 等,2007)。因为遥感温度测量的深度范围取决于观测的波长,不同的仪器测量不同深度的海温。红外表层温度 T_S 表示 10~100μm 上层深度的温度值。如第 8 章和第 9 章所述,T_{10GHz} 为微波频率在 7~11GHz 范围内测量的温度。在这些频率范围内,T_{10GHz} 为 1~2mm 深度的表层水体辐射温度,该测量值为冷皮层下方的温度,称为次皮层(subskin)温度(Donlon 等,2007)。

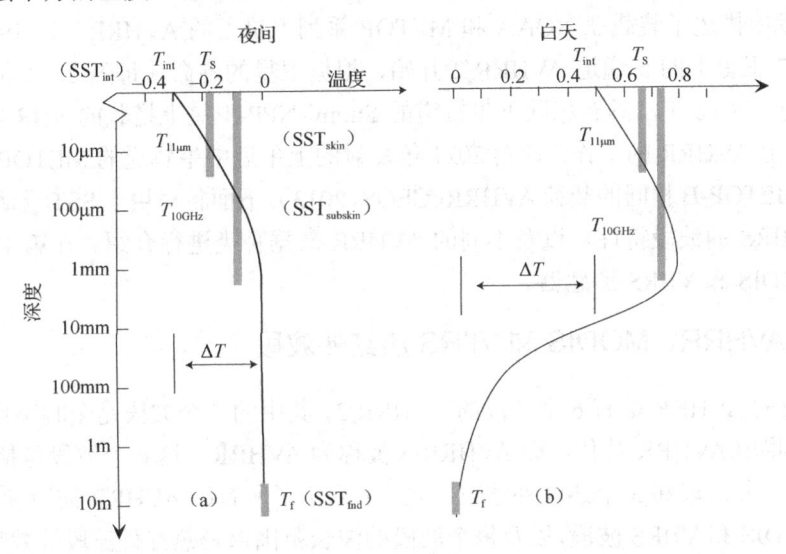

图 7.4 白天和夜晚的温度剖面特性比较。深度采用对数坐标:(a)夜晚弱或强风条件以及白天强风情况,(b)白天弱风和强太阳照射情况。图中 T_S 代表海面温度,$T_{11μm}$ 黑色条带表示 11μm 红外 SST 在深度方向上的观测范围;T_{10GHz} 黑色条带表示微波遥感海面温度在深度方向上的观测范围;T_f 代表浮标或水体温度,$ΔT$ 是表面和基础温度差,详细介绍见正文[改编自 Donlon 等(2007)中未编号的图]

温度 T_S 对几秒内的蒸发变化、传导和辐射平衡有响应,黏滞过程主导 T_{10GHz},它的响应时间为分钟量级。如图 7.4(a)所示,夜晚条件下 $ΔT$ 的变化范围为 0~0.8K;如图 7.4(b)所示,在白天条件下,$ΔT$ 的变化范围为 0~4K(Donlon 等,2007;Gentemann 和 Minnett,2008)。图 7.4(a)为夜晚和强风条件下的温度特性,将在下面进行讨论。图 7.4(b)显示在弱风和强太阳表面加热条件下,次表层剖面内的热膨胀,导致测量的 T_S 要高于 T_f。图中表明冷皮层特性是一直存在的,但日加热效应随着太阳辐射的增加而增加,随着风速增加而降低(Gentemann 和 Minnett,2008)。

在热红外卫星遥感反演 SST 的标定过程中,可用 T_S 代替 T_f。如 Donlon 等(2002,2007)所述,图 7.4(a)中 $ΔT$ 随着风速增大而降低。红外辐射计的观测数据表明,当风速大于 6m/s 时,日加热效应不论在白天还是在晚上都达到最小值,表面冷却作用要强于水体内部,$ΔT$=(−0.17±0.07) K。在一些 SST 反演算法中,$ΔT$ 的这个值通常用于将观测的 T_S 值校正到 T_f 值。在很小的风速情况下,上层的白天热分层显示 $ΔT$ 变化大[见图 7.4(b)]。在卫星反演的 SST 与现场 T_f 数据比对时,需要二者之间的差异尽可能小,当由数值模式确定的风速 U 小于 6m/s 时,SST 反演中的白天温度的比较被剔除(Martin 等,2012)。

7.3 AVHRR、MODIS 和 VIIRS 用于 SST 反演的波段特征

如本书第 1 章和 Cracknell（1997）所述，AVHRR 是一个摆扫式扫描仪，由一镜面围绕着与地球表面平行的轴以 6 次/s 的速率进行旋转扫描。观测的刈幅宽度为 2700km，角分辨率为 1.4mr，星下点分辨率为 1.1km。由于卫星的飞行速度约为 6km/s，相邻扫描线的观测视场发生重叠。

在第 1 章中描述了装载在 NOAA 和 METOP 系列卫星上的 AVHRR。自 1981 年发射升空的 NOAA-7 卫星上的 5 通道 AVHRR/2 开始，根据卫星的寿命，每隔 2～3 年就有替代的卫星发射升空。2012 年，具有相同下午轨道的 Suomi-NPP 卫星上搭载的 VIIRS 遥感器接替了 NOAA-19 上 AVHRR 的工作。计划 2021 年发射的上午近中午轨道的 METOP-C 卫星上将继续搭载与 METOP-B 相同的载荷 AVHRR（CEOS，2013）。下面将对用于 SST 反演的 AVHRR、MODIS 和 VIIRS 的波段特性，以及不同的 AVHRR 数据种类进行介绍。在第 1 章和第 6 章已介绍了 MODIS 和 VIIRS 遥感器。

7.3.1 AVHRR、MODIS 和 VIIRS 热红外波段

目前在轨的 AVHRR 是有 6 个波段的 AVHRR/3，其中的 5 个波段是全时工作。下面提到的 AVHRR/3 将用 AVHRR 替代，即 AVHRR/3 被称为 AVHRR。这 6 个波段包括一个可见光波段、2 个近红外波段和 3 个热红外波段。表 7.1 列出了所有的 AVHRR 波段和在 SST 反演中使用的 MODIS 和 VIIRS 波段，以及每个波段的波长范围以及热红外波段等效噪声 NEΔT。

表 7.1 用于 SST 反演算法中的 AVHRR/3、MODIS 和 VIIRS 波段设置

AVHRR 波段	波长/μm	NEΔT/K	MODIS 波段	波长/μm	NEΔT/K	VIIRS 波段	波长/μm	NEΔT/K
1	0.58～0.68		10	0.483～0.493		M4	0.54～0.56	
2	0.725～1.0		16	0.862～0.877		M7	0.85～0.88	
3A	1.58～1.64						1.58～1.64	
3B	**3.55～3.93**	**0.1**				**I4**	**3.55～3.93**	**0.07**
			20	**3.660～3.840**	**0.05**	**M12**	**3.66～3.84**	**0.07**
			22	3.929～3.989	0.07	M13	3.97～4.13	0.08
			23	4.020～4.080	0.07			
4	**10.3～11.3**	**0.1**	**31**	**10.78～11.28**	**0.05**	**M15**	**10.3～11.3**	**0.040**
5	**11.5～12.5**	**0.1**	**32**	**11.77～12.27**	**0.05**	**M16**	**11.5～12.5**	**0.070**

表中粗体表示每个遥感器用于 SST 反演的波段。
源自 Zhou（2011）和 MODIS（2013）；热红外 NEΔT 见 VIIRS（2011c）；NEΔT 在 300K 测量条件下获得。

如表 7.1 所示，AVHRR 的波段 1 设置在可见光的 0.58～0.68μm 范围内，选择这个波长范围是为了使瑞利散射的影响接近最小（K. Engle，2002，私人交流）。波段 2 设在近红外的 0.725～1.0μm，因为这个波段设置的区域可以忽略海洋热辐射并具有非常低的离水辐射率，能够提供非常好的陆地/海洋边界和云的识别。波段 3A 位于 1.58～1.64μm，只用于白天雪、冰和云的反射识别，以及用于森林火灾监测，该波段不用于 SST 反演。波段 3B 位于 3.55～

3.93μm，只用于夜间的海温反演。自 1998 年发射的 NOAA-15 开始，AVHRR 的波段 3A 和 3B 可以进行同时观测。最后，波段 4 和波段 5 的波长范围分别是 10.3～11.3μm 和 11.5～12.5μm，用于白天和夜间 SST 反演。

表 7.1 中还列出了 MODIS 用于 SST 反演的波段，包括 1 个位于 3.6～4.1μm 的波段，2 个位于 10.7～12.3μm 的波段。MODIS 的第 21 波段与第 22 波段具有相同的波长区间，但其增益远低于波段 22，是特别为监测森林火灾而设置的，不用于 SST 反演。最后，表中还列出了与 AVHRR 相对应的 VIIRS 波段设置。

早期的 AVHRR 遥感器具有 4 个或 5 个波段，使用波段 1、波段 2、波段 3B（以前叫波段 3）、波段 4 和（或）波段 5。NOAA-6、8 和 10 没有设置波段 5。在 7.4.2 节中，由于 4μm 附近的波段信号容易被太阳耀斑淹没，波段 3 只用于夜间的 SST 反演。波段 3 的噪声也要大于其他的热红外波段。因此，自 1998 年发射的 NOAA-15 开始，AVHRR 从波段 5 升级为现在波段 6 的 AVHRR/3。

在 AVHRR 的每次旋转观测中，通过顺序观测星上的恒温黑体和冷空对红外波段进行定标。其中，设定冷空温度为 3K。波段 1、2 和 3A 在发射前已完成定标，在轨过程中不再对其定标。经定标的 AVHRR 数据单位分别是：波段 3B、波段 4 和波段 5 为亮温单位（K）；波段 1、波段 2 和波段 3A 为反照率单位，定义为垂直入射到地球的太阳辐亮度与遥感器接收的辐亮度之比（NOAA，2012b，7.1 节）。如 7.6 节所述，这三个波段用来识别白天的云，而波段 3B、波段 4 和波段 5 用来识别夜晚的云。相应地，MODIS 使用波段 17 进行云的识别。

7.3.2 AVHRR 数据形式

AVHRR 数据有几种方式可以获取。地面接收站可以实时接收经过它接收范围内的卫星下传的观测数据，美国的地面站也能够接收星上记录的延时数据。对任何数据接收站，获取这些数据最简单的方法是使用自动图像传输（APT）模式，接收卫星下传的 4km 分辨率可见光/红外模拟格式的图像数据。便宜的 APT 接收器只需要一个全向天线和能生成类似传真图像的设备。卫星下传的数据模式还有高分辨率图像传输（HRPT）模式，用于传送 1km 分辨率的数据。HRPT 数据接收站及其跟踪天线比 APT 接收站的费用要贵一个量级。

对于无法实时接收数据的区域，如南太平洋凯尔盖朗群岛附近（这里没有地面接收站），则可以利用两种方式来获取数据。第一，如需获取 1km 分辨率的数据，用户必须从 NOAA 定制局部区域覆盖（LAC）数据。如果星上存储空间允许，HRPT 覆盖的区域数据将被记录在星上存储设备中，延时传送到美国地面接收站。星上每条轨道大约能存储 10min 的 LAC 数据。这种数据获取方式要求用户必须提前定制 LAC 数据并付费。第二，用户获取低分辨率的全球区域（GAC）数据。GAC 模式是扫描镜每旋转 3 次只输出一次数据记录的缩减观测数据。在数据收集期间，4 个相邻采样像元被平均，然后跳过第 5 个采样像元，再对接下来的 4 个像元平均，持续这样的操作，最终数据量缩减一个量级。GAC 为连续覆盖全球的数据，分辨率为 4km，由 NOAA 负责下载和存储。第三，METOP 提供了 1.1km 分辨率的全分辨率区域覆盖（FRAC）数据，这些数据集从 2006 年 10 月 METOP-A 发射后便可以获取，到 2013 年，这些可利用的数据由 METOP-A 和 METOP-B 上的 AVHRR 探测获得。每 1～2 天 GAC 提供一次全球覆盖数据；GAC、FRAC 和 VIIRS 数据可以通过 NOAA 综合大型阵列数据管理系统（CLASS）存档中心查看和获取（NOAA，2012a）。

7.4 大气和海洋的红外特性

7.4.1 节将重点分析 AVHRR、MODIS 和 VIIRS 热红外波段（TIR）的海洋表面发射或反射的辐亮度特性。该节给出 1～100μm 水体皮层内热红外波段的辐射发射情况，在 θ <40°时，其发射率接近于常数。7.4.2 节将讨论太阳反射，着重描述太阳反射与热辐射的比率。由于太阳耀斑的影响，λ ≤4μm 的热红外波段只适用于夜间。

7.4.1 热红外波段的发射和反射

用于 SST 反演的波长在 3～13μm 之间。依据这个波长范围和式（3.1），图 7.5 给出了吸收深度 d_a 和波长间的关系。波长位于 2～6μm 之间时，d_a 在 10～100μm 之间；波长位于 10～12μm 时，d_a 在 1～10μm 之间。因此，热红外辐射是全部由表层 1～100μm 范围内水体发射的。因为在这些波长的能量不能透过水体传输，也就意味着 $r = 1-e$，如 5.2.3 节所述，r 和 e 分别是非极化的反射率和发射率，对极化量也有类似的关系。

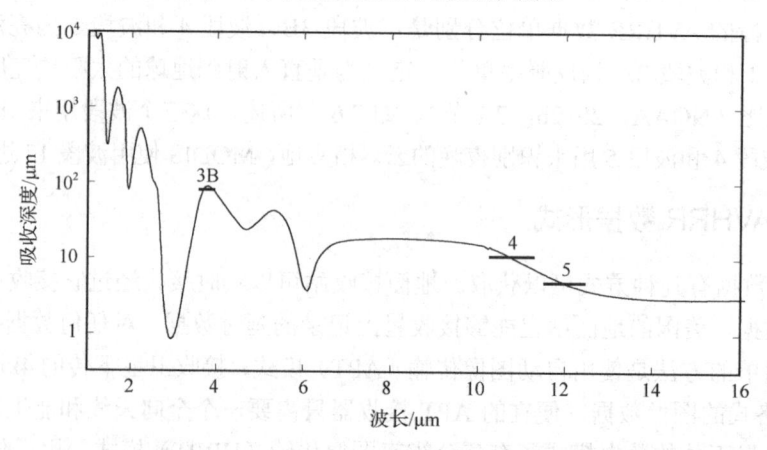

图 7.5 吸收深度 d_a 随红外波长的变化。图中横线表示 AVHRR 通道的位置

图 7.6 给出了对水平极化、垂直极化和非极化辐射条件下反射率和发射率与入射角 θ 的关系，该图来源于图 5.6，但略有区别。当 θ 小于约 45°时，e 接近于常数 0.99，相当于 $r = 0.01$。此角度关系适用于整个 TIR 波段且 $e \cong 0.99$，海洋被近似为朗伯面。因为当 θ 小于约 45°时，e 接近于常数，这意味着一个粗糙海面的发射辐射相当于一个镜面的发射辐射（Wu 和 Smith，1997）。海面泡沫的处理要复杂得多，Wu 和 Smith（1997）认为，即使泡沫是由薄水膜包围的气泡组成的，我们对泡沫影响发射率的过程及其影响也没有足够的了解。总之，除大风速的情况外，对于中小观测角，可以假定发射率与表面粗糙度无关。

对于垂直入射情况，使用图 3.3 中的 Segelstein（1981）数据，与波长相关的 r 和 e 的非极化值可通过式（5.6）反演得到，见图 7.7。图中水平黑线表示 r 和 e 在 MODIS 和 AVHRR 波段位置的平均值。当波长为 3.6～4μm 时，$r = 2.2 \times 10^{-2}$，$e = 0.98$；当波长为 10.8～11.3μm 时，$r = 3.5 \times 10^{-3}$，$e = 0.996$；当波长为 11.8～12.3μm 时，$r = 1.8 \times 10^{-3}$，$e = 0.998$。在 4μm 处，r 的大小近似等于 11μm 处的 6 倍，并且在所有红外波长处，发射率接近于 1。

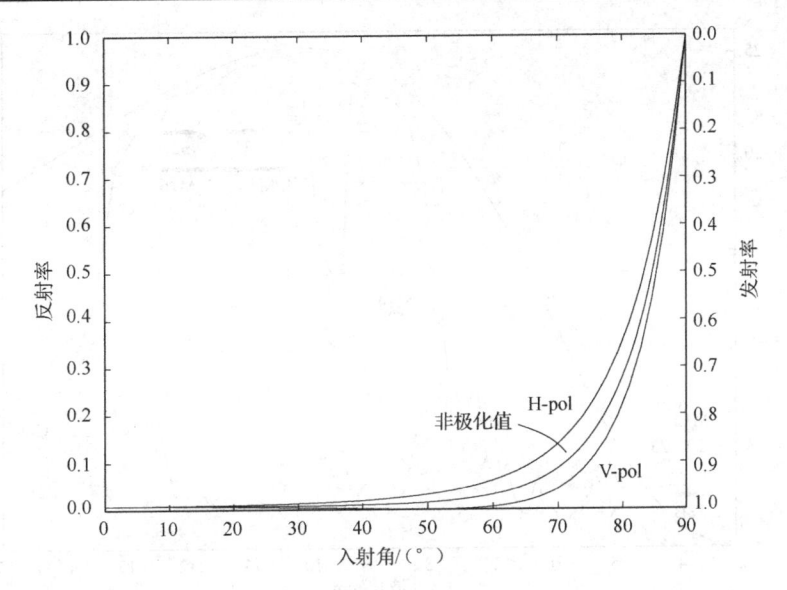

图 7.6 $\lambda=10\mu m$ 时非极化、水平极化（H-pol）及垂直极化（V-pol）的反射率、发射率与入射角的关系 [源自式（5.7）]

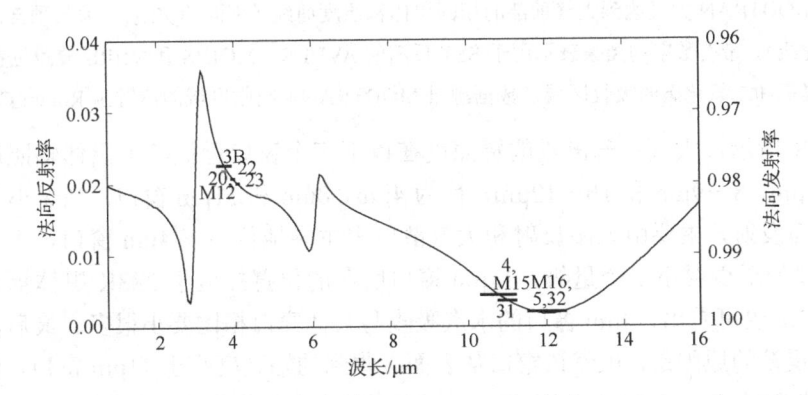

图 7.7 红外波段的法向反射率（左侧坐标轴）和发射率（右侧坐标轴）曲线。黑色水平条表示表 7.1 中用于 SST 反演的 MODIS（20、22、23、31、32）、AVHRR（3B、4、5）和 VIIRS（M13、M15 和 M16）波段的平均反射率和发射率。为清楚起见，表示 MODIS 的波段 22 和波段 23 的横条被放大 50%，出现在相同波长范围的表示 MODIS 的波段 20 和 VIIRS 的波段 M12 的灰条进行了下移。具体见正文

如 4.8.1 节所述，吸收-发射基本主导了红外波段（IR）的辐射传输过程。由于大气顶部和表面的温度都大约为 300K，因此大气顶接收的红外辐射不仅被大气吸收所衰减，同时也被大气的发射增强。观测温度为 288K 的海洋表面及相应的标准 MODTRAN 大气，图 7.8 比较了 288K 黑体辐照度和被垂直大气路径修正了的海洋发射辐照度。图中，上面的实线是 288K 的黑体辐照度，下面的实线表示通过大气的吸收和反射路径之后的相同辐照度，虚线是大气顶部测量到的大气发射的贡献。当虚线等于下部的实线时，表面的发射完全被衰减。图中 O_3 和 CO_2 分别表示臭氧和二氧化碳的吸收区域，带有数字的黑条表示用于 SST 反演的 AVHRR、MODIS 和 VIIRS 的波段位置。

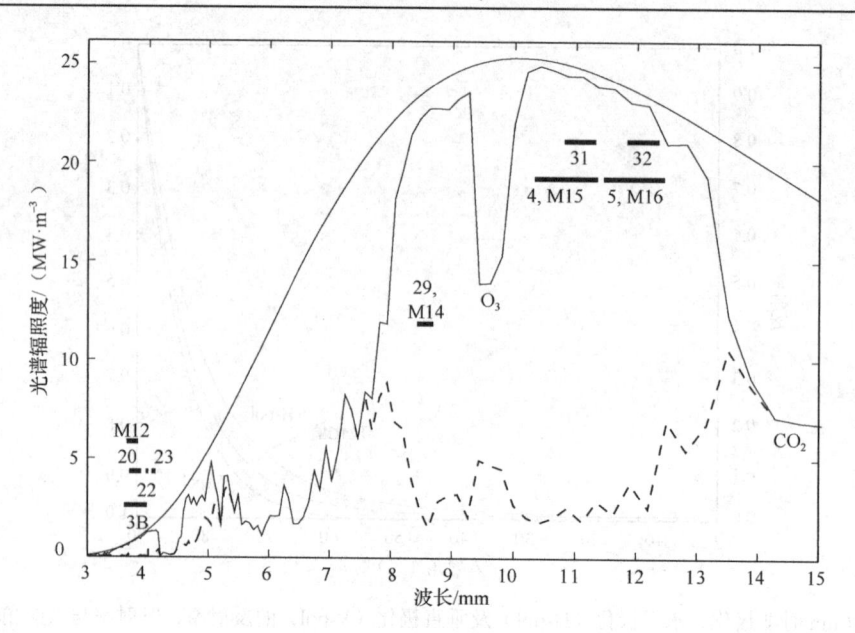

图 7.8 3 种条件下的光谱辐照度比较。温度为 288K 表面黑体的发射辐照度曲线（上面的实线），垂直穿过标准 MODTRAN 大气达到大气顶部的相同黑体辐照度曲线（下面的实线），大气顶部的大气辐射曲线（虚线）。带有数字的黑条表示用于 SST 反演的 AVHRR、MODIS 和 VIIRS 波段位置；O_3 和 CO_2 代表臭氧和二氧化碳的吸收区域（数据源自 MODTRAN，吸收区域的位置由 Robert Cahalan 提供）

如图 7.8 所示，大气顶部测量的辐照度在以下三个窗口近似等于黑体辐照度，其位置接近于 3~4μm，8~9μm 和 10~12μm，称为 4μm、8μm 和 11μm 窗口。当 λ 小于 2~3μm，可以忽略表面发射，主要由太阳反射和大气散射占主导地位。在 4μm 窗口，大气顶辐照度比 11μm 窗口处至少要小 1 个量级，11μm 窗口所在的位置接近于 288K 黑体辐照度曲线的峰值。由图 7.8 也可看出，4μm 窗口的水汽吸收与其他窗口相比要小很多。最后，8μm 窗口不用于 SST 反演的原因是，虽然该窗口从表面接收到的辐亮度小于 11μm 窗口，但对大气中水汽的变化非常敏感。如 7.6.3 节所述，8μm 窗口基本上只用于云的识别。

7.4.2 太阳辐射反射的贡献率

本节讨论的是与波段相关的太阳反射与热辐射之间的比例问题。在 TIR 中，可以忽略泡沫反射和离水辐亮度的作用（见 5.6 节和第 6 章），所以分析时只考虑入射太阳辐射的菲涅耳表面反射。

太阳反射的贡献由图 7.7 中的 $r(\lambda)$ 决定，假定一小面积的波面直接将太阳辐射反射进入遥感器。在计算中，假设反射小波面的面积相对于 $1km^2$ FOV 为 0.001%或 $10m^2$。由于这些被发射和反射的辐亮度相对量值不受大气路径的影响，因此可以在表面正上方对其进行评估。图 7.9 对该区域内 288K 的黑体辐亮度和标准 MODTRAN 大气条件下，反射太阳辐射的下行程辐亮度进行了比较。表 7.2 列出了 AVHRR、MODIS 和 VIIRS 波段反射太阳辐亮度和发射黑体辐亮度的比值。

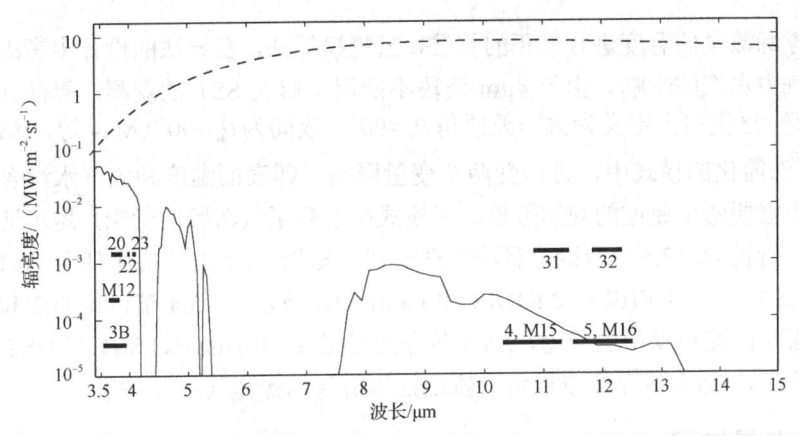

图 7.9 温度为 288K 的黑体辐亮度（虚线）和通过标准 MODTRAN 大气并被表面小波面反射的垂直太阳辐亮度的比较。对于反射面元占表面 0.001%这种情况，刚好可以在表面正上方对反射辐亮度（实线）进行评估。上面黑条数字表示用于 SST 反演的 AVHRR、MODIS 和 VIIRS 的波段位置，详细描述见正文

表 7.2 法向太阳反射对 MODIS、AVHRR 和 VIIRS 热红外波段的相对贡献率（其中反射面元占 FOV 的 0.001%）

MODIS 波段	AVHRR 波段	VIIRS 波段	相对贡献率/%
20	3B	M12	12
22		M13	6
23			4
	4	M15	0.002
31			0.001
32	5	M16	0.000 4

对相对很小比例的反射面元，由表 7.2 和图 7.9 看出，4μm 波段太阳反射的影响变化范围是 12%～4%。对于 11μm 和 12μm 波段而言，太阳反射的影响仅有 0.002%～0.0004%。这就意味着尽管反射面积增加到一定程度，对 4μm 波段而言，太阳反射的影响占绝对优势，而对 11μm 和 12μm 波段仍只有非常小的影响。由于对太阳反射如此敏感，4μm 波段被用于夜间 SST 反演；11μm 和 12μm 波段除紧邻日下点外，可用于全天候观测。

综上所述，利用这两组波段进行海温观测的优缺点如下：11μm 波段能用于白天和晚上所有时段的 SST 反演，且辐亮度比 4μm 波段大 1 个数量级。同时，11μm 波段的宽度也要比 4μm 的波段宽，从而能获得更大的接收能量。相比之下，如图 4.15 所示，4μm 波段只能用于夜晚探测，而且对水汽的敏感度要比 11μm 的低。同样，根据普朗克函数的定义，从

$$\frac{1}{L}\frac{dL}{dT}\bigg|_\lambda$$

的计算可知，4μm 波段对表面温度的变化非常敏感（Stewart，1985）。

7.5 SST 算法

AVHRR 的热红外 SST 反演产品包括日常业务化 SST 和 Pathfinder SST 两种，其中，Pathfinder SST 是气候数据集（Casey 等，2010；Pathfinder，2013）。MODIS、VIIRS 以及其他地球同步卫星红外遥感器使用相同的 SST 反演算法，这些算法由三部分组成：理论算法，

根据船舶和浮标测量的温度进行修正的算法,云掩模算法。在算法的设计中考虑到了最大限度地减少大气中水汽的影响。由于 4μm 波段不能用于白天 SST 的观测,算法又分为白天和夜间两种情况,这里白天定义为太阳天顶角 θ_S <90°,夜间为 θ_S >90°(May 等,1998;ACSPO,2010)。在算法简化的模式中,方程受两个变量影响,即表面温度和大气水汽含量,因此,SST 反演至少需要两个通道的观测数据。在模式中忽略了气溶胶的影响,这可通过与现场数据的对比来分析说明。7.5.1 节给出算法的理论背景知识,7.5.2 节描述基于 AVHRR 波段的通用算法,7.5.3 节介绍 VIIRS、MODIS 和 Pathfinder 算法,7.5.4 节讨论船舶和浮标测量的海温数据在现场匹配数据中的应用,7.5.5 节介绍雷诺兹(Reynolds)SST 和 OSTIA 格点 SST 在算法中的应用,7.5.6 节介绍双视角沿轨扫描辐射计的操作(AATSR)。

7.5.1 背景知识

由于不同波段的水汽衰减不同,MODIS、AVHRR 和 VIIRS 的 SST 算法中使用成对的波段来消除水汽的影响。基于式(4.5)对整层大气进行积分,可以推导出 Schwarzschild 方程的常数系数形式,写为

$$L(\lambda_i, z_H) = L_0(\lambda_i) t_i^{\sec\theta} + f_P(\bar{T}, \lambda_i)(1 - t_i^{\sec\theta}) \tag{7.1}$$

其中,下标 i 表示不同的波段,式左边是卫星接收的辐亮度,右边第一项是衰减的大气辐亮度,第二项是大气程辐亮度,这里(1−t)因子是大气的发射率,θ 为观测天顶角,第三项 f_P 是式(3.21)中的普朗克函数。另外,假设底层对流层被赋予特征平均温度 $\bar{T}$,所以 $t = t(\bar{T}, V, \lambda_i)$。

在某一特定的波长 λ,由于其他大气气体的衰减是常数,尽管很容易对其进行分析,但仍忽略它对衰减的影响。由向下大气辐射的反射产生的相对小项也可以忽略。进一步分析忽略了气溶胶的影响,并假设 t 的变化只由低层对流层中的水汽含量引起(4.2.1 节)。虽然这个处理过程忽略了诸如火山气溶胶喷射进入大气平流层的过程,如 7.7.2 节指出,现场 SST 观测对此进行了校正。

如果将辐亮度写成普朗克函数形式,式(7.1)可以进一步简化。假设 e=1,表面发射的辐亮度可以写成 $L_0 = f_P(T_S, \lambda_i)$,其中 T_S 是皮层温度,定义见 7.2 节。类似地,在卫星上,$L(\lambda_i) = f_P(T_i, \lambda_i)$,这里是与接收辐亮度相对应的黑体温度。将普朗克函数代入式(7.1),为简便省去 t 的上标 $\sec\theta$,则有

$$f_P(T_i, \lambda_i) = f_P(T_S, \lambda_i) t_i + f_P(\bar{T}, \lambda_i)(1 - t_i) \tag{7.2}$$

式(7.2)表示接收辐亮度 L 或黑体温度 T_i 是 $\bar{T}$、T_S 和 t 这三个未知数的函数,其中 t 是大气柱状水汽 V 的函数。

式(7.2)应用于红外遥感观测 SST 的过程如下。自 AVHRR 开始,白天算法使用 4 波段和 5 波段;夜间算法使用波段 3B 波段、4 波段和 5 波段。下面的分析最初限定于白天算法,其中 i 代表 AVHRR 4 波段和 5 波段,T_{11} 和 T_{12} 是 4 波段和 5 波段在大气顶接收的辐亮度。同时还表示其他太阳同步和静止卫星遥感器 11μm 波段和 12μm 波段。增加 4μm 的 3B 波段,夜间算法形式也与此类似。

McClain 等(1985)推导出了 AVHRR 算法的最初形式,参照他们的工作,白天算法推导形式如下所述,将证明 T_{11}、T_{12}、$\bar{T}$ 和 T_S 具有相同的量级,近似相等。在式(7.2)中,

每一 f_P 在温度为 T_S 的黑体辐亮度周围可被线性化成一阶泰勒级数，所以对 T_{11}（同样对 T_4、T_{12} 和 $\overline{T}$）可表示为

$$f_P(T_{11}) \cong f_P(T_S) + \left.\frac{df_P}{dT}\right|_{T_S, \lambda_{11}} (T_{11} - T_S) \tag{7.3}$$

同时根据 McClain 等（1985），透过率 t 与 V 和 θ 之间的关系为

$$t_i = \exp(-m_i V \sec\theta) \tag{7.4}$$

在式（7.4）中，常数 m_i 的下标 i 表示与波长相关的水汽透过率是波长的函数。为方便后面使用，ε_i 定义为

$$\varepsilon_i = m_i V \sec\theta \tag{7.5}$$

如果 $M_i = 1 - t_i$，将式（7.3）、式（7.4）和 M_i 代入式（7.2），则有

$$T_{11} - T_S = (\overline{T} - T_S) M_{11}$$
$$T_{12} - T_S = (\overline{T} - T_S) M_{12} \tag{7.6}$$

在式（7.6）中，如果上面的式子乘以 M_{12}、下面的式子乘以 M_{11}，然后上、下两式相减并重新整理得

$$T_S = T_{11} + \Gamma(T_{11} - T_{12}), \text{ 其中 } \Gamma = (1 - t_{11})/(t_{11} - t_{12}) \tag{7.7}$$

式（7.7）称为 SST 算法的分裂窗（split window）形式。Γ 的定义来源于 Walton 等（1998），Γ 有时写作 γ（Barton，1995）。由于水汽对 11μm 波段的影响小于对 12μm 波段的影响，所以白天方程的主导项是 11μm 的温度 T_{11}。如果 Γ 按小量 ε_i 展开，展开的主项为

$$\Gamma_0 = m_{11}/(m_{12} - m_{11}) \tag{7.8}$$

Γ_0 的典型值约为 2.5（Barton，1995）。对于小量 ε_i，式（7.7）和式（7.8）说明 T_S 不依赖于 V 和 θ，所以它只是 T_{11}、T_{12} 和两波段水汽吸收特性的函数。上面两组方程描述的温度和水汽之间的线性关系是红外 SST 算法的基础。作为柱状水汽与 T_{11}-T_{12} 相关性的例子，图 7.10 表明，在小视角情况下，其相关性是线性的，并在水汽含量较低情况下偏离线性。

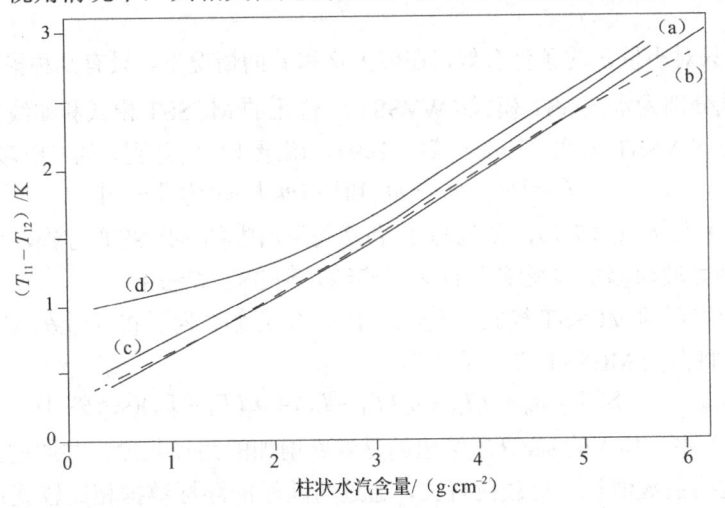

图 7.10 AVHRR 波段 4 和波段 5 之间的亮温差值与 SSM/I 获取的柱状水汽含量之间的关系。不同卫星天顶角条件下的变化曲线分别为：(a) $\theta=0°\sim15°$，(b) $\theta=15°\sim30°$，(c) $\theta=40°\sim45°$，(d) $\theta>45°$。
[重绘自 Kilpatrick 等（2001）图 3，原本未标出坐标]

式（7.7）里包含三个温度，T_{11}、T_{12} 和 T_S 以及温度差 $\Delta T = T_{11} - T_{12}$。在潮湿的热带大气和无云的条件下，$T_{11}$ 比 T_S 最大能降低约 9K。在 MODTRAN 大气条件下，ΔT 的变化范围为 0.5~4K，所以 T_{11}、T_{12} 和 T_S 近似相等（Walton 等，1998）。同样地，由于 $\overline{T}$ 表示低层对流层温度，它也可以看作 T_S。

7.5.2 AVHRR 业务化 SST 算法

最初的 AVHRR SST 算法是 McClain 等（1985）根据式（7.7）推导出来的多通道 SST 算法（MCSST），其中，Γ 是从一组海洋上空包含温度和湿度廓线的无线电探空数据中估算出的。将 Γ 的值代入式（7.7），利用反演 T_S 和一组在时间、空间上与卫星观测相近的浮标测量的 SST 数据进行比对。这些用于数据比对的 SST 数据称为匹配数据集。通过比较发现，卫星反演的 T_S 与浮标数据的偏差很大。

基于数据比对的结果，采用经验逼近法将式（7.7）重写为

$$\mathrm{SST} = a_0 + a_1 T_{11} + a_2 (T_{11} - T_{12}) \tag{7.9}$$

式（7.9）中，a_0、a_1 和 a_2 为常数。式的左边 SST 代替了 T_S，SST 表示现在反演出的表面温度，该值包括基础温度的影响，不完全等于海表面温度。式（7.9）中的系数由卫星观测的 T_{11} 和 T_{12} 所反演出的 SST，对匹配的现场观测数据通过最小二乘法回归得到。式（7.9）是双通道 SST 反演的最简单形式。在白天情况下，利用 Walton 等（1998，表 2）给出的 NOAA-14 的系数式（7.9）变为

$$\mathrm{SST} = -261.68 + 0.95876 T_{11} + 2.564 (T_{11} - T_{12}) \tag{7.10}$$

其中，T_{11} 和 T_{12} 的单位是 K，SST 的单位是摄氏度（℃）。在式（7.10）中，第一项用于从 K 到 ℃ 的转换；第二项是 T_{11} 乘以一个接近于 1 的常数，以接近表面温度；第三项是去除水汽的影响，该项与 11μm 和 12μm 通道的亮温差值成正比。对于 $\theta < 30°$，McClain 等（1985）、Brown 和 Minnett（1999）指出，式（7.8）~式（7.10）描述的线性方法可给出满足需求精度的反演结果。

式（7.10）只对小量 ε_i 的条件有效，在较大 θ 和 V 的情况下，只有几种模式可用。其中的三个简单的模式分别为水汽 SST 模式（WVSST）、修正的 MCSST 模式和非线性 NLSST 模式。

首先，关于 WVSST 模式，Emery 等（1994，附录 1）展开到 ε 的二阶项，则 Γ 表示为

$$\Gamma = [m_{11}/(m_{11} - m_{12})][1 + (m_{11} V \sec \theta)/2 + \cdots] \tag{7.11}$$

将式（7.11）代入式（7.7），得到与 V 和 θ 关系清晰的 MVSST 方程，可将从无线电探空仪和利用被动微波探测资料反演出的 V 直接纳入到 SST 算法中。

第二，关于修正的 MCSST 模式，大约从 1989 年开始，为了将变量 θ 或路径长度的影响引入式（7.9），将白天 MCSST 方程重写为

$$\mathrm{SST} = a_0 + a_1 T_{11} + a_2 (T_{11} - T_{12}) + a_3 (T_{11} - T_{12})(\sec \theta - 1) \tag{7.12}$$

在式（7.12）中，加入的 $\sec \theta$ 项给出的是随 θ 增加的路径长度，并通过 $(T_{11} - T_{12})$ 消除水汽的影响。这些系数值与卫星载荷有关，通过与匹配的浮标数据相比较获得。后面还将讨论等效的夜间算法（Walton 等，1998）。与 NLSST 模式不同的是，算法 MCSST 的优点是系数一旦确定下来，方程保持不变。

第三，当前的 NLSST 算法通过引入 V 的计算对 MCSST 进行了改进。如 Walon 等（1998）所述，通过大范围 SST 数值和海洋大气廓线对 Γ 行为的数值分析表明，在 0℃<SST<30℃ 条

件下，Γ 几乎随着 SST 的增加而线性增加。这是由于湿大气一般发生在暖水区域，大气湿度随着 SST 的增加而增加。由于这个关系，一组表面参考温度 T_R 被引入到公式中：

$$SST = a_0 + a_1 T_{11} + a_2 T_R (T_{11} - T_{12}) + a_3 (T_{11} - T_{12})(\sec\theta - 1) \tag{7.13}$$

在式（7.13）中，a_S（注：指式中的 $a_0 \sim a_3$）是常数，T_R 是日平均的高分辨率 Reynolds SST（将在 7.5.5 节介绍）。式（7.13）的系数由反演的 SST 与匹配数据比较得到。NOAA-14 白天的 NLSST 算法形式如下：

$$SST = -255.16 + 0.9398 T_{11} + 0.0761 T_R (T_{11} - T_{12}) + 0.8015 (T_{11} - T_{12})(\sec\theta - 1) \tag{7.14}$$

式（7.13）和式（7.14）中的 T_{11} 和 T_{12} 的单位为 K，SST 和 T_R 的单位为℃。Petrenko 等（2010）指出，在 NOAA ACSPO SST 处理过程中，NLSST 方程用于白天数据处理，MCSST 用于夜间数据处理。

选择适当的系数，上面描述的 MCSST 和 NLSST 算法都可适用于夜间。另外利用波段 3 的优势，MCSST 和 NLSST 算法的夜间形式使用了所有三个热红外波段，称为"3 窗口"（triple-window）算法，其中用 T_4 和 T_{12} 的差值正比于水汽的衰减。与白天反演算法的变量相似，从 Walton 等（1998，表 4）可得 NOAA-14 的 NLSST 夜间算法如下：

$$SST = -266.19 + 0.98 T_{11} + 0.0319 T_R (T_4 - T_{12}) + 1.818 (\sec\theta - 1) \tag{7.15}$$

在式（7.14）和其他类似于白天的算法中，T_{11} 这一项为 SST 的估算值，其他项用于订正和转换到摄氏度（℃）。由于式（7.15）中带有 $\sec\theta$ 项的第四项缺少了（T_4-T_{12}）的作用，夜间方程要比白天的简单。相对于 11μm 和 12μm 波段而言，4μm 波段的优点是对水汽的敏感性较低，所以在大范围大气条件下，T_4 比 SST 至多减小 2K，而 11μm 波段则要减小 9K（Walton 等，1998）。

参照 Petrenko 等（2010），目前 ACSPO 中使用的 AVHRR 夜间算法表示为

$$SST = b_0 + b_1 T_4 + b_2 T_{11} + b_3 T_{12} + [b_4 (T_4 - T_{12}) + b_5](\sec\theta - 1) \tag{7.16}$$

式中 b_S（即 $b_0 \sim b_4$）为由匹配数据获取的夜间算法反演系数。

7.5.3 Pathfinder、MODIS 和 VIIRS 算法

尽管由业务化算法获取的 SST 数据已经进行了存档，但 Pathfinder 算法仍旧提供 SST 气候数据记录（CDR）（Kilpatrick 等，2001；Casey 等，2010）。这些数据集与业务化 SST 数据不同，它们不是近实时的数据；这些由 NOAA 存档分发的 CDR SST 数据的目的，是为气候研究提供长时间序列的数据源。该数据产品符合 GHRSST 的标准，并可用于网格化的 L3 级产品，该级别的数据产品由于受云的影响，存在部分数据空白区（K. S. Casey，2013，私人交流）。

Pathfinder 算法与 7.5.2 节描述的算法之间的差异在于：Pathfinder、MODIS 和 VIIRS 使用了分层算法，算法中包含了一组干大气系数和一组湿大气系数。Pathfinder 算法采用了白天和夜间相同的分层算法，而 MODIS 和 VIIRS 则只在白天反演算法中采用分层算法（B. Petrenko，2013，私人交流）。如图 7.10 所示，$\Delta T = (T_{11} - T_{12})$ 与柱体水汽含量的非线性相关性随观测角度 θ 的增大而增大。通过对 ΔT 与水汽相关性的调查分析，Kilpatrick 等（2001）指出，当 $\Delta T < 0.7K$ 时，存在连续的正偏差。为了对其进行校正，在分层算法中引入了一组系数用于 $\Delta T < 0.7K$ 时的情况，而另外一组系数用于 $\Delta T > 0.7K$。为了避免 $\Delta T = 0.7K$ 时产生的数据不连续性，在 $0.5K < \Delta T < 0.9K$ 范围内，采用了两组解的线性插值作为最终反演结果。

Pathfinder 算法可以表示为

$$SST = c_0 + c_1 T_{11} + c_2 T_R (T_{11} - T_{12}) + c_3 (T_{11} - T_{12})(\sec\theta - 1) \tag{7.17}$$

在 $\Delta T < 0.7K$ 情况下，NOAA-14 的系数为 0.640、0.952、0.121 和 1.145；在 $\Delta T > 0.7K$ 情况下，系数为 1.457、0.942、0.075 和 0.758。式（7.17）中 SST 的单位为 K，T_R 为 Reynolds SST（Pathfinder，2001）。如 Casey 等（2010）所述，使用了相似算法的日均 Reynolds SST 既可以用于白天观测也可以用于夜间观测。

如表 7.1 所示，MODIS 使用了两组热红外波段进行 SST 反演，三个波段在 4μm 窗口（波段 20、波段 22 和波段 23）用于夜间反演，两个波段在 11μm 窗口和 12μm 窗口（波段 31 和波段 32）用于白天反演。11μm 窗口算法与 Pathfinder 算法的形式是一致的，如下式所示：

$$SST = c_0 + c_1 T_{31} + c_2 T_R (T_{31} - T_{32}) + c_3 (T_{31} - T_{32})(\sec\theta - 1) \tag{7.18}$$

MODIS（2006）介绍了 MODIS 的分层算法并给出了相应的系数。例如，针对 MODIS/AQUA，假设 $\Delta T = T_{31} - T_{32}$，那么当 $\Delta T \leq 0.7K$ 时，式（7.18）中 $c_0 \sim c_3$ 值分别为 1.101、0.9470、0.1710 和 1.4210，当 $\Delta T > 0.7K$ 时，$c_0 \sim c_3$ 分别为 1.8820、0.9350、0.1230 和 1.3720。在 0.5～0.9K 之间 SST 通过两组解的线性插值获得。这些方程基本上只用于白天的反演。图 7.18 给出了利用此算法对 MODIS 图像进行处理的实例。

MODIS 采用不同于 AVHRR 的夜间算法模式。在 4μm 窗口，MODIS 夜间 SST 反演（SST4）为基于 3.9μm 和 4μm（波段 22 和波段 23）的非分层双波段算法，形式如下：

$$SST4 = c_0 + c_1 T_{22} + c_2 (T_{22} - T_{23}) + c_3 (\sec\theta - 1) \tag{7.19}$$

这个方程只用于夜间反演，并包括一组系数。对于 MODIS/AQUA，典型的系数值为 0.529、1.030、0.499 和 1.458（MODIS，2006）。与式（7.18）相比，式（7.19）更为简单，只有一组系数并且没有 T_R 项。式（7.19）体现了 4μm 窗口的优势，该窗口的水汽影响要小于 11μm 窗口。

总结白天算法和夜间算法的差异，MODIS 的 11μm 窗口算法的优点在于可应用于所有时段的反演，这延续了 AVHRR SST 观测的时间序列并提高了精度；缺点是对水汽过于敏感，同时对火山气溶胶和对流层气溶胶也非常敏感。SST4 算法更为简单，对水汽的敏感性较弱并具有更高的精度。该方法的缺陷在于，太阳耀斑的影响使其相对于白天/夜间的 11μm 窗口反演具有较低的适用性，只能用于夜间反演；同时该波段对气溶胶也非常敏感，且与 AVHRR SST 相比缺乏连续性。

目前 VIIRS 算法（VIIRS，2011c）应用了与式（7.18）相同的分层白天算法，其温度转换点为 0.8K，同时对于两个区间范围具有不同的系数。利用两种算法的线性插值获取 0.6～1.0K 区间的结果。通过使用不同的系数，VIIRS 的夜间算法与式（7.15）的形式相同。

7.5.4 SST 匹配数据集

如 7.1 节所述，反演得到的 SST 是卫星与现场测量相结合的结果。现场数据有两种使用方式：

（1）通过卫星和现场观测进行比较以确定 SST 算法中的系数。

（2）对于诸如 Reynolds SST 这类的网格产品，使用现场数据对由云覆盖造成的数据缺失区域进行填充，Reynolds SST 将在下节进行介绍。

对于现场数据的第一种使用方式，具体是以日为间隔，将卫星反演的 SST 与空间和时间相一致的船舶、锚系浮标和漂流浮标测得的现场 SST 数据进行匹配，并通过比较来确定反演系数。匹配后的 SST 数据集决定了反演算法中的系数,这些系数将每月进行更新。AVHRR 业务化算法中用于匹配的 4 种现场 SST 数据源为船舶、漂流浮标、热带锚系浮标和沿海锚系浮标。NOAA 卫星将浮标 SST 数据和卫星信息传输到国家环境卫星数据和信息中心(NESDIS)以及其他地区气象中心,船舶测量数据则通过全球通信系统(Global Telecommunication System,GTS)进行传输。

用于匹配数据获取的热带锚系浮标有如图 7.11 所示的赤道太平洋 TAO/TRITON 浮标阵(McPhaden 等,1998;TAO,2012),以及热带大西洋的 PIRATA 浮标阵(Bourlès 等,2008)。这些热带锚系浮标为具有最大大气湿度的赤道区域提供了用于算法检验的数据。

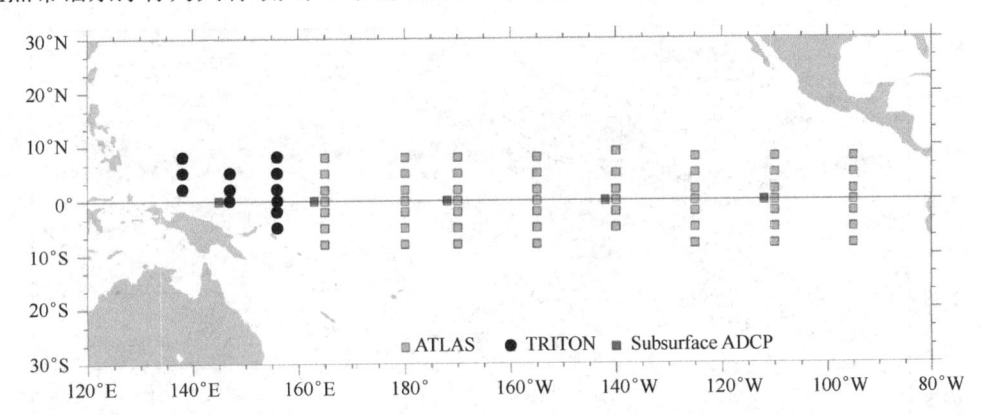

图 7.11 太平洋 TAO/TRITON 浮标阵。ATLAS 和 ADCP(Acoustic Doppler Current Profiler)浮标来自美国;TRITON 浮标来自日本

图 7.12 给出了美国沿海锚系浮标的分布,包括位于美国东海岸和西海岸、墨西哥湾、阿拉斯加湾和夏威夷周边,由国家数据浮标中心(NDBC)投放的浮标(Hamilton,1986;Meindl 和 Hamilton,1992;NDBC,2012)。美国与其他国家/地区联合布放了大约 1000 个这类锚系浮标,用于测量风向、风速及空气和水温,在某些情况下还进行盐度测量。锚系浮标测量水温的深度大约为 1m。

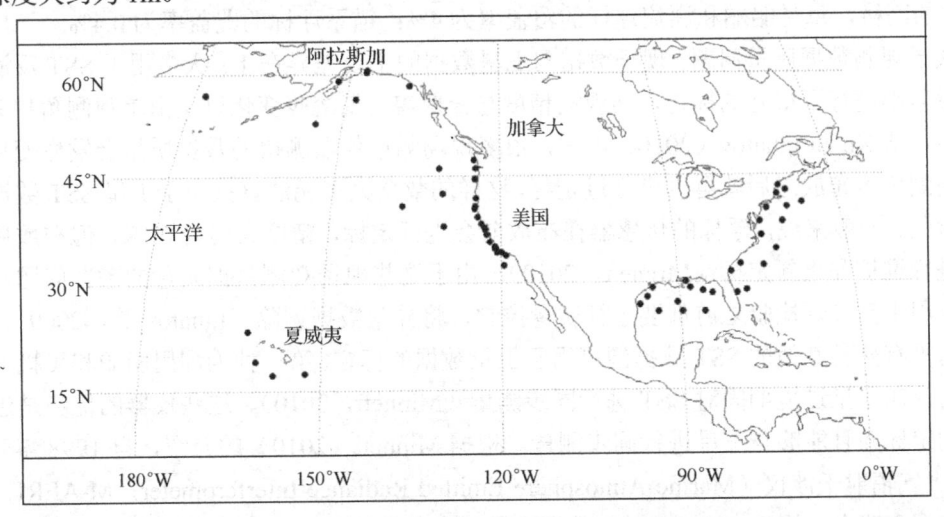

图 7.12 2001 年 9 月美国 NDBC 浮标的位置示意图

全球漂流浮标计划（Global Drifter Program）资助的漂流浮标，测量深度约为 0.3m 处的水温，使用寿命为 1～2 年。美国浮标的建造和布放是由 NOAA 下属的大西洋海洋气象实验室（AOML）的漂流浮标数据中心（DAC）负责的（AOML，2012；见本书的图 7.13）。北大西洋公约组织（NATO）和加拿大海洋环境数据服务中心（MEDS）也参与漂流浮标的布放。最后，船舶测量的海水温度是船只发动机入水口的温度，或者利用传感器对一定深度的水温进行测量，还可利用隔离桶收集海水进行温度测量获得。如 7.7.1 节所述，船舶测量是现场测量方法中精度最低的。所有的现场观测数据都需要进行质量控制，并对白天和夜间的观测数据进行分类。通过 NESDIS 可以获得美国经处理后的现场数据集。

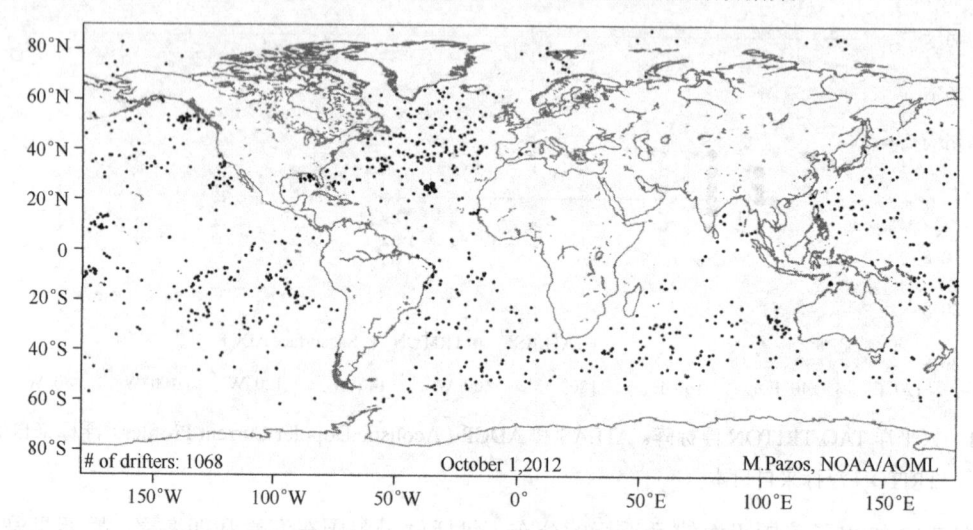

图 7.13　黑点表示 2012 年 10 月 1 日全球漂流浮标计划中的漂流浮标位置分布

每月可获取的 SST 数据分别来自大约 1500 艘船舶、1300 个漂流浮标和 300 个锚系浮标的记录。锚系浮标中包括热带海域 100 个和近海海域 200 个（Xu 和 Ignatov，2010）。每月获取现场 SST 的数据量包括约 100 000 个船舶数据和 1 000 000 个浮标数据。将无冰海区分成 1°×1° 的网格，每月船舶和漂流浮标的覆盖率为 4%；锚系浮标的覆盖率为 0.4%。

关于观测数据质量问题，现场数据与卫星数据的主要差异在于：大多用于 SST 反演的卫星遥感器都进行了很好的标定，其观测精度与云覆盖、气溶胶变化以及卫星观测角相关。相比之下，从 Xu 和 Ignatov（2010）可知，很多现场测量仪器测得的数据质量会发生变化，并且在观测仪器布放之后就再没进行过定标，这样的数据大多无法直接用于卫星 SST 数据的真实性检验。一般来说，浮标的传感器在布放前会进行定标，精度大约为 0.1K，但布放后就很少再进行维护和重新定标（Minnett，2010）。由于这些现场观测数据质量的潜在问题，这些数据在用于真实性检验之前都要进行质量控制，将异常数据剔除（Ignatov 等，2009）。

这里有两种其他的 SST 数据源可用于卫星数据的标定。第一种为利用船舶和飞机上的红外辐射计在卫星过境期间对 SST 进行同步测量（Minnett，2010）。这些仪器的优势是进行了很好的定标并且能够与卫星进行同步测量。根据 Minnett（2010）的介绍，自 1998 年开始，海洋-大气辐射干涉仪（Marine-Atmosphere Emitted Radiance Interferometer，M-AERI）便被安装在调查船上，用于 MODIS SST 数据产品的真实性检验。

第二种数据源来自能够提供剖面测量的 Argo 浮标的一系列海表温度观测（Argo，2012），

Argo 包括全球从北到南、从东到西大约 300km 间隔的近 3500 个剖面浮标（见图 7.14）。从它们的海面初始位置开始，浮标可以测得向下大约 2km 的温度剖面，在最深位置漂浮 10 天左右再返回海面，并通过卫星将它的位置和剖面数据传回地面。这些浮标的设计寿命一般为 4 年，由船舶、飞行器和调查船进行布放。Argo（2012）的数据对外公开发布，供用户使用。在 SST 匹配数据中没有使用 Argo 数据，但在 GHRSST 多源数据集成（GMPE）数据集中使用 Argo 数据作为独立的数据源来进行误差分析，详见 Martin 等（2012）的 7.8 节所述。

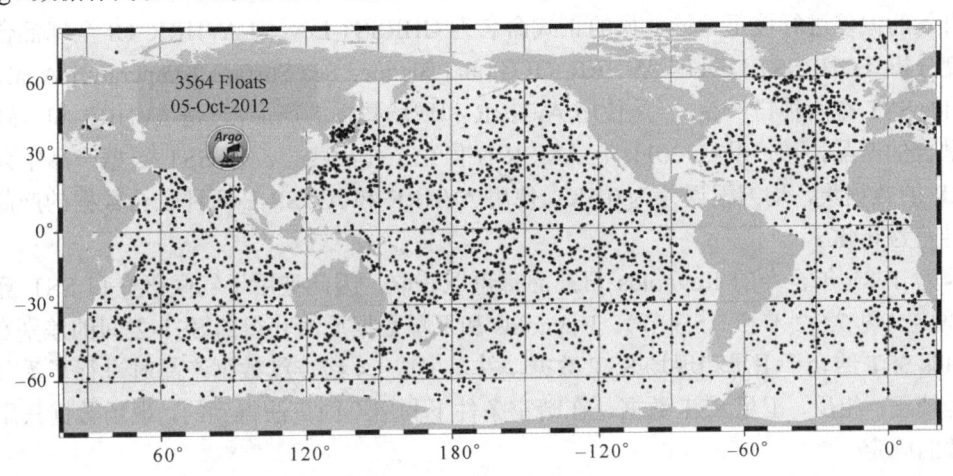

图 7.14　2012 年 10 月 5 日的 Argo 剖面浮标位置。这些数据由 Argo 计划和有关国家/地区收集使用（源自 Argo 官网。Argo 项目是全球海洋观测系统的一部分）

美国 NCEP 对现场测量的温度和浮标的位置进行存档，每天对 4h、20km 范围内相匹配的浮标和卫星数据进行提取并生成匹配数据集（Dash 等，2010，2012；SQUAM，2013）。每月 iQUAM（2013）网站将发布白天、夜间和不同海域内浮标和卫星反演 SST 数据的统计分析结果，包括标准差和偏差。如果统计值偏差过大，MCSST 和 NLSST 的系数就要重新进行计算。如 7.7.1 节的进一步讨论，云覆盖问题使得每年获取的可使用数据匹配结果减少了约 10%~20%。iQUAM（2013）给出的每月匹配数据分布结果表明，海表温度（SST）测量数据集并不是平均分布的，尤其船舶和锚系浮标获得的数据，北半球分布更多一些，15°N 以南数据覆盖率较小。

7.5.5　Reynolds 和 OSTIA SST 数据集

在算法检验和云滤波过程中有两种重要的近实时 SST 数据集，一种是国家气候数据中心（NCDC）处理的 Reynolds SST（Reynolds 等，2007），另一种是英国气象局提供的业务化 SST 和海冰分析（OSTIA）数据（Donlon 等，2012）。这两种数据与 GHRSST 数据一致，都来自卫星 SST 反演结果和现场观测数据，并都有月、周和日产品。这些 SST 数据可用于上面介绍的反演中，也用于 7.6 节的云掩模中，以及第 9 章和第 11 章介绍的一些微波反演、数值天气和海洋预报模式中。

根据 Reynolds 等（2002）介绍，Reynolds 数据集中每周和每月的全球平均 SST 数据，是由现场和 AVHRR 观测数据获得，通过优化插值成 1°经纬度网格的数据。这些数据称为 OI SST，其中使用了 AVHRR 数据。自 1981 年至今 OI SST 有两个版本（OI.v1 和 OI.v2）。

OI.v2 版本的数据是现在每周的 Reynolds SST 数据。该数据与 GHRSST 一致,都来自卫星数据反演结果和现场观测数据,数据由 OI-SST(2012)制作和存档。

日均 Reynolds SST 数据由卫星和现场 SST 数据优化插值得到,分辨率为 0.25°(约 30km)(Reynolds 等,2007)。Chelton 和 Wentz(2005)的研究推动了该数据集的发展。他们指出,与被动微波反演结果相比,OI.v2 版本数据低估了有关特征梯度的作用,如湾流的影响。自 1985 年至今的 Reynolds SST 每日数据,通过与空间平滑 7 天平均的表面观测数据比较,对白天引入的偏差进行校正。该数据的正式命名为 GHRSST Level 4 AVHRR_OI 全球混合的海表温度分析(GHRSST Level 4 AVHRR_OI Global Blended Sea Surface Temperature Analysis)。Reynolds SST 有两种日产品,一是使用 AVHRR 和现场数据的产品,一是 AVHRR 和 AMSR-E SST 融合的产品,该产品在 2011 年 AMSR-E 停止工作后终止。在 SST 数据产品中只使用 AVHRR 的数据集,均方根误差为 0.6K;使用 AVHRR 和 AMSR-E 两种融合数据的产品,均方根误差为 0.4K。

因为 1981 年至今的 Reynolds 日产品都可以获取,因此被用于气候研究和 SST 算法中 T_R 的确定(见 7.5.2 节和 7.5.3 节)。Reynolds 和卫星数据反演获得的 SST 之间的差别在于:Reynolds SST 结合了卫星和现场 SST 数据,并在生成 L4 级连续数据产品时进行了季节和区域偏差校正;相反,卫星 SST 数据是在晴空条件下利用不同算法得到的,现场数据只用于算法系数的确定。

第二个重要的融合产品是 OSTIA SST。该产品由 GHRSST 红外和微波数据以及现场观测数据优化插值得到(Donlon 等,2012,表 1)。其产品的类型有日产品、周产品和 L4 级 SSTfnd 月产品,网格分辨率为 0.05°(约 6km)。通过一系列试验,使用 OSTIA SST 场代替数值天气预报模式中以前使用的低分辨率 AVHRR 和现场数据,使未来 6 天的预报得到了改进。同样,把 OSTIA 结果与未用到模式中的 SST 场进行比较,其平均均方根误差约为 0.5K,且偏差可以忽略。

7.5.6 先进沿轨扫描辐射计(AATSR)

与 AVHRR 和 MODIS 分裂窗反演形成对比,在 ERS-1 和 ERS-2 上的沿迹扫描辐射计(ATSR)和 ENVISAT 上的改进型——先进 ATSR(先进沿轨扫描辐射计,AATSR)使用双视角技术来去除大气衰减的影响(Llewellyn-Jones 和 Remedios,2012)。该仪器的工作原理如下:对地面同一面元以两个不同的角度进行观测,例如一个角度是星下,另一个角度是 60°。假定每一路径上的大气特性是相同的,且观测的海表温度没有因为较长观测路径条件下更大的 FOV 而变化,星下点观测相当于经过单层大气;而对于 60°观测而言,相当于经过两层大气。

在两个大气路径上接收的亮度温度是不同的,这两个温度的差相当于星下方向单层大气路径上的衰减和发射。在亮度温度中减去星下方向亮温,便得到 T_S 的精确测量值。双角度观测技术的优势在于,去除了观测路径上的大气衰减,包括对流层水汽、对流层和同温层气溶胶的影响。

Minnett(1995a,1995b)详细介绍了 ATSR;Birks 等(1999)、O'Carroll(2006)以及 Embury 和 Merchant(2012)分别介绍了 AATSR 双角度观测和多波段算法。由于具有双视角观测能力,算法系数可以通过理论计算确定,而不需要根据匹配数据集进行调整。因此,反演得到的 SST 产品不再依赖于现场观测。图 7.15 为 ATSR 和 AATSR 的工作原理示意图。该仪器是一个锥形扫描器,与 AVHRR 的 2600km 幅宽和 VIIRS 的 3000km 幅宽相比,ATSR 和 AATSR 具有较窄的幅宽,仅为 500km。锥形扫描器的一侧在星下方向,另一侧在 55°的视角方向。同一区域的前向观测和星下点观测的时间间隔接近 2min,星下点 FOV 直径是 1km。每个路径上的云识别采用了 7.6 节介绍的处理流程。

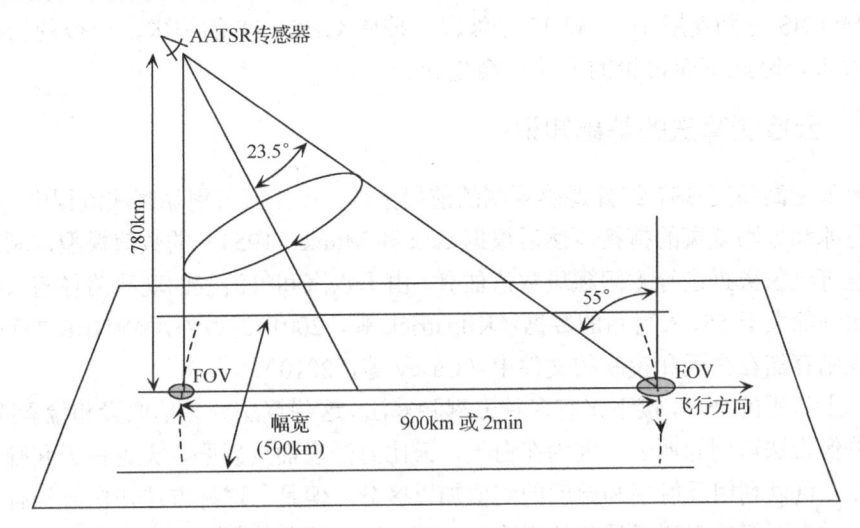

图 7.15 ATSR 和 AATSR 的工作原理示意图

ATSR 有 4 个波段,等同于 AVHRR 波段 3A、波段 3B、波段 4 和波段 5;位于 1.62μm 的波段 3A 主要用于识别云和陆地。AATSR 共有 7 个波段,包括 4 个 ATSR 波段和 3 个位于 550nm、670nm、870nm 的附加波段。如 Minnett(2010,表 14.7)所述,从与浮标数据的比较结果来看,AATSR SST 白天产品的标准差为 0.4K,夜间产品的标准差为 0.3K。AATSR 的后续卫星是与其具有相同运行模式的海洋和陆地表面温度辐射计(SLSTR),计划搭载于预计 2014 年发射的 Sentinel-3 卫星上(ESA,2012d)。

7.6 云检测和掩模算法

大气中存在各种各样的云,有温热的液水云、半透明的高层薄冰云、厚的不透明的冰或液态水的云、温暖的低层云或半透明薄雾以及碎云(Pavolonis 等,2005)。云检测需考虑如下因素:首先,云相比于海洋背景通常具有高反射率和低温的特征;其次,不同类型云的发射和反射特性有不同的波长关系;第三,碎云与背景有着迥异的空间变化特征。

McClain 等(1985)、May 等(1998)、Pavolonis 等(2005)和 Petrenko 等(2010)给出的云检测算法,很多都是基于 Saunders 和 Kriebel(1988)的理论基础。Ackerman 等(2010)给出了许多针对 AVHRR 和 MODIS 遥感器的物理和观测的科学背景,Petrenko 等(2010)讨论了 NOAA 先进的海洋晴空处理器(ASCPO)业务算法的细节,详见 7.6.2 节相关论述。在开阔海域,这些云检测算法假定满足如下条件:云是冷的且比海洋表面有更高的反射率,在 100km 空间尺度上海洋表面的温度和反射率几乎均匀分布(Rossow,1989)。

对于无冰的海面,无云的像元只占总像元的 10%~20%。鉴别和剔除云的过程取决于卫星是白天观测还是晚上观测，也取决于海面是否有冰。一般来说，云和开阔水域的反射和发射特性有明显的差别，因此在开阔海面上的云识别比在陆地或冰上要容易得多。7.6.1 节讲述云检测算法的一般概念，特别讲到通过观测反射率和亮温来区分云和海洋像元。7.6.2 节讲述另一种 ACSPO 算法，该算法比较了在假定的晴空海洋与实际观测条件下分别计算的亮温。最后，7.6.3 节简述 MODIS 和 VIIRS 的云检测，白天/夜间 AVHRR 云检测使用所有 5 个波段，VIIRS 和 MODIS 分别使用 16 个和 17 个波段。按照 GHRSST 的需求，现今的云检测算法仍需不断改进，因此下面讨论的方法还会更新。

7.6.1 云检测算法的基础知识

海上无云是高精度 SST 红外遥感观测的前提条件。在任何云剔除算法流程中，首先要进行陆地、海冰和太阳耀斑的掩模，然后根据 Cox 和 Munk（1954）的数值模型，利用太阳天顶角和风速等气象数据进行太阳耀斑数值估算。由于水汽和气溶胶的观测路径随入射角正比变化，因此剔除大于 55°入射角的数据（Kilpatrick 等，2001）。另外，AVHRR 的数据以 24h 的周期按规则存储在白天和夜晚的文件中（Casey 等，2010）。

经过以上流程的处理，接下来有多种云剔除算法。这些算法分为单像素和像素阵列两种。最简单的单像素法可剔除厚云。因为在白天，云比海洋表面反射强，无论白天和晚上，云总比海面要冷，可以利用反射率和温度的阈值加以区分。但是，这种方法在白天具有一定局限性，因为反射率不仅受观测天顶角的影响，也受太阳天顶角的影响，而亮温只受观测天顶角的影响。

另一个单像素算法是白天发射率波段比值法，这里反射率比值 C_R 定义为可见光波段 1 和近红外波段 2 的反射率比值。因为在大气中，可见光波段的瑞利散射比近红外波段强，而云通常在承载气溶胶的海洋边界层上方，在晴空无云条件下，波段 1 的反射率大约是波段 2 的 2 倍；相反，在阴天条件下，反射率就几乎相等（Saunders 和 Kriebel，1988）。这就意味着，如果 C_R 小于与观测角度相关的某一阈值，则该像素点就是晴空。第三个单点像素云检测方法利用了 SST 的反演结果，如果该点的 SST 明显偏离 Reynolds SST 或气候学检测标准，则将该点标记为云。

上述气候学的云检测算法可能会带来麻烦。Donlon 等（2012）描述，英国业务化 SST 和海冰分析系统（OSTIA）中，2008 年前设计的检测标准是，如果 SST 相对于气候的变化值超过某个阈值，则观测 SST 值用气候 SST 值取代。在 2007 年 9 月北极冰盖强烈回溶期间，该系统无法正确获取 SST 而错误地以气候数据代替，直接造成错误预报。

另外，还有利用一对红外波段判断薄雾和层云的单像素检测方法。这些方法利用了云发射率与波长的依赖关系。云是由小水滴组成的，那么云的发射率 e_c 就是波长 λ、小水滴的粒径分布以及云的物理和光学厚度的函数。Hunt（1973）表明，对于热红外波段，随着云厚度增加，发射率 e_c 增加而透射率降低。因此，根据不同的波长和云的厚度，e_c 在 0~0.97 之间变化。对于厚云，波长为 4μm 处的发射率 e_c 通常小于 11μm 或 12μm 处的值，3.5μm 处的发射率约为 0.8，11μm 处的发射率约为 0.97。由于 e_c 和波长 λ 的关系，有一类夜间检测方法称为"三减五检测"（Three Minus Five Tests，TMFT），即 $\Delta T_{35} = T_{3B} - T_5$，对于 AVHRR，亮温的变化量是 4μm 和 12μm 两个波段的差。有云存在时，$\Delta T_{35} < 0$；而晴天时则相反，由于所有波段的海水发射率都接近 0.99，波段 5 的水汽衰减又比波段 3B 大，此时 $\Delta T_{35} \geq 0$。

下面是一个关于薄卷云检测的例子。这些云由薄的、半透明的冰晶层组成，且与对流层顶部活跃的雨团相关。在这一高度，数小时内冰晶迅速蔓延至数百千米以外（Prabhakara 等，1988）。由于卷云很薄又是半透明的，通过卫星观测很难区分，而且，由于这些卷云很冷，会给 SST 反演带来很明显的误差。Prabhakara 等（1988）通过机载观测发现，这些卷云会使 T_{11} 和 T_{12} 都减小，但是对 T_{12} 的衰减会比对 T_{11} 的大。

数据处理结果表明，卷云的存在导致 $\Delta T_{11,12} = T_{11} - T_{12}$ 增大，从而使反演的 SST 比 T_S 低。所以，$\Delta T_{11,12}$ 在非晴空下就显得很重要。May 等（1998）说明，只有在 $\Delta T_{11,12}$ 小于或等于依赖观测方向的某一阈值时，才符合使用单像素识别高卷云的白天/夜晚业务判别标准。

接下来，进行反演 SST 的空间均一性检测，就是分析 SST 像素数列的方差。检测结果决定了中心点像素的状态，对于 GAC 像素，采用 3×3 阵列，对于 LAC 或 FRAC 像素，采用 5×5 阵列。如果标准偏差超过阈值，则表明可能存在亚像素的碎云。这一测试须谨慎使用，尤其在有上升流、锋面和洋流存在的海区。Martin 等（2012）的表明，这样的检测在海面异常变化时会增加误差，如中尺度涡、湾流的边缘、黑潮和上升流区。

7.6.2 海洋先进晴空处理器（ACSPO）业务化算法

在 AVHRR 的业务化反演 SST 算法中，GAC、LAC 和 FRAC 像素都使用了 ACSPO 云检测算法。ACSPO 使用与前一节描述完全不同的云检测方法。不同之处是通过反演的亮温来进行云识别计算，利用 ACSPO 计算出假设无云情况的亮温和 SST，比较这些量与经过云掩模后的差异（Petrenko 等，2010）。Ignatov 和 Petrenko（2010）表示，类似 ACSPO 的算法将用于 VIIRS 以及用于计划 2015 年发射的 GOES-R 卫星上搭载的先进基线成像仪（ABI）。

Petrenko 等（2010，2013）对 ACSPO 云检测过程的描述如下：将每天收集的数据分成白天和夜晚两个组，分别进行海冰和陆地掩模。有太阳耀斑的像素不会立即剔除，后面会讨论太阳耀斑的消除检测。海冰和陆地像元经过了 4 次单像素和 3 像素的测试。作为 ACSPO 的用户，首先输入以下参数：前一天的 Reynolds 或 OSTIA 的 SST 日产品、数值预报模型的大气温湿廓线，以及太阳天顶角和卫星观测天顶角。ACSPO 利用这些数据和波段，通过通用辐射传输模型（CRTM）计算出晴空的辐亮度。将这些预测的辐亮度与观测值进行比较，观测值与预测值的符合程度就决定是否有云。通过这些测试，ACSPO 将像素分为三类：无云、可能无云和多云。

Petrenko 等（2010，2013）描述了 7 个检测方法，其中前 3 个都是关于确定是否有云覆盖的。第 1 个是单像素测试，探讨观测亮温和计算亮温的差别；第 2 个是单像素静态异常检测，主要比较观测和计算的 SST。这两个检测都是搜寻较冷的像元。第 3 个检测称为自适应 SST 检测，就是后面说的搜索云边缘阵列的方法。第 4 个和第 5 个检测是白天检测，通过检测单像素高反射率的点，搜索比海洋表面亮的像素。如果某个像素不满足上面 5 个检测中的任何一个环节，则判定该像素为云。最后两个检测是数列检测，有时也称为纹理检测。其中，一个是日/夜检测，主要判定反演的 SST 通过中值滤波后的标准差；另一个是白天检测，主要考察反射率和 SST 的相关性，高反射率和冷的温度相关则表明该像素存在亚像素云。如果这些判别中有一个不满足，则该像素为可能的晴空。

下面是 ACSPO 检测的详细描述。

（1）亮温检测（日/夜）。在晚上，通过比较 4μm、11μm、12μm 亮温和从 Reynolds 或

OSTIA 的 SST 日产品计算的亮温的均方根差进行云的粗检测；在白天，通过类似方法比较 11μm、12μm 波段的亮温。通过检测消除小于阈值的冷像元。

（2）SST 静态异常检测（日/夜）。这一检测比较日/夜反演的 SST 与 Reynolds 或 OSTIA 的 SST 日产品的差异，如果反演的差异大于相应经纬度的阈值，则判定像元为云。

（3）自适应 SST 滤波器（日/夜）检测。该测试利用静态异常的结果，目的是寻找云的边界。测试中对 T_S-T_O 进行统计分析，是 ASCPO 中计算量最大的操作。对于 GAC 像素采用 7×7 数组或 LAC 像素采用 21×21 数组，这里是 Reynolds 或 OSTIA 的 SST，T_O 是观测值。在中心像元周围，分别统计被标记为云和晴空的像素点，再进行比较；基于这种比较，一些标记为"晴空"的像元将重新标记为"云"。通过持续重复这样的比较，直到中心像元被稳定地分类为"晴空"像元或"云污染"像元。

（4）反射率粗略比较检测（RGCT）（白天）。这个云的粗查是检测 AVHRR 通道 2 的反射率，如果这个反射率小于一个由观测天顶角和太阳天顶角决定的阈值，这个像元就是晴空像元。

（5）反射率对比检测（RRCT）。这个检测用于对波段 1 和波段 2 的反射率比率（C_R）进行检查。由于 NIR 通道的大气瑞利散射影响小于可见光通道，并且云通常出现在气溶胶主导的海洋边界层，因此在有云条件下反射率近似相等。如果 C_R 小于阈值，那么该像元就是无污染的。

若观测值在以上任何一个检测环节失败，则判定为受云污染的像元。

下面两个检测将针对一个中心像元周围反演的 SST 进行空间均匀性检测。在 ASCPO 中，这些检测应用到 GAC 或 LAC 像元数组中。这些检测的目的是识别像元周围破碎的薄云。如果通过前面的检测确定为晴空像元，但未通过这两个空间均匀性测试的任意一个，则该像元被归类为可能的晴空像元。

（6）SST 均匀性检测（白天/夜间）。这个检测通过对 SST 变化的检查，在 3×3 滑动窗口内查找存在的亚像元尺度云。如前面章节所述，如果像元位于热梯度区域、上升流边缘或湾流区域内，采用这个方法会出现问题，即误将这些区域归类为云污染区域。为减小海洋温度锋带来的影响，ACSPO 采用近似于标准方差的中值滤波器替代前面章节介绍的标准方差。该中值滤波是以 SST 和中值 SST 差值分析为基础的，这个中值是指在窗口内所有有效像元的中值。如果滤波器产生的结果小于阈值，则为晴空像元，否则将被归类为可能的晴空像元（Petrenko 等，2010，2013）。

（7）SST/反照率互相关（CC）滤波。Ignatov 和 Petrenko（2010）介绍了第二种均匀性测试，即白天时段第二通道反射率与 SST 的互相关法。因为散射的亚像元尺度云的存在，意味着受云影响的像元比晴空像元具有更高的反射率和更低的温度，SST 的负波动与第二通道反射率的正波动是相关的，因此当超过阈值的互相关出现时，表明有云存在。这种滤波方式可以检测出已经通过 SST 均匀性测试并标记为云的像元。

Petrenko 等（2013）介绍了上述检测方法的应用。如果观测数据未通过环节（1）～（5）中的任何一个检测，则将该点判定为云污染像元；然后，继续用环节（6）和（7）空间均匀性检测方法对通过了前面所有 5 个像元进行检测。如果像元通过了这两个检测，则判定它为晴空像元；未通过其中任何一个检测，便判定它为可能晴空像元。根据 Petrenko 等（2010）的方法，针对 2008 年 8 月 1 日的观测数据，利用 ASCPO 早期版本的检测方法剔除了 55%

的像元；利用统计的 SST 方法又剔除了 16%的像元，接着采用云边缘附近自适应检测方法又剔除了 6%的像元；最后，通过均匀性检测确定另外 7%像元为可能的晴空区像元；剩下的 16%为晴空区像元。白天的观测数据得到了同样的结果。

表 7.3 给出了经 ACSPO 处理确定的 3 颗 NOAA 卫星和 1 颗 METOP-A 卫星数据的晴空像元比例。从表中可以看出，晴空像元的比例约为 15%。

表7.3 ACSPO 获得的 4 颗卫星上的 AVHRR 遥感器的晴空像元百分比（100 轨数据，2008 年 8 月 1—7 日）[改编自 Petrenko 等（2010），表 5]

卫　　星	晴空像元百分比/%
NOAA-16	17.24
NOAA-17	14.83
NOAA-18	15.20
METOP-A	14.88

作为另一个例子，Pathfinder（2001）对 1999 年全年的有云与无云数据进行了匹配统计。统计结果显示，1999 年无云数据的比率为 14%。总的来看，统计表明无云数据匹配率为 10%～20%。

7.6.3 MODIS 和 VIIRS 的云检测算法

MODIS 和 VIIRS 比 AVHRR 配置了更多的观测波段。VIIRS 使用 16 个波段进行海洋上空的云检测（VIIRS，2011a），MODIS 则使用 17 个波段（Ackermann 等，2010）。尽管增加了波段数，MODIS 和 VIIRS 仍使用前面章节介绍的多种单像元和多像元检测。同时，如 SQUAM（2013）所述，NOAA 采用 ASCPO 处理方法用于 MODIS 和 VIIRS 云检测。

对于 MODIS，云检测算法不仅对 SST 和海洋水色反演进行云识别，还用于辐射平衡计算中的云分类（Ackerman 等，2010）。MODIS 的波段 1 和波段 2 分辨率为 250m，波段 3～7 分辨率为 500m，其他波段分辨率为 1km。MODIS 的 250m 和 500m 较高分辨率波段与 AVHRR 相比，以较高分辨率提供的反射率和反射率比值用于阈值和均匀性检测，它有助于识别云的边界、飞机的轨迹和小碎云。波段 18 和波段 26 出现在强水汽吸收波段，如下所述，用于白天的薄卷云识别。波段 19 用于探测云的阴影，波段 27 用于极地区域云的识别，波段 29 与 11μm 和 12μm 波段相结合用于云识别。

对于 VIIRS，所有图像分辨率（I）波段都用于云识别算法，这些波段与 AVHRR 波段具有相近的位置。中分辨率(M)波段中除了波段 M9、M10 和 M11 外，其他波段基本位于 0.378～2.25μm 波长范围内（波段 M14 位于 8.55μm），这些波段与 AVHRR 或 SeaWiFS 的波段位置基本一致。尽管采用了 ACSPO 处理方法，VIIRS 的云识别仍然采用了与 MODIS 相同的四种分类。MODIS 和 VIIRS 的高分辨率波段用于空间均匀性检测，波段 I5（11.45μm）用于夜间处理，而 I2 波段（0.865μm）用于白天处理。这两种仪器的高分辨率波段为云边缘探测提供了更好的图像清晰度。

AVHRR 与其他两个遥感器之间的一个重要差别出现在两个强水汽吸收波段上（见图 4.9）：一个是 MODIS 独有的波段，位于 0.936μm；另一个是 MODIS 和 VIIRS 共有的波段，位于 1.375μm。Gao 等（1993）指出，当 $V>4\text{mm}$ 时，1.375μm 波段的表面和近表面反射辐亮度被完全衰减。这为白天高卷云检测提供了简单的反射率值。因为这些云出现在对流层顶层和平流层低层位置，与完全衰减的表面反射率以及位于平流层的云相比，它们是很亮的目标。夜间高卷云利用 7.6.1 节介绍的 $\Delta T_{11,12}$ 测试方法进行识别。

AVHRR 与其他遥感器的另一个差别是 MODIS 和 VIIRS 有位于 6~9μm 之间的波段，其中，MODIS 有 3 个、VIIRS 有 1 个这样的波段。Ackerman 等（2010）和 Liu 等（2004）认为，位于这个范围内的波段对中层大气的水分敏感，相比而言，11~12μm 波段只对表面湿度敏感。利用这两个波段之间的亮温差异可以对中层云进行探测。加上 1.375μm 和 8μm 波段测试，这两个遥感器采用的单像元检测和多像元均匀性检测与 AVHRR 采用的方法是相同的。

7.7 数据的误差和偏差

在对卫星获取的 SST 产品误差和偏差进行评估时会出现一个问题，即 SST 产品的精度需要与其他相关数据源比对计算而得出。但是，这些数据集与海面匹配数据一样也具有潜在的精度限制。除了 7.5.4 节介绍的有限的 M-AERI 数据集（Minnett，2010）是个例外，没有其他绝对高精度的数据集用于对卫星反演结果或现场 SST 的比较。7.7.1 节将对 ACSPO 反演误差进行分析，7.7.2 节将介绍由火山喷发和撒哈拉沙漠沙尘带来的数据长期误差。

7.7.1 SST 数据误差分析

以 2012 年 10 月 AVHRR 数据产品精度为例，表 7.4 中给出了现场观测数据与 Reynolds SST 日产品的比较结果，这里 Reynolds 的数据集只有 AVHRR 数据。如表 7.4 所示，这个月的数据中漂流浮标数据占匹配数据的 75%，近海锚系浮标为 15%，船舶和热带锚系浮标占 10%。船舶测量的温度具有最大的偏差并且高于卫星 SST 产品，这是因为船舶测量的数据主要来自发动机入水口的温度，这些值会被机械加热（Reynolds 等，2010）。同样，船舶测量数据的标准方差也最大，而热带锚系浮标值最小，为 0.3K。

表 7.4　2012 年 10 月现场匹配观测数据与同一天 0.25°Reynolds OI SST（仅有 AVHRR 输入数据）数据的精度比较［修改自 iQUAM（2013）］

平　台	质量控制的观测数据量	匹配数据量	总的百分比/%	偏差/K	标准方差/K
船舶	76 000	68 000	6.8	0.2	0.96
漂浮浮标	748 000	745 000	74.5	0.04	0.33
热带锚系浮标	34 000	34 000	3.4	0.03	0.32
岸线锚系浮标	189 000	152 000	15.2	−0.03	0.48
总计	1 047 000	999 000	—	—	—

Minnett（2010）总结了不同遥感器相对于浮标和 M-AERI 数据的偏差和标准方差。1985—1999 年间针对 AVHRR 的统计结果表明，其产品偏差为 0.02K，标准差为 0.5K。在与 M-AERI 的比较中，其偏差为 0.14K，白天产品误差为 0.4K，夜间误差降为 0.3K。夜间产品精度的提高是由于使用了 4μm 波段，同时与海洋表面物理特性有关。夜晚测量比白天更精确的主要原因是，白天太阳加热过程增加了海水皮层温度，但不改变大气温度和湿度廓线。

因为在大气特性恒定的情况下，当 T_S 增大时，T_{11} 的响应比 T_{12} 的响应大，$\Delta T_{11,12}$ 也随之增大，从而使反演的 SST 值变小。由于这些原因，夜晚反演的 SST 比白天的反演结果具有更高的精度。MODIS 的误差略大于 AVHRR，而 AATSR 的误差相对较小。

7.7.2 火山灰和沙尘暴的影响

火山喷发和沙尘暴给 SST 反演算法带来了一系列问题。自从 AVHRR 获取 SST 观测数据以来，有两个主要的火山爆发喷射了大量的硫磺酸飞沫进入平流层，分别是 1982 年 4 月墨西哥埃尔奇琼火山爆发（Bernstein 和 Chelton，1985）和 1991 年 6 月菲律宾皮纳图博火山爆发。从皮纳图博火山喷入平流层的气溶胶持续了大约两年时间，最初沿着地球的热带区域扩散，然后进入温带区域（Walton 等，1998）。气溶胶的这种分布带来的影响是，全球平均的卫星 SST 比浮标 SST 低 0.5℃，热带的负偏差超过 2℃。夜间算法与白天相似，但负的偏差相对较小。无论白天还是夜间，通过算法系数的调整可消除这种偏差。类似的对流层气溶胶事件，如撒哈拉沙尘暴，虽然持续时间较短，但也可产生类似的效应，这是在北大西洋观测所关注的问题。

图 7.16 给出了 1989—1998 年 9 年时间内卫星和浮标测量的全球月平均 SST 月平均偏差和标准偏差。这里月平均偏差称为偏差，标准偏差称为离散差。图 7.16 下方列出了所需的卫星数据源，分别是 NOAA-11、NOAA-12 和 NOAA-14，以及计算 SST 所采用的算法，其中 CPSST 是基于波段积的 SST 算法（Walton 等，1998）。图中底部的黑体菱形对应算法或系数被更新的时间。图中低温偏差较大的情况出现在皮纳图博气溶胶影响 SST 反演的时段内。这之后标准偏差接近 0.5K，平均偏差接近 0K。这里省略了夜间算法的情况，其与白天算法相似，详见 Walton 等（1998）的论述。

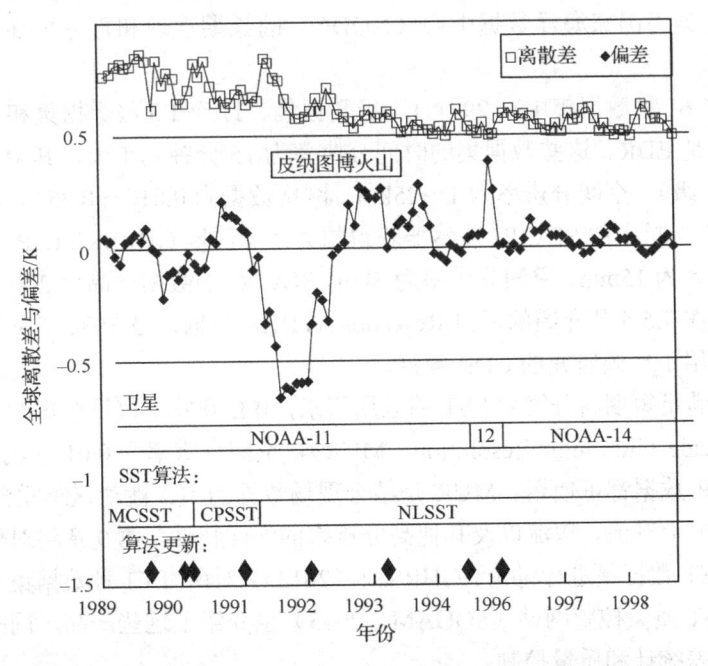

图 7.16 1989—1998 年卫星和浮标测量的全球月平均 SST 的比较［摘自 Walton 等（1998）中的图 9］

北大西洋上空由于撒哈拉沙尘的影响也出现了类似的问题。Vázquez-Cuervo 等（2004）和 Reynolds 等（2010）分别描述了撒哈拉沙尘对北大西洋上空的影响，其中影响最大的是 6 月、7 月和 8 月。这些沙尘的爆发与火山喷发对数据偏差具有相同的作用，特别对 SEVIRI 反演具有影响。

7.8 其他 GHRSST 数据集和融合产品

本节通过对不同国家/地区的 SST 数据集和 GHRSST 多源数据产品集（GHRSST Multi-Product Ensemble，GMPE）产品的介绍，展示 GHRSST 数据产品取得的成就和进展。7.8.1 节介绍不同种类的 GHRSST 数据产品和存档。如该节所述，现在 SST 的用户能够选择更多的 SST 数据进行分析，这些数据在 GHRSST 之前是无法获取的。7.8.2 节对英国气象局提供的、合成的 L4 级 GMPE 数据产品进行说明。

7.8.1 数据产品和存档

截至 2013 年，包括澳大利亚、加拿大、欧洲航天局（ESA）、法国、日本、英国和美国在内的多个国家/地区和机构总共制作了 61 种 GHRSST L2、L3 和 L4 级数据产品。其中，GHRSST L2 级数据产品一般称为 L2P（预处理）产品，它作为一种专门的 GHRSST 数据产品，主要是为了方便下一步的数据处理（GHRSST，2013b）。在美国，所有和 GHRSST 相关的数据都被存储到 PO. DAAC 全球数据处理中心（Global Data Assembly Center，GDAC），并且 ESA 全球环境和安全监测网（Global Monitoring for Enviroment and Security，GMES）是它的镜像站点（GHRSST，2013a）。GHRSST 数据在 GDAC 进行了 30 天滚动存储，然后发送到美国国家海洋数据中心（NODC）的长期管理和再分析部（LTSRF）进行长期存储。

在 GHRSST 61 种数据集中有 29 个 L2 级数据集、11 个 L3 级数据集和 21 个 L4 级数据集，其中大部分是 EDR。这些数据集的时间分辨率为 15 分钟到 1 天，其中大多是 1 天。对于刈幅数据（L2 级），空间分辨率为 1~25km；网格数据为 0.01°~0.25°。这些数据集包括了搭载在 MSG-2 卫星上的 SEVIRI 遥感器获得的大西洋区域 GHRSST L2P 皮层 SST 数据，该数据时间分辨率为 15min，空间分辨率为 5km。SEVIRI 的数据产品自 2009 年 11 月开始一直延续到现在。在 7.5.5 节介绍的每日 Reynolds AVHRR 数据，自 1981 年 9 月开始一直延续到现在，主要是用于气候研究的 CDR 数据。

第三，为了满足短期高分辨率 SST 的应用需求，JPL 开发了每日全球的多尺度超高分辨率数据（Multi-scale Ultra-high Resolution，MUR），空间分辨率为 0.01°（约 1km），从 2002 年到现在的 MUR 数据都可使用。MUR 是结合现场数据的主、被动遥感联合的 SST 反演产品，主要用于研究上升流、湾流以及其他高分辨率的海洋特性。第 9 章将对低分辨率的被动微波遥感 GHRSST 数据集进行讨论。GHRSST（2013a）对所有 61 种数据集都进行了详细的描述；NOAA SST 质量控制网站（SQUAM，2013）也介绍了这些产品，同时提供了近实时的交叉比较、误差统计和质量控制。

7.8.2 GHRSST 多源数据产品集（GMPE）

对于所有的 L4 级 GHRSST 数据集，英国气象局利用统计系统平均的方法生产了每日的 GMPE L4 级连续网格 SST 数据产品。如 Martin 等（2012，表1，表2）描述的，数据集的输入源有 AVHRR、AASTR、AMSR-E、GOES、SEVIRI 以及现场观测获得的红外和微波观测数据。这些卫星遥感器提供了多源、高分辨率的受云影响的红外遥感感测数据，以及低分辨率无云影响的微波遥感观测数据。GMPE SST 数据在风速小于 6m/s 的条件下，提供基础温度的估计值。

GMPE 的误差和偏差通过如下方式进行评估。因为 Argo 数据没有用到 GMPE 产品中去，因此采用独立的方法对 GMPE 偏差和标准偏差进行评定，即将 GMPE SSTfnd 与 2～4m 深度的 Argo 温度数据进行比较。根据图 7.14 和 Martin 等（2012）的研究结果，上述比较并不理想，因为在南太平洋以及印度尼西亚和菲律宾附近，Argo 浮标数据非常少。针对全球无冰海洋区域，相对于 Argo 测量结果，GMPE 每年数据的平均偏差为 0.03K，标准偏差为 0.4K（Martin 等，2012）。这些统计结果相对于单独的数据集来说，误差会略高，标准偏差为 0.5K。

GMPE 数据集也存在着一些问题。首先，每天不同遥感器的红外观测会遇到近似相同的云的影响，这将导致不同数据集在同一地理位置都会出现观测空白。其次，在冰边缘，位置的不确定性将导致相邻 SST 的观测出现问题。第三，由于采用插值技术对这些观测空白进行填充，这会对数据起到平滑作用，致使在大温度梯度的海洋特征区域，如锋面、涡旋以及湾流的边缘等区域会出现大的误差和偏差。例如 Martin 等（2012）描述的，湾流的变化导致北大西洋区域的 SST 误差非常大，该文献中图 12 显示，在湾流情况下，不同国家/地区的模式得到的 SST 分布略有不同。尽管 GMPE 数据存在上述问题，但 GHRSST 数据集的优点就在于能够获得更好的误差统计结果，并使不同模式的观测具有一致性。

7.9 图解与实例

下面讨论三个 AVHRR 和 MODIS 图像的应用实例。7.9.1 节分析 AVHRR 每个波段的图像；7.9.2 节描述全球的 MODIS SST 图像；7.9.3 节使用 AVHRR 和全球水色数据分析赤道太平洋地区厄尔尼诺和拉尼娜现象的演变。

7.9.1 AVHRR 图像分析

图 7.17 为用于 SST 反演的 5 个 AVHRR 波段图像及标识有云和陆地的 SST 图像。图像是与图 6.27 同一天从华盛顿州和加拿大不列颠哥伦比亚省海岸同一区域获取的 SeaWiFS 图像。尽管 AVHRR 和 SeaWiFS 图像显示出了相同的特征，图像的反演方法却完全不同。其中，SST 的反演是基于水体顶层 10～100μm 发射的热红外辐射，而叶绿素 a（Chl-a）的反演基于水体顶部 10～40m 处可见区域离水辐亮度。在图 7.17 中，最上面的两个图使用了太阳反射率波段 1 和波段 2。波段 1 的图像显示了可见光反射率；云和陆地的反射为白色，水的颜色较暗；图 6.27 中海水的离水辐亮度图案依稀可见，在图下部左边，可看到一些太阳耀斑。波段 2 图像显示的是近红外反射率，在此波段海水是黑色的，或不具反射特性，而云是灰色或白色。图像中云和水的差别明显，这说明了为什么可以用波段 2 来识别陆地/水的边界。

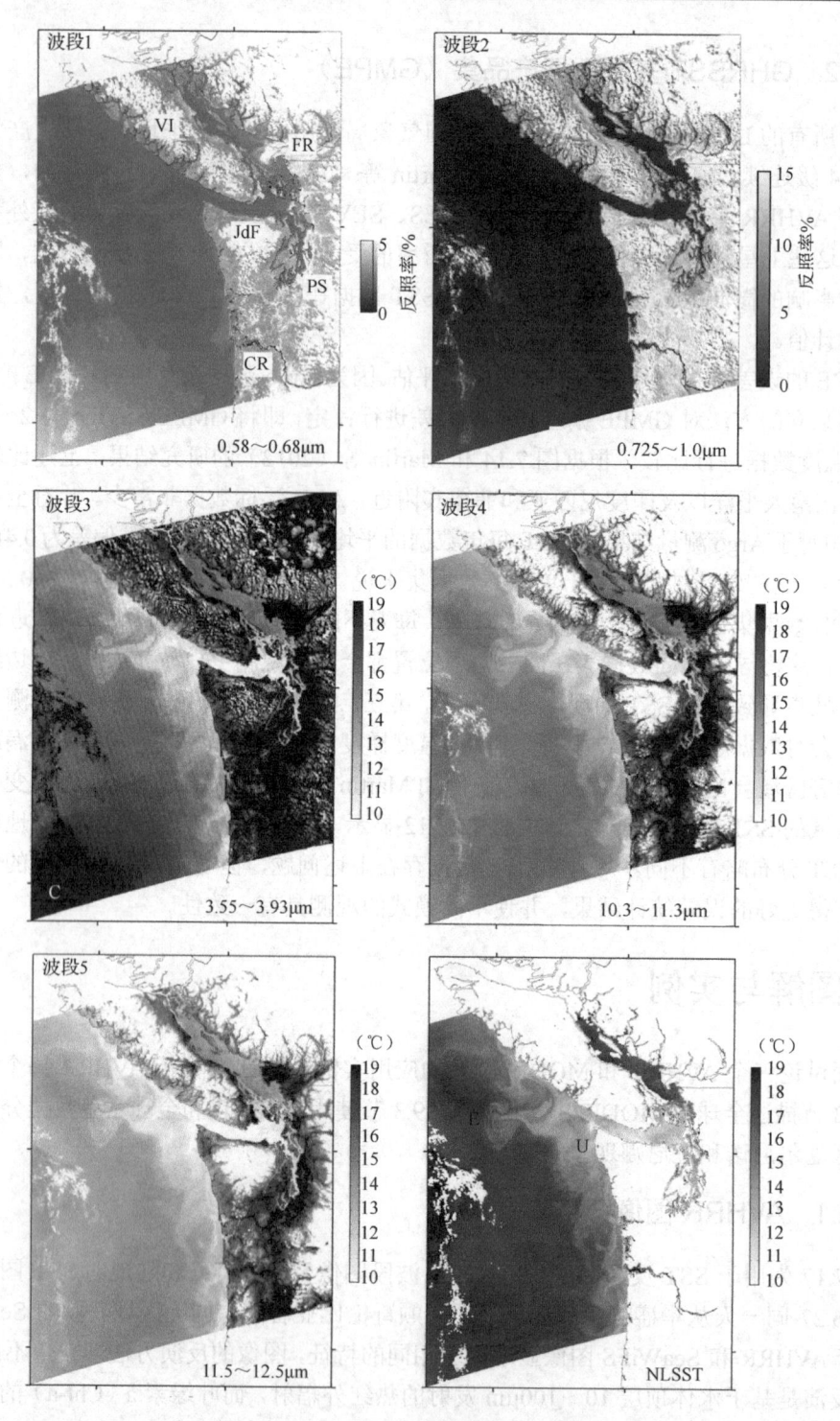

图 7.17 1999 年 9 月 1 日，23:00 UTC，15:59 太平洋白天时间，与图 6.27 中 SeaWiFS 时间吻合，华盛顿州和加拿大不列颠哥伦比亚省海岸的白天 NOAA-14 卫星 AVHRR 图像。图中展示了波段 1 到波段 5 和 SST 图像。图（波段 1）中的 VI 是指温哥华岛；FR 是弗雷泽河；JdF 是胡安·德富卡海峡；PS 是皮吉特湾；CR 是哥伦比亚河。字母 C、E 和 U 标注有关海洋学的特性，见文中具体解释

图 7.17 下部的 4 个图像显示了 3 个热红外波段图像和反演的 SST 分布。这些图像中较暗的灰色阴影区域暖，较亮的灰色阴影区域冷。在波段 3 图像中的可见扫描线是由于它的噪声比其他图像大。同时，尽管云比海水冷，由于云和海表面的波浪小面元直接反射太阳辐射，对于波段 3，太阳反射淹没了热辐射，所以图中标注为 C 的区域的亮温值高于其周围区域。相对于波段 3 而言，波段 4 和波段 5 的热辐射占主导地位，云更冷且噪声更小。最后一张图为由 NLSST 公式（7.13）反演的温度分布，其中 T_R 由 MCSST 式（7.12）计算得到，且基于波段 2 阈值方法进行 SST 图像中云和陆地的标识。在 SST 图像中，用字母 E 标注了远离温哥华岛的涡旋和邻近海岸用 U 标注的冷水上升流，都与图 6.27 中的生物初级生产力有关。

7.9.2 全球 MODIS SST 图像分析

2001 年 5 月全球月平均的 MODIS SST 分布见图 7.18。在数据处理中使用了夜间数据和式（7.18）描述的 11μm 的 SST 算法。由图看出，深蓝色的近极地锋面和近赤道的红色到高纬度的绿色描绘出了全球范围 SST 沿纬向的分布。同时，图中也有许多非纬向的特征，包括沿着北美东海岸与湾流（图中 a）有关的向北流动的暖水羽状流；由黑潮产生的邻近日本海岸的类似羽状流（图中 b）；沿着南非东海岸，向南流动延伸到好望角南面的厄加勒斯海流（图中 c）；图 7.18 中也显示了邻近南美西海岸的冷水上升流区和赤道太平洋的拉尼娜带冷水上升流区（图中 d）；相似的冷水带沿着赤道向大西洋延伸（图中 e）；最后，邻近中美洲的区域，如第 11 章所述的强风吹过山口的效应使当地两个区域产生上升流区（图中 f 和 g）。

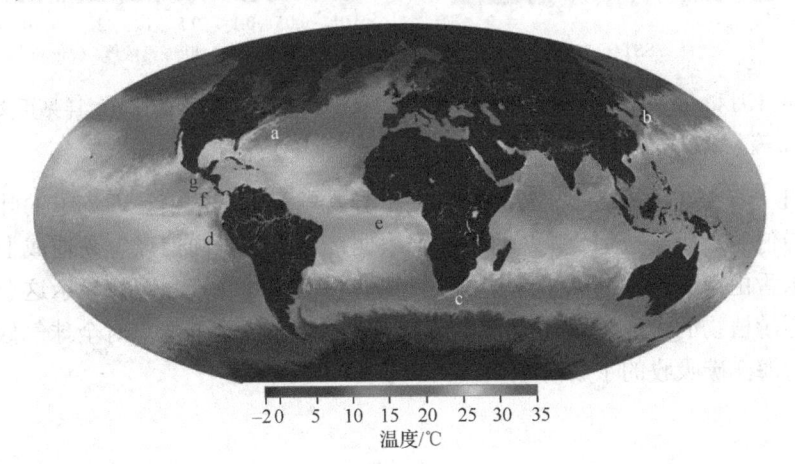

图 7.18 2001 年 5 月全球月平均的 MODIS SST 分布。图中黑色的是陆地（见彩插）

7.9.3 从厄尔尼诺到拉尼娜的演变

厄尔尼诺发生时，赤道信风减弱，让温暖的、不具有生物生产力的太平洋水代替冷的赤道拉尼娜上升流。图 7.19 对 1998 年 1 月到 7 月期间太平洋海域的 AVHRR 月平均的 SST，与基于 SeaWiFS 波段比值的 4km 分辨率叶绿素浓度分布进行了对比（Chavez 等，1999）。图中 SeaWiFS 的图像也显示了归一化陆地植被指数（LDVI）。从厄尔尼诺到拉尼娜的演变可从两组图像看出不同。1998 年 1 月的图像显示，1997—1998 年的厄尔尼诺趋于结束；1998 年 7 月的图像显示向拉尼娜演变的情况。图中 1 月的 SST 和叶绿素浓度显示，厄尔尼诺期间表现出赤道暖水和低浓度叶绿素的特点。

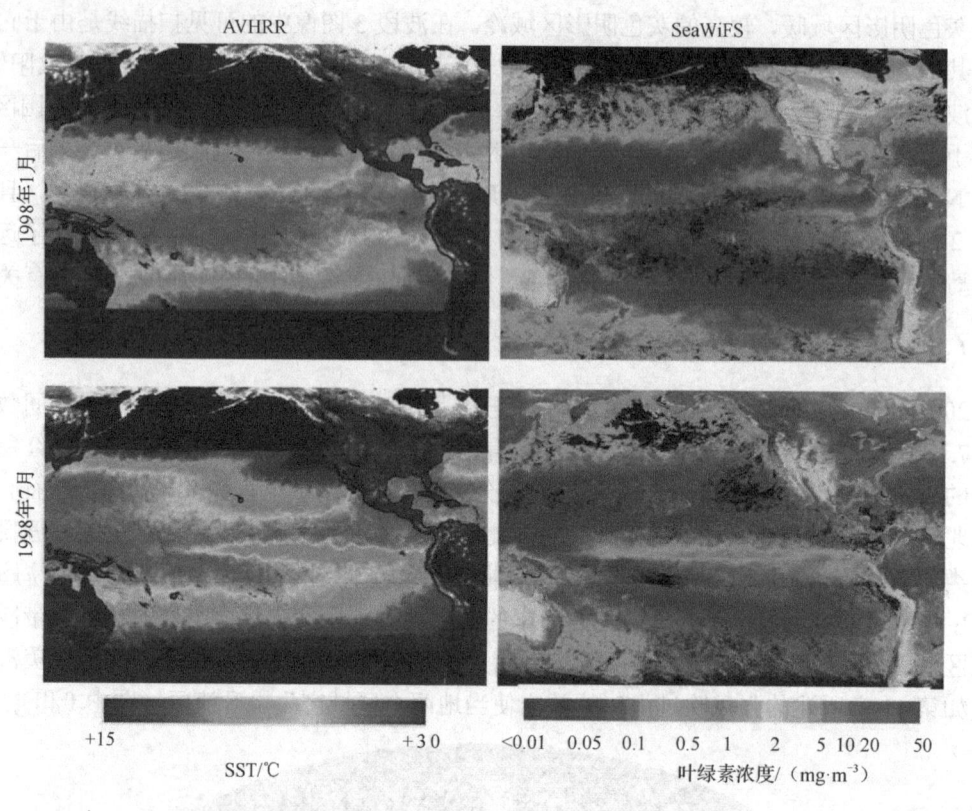

图 7.19　1998 年 1 月和 1998 年 7 月的 AVHRR SST 和 SeaWiFS 海洋叶绿素的比较。详见正文〔图片重印自 Chavez 等（1999）中的图 1）〕（见彩插）

1998 年 1 月，SST 异常超过 5K，接近 SST 异常的最大观测值，而赤道的叶绿素浓度是有记录以来最低的。对于拉尼娜，7 月的图像表明，赤道的东向信风容易造成上升流，它引起的赤道冷水舌由南美沿岸向太平洋扩展。此时，相应的叶绿素 a 图像显示这个冷水舌伴随着赤道区域浮游植物的大量繁殖，造成叶绿素浓度的增加。这个现象对全球气候研究、区域渔业和增进对海洋碳吸收的了解有重要作用。

第8章 微波成像仪简介

8.1 引言

被动微波辐射计为监测大范围海洋变化、反演海冰和大气地球物理参量提供一种强有力的、接近全天候观测的技术手段。与在 VIR 中使用的透镜和镜面不同，被动微波辐射计使用天线接收地球辐射，与雷达一起用于发射并接收脉冲能量。本章介绍辐射计天线及其术语，讨论辐射计的工作方式，总结过去、现在以及将来应用的被动微波成像仪的特点。第9章将介绍微波大气透射率，讨论多种地球物理参量与表面发射率的关系和反演算法，并给出具体实例。

微波的频率占据了电磁波谱频率 $1\sim500GHz$ 的范围，波长为 $0.3m\sim1mm$。微波频率的低频部分用于电视广播，导致该频段开展地球观测存在影响；位于高频部分的远红外波段采用的探测方法与其他微波频段不同。由于频率对大气透射率的依赖性以及源于其他用户的干扰，用于海洋参量反演的频率被限制在 $1\sim90GHz$ 特定窗口内。微波观测的重要性在于，海洋表面的辐射率和大气透射率不仅依赖于频率，而且依赖于诸如大气水汽和液态水、降雨量、海表面温度和盐度、风速、海冰类型及范围等地球物理参数。第9章将详细讨论如何反演这些参数，以及观测仪器如何采用几种不同工作频率观测海洋。

与 VIR 相比，微波有其优势和缺点。首先，如第9章所述，大气比 VIR 有更高的透明度，尤其在 $1GHz<f<10GHz$ 频率范围内。除了大雨情况下，微波仪器几乎能全天候透过云层进行观测。其次，除了诸如太阳之外的某些地外辐射源，地表和大气的亮温都低于 300K。在此温度范围内，微波仪器能够应用普朗克原理的瑞利-金斯近似，因此辐射传输方程可以写成光温而不是辐射率的形式。再次，相对于 VIR，更长波长的微波造成了某些不利因素。由 3.5.1 节瑞利准则可知，要达到与 VIR 相同的空间分辨率，更长的波长意味着需要更大孔径的天线。同时，地球可近似为 300K 的黑体，其最强辐射在波长约 $10\mu m$ 处，从普朗克方程可知，地球在波长约 $10\mu m$ 处的微波辐射与 VIR 波段的太阳辐射相比要小。因此，要接收与光学仪器相同的辐射通量，要求天线有更大的孔径或更大的 FOV。目前，由于火箭发射对载荷尺寸的约束，被动微波天线的直径限制为 $1\sim4m$，分辨率范围为 $5\sim100km$。最后，由于海洋表面的微波辐射率受天线视角的影响大，因此不能采用摆扫式扫描仪。相反大多微波成像仪使用圆锥式扫描仪，以固定入射角观测海洋表面。

8.2 节讨论天线特性。虽然主要讨论被动微波成像仪，但其中一些内容也可以用于第10章中的主动雷达。8.3 节介绍被动微波天线如何获取海洋表面辐射，8.4 节介绍锥形扫描仪的设计方法和海洋表面辐射率与入射角的关系，8.5 节介绍天线方向图的校正方法，8.6 节描述几种适用于海洋观测的典型微波成像仪的设计方法和特点。

8.2 常规天线特性

Ulaby 等（1981，第 93 页）将天线定义为"电磁辐射从自由空间传播转换为沿波导线传输的过渡区域"。图 8.1 显示了三种普通天线，包括喇叭天线、前馈卡塞格伦碟形天线和前馈抛物面天线。发射天线将来自波导的功率以非均匀的方向分布辐射到空间，接收天线收集入射辐射并聚焦到一个波导上。互易定理（Balanis，1982，3.8.0 节和 3.8.1 节）表明，同一副天线的发射和接收功率在方向分布上是一致的。由于发射和接收的互易性，天线的讨论从推导发射过程的方向特性开始，然后将这些特性应用到接收过程。

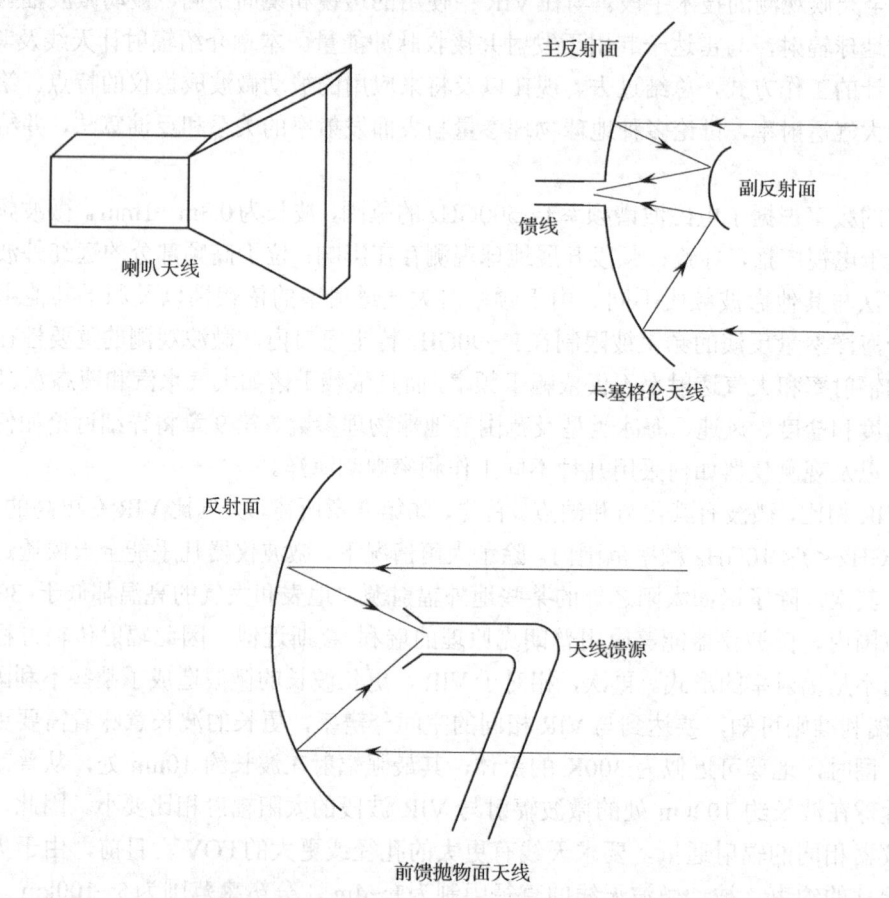

图 8.1　卫星采用的不同类型天线［改编自 Ulaby 等（1981）的图 3.1］

图 8.2 显示了一个理想辐射的二维天线，其孔径为 D，且 $D>\lambda$，该天线发射电场 E 记为

$$E(x,t) = f(x)e^{i\omega t} \tag{8.1}$$

在式（8.1）中，$f(x)$ 是场强方向图函数。在图 8.2 中，r 是距离，θ 是仰角，ϕ 是方位角，发射率 $M(r,\theta,\phi)$ 是能量密度。对任意给定的 r，$\theta=0$ 且 $\phi=0$ 为正视方向，沿此方向 M 最大。

第 8 章 微波成像仪简介

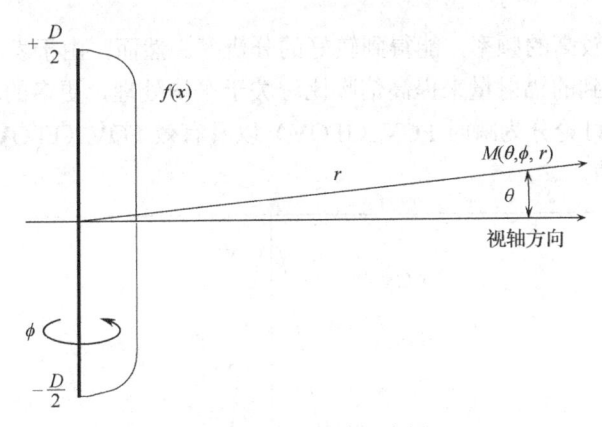

图 8.2 理想天线示意图

对于发射情况,在远场条件下,即 $r > 2D^2/\lambda$, M 随 r^{-2} 减小,因此可以写为

$$M(r,\theta,\phi) = I(\theta,\phi)/r^2 \tag{8.2}$$

其中,电场强度函数 $I(\theta,\phi)$ 与 r 无关(Balanis,1982),如果 Φ_T 是天线发射的总辐射通量,那么

$$\Phi_T = \iint_{4\pi} I(\theta,\phi)\mathrm{d}\Omega \tag{8.3}$$

其中,$\mathrm{d}\Omega = \sin\theta\mathrm{d}\theta\mathrm{d}\phi$,式(8.3)是对整个球面的积分。从这些定义和下节内容可知,天线的特性由功率方向图、方向图立体角、主波束与旁瓣立体角、主波束效率和增益来表示。

8.2.1 功率方向图

天线和 VIR 中使用的透镜区别之一是天线有旁瓣,这意味着可以在非视轴方向的角度发射和接收功率。根据 Ulaby 等(1981),旁瓣特性以归一化功率或辐射方向图 $F_n(\theta,\phi)$ 形式定义,记为

$$F_n(\theta,\phi) = I(\theta,\phi)/I_0 \tag{8.4}$$

其中,I_0 是沿视轴方向的电场强度最大值。对于特定的天线,F_n 可由数值或解析计算得到,也可以用天线测试设备以实验方法确定。由前面提到的互易原理可知,接收和发射的功率方向图 F_n 是一样的,天线接收的 F_n 可以用其发射特性来描述。

对于 SSM/I 微波成像仪的 85GHz 水平极化通道,图 8.3 显示的功率方向图由显著的主瓣、较低的旁瓣以及图中没有显示的更小的旁瓣组成。如图所示,主瓣宽度由最接近视轴方向的最小值之间的角度间距确定,旁瓣的宽度由相应最小值以类似方式定义。F_n 的幅度以分贝或 dB 表示,定义见式(4.7),半功率点是当辐射功率为峰值功率 1/2 处或 $F_n = -3\text{dB}$ 所对应的角度。由 Ulaby 等(1981,3.11 节)可知,半功率波束宽度 $\Delta\theta_{1/2}$ 是两个半功率点之间的角度,可近似表示为

$$\Delta\theta_{1/2} \sim \lambda/D \tag{8.5}$$

在图 8.3 中,功率方向图由 $-2° \sim +2°$ 之间的尖峰与 $0.35°$ 半功率波束宽度组成。窄波束宽度和低旁瓣是典型的卫星天线特征。功率方向图的形状表明天线不仅接收 $\Delta\theta_{1/2}$ 内的能量而且接收波束宽度外立体角范围的能量。例如,如果一个诸如太阳之类的高亮度目标落在旁瓣内,它的辐射就可能超过主瓣内其他目标的辐射。

对于微波天线,$\Delta\theta_{1/2}$ 定义了表面半功率视场,即 3dB FOV,也称为表面方向图。式(8.5)

表明，较短的波长或较高的频率，能得到较好的分辨率。然而，由于表面辐射量很小，需要平均一段时间内接收到的辐射量来提高信噪比。关于平均处理，更多的相关介绍见 1.6 节和 8.6.1 节，对 FOV 的讨论分为瞬时 FOV（IFOV）以及有效 FOV（EFOV），EFOV 是任意时刻 FOV 的时间平均值。

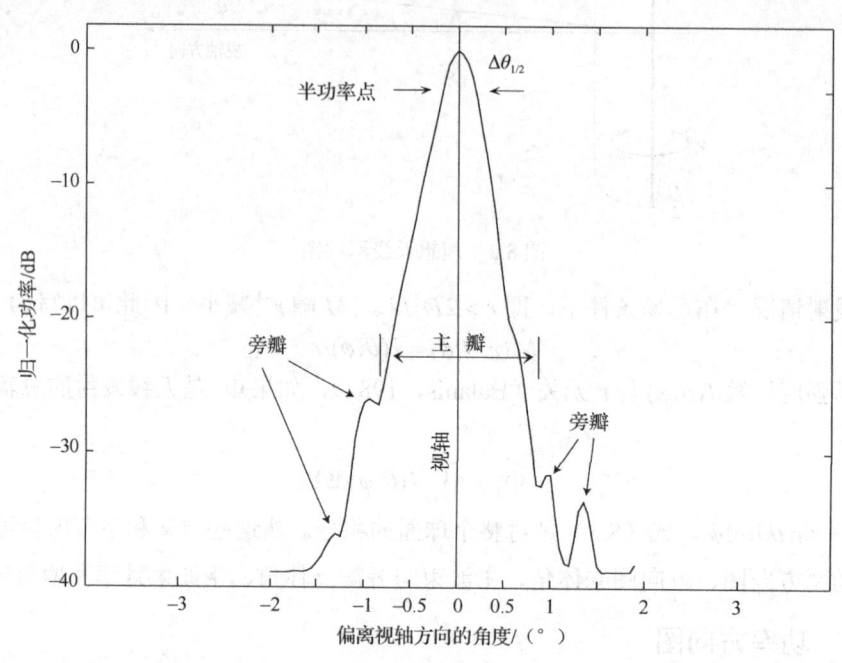

图 8.3 SSM/I 85GHz 水平极化天线的功率方向图。视轴方向 $-2°\sim+2°$ 范围内主瓣与旁瓣，半功率波束宽度为 $0.35°$

功率方向图有两种极限情况。第一种情况对应光学望远镜或笔形波束天线，它没有旁瓣，仅收集来自视轴周围特定的立体角内的辐射量。该情况下，功率方向图变为

$$F_n(\theta,\phi) = \begin{cases} 1, & \theta \leq \Delta\theta/2,\ 0 \leq \phi \leq 2\pi \\ 0, & 其他 \end{cases} \tag{8.6}$$

图 8.3 中的天线方向图近似于笔形波束。

第二种情况是理想的各向同性天线，在球面所有角度内它发射和接收的能量是相同的，因此它的功率方向图为

$$F_n(\theta,\phi) = 1,\ 所有角度 \tag{8.7}$$

对于各向同性的情况，平均归一化强度为

$$I_{ave} = \Phi_T/4\pi \tag{8.8}$$

实际上制造一个各向同性的天线是不可能的，但这是一个有用的极限条件下的概念。

8.2.2 与功率方向图有关的立体角

多个立体角用来描述天线特性，包括功率方向图立体角、主波束立体角、旁瓣和背瓣立体角。方向图立体角 Ω_P 是天线方向图宽度的量度，定义为功率方向图沿所有立体角的积分，

$$\Omega_P = \iint_{4\pi} F_n(\theta,\phi)\mathrm{d}\Omega \tag{8.9}$$

对各向同性天线，$\Omega_P = 4\pi$，对于式（8.6）描述的笔形波束天线，

$$\Omega_P = 2\pi\Delta\theta^2/8 \tag{8.10}$$

同样，主波束立体角 Ω_M 定义为 F_n 沿主瓣的积分：

$$\Omega_M = \iint_{\text{main lobe}} F_n(\theta,\phi)\mathrm{d}\Omega \tag{8.11}$$

旁瓣立体角 Ω_S 和背瓣立体角 Ω_B 有相似的定义。由式（8.9）和式（8.11），主波束效率定义为

$$\eta_M = \Omega_M/\Omega_P \tag{8.12}$$

一般而言，η_M 越接近于 1，旁瓣越小，来自半功率波束宽度内的贡献就越大。如接下来的章节所述，对于微波成像仪的不同通道，大多数情况下 $\eta_M > 0.9$。例如，对于图 8.3 所示的天线方向图，$\eta_M = 0.92$。

8.2.3 增益

增益 $G(\theta,\phi)$ 描述了天线的方向性，定义为给定方向上的接收强度 $I(\theta,\phi)$ 和式（8.8）中的平均信号强度 I_{ave} 的比值，

$$G(\theta,\phi) = I(\theta,\phi)/I_{\text{ave}} \tag{8.13}$$

其中，等式右边的分子和分母同除以 $I_{\max}$，并将式（8.3）、式（8.4）、式（8.8）和式（8.9）代入式（8.13），得

$$G(\theta,\phi) = 4\pi F_n(\theta,\phi)/\Omega_P \tag{8.14}$$

最大增益称为 G_0，它出现在 $F_n = 1$ 时，即

$$G_0 = 4\pi/\Omega_P \tag{8.15}$$

由式（8.15）可知，G_0 是球面的立体角与方向图立体角之比，高增益意味着 Ω_P 小，所以笔形波束天线具有高增益。

8.3 天线对表面辐射的观测

本节和后面的两节描述在天线半波束宽度内确定表面亮温 T_B 的方法。首先，本节讨论如何用微波天线获取 T_B，获取的 T_B 既来自主波束 FOV 也来自多个旁瓣。其次，8.4 节论述微波成像仪为什么使用圆锥扫描仪。第三，8.5 节讨论天线方向图校正（APC）的方法，APC 使用由扫描仪观测的相邻 FOV 的 T_B 值，以去除旁瓣的影响并提高 T_B 反演的精度。下面文中的垂直极化和水平极化亮温记为 T_{BV} 和 T_{BH} 或 $T_{B(V,H)}$，此处下标为 V 或 H。

考虑到天线入射辐射的立体角分布和接收辐射通量之间的关系，推导中假定天线没有损耗，天线对中心频率为 f_0 且带宽 $\Delta f \ll f_0$ 的辐射敏感。由 Ulaby 等（1981，4.2 节）可知，如果 $L(\theta,\phi,f)$ 是天线观测辐射的角分布，$F_n(\theta,\phi)$ 是功率方向图，那么接收的辐射通量 $\Phi_{(V,H)}$ 可近似由 L 和功率方向图 F_n 的乘积沿整个球面积分得到：

$$\Phi_{(V,H)} = \frac{1}{2}A_e\Delta f\iint_{4\pi} L(\theta,\phi,f_0)F_n(\theta,\phi)\mathrm{d}\Omega \tag{8.16}$$

在式（8.16）中，$\Phi_{(V,H)}$ 是天线接收的与极化相关的辐射通量。由于微波天线以一种极

化方式工作，根据仪器设计，Φ 的下标为 V 或 H，这也意味着天线仅接收了一半的入射功率，这解释了式中积分前有系数"1/2"的原因（Ulaby 等，1981）。在式（8.16）中，A_e 是有效孔径面积，它由天线特性和入射辐射特性决定。例如，线栅型天线其有效面积几乎等于实体天线的有效面积。最后，假设 Δf 足够小，那么 f 的积分可以线性化。

对于黑箱中的天线，由式（8.16）计算接收的辐射通量分为黑箱内表面温度均匀和不均匀两种情况。对于第一种情况，图 8.4 显示了天线透过内表面恒定温度为 T_B 的箱壁，假设瑞利-琼斯定律有效，则

$$L(f_0) = 2k_B T_B f_0^2 / c^2 = 2k_B T_B / \lambda_0^2 \tag{8.17}$$

其中，$f_0 \lambda_0 = c$ 且 λ_0 是中心波长。将式（8.17）代入式（8.16），为简化起见，去掉式中极化下标，天线的辐射通量 Φ_{OUT} 为

$$\Phi_{OUT} = \frac{1}{2} A_e \Delta f \iint_{4\pi} (2k_B T_B / \lambda_0^2) F_n(\theta, \phi) d\Omega \tag{8.18}$$

对式（8.18）积分，并代入式（8.9）中，得

$$\Phi_{OUT} = (A_e \Delta f k_B T_B / \lambda_0^2) \iint_{4\pi} F_n(\theta, \phi) d\Omega = A_e \Omega_P \Delta f k_B T_B / \lambda_0^2 \tag{8.19}$$

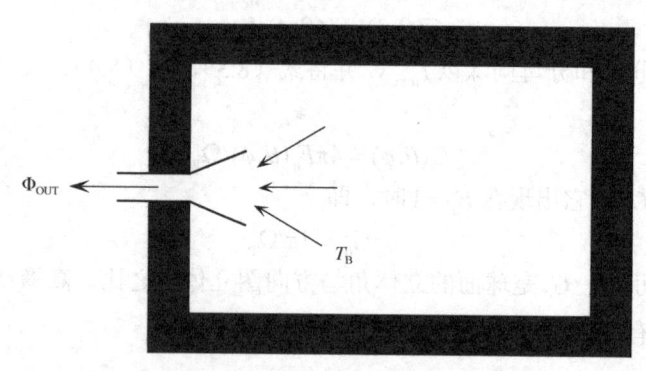

图 8.4 天线穿过黑箱，箱内表面温度恒定

根据式（8.19），并假定天线特性 A_e、Δf、λ_0 和 Ω_P 已知，得到 Φ_{OUT} 的测量值就可以求解未知量 T_B。

对于第二种情况，黑箱内表面温度不均匀，并且场景温度为 $T_{SC}(\theta, \phi)$，则

$$\Phi_{OUT} = \left(A_e \Delta f k_B / \lambda_0^2\right) \iint_{4\pi} T_{SC}(\theta, \phi) F_n(\theta, \phi) d\Omega = A_e \Omega_P \Delta f k_B T_A / \lambda_0^2 \tag{8.20}$$

对于非均匀温度分布，式（8.20）表明箱内部具有恒定的温度 T_A，其中

$$T_A = \frac{1}{\Omega_P} \iint_{4\pi} T_{SC}(\theta, \phi) F_n(\theta, \phi) d\Omega \tag{8.21}$$

温度 T_A 称为天线辐射温度或简称为天线温度，它是 $T_{SC}(\theta, \phi)$ 的加权积分（垂直极化或水平极化）。该天线温度名不符实，不是天线的物理温度；实际上，天线的设计具有高反射性与低发射率，所以它的亮温很小。

对于特定的天线，最大的优点应在于能够校正 T_A 的测量，使它只对应于半功率 FOV 发射的亮温值。由于 APC 的处理依赖辐射计的扫描特性，8.4 节将介绍为什么在微波中普遍使用圆锥扫描仪。

8.4 圆锥扫描仪和表面发射率

由于大气和海洋的微波辐射受入射角的影响大，因此许多目前运行的微波成像仪是圆锥扫描仪。如图 8.5 所示，圆锥扫描仪观测地表时，以固定的入射角 θ 并以恒定的速率绕最低点轴旋转，因此观测的 FOV 为连续的弧段。具体原因将在 9.4.2 节中讨论。对于所有的圆锥扫描仪，入射角的范围为 $50°\sim 55°$。

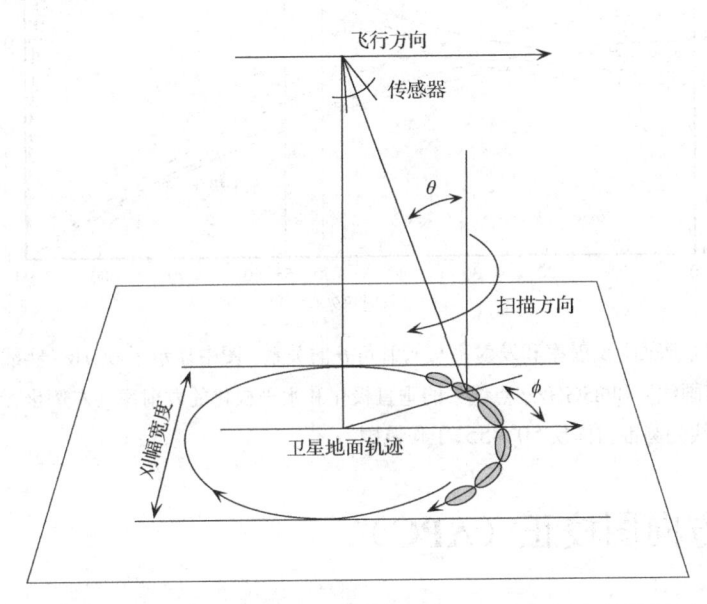

图 8.5　圆锥扫描仪的几何结构及其表面扫描图形。图中给出入射角 θ、方位角 ϕ、刈幅宽度和几种代表性的半功率 FOV

以典型的工作频率 6GHz、18GHz、37GHz 和 85GHz 观测镜面淡水表面，图 8.6 显示了垂直极化和水平极化的反射率和发射率与入射角 θ 的关系。曲线是通过将淡水的折射系数代入菲涅耳方程［见式（5.7）与式（5.8）］得到的。图中忽略了海洋盐度，如 9.4.1 节所述，当 $f > 5GHz$ 时，发射率与表面盐度无关。图 8.6 显示了扫描仪 $50°\sim 55°$ 的入射角范围。由图 8.6 可以发现，依赖于 θ 的发射率和反射率与图 7.6 显示的红外波段相比有很大的不同，且更依赖于入射角 θ。当入射角 $\theta = 50°\sim 55°$ 时，反射率与发射率相似。与红外波段辐射传输模型不同，反射率大，意味着微波辐射传输模型必须包括大气反射和地球外的辐射量。图 8.6 表明，在圆锥扫描仪视角范围内，垂直极化发射率约为 0.5，水平极化发射率约为 0.3。对于表面温度 300K，垂直极化亮温约为 150K，水平极化亮温约为 90K，因此产生约 60K 的亮温差异。忽略其他辐射源，平静的海洋表面的亮温低且是强极化的。最后，尽管圆锥扫描仪避免了发射率依赖于入射角 θ 的问题，但卫星平台姿态的变化会改变 θ 和海面发射率，在接收亮温时导致了不确定性。

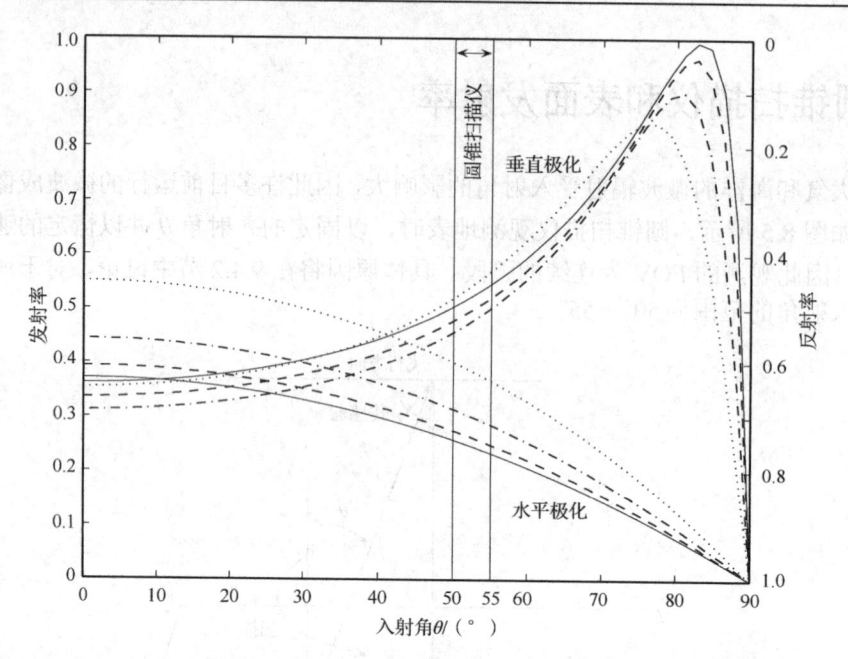

图 8.6 对于镜面淡水表面，反射率和发射率与入射角 θ 的关系。图中显示了 6GHz（实线）、18GHz（虚线）、37GHz（点画线）和 85GHz（点线）的垂直极化和水平极化的发射率（左侧坐标）和反射率（右侧坐标）。垂线为圆锥扫描仪 50°~55° 工作范围

8.5 天线方向图校正（APC）

本节描述如何组合利用天线扫描方向图和接收天线温度，从半功率 FOV 来反演表面或大气亮温值 T_B，同时使不必要的辐射的影响最小化。Wentz（1992）、Colton 和 Poe（1999）等认为，这些不必要的辐射包括：

- 源于半功率 FOV 外的表面辐射，称为旁瓣污染。
- 反射的地外辐射源的辐射。
- 仪器中内部交叉极化耦合产生的辐射（称为串扰），会导致一种极化的辐射量中包含另一种极化的辐射量。

受天线设计和 FOV 周围亮温强度的影响，附加的辐射会引起天线亮温与期望的 T_B 有很大不同。

在 APC 的处理过程中，根据天线的特性和表面 FOV 来减少不必要的辐射的影响，并将接收数据重新格式化为空间均匀的地球地理网格单元。Njoku 等（1980a）回顾了一般的 APC 过程并将它应用到 SSM/I；Wentz（1992）简要描述了将 APC 应用到 SSM/I 的情况；Colton 和 Poe（1999）更加详细地描述了上述应用。该方法遵循了 Colton 和 Poe 的处理方法，对主瓣效率 $\eta_M \geq 0.9$ 的天线有效。在处理中将接收的大部分能量聚集到视轴方向一到两个波束宽度内以简化 APC。

图 8.7 所示的一系列圆对应着三个连续的辐射计半功率 FOV，每个圆表示一个半功率 FOV。图中显示了三种情况：(1) 海洋 FOV 和它周围的 FOV 完全在刈幅内；(2) 海洋 FOV 在刈幅边缘；(3) 与陆地相邻的海洋 FOV。

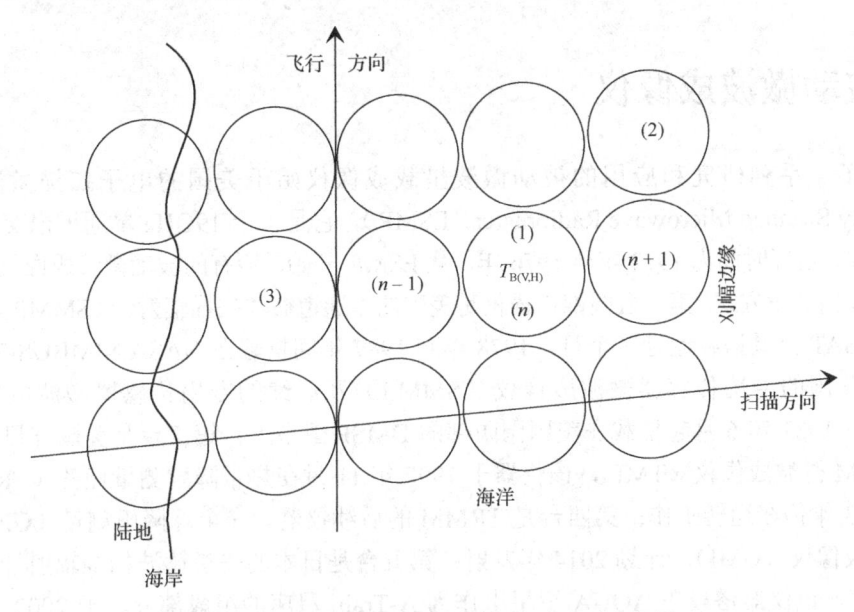

图 8.7 圆锥扫描微波天线主波束的表面方向图

在第一种情况中，周围 FOV 测量的 T_A 值被用来估计旁瓣辐射量。根据 Colton 和 Poe（1999）的方法，对于图 8.7 中第 n 个 FOV，假定 $T_{B(V,H)}(n)$ 为期望的表面亮温，$T_{A(V,H)}(n)$ 为测量的天线温度，对水平极化辐射量，T_{BH} 的解可以写为

$$T_{BH}(n) = c_0 T_{AH}(n) + c_1 T_{AV}(n) + c_2 T_{AH}(n-1) + c_3 T_{AH}(n+1) \tag{8.22}$$

T_{BV} 有类似的解。在式（8.22）的等号右侧，第一项是经过校正的 FOV 内测量值，第二项是串扰项，第三和第四项是周围 FOV 的旁瓣影响。对旁瓣的影响，推导中隐含的假设是 $(n-1)$ 和 $(n+1)$ 处的 FOV 代表了所有周围的 FOV 辐射值。对于图 8.3 中 85GHz 水平极化天线方向图，式（8.22）中系数的典型值为 $c_0 = 1.03$，$c_1 = 0.013$，$c_2 = c_3 = 0.0015$，这些系数由天线测量设备确定（Colton 和 Poe，1999，表 2）。c_0 大于 1 是为了补偿瞄准方向周围功率模式的衰减。

估算式（8.22）校正值大小的过程如下：对于 300K 的表面温度，在无干扰大气和基于图 8.6 的发射率情况下，T_{AH} 近似为 120K，T_{AV} 近似为 160K。把上一段中的数值和系数代入式（8.22），可以看出等式右边第一项增加了 3.6K，第二项增加了 2.1K，第三和第四项增加了 0.2K。对这些项求和得到 $T_{BH} = 125.9$K，比 T_{AH} 大了 5.9K。这个校正值的大小验证了必须应用 APC 来获得期望的 0.5～1K 精度。

大多数情况下，在 FOV 直径的尺度上，表面 T_B 分布的变化可以忽略，所以将 c_3 和 c_2 合并到 c_0 中可进一步简化式（8.22），在此情况下，APC 仅被应用于感兴趣的 FOV。这种简化意味着，即使对于接近刈幅边缘的 FOV，仍然可以应用 APC。对于刈幅边缘的情况，当 η_M 小于 0.9 时，对于 SMMR 6.6GHz 通道，来自刈幅外的旁瓣辐射用分类图说明。分类图由平均气候态的海表亮温或查找表组成，用于估计旁瓣的影响，其中温度是位置和季节的函数。第三种情况为不适合校正的情况，包括 FOV 在陆地或冰面边缘，海面风暴或表面亮温有突变或强烈空间梯度变化的区域。因为 APC 平滑了这些变化，在此情况下校正就不适用了。邻近这些梯度变化区域的 FOV 被剔除或掩盖，因此，只有距离陆地或海冰边缘一个 FOV 以上距离的成像仪数据才能被使用。与 4.9.1 节进行的漫射透过率讨论相似，这样的数据称为"被污染的"（contaminated）数据。

8.6 被动微波成像仪

开展了一系列研究和应用的被动微波星载成像仪始于美国的电子扫描微波辐射计（Electrically Scanned Microwave Radiometer，ESMR），它是一个19GHz单通道沿交轨方向观测的扫描仪，运行时间为1973年至1976年。从ESMR开始，所有的被动微波成像仪都采用圆锥扫描或推扫工作方式。第一台圆锥扫描仪是美国的多通道微波扫描辐射计（SMMR），于1978年由SEASAT卫星搭载运行三个月，1978年到1987年间搭载在NASA NIMBUS-7卫星上；第二台是美国的专用传感器微波成像仪（SMM/I）及后续的专用传感器微波成像测深仪（SMS），自1987年6月起搭载在美国国防部的DMSP卫星上；第三台是美国与日本共同研制的TRMM微波成像仪（TMI），该仪器于1997年11月在热带降雨测量任务（TRMM）中发射，2013年仍在运转工作；第四台是TRMM的后续仪器，在全球降雨测量（GPM）项目中的微波成像仪（GMI），计划2014年发射；第五台是日本的先进微波扫描辐射计——EOS（AMSR-E），该仪器搭载在AQUA卫星上作为A-Train星座的组成部分，于2002年5月发射，它是由日本2002年12月发射的短寿命的ADEOS-2卫星搭载的AMSR仪器经过改进而来的。如第1章所述，AMSR-E天线于2011年11月停止运行，并且在2012年由搭载在GCOM-W1卫星的后继传感器AMSR2取代了其在A-Train中的位置。

关于上述遥感器，表8.1列出了它们的工作频率与入射角，并表明它们采用了类似但不完全一致的通道。正如第9章和8.6.4节所描述的，频段的选择由大气透射率、反演大气和海洋参量所希望的频率敏感度以及避免射频干扰来决定。SMMR和SSM/I之间最大的波段频率变化是，SSM/I取消了6.6GHz和10.7GHz通道，并且为了商用目的重新分配了18GHz通道，将18GHz通道移至19.3GHz。基于第9章讨论的内容，SSM/I将21GHz通道移至22.2GHz，以更接近22.235GHz的水汽吸收峰值，并增加了85GHz的高频通道。在第9章可以看到，由于反演SST至少需要6.9GHz或10.7GHz中的一个通道，因此SSM/I不能反演SST。直到1997年发射了带有10.7GHz通道的TMI、带有6.9GHz和10.7GHz通道的AMSR-E和AMSR2，这些低频信道才出现。下一节将简要介绍列在表8.1中的遥感器。

表8.1 SMMR、SSM/I、TMI和AMSR-E频率、极化方式和入射角θ比较

仪器	频率/GHz；极化方式（V，H）						θ/(°)
SMMR	6.6；V，H	10.7；V，H	18.0；V，H	21.0；V，H	37.0；V，H	—	51
SSM/I	—	—	19.3；V，H	22.2；V	37.0；V，H	85.5；V，H	53
TMI	—	10.7；V，H	19.3；V，H	21.3；V	37.0；V，H	85.5；V，H	53
GMI	—	10.7；V，H	18.7；V，H	23.8；V	36.5；V，H	89.0；V，H	53
AMSR-E	6.9；V，H	10.7；V，H	18.7；V，H	23.8；V	36.5；V，H	89.0；V，H	55
AMSR2	6.9/7.3；V，H	10.7；V，H	18.7；V，H	23.8；V	36.5；V，H	89.0；V，H	55
WindSat	6.8；V，H	10.7；V，H；3，4	18.7；V，H；3，4	23.8；V，H	37.0；V，H；3，4	—	49.9~53.5

表中的数字3、4表示第3和第4斯托克斯参数。引自Wentz和Meissner（1999）、Maeda等（2011）、PPS（2010）、GPM（2010）和Gaiser等（2004，表2）。

8.6.1 多通道微波扫描辐射计（SMMR）

多通道微波扫描辐射计（SMMR）由 NIMBUS-7 卫星发射升空，在 1978—1987 年提供了观测数据。NIMBUS-7 是一颗轨道高度为 955km 的中午至午夜太阳同步轨道卫星。在它发射之前，另一台 SMMR 在 1978 年由 SEASAT 卫星搭载升空，工作了 99 天。Gloersen 和 Barath（1977）、Massom（1991）和 Gloersen 等（1992）介绍了这台仪器。表 8.2 列出了仪器各波段的主要技术指标。该仪器由一个摆动的、1.1m×0.8m 的椭圆天线组成，该天线能够将地球辐射反射到固定的微波馈源。天线是 SMMR 唯一相对于航天器旋转的部件。在 NIMBUS-7 卫星上，天线向前扫描，扫描刈幅达到 780km。采用正弦扫描，周期为 4.096s，即反射面摆动到飞行方向的一侧暂停，往回摆动到另一侧后再次暂停。

表 8.2 SMMR 的主要技术指标

频率/GHz	6.6 V, H	10.7 V, H	18 V, H	21 V, H	37 V, H
3dB 带宽/（°）	4.5	2.9	1.8	1.5	0.9
带宽 Δf/MHz	250	250	250	250	250
300K 时，NEΔT	0.9	0.9	1.2	1.5	1.5
积分时间 τ_1/ms	126	62	62	62	30
主波束效率 η_M	0.82	0.85	0.87	0.85	0.89
3dB EFOV/（沿扫描方向×沿轨方向）	148km×95km	90km×60km	45km×30km	40km×25km	20km×15km

引自 Stewart（1985）、Gloersen 和 Barath（1977）、Njoku 等（1980b）。

对每个频率和极化，表 8.2 列出了 SMMR 3dB 波束宽度、带宽 Δf、NEΔT、积分时间 τ_1、主波束效率 η_M 和 EFOV。如前所述，EFOV 由积分时间内的平均 IFOV 组成，积分的目的是减少仪器的噪声。按照 Stewart（1985，9.3 节）的方法，减少噪声的计算如下：对带宽 Δf，接收辐射积分时间 τ_c 可由 $\tau_c \approx \Delta f^{-1}$ 给出。当 $\Delta f = 250$MHz，$\tau_c \approx 4\times 10^{-6}$ ms 时，积分时间 $\tau_i = 126$ms 等效于 $N = 6\times 10^7$ 个独立观测值求平均。由于不确定性与 $\sqrt{N}$ 成正比，通过积分噪声能以 10^4 的因子减小。如表中所示，积分也可以使 EFOV 椭圆沿扫描方向的轴长大于沿轨迹方向的轴长。由于 6.6GHz 时的刈幅宽度为 780km，所以刈幅内仅包含 5 个 EFOV。表 8.2 也表明，对于所有的频率，$\eta_M < 0.9$。由于 6.6GHz 通道 $\eta_M = 0.82$，旁瓣的影响意味着在 1～4 EFOV 内或海洋/陆地边界约 600km 内的 SST 不能被反演，这极大地降低了仪器的观测效能（Njoku 等，1980）。

在 SMMR 设计中还存在几个问题。第一，固定的馈源与旋转的天线产生不同极化间串扰。第二，因为 NIMBUS-7 是太阳同步轨道，经过赤道的时间为当地的中午和午夜，白天的加热和午夜的降温会产生仪器噪声。并且，当卫星经过南极时，SMMR 会经历几次由于太阳直接照射到馈源而产生的瞬变。第三，SMMR 为了保存电力隔天工作，只能在 6 天时间内对全球近似全覆盖。第四，当仪器开机时，有 1 小时的过渡时间，在此时间内的数据不可用。第五，SMMR 未经过充分标定。尽管有这些问题，SMMR 还是对未来仪器的发展提供了试验平台，并实现了极地海冰的观测。

8.6.2 专用传感器/微波成像仪（SSM/I）

专用传感器/微波成像仪（SSM/I）改进了与 SMMR 相关的许多问题，并为 TMI 和 AMSR 的设计提供了基础。Hollinger 等（1990）与 Massom 等（1991）描述了 SSM/I。1987 年 6 月 19 日，第一台 SSM/I 由美国空军 DMSP 卫星发射升空，经过多次临时复位，目前仍然在轨运行。DMSP 是一颗晨-昏太阳同步轨道卫星，轨道高度为 860km，周期为 102min。这个轨道可提供除极地中心 2.4°范围的圆形区域外的地球全覆盖。SSM/I 由美国国防部资助到 2003 年，2003 年后 SMMS 被专用传感器微波成像仪/探测器（SSMI/S）替代。SSMI/S 将 SSM/I 和温度湿度探测器集成到一台仪器上，该仪器仍使用 SSM/I 的天线。作为 JPSS 的一部分，SSMI/S 在 DMSP 卫星的上午轨道上继续工作。

图 8.8 为 SSM/I 的照片，它由一个尺寸为 0.61m×0.66m 的偏置抛物反射面组成，反射面将微波辐射聚集到一个 7 端口的天线馈源。SSM/I 的设计与 TMI 和 AMSR 相同，SSM/I 安装在 DMSP 卫星的顶部。反射面和馈源以 1.9s 为周期匀速旋转。观测数据通过一系列的滑环与卫星实现连续传输。SSM/I 有两个非旋转的定标源，一个冷空反射器和一个温度保持在 300K 左右的热参考负载。这些定标源被固定在卫星上，仪器定标时馈源依次观测定标源。热负载经过单独精密测温，冷空温度假定为宇宙的背景温度 2.7K（Colton 和 Poe，1999）。

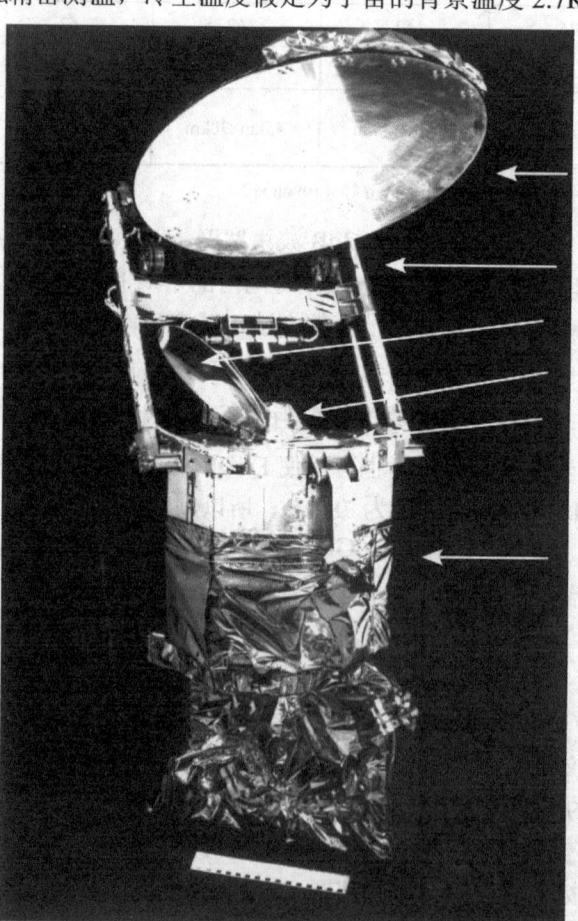

图 8.8　SSM/I 的照片 [Hollinger 等（1990）的图 3]

图 8.9 为 SSM/I 扫描观测示意图。当 SSM/I 后视时，观测的弧段为 102.4°。这个弧段以卫星轨道为中心，观测宽度为 1394km。在天线 1.9s 的旋转周期内，卫星沿观测表面飞过了 12.5km。观测表面上的椭圆是 IFOV，它们随着频率的增加而逐渐变小。扫描观测可分为 A 和 B 两种方式，它们依次交替，A 扫描包含所有通道，B 扫描仅包含 85GHz 通道。对于这两种扫描方式，85GHz 通道沿观测弧段采样 128 次，每个采样积分时间为 3.89ms，在此时间内，天线视轴沿扫描方向在观测表面移动约 13km。由于三个低频通道分辨率更低，低频通道仅在 A 扫描期间采样，其中沿观测弧段它们被均分为 64 个 EFOV。表 8.3 中列出了仪器的特性和每个通道的 3dB EFOV。因为 SSM/I 积分时间比 SMMR 积分时间更短，所以 SSM/I 的 EFOV 是以航迹方向为长轴、扫描方向为短轴的椭圆，这和 SMMR 的情况相反。偏置天线入射角为 53°～55°且 360°旋转是本章提及的其他扫描辐射计的共同特征。

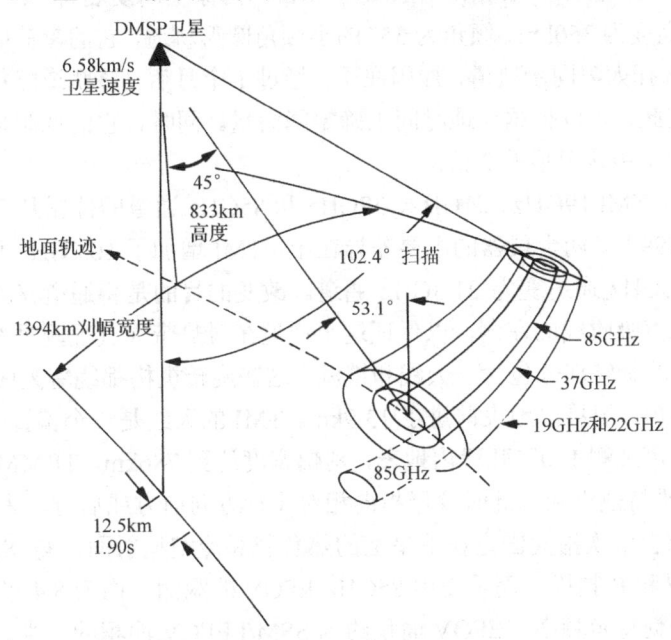

图 8.9 SSM/I 扫描观测示意图[来自 NASA 科学工作组（1984）]

SSM/I 在设计上改善了 SMMR 出现的很多问题。第一，SSM/I 的晨-昏轨道最小化了 SMMR 每天的加热和冷却问题。第二，因为 SSM/I 的馈源和天线一起旋转，馈源的位置相对于反射面是固定的，这样消除了 SMMR 上发生的极化通道间由于旋转造成的串扰问题。第三，因为 SSM/I 是连续工作的，所以没有启动过渡时间。第四，因为 SSM/I 的刈幅宽度是 SMMR 的 2 倍，并且 SSM/I 连续工作而不是隔日工作，因此它有更大的覆盖范围和 4 倍于 SMMR 的数据量。第五，与第 9 章要讨论的一样，采用晨-昏轨道能大大减少太阳耀斑的影响。它的主要缺点是由于 SSM/I 缺少频率低于 19GHz 的通道而不能反演 SST 值。

表 8.3 SSM/I 各通道的主要技术参数

频率/GHz	19.35 V，H	22.235 V	37 V，H	85.5 V，H
3dB 带宽/（°）	1.9	1.6	1.0	0.42
带宽 NEΔF/MHz	100	100	200	600
NEΔT/K	0.8	0.8	0.6	1.1

				续表
积分时间 τ_1/ms	7.95	7.95	7.95	3.89
主波束效率 η_M	0.96	0.95	0.93	0.92
3dB EFOV（沿扫描方向×沿轨方向）	45km×70km	40km×50km	30km×37km	13km×15km

引自 Hollinger 等（1990）和 Wentz（1992）。

8.6.3 TRMM 微波成像仪（TMI）和 GPM 微波成像仪（GMI）

TRMM 微波成像仪（TMI）是一种 9 通道的微波辐射计，用于观测降雨量大的热带区域。TMI 安装在 TRMM 卫星上，TRMM 由 NASA 和日本国家空间发展署（JAXA）合作研制。TRMM 卫星采用高度为 350km、倾角为 35°的小倾角圆形轨道，它的覆盖面积稍大于半个地球。TRMM 没有选择太阳同步轨道，原因在于，经过 1 个月后，该轨道能每天以相同的间隔采样热带区域。因此，可以根据当地时间来确定降雨量。同时，它的低倾角轨道也意味着它的表面采样率大约是极轨卫星的 2 倍。

如表 8.1 所示，TMI 19GHz、21GHz、37GHz 和 85GHz 通道的位置几乎与 SSM/I 的一样（Kummerow 等，1998）。两台仪器的主要差异在于，TMI 增加了 10.7GHz 垂直极化、水平极化通道，将 22.235GHz 通道变为 21.3GHz 通道。改变的目的是将通道移到 9.2 节中描述的 22.235GHz 通道水汽吸收线的左侧，以保证这个通道在对热带大气观测时不会发生饱和。与 SSM/I 类似，TMI 的旋转部分包含了天线和馈源。这些旋转机构都绕着天底轴以 1.9s 的周期旋转，在旋转周期内，卫星沿地表前进了 13.9km。TMI 的天线是一个偏置的直径为 61cm 的抛物面反射天线，可观测 130°弧段内地表，刈幅宽度达到 786km。TRMM 卫星有时会绕天底轴旋转 180°以维持热平衡，此时仪器指向相对飞行方向前方或后方。为了标定 TMI，每一次旋转，馈源都会依次指向固定在卫星上的热负载和冷空反射面。与 SSM/I 不同，TMI 扫描不分为 A 扫描和 B 扫描，而是使用 85GHz EFOV 的观测。由表 8.4 可知，由于 TRMM 卫星高度低，在任何特定频率，EFOV 面积约为 SSM/I EFOV 面积的一半。

表 8.4 TMI 波段主要技术参数

频率/GHz	10.65 V, H	19.35 V, H	21.3 V	37 V, H	85.5 V, H
3dB 带宽/(°)	3.7	1.9	1.7	1.0	0.42
带宽 Δf/MHz	100	500	200	2000	3000
NEΔT/K	0.6	0.5	0.7	0.3	0.7
积分时间 τ_1/ms	6.6	6.6	6.6	6.6	3.3
主波束效率 η_M	0.93	0.96	0.98	0.91	0.83
3dB EFOV（沿扫描方向×沿轨方向）	37km×63km	18km×30km	18km×23km	9km×16km	5km×7km

改编自 Kummerow 等（1998）和 GPM（2010，表 14）。

TRMM 的替代品是全球降雨测量（GPM）微波成像仪（GMI），这是一个计划于 2014 年开启的美日联合项目。GPM 微波成像仪（GMI）在 GPM 星座中处于中心地位，GPM 星座的目的是以 3h 的间隔观测全球大部分的降雨。NASA 对 GPM 的贡献是 GPM 核心观测平台（GPM，2012）。GPM 核心观测平台由 NASA 与 JAXA 共同研制，搭载 NASA 提供的 GPM 和 JAXA 的双频降雨雷达（DPR）。GPM 核心观测平台轨道高度为 400km，轨道倾角为 65°，计划于 2014 年发射。GPM 没有采用太阳同步轨道，而是在经过赤道的地方时在 24 小时内变化，周期为 46 天。

GPM 星座至少由 7 颗卫星组成。要加入该星座的卫星，必须载有被动微波成像仪并将数据提交到位于 NASA Goddard 的 GPM 降雨处理系统（Precipitation Processing System，PPS）。目前 GPM 星座包括 TRMM、ISRO/CNES M-T 卫星（已于 2010 年发射），载有命名为降雨与大气探测分析系统（MADRAS）的微波辐射计、DMSP 卫星上的 SSMS、8.6.5 节中描述的 AMSR2 和 WindSat 辐射计。可用于该星座的卫星还包括巴西和欧洲航天局（ESA）的卫星。GMI 的目的不仅是收集数据，而且作为星座中其他仪器的定标标准。

表 8.5 列出了 GPM 核心观测平台搭载的 GMI 的观测频率和特性（GPM，2012）。GPM 采用直径为 1.22m 的抛物面反射天线获取数据，其天线直径是 TMI 天线的 2 倍，天线转速为 32r/min。反射天线表面设计精度优于 50μm（0.05mm）。热负载和冷负载温度经过精细控制。如表 8.5 所示，由于天线尺寸与反射面天线精度不同，GMI 波束效率的范围为 0.92～0.97，相对于 TMI 有了提升。

表 8.5 GMI 波段主要技术参数

频率/GHz	10.65 V，H	18.7 V，H	23.8 V，H	36.5 V，H	89 V，H
3dB 带宽/（°）	1.2	0.65	0.75	0.35	0.15
带宽 Δf/MHz	100	200	400	1000	6000
NEΔT/K	0.96	0.84	1.05	0.65	0.57
主波束效率 η_M	0.92	0.92	0.92	0.97	0.96
EFOV（沿扫描方向×沿轨方向）	19km×32km	11km×18km	10km×16km	16km×9km	7km×4km

引自 GPM（2010，表 2）、Neweu 等（2010，表 1）、PPS（2010，表 1.1）。

8.6.4 先进微波扫描辐射计 EOS（AMSR-E）及其后续者 AMSR2

AMSR-E 是 NASDA 研制的仪器，由 AQUA 卫星搭载并于 2002 年 5 月升空；同样的 AMSR 仪器于 2002 年 12 月由日本先进地球观测 2 号卫星（ADEOS-2）搭载发射，该卫星在 2003 年 10 月过早地失效了（AMSR-E，2013）。在 2011 年 10 月 AMSR-E 由于天线停止旋转失效。AMSR-E 的设计在 AMSR 基础上作了微小改进。两台仪器的不同之处在于，AMSR 有两个额外用于大气探测的 50.3GHz 和 52.8GHz 的垂直极化通道。AQUA 卫星采用升交点地方时为 13:30 的太阳同步轨道，轨道高度为 705km，该卫星是 A-Train 星座的组成部分。

在 AQUA 卫星上，AMSR-E 绕天底轴以 1.5s 的周期连续旋转，在 1 个周期内，卫星沿地面轨迹前进了 10km。AMSR-E 测量的是在卫星地面轨迹±61°范围内向上的辐射，对应的刈幅为 1445km。与 SSM/I 类似，AMSR-E 是一个 12 通道、6 频段类似 SSMI 的圆锥扫描辐射计。它们的主要区别在于 AMSR-E 有更多的通道，有一个更大直径的 1.6m 抛物面反射天线，并且在频段选择上略有不同（见表 8.6）。AMSR-E 抛物面反射天线将表面辐射聚集到 6 个馈源阵列上，然后被 12 个分离接收器放大。18.7GHz 和 23.8GHz 接收器共用一个馈源。为避免进行 A 扫描和 B 扫描，85GHz 通道使用两个偏置的馈源，这样在沿轨迹方向相隔 5km

产生两个 85GHz FOV。对于其他通道，FOV 相隔 10km。

两个非旋转的外部参考源用于 AMSR-E 定标（AMSR-E，2013）。一个热参考载荷用来维持约 300K 的物理温度，另一个用来将冷空间亮温反射到仪器的反射镜。反射镜和参考载荷被固定在卫星平台上，每一次旋转，它们依次经过馈源阵列和抛物面反射天线进行定标。抛物面反射天线的视角固定为 47.4°，入射角范围为 55°±0.3°。θ 的微小变化源于轨道小的偏心率和地球曲率的影响。

表 8.6 AMSR-E 波段主要技术参数

频率/GHz	6.9 V，H	10.7 V，H	18.7 V	23.8 V，H	36.5 V，H	89.0 V，H
3dB 带宽/(°)	2.2	1.4	0.89	0.9	0.4	0.18
带宽 Δf/MHz	350	100	200	400	1 000	3 000
NEΔT/K	0.3	0.6	0.6	0.6	0.6	1.1
积分时间 T_1/ms	2.6	2.6	2.6	2.6	2.6	1.3
主波束效率 η_M	0.95	0.95	0.96	0.96	0.95	0.96
EFOV（沿扫描方向×沿轨方向）	43km×75km	27km×48km	16km×27km	18km×31km	8km×14km	4km×6km

来自 AMSR-E（2013）。

AMSR2 用于接替 AMSR-E，于 2012 年由全球气候观测任务——水（GCOM-W1）的首发星搭载升空，它的设计与 AMSR-E 相似（见图 8.10）。表 8.7 描述了该仪器的波段特性。它是 GCOM-W1 上唯一的对地观测仪器，并将继续执行目前 AMSR-E 的测量任务。与 AMSR-E 相比，AMSR2 定标系统经过了改进。为了减小 AMSR-E 6.9GHz 通道的射频干扰，AMSR2 增加了 7.3GHz 通道。6.9GHz 通道与 7.3GHz 通道共用一个馈源，保留 6.9GHz 通道的目的是用于比较 AMSR-E 与 AMSR2 的数据。两类仪器之间的主要差别是，与 AMSR-E 的 1.6m 天线直径相比，AMSR2 的天线直径为 2m，因此具有更好的分辨率。见 9.3.3 节的讨论，AMSR2 由于 6.9GHz 频段的射频干扰问题，增加了 7.3GHz 观测波段（Imaoka 等，2007）。AMSR2 转速是 40r/min。GCOM-W1 是 A-Train 星座的组成部分，与 AQUA 卫星轨道相同（Maeda 等，2011），位置处于 AQUA 卫星正前方。它具有目前最大的被动微波天线。

图 8.10 图中为搭载在 GCOM-W1 上的 AMSR2；天线直径为 2m [（JAXA），经许可使用]

表 8.7　AMSR2 波段主要技术指标

频率/GHz	6.9/7.3 V，H	10.7 V，H	18.7 V，H	23.8 V，H	36.5 V，H	89.0 V，H
3dB 带宽/（°）	1.8	1.2	0.65	0.75	0.35	0.15
带宽 Δf/MHz	350	100	200	400	1000	3000
NEΔT/K	<0.3/0.4	<0.7	<0.7	<0.6	<0.6	1.3
3dB EFOV（沿扫描方向×沿轨方向）	35km×60km	24km×42km	14km×22km	15km×26km	7km×12km	3km×5km

来自 GPM（2010，表 6）和 Meda 等（2011）。

8.6.5　WindSat 辐射计

2003 年 1 月发射的 Coriolis 卫星搭载了 WindSat 微波辐射计，通过该仪器多频段垂直、水平极化观测数据可实现风矢量的反演。根据 3.2.3 节 4 个斯托克斯参数的描述，这样的仪器被称为极化辐射计（Germain 等，1998；German 和 Gaiser，2000）。第 9 章将进一步讨论如何利用上述参数来反演风矢量。NPOESS 和海军研究实验室共同资助了 WindSat 卫星计划（WindSat，2013a）。WindSat 轨道高度为 830km，采用太阳同步轨道，降交点地方时为 06:00，用以减小太阳反射率的影响（Gaiser，1999；Gaiser 等，2004）。WindSat 由安装在 Coriolis 卫星上部的圆锥扫描辐射计组成，它的天线直径为 1.83m，带有多个通道，能够在视角 50°～55°范围内观测海洋表面。图 8.11 是 WindSat 仪器的照片。其前向观测刈幅为 950km，后向观测刈幅为 350km（WindSat，2013b；并见图 8.12）。

图 8.11　WindSat 仪器的照片，未显示卫星

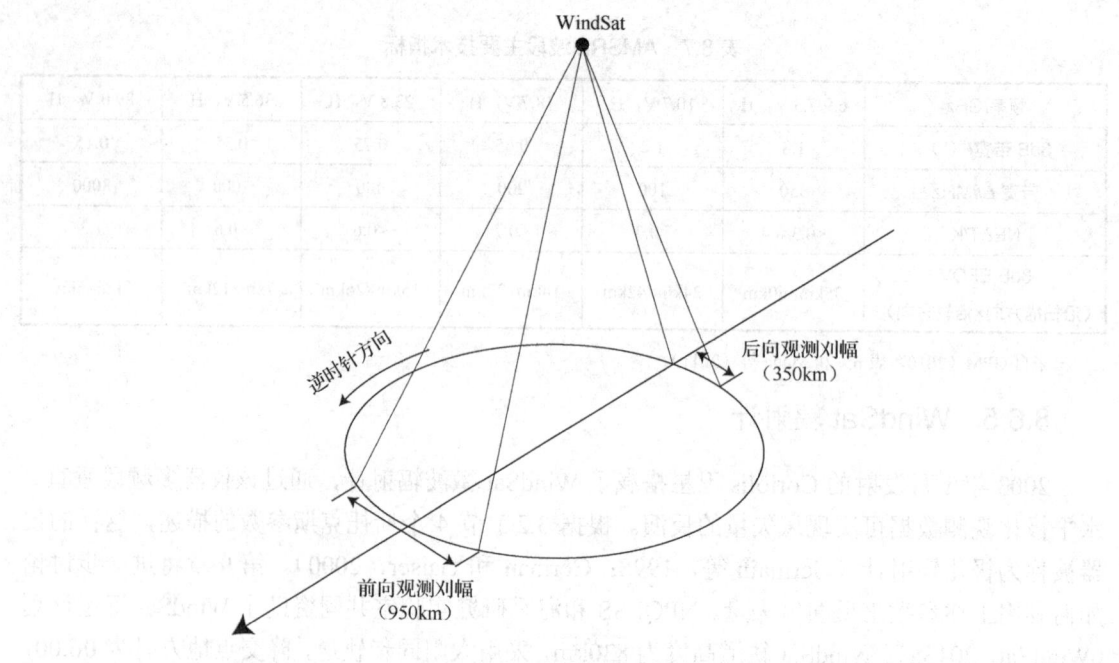

图 8.12　WindSat 扫描观测示意图［重绘自 Khan（2009）的图 16］

对于 WindSat 不同的观测频段，表 8.8 列出了极化方式与斯托克斯参数。从表中可知 6.8GHz 与 23.8GHz 通道是垂直、水平极化，而 10.7GHz、18.7GHz 和 37.0GHz 通道是全极化。与其他被动微波仪器类似，入射角范围为 50°~54°。入射角随着频率不同的原因在于，接收馈源不能安装在以相同角度接收信号的位置上。37GHz 馈源安装在天线的焦点处，其他通道馈源的位置有稍微偏移（Gaiser 等，2004）。天线转速为 31.6r/min，反射面天线直径是 1.8m。天线每圈的转动分别对冷、热参考源采样。天线俯仰角与横滚角的变化改变观测角度总计约为 1.5°（Meissner 和 Wentz，2009）。表 8.8 给出了每个频段的分辨率，在处理过程中，亮温经过重采样到相同的 40km×60km 网格内。

表 8.8　WindSat 频率、斯托克斯参数、入射角、噪声、带宽和空间分辨率

频率/GHz	垂直极化	水平极化	第 3 斯托克斯参数	第 4 斯托克斯参数	带宽/MHz	NEΔT/K	入射角/(°)	空间分辨率
6.8	Y	Y	N	N	125	0.63	53.5	39km×71km
10.7	Y	Y	Y	Y	300	0.44	49.9	25km×38km
18.7	Y	Y	Y	Y	750	0.44	55.3	16km×27km
23.8	Y	Y	N	N	500	0.60	53.0	20km×30km
37	Y	Y	Y	Y	2000	0.42	53.0	8km×13km

表中，Y 表示有该参数，N 表示无该参数；空间分辨率为沿扫描方向 x 沿轨方向。引自 WindSat（2013a）和 Gaiser 等（2004，表 2）。

如 9.4.4 节与 9.4.5 节所述，WindSat 通过两种方式反演风矢量：第一种方式是按照 Wentz（1992）的方法，利用卫星前后方 HH 和 VV 极化联合观测的相同区域的信息来反演；第二种方式是从一个视向进行的 4 种极化观测来反演。第 9 章将描述如何使用这些测量数据反演风速矢量，第 11 章将介绍 WindSat 在散射计定标中的应用。

第9章 大气和海洋表面的被动微波观测

9.1 引言

多频段被动微波成像仪可以在不受云层影响的情况下对海表面和大气进行观测,并能够反演海洋和大气的多个环境参量。图 9.1 表明,海表面和大气的环境参量影响微波的透射率和发射率,从而可以通过被动微波信号反演这些变量。大气的参量包括水汽含量、云中液态水含量和降雨率,海表面的参量包括海冰范围及类型、海表温度(T_S)、盐度(S_S)以及风速和风向。

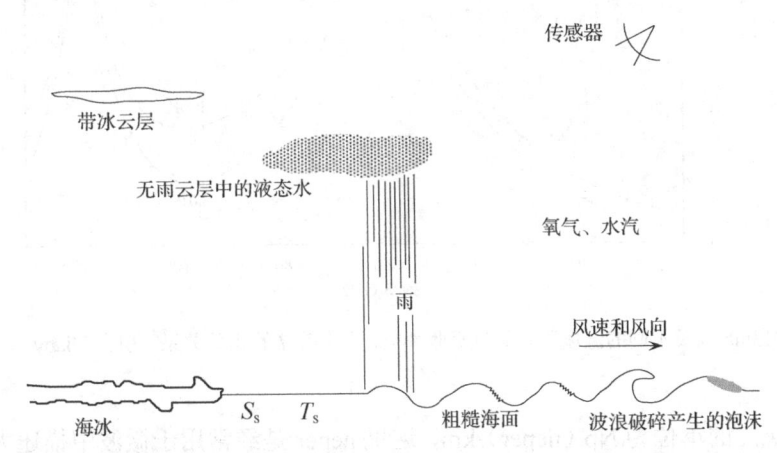

图 9.1 影响微波的大气衰减、发射和表面发射率的海洋表面和大气环境

如本章所述,各个海洋或大气的透射率或发射率具有不同的频率特性,这些变量可通过多变量联立方程反演获得。该方法的缺点是反演的变量不是独立的,比如,仅对 T_S 感兴趣,但同时也会反演得到其他变量;优点是在降雨量非常大的情况下,微波并不受云层的影响。在接下来的 9.2 节讨论大气吸收和透射的频率特性,研究表明,对于频率低于 10GHz 的微波信号,云和水汽的影响可以忽略。9.3 节讨论微波辐射传输方程以及太阳耀斑、射频干扰和法拉第旋转等问题。9.4 节描述表面波、表面粗糙度和泡沫对发射率的影响,可以通过表面张力波和重力波相对于风向的方位角分布反演风矢量。9.5 节描述海面温度和盐度对发射率的影响。9.6 节描述同时反演不同海洋和大气参量的多频率算法。9.7 节讨论利用 WindSat 数据反演风矢量的算法。9.8 节讨论海冰反演算法。

9.2 微波的大气吸收和透射

接下来的 3 节描述氧气、水汽和液态水滴对大气微波衰减和透射的影响。结果表明,微波的低频段可以更好地观测海洋表面。

9.2.1 大气中氧气和水汽的吸收特性

氧气吸收率 κ_{oxy} 和水汽吸收率 κ_{vap} 是空气温度 T_a 和气压 p 的函数，κ_{vap} 还依赖于水汽密度 ρ_v。根据 Ulaby 等（1981，5.5 节），$p=1013\text{mb}$、$T_a = 270\text{K}$ 和 300K 时，κ_{oxy} 和 f 的关系如图 9.2 所示。

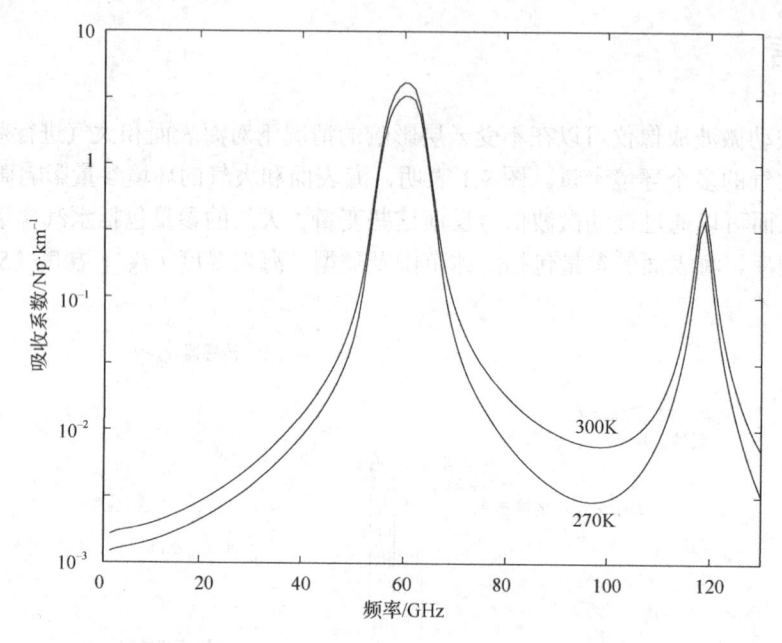

图 9.2 在 $p=1013\text{mb}$ 以及不同的温度下，氧气吸收率 κ_{oxy} 与频率 f 的相关关系。引自 Ulaby 等（1981，5.5 节）的公式

在图中，κ_{oxy} 的单位为 Np（neper）/km，这里 neper 是经常用于微波中描述大气吸收的无量纲的量。Neper 一词来源于 Naperian；该量的使用来自透射率 t 与 $\exp(-\kappa\Delta z)$ 的比例关系，这里 Δz 是距离量，由 t 得到 κ 就要对 t 取自然对数。Neper 是无量纲的，使用它的目的是描述大气的微波吸收。吸收也可以用单位 dB/km 来描述，这里 Np/km 和 dB/km 是线性关系（Ulaby 等，1981，5.6 节）。

如图 9.2 所示，κ_{oxy} 有两个吸收峰：第一个是 60GHz 氧复合吸收峰，由在 50～70GHz 之间大量的吸收线组成；第二个是 119GHz 波段较窄的单线吸收峰。图中也表示了 κ_{oxy} 随着温度 T_a 的升高而增加，建议最好的观测窗口设置在 1～40GHz 和 80～105GHz。

对于水汽，根据 Ulaby 等（1981，5.4 节），图 9.3 显示了 $p=1013\text{mb}$ 和 $T_a = 300\text{K}$ 情况下，不同水汽密度 ρ_v 时 κ_{oxy} 随频率 f 的变化情况。根据 4.2.1 节和式（4.2），海平面 ρ_{v0} 的变化范围从极地的接近零到热带的最大值 30g/m^3 左右；图 9.3 的曲线中 ρ_{v0} 都在此范围内。对于频率范围 0～130GHz，图中表示的 κ_{vap} 与频率的关系分为两部分：一部分是位于 22.235GHz 的强吸收峰；另一部分是 κ_{vap} 随频率的提高而增大。因为 22GHz 吸收峰发生在水汽而不是发生在液态水中，通过这个尖峰的存在与否使得区分水汽与液态水成为可能。图 9.3 表明了 κ_{vap} 对 ρ_v 具有非常强的相关性，并且在图 9.2 中显示大气透射率最高的部分发生在频率 f 低于 10GHz 的范围内。

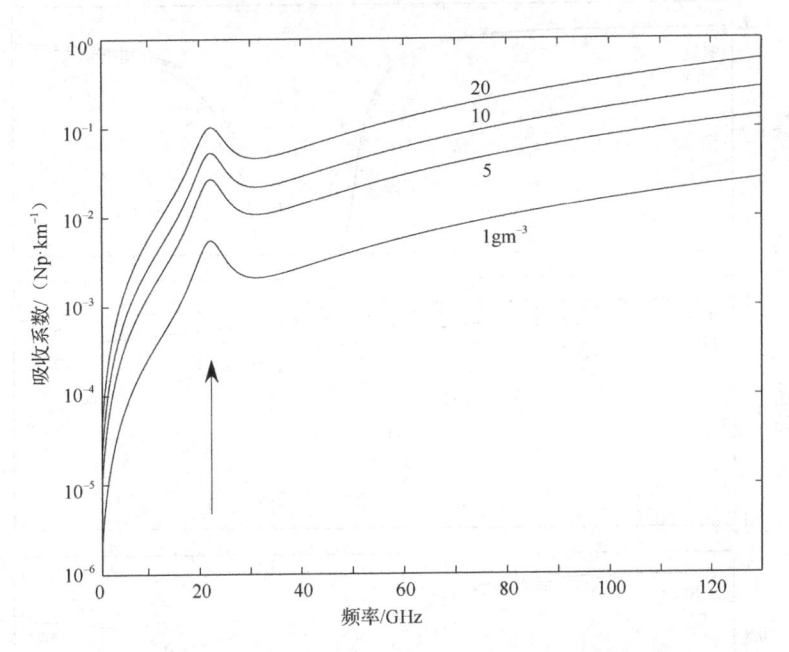

图9.3 在 $p=1013\text{mb}$、$T_a=300\text{K}$ 和不同 ρ_v 的情况下，水汽吸收与频率 f 的相关关系。引自 Ulaby 等（1981，5.4 节）中的公式。每个曲线的数字代表 ρ_{v0} 的值，单位为 g/m³。箭头所指的吸收峰在 22.235GHz 处

9.2.2 氧气和水汽对大气透射率的贡献

κ_{oxy} 和 κ_{vap} 通过大气垂直积分可以分别获得氧气和水汽对大气透射率的贡献。图 9.4 显示了氧气和水汽透射率以及它们的透射率之和。对于三种不同 MODTRAN 模式中的大气层类型（亚北极冬季、标准和热带），图 9.4（a）显示了氧气透射率 t_{oxy} 随频率 f 的变化关系，这里 t_{oxy} 是在大气 25km 的范围内积分 κ_{oxy} 获得的。κ_{oxy} 随温度的升高而增大，因此在热带大气条件下透射能力略低。

图 9.4（b）和图 9.4（c）显示了 MODTRAN 模式中亚北极冬季大气类型及 $V=0.5\text{mm}$ 情况下的透射率变化曲线；图 9.4（b）为不同大气柱水汽含量 V 时水汽的透射率 t_{vap} 随频率的变化；图 9.4（c）显示了 t_{oxy} 和 t_{vap} 之和随频率的变化情况。因为水汽主要集中于低对流层，t_{vap} 可以通过大气 κ_{vap} 在 10km 的积分来获得。透射率随 V 的增大而降低，这在高频和 22GHz 的吸收峰处最为明显。在图 9.4（c）和所有的大气类型中，透射率最强的频率发生在 $f<10\text{GHz}$（此时 t 与水汽几乎无关）和北极干燥大气的条件下（这时 $f<40\text{GHz}$，$t>0.9$）。

图 9.4（c）也显示了前一章应用于海洋微波辐射观测的几个频率，包括 1.4GHz、6GHz、10GHz、18GHz、21GHz、37GHz 和 85GHz。除了 18GHz 和 21GHz，这些频率都在吸收线最低的位置。21GHz 接近于 22GHz 吸收峰，18GHz 则位于 22GHz 吸收峰肩部，因此 21GHz 用于较小水汽含量的反演，18GHz 用于高水汽含量的反演。总之，适当的频率选择可以避免氧气强吸收区域，对于 $f>10\text{GHz}$ 的情况，大气水汽的影响需要在大气衰减模型中有所考虑。

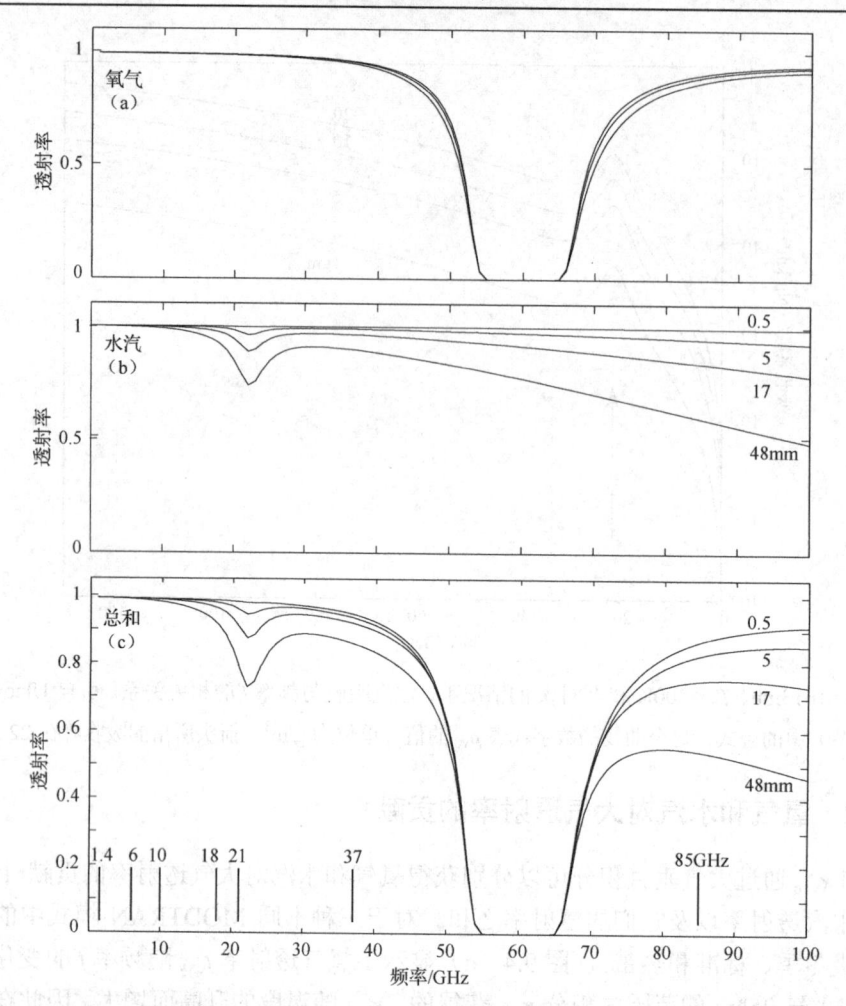

图9.4 氧气透射率（a）、水汽透射率（b）以及氧气和水汽透射率之和（c）。在图中下部显示了几个典型的观测频率；图（b）和（c）中曲线上的数字为柱状水汽含量（mm）

9.2.3 水滴的透射率

云中液态水滴和降雨通过散射入射的辐射影响透射率。Ulaby 等（1981）和 Petty（2006，7.4.4 节）的研究表明，无雨云中液态水滴的半径范围为 5~15μm，当半径达到 100μm 量级或更大时，将从云中降落形成降雨。降雨时雨滴半径可达 3mm。由于云中液态水滴和雨滴半径的大小不同，它们引起衰减的散射机制不同，云滴是瑞利散射，而在较高观测频率时较大的雨滴是米氏散射（Wentz 和 Spencer，1998；Hilburn 和 Wentz，2008）。散射机制的这一差异使得可以利用微波来区分云和降雨。

雨滴的体散射有两种效应：理想的辐射是波从光束向外散射所衰减的；并且，反射的太阳辐射在传感器方向的散射产生一个多余的辐射。如 4.2.2 节讨论的，云中液态水是用液态水积分含量 L（单位是 mm）来描述的。L 的范围比 V 小得多，从 0mm 到 0.25mm。雨是用降雨率 R_R（单位 mm/h）来描述的。在海洋上空，由 SSM/I 观测的 R_R 只有 3%超过 2mm/h；观测到的最大降雨率是 25mm/h（Wentz 和 Spencer，1998）。

图 9.5（a）显示了透射率和 L 与频率的关系，图 9.5（b）显示了透射率和 R_R 与频率的

关系，图中的曲线由 Wentz 和 Meissner（1999）基于 AMSR 的频率公式得到。$R_R>2$mm/h 的曲线超出了求解范围，可定性认为是正确的。因为瑞利散射正比于 λ^{-4} 或 f^4，在图 9.5（a）中，云中液态水的透射率随着 L 和 f 的增加而降低。相比之下，对于 $f<10$GHz 或更长的波长，L 对于透射率的影响可以忽略。对于较大的雨滴，米氏散射在高频和较大的雨滴浓度情况下变得更加重要。同样，图 9.5（b）显示了 $f<10$GHz 和 $R_R<1$mm/h 时，雨衰减可以忽略，而对于 $f>10$GHz，透射率随着 f 和 R_R 的增加而明显降低。在高频，衰减随着 R_R 的增大而增大，这表明了要么确定降雨率，要么将观测数据剔除。最后当频率小于 10~15GHz 时，图 9.5 的两部分都表明透射率不受小雨和云层的影响。

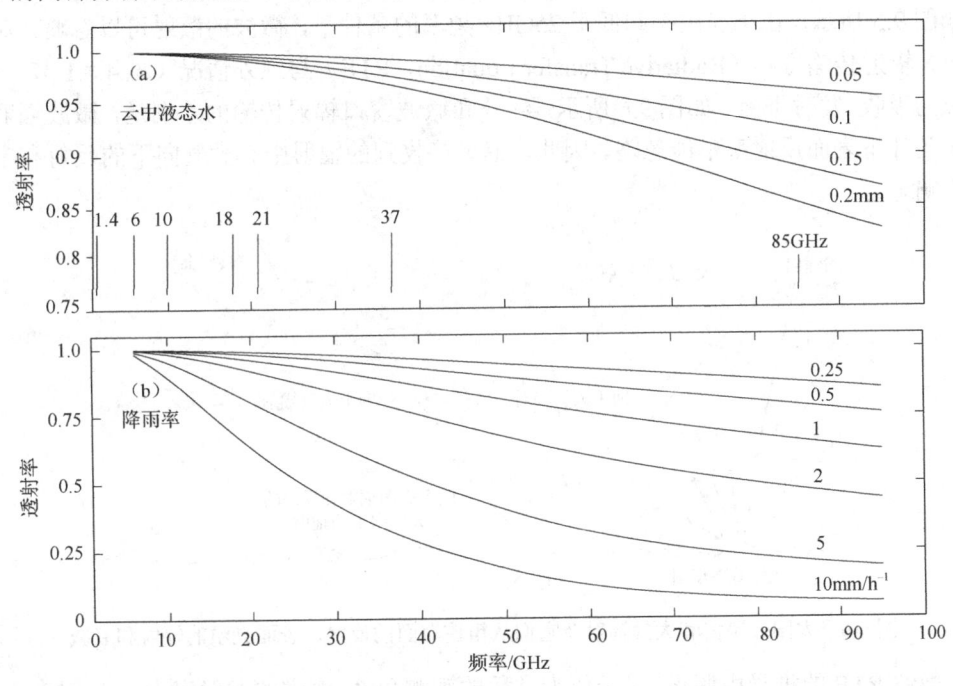

图 9.5 无雨时云中液态水 L（a）和降雨率 R_R（b）对透射率的影响。在图（a）中曲线上柱状云中液态水的单位是 mm；图（b）中降雨率的单位是 mm/h。为了区分液态水曲线，图（a）中纵轴的刻度为 0.75~1.05，是图（b）中的 4 倍。参看文中另外的描述 [曲线引自 Wentz 和 Meissner（1999）的公式]

卷云是由冰晶体而不是由液态水组成的，这些冰晶体的半径 $r<0.2$mm，对于透射率的影响可以忽略（Ulaby 等，1981，5.11 节）。在微波遥感中，冰晶体也有一个比水滴小的折射系数，因此对于常数 f，晶体的衰减比水滴小 1 个数量级。由于这些冰晶体的柱状含量比云中液态水含量小 1 个数量级，则卷云晶体的衰减可以忽略。这一点不同于利用红外波段反演 SST，如 7.6 节所述，卷云必须进行识别并屏蔽。

综上所述，图 9.4（b）和图 9.5 的比较结果表明，水汽、云中液态水和雨的透射率都有各自的频率特性。水汽的 22GHz 吸收峰对于雨和云中液态水是不存在的。另外，由于散射机制不同，雨和云中液态水的透射率不同于水汽，雨与云中液态水之间也不同。上述差异使得这些大气环境参数能够从微波观测量中提取出来。

9.3 微波辐射传输

本节将分别介绍微波辐射传输以及影响反演的因素，这些影响因素包括仪器接收的太阳反射、地面和地球同步卫星广播特定频段的射频干扰，以及低频段电离层辐射传播的法拉第旋转。

9.3.1 辐射传输方程

如图 9.5 所示，在小降雨率和低于 25GHz 频率的条件下，微波的散射可以忽略。对于这些情况，辐射传输方程（Radiative Transfer Equation，RTE）与红外情况（见 4.8.1 节）类似，可近似为吸收-发射平衡。如图 9.6 所示，红外和微波窗口辐射传输的差别是，微波辐射在大入射角条件下表面反射率不能忽略。因此，卫星接收到的辐射中有大气向下的反射和宇宙辐射的影响。

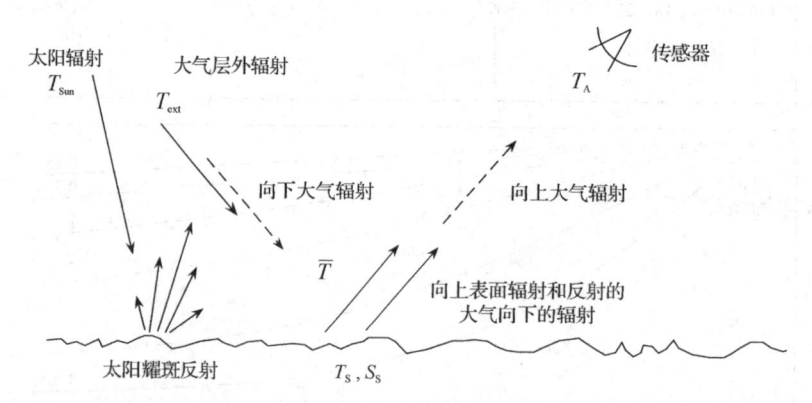

图 9.6 太阳、宇宙和大气辐射及它们从粗糙海面的反射，表面亮温的辐射和衰减

在微波 RTE 的推导中假设，对于值为常数的观测角 θ，海洋的发射率为 e，反射率为 $1-e$，这里 e 与海面盐度（SSS）、海表温度（SST）和粗糙度有关。假设大气是平面平行大气，根据式（4.30），透射率可以由 $t(\theta)=t^{\sec\theta}$ 给出。假设 θ 对于圆锥扫描仪是常数，t 的上角标就可以去掉。在微波中应用瑞利-金斯近似，亮温可以代替 RTE 中的辐射。

根据 Stewart（1985，9.4 节）和图 9.6，RTE 的吸收-发射形式可以写为

$$T_B = etT_S + (1-t)\overline{T} + (1-t)(1-e)t\overline{T} + (1-e)t^2(T_{Sun} + T_{ext}) \tag{9.1}$$

在式（9.1）中，T_B 是卫星观测的亮温，T_S 是表面温度，$\overline{T}$ 是对流层温度剖面的垂直均值，T_{Sun} 对应太阳亮温，T_{ext} 是除了太阳以外的地外亮温，在强降雨和高频情况下，式（9.1）不成立。式（9.1）中 T_B 可以写成下面几项的和：向上表面辐射、向上大气辐射、向下大气反射、地外和太阳辐射。RTE 上界面是冷空气，下界面是粗糙海洋表面。如图中所示，海面发射率和反射率由 T_S、S_S、海洋泡沫以及受风驱动的各向同性和方向分布的海浪和粗糙度来确定。

式（9.1）中的大气向上、向下辐射以及地外辐射需要进一步讨论。首先，虽然式（9.1）不包括这种影响，因为大气温度 $\overline{T}$ 随着高度的增加而降低，但与下行大气辐射有关的通常比上行大气辐射高 1~2K。出现这种情况是因为较热和较低的大气层对下行辐射有影响，而较

冷和较高的大气层同样对上行辐射有影响（Wentz，1992）。其次，地外辐射 T_ext 包括两部分：

$$T_\text{ext} = T_\text{univ} + T_\text{gal} \tag{9.2}$$

这里，T_univ 接近宇宙 2.7K 的背景温度，T_gal 是银河系温度。T_gal 有很强的方向性，在黄道平面内最强。Ulaby 等（1981，5.6.2 节）的研究显示，银河辐射大约以 f^{-3} 衰减；对于 $f>$5GHz，T_gal 相对于大气下行辐射可以忽略。但是，$f\approx$1GHz 时，T_gal 相对大一些，这与相对于银河平面的角度有很大关系（Le Vine 和 Abraham，2002）。

Le Vine 等（2005）研究表明，在用于水瓶座的 1.41GHz 的 L 波段射电天文学窗口，对于横跨银河平面的测量，其亮温在银河平面观测的变化为 1~3K，所以盐度反演必须考虑银河辐射的表面反射。另外，由于下面讨论的 RFI、法拉第旋转以及电离层的衰减和发射都随频率的降低而增加，所以遥感仪器的观测频率很少小于 1GHz（Ulaby 等，1981，5.6.2 节；Le Vine 和 Abraham，2002）。

9.3.2 太阳的影响

太阳的亮温 T_Sun 与天线接收海表面反射亮温 T_sol 之比与 4 个因素有关：表面粗糙度、与日面（solar disk）相对的太阳立体角 Ω_S、天线姿态立体角 Ω_p 和频率。如果天线直接指向太阳，式（8.21）变为

$$T_\text{sol} = T_\text{Sun}[\Omega_\text{S}/\Omega_\text{p}] \tag{9.3}$$

在式（9.3）中，假设 T_Sun 不依赖于日面的位置。如果远离太阳，可以忽略天空黑体辐射温度，那么比值 $\Omega_\text{S}/\Omega_\text{p}$ 确定了 T_sol 的相对重要性（Ulaby 等，1981）。当 $f>$37GHz 时，T_Sun 约为 5900K；$f\leq$37GHz 时，太阳亮温不是常数。如表 9.1 所示，T_Sun 随 f 降低而明显提高，从而使低频时太阳的影响变得非常重要（Meissner 等，2011b）。在 1.4GHz（水瓶座运行频率），太阳亮温在 10^5~10^6K 范围内变化，这一因素必须考虑（Reul 等，2007）。在我们感兴趣的观测条件下，太阳亮温随频率减小而减小，观测角的限制也随之减小。

表 9.1 太阳亮温与频率的关系

频率/GHz	T_Sun/K
1.4	~10^5~10^6
6.6	~2.2~10^4
10.7	~1.5~10^4
18	~1.1~10^4
21	~1.0~10^4
37	~7~10^3

不在晨-昏轨道的星载微波仪器容易受到太阳耀斑的影响，水瓶座上的 L 波段辐射计即使是在晨-昏轨道也易受此影响。对于不在晨-昏轨道的传感器，如 SMMR、AMSR-E、AMSR2、TMI 和 GMI，Ulaby 等（1986）综述了微波太阳耀斑算法。Wentz（1978，1981）对于正午过赤道的 SMMR 提出一个在观测数据基础上的太阳耀斑模型。Wentz 等（1982）描述了 SMMR 的太阳耀斑掩模。图 9.7 显示来自 Wentz 等（1982）的坐标系统；定义了相对太阳角 $\Delta\theta_\text{S}$（或太阳耀斑角）是共轭太阳天顶角 θ_0 和仪器观测角 θ 之差。当 $\Delta\theta_\text{S}<15°$ 和 $U<$15m/s 时，能够比

更高风速的情况观测到更多的太阳耀斑。这一结果与图 5.7 一致，虽然反射辐射角范围随风速增大，但对于任意给定的方向，则反射较小。因此，滤除太阳耀斑需要考虑两种情况：如果 $\Delta\theta_S<10°$，对所有的风速值进行掩模；如果 $\Delta\theta_S<15°$，对 $U<15m/s$ 的风速值进行掩模。

对于新型的微波辐射计，如 AMSR 和 TMI，Meissner 等（2011b，11.3.2 节）对 6.6GHz 和 10.7GHz 在 $\Delta\theta_S<25°$ 的数据都做了掩模处理。在更高频率对 $\Delta\theta_S<10°$ 的数据进行掩模。对于晨-昏极轨卫星轨道的微波辐射计（如 SSMA），θ_S 近似为 90° 或掠射的 SSM/I，除了 1.41GHz 通道的水瓶座，太阳反射的影响可以忽略不计。

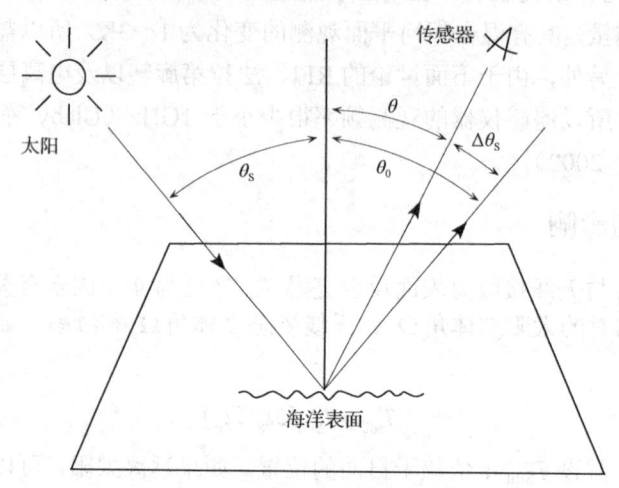

图 9.7 用于讨论微波太阳耀斑的坐标系

9.3.3 射频干扰（RFI）

对于地球观测卫星，有两种射频干扰（RFI）：一种是接收的海洋表面反射的地球同步卫星的广播信号，另一种是接收的船舶或陆地上的发射信号。Gentemann 等（2010c，2.6.3 节）描述了 RFI 是增长最快的微波误差源。直播卫星（DBS）采用 10.7GHz 和 18.6GHz 通道，6.9GHz 也用于地面与卫星间的通信（RSS，2013b；Maeda 等，2011）。

在微波遥感器中，受地球同步直播卫星 RFI 影响最大的是 AMSR-E 和 WindSat 的 10.7GHz 和 18.6GHz 波段。这些频率在欧洲、美国和地中海区域用于卫星电视广播（Gentemann 等，2010c，表 2.4）。此外，6.9GHz 是地面与卫星间通信的主要波段（Maeda 等，2011）。对于上述这三个波段，6.9GHz 和 18.7GHz 没有保护，AMSR 的 10.65GHz 波段（带宽 100MHz）部分保护，只有 10.68~10.70GHz 波段保留用于射电天文学领域（Gentemann 等，2010a）。

6.9GHz 波段的 AMSR-E 对于微波遥感反演 SST 十分重要。由于这一波段也用于地面与卫星间的通信，AMSR-E 运行期间受到了日益增加的 RFI 影响。因此，日本在新的 AMSR-2 上采用了 6.9GHz 和 7.3GHz 波段。利用这两个波段对 RFI 的不同响应来反演真实信号（Imaoka 等，2007）。因为 RFI 的影响而重新设置微波遥感观测波段的另一个例子是星载 SAR 的 5.3~5.6GHz 波段，美国和欧洲将这一波段的一部分用于广播通信，将 SAR 的观测波段重新设置为 5.35~5.47GHz。波段的重新设置影响了 Sentinel-1 的 SAR 计划，在美国和欧洲，广播信号的功率受到限制（Sentinel-1，2012）。

广播卫星的位置和天线指向角针对一些特殊的服务区域进行了设计，如欧洲、北美、亚洲或中东。一旦广播信号到达海面，就会像太阳耀斑一样，被风生波反射到地球观测卫星。当反射信号在辐射计的带宽以内时，就会产生射频干扰。由于对地观测卫星和地球同步卫星的观测与射频干扰源之间有相对指向角，因此地球同步卫星的 RFI 发生在升轨或降轨时。

对于 AMSR-E，RFI 在北半球降轨时发生，沿岸区域最强。图 9.8 为 AMSR-E 夜晚降轨和白天升轨的观测几何示意图。AMSR-E 在北半球降轨易受到影响的原因是地球静止卫星向北观测而 AMSR 向南观测，所以 AMSR 相对容易接收到反射的广播信号。这一 RFI 在欧洲和地中海区域特别强（Gentemann 等，2010a）。图 9.8 也显示了升轨的几何示意图，升轨不易受到影响，尽管南半球情况正好相反。相比之下，地面与卫星通信引起的 RFI 则与升降轨无关。

为了减小 RFI 的影响，可以采取以下措施：减小卫星观测带宽、为地球观测保留一些波段、过境欧洲时卫星旋转 180°、采用 RFI 掩模。但是，强 RFI 的掩模相对容易，弱 RFI 的掩模则相对较难（Gentemann 等，2010a）。

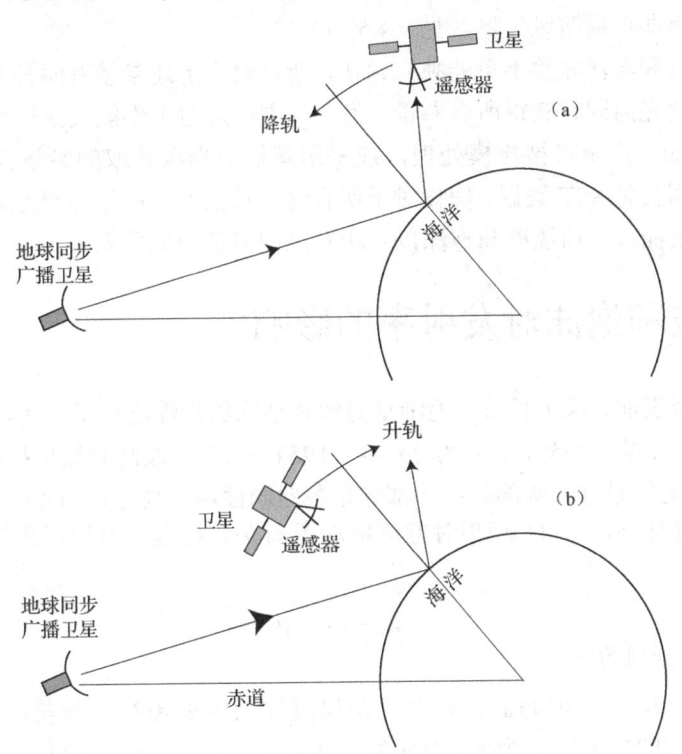

图 9.8　地球同步广播卫星经过海面反射到 AMSR-E 引起的射频干扰示意图。(a) 降轨模式，信号经过粗糙海面反射后被微波天线接收；(b) 升轨模式，该角度下的反射不能进入天线

9.3.4　法拉第旋转

当电磁波穿过电离层时，自由电子造成极化矢量的旋转，即法拉第旋转，它随着频率平方的倒数而增加。法拉第旋转意味着垂直极化的辐射穿过电离层后会有垂直极化和水平极化的分量。除了与频率有关，法拉第旋转强度还取决于自由电子密度，它是太阳活动、地理位置和时间的函数。同时，法拉第旋转强度还与地球磁场的强度和方向有关。自由电子密度和电磁场的属性已经表格化，由此可以计算法拉第旋转（Meissner 和 Wentz，2006a）。在垂直极化和水平极化的观测中，法拉第旋转对 1GHz 波段的影响最为明显，所以 L 波段（1.4GHz）

观测的水瓶座和日本的 PALSAR 必须进行法拉第旋转的校正。对于 WindSat 的 10.7GHz 波段，Meissner 和 Wentz（2006a）的研究表明，第 3 个斯托克斯参数同样受法拉第旋转的影响，所以在风速反演前需要进行校正。

9.3.5 反演的参量

通过垂直和水平极化被动微波遥感观测反演的大气和海洋参量包括平均大气温度 $\overline{T}$、水汽含量 V、云中液态水含量 L、降雨率 R_R、海表温度 T_S 和盐度 S_S 以及海面 10m 高处的风矢量，风矢量依据海面波浪的分布来反演。大气参数的反演依据海面的特性。因为风生毛细重力波的分布随着相对风向的方位角而变化，发射率也随着方位角、极化和第 3 个、第 4 个斯托克斯参数而变化。如下节所述，如果垂直和水平极化辐射计从不同方向对同一区域观测两次，则可以反演风矢量。全极化微波辐射计（如 WindSat）可以测量全部的 4 个斯托克斯参数，所以一次观测即可反演风矢量（见 9.4.5 节）。

因为上述大气和海洋参数不可能独立存在，所以对于上述变量有两种获取方式：一种方法是利用接收到的亮温同时获得所有参量；另一种方法是对于不能反演得到的参量，可以进行掩模处理。例如，降雨可被掩模处理，或采用其他数据源获取的参量代替。所以可利用 Reynolds SST 数据代替 SST 数据。假设对于所有这些反演参数的下边界是海洋表面，下一节将描述发射率与表面波、粗糙度和泡沫以及相对风向方位角的关系。

9.4 表面波和泡沫对发射率的影响

第 2 章对海洋表面、风生长波、毛细重力波和泡沫的特性进行了描述，这些海洋表面现象都对发射率产生影响。另外，Cox 和 Munk（1954）认为，波陡和振幅按风向方位角分布，发射率与风速 U 的关系分为两部分：一部分是各向同性项，与方位角无关，仅与 U 有关；另一部分是各向异性项，与 U 和相对方位角 ϕ_R 都有关。根据辐射计观测的方位角 ϕ 和风向 ϕ_W，ϕ_R 定义为

$$\phi_R = \phi_W - \phi \tag{9.4}$$

其中，$\phi_R = 0$ 对应逆风方向。

对于风速 $U = 0$ 的平坦海面，发射率是温度和盐度的函数，与盐度最大的相关性在 1.4GHz 处；与温度的最大相关性在 6GHz 处（Meissner 和 Wentz，2004）（见图 9.15）。随着风速 U 从 0 开始增大，海浪、泡沫和粗糙度改变了微波辐射，同时也改变了各向同性和与方位视角有关的发射率（Meissner 和 Wentz，2002；Meissner 等，2011b）。根据风速和相应的海况，发射和反射的辐射与三个因素有关：毛细波和粗糙度、重力波以及泡沫。相对于长波，泡沫和毛细波的位置不同，其中，短波长毛细波发生在波峰的前沿（背风面），破碎波产生的泡沫发生在波峰后面。这些现象的存在和分布影响了接收的辐射。

为更清晰地描述，下面 5 节分别描述波浪和泡沫对发射率的影响。9.4.1 节讨论与发射率有关的术语和双尺度近似，9.4.2 节描述无泡沫、双尺度表面沿方位角的平均发射率和说明选择 50°圆锥扫描的正确性，9.4.3 节讨论泡沫对沿方位角的平均发射率的贡献，9.4.4 节讨论方位角有关的垂直极化和水平极化发射率与风速 U 的依赖关系，9.4.5 节描述所有 4 个斯托克斯参数与风速 U 的关系。9.4.4 节和 9.4.5 节讨论利用上述依赖关系对风场的反演。如第 8

章所述,这里垂直和水平极化亮温记为 T_{BV} 和 T_{BH},18GHz 频率垂直极化通道缩记为 18V,对于其他波段也采用类似的表示。

9.4.1 海浪对发射率的贡献

Meissner 等(2011b)将海面发射率 e 记为 3 项之和:

$$e = e_0(S,T) + \Delta e_{iso}(U,F) + \Delta e_{dir}(U,\phi_R) \tag{9.5}$$

其中,第一项为平静海面发射率 $e_0(S,T)$,它是盐度、温度和频率的函数(Meissner 和 Wentz, 2002),是发射率的主要项,如图 8.6 所示,当入射角 θ =50°时,平静海面亮温较低且垂直极化亮温超过水平极化亮温;第二项 $\Delta e_{iso}(U,F)$ 是各向同性发射率,F 是风速和泡沫覆盖率的函数;第三项 $\Delta e_{dir}(U,\phi_R)$ 较小,但对波浪和粗糙度有较强的依赖关系,其中 ϕ_R 由式(9.3)给出。

对于式(9.5)中的各向同性项,如果 F 为辐射计 FOV 内的泡沫覆盖率,则 Δe_{iso} 可以表示为

$$\Delta e_{iso} = (1-F)\Delta e_W + F\Delta e_F \tag{9.6}$$

这里,Δe_W 是与海浪相关的各向同性发射率,Δe_F 是泡沫的发射率(Wentz,1983)。

理论上,为了描述波场的电磁波发射和反射,将海面分为双尺度。一是长重力波,波长远大于辐射波长;二是毛细重力波,波长和幅度远小于辐射波长。泡沫也影响发射和反射的辐射。如第 2 章所述,当风速大约 3m/s 时,由于海浪的破碎而先在背风面形成泡沫;当风速大于 9m/s 时,泡沫大量形成。

对于没有泡沫的海表面,Wentz(1975,1997)利用双尺度散射近似模型来模拟海表面的散射和发射。这种近似适用于低风速情况,在高风速下,泡沫占主导。双尺度模型假设海表面可以进行如下划分(Yueh,1997;Meissner 和 Wentz,2002):

- 比辐射波长长的重力波。这些长波按风向呈对称的各向异性分布,并可近似为具有倾斜表面的镜面反射体。这些倾斜面对下行的极化辐射进行反射,这是风速反演中的主要信号(Yueh,2008)。
- 比辐射波长短的毛细重力波。这些短波也是按风向的各向异性分布,可看作是造成非相干散射和发射的粗糙表面。

在忽略泡沫的情况下,图 9.9 显示海表面可以描述为一个小尺度的表面 Σ_S 叠加在一个大尺度表面 Σ_L 上,其波长是观测波长 λ 的函数。从物理上来讲,Σ_L 包含长的重力波,其表面可以近似看作以斜率分布为参数的镜面反射;Σ_S 包括短的毛细重力波,其产生与散射有关的粗糙度。Σ_L 表面曲率半径必须比 λ 大,因此满足式(5.9)。另外,如果 σ^2 是 Σ_L 的均方斜率,σ_η^2 是 Σ_S 的均方幅度,δ 一定比 1 小得多且 σ_η 比 λ 小得多。这两个尺度的波长 λ_W 通过截断波长 λ_C 来区分。大尺度表面包含 $\lambda_W > \lambda_C$ 的波,小尺度表面包含 $\lambda_W < \lambda_C$ 的波。几何光学理论描述了大尺度表面的散射;扰动理论描述了小尺度表面的散射(Yueh,1997)。

根据 Yueh(1997)的研究,涉及海浪和发射率问题的理论模型分为两部分:一是与表面波、泡沫和风速的关系,二是波浪对电磁波的反射、发射和散射。这两个方面很重要,都解决了才能进行风矢量的反演。

长重力波和短毛细重力波的振幅在顺风/逆风向比横风大。如图 2.5 中所示,毛细波集中在顺风向并在长波的背风面,从而导致在逆风/顺风向的非对称分布。破碎波的泡沫发生在逆风面上。这种泡沫和毛细波的非对称分布有助于风矢量的反演。

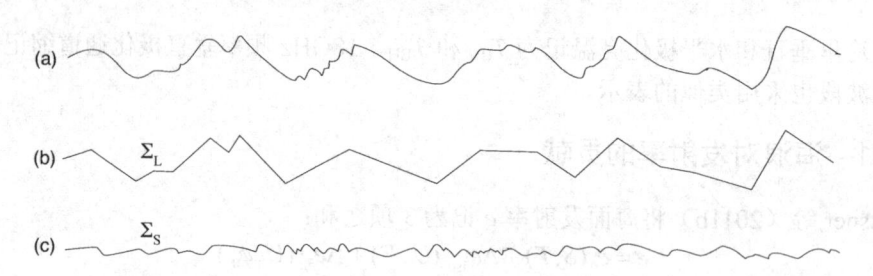

图 9.9 将图（a）被波浪覆盖的表面分成两部分：多面表面 Σ_L 和粗糙表面 Σ_S，其中上表面是下表面两个的总和（Wentz，1975，1997）

截断波长随着风速和粗糙度增加而增加，比观测波长 λ 大（Wentz，1975），但与其具有同一数量级。比截断波长短的波长 λ_W 对 σ^2 没有影响。因为对于电磁辐射，λ 随着 f 增大而减小，σ^2 随着 f 增大而增大，达到的最大值称为光学极限（optical limit），此时 f 约为 37GHz（Wentz，1997）。由于长波长、低观测频率不包括对风速和风向非常敏感的短波长（1~10cm）海浪 σ^2 的观测，为了成功反演风矢量，f 必须大于 10GHz（Wilheit，1978）。在无泡沫情况下，利用两尺度模型和 TMI 的 7~37GHz 的观测频率，Meissner 和 Wentz（2002）发现风场的信号在 37GHz 时达到最大，11GHz 时降到 40%，7GHz 时降到 20%。这意味着在低风速下，用于 SST 反演的 7GHz 和 11GHz 波段风信号较小。

Wentz（1975，1992）根据双尺度模型说明了对 Δe_W 有贡献的因素是：与 Σ_L 有关的大尺度倾斜海面和与 Σ_S 有关的小尺度粗糙表面。倾斜的平面 Σ_L 看作是具有独立的镜面，加上水平和垂直极化以及改变了发射和反射辐射的局部入射角；而与粗糙程度相关的 Σ_S 则对发射和反射辐射进行绕射和散射（Ulaby 等，1982，第 11 章和第 12 章）。σ^2 和 σ_n^2 的分布和量级决定着微波辐射对风场大小和方向的响应程度。

σ^2 和 σ_n^2 除了与 f 具有相关性，还是方位角的函数，这两个量在顺风和逆风时都比横风大。在某种程度上，这是因为寄生毛细波在波峰的背风面形成，从而产生顺风/逆风各向异性分布并改变发射率。最后，短波长毛细重力波的方位向分布被称为布拉格散射的共振现象所增强，这将在 10.6.2 节进一步讨论。

9.4.2 无泡沫风生粗糙海面的方位向平均发射率

针对无泡沫风生粗糙海面的辐射计观测，Wentz（1975）理论推导了 T_{BV} 和 T_{BH} 与 f、U、θ 的关系。在推导中利用了双尺度近似，通过对各方位角的平均消除风向的影响，同时考虑了下行大气辐射的散射和反射。Wentz（1975）的计算结果见图 9.10，图中显示了对应于图 8.6 的 $U=13.5$m/s 和 $U=0$m/s 平静海面情况下 T_B 对极化和 θ 的理论依赖性，图 9.10 中也显示了在 $U=0.5$m/s 和 $U=13.5$m/s 时现场观测的 T_B，其中，在 13.5m/s 的观测中通过滤波消除了泡沫的影响。在 $\theta=0°$ 时，$U=13.5$m/s 时的实线比 $U=0$m/s 时的虚线高一些，这是由小尺度的粗糙度造成的。

在图 9.10 中显示的一个重要结果是，在 8.36GHz 和 19.36GHz 这两个频率以及 $\theta=50°$~55° 的情况下，T_{BV} 在 $U=0$m/s 和 13.5m/s 时相等，因此给出了约 50° 入射角和无泡沫条件下 T_{BV} 与风速无关的结论。虽然这个结果忽略了泡沫的影响，但是 T_{BV} 与 U 在 $\theta \cong 50°$ 不相关的优点，说明所有的圆锥扫描微波成像仪入射角都可以接近 50°。反之，在相同的入射角条件下，T_{BH} 与 U 强相关。例如，在 19GHz，当 U 从 0m/s 增加到 13.5m/s 时，T_{BH} 增加 20K。假定辐射计精度约为 0.5K，则在风速反演算法中利用 T_{BH} 可获得 0.5m/s 的精度。通过与图 8.6 中平坦海面（U = 0m/s）的结果比较，结果同样显示，T_{BH} 随着风速增加而 T_{BV} 基本保持不变，风速增加的效果就是减小了两种极化亮温之间的差别。

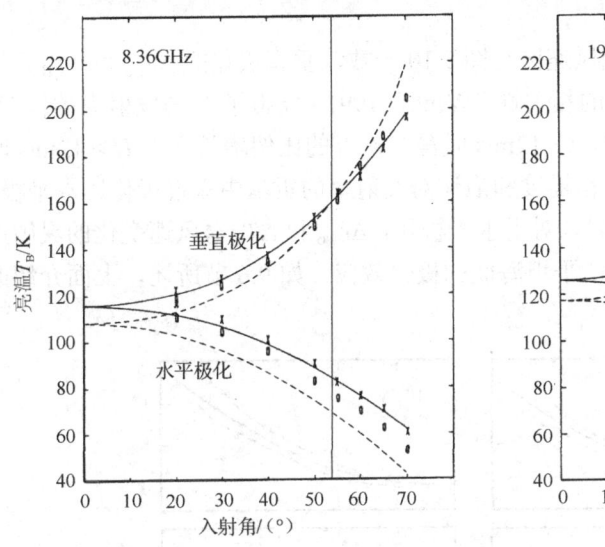

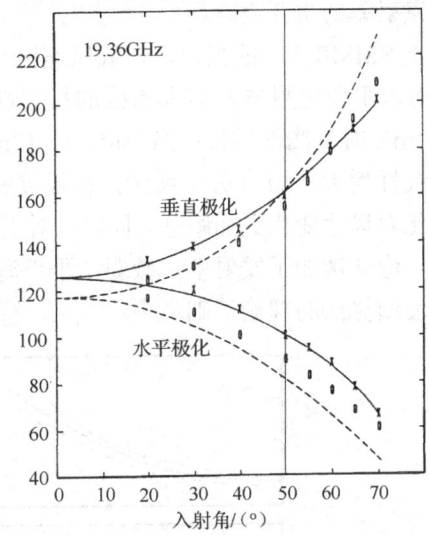

图 9.10 在无泡沫、风驱动的海面条件下，频率为 8.36GHz 和 19.36GHz 以及垂直极化和水平极化时并经过方位角平均后的亮温计算值和现场观测值的比较。图中虚线对应 U = 0m/s、实线对应 U = 13.5m/s 时的海面。在垂线标识的角度垂直极化曲线与 U 无关。图中的海面温度是 291K；海面盐度是 35psu。图中的椭圆形表示 0.5m/s 时的观测量；叉号表示 13.5m/s 时的观测量，这里不考虑破碎波中的泡沫 [来自 Wentz（1975）中的图 3 和图 4]

9.4.3 泡沫对发射率的贡献

Smith（1988）讨论了利用机载被动微波辐射计 19V、37V 和 37H 波段对海洋泡沫的观测。对于泡沫充满天线观测足印的情况，表 9.2 中给出了观测结果。观测结果显示：在 37H 时，Δe_F 约为 19V 和 37V 时的 2 倍。这种风速引起的泡沫范围和发射率增大的情况，说明一旦泡沫开始出现，式（9.6）中的 Δe_{iso} 随着风速的增加要比只有波浪的条件下增加得更快并且不再出现在 50° 的视角时缺少垂直极化响应。这个结果说明，在低风速时发射率由均方斜率和粗糙度占主导，在高风速时发射率主要受泡沫覆盖区域的影响。

表 9.2 通过机载被动微波遥感观测的泡沫发射率 Δe_F，其中泡沫区比观测的足印大

观测通道	Δe_F
19V	0.15
37V	0.15
37H	0.28

为描述波浪和泡沫对发射率的影响，图 9.11 显示了 U 与 Δe_{iso} 和 ΔT_B 垂直极化和水平极化分量的关系，Δe_{iso} 和 U 分别来自时空匹配后的 SMMR 和 SEASAT 散射计风速观测数据

(Wentz 等, 1986)。这里忽略了方向的影响,图中显示在 4 个频率和两种极化条件下,由 7m/s 和 12m/s 之间的坡折把 Δe_{iso} 与 U 的依赖关系曲线分为两段线性曲线。波的破碎和泡沫的生成导致坡折的出现。其中,$U < 7$m/s 的低风速线性区对应着图 9.10 中无泡沫的情况;$U > 12$m/s 的高风速区波浪破碎和泡沫生成随风速快速增加。对于高风速现象,如飓风,带来泡沫的程度是对发射率的主要贡献。

对于 SMMR 51° 的视角,在低风速区与图 9.10 一致,垂直极化的 Δe_{iso} 和 ΔT_B 几乎与 U 无关,而水平极化则与 U 有非常强的相关性。Wentz (1997) 模拟了 U 与发射率的依赖关系,当 $U < 7$m/s 时呈线性增长;当 7m/s$< U <$12m/s 时呈二次方的比例增长;当 $U > 12$m/s 时,呈显著的线性增大。如图 9.11 所示,粗糙度和泡沫对发射率的贡献中垂直极化比水平极化小,水平极化对风速变化更加敏感。同时,对于水平极化,Δe_{iso} 和 ΔT_B 对风速变化的灵敏度随频率增加。泡沫增加了发射率,减弱了平坦海面的极化效应。如 9.6 节所述,上面介绍的内容是风速反演算法的理论基础。

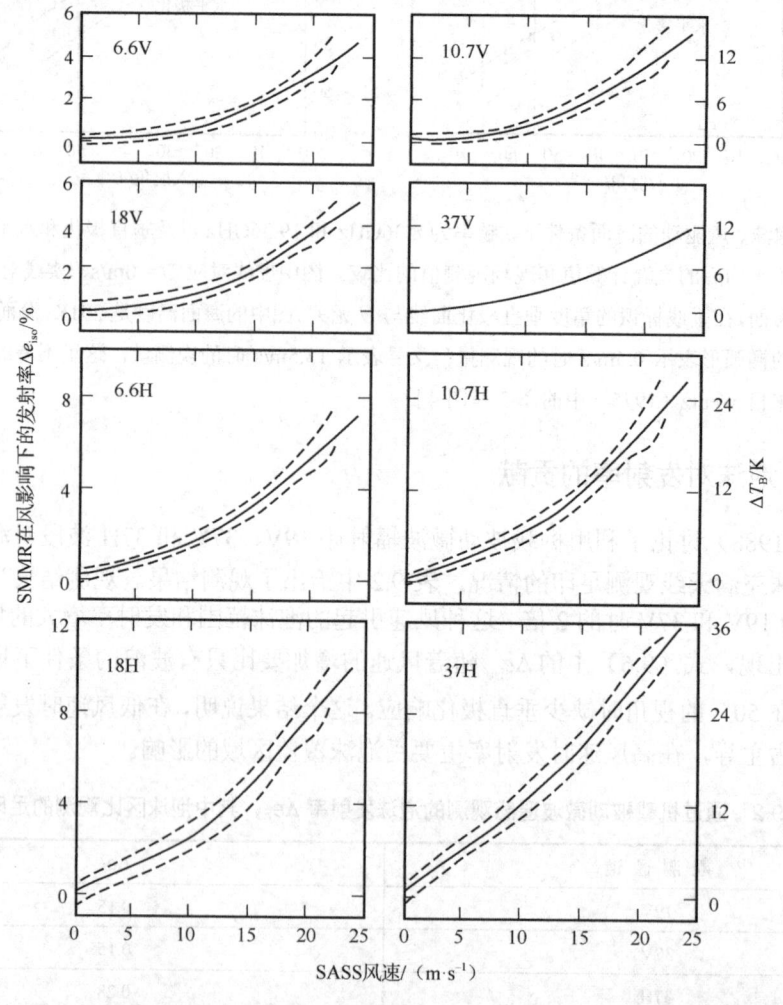

图 9.11 在 $\theta = 51°$ 以及垂直极化(上面 4 幅图)和水平极化(下面 4 幅图)条件下海浪和泡沫对发射率 Δe_{iso}(左边)和 ΔT_B(右边)的贡献以及与 U 的依赖关系。图中的风速来自匹配后的 SMMR 和 SEASAT 在开阔海域的散射计数据;这里海面的亮温假定为 300K。图中实线为平均值;虚线表示标准偏差

的包络线。37V 的标准偏差在原著中没有给出［重绘自 Wentz（1986）中的图 9 和图 10］

9.4.4 方位角与垂直极化发射率和水平极化发射率的关系

圆锥扫描辐射计入射角是固定的，但具有大范围观测的方位角，这样不可避免地要反演不同 ϕ 的表面参量。这一节讨论观测的发射率与极化、U 和 ϕ_R 的关系。后面还会介绍怎样去除这种角度依赖关系以便反演风速，以及如何利用不同 ϕ_R 的观测来反演风矢量。对 WindSat 来说，利用同时反演获得的 4 个斯托克斯参数，可以通过单次观测来反演获取风矢量。上述这两种反演的重要性在于具有较高风速反演的明显优势，并且更高精度的风场信息能够改善其他参数的反演精度。

通过对俄罗斯、美国的机载实验（Irisov 等，1991；Yueh 等，1999）以及卫星与浮标风测量（Wentz，1992；Meissner 和 Wentz，2002）的比较，可以获得发射率与极化、U 和 ϕ_R 的关系。对于卫星的观测，Wentz（1992）使用了大约 3000 个 SSM/I 和 NDBC 风速观测的时空匹配数据对，其中 SSM/I 数据也用于消除大气液态水和水汽的影响。在与机载实验数据的比较中显示，在低风速情况下结果偏大（Meissner 和 Wentz，2002）。出现该偏差的原因在于，反演大气参数和表面发射率都需对应同样的表面粗糙度分布，因此，在上述低风速情况下，应用单一辐射计反演所有的变量会产生系统误差。为了减少这个误差，Meissner 和 Wentz（2002）利用卫星辐射计反演的大气变量和其他观测方式反演的风场信息重新进行分析。具体来说，他们利用 8×10^5 个 SSM/I 和 QuikSCAT 风观测量的匹配数据对，并使用 8000 对 SSM/I 和浮标匹配数据对用于风场的反演，利用 TMI 进行大气校正；也利用 SSM/I 对 10^6 对 TMI 和 QuikSCAT 风场测量数据进行大气校正。

对于 37GHz 两种极化情况，图 9.12 显示了 ΔT_{BV} 和 ΔT_{BH} 与 ϕ_R 的关系。图中 ΔT_{BV} 和 ΔT_{BH} 采用 20° 的网格，分为三个风速范围：0～6m/s、6～10m/s 和 10～14m/s；图中的点线、虚线和点画线表示 Meissner 和 Wentz（2002）的结果；实线表示 Wentz（1992）的结果。此外，0° 对应于上风向，180° 对应于顺风，90° 和 270° 对应于侧风方向。当 $U<6$m/s 时，Meissner 和 Wentz 的结果比 Wentz 的结果小得多；当 $U>10$m/s 时，两种结果近似相同。Meissner 和 Wentz 的观测结果显示，ΔT_{BV} 和 ΔT_{BH} 随着 U 的增大而增大，且与风向呈对称分布。具体来说，ΔT_{BV} 具有 $\cos\phi_R$ 的分布规律，分别在逆风和顺风时具有极小值和极大值，而在较大风速时，ΔT_{BH} 具有 $\cos2\phi_R$ 的分布规律，分别在逆风、顺风时具有极小值，在侧风时具有极大值。

当 10～14m/s 风速时，对于逆风/顺风，ΔT_{BV} 的变化范围约为 3K；ΔT_{BH} 的侧风和顺风的变化范围约为 4K。图 9.11 中显示了 ΔT_{BH} 由方位角平均值随 U 的变化比 ΔT_{BV} 更敏感，图 9.12 显示两种极化对方位角的变化具有相同的敏感度。如图 9.11 所示，方位角平均的 ΔT_B 在 0～12m/s 风速范围内，对于 37H，ΔT_B 增加 15K，对于 37V，ΔT_B 增加 3K。这意味着对于 37H，风速提高 12m/s，方位角的因素对 ΔT_{BH} 会带来一个小的但不容忽视的影响；而对于 37V，方位角的影响等同于方位角平均的增加量。

Wentz（1992）最初的结果在 $U<6$m/s 时误差大，后来 Wentz（1997）发现，如果风反演算法没有考虑方位角的变化，U 的误差受 ϕ_R 的影响。在逆风时，Wentz 发现 SSM/I 的 U 比浮标观测值小 2.5m/s；在顺风时，SSM/I 的 U 则比浮标观测值大 1.2m/s。在所有观测方向上，浮标和 SSM/I 风速的 rms 偏差约为 1.6m/s。由于风场反演决定了所有反演参量的精度，

因此在数据处理中，使用了来自 NCEP 预报模式提供的同一位置的风向数据，然后利用亮温来改善风速和其他参量的反演精度。

在风矢量的反演中也利用了方向依赖关系。根据图 9.12 中 ΔT_{BV} 和 ΔT_{BH} 与方位角的依赖关系，Wentz（1992）认为，风向可以利用两个卫星辐射计的观测来反演。具体观测方法是，一个辐射计向前观测，另一个辐射计向后观测，这样相同的海域能以不同的时间且方位角 ϕ_R 相差 180° 的方式来观测。2003 年 1 月发射的 Coriolis 卫星上的 WindSat 验证了这个想法，即通过测量全部 4 个斯托克斯参数来反演风矢量（见 3.2.3 节和 8.6.5 节），在 9.4.5 节讨论斯托克斯参数与 ϕ_R 的关系。

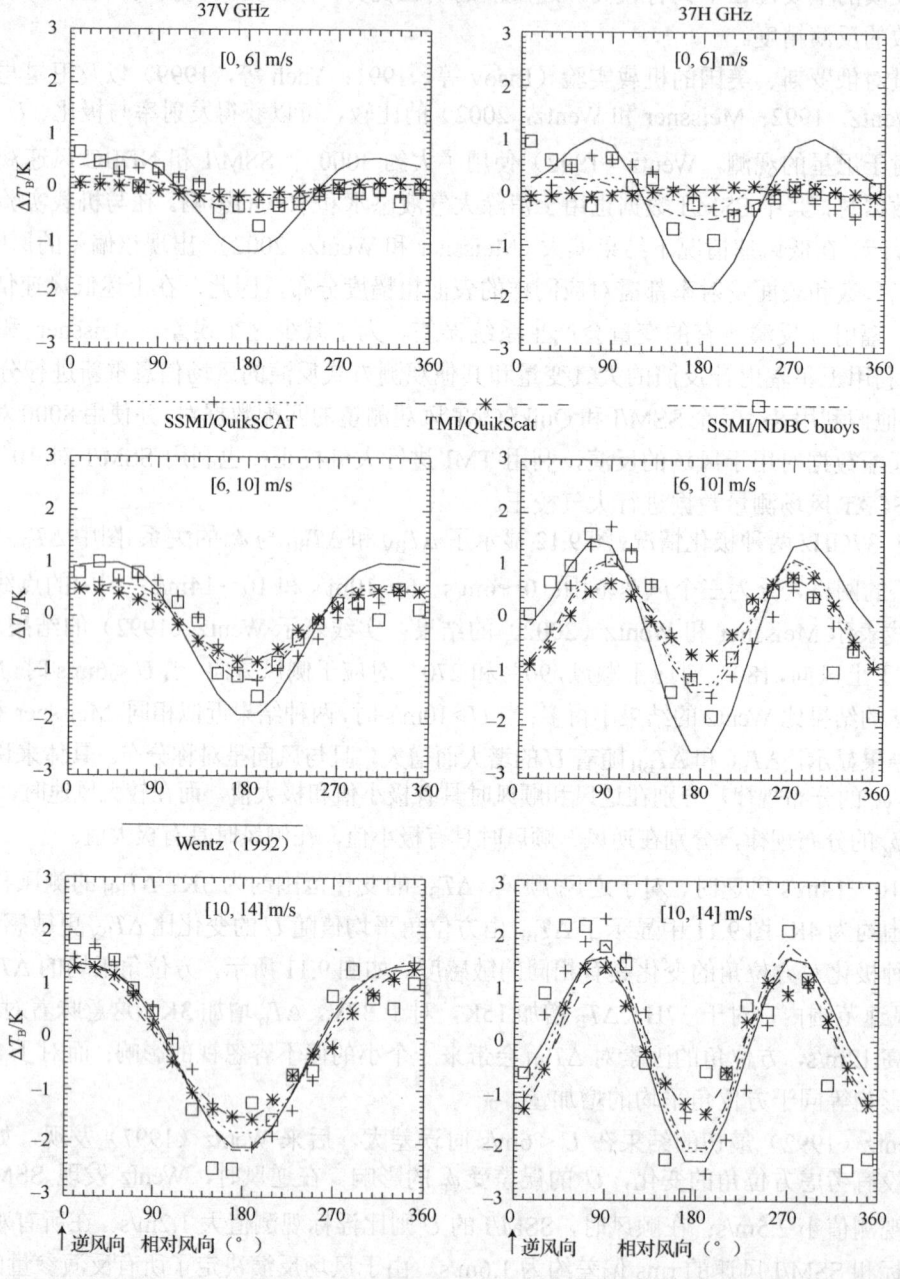

图 9.12 在两种极化和不同风速条件下 37GHz 的亮温度 ΔT_B 与方位角的依赖关系。图中逆风方向对应

$\phi_R = 0$。实线表示与 Wentz（1992）观测量的拟合曲线；其他符号的定义见图中［来自 Meissner 和 Wentz（2002）中的图 1］

9.4.5 4 个斯托克斯参数与方位角的关系

本节根据机载微波辐射计的观测，描述了反演的 4 个斯托克斯参数与相对风向的函数关系，然后基于 WindSat 数据描述了风矢量与第 3 个、第 4 个斯托克斯参数的关系。

根据一系列机载试验的观测结果，Yueh（1997）和 Yueh 等（1999）描述了测量的 4 个斯托克斯参数与 ϕ_R 和 U 的依赖关系，并且，Yueh（1997）从理论上对这种关系进行了分析。这里的观测数据来自安装于喷气推进实验室（JPL）飞机上的 19GHz 和 37GHz 的极化辐射计，其中 19GHz 测量有全部 4 个斯托克斯参数；37GHz 测量的是前 3 个斯托克斯参数。在机载飞行试验中，飞机绕着加利福尼亚沿海的浮标以圆形轨迹飞行，浮标上安装了 NDBC 风速计，飞机中通过定向使辐射计以固定的入射角观测海面。在飞行中获取了 θ 为 45°、55° 和 65° 时的观测数据；为便于与卫星辐射计的观测进行比较，下面讨论在 55° 入射角观测的情况。

对于 19GHz 和 37GHz，图 9.13 展示了基于观测数据的模型结果与 Wentz（1992）垂直和水平极化结果的比较，在数据中去除了方位角平均的影响。由图可以看出，垂直极化和水平极化曲线与图 9.12 相似，分别显示出了 $\cos\phi_R$ 和 $\cos(2\phi_R)$ 的变化规律。与理论结果一致，第 3 个和第 4 个斯托克斯参数曲线与风向具有反对称关系。另外，第 3 个斯托克斯参数具有 $\sin\phi_R$ 和 $\sin(2\phi_R)$ 的变化规律；第 4 个斯托克斯参数具有以 $\sin(2\phi_R)$ 为主的变化规律，其变化的量级是其他参数的 25% 左右。如果确定了每个斯托克斯参数与方位角的关系，那么除了风速 U 小于 6m/s 的情况，利用极化辐射计在任意方位角的单次观测就能够获取唯一的风速和风向。

对于第 3 个、第 4 个斯托克斯参数和在 3、6、9…24m/s 风速条件下，图 9.14 显示了 WindSat 18.7GHz 通道的亮温平均值和标准偏差与风速和方向的关系（Yueh 等，2006）。Yueh 等（2006）没有在图中显示 10.6GHz 和 37GHz 波段的结果，但这些频率也具有类似的结果。不同之处在于，37GHz 的第 4 个斯托克斯参数比 10.7GHz 和 37GHz 对方向的敏感性小。在图 9.14 中显示出的结果对于另外两个频率都具有典型特征。

图 9.14 是通过比较 6 个月无雨的 WindSat 数据和匹配的 NCEP 全球数据同化系统（Global Data Assimilation System，GDAS）风速风向（相同位置，6h±3h 时间窗口）而得出的。GDAS 提供了风速、风向、SST、水汽和云中液态水含量等数据。这些数据结合 WindSat 数据来校正大气衰减。然后，以 1m/s 风速和 10° 风向的间隔统计亮温。

在图 9.14 中，垂直线表示标准偏差，粗黑线表示平均值。遗憾的是，图中第 3 个和第 4 个斯托克斯参数与图 9.13 中的机载观测结果相反。图中每一个小图中显示了正弦函数拟合的曲线，也可以看做第 3 个斯托克斯参数以 $\sin\phi_R$ 和 $\sin(2\phi_R)$ 加权之和，第 4 个斯托克斯参数是 $\sin(2\phi_R)$ 加权。图中原点附近的线为观测值与拟合曲线之差。图 9.14 表明在不同的风速情况下，第 4 个斯托克斯参数要比第 3 个斯托克斯参数值小（范围从最低风速时小 $\frac{1}{2}$ 到 20m/s 时小近一个数量级）。对于风速小于 6m/s 的情况，两个斯托克斯参数幅度的峰峰值比标准偏差小。在 6~20m/s 风速情况下，峰峰值比标准偏差大，角度的依赖关系呈明显的正弦函数特点。

图中除了最大风速的情况外，风速小于 5m/s 时，斯托克斯参数信号幅度可小至 0.05K；风速在 12～20m/s 时，第 3 个斯托克斯参数峰信号幅度可达 4K。由于缺乏风速大于 20m/s 的观测，在每一个统计窗口内匹配的数据较少且离散。最后要指出的是，对于风速小于 6m/s 时的小信号和大标准偏差情况，利用辐射计的单次观测来反演风矢量是不可能的。

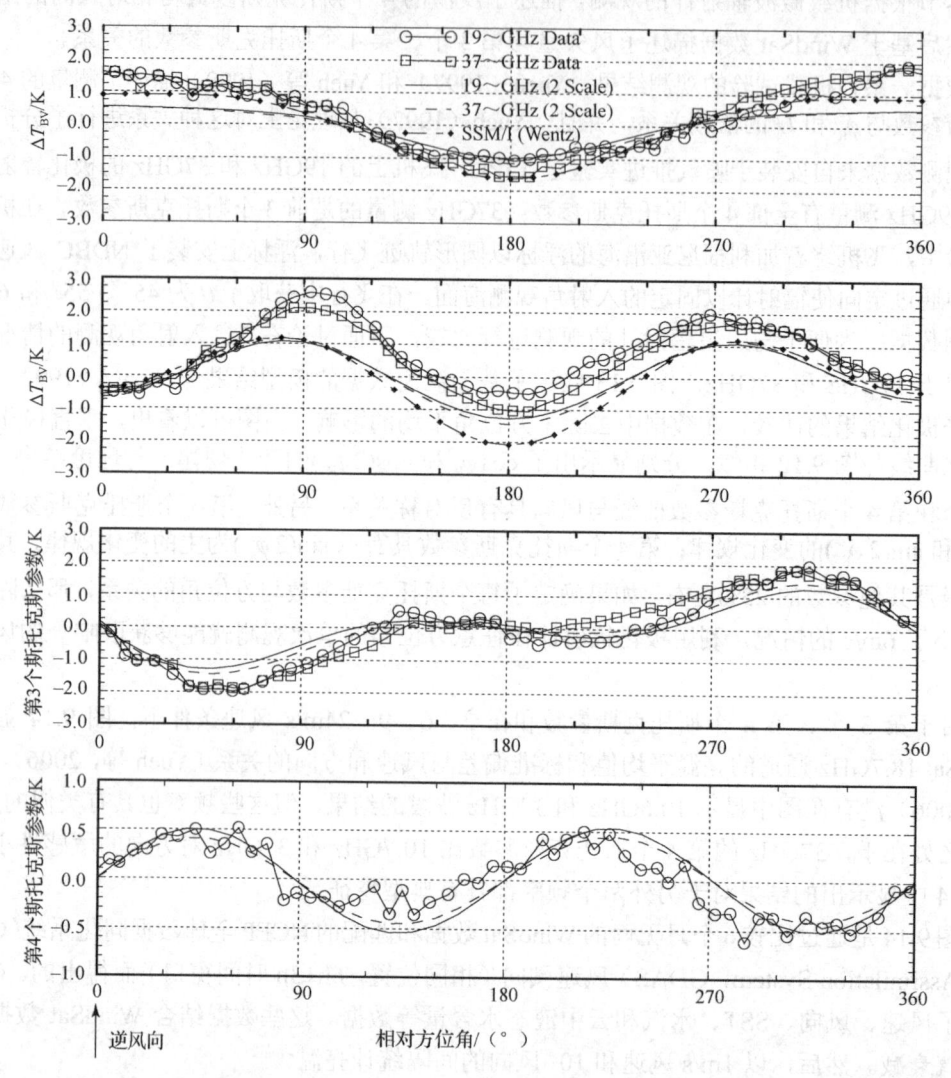

图 9.13　JPL WIN DRAD′94 机载辐射计在 $\theta=55°$ 和 10m/s 风速下，斯托克斯参数的理论值和观测量的比较。图中的向上箭头表示逆风方向。图中展示了 19GHz 和 37GHz 观测数据和模型结果以及 Wentz（1992）的垂直极化和水平极化的结果［来自 Yueh（1997）中的图 4］

Yueh（2008）比较了 WindSat 第 3 个斯托克斯参数和 HRD 风速，匹配的风速范围为 20～60m/s，风速的统计以 10m/s 为间隔进行分组比较。结果表明，对于前 3 组数据，斯托克斯参数与风速呈正弦函数关系，峰值幅度为 3～4K。对于风速最大的一组 50～60m/s 风速，没有更多的匹配数据，但显示出强的信号，峰值幅度约为 2K。这表明了在大风速情况下反演风向的可行性。

利用 WindSat 的极化观测能够反演风速和风向，但风速小于 6m/s 时仍然存在较大的风向反演误差（Monaldo，2006），这些将在 9.7 节中进一步讨论。在 9.7 节中还会讨论 Meissner 和 Wentz（2009）如何将无雨情况下 WindSat 的反演推广到强风（大于 20m/s）和降雨的全天候情况（Meissner 和 Wentz，2009）。另外，还会介绍 WindSat 如何为散射计的定标提供基准数据集。

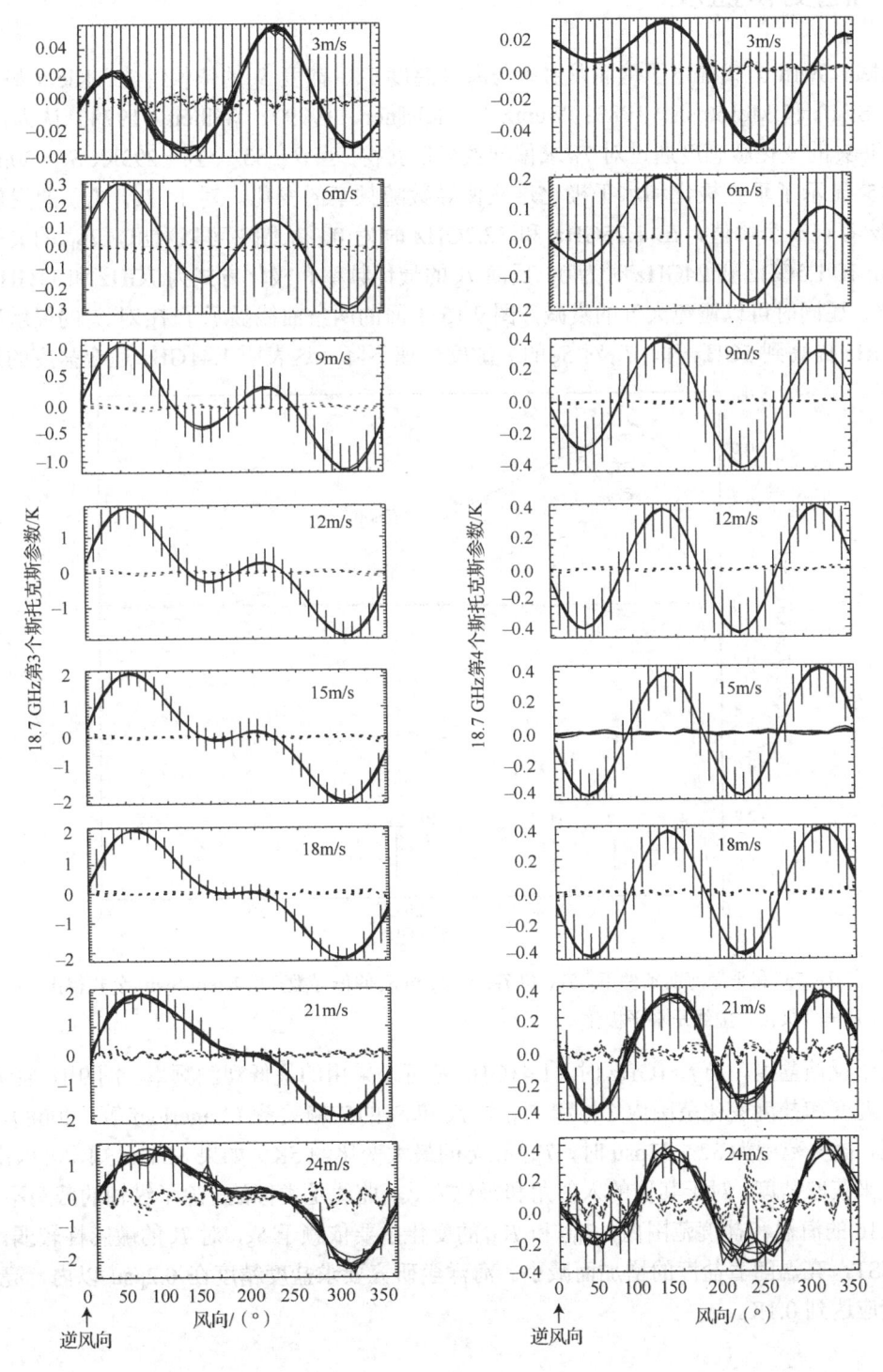

图 9.14 18.7GHz通道第 3 个（左）、第 4 个（右）斯托克斯参数亮温平均值和标准偏差与风速风向的关系。垂直线表示了标准偏差，粗黑线为平均值，嵌入图表示风速。图中也显示了用正弦函数拟合的曲线和观测与拟合曲线的差［改编自 Yueh 等（2006）的图 4 和图 5］

9.5 温度和盐度

Klein-Swift 公式描述了镜面发射率与海表温度 T_S、盐度 S_S 的依赖特性（Klein 和 Swift，1977；Swift 和 McIntosh，1983；Wentz 和 Meissner，1999）。Wilheit（1978）认为，T_B 对于 T_S 和 S_S 的变化敏感度通过对 T_B 求偏导数可以获得。当 $\theta = 53°$、$T_S = 293K$、$S_S = 30$psu 时，图 9.15 显示了垂直极化和水平极化这些偏导数随频率的变化。对于 T_S，T_{BV} 的灵敏度在 5.6GHz 存在一个峰值，在 1.25GHz 和 32.2GHz 时为 0。从图中可以看出，T_{BH} 的灵敏度比 T_{BV} 小，在 1.5GHz 和 24GHz 时为 0。反演 T_S 的最优频率和极化方式为 7GHz 和 11GHz 的垂直极化，还同时可以避免大气的衰减。图 9.15 下面的两条曲线显示了 T_B 对 S_S 的灵敏度。当 f 从 1GHz 提高到 5GHz 时，T_B 对 S_S 的灵敏度快速下降，这表明 1.41GHz 适合盐度的反演。

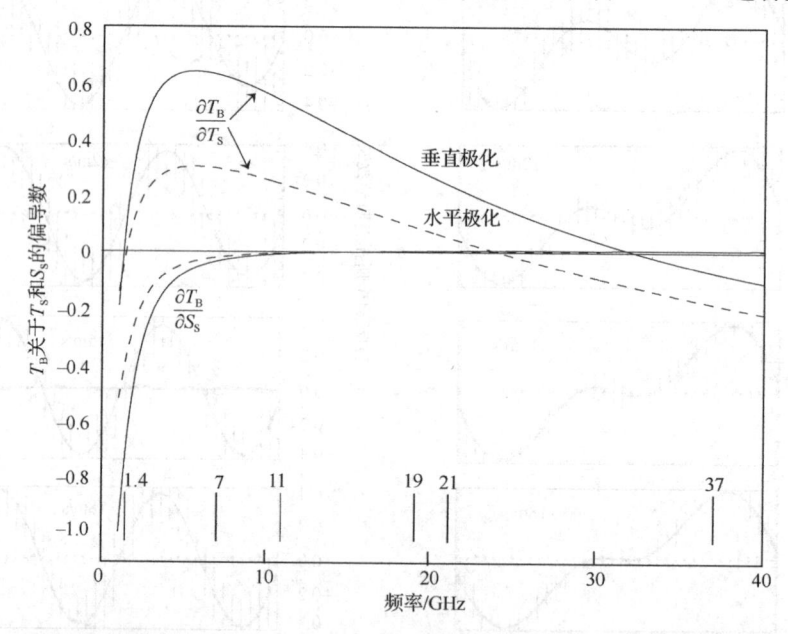

图 9.15 在 $\theta = 53°$ 和平静海面条件下，T_{BV} 和 T_{BH} 对 T_S 和 S_S 的偏导数，由 Klein-Swift 公式得出。图中实线是垂直极化，虚线是水平极化

对于反演盐度，当 $f>1$GHz 时，1.41GHz 是可以采用的最低观测频率。图 9.16 表示了开阔海域温度和盐度变化范围内 T_{BV} 和 T_{BH} 与 T_S 和 S_S 的依赖关系（Lagerloef 等，2008）。在这个区域，盐度范围为 32~37psu 时，T_{BV} 亮温的最大变化约 5K。如果 SST 已知，可以由测量的亮温来获取盐度。对于其他的入射角和极化方式，曲线是类似的，除了纵轴的截距不一样。在图 9.16 的海温和盐度范围内，T_{BV} 和 T_{BH} 的变化主要依赖于 S_S，对 T_S 的敏感性较弱。给定一个 SST，亮温随着盐度的增加而减小。海洋学研究要求盐度精度在 0.2psu 以内，亮温 T_B 的精度应达到 0.1K。

图 9.17 为 SST 在三种不同值的情况下垂直极化亮温与盐度变化的关系。对于每个海表温度（SST），T_{BV} 与盐度存在线性关系，30℃时的斜率是 0℃时的 2 倍。由于暖水的亮温对盐度变化的灵敏度更大，盐度反演在赤道区域反演的精度最高。海面粗糙度对发射率亦有影响，可以利用主动雷达测量，这将在第 14 章讨论。

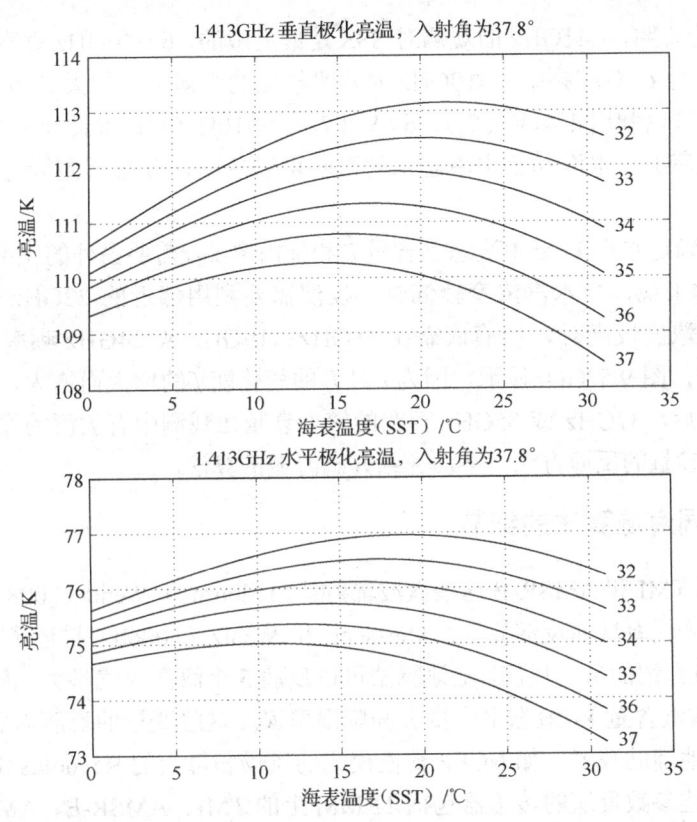

图 9.16 在平静海面、入射角为 37.8°时，亮温与表面盐度和温度的关系。其中，在海面盐度为 32～37psu 之间的 6 个常值时，垂直极化和水平极化的亮温是海表温度的函数。这里的入射角相当于 Aquarius 波束中心对应的角度［来自 Klein 和 Swift（1977）］

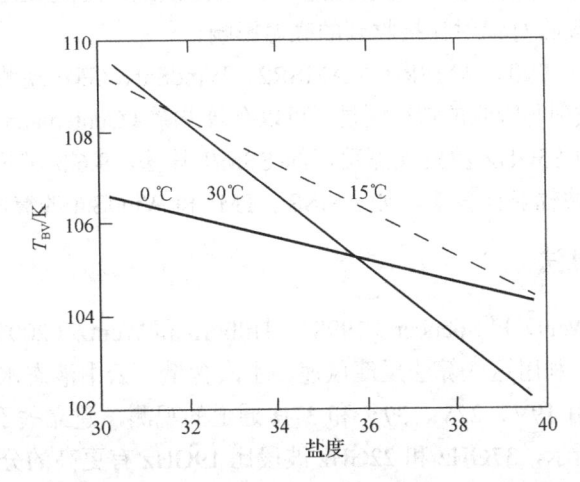

图 9.17 在入射角为 34°和 SST 为 0℃、15℃和 30℃时，垂直极化亮温与盐度的关系。如图所示，亮温对

盐度变化的灵敏度在暖水中最大（0.7K/psu），在冷水中最小（0.3K/psu）。

9.6 开阔海域算法

9.5 节的讨论说明，1.41GHz 的观测对 SSS 是最灵敏的，6～10GHz 垂直极化对应着 SST 的观测，图 9.11 为 U 对应频率 $f \geqslant 10\text{GHz}$ 时水平极化的观测量。如果 $f \leqslant 10\text{GHz}$ 时大气相对是透明的，那么可以利用 1.41V（S_S）、6.6V（T_S）和 10H（U）来设计反演 S_S、T_S 和 U 的仪器。在这些频率中，水汽和云中液态水的影响可以忽略，联合观测为这三个未知参量列出三个方程。

为了进一步确定水汽 V、云中液态水含量 L 和降雨率 R_R，需要另外的频率：19GHz、21GHz 和 37GHz。具体来说，当水汽浓度较低时，反演需要利用邻近的 22GHz 吸收峰的垂直极化观测；当水汽浓度较高时，反演依靠在 18GHz、19GHz 或 24GHz 频率肩峰附近的观测量。当反演 L 时，图 9.5（a）显示，因为 t 对 L 的变化随 f 的增大而增大，最适合反演的频率是 37GHz。最后，37GHz 或 85GHz 存在的较大衰减在观测中有大雨的像元要剔除。这里简单介绍了以上参量的反演方法，下面介绍开阔海域的算法。

9.6.1 开阔海域算法的细节

针对 SSM/I、TMI 和 AMSR-E 这些微波辐射计，Hilburn 和 Wentz（2008）、Gentemann 等（2010b）描述了开阔海域的反演算法；Meissner 和 Wentz（2006b）描述了 WindSat 的反演算法。除了 9.7 节介绍的风向反演，上述算法可以反演 5 个海洋大气参数：海表温度 T_S、10m 高度处风速 U、水汽含量 V、液态水含量 L 和降雨率 R_R。这些变量的反演需要用到卫星观测、现场数据以及其他辅助数据，如 NCEP 数值模式的风场和每天的 Reynolds SST 数据等。

可以实现上述参数反演的传感器包括 TRMM 上的 TMI、AMSR-E、AMSR2、WindSat，以及即将发射的 GMI、其他卫星搭载的 6.7GHz 和 11GHz 通道的微波辐射计。Gentemann 等（2010b）详细描述了 SST 的反演算法。如图 9.15 所示，在 4～11GHz 垂直极化的亮温 T_{BV} 对海表温度变化较敏感，其中在 6GHz 最敏感，11GHz 次之。反演 SST 时，需要去除海表面粗糙度、大气发射与吸收对辐射计接收到的亮温影响。

从另一方面说，在 TMI、AMSR-E、AMSR2、WindSat、GMI 观测中使用的频率，对于海表面粗糙度、大气发射与吸收的特征明显，可以有效去除（Gentemann 等，2010b）。9.6.2 节描述了利用 18GHz 和 85GHz 波段观测数据的 SSM/I 算法，9.6.3 节描述了利用 6.9GHz 和 11GHz 波段数据的微波辐射计算法，如 AMSR、TMI 和 WindSat 的算法。

9.6.2 SSMI 算法

Wentz（1997）、Wentz 和 Spencer（1998）、Hilburn 和 Wentz（2008）描述了用于开阔海域 SSMI 数据的算法，利用这些算法反演风速、水汽含量、云中液态水含量和降雨率。对于每个像元，反演时利用 19V、22V、37V 和 37H 通道的观测，建立关于 L、V、U 和 R_R 的 4 个方程。如表 8.3 中所示，37GHz 和 22GHz 波段比 19GHz 有更高的分辨率，通过较高频率通道的数据进行空间平均，使所有频率的观测具有相同的像素大小。在 SSM/I 运行期间，算法得到测试和优化，如 RSS（2013c）所述，这些算法是经过 20 年测试、优化和检验的成果。

由于 SSM/I 算法不能反演 SST，所以算法中利用每天的 Reynolds SST 数据作为替代。(Hilburn 和 wentz，2005)利用每天的 Reynolds SST 数据的原因是（图 9.15 中的 19～37GHz），T_B 对 T_S 的依赖关系太弱以至于不能反演，但依赖关系太强又不能忽略（Wentz，1997）。如果不考虑 T_S 对亮温的影响，则反演的其他参数会存在较大误差。

如 9.2.3 节所述，大气中的液态水以三种形式存在：水汽、云中液态水和降雨。在上述算法中，水的凝结形式如雪、冰粒等不能反演。Wentz 和 Spencer（1998）、Hilburn 和 Wentz（2008）讨论了这些参数的定量化反演。对于无雨情况，算法利用 22V、37V 和 37H 三个通道反演风速、水汽和云中液态水。云中液态水 L 的变化范围为 0～0.25mm，在 37GHz 时，0.1mm 的变化可使 H（水平）通道发生亮温变化量 $\Delta T_{BH} \approx$ 9K 的变化（Wentz，1997）。在扩展的算法中包含了降雨率，降雨和云液态水透射率替换了 37GHz 云中液态水透射率。19GHz 频率垂直极化方式也用于反演降雨和云中液态水的透射率，从而可增加一个方程来反演上述 4 个量。对于小雨和中雨，风速可以反演，当降雨率大于 5mm/h 时，风速则不能正常反演。

降雨和云中液态水的区别在于液滴的大小，雨滴一般远大于云滴。小的云滴是瑞利散射，透射率与 19GHz、22GHz 和 37GHz 频率的关系是已知的，而雨滴为米氏散射。如 9.2.3 节所述，降雨和云中液态水散射机制的不同，可使这两个量得以区分。暴雨的范围会小于辐射计的 FOV，所以需要进行称为"波束充塞"校正的处理。然后，将卫星数据反演的降雨率与海岛现场观测的地面降雨率、戈达德廓线算法（GPROF）获取的表面降雨率（Hilburn 和 Wentz，2008）进行比对。根据 Gentemann 等（2010c）的研究，利用 SSM/I、TMI 和 AMSR-E 反演的降雨率与海岛的观测值非常一致，偏差在 3%以内。

对于海面风场和海面粗糙度来说，为了消除仪器观测指向和风向对海面发射率的影响并改善风速 U 反演的精度，利用 NCEP 数值预报模式的方向作为风场风向。通过引入每天的 Reynolds 海温数据和 NCEP 风向数据可以反演 4 个量。除了上述降雨率 R_R 的数据比对外，还有反演的 U 与浮标观测的风场数据比对，V 和 L 与海岛观测站的无线电探空仪观测数据进行比对。Wentz（1997）的研究表明，风速 U 的 rms 误差为 0.9m/s，V 的 rms 误差为 1.2mm，L 的 rms 误差为 0.025mm，相应附加的小量系统补偿分别为 0.3m/s、0.6mm 和 0.005mm。

下面是数据反演的具体实例。图 9.18 为 2012 年 3 月 20 日利用 SSM/I 升轨刈幅数据（升轨地方时为 18:00）反演的 U、V、L 和 R_R 的合成图。这些观测刈幅覆盖了一半以上的海洋，这样的选择是为了与图 4.2 中的 MODIS 的观测时间最为接近。图中上面第一张图像给出了风速 U，与图 4.2 类似，都观测到了南极周围的风暴、阿拉斯加湾的气旋性风暴、北大西洋的强气旋性风暴以及冰岛南部的风暴。第二张图为柱状水汽含量 V，可以看出水汽主要集中在热带，尤其在印度尼西亚和新几内亚附近以及与赤道延伸到温带和副极地纬度的风暴相关的水汽。第三张图为云中液态水含量 L，可以看出与风暴有关的强风区域 L 值也较大。第四张图为降雨率，与水汽和云中液态水近似相关。第三张图中的白色字母标识了本图和图 4.2 中的云和风暴。

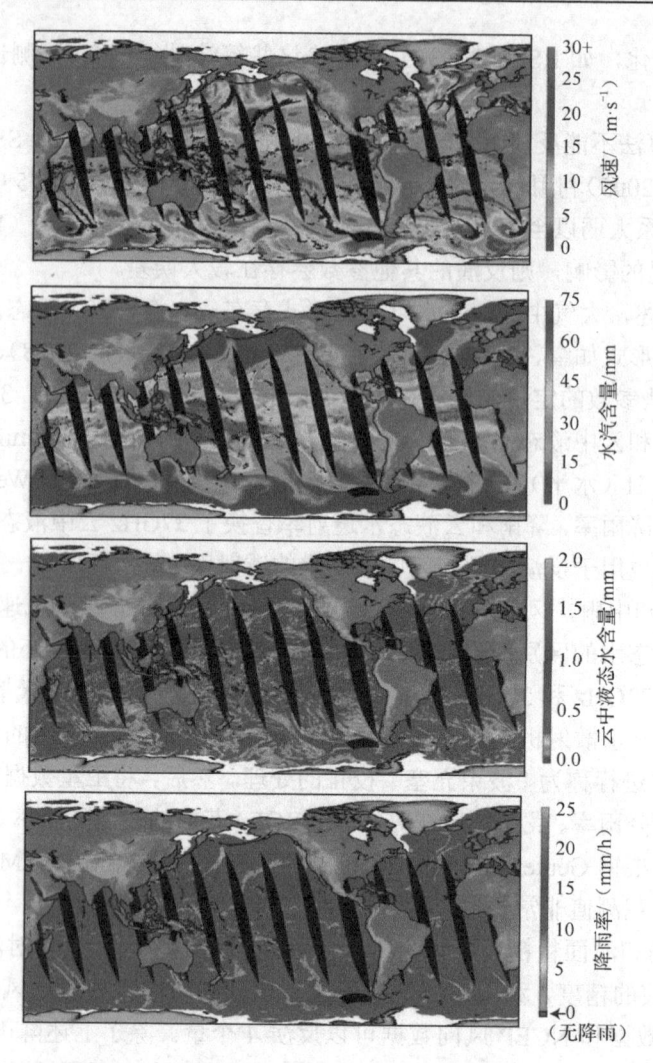

图 9.18 2012 年 3 月 20 日利用 SSM/I 升轨数据（过境时间为地方时 18:00）反演的 U、V、L 和 R_R。右边的色标条给出了每个变量数值的分布，灰色为陆地，白色为海冰，黑色为没有数据或降雨掩模。在 L 和 R_R 的图中，紫色表示该区域没有液态水或降雨。云中液态水图中的字母标注了图 4.2 的 MODIS 图像中相同的现象

9.6.3 TMI、AMSR-E、AMSR2 和 WindSat 算法

由于 TMI 有 10.7GHz 通道、AMSR-E 有 6.9GHz 和 10.7GHz 通道，所以利用这两个传感器可以在不受云影响的情况下反演 SST。SMMR 传感器的 6GHz 和 10GHz 已经证明了反演 SST 的可行性并取得若干研究成果（Liu，1988），但是，由于 8.6.1 节提到的低分辨率、旁瓣污染和仪器噪声等问题，反演的 SST 仍存在较大误差。TMI 的 10.7GHz 通道提供了首次真实反演 SST 的机会，随后，AMSR-E 和 WindSat 的 6.9GHz 通道也实现了 SST 的反演。6.9Hz 和 10.7GHz 的垂直极化通道对大气不敏感，但对 SST 有较大的灵敏度。同时，水平极化通道对 SST 敏感性较差，而对风速更敏感。

图9.19显示了利用11GHz通道反演SST的问题（Gentemann等，2010b）。如图所示，随着SST的降低，11GHz通道的灵敏度降低；而7GHz通道的灵敏度接近常数。图中SST反演的标准偏差用水平线表示，并且在反演中亮温有0.5K的噪声。这一噪声是AMSR-E噪声的5倍，加大了实际反演中的误差。如图9.19所示，11GHz反演的SST在高纬度比7GHz误差大。除了高纬度区域，当SST为20℃、0.1K（AMSR-E的实际噪声）噪声时，这两个通道的误差大致相同（0.2K）。随着SST的降低，两个通道的精度也降低，其中，11GHz通道的精度降低得更快，如SST为-1℃时，11GHz的精度为1K而7GHz的精度为0.3K。

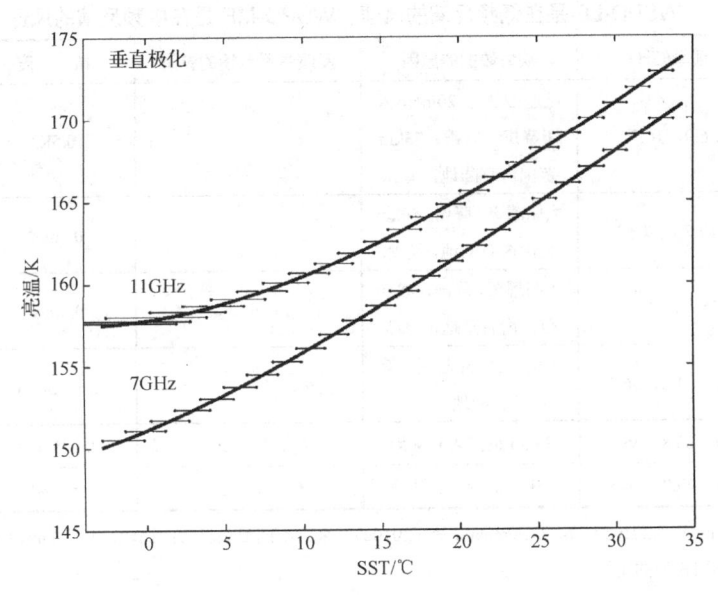

图9.19 7GHz和11GHz垂直极化亮温与SST的关系。水平线是0.5K的亮温噪声引起的SST反演的标准偏差。在较低的SST情况下，SST对11GHz亮温 T_{BV} 变化的灵敏度减小，导致更大的误差和小的正偏差［来自Gentemann等（2010b）的图1］

Gentemann等（2010b）描述了利用AMSR-E数据对SST的反演。通过结合船舶和小岛上42 000次无线电探空仪的观测、Reynolds年平均SST和0°～360°风向及0～40m/s的模拟风速，采用了一种称为"局域的"（localized）的辐射传输模型。在模拟中，Reynolds SST的变化范围为±5K。由于亮温、风速和SST的关系是非线性的，这里将算法分为1440个局域的子算法，分别将SST分为-3～34℃和风速0～37m/s的38个间隔。这种大数据量的迭代算法保持了SST和风速的连续性，有效减小了非线性效应。

为了评估反演的精度，比较了2002年6月至2008年12月AMSR-E的SST和Reynolds SST，两者的SST标准偏差为0.5K（Gentemann等，2010b，图4a）。其中，较大的误差在西边界流区域，如黑潮和湾流区域、南极绕极流区和高纬度区域。尽管使用了局域的算法，SST的误差还是对于风速的增加比较敏感。这在利用11GHz反演时最为明显，误差从风速为0m/s、SST为30℃时的0.5K，到风速为15m/s、SST为0℃时的2K。与此不同的是，7GHz的算法误差随着风速和SST增加而增加，但是误差却保持在0.5～1K之间（Gentemann等，2010b，图7）。

AMSR-E 每个参数的反演精度示于表 9.3 中。表中给出了每个反演参数所用的频率、缺失数据的原因、反演中不包括的参量、反演精度和空间分辨率。对于风速，表中列出了低频（WSPD-LF）和中频（WSPD-MF）两种情况。WSPD-LF 是相应于频率大于 10.7GHz 的 AMSR-E 和 TMI 的风速反演；WSPD-MF 是相应于频率大于 18.7GHz 的 SSM/I 的反演。如表 9.3 所示，由于旁瓣污染，算法在 FOV 内有陆地的区域失效。另外，SST 的反演在强风、大雨和旁瓣内有海冰的情况下失效；风速和水汽含量的反演在大雨条件下失效。

表 9.3　AMSR-E 的数据产品及其限制条件。采用 0.25°×0.25° 的经纬度网络。
WSPD-LF 是在低频反演的风速；WSPD-MF 是在中频反演的风速

参量	频率/GHz	缺失数据的原因	反演中不包括的参量	精度	分辨率
SST	6.9、10.7	风速 U 大于 20m/s，太阳耀斑，降雨，75km 范围内有陆地，海冰	—	0.5K[a]	75km
WSPD-LF	10.7 及以上	太阳耀斑，降雨，50km 范围内有陆地，海冰		0.5m/s[b]	50km
WSPD-MF	18.7 及以上	太阳耀斑，降雨，50km 范围内有陆地，海冰		0.5m/s[b]	30km
V	19、23.8、36.5	大雨，25km 范围内有陆地	—	2~0.5mm[b]	30km
L	19、23.8、36.5	25km 范围内有陆地	R_R，雪，冰粒	0.025mm[c]	30km
R_R	19、23.8、36.5	25km 范围内有陆地	L，雪，冰粒	~3%[d]	30km

注：a. Gentemann 等（2010b）；b. Gentemann 等（2010c），来自不同卫星算法的比较；c. Wentz（1997）；d. Hilburn 和 Wentz（2008），来自不同模型的比较。

对于 2010 年 1 月和 2011 年 1 月，2010 年 1 月是 2009—2010 年厄尔尼诺现象的中间时段，而 2011 年 1 月为随后的拉尼娜现象，图 9.20 显示了 AMSR-E 反演的周平均的 SST、U、V、L 和 R_R。比较图 9.20 中的左右两组图可以发现厄尔尼诺和拉尼娜的区别。左边厄尔尼诺现象的 SST 图像显示了南美近赤道太平洋海域暖的小上升流。与此对比，右边拉尼娜图像显示了沿着南美太平洋沿海有冷上升流，并沿赤道有从海岸延伸到中太平洋的冷水舌。在图中所示的时段内，赤道的温度下降了约 7K。

在太平洋海域赤道沿线，厄尔尼诺比拉尼娜期间的风弱，而在北大西洋，风则较强。拉尼娜期间的风在太平洋中部和北部略强。图中的厄尔尼诺水汽图像显示在赤道附近和南美沿海 V 近似均匀分布。这些较大的 V 值与较暖的赤道 SST 相关，这会导致更多的蒸发。对于拉尼娜，近赤道区域低 SST 意味着蒸发和相应的 V 值很小。同样，对于拉尼娜来说，在某种程度上，由于赤道东风，最大的 V 移动到西太平洋和印度洋。对于太平洋的云中液态水，厄尔尼诺和拉尼娜的图都显示 L 集中在北纬 4°的赤道无风带，而赤道保持无云状态。对照图 9.20 中的两组图像，降雨率的分布与云中液态水类似，对于拉尼娜，强降雨在太平洋东部和北部。Boening 等（2012）的研究表明，2012 年拉尼娜的全球变化（见 12.9.3 节）改变了降水模式，使全球的海平面下降了 5mm。

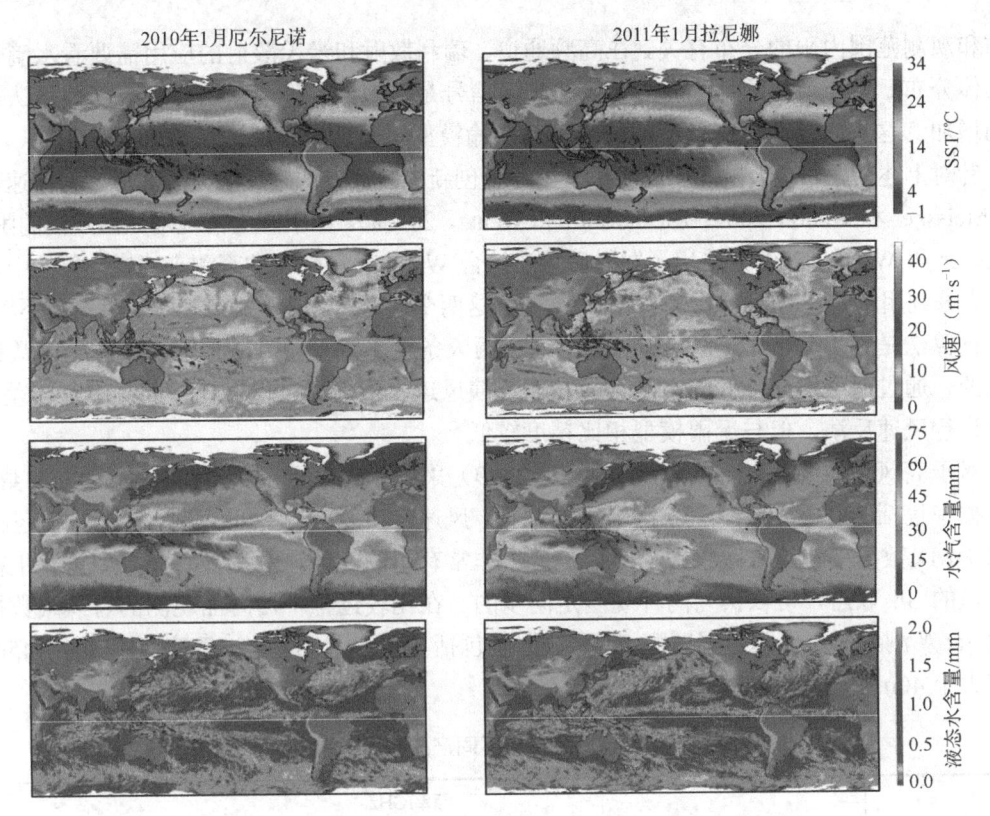

图 9.20 利用 AMSR-E 数据反演的周平均的 SST、U、V 和 L。其中，左图是 2009—2010 年厄尔尼诺的中间时段，而右图为随后的拉尼娜。风速由 AMSR 低频反演。图中白线为赤道，黑色区域为降雨（见彩插）

9.7 WindSat 风速和风向反演

如 8.6.5 节所述，WindSat 是一个全极化微波辐射计，利用垂直极化、水平极化和对 4 个斯托克斯参数的观测来反演风矢量（见表 8.8）。WindSat 的主要任务是反演风速风向，但是它也用于反演 SST、V、L 和 R_R（Bettenhausen 等，2006）。WindSat 可以通过一次观测来获取 4 个斯托克斯参数，通过前向和后向两次观测获取垂直极化和水平极化测量。其中，前向观测的刈幅为 950km，后向观测的刈幅为 350km。风速反演通常利用较宽的前向观测刈幅数据。

WindSat 有两种风场反演模型：无雨模型和全天候模型。无雨模型基于辐射传输模型，可以反演 0～20m/s 的风速（Meissner 和 Wentz，2006b；Bettenhausen 等，2006）。这一模型基于 AMSR-E 反演模型（除了风向），高频通道用于反演水汽和云中液态水含量；低频通道用来反演 SST 和风速。第 3 个斯托克斯参数经过法拉第旋转校正后，利用 10.7GHz 的斯托克斯参数来反演风向。NCEP 的 GDAS 数据用来检验 WindSat 的风速风向数据。对于云中液态水含量大于 0.18mm 的情况，采用降雨掩模。当风速小于 6m/s 时，由于第 3 个和第 4 个斯托克斯参数的信号较低，所以反演的风向效果不好。

与无雨情况不同，全天候算法采用了统计的方法来克服降雨的影响（Meissner 和 Wentz，2009）。该方法源于存在雨的辐射传输建模问题。这些问题的出现是由于多雨大气的巨大可变性，这给亮温的反演和建模带来了严重的困难。在降雨区域中，亮温与云类型、水滴尺寸分布和观测范围内雨的分布有关。在高频通道，瑞利散射和米氏散射的应用需要看水滴尺寸的具体分布。另一个问题是，降雨和风的亮温信号是类似的，降雨率的增加可能被误认为风速的增加。这些问题表现在降雨区域，辐射传输模型将不适用于风速反演。

针对上述问题，全天候风场反演模型用一个创新的统计方法来反演大于20m/s的风速和降雨（Meissner 和 Wentz，2009；Ricciardulli 和 Wentz，2012a）。由于降雨情况下亮温建模的困难，Meissner 和 Wentz（2009）采用了发射后算法结合 WindSat 和飓风的观测来建模。算法中，研究者充分利用了 6.9GHz 和 10.7GHz 通道数据，这两个通道对风速足够敏感，同时对雨不敏感。

该算法是利用 WindSat 亮温和表面风速在雨天条件下几乎同时测量的两个匹配的数据集建立的，通过通道组合降低降雨的信号从而反演风速。降雨和风信号在不同频率存在差异，可以进行风速反演，但与无雨模型相比精度较低。

对于高风速情况，Meissner 和 Wentz（2009）采用 NOAA 飓风研究部（HRD）的数据。该数据中包括 2003—2004 年 17 次飓风的数据，风速来自船舶、飞机、浮标、卫星和气压图。虽然 HRD 数据集不用来做验证，但仍是一个非常有用的高风速数据源。如果飓风发生在卫星过境的 3h 以内，可以认为两种观测是同步的。在比较过程中，海面观测的台风眼数据与 WindSat 观测到的台风眼数据匹配。匹配数据集包括 48 000 个数据点，风速范围为 0~45m/s，风速大于 40m/s 的只有 166 个数据。

表 9.4 WindSat 反演不同产品时用到的波段

	频率/GHz			
	6.8（V, H）	10.7（全部斯托克斯参数）	18.7（全部斯托克斯参数）	37（全部斯托克斯参数）
分辨率/km	50	32	22	10
产品				
SST	Y	Y	—	—
风速（无雨）	Y	Y	—	—
风速（降雨）	Y[a]	Y[a]	—	—
风向	—	Y[b]	—	—
水汽	Y	Y	Y	—
云中液态水	Y	Y	Y	Y
降雨率	—	—	—	Y

改编自 Meissner 和 Wentz（2009），Meissner 等（2010）。a. 算法的主要部分是将水平极化的 6.8GHz 和 10.7GHz 的亮温线性结合；b. 风速大于 6m/s。

Meissner 和 Wentz（2009）发展了两个模型：利用 HRD 数据发展的高风速反演模型和针对所有情况的全球风速反演模型。由于排除了 6.8GHz 和 10.7GHz 的波段组合，高风速模型效果不佳，而全球风速反演模型应用这些波段。对于降雨和无雨模型，表 9.4 列出了用于反演不同参数采用的 WindSat 波段。在无雨情况下，风速反演采用大于 6.8GHz 的频率，而对于降雨的情况，则采用 6.8GHz 和 10.7GHz 波段。风向反演采用 10.7GHz 的斯托克斯参数。水汽则采用 6.8GHz、10.7GHz 和 18.7GHz 波段，云中液态水含量采用所有 4 个波段，降雨采用 37GHz 波段。对于雨，风速的反演主要涉及 6.8GHz 和 10.7GHz 频段，反演的风向涉及 10.7GHz 斯托克斯参数，如 9.2 节所示，这是对雨最不敏感的频段之一。然而，重要的是注意算法性能会随着降雨率而降低。

第9章 大气和海洋表面的被动微波观测

对于 6.8GHz 和 10.7GHz 频率的垂直极化和水平极化通道,图 9.21 显示了各向同性亮温差和 HRD 风速的关系,亮温差是观测到的发射率乘以海面温度的标称值(290K)(Meissner 和 Wentz,2009,图 1)。HRD 风速范围为 10~45m/s,观测值按照 4~6m/s 的网格来平均处理。在图 9.11 中显示了风速小于 10m/s 的情况下发射率与风速的关系。

图 9.21 中的对角实线(Meissner 和 Wentz,2006b)是从 18m/s 到更高风速线性外推的发射率,黑点表示发射率的平均值,垂直线表示标准偏差。在标准偏差范围内,通过 45m/s,发射率和风速的关系近似是线性的。随着风速增加,泡沫面积增加,因此发射率也线性增加,大于 35m/s 时达到饱和。这里计算的发射率与辐射传输模型线性外推的一致。对于所有频率,随着风速的增大,水平极化发射比垂直极化发射更敏感。

当风速大于 7m/s 时,WindSat 和 GDAS 风向的 rms 小于 20°(Yueh 等,2006;Meissner 和 Wentz,2009)。当降雨率在 0~10mm/h 且风速大于 7m/s 时,风向精度从 10°线性降到 30°(Meissner 和 Wentz,2009,图 11),这一精度的下降与降雨衰减有关。对于风速反演的精度(与 HRD 比较),无雨的情况下为 2m/s,降雨率等于 0~5mm/h 时为 3m/s,降雨率等于 5~10mm/h 时为 4m/s。

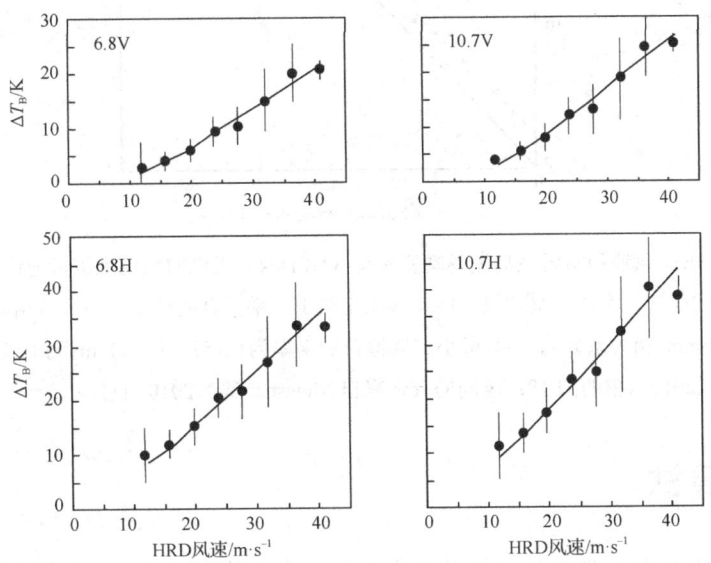

图 9.21 WindSat 6.8GHz 和 10.7GHz 垂直极化和水平极化风相关的各向同性发射率转换为亮温后与 HRD 风速的关系。对角实线(Meissner 和 Wentz,2006b)是从 18m/s 到更高风速线性外推的发射率,黑点是发射率的平均值,垂线是标准偏差。亮温差是观测到的发射率乘以海面温度的标称值(290K)。HRD 风速范围为 10~45m/s,发射率按照 4~6m/s 的风速间隔来平均[重绘自 Meissner 和 Wentz(2009)的图 1]

作为无雨情况高风速算法的验证,图 9.22 比较了模型结果和格陵兰岛流场畸变实验(GFDex)飞机的现场观测风速(Renfrew 等,2009;Meissner 等,2010;Meisner 和 Wentz,2012)。GFDex 2007 年 2 月和 3 月在冰岛和格陵兰岛之间的丹麦海峡附近以及海峡南面的艾明格海开展。当时冷空气爆发,风速在海面上 30~50m 高度利用湍流探针进行测量,然后调整到 10m 高处的风速。在现场观测的 6 天期间,GFDex 进行了约 150 次飞行。在数据比较中,飞机观测的风速是 2min 平均的测量值,相当于 12km 的空间分辨率。

在数据处理中，将飞机观测的 2min 平均的 5～28m/s 的风速和风向，与 WindSat 反演的同一区域内的数据进行了匹配。其中，WindSat 算法采用 10.7GHz 作为最低频率，空间分辨率为 35km。图 9.22 中的"三角形"表示一次有小雨的航次的观测值。如图所示，飞机的观测和 WindSat 的结果相关性非常高，偏差为 1.5m/s，这可能与观测视场内 10.7GHz 有陆地或海冰有关。当采用 18.7GHz 波段的无雨算法反演结果进行比较时，偏差降为 0.9m/s（Meissner 和 Wentz，2012，图 18）。对于图 9.22 中的两个数据集，风速的 rms 小于 1.5m/s，风向的 rms 为 12.1°，这表明，在无雨和风速小于 30m/s 的情况下，HDR WindSat 算法是正确的。

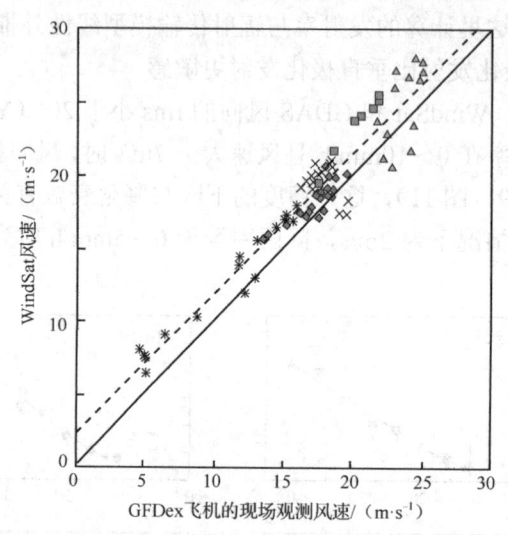

图 9.22 WindSat HRD 风速和格陵兰岛流场畸变实验（GFDex）飞机的现场观测风速比较。图中不同的符号代表不同航次，实线是最佳拟合线，虚线是最小二乘拟合的结果。两个数据源的偏差为 1.5m/s、rms 为 1.35m/s，相关系数为 0.94，最小二乘拟合的斜率为 0.957，风向的 rms 为 12.1°［重绘自 Meissner 和 Wentz（2012）中的图 18；风向的 rms 来自 Meissner 等（2010）］

9.8 海冰算法

确定海冰范围和海冰类型是被动微波成像仪最成功的应用之一。本节将讨论应用于极区大气的辐射传输方程，描述用于反演冰特性的算法并给出具体实例。

在极地区域，辐射传输式（9.1）可以进一步简化。考虑到冬天极地浮冰区域的大气非常干燥，由图 9.4 知，$t_{vap} \approx 1$。另外，忽略宇宙亮温的影响（Cavalieri 等，1984）。这样在冬天浮冰区，式（9.1）简化为

$$T_B = eT_S \tag{9.7}$$

其中，e 代表开阔海域海水和不同类型海冰的发射率，这里 T_S 是海水和海冰的表面温度。式（9.7）假设在冰边缘处存在不足，此时液态水和水汽的影响不能忽视。但是，这种简化的形式可以用来反演很多冰特性。这些海冰信息包括南北半球长时间序列大范围的海冰面积，以及相对北半球无冰海域、一年冰和多年冰的密集度。

SMMR 用于海冰反演的频率为 18GHz 和 37GHz；SSM/I 的频率为 19GHz 和 37GHz，有时用到 85GHz。采用两个低频段的优势是它们不受天气影响；而高频的 85GHz 空间分辨率

较高,但需大气校正。下面介绍的算法都基于 19GHz 和 37GHz 两个频率的观测,其中最简单的算法是 NASA Team(NT)算法。美国国家冰雪数据中心(NSIDC)利用该算法制作了分辨率为 25km 的极区海冰特性时间序列图,其中,采用的 SMMR 数据起始于 1978 年(NSIDC,2013a)。Markus 和 Cavalieri(2009)描述了 NASA Team-2(NT-2)算法,算法中采用了 AMSR 85GHz 通道的数据,反演结果具有更高的空间分辨率。

Comiso 等(1997)详细描述了两种海冰的反演算法:NT 算法和 Bootstrap 算法。这两种算法使用不同频率的通道数据,充分利用了无冰海域和大块浮冰发射率之间存在的频率相关的发射率差异。如第 2 章的讨论,对于北极,海冰的种类包括一年冰和多年冰,一年冰的存在时间不到一年,多年冰至少经历一个夏天。对于南极,海冰分为 A 类和 B 类,这两类海冰的物理性质还不清楚。北极海冰具有不同发射率的原因是最上层的一年冰含盐度高,而多年冰几乎无盐并含有很多气泡。

在南北半球,开阔海域海水和海冰之间发射率的巨大差异简化了对海冰信息的反演。对于 SMMR 和 SSM/I 在北极区域的应用,图 9.23 显示了开阔海域海水、一年冰(FY)和多年冰(MY)发射率对频率和极化的变化关系。如图所示,开阔海域海水的垂直极化发射率和水平极化发射率差异比一年冰和多年冰大,开阔海域海水的发射率随着频率的提高而增大,但海冰发射率与开阔海域海水明显不同。对于一年冰,垂直极化发射率和水平极化发射率很大,两者几乎相同,并且与频率 f 无关。对于多年冰,垂直极化发射率比水平极化发射率大,两个发射率随着频率提高而下降。通过比较一年冰和开阔海域海水的发射率发现,如果开阔海域海水和一年冰的表面温度都在海水的冰点,开阔海域海水的亮温比一年冰小。当多年冰与开阔海域海水表面温度相同时,垂直极化低频率下,冰的亮温高;水平极化高频率下,开阔海域海水的亮温高。这些不同频率和极化发射率的差异构成了海冰反演算法的基础。

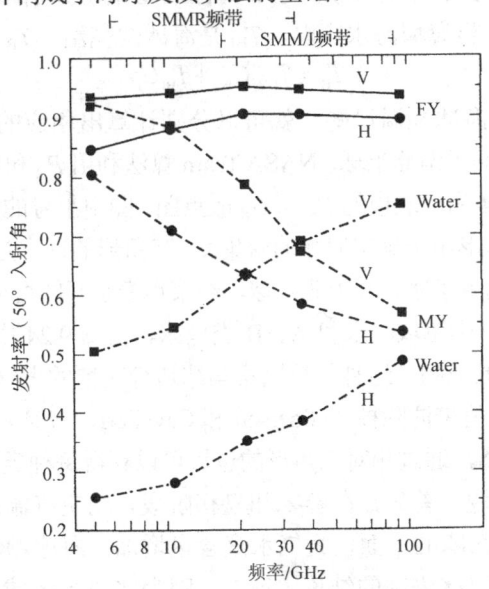

图 9.23 基于 SMMR 和 SMM/I 的频带,得到的北半球海冰发射率与频率的关系。在图中 V 和 H 为极化方式,Water 表示开阔海域海水,FY 是一年冰,MY 是多年冰 [引自 Comiso 等(1997)中的图 1]

表 9.5 列出了北极开阔海域海水、一年冰和多年冰在 19V、19H 和 37V 时的亮温特性。表中也列出了两个变量的值,即极化比 P_R 和梯度比 G_R,它们是亮温的函数,用于 NASA 算

法之中。P_R 和 G_R 定义如下：

$$P_R = (T_{B19V} - T_{B19H})/(T_{B19V} + T_{B19H})$$
$$G_R = (T_{B37V} - T_{B19V})/(T_{B37V} + T_{B19V})$$
(9.8)

使用 P_R 和 G_R 的优点是它们不依赖于冰表面温度；另外，在 G_R 应用垂直极化项使其对风速的依赖达到最小。

表 9.5 不同频率下用 SSM/I 算法计算得到的开阔海域海水、一年冰和多年冰的北半球亮温，P_R 和 G_R 值一并列出

f/GHz	开阔海域海水	一 年 冰	多 年 冰
19V	177.1K	258.2K	203.9K
19H	100.8K	242.8K	203.9K
37V	201.7K	252.8K	186.3K
P_R（×10³）	275	31	45
G_R（×10³）	65	−11	−90

改编自 Comiso 等（1997）中的表 1。

这些算法的成功归功于海冰和海水之间亮温存在较大的差异。例如，表 9.5 中列出了 ΔT_{B19V} 观测的开阔海域海水和一年冰的亮温差是 80K；开阔海域海水和多年冰的亮温差是 30K。对于 P_R 和 G_R，在其他频率也具有相似的差异。相比之下，海洋 SST 有 30K 左右的变化，在图 8.6 中对应着 ΔT_{B19V} 15K 左右的变化，因为开阔海域海水和海冰之间的 ΔT_{B19V} 是这个值的 4 倍，所以区域海冰范围的反演相对简单一些。

对于每个像元，海冰密集度按照下面的算法进行反演。这里仅考虑开阔海域海水和一年冰两种简单情况。反演算法中开阔海域海水和海冰的密集度分别用 C_W 和 C_I 来表示，这里 $C_I = 1 - C_W$。如果 T_{BW} 是开阔海域海水亮温，T_{BI} 是海冰的亮温，T_B 可以表示为

$$T_B = T_{BW} C_W + T_{BI} C_I$$
(9.9)

如果开阔海域海水和海冰亮温已知，就可以分别计算出相应的密集度。

与上述方法类似并依赖于南北半球，NASA Team 算法利用 P_R 和 G_R 反演开阔海域海水和两种类型冰的密集度。图 9.24 为南北极的 P_R 和 G_R 散点图。图中小号的数字代表观测数以 10 为底的对数，而曲线构成的三角形用于确定海冰的密集度。三角形的顶点是算法的约束点（tie-point），表示 100%的水、一年冰或多年冰。对于北半球，约束点表示开阔海域海水、一年冰和多年冰；对于南半球，约束点表示开阔海域海水和 A、B 类型冰。在图 9.24 中开阔海域海水约束点左侧的大量观测点受气象条件的影响，这种气象因素与冰边缘区域的大气水汽和液态水有关。这些气象因素通过固定的 G_R 阈值来滤除掉（Gloersen 和 Cavalieri，1986）。对于任意像素，P_R 和 G_R 值与三角形具有一定的距离，通过相对三角形的位置可以获得每种类型冰相对分布的解。

上述算法存在如下问题。首先，在春末和夏初阶段，当空气温度高于冰点时，冰表面变为融池，其含有淡水，而在冰的上面，大气水汽含量增加。海冰融池和相应的水汽会使算法得出开阔海域海水出现在海冰内部的结论。第二，因为冰边缘区域是冰、海水和大气水汽的混合物，在这个区域算法不成立。在 NASA Team 算法中，这一问题通过选择密集度为 30%的开阔海域海水等值线来解决。

图 9.25 为利用 SSM/I Team 算法处理图像的实例。图中给出了北极和南极 3 月和 9 月的月平均海冰分布。从图中还可看出南、北极最大和最小海冰范围。在北极的冬季，白令海、

鄂霍次克海、哈得逊湾和西伯利亚海岸的边缘海都由冰覆盖；而在夏天，这里是无冰的。在南极，相当少的海冰可以在夏天保留下来，最大面积的海冰在威德尔海。

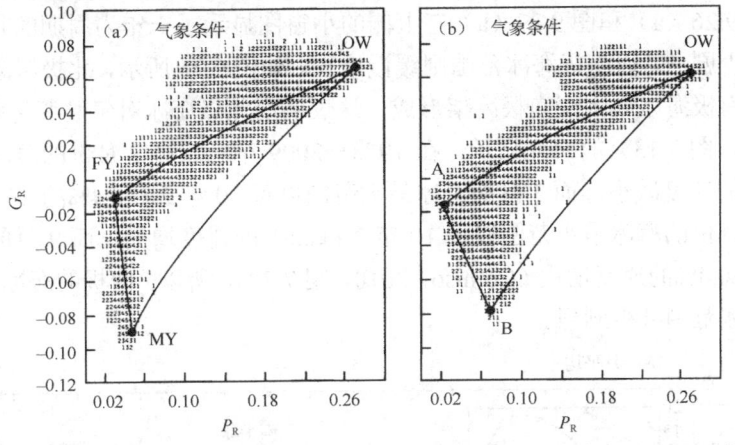

图 9.24　北半球（a）和南半球（b）海冰覆盖区域的 P_R 和 G_R 散点图。实线表示 NASA 算法中用于定义海冰密集度的曲线。图上数字代表每个点观测数以 10 为底的对数［来自 Comiso 等（1997）的图 2］

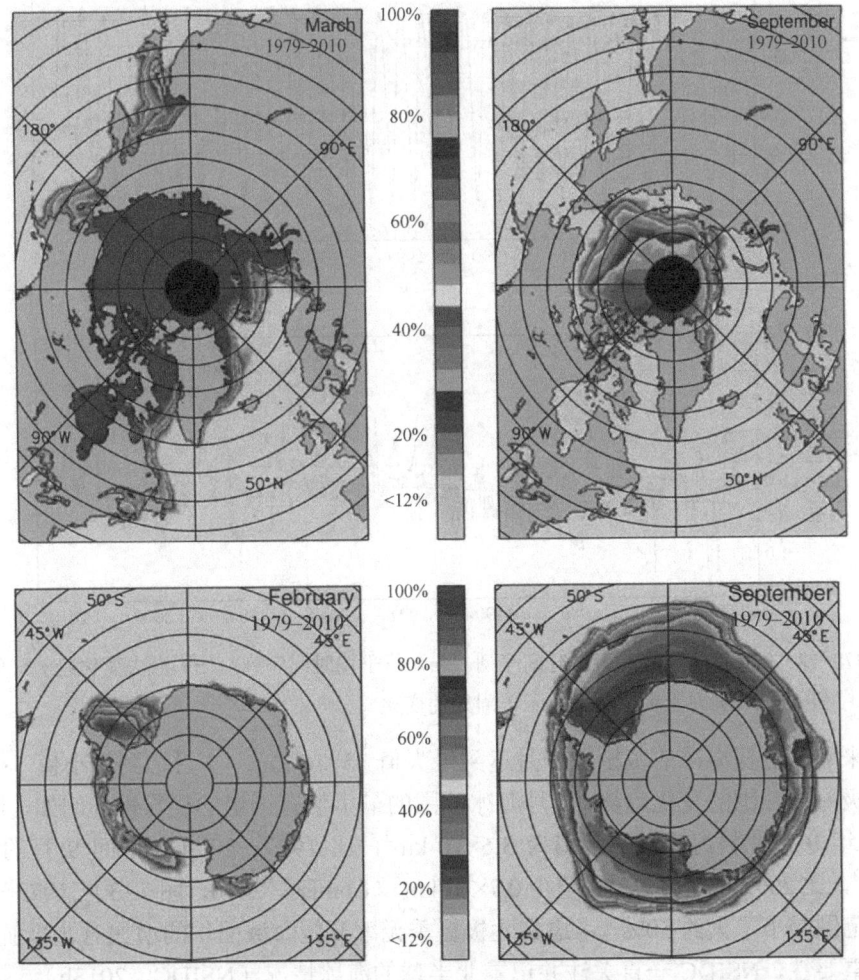

图 9.25　1979—2010 年北极 3 月（最大）和 9 月（最小）海冰范围平均值，南极 2 月（最小）和 9 月（最大）海冰范围平均值。不同颜色代表海冰密集度。灰色为陆地，蓝色为海水（见彩插）

图 9.26 和图 9.27 为长时间序列的南北极海冰分布，其中，利用了图 9.25 中 SMMR 和 SSM/I 的数据。图中给出了月平均和年平均海冰范围的时间序列，并对数据进行了最小二乘线性拟合。图 9.26（a）和图 9.27（a）左上侧的小窗图显示了一年为周期的月平均曲线。北极海冰范围减少剧烈，而南极海冰范围则缓慢增长。如图 9.25 所示，北极海冰形成在由陆地环绕的海区，南极海冰则围绕南极冰架形成，这表明南北极海冰对气候变化有不同的相应。Comiso（2010，图 7.13）的研究显示，在 1978—2009 年，北极 9 月份的海冰最小范围以每 10 年 11±1.7%的速度减小，而 3 月的海冰最大范围以每 10 年 2.2±0.4%的速度减小。在同一时期，南极 3 月份的海冰最小范围以每 10 年 2.1±2.6%的速度增大，而 9 月的海冰最大范围以每 10 年 0.7±0.4%的速度增大（Comiso，2010，图 7.29）。所以，南极的海冰范围基本不变，北极夏天的海冰范围减少剧烈。

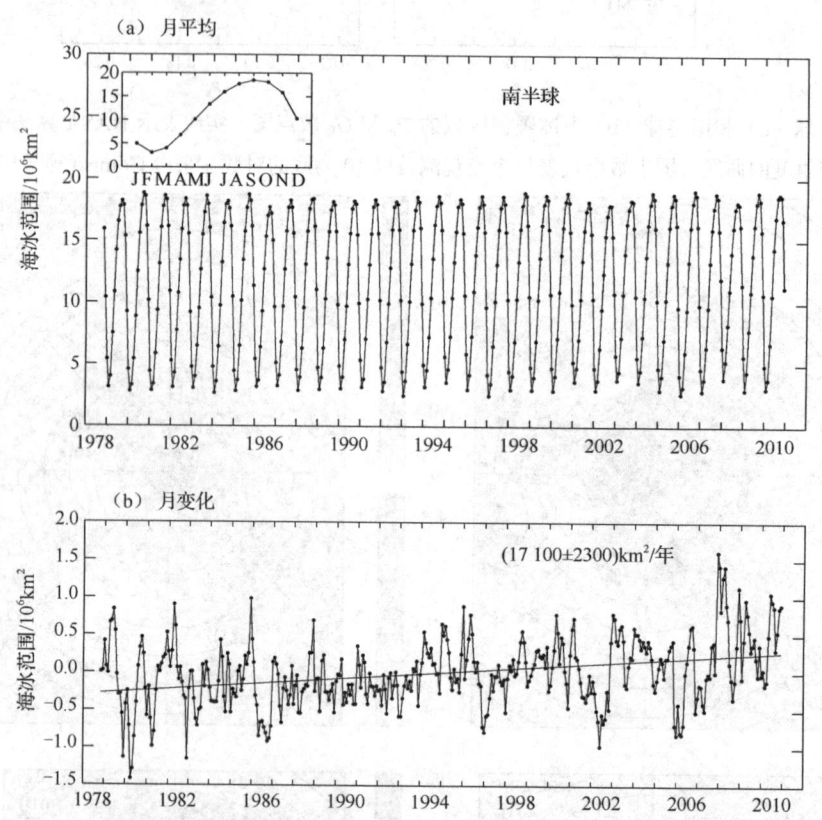

图 9.26 1978—2010 年南半球海冰范围时间序列。（a）月平均时间序列；（b）减去变化趋势线的月变化时间序列。图（a）左上的小窗图表示年周期的变化

总体来看，北极海冰的范围在 3 月达到最大值 $15×10^6 km^2$，9 月达到最小值 $5×10^6 km^2$。考虑到北极海冰范围的变化趋势，9 月海冰范围的最小值有一定的误导性。例如，图 9.28 显示，2012 年 9 月北极海冰最小范围为 $3.6×10^6 km^2$，比 1979—2000 年期间 9 月的平均值少 $3.4×10^6 km^2$，比 2007 年的历史最小值少 $0.7×10^6 km^2$（Comiso，2010，图 7.13）。1979—2012 年，夏季海冰范围减小了大约 50%。考虑到北极夏季无冰开阔海域面积的增加对北极航运、北半球气候的重要性，NSIDC 一直关注并记录北半球的海冰情况（NSIDC，2013b）。

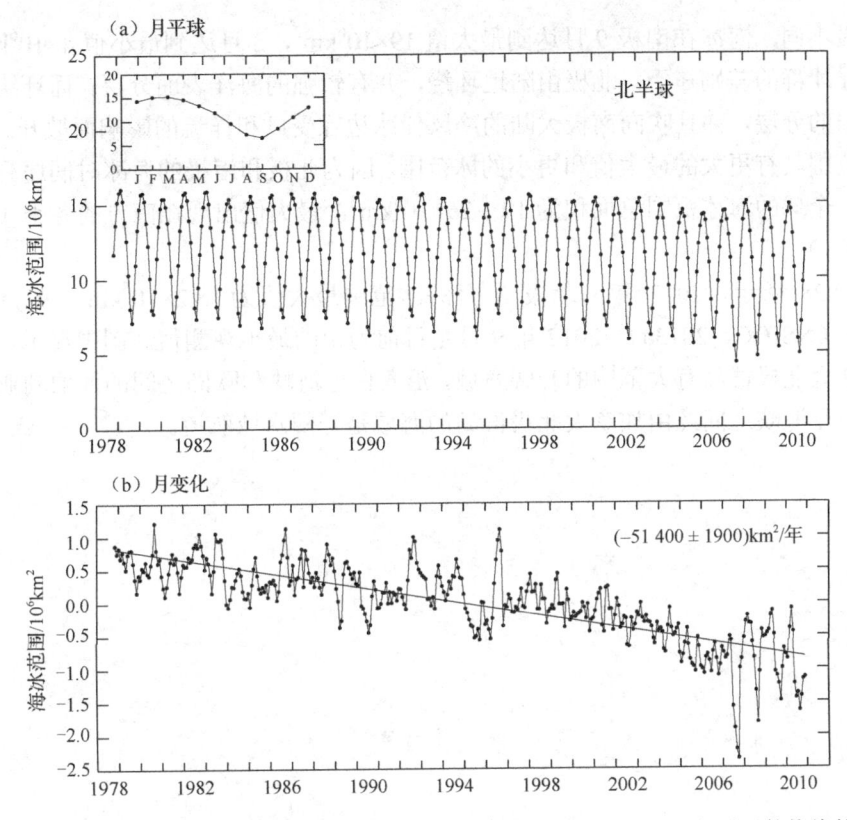

第9章 大气和海洋表面的被动微波观测

(a) 月平球

北半球

(b) 月变化

$(-51\,400 \pm 1900)\,\text{km}^2/\text{年}$

图 9.27 1978—2010 年北半球海冰范围时间序列。(a) 月平均时间序列；(b) 相对于趋势线的月变化时间序列。图 (a) 左上的小窗图表示年周期的变化

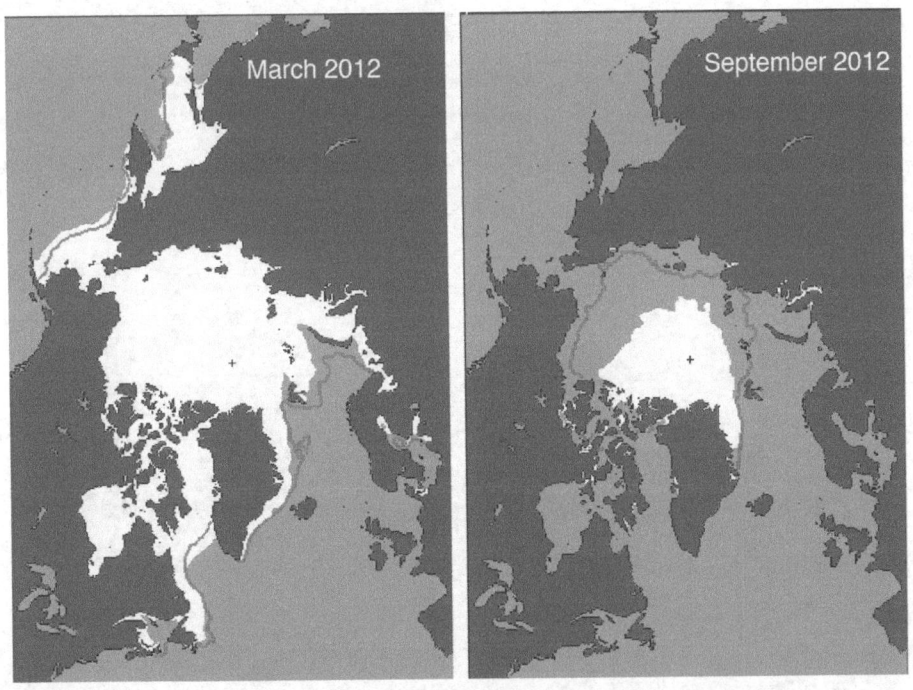

图 9.28 2012 年 3 月（左图）和 9 月（右图）平均的海冰密集度。图中白色为海冰；浅灰为陆地。灰色线为 1979—2000 年间月中位值海冰边缘线

与北极不同，海冰在南极 9 月达到最大值 $19×10^6 km^2$，2 月达到最小值 $4×10^6 km^2$。南、北极两大浮冰群的差别在于，北极由陆地环绕，并有较强的海洋表面分层；而环绕南极的海洋具有较弱的分层，并且吹向南极大陆的冷风使冰边缘受风和洋流的影响而散开。因此，南极海冰的范围具有更大的最大值和更小的冰范围。因为北极和南极的海冰时间序列有 6 个月的相位差，全球的海冰范围总面积为 $19\sim26×10^6 km^2$，最大值出现在南方的冬季（Comiso，2010，图 7.1）。

如图 9.28 所示，2012 年，北极 3 月海冰范围最大值为 $15.2×10^6 km^2$，9 月最小值为 $3.6×10^6 km^2$（NSIDC，2013a）。2012 年 9 月是目前为止的最小观测值。图中显示，在俄罗斯北部和加拿大北极群岛有大范围的开阔海域，沿着白令海峡和欧洲之间的西伯利亚沿岸以及大西洋和白令海峡之间经由加拿大北极群岛的海域是开阔水域航道。

第10章 雷 达

10.1 引言

  雷达（Radar）是一种能够发射短波长能量脉冲，用高灵敏的接收机测量返回能量或雷达回波的主动微波设备。术语 Radar 是 Radio detection and ranging（无线电检测与测距）的缩写。雷达海洋应用的价值在于其对不同的表面类型有不同的响应。当雷达脉冲与强反射表面相互作用时，回波强或者亮；相反，当雷达脉冲与弱反射表面相互作用时，回波弱或者暗。脉冲信号被反射、散射的特性称为后向散射。多种类型的海洋表面现象对后向散射的调制作用，使得雷达能够反演风速、风向、涌浪特性以及降雨；另外，雷达能够对距离进行精确测量，并能观测内波、海冰、溢油、生物量以及各种人造物，例如，船和石油平台等。

  本章和第 11 章主要介绍两种特殊的雷达——散射计和成像雷达。散射计发射脉冲，通过接收到的回波进行大气干扰、仪器噪声修正后，能够定量测量地表小面积区域的后向散射。通过上述修正，任何能够测量后向散射的雷达设备都可以视为散射计（Ulaby 等，1981，第 9~10 页）。在海洋应用方面，散射计主要用于反演海面的风矢量。与散射计不同的是，成像雷达是将接收到的地表大面积区域的回波信号，按照时间延迟或多普勒频移进行信号分辨。这将视场（FOV）分成许多小面积区域回波信号的组合，当这些区域与雷达运动相结合时，生成 FOV 覆盖区域的图像，并以图像的格式表现出后向散射的相对变化。

  本章主要介绍雷达的工作原理和雷达观测的后向散射与海表特征的关系。另外，本章还介绍细分的视场到小分辨单元的技术。10.2 节推导雷达方程，并描述雷达方程在海洋表面的应用；10.3 节描述应用在遥感中的 4 种不同天线结构；10.4 节和 10.5 节讨论细分雷达视场的距离分辨与多普勒分辨技术；10.6 节概述机载雷达对风引起的粗糙海洋表面的后向散射观测及其与入射角、方位角的关系。在接近天底向观测时，后向散射主要是镜面反射，后向散射随着风速的增加而减小，并与方位角无关；相反，在斜视观测时，后向散射依赖于共振布拉格散射，后向散射随着风速的增加而增大，并与风向的相对方位角有关。另外，这一部分也讨论后向散射与垂直和水平极化的关系。

10.2 雷达方程

  雷达方程的讨论参见 Ulaby（1982，7.1 节）和 Elachi（1987，第 6 章）。10.2.1 节以完全透射大气和非散射点目标为例，推导雷达方程，并推广到面目标的散射问题；10.2.2 节讨论雷达极化的有关问题；10.2.3 节描述吸收和散射大气、散射目标体以及仪器噪声如何影响雷达的回波。

10.2.1 点目标和面目标的雷达后向散射

对于单个目标的电磁脉冲散射，图 10.1 显示了雷达天线结构与目标物的示意图。左图为发射脉冲与反射的回波。处于雷达远场形状不规则的目标物与雷达的距离为 R_0，电磁脉冲穿过完全透射大气，并且目标物的黑体辐射相对于本身后向散射的能量可以忽略；雷达天线的视角指向目标，天线的孔径为 A，增益为 $G(\theta,\phi)$，最大视角增益为 G_0；在 t_0 时刻，雷达发射持续时间为 τ 的电磁脉冲；脉冲信号与目标物相互作用后，经过反射，将一部分入射电磁波的能量返回天线。由于散射能量的大小与目标物的形状、成分以及电导率有关，因此后向散射与目标物的材料特性有关。简单地讲，雷达的发射/接收周期可分为 3 步：电磁脉冲的发射、目标物的散射与反射以及反射脉冲的接收。这部分的内容将在后续章节依次介绍。

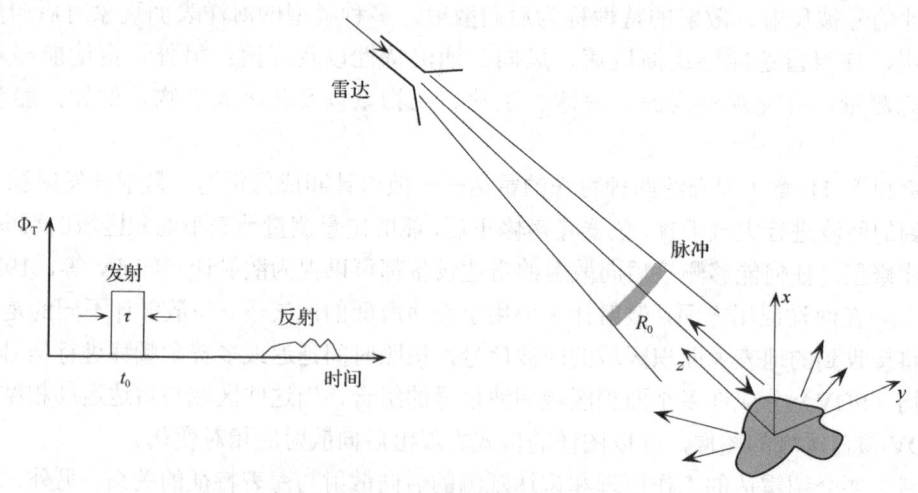

图 10.1 脉冲入射到单个目标物

假设雷达天线发射脉冲的辐射通量为 Φ_T。从式（8.8）和式（8.13）可知，在视角方向，发射功率的辐射强度 I_0 为

$$I_0 = G_0 \Phi_T /(4\pi) \tag{10.1}$$

电磁脉冲与目标物相互作用主要包括以下 4 种可能方式：脉冲穿透目标物、被目标物吸收、向远离天线的方向散射以及向天线方向后向散射。当没有任何电磁脉冲的能量穿透目标物时，目标面积 A_T 定义为目标在与雷达视角方向垂直方向上的截面积，目标对着雷达方向的立体角 $\Delta\Omega$ 定义为

$$\Delta\Omega = A_T / R_0^2 \tag{10.2}$$

假定 $\Delta\Omega \ll 1$ 且目标位于雷达的视轴方向上，由式（10.1）和式（10.2）可得出入射到目标物的功率 Φ_{RS} 为

$$\Phi_{RS} = \Phi_T G_0 A_T /(4\pi R_0^2) \tag{10.3}$$

当脉冲遇到目标时，入射能量激发电涡流，该电涡流或者被目标吸收或者再次产生辐射能量。对于目标，相对于天线一个特殊的方向，如果 f_A 代表入射电磁波能量被目标物中吸收和散射的百分比，那么再次产生的辐射功率为 $\Phi_{TS} = \Phi_{RS}(1-f_A)$。更进一步地，如果目标

重新产生的辐射功率在天线方向的增益为 G_{TS}，I_{TS} 为在天线方向上的辐射强度，那么

$$I_{TS} = \Phi_{TS} G_{TS}/(4\pi) \tag{10.4}$$

由于天线朝向目标方向的立体角为 $\Delta\Omega_A = A/R_0^2$，因此天线接收的回波功率可表示为

$$\Phi_R = A\Phi_{TS} G_{TS}/(4\pi R_0^2) \tag{10.5}$$

考虑到入射波的发射、与目标物的相互作用以及反射信号的接收，由式（10.3）至式（10.5）可得出雷达接收功率和发射功率的比率为

$$\Phi_R/\Phi_T = \underbrace{[G_0/(4\pi R_0^2)]}_{(a)} \underbrace{[A_T(1-f_A)G_{TS}]}_{(b)} \underbrace{[A/(4\pi R_0^2)]}_{(c)} \tag{10.6}$$

式（10.6）中（a）项与雷达的发射功率成正比，（b）项描述目标物的特性，（c）项与天线的接收功率成正比。（a）、（c）项与天线的特性以及斜距 R_0 有关，而（b）项与目标物的特性如面积、被吸收能量的百分比以及功率方向图等因素有关。由于目标物的特性比较难于测量，本书对此不做进一步研究，因此（b）项可以简化为一项，称之为雷达散射截面积 σ，单位为 m^2，

$$\sigma = A_T(1-f_A)G_{TS} \tag{10.7}$$

将式（10.7）代入式（10.6），可以得出如下形式的雷达方程：

$$\Phi_R/\Phi_T = \sigma G_0 A/(4\pi)^2 R_0^4 \tag{10.8}$$

式（10.8）表明，雷达天线接收功率和发射功率的比与斜距的 4 次方成反比，因此雷达系统必须具备功率强大的发射机以及灵敏的接收机。为了从式（10.8）消去天线孔径 A，Ulaby 等（1981，3-2.5 节和方程 3.133）指出，对于没有阻抗损耗的天线，其增益可表示为

$$G_0 = 4\pi A/\lambda^2 \tag{10.9}$$

将式（10.9）代入式（10.8），得

$$\Phi_R/\Phi_T = \left[G_0^2 \lambda^2/(4\pi)^3 R_0^4\right]\sigma \tag{10.10}$$

由式（10.10）可以得出

$$\sigma = [\Phi_R/\Phi_T][(4\pi)^3 R_0^4/(G_0^2 \lambda^2)] \tag{10.11}$$

从式（10.11）可以看出，σ 是波长 λ、斜距 R_0、接收功率和发射功率的比以及雷达天线特性的函数。

与单个目标相比，当天线用于观测海洋时，天线的半功率视场 A_{FOV} 包含面积比较大的散射和反射表面。如果在整个视场内，海洋的空间特性是均匀的，根据式（10.7）类推，σ 与 A_{FOV} 是线性正比关系。假设 σ 与面积有关，则无量纲的横截面 σ_0 定义为

$$\sigma = \sigma_0 dA_S \tag{10.12}$$

在式（10.12）中，dA_S 表示表面面积的微分，σ_0 为归一化散射横截面或归一化雷达横截面（NRCS）。从 σ_0 的定义可以看出，σ_0 是无量纲的，并且对于固定的表面特性，σ_0 与表面面积无关。对于扩展表面，Stewart（1985）将式（10.10）以 σ_0 的形式表示为

$$\frac{\Phi_R}{\Phi_T} = \frac{\lambda^2}{(4\pi)^3} \int_{A_{FOV}} \frac{G^2(\theta,\phi)\sigma_0}{R_0^4} dA_S \tag{10.13}$$

考虑一种特殊的情况，对于指向海洋表面的窄波束散射计，假设视场面 ΔA_{FOV} 足够小以至于 R_0、θ、ϕ 近似常数。Chelton 等（2001b）指出，在这种情况下，$G(\theta,\phi)$ 能够被天线视

角增益 G_0 替代，所以，由式（10.13）可以得出下列关于 σ_0 的代数方程：

$$\sigma_0 = (\Phi_R/\Phi_T)[R_0^4(4\pi)^3]/[\lambda^2 G_0^2 \Delta A_{FOV}] \qquad (10.14)$$

如果雷达天线的特性以及发射功率、接收功率已知，那么 σ_0 就可以通过式（10.14）计算获得。另外，假设仪器设备是无噪声的，外界环境没有任何辐射源，并且大气没有任何衰减作用，则式（10.14）适用于窄波束或笔形波束的设备，如高度计。σ_0 的大小不仅与海洋的散射特性有关，还与雷达频率、极化、方位角以及观测角有关。在讨论散射特性之前，10.2.2 节首先讨论极化、大气的衰减和辐射、仪器噪声以及表面辐射率如何影响雷达的回波信号。

10.2.2 极化

雷达发射的电磁波脉冲一般属于平面极化。对于地球遥感，雷达在垂直（V）平面或水平（H）平面发射和接收电磁波。在垂直平面发射、接收电磁波的天线称为 VV 极化天线；在水平平面发射、接收电磁波的天线称为 HH 极化天线。另外，还包括不常用的在水平平面发射、在垂直平面接收（HV），以及在垂直平面发射、在水平平面接收（VH）的天线。由于 VH 和 HV 极化的雷达回波信号的功率要比其他极化方式小得多，所以雷达比较常用的极化方式为 HH 和 VV。对于特定的入射角和频率，4 种极化方式（HH、HV、VV、VH）能够完全确定表面的反射特性，并且能够确定地表反射的斯托克斯参数（Boerner 等，1998）。第 13 章主要介绍合成孔径雷达（SAR），并指出，能够以 4 种极化方式工作的雷达称为极化 SAR。

10.2.3 海洋和大气对雷达回波信号的影响

对于穿透大气观测海洋的雷达设备，σ_0 的计算必须考虑大气衰减修正以及各种散射的影响。对于真实大气以及具有反射、散射作用的海洋表面，雷达接收的回波信号功率 Φ_R 可表示为

$$\Phi_R = \Phi_\sigma' + \Phi_{TN} \qquad (10.15)$$

其中，Φ_σ' 为经过大气衰减作用后的接收功率；Φ_{TN} 为热噪声（Spencer 等，2000）。Φ_{TN} 可表示为

$$\Phi_{TN} = \Phi_N + \Phi_B \qquad (10.16)$$

其中，Φ_N 为仪器噪声；Φ_B 为周围环境辐射量的总和，主要包括海洋表面的辐射、大气的向上辐射、反射的大气向下辐射以及宇宙的辐射。

通过仪器噪声 Φ_N 可以确定雷达分辨率的下限。仪器噪声有时候以背景噪声（noise floor）的形式来衡量。背景噪声对应着 σ_0 信号的大小与噪声信号的大小相当（信噪比为 1），因此，仪器噪声常常以等效噪声后向散射系数（noise-equivalent sigma-zero，简写为 NEσ_0，单位为 dB）来衡量。背景噪声可以确定最佳的 σ_0 分辨率；在计算 σ_0 的过程中，必须估算、消除大气、海洋和宇宙黑体辐射的影响，或者此影响足够小以至于可以忽略。雷达相对于无源微波和 VIR 仪器的优点之一就是设计发射脉冲的功率在允许的范围内足够大以至于噪声减至最小。

下面介绍大气衰减对雷达回波信号的影响。假设 Φ_σ 定义为经过大气衰减修正的雷达接收功率，那么

$$\Phi_\sigma = \Phi'_\sigma / t^2 \tag{10.17}$$

式中，t 为大气的透射率，t 不仅与空间和时间有关，并且随着入射角的变化而变化；平方项表示雷达脉冲两次穿透大气。由于大部分雷达和散射计的工作频率都小于 14GHz，因此除了在强降雨条件下，透射率都接近于 1（见第 9 章）。对于测风散射计，第 11 章介绍确定 Φ_σ 的各种方法。由于 SAR 的用户比较关心后向散射的相对变化而不是绝对变化，因此，在 SAR 操作中，一般忽略衰减和环境黑体的影响。第 12 章介绍的用于天底观测的高度计是一个特例，因为高度计的主要用途是确定发射脉冲和接收脉冲的时间差，或者确定卫星和地球表面之间的距离。总之，为了精确测量 σ_0，我们需要知道如下变量：雷达的回波信号、设备和环境噪声、大气的透射率。

10.3 视场内 σ_0 的确定

确定后向散射系数 σ_0 与地球表面环境、天线极化、视角以及方位角关系有几种方式。第一种方式是，笔形波束天线的散射计指向地球表面不同的区域，利用式（10.14）确定地球表面的 σ_0 分布。第二种方式是，利用侧视宽波束雷达，将地球表面天线足印网格化分成许多小面积区域。将地球表面天线足印网格化分成小面积区域的方法主要包括距离分辨（range binning）和多普勒分辨（Doppler binning）。距离分辨是指利用距离或发射脉冲和接收脉冲之间的时间延迟，将天线足印分成小面积区域；多普勒分辨是指利用回波信号的多普勒频移，将天线足印分成小面积区域。散射计和成像仪同时利用这两项技术。本节主要介绍几种比较常用的卫星雷达天线。下面的章节将介绍不同的分辨方法。

应用于雷达遥感中的 4 种天线及其相应的视场如图 10.2 所示。视场内相对于天线的位置用 xy 坐标系统来表示，其中 x 轴指向距离向；y 轴指向沿轨向。在这个坐标系统中，沿轨向与卫星的飞行方向一致，距离向与卫星的飞行方向垂直，并且坐标原点位于卫星的星下点。天线具有以下的特征：第一，天底指向的高度计天线，抛物面天线及其圆形视场如图 10.2（a）所示，利用式（8.5）可得出天线的半功率波束宽度 $\Delta\theta_{1/2}$ 为

$$\Delta\theta_{1/2} \sim \lambda/D \tag{10.18}$$

第二，侧视的抛物天线如图 10.2（b）所示，其视场为 $\theta_{1/2}$ 与表面的交点描述的椭圆形。第 11 章介绍的 SeaWinds 散射计就是利用这种天线。第三，矩形的侧视雷达天线如图 10.2（c）所示，其长轴与卫星的飞行方向平行。这种天线结构主要应用于 SAR，天线的尺寸一般为长度 $l=10\text{m}$，宽度 $w=2\text{m}$。利用式（10.18）可以得出 l 沿轨向的半功率波束宽度为 $\Delta\phi_{1/2}$，w 距离向的半功率波束宽度为 $\Delta\theta_{1/2}$，其中，

$$\Delta\phi_{1/2} \sim \lambda/l, \quad \Delta\theta_{1/2} \sim \lambda/w \tag{10.19}$$

图 10.2（c）所示的矩形天线在垂直轨道方向产生宽波束，而在沿轨道方向产生窄波束。在地球表面的天线足印内，深灰色曲线表示距离等值线或时间延迟等值线。第四，以散射计为代表的高纵横比棒状天线如图 10.2（d）所示。这种类型的天线能够产生长而窄的视场，并且视场的长轴与天线的长度方向垂直，而短轴与天线的宽度方向垂直，视场内深灰色曲线表示多普勒频移等值线。

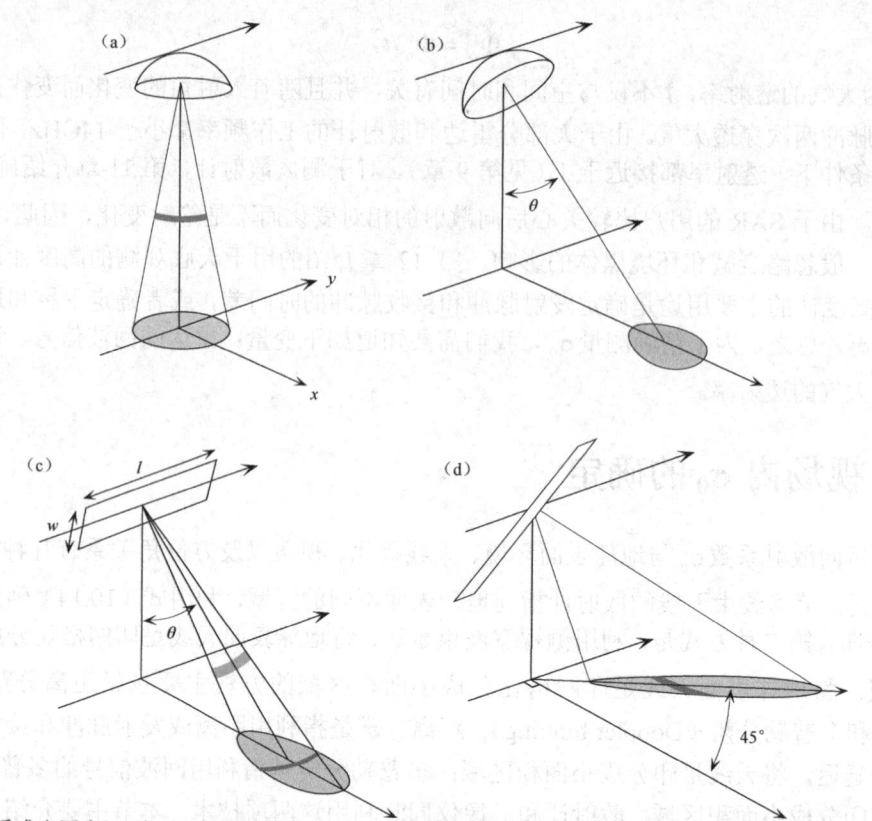

图 10.2 遥感应用中 4 种不同的天线结构。(a) 天底观测的高度计抛物面天线；(b) 侧视抛物面天线；(c) 侧视矩形天线；(d) 散射计棒状天线，在平行于表面的一个平面内以 45°角面向飞行方向。图中浅灰色区域表示视场，(c) 中深灰色区域表示斜距等值线；而 (d) 中深灰色区域表示多普勒频移等值线

10.4 距离分辨

本节首先介绍距离分辨的原理，并说明分辨率与脉冲长度成反比。10.4.1 节讨论产生短波脉冲的约束条件，介绍一种称为调频（chirp）的方法从长波脉冲生成短波脉冲。10.4.2 节主要介绍脉冲重复频率（Pulse Repetition Frequency，PRF）。

在距离分辨中，侧视雷达依据发射和接收脉冲的时间延迟分辨地球表面足印后向散射的能量。单个脉冲与表面相互作用的示意图如图 10.3 所示。假设 d 表示雷达脉冲在地球表面的投影长度，c 为光速，τ 为脉冲的持续时间，则 d 可近似表示为

$$d = c\tau\cos\theta \tag{10.20}$$

对于距离分辨，d 要远小于 FOV 宽度。发射脉冲以及回波信号等时间间隔分辨的示意图如图 10.4 所示。如果将每个间隔的平均时间延迟转化为垂直轨道的距离，那么对于每一个脉冲，其回波信号每一个时间间隔的平均功率与距离有关。如果雷达以固定的速度移动，同时产生多个脉冲进行侧视观测，那么将在沿轨向和距离向产生二维图像。

距离向的分辨率 Δx 与 τ 有关，其计算过程如下所示。图 10.5 表示入射脉冲与距离为 s 的两个目标物相互作用的示意图。当脉冲达到第一个目标物时，部分能量被反射，而其他的能量继续传播到达第二个目标物，发生第二次反射。第二次反射到达第一个目标物所需移动的

距离为 s，这意味着两个目标物的反射回波信号之间相距 $2s$。因此，只要两个目标物之间的距离大于脉冲投影长度的一半，即 $2s>d$，那么两个目标物就可以产生可区分的回波信号。这说明距离向最小的分辨率 Δx 为

$$\Delta x = d/2 \tag{10.21}$$

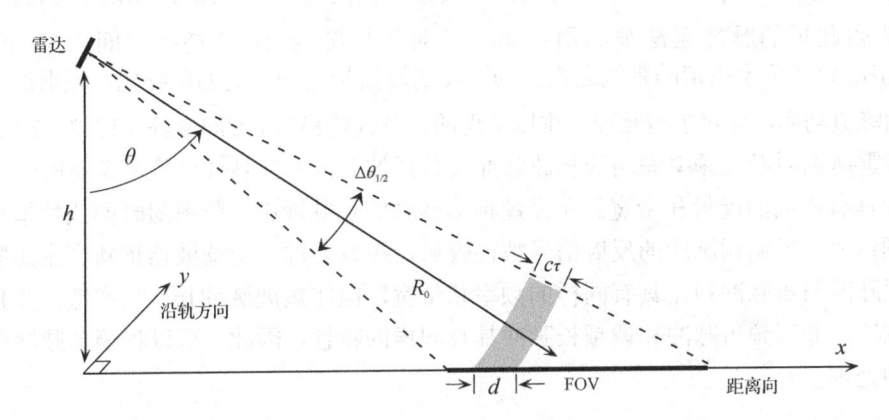

图 10.3　单个脉冲与表面相互作用示意图。$c\tau$ 表示脉冲长度；d 表示脉冲的地面投影

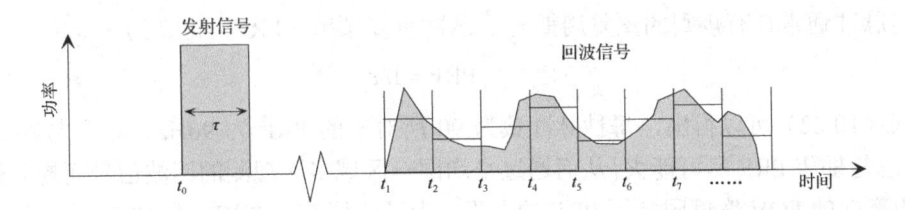

图 10.4　经过时间延迟或距离延迟的回波信号，每个分辨单元或时间间隔中的横线表示平均接收功率

这样，对于固定的脉冲长度，即使采样时间间隔很小，其表面分辨率也不能超过式（10.21）所示。由于分辨率随着脉冲长度的减少而增加，下一节将主要介绍利用调频技术产生短波脉冲。

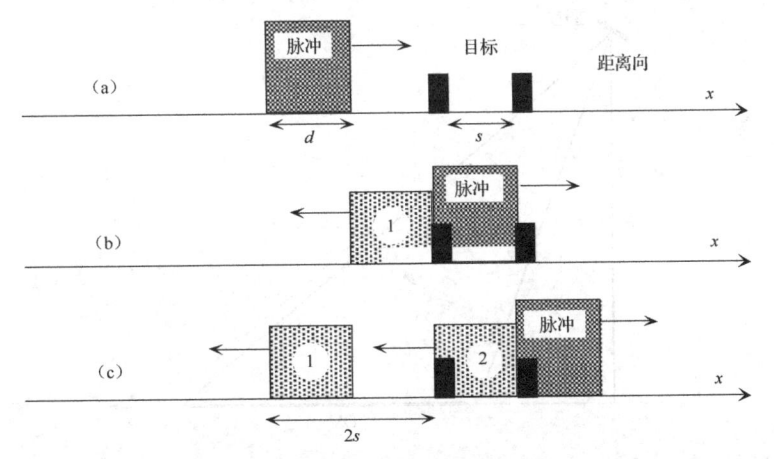

图 10.5　长度为 d 的雷达脉冲入射到两个目标物及相应的反射。两个目标物的距离为 s。(a) 入射脉冲；(b) 第一个目标物的反射脉冲；(c) 第二个目标物的反射脉冲

10.4.1 线性调频信号

短脉冲的产生具有两个限制条件。第一，假设中心频率为 f_0，那么从傅里叶变换的角度考虑，持续时间为 τ 的脉冲带宽 $\Delta f_B \sim \tau^{-1}$。例如，一个 10cm 的脉冲长度对应着 $\tau = 0.3$ns，所以 $\Delta f_B = 3$GHz。对于大部分的雷达用户，其频率范围为 1～14GHz，EMR 泄漏到邻近的频带，因此如此短的脉冲无法被利用；第二，对于长度为 1m、持续时间为 3ns 的脉冲，$\Delta f_B = 3$GHz 仍然位于指定的带宽之内；为了使回波信号达到一定的信噪比，发射脉冲必须具有很大的峰值功率，这对于短脉冲是难以实现的，且代价昂贵。Ulaby 等（1982，7.5.3 节）指出，许多雷达利用经过频率调制的长波脉冲代替短波脉冲，并且经过频率调制的长波脉冲与短波脉冲具有相同的能量和带宽。在经过频率调制的长脉冲中，频率随时间线性增加，产生线性调频信号。当调频脉冲的反射信号被接收后，接着通过一个滤波器重新产生短脉冲。这样，调频脉冲与短脉冲相比具有同样的频率和带宽，但比短波脉冲长、功率低，并且能被重构为短脉冲。非调频短脉冲和调频长脉冲具有同样的特性，因此，可以将调频脉冲作为单频的短脉冲处理。

10.4.2 脉冲重复频率

雷达脉冲通常具有规则的重复周期 τ_p。脉冲重复频率（PRF）定义为

$$\text{PRF} = 1/\tau_p \tag{10.22}$$

从式（10.22）可以得出，每秒脉冲数为 90 所对应的 PRF 为 90Hz。对于大多数卫星仪器设备，总是期望 PRF 尽可能大，从而通过平均同一区域多次观测的回波信号而提高信噪比。然而，距离向的 FOV 宽度限定了 PRF 的上限。为了计算最大 PRF，图 10.6 显示了一个典型的刈幅几何关系。对于单脉冲，反射首先发生在近距点，然后发生在远距点。如果 PRF 太大，那么对于连续脉冲，第二个脉冲从距离雷达较近区域的回波信号将超前第一个脉冲从距离雷达较远区域的回波信号。这种混叠的回波信号将产生模糊，使得接收的数据没有任何意义，因此也设定了 PRF 的上限。

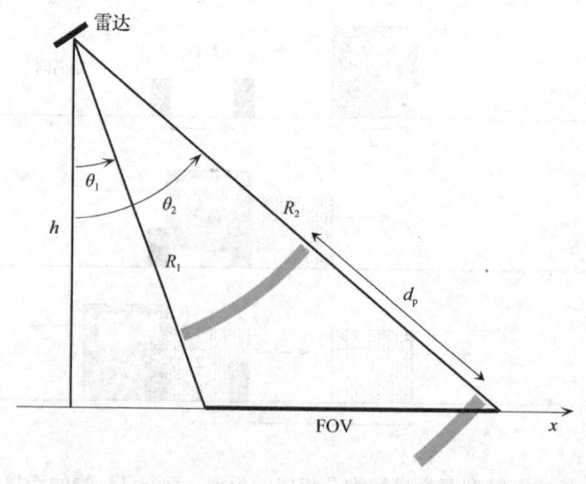

图 10.6 侧视雷达最大脉冲重复频率的确定。简单起见，图中第一个脉冲允许在平面下传播

下面介绍如何计算最大的 PRF。如图 10.6 所示，$d_p = c\tau_p$ 表示连续脉冲的间距，R_1 为 FOV 近端斜距，R_2 为远端斜距。为实现第一个脉冲从远端的回波信号在第二个脉冲近端回波信号之前接收，需满足下式：

$$d_p = c\tau_p > 2(R_2 - R_1) \tag{10.23}$$

用 PRF 表示，式（10.23）可变为

$$\text{PRF} < \frac{c}{2}/(R_2 - R_1) \tag{10.24}$$

假设卫星的轨道高度为800km，$\theta_1 = 21°$，$\theta_2 = 45°$，那么脉冲的间隔必须大于560km或1.9ms，最大 PRF 为530Hz。

但是，式（10.24）的限制条件允许脉冲或脉冲簇的交错。例如，TOPEX 高度计发射一个脉冲簇，然后在下一个周期依序接收回波信号。同样，第 11 章介绍的笔形波束 SeaWinds 散射计交替发射内波束脉冲—接收外波束回波，发射外波束脉冲—接收内波束回波。为了避免模糊，每个发射接收脉冲簇的 PRF 都必须满足式（10.24）。

10.5 多普勒分辨

对于指向卫星航迹任意方向的雷达或散射计，回波信号可根据其多普勒频移来分辨。多普勒频移是由目标相对于卫星的运动引起的，并依赖于天线的观测角。对于实际孔径雷达，多普勒处理包括产生固定频率 f_0 的长脉冲和分辨含有多普勒频移的回波。正如第 13 章所述，SEASAT 和 NSCAT 散射计使用该项技术，而 SAR 采用距离分辨和多普勒分辨两种技术获得空间分辨率。10.5.1 节介绍多普勒频移的概念，并推导平坦地表上多普勒频移线的位置，称为等多普勒线；10.5.2 节介绍采用多普勒分辨技术获得的空间分辨率；10.5.3 节介绍地球的转动如何改变等多普勒线的位置。

10.5.1 与观测角有关的多普勒频移

图 10.7 比较了理想的固定源与移动源发射电磁波的区别。两种发射源都发射频率为 f_0、波长为 λ_0 的球形波。对于图 10.7（a）所示的固定源，电磁波相邻波峰的时间间隔为 $\Delta t = 1/f_0$。而图 10.7（b）所示为相同辐射源以速度 U_0 向右侧的静止观测者移动。在 Δt 的时间间隔内，发射源的移动距离为 $U_0 \Delta t$，以至于接收到的波长 λ 缩短了一定的量：

$$\lambda = \lambda_0 - U_0 \Delta t = \lambda_0 - U_0/f_0 \tag{10.25}$$

或

$$\Delta\lambda = \lambda - \lambda_0 = -U_0/f_0 \tag{10.26}$$

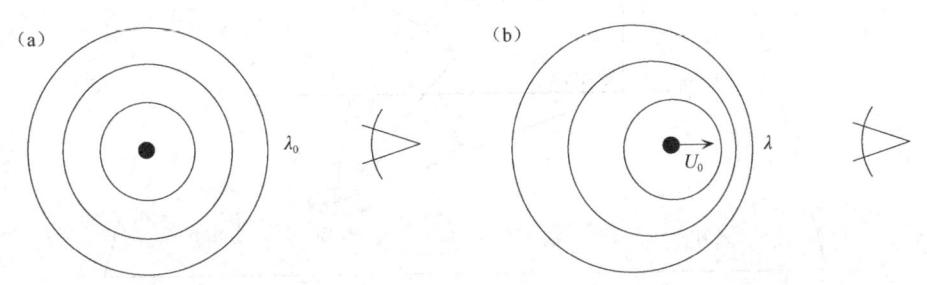

图 10.7 电磁波波长的变化。（a）固定发射源；（b）移动发射源。这是发射源的速度

由于 $c = \lambda f$,如果 λ 改变了 $\Delta\lambda$,则 f 的变化量为

$$\Delta f/f_0 = -\Delta\lambda/\lambda_0 \tag{10.27}$$

利用式(10.26)和式(10.27)可以得出,$\Delta f = U_0/\lambda_0$。如果发射源和接收器以同样的速度向固定发射表面同时移动,那么多普勒频移加倍,变为

$$\Delta f = 2U_0/\lambda_0 \tag{10.28}$$

现在假定散射计以与卫星航迹向成固定的倾斜角 γ 观测地球表面(见图10.8),则卫星在 γ 方向的速度分量为 $U_0\cos\gamma$,所以卫星接收到的多普勒频移为

$$\Delta f = 2U_0\cos\gamma/\lambda_0 \tag{10.29}$$

图10.8还显示了多普勒等值线的特征。

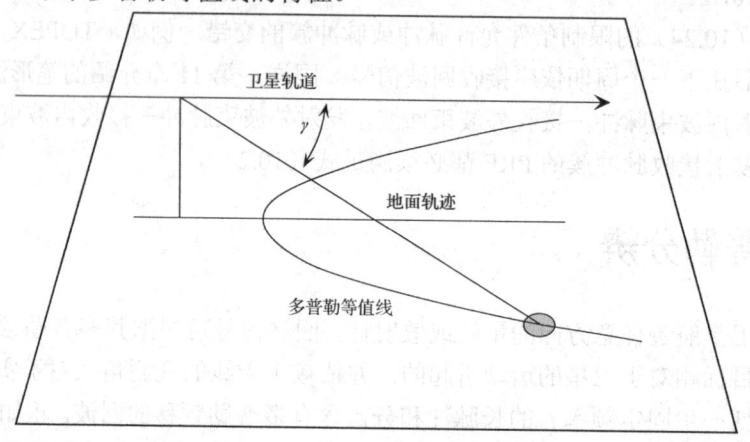

图10.8 卫星轨道、多普勒等值线(isodop)、散射计视场和相对于飞行轨道的视角(γ)

由于地球表面一点相对于卫星轨道的位置一般由观测角 θ 和方位角 ϕ 来确定,所以下面推导平坦地球表面 γ 与 θ、ϕ 的关系。图10.9显示天线相对于非转动地球的位置关系。卫星的轨道高度为 h,天线到视场的斜距为 R_0,视场沿着航迹向与天线的距离为 y,斜距 R_0 在卫星轨道平面的投影为 R_B,则

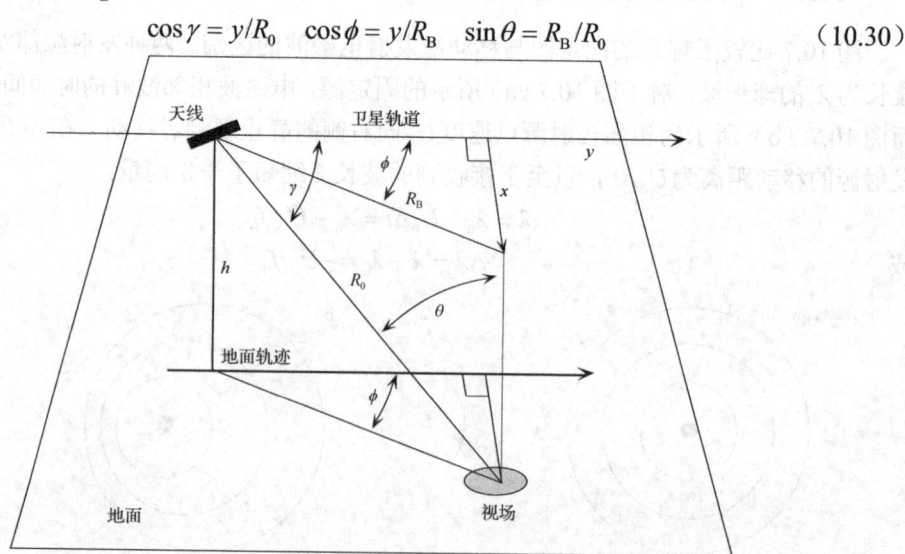

$$\cos\gamma = y/R_0 \quad \cos\phi = y/R_B \quad \sin\theta = R_B/R_0 \tag{10.30}$$

图10.9 多普勒散射计的几何关系。ϕ 为方位角;θ 为入射角;γ 为相对于卫星轨道的视角

利用式（10.30），可以得到 $\cos\gamma = \cos\phi\sin\theta$。式（10.29）可表示为
$$\Delta f = (2U_0 \cos\phi \sin\theta)/\lambda_0 \tag{10.31}$$
式（10.31）表明 Δf 与 U、ϕ、θ 有关。

考虑到与第 11 章介绍的 NSCAT 类似的散射计，如果散射计在飞行高度为 800km、飞行速度 U_0 为 6.7km/s 的平面上方向右行进，则利用式（10.31）可以得到等多普勒线以及等斜距线（见图 10.10）。这意味着利用距离和多普勒分辨技术，可以将整个表面网格化成不均匀形状的单元。从图上和式（10.31）同样可以看出，最大多普勒频移 Δf 出现在卫星运行轨道的前方和后方，其方位角 $\phi = 0$ 和 π，$\Delta f = \pm U_0/\lambda$；而在与卫星轨道垂直的方向上 Δf 为 0。对于 NSCAT 散射计，其载波频率 $f_0 = 14$GHz，所以在前视方向，最大多普勒频移 $\Delta f_{max} = -6.4 \times 10^5$Hz；在后视方向，$\Delta f_{min} = -6.4 \times 10^{-5}$Hz。图中 45°倾斜的灰色条带表示一个棒状天线的理想视场。在这个视场的起始点附近，多普勒频移等值线间隔比较窄，在远离起始点的方向，间隔比较大。这说明，通过多普勒频移等值线定义的空间单元大小在远离天线起始点的方向会越来越大。

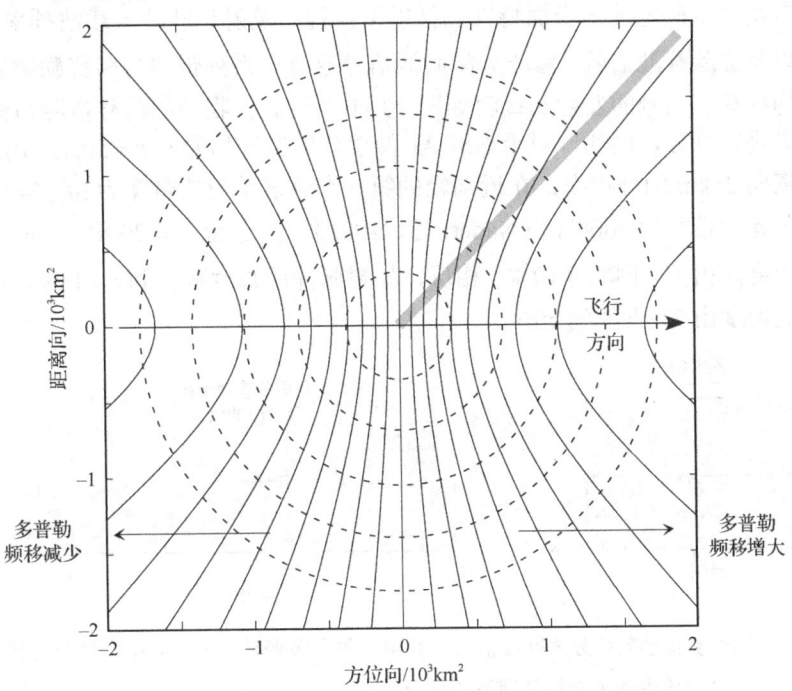

图 10.10 多普勒频移等值线。曲线的间隔为 $0.1\Delta f_{max}$；虚线表示斜距等值线［源自 Ulaby 等（1982）中的式（7.46）］

对于 SAR 的一个特殊情况，其观测角接近于卫星航迹向的垂直方向。利用式（10.31）和图 10.10 可以得出，如果 $\phi = \pi/2 - \delta$，其中 δ 定义为相对于距离向的方位角，在前视方向，δ 为正值，那么对于比较小的 δ，
$$\Delta f = (2U_0 \sin\delta \sin\theta)/\lambda_0 \approx (2U_0 \delta \sin\theta)/\lambda_0 \tag{10.32}$$
式（10.32）表明，即使在垂直轨道方向 $\Delta f = 0$，那么对于接近距离向的方位角，Δf 随着 δ 线性变化。第 13 章将利用这个关系推导 SAR 的空间分辨率。

10.5.2 多普勒分辨率

多普勒分辨技术有两种不同的应用。第一，对于测风散射计，地球表面的 σ_0 分布由长脉冲的多普勒分辨来确定。第二，SAR 数据处理则利用多普勒分辨和距离分辨两种技术处理一系列短脉冲的回波信号，通过复杂的计算，获得沿轨向和距离向的高分辨率。本节讨论单个长回波信号的分辨率，第 13 章讨论 SAR 有关这方面的问题。

10.4 节表明，对于距离分辨，距离向的分辨率随着脉冲长度的减少而增高。相反，本节表明多普勒分辨率随着脉冲长度的增大而增高。假定脉冲的长度为 τ，利用傅里叶变化可以得出多普勒频移可分辨的最小分辨率 $\Delta f_{\min}$ 为

$$\Delta f_{\min} = 1/\tau \tag{10.33}$$

从式（10.33）可以看出，与距离分辨不同，多普勒分辨脉冲长度越长，$\Delta f_{\min}$ 越小，分辨率就越高。多普勒分辨率或者表面等效空间分辨率随着脉冲长度的增加而增大，所以多普勒分辨与距离分辨技术相比，优点之一是其雷达能够利用比较长的低功率发射脉冲。

利用多普勒技术确定地球表面特性包括以下流程：发射长脉冲（载波频率为 f_0）、回波信号的接收以及去除载波信号。修改后的回波信号通过一系列带宽与多普勒频移相对应的滤波器进行平均处理。信号的发射和接收如图 10.11 所示。接收到的信号按照与滤波器带宽有关的频率间隔进行划分，例如，对于 NSCAT 散射计的脉冲信号，$\tau = 5\text{ms}$，$\Delta f_{\min} = 200\text{Hz}$，为了获得距离向 25km 的分辨率，在近刈幅的第一个分辨单元的带宽为 $\Delta f_{\min} = 15\,000\text{Hz}$，最后一个分辨单元的带宽为 2000Hz（Naderi 等，1991）。假定 $\Delta f_{\min} = 200\text{Hz}$，那么空间分辨率的精度沿着距离向由 1% 下降到 10%。相反，如果脉冲的长度减少到 $\tau = 1\text{ms}$，则在距离向，空间分辨率的精度由 7% 下降到 50%。

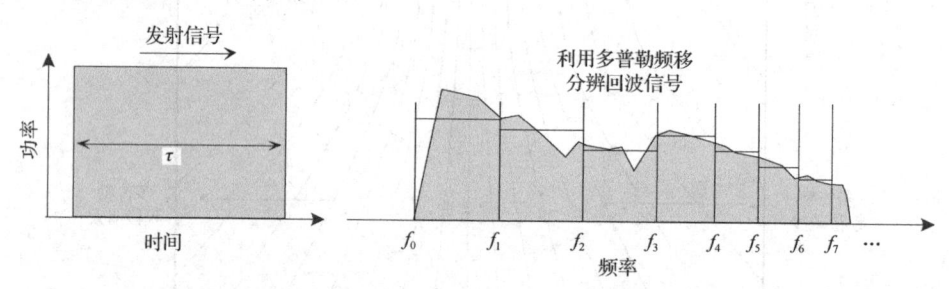

图 10.11　利用多普勒频移分辨回波信号，其中，每个多普勒分辨的频率宽度与位移成比例。每个分辨内的水平线是回波的均分

10.5.3 地球的自转

多普勒频移与地球表面速度有关，在数据处理中必须考虑由地球自转引起的相对表面运动。在赤道，地球的经向速度为 0.5km/s，如果卫星向北垂直穿过赤道，那么在垂直轨道方向上多普勒频移不为 0。若卫星的运行速度为 6.5km/s，则等多普勒线倾斜的角度，其大小为地球和卫星运动速度的正切，约为 4°。同理，若卫星向南垂直穿过赤道，则等多普勒线倾斜的角度相反；若卫星向北和向南运动，则等多普勒线倾斜的角度之差为 8°。如第 11 章所述，要补偿散射计多普勒频移，或者通过转动卫星，或者通过调整回波信号数值来完成。

10.6 海洋的后向散射

海洋的后向散射分为来自开阔海域的后向散射与来自海冰、船、石油平台和冰山等目标的后向散射。尽管开阔海域的 σ_0 依赖于海面粗糙度而不直接依赖于海面风速，但海面风速可以近似代替海面粗糙度。10.6.1 节介绍源于目标的反射，10.6.2 节介绍海洋镜面反射和布拉格散射的区别，10.6.3 节主要讨论机载观测的后向散射。

10.6.1 镜面和角反射

与海洋表面不同，船、冰山和石油平台等目标对入射的电磁波具有反射作用。当目标物的表面与入射电磁波垂直时，反射是镜面的，回波信号强。当目标物与海面垂直时，如图 10.12 所示，入射波的能量首先经过海冰或海洋表面反射，然后发生角反射，这样，天线再一次接收到比较强的回波信号。如第 13 章中的船舶图像，这样的反射体在雷达图像中是亮的。

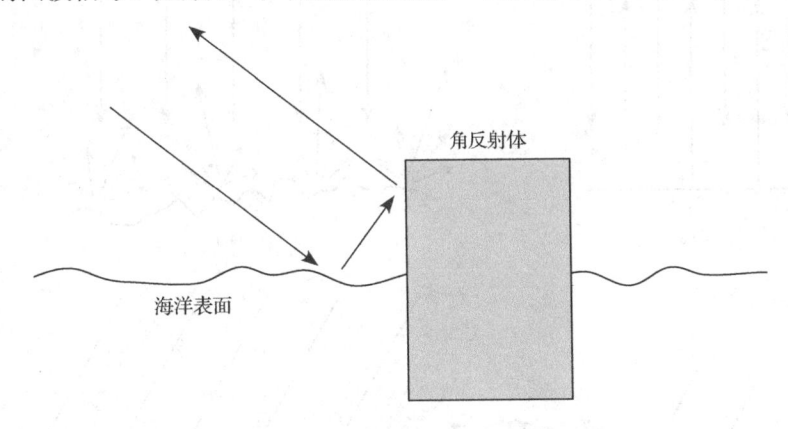

图 10.12 漂流物体的角反射

10.6.2 两种类型的海洋后向散射

如 5.2 节和 9.4.1 节所述，入射电磁波的海面反射和后向散射依赖于海浪相对于入射电磁波（波长 λ）的波长分布。一般地，海面短波散射入射电磁波的能量，而满足式（5.9）曲率半径关系的长波反射入射电磁波的能量。对于海面的雷达后向散射，Plant（1990）讨论了与 9.4.1 节双尺度模型类似的复合表面模型（composite surface model）。复合表面包括满足曲率半径关系限制的大尺度表面以及均方根振幅远小于 λ 的小尺度表面。大尺度表面的作用是输送和倾斜由风驱动的小尺度海面面元。如 Plant（1990）所述，区分 λ 量级的上述两种尺度的波长，依赖于入射角和均方根粗糙度的复杂关系。

对于无风的平静海面，入射电磁波将产生镜面反射。镜面反射的特性由第 5 章介绍的菲涅耳系数确定。随着风速和海面粗糙度的增加，相干的镜面反射减少而非相干的散射增加。垂直和倾斜入射到镜面和海洋表面的电磁波的反射和散射示意图如图 10.13 所示。对于垂直入射到镜面的电磁波，所有的入射辐射都返回到雷达天线［见图 10.13（a）］；对于垂直入射到粗糙表面的电磁波［见图 10.13（b）］，由于与入射电磁波垂直的表面面积减小，所以入射波的部分能量镜面反射到雷达天线，部分能量由于反射或散射而远离雷达天线。对于垂直入射的电磁波，σ_0 随着风速的增加而减小。这是因为，正像 2.2.1 节讨论的，最大海浪波陡很少超过 15°，对于入射角 $\theta < 15°$，σ_0 随着入射角 θ 和风速 U 的增大而持续减小。

当入射角 $\theta > 15°$ 时，图 10.13（c）显示入射的电磁波发生镜面反射而没有任何返回信号；而对于波浪分布的海面，图 10.13（d）显示仅仅在入射电磁波的方向发生后向散射。尽管在大的入射角时缺少镜面反射体，但是早期的雷达实验仍然能够观测到比较强的海洋后向散射信号，即使入射角 θ 达到 70° 也是如此（Barrick 和 Swift，1980）。布拉格（William Bragg）最早观测到规则晶体结构的后向散射（Ulaby 等，1982，第 842 页），因此也将这种大入射角的后向散射称为布拉格散射。布拉格发现，对于特定的入射角和频率，或者对于晶体点阵间距等于入射波长在点阵上投影的一半，后向散射都表现出强的共振特性。对于海洋来说如果其表面波谱包括与入射电磁波特定关系的波长分量，那么也将发生布拉格共振散射。

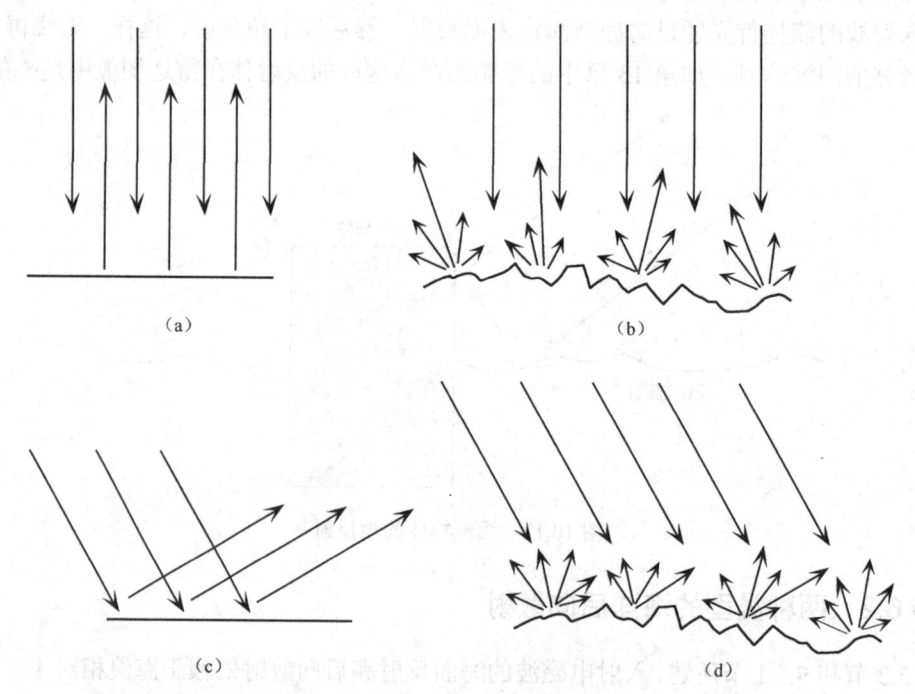

图 10.13 镜面反射和非相干散射。（a）垂直入射，光滑表面；（b）垂直入射，粗糙表面；（c）斜入射，光滑表面；（d）斜入射，粗糙表面

图 10.14 表示入射电磁波与特定波长的海面波相互作用发生布拉格散射的示意图。在这个例子中，入射的电磁波为 5.3GHz（与 ERS-1SAR 类似），入射角为 23°，波长 λ 为 56mm。当海面波波长 λ_W 等于雷达波长 λ 在海面投影的一半时，发生布拉格共振散射。

$$\lambda_W = \lambda / (2\sin\theta) \tag{10.34}$$

如果式（10.34）满足，那么当入射角 $\theta > 15°$ 时，从两个相邻表面波波峰反射到天线的能量具有相同的相位，以至于从海面波后向散射的能量相互叠加面出现比较强的回波信号。

由图 10.14 还可以得出一般关系式：

$$(2\lambda_W/\lambda)\sin\theta = n, \quad n = 1, 2, 3, 4, \cdots \tag{10.35}$$

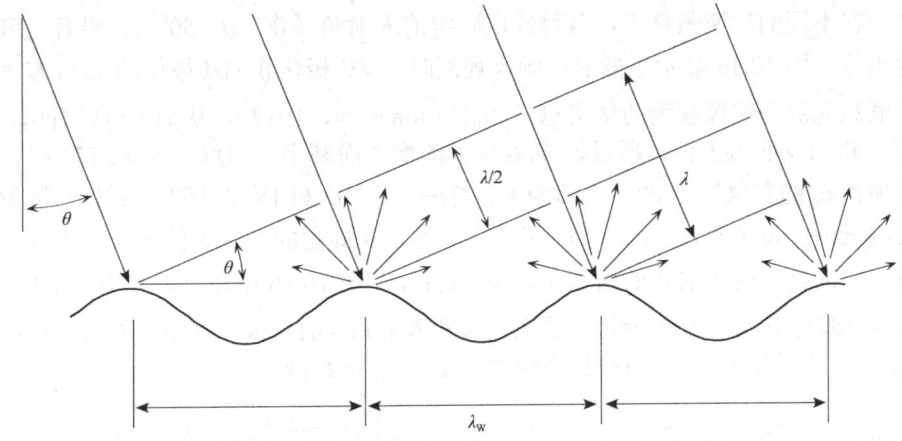

图10.14 ERS-1 SAR 后的布拉格散射的示意图。对于文中的数字，$\lambda_w = 72$nm

由式（10.35）可以得到一系列的布拉格散射解。假设海面风产生连续波谱的海面短波，则共振波长总是存在。如 2.2.4 节所述，海浪的均方斜率和表面粗糙度随着风速的增大而增加，所以布拉格散射也将随着风速的增大而增加。另外，观测和模式结果显示，布拉格散射也发生在叠加到海面涌浪之上的短波上。总之，对于小的入射角，σ_0 随着风速的增加而减小；对于大的入射角，σ_0 随着风速的增加而增大。

10.6.3 机载观测试验

为了研究后向散射系数 σ_0 与风速 U、入射角 θ、方位角和极化方式的关系，从 1940 年到 1970 年，有一系列的机载试验用于相关研究（Jones 和 Schroeder，1978）。Jones 等利用机载笔形波束散射计进行了三种不同的试验。第一，在稳定的离岸风场条件下，飞机在离岸 45km 处往返飞行，采用多个入射角进行观测。在这种观测条件下，涌浪的振幅和波长随着离岸距离的增加而增大。图 10.15 显示，VV 极化和 HH 极化的后向散射系数近似为常数并与风区长度无关。这说明小尺度的海面粗糙度及相应的 σ_0 是由局部风场引起的，与风区长度和涌浪高度无关。

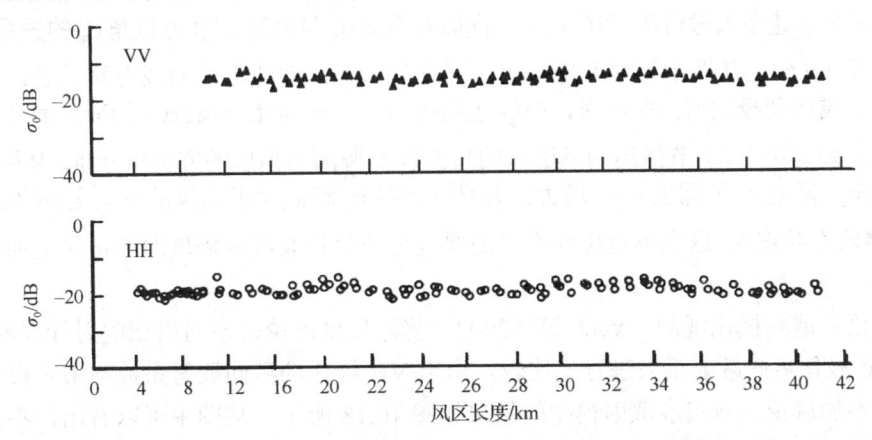

图 10.15 VV 极化和 HH 极化的后向散射系数与风区长度的关系。试验中机载散射计离岸顺风飞行。散射计频率为 13.9GHz；视角为 53°。Ross 和 Jones（1978）未说明散射计是顺风还是逆风观测［来自 Ross 和 Jones（1978）中的图 5］

第二，在不同的风速条件下，散射计以固定的入射角（$0° < \theta < 50°$），沿着与风向成不同的角度飞行。图 10.16 显示了散射计顺风观测时，VV 极化和 HH 极化的 σ_0 与 U 和 θ 之间的关系。顺风观测和侧风观测的结果也是如此（Jones 等，1977）。从图中可以看出，当 θ 小于 10° 时，镜面反射占主体，所以 σ_0 随着风速的增大而减小；相反，当 $\theta > 15°$ 时，由于布拉格散射使得 σ_0 随着风速 U 的增大而增大；当 θ 位于 10° 和 15° 之间时，布拉格散射和镜面反射的影响抵消，以至于 σ_0 与风速 U 无关。另外，在固定的风速条件下，σ_0 与 θ 成反比，所以回波信号的功率随入射角的增大而减小。最后，从图 10.16 中还可以看出，当 $\theta = 20°$ 时，VV 极化的回波功率大于 HH 极化。总之，随着入射角 θ 的增大，回波信号首先由镜面反射产生（σ_0 与 U 成反比），接着由布拉格散射产生（σ_0 与 U 成正比）。

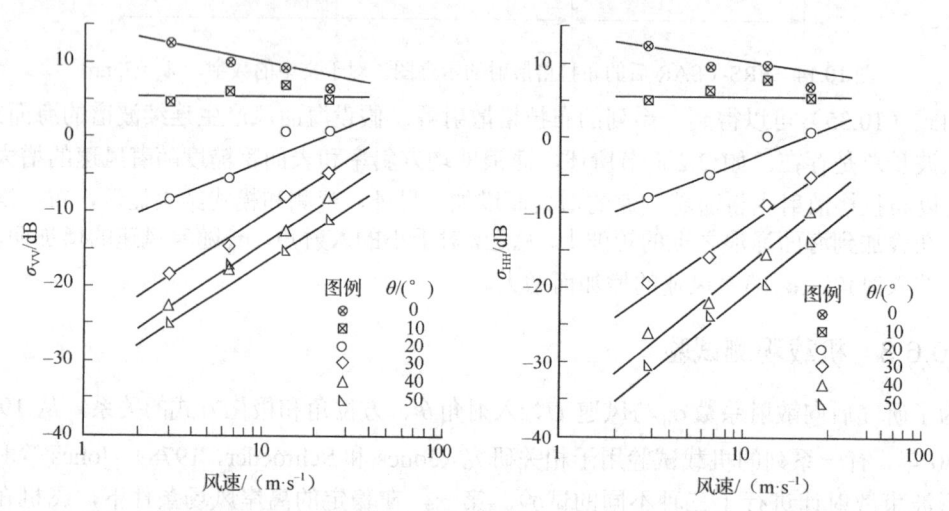

图 10.16 VV 极化和 HH 极化的后向散射系数与风速和入射角 θ 的关系，散射计顺风观测。式（10.14）中的因子 $(4\pi)^3$ 使得在 0° 和 10° 时入射角 σ_0 大于 0°〔Jones 等（1997）的图 7c 和图 7d〕

第三，飞机分别以不同的散射计入射角 θ 作圆周飞行。与 9.4.5 节描述的被动观测海面辐射类似，散射计也采用圆锥扫描的方式，在 360° 方位角范围内观测海面。图 10.17 所示的曲线表示三个风速在入射角 $\theta = 30°$ 时，后向散射系数 σ_0 与风速 U 和方位角 ϕ_R 的关系，方位角的定义见式（9.6）。从图可以看出，对于固定的风速，曲线与风向成对称关系；在逆风和顺风时，曲线达到极大值；侧风时，曲线达到极小值，σ_0 随着 $\cos(2\phi_R)$ 的变化而变化。这种依赖关系主要是由 2.2.4 节描述的风引起的短波以及海面粗糙度的方位角分布。从图 10.17 中还可以看出，随着 U 的增大，σ_0 增大；并且逆风的 σ_0 略微大于顺风的 σ_0，这种不对称性称为逆风/顺风不对称性。这个不对称性产生的原因是波浪长波波峰顺风面的寄生毛细波的优先增长。

将讨论扩展到极化观测，Yueh 等（2002）将双尺度理论模型与机载散射计观测的 VV、HH 和 HV 极化后向散射系数进行了比较。由于 VH 极化的后向散射系数与 HV 极化相同，因此这里不加讨论。双尺度散射模型的结果如图 10.18 所示。从图中可以看出，不同极化的后向散射系数与风向的关系曲线类似，并且与风向成对称关系。同样，逆风和顺风时，后向散射系数达到极大值；侧风时，达到极小值。从图 10.18 左图中还可以看出，σ_{VV} 具有最强的响应关系曲线，并且比 σ_{HH} 约大 7dB，这一结果从图 10.16 也可以观测到。相反，右图显

示了 σ_{VH} 和 σ_{HV} 响应比 σ_{VV} 约小 20dB。由于 HV 极化的响应比 VV 极化和 HH 极化的要小，因此 HV 极化的响应不被用于海面风场的反演。第 11 章主要介绍如何利用 VV 极化和 HH 极化响应曲线反演海面风矢量，第 13 章主要介绍雷达如何利用风和海浪对布拉格散射的调制来观测各类的海洋表面现象。

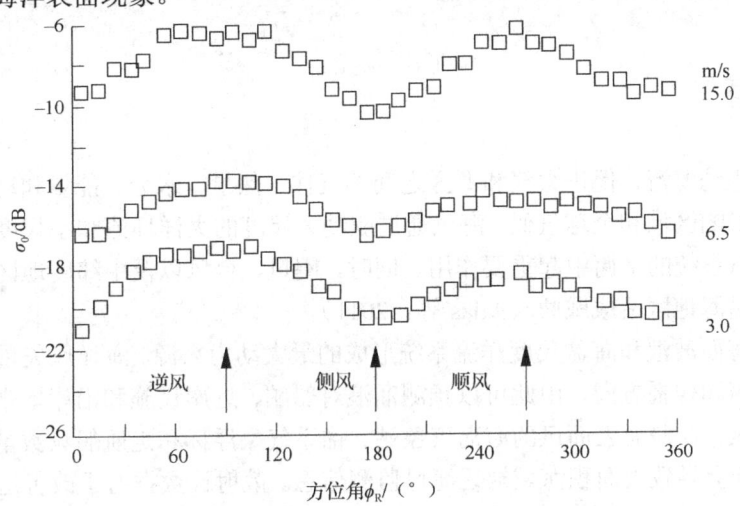

图 10.17　三种风速条件下 VV 极化后向散射系数与方位角的关系。$\theta = 30°$，逆风方向对应着 $90°$ 方位角

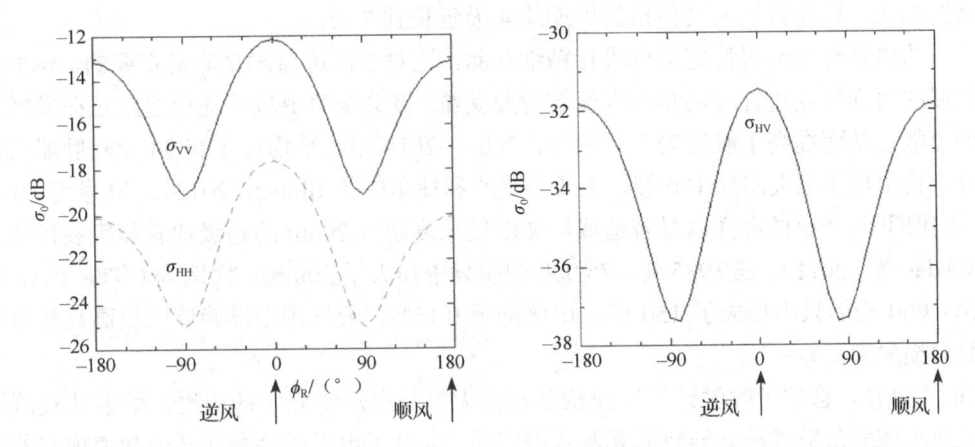

图 10.18　14GHz 极化散射计在 45° 入射角和 10m/s 风速条件下后向散射系数与方位角的理论关系 [Yueh 等（2002）中的图 3]

第 11 章 散 射 计

11.1 引言

　　海风通过驱动海流，促进大气和海洋之间的气体、热量、水分、能量和动力的交换，并通过这些过程影响区域和全球气候。海风通过驱动大尺度的大洋环流和小尺度的海水混合过程，在海洋生态系统的平衡中起重要作用。同时，飓风、台风以及中纬度地区的冬季风暴也对船舶运输及沿海地区造成威胁（Atlas 等，2011）。

　　海面风是海面波浪和海盆尺度洋流系统形成的最大动力来源。海洋风矢量的空间分布决定了涌浪的浪高和传播方向，由此可以预测涌浪对船舶、近岸设施和沿岸地带的影响。在南半球的一些海域，监测海表面风的海岛气象站、锚系气象浮标和走航船只数量十分有限，因此，没有散射计会导致大面积海域缺乏海风监测信息。散射计数据对于改善这些区域的预报准确度尤为重要（Chelton 等，2006）。对于数值天气预报，Bi 等（2011）的研究表明，海洋风数据的加入可以使数值天气预报的周期从 4 天延长到 7 天。

　　风场监测已经能够对特定区域进行精细观测，这对于区域监测是非常重要的。例如，对快速发展的海洋气旋进行观测和预报使航运业受益。高分辨率卫星监测使追踪正在发展的风暴成为可能，从而提高了航运安全。例如，2000—2010 年，平均每年有 94 000 艘船只在海上航行，其中每年损失船只 160 艘，主要为货船和捕鱼船（Allianz，2012）。20 世纪 80 年代和 90 年代期间，严重的海洋风暴曾造成约 200 艘长度超过 200m 的超级油轮和集装箱货运船沉没（Atlas 等，2011）。在 1985 年，76 000 艘船只中损失了 300 艘，比例为 0.4%；而在 2009 年，103 000 艘船只中损失了 150 艘，比例降至 0.15%。天气预报准确度的提高显然有助于降低船只损失率。

　　Liu（2002）总结了散射计发展现状及其在大气与海洋研究中的应用。散射计观测填补了由于南半球气象数据缺乏导致的观测数据空缺，提供了用于驱动海洋环流数值模式的表面风应力和风应力旋度数据（Riseen 和 Chelton，2008；Liu 等，2010）。Atlas 等（2011）的研究表明，与表面模式相比，在同化卫星观测风场数据以后，全球数值预报模式能够提高风速和风压旋度计算精度。正如 11.10.4 节表明的，散射计还可以用于监测冰山位置和海冰分布范围。

　　对于大西洋飓风的监测，散射计风场数据已经延长了预报周期，并用于识别潜在的飓风。散射计对非洲附近形成的较小大气涡旋结构的识别和监测尤为有效，这些较小涡旋是飓风形成的先兆。由于涡旋所处区域缺少能被直接观测的云，因而在卫星云图上很难观测到，并且，由于规模太小，这些涡旋也不能被数值模式所识别（Katsaros 等，2001；Brennan 等，2009）。散射计能够对这些涡旋进行有效监测。散射计的观测已经加深了人们对太平洋热带辐合带（ITCZ）风场的认识（Liu，2002），以及对该区域风场与海表温度之间耦合关系的理解（Chelton 等，2001a）。同时，散射计的使用还帮助人们发现了夏威夷群岛顺风尾流（Xie 等，2001），加深了对亚洲和非洲季风的理解（Liu，2002），以及对美洲中部 Tehuantepec 湾地区海岸风急流和漩涡本质的认识（Bourassa 等，1999）。

尽管对散射计测风的讨论集中在以风暴、飓风和台风为主的强风，但是风速小于 5m/s 的风几乎占了每小时平均风量的 40%（见图 2.1）。这些弱风集中分布在热带和亚热带地区，而这些区域是海洋-大气的热通量发生的主要区域，因此，该区域风场模式的改变会影响全球的热通量平衡。对该区域海面风场进行跟踪监测有助于预报厄尔尼诺现象的发生（Shankaranarayanan 和 Donelan，2001）。

本章将介绍三种类型的测风散射计，将其与 9.7 节中描述的被动微波辐射计 WindSat 进行比较。本章还讨论这些散射计的风场反演精度，并给出风场反演的示例。每个散射计都以不同方向或不同极化方式对同一海表区域进行多次观测。正如第 10 章所述，由于海浪特征与海表散射截面积 σ_0 是风速和风向与散射计视角之间的相对方位角 ϕ_R 的函数，那么利用散射计的多视观测数据就可以反演出风速和风向。散射计的风场反演除了需要多视观测以外，还需要满足如下两个条件。首先，由于风矢量反演需要精确的 σ_0 测量值，因此传感器接收到的后向散射能量必须经过噪声、大气衰减和背景辐射等多项校正处理，其次，必须对可能的风矢量解进行模糊去除。

如本书 10.2.3 节所述，为精确测量 σ_0，对于每个发射脉冲或一组脉冲，散射计不仅要测量接收功率 ϕ_R，还要测量大气透射率 t 和热噪声总量 ϕ_{TN}，ϕ_{TN} 是仪器热噪声和地表与大气产生的背景辐射之和。降雨对透射率有很大的影响，因为如第 9 章所述，暴雨会遮盖地表。这些参数必须被同时确定，或者像 t 那样，由其他卫星仪器提供或通过气候查找表确定。在后面的章节中可以看到，不同的散射计采用不同的方法测量 ϕ_R、ϕ_{TN} 和 t。

散射计反演的风场产品部分依赖于数值天气预报（NWP）模式产生的风向资料。如 11.3.2 节所述，根据散射计视数的不同，散射计一般反演出 1~4 个风矢量解，这些风矢量解的方位角间隔为±90°或±180°。产生的风矢量伪解称为模糊解，将通过采用 NCEP 或 ECMWF 的风向作为初猜值进行去除。

11.2 节总结不同测风任务及其对精度与覆盖范围的要求，11.3 节描述散射计如何反演风矢量，11.4 节和 11.5 节分别介绍 NSCAT、AMI 与 ASCAT 散射计，11.6 节介绍旋转波束 SeaWinds 散射计及其内定标方法与风速和风向的反演精度，11.7 节介绍不同散射计的优缺点，11.8 节介绍计划于 2014 年搭载在国际空间站（ISS）上的 ISS-RapidScat 散射计，11.9 节介绍提供多种 CDR 存档风场产品的多平台交叉定标（CCMP）项目，11.10 节给出散射计反演风场和南极冰盖监测的实例。

11.2　背景

表 11.1 列出了过去、现在以及部分未来规划的风矢量观测任务，包括 9.7 节提及的 WindSat 被动微波仪器。散射计分为三类。第一类包括寿命较短的 NASA SEASAT-A 卫星散射计（SASS）和日本先进地球观测一号卫星（ADEOS-1）上搭载的 NASA 散射计（NSCAT），这些散射计采用棒状天线并对回波进行多普勒分辨处理。第二类包括欧洲遥感卫星 ERS-1、ERS-2 搭载的高级微波散射计（AMI）和欧洲极轨气象卫星（METOP-A 和 METOP-B）搭载的欧洲高级散射计（ASCAT），这些散射计使用三个长矩形天线，并对回波进行距离分辨处

理。第三类是以 SeaWinds 散射计为代表的旋转波束散射计，该散射计搭载在 QuikSCAT 和寿命较短的 ADEOS-2 卫星上。这一类散射计采用旋转蝶形天线产生一对圆锥扫描笔形波束，以两个不同的入射角发射脉冲，并对回波进行距离分辨处理。

表 11.1 以发射时间为序的卫星散射计计划

卫星	机构	传感器	工作频率	发射日期	状态/停止运行时间
SEASAT	NASA	SASS	14.6GHz，四天线，多普勒分辨，双幅侧扫描	1978 年 6 月	1978 年 10 月
ERS-1	ESA	AMI	5.3GHz，三天线，距离分辨，单幅右侧扫描	1991 年 7 月	1996 年 6 月
ERS-2	ESA	AMI	5.3GHz，三天线，距离分辨，单幅右侧扫描	1995 年 4 月	2001 年 1 月
ADEOS-1	NASA/NASDA	NSCAT	14GHz，六天线，多普勒分辨，双幅侧扫描	1996 年 8 月	1997 年 6 月
QuikSCAT	NASA	SeaWinds-1	13.4GHz，两个旋转笔形波束	1999 年 6 月	2009 年 11 月[a]
ADEOS-2	NASDA/NASA	SeaWinds-2	13.4GHz，两个旋转笔形波束	2002 年 12 月	2003 年 10 月
Coriolis	美国海军	WindSat	多频段，旋转被动微波天线	2003 年 1 月	—
METOP-A[b]	ESA	ASCAT-A	5.3GHz，两组三天线，距离分辨	2006 年	
Oceansat-2	印度	OSCAT	双幅侧扫描 13.52GHz，两个旋转笔形波束	2009 年 9 月	
HY-2A	中国	Scatterometer	13.256GHz，两个旋转笔形波束	2011 年 8 月	
METOP-B[b]	ESA	ASCAT-B	与 ASCAT-A 相同	2012 年 9 月	
CFOSAT	中国/法国	Scatterometer	13.256GHz，两个旋转笔形波束	2014 年（计划发射）	
国际空间站 Station（ISS）	NASA/JPL	ISS-RapidScat	13.4GHz，两个旋转笔形波束	2014 年（计划发射）	
METOP-C	ESA	ASCAT-C	与 ASCAT-A 相同	2016 年（计划发射）	
GCOM-W1	日本/美国	Scatterometer	—	2016 年（计划发射）	

a 天线停止旋转，仪器继续提供单方向数据；b 2013 年 METOP-A 和 METOP-B 在相同轨道以不同轨道相位运行，METOP-B 轨道相位为 METOP-A 的一半（50min），两颗卫星都在生产数据。这种前后跟随的工作方式将持续到 2016 年 METOP-C 发射（PO.DAAC，2013，私人交流）。

SASS 为 SEASAT-A 卫星散射计的缩写；AMI：高级微波装置；NSCAT：NASA 散射计；ASCAT：高级散射计；OSCAT：Oceansat 散射计；CFOSAT：中法海洋卫星。

引自 ASCAT（2013a），CFOSAT（2013），ECOS（2012），ISS-RapidScat（2013b），Oceansat-2（2013）和 Song 等（2012）。

搭载类似旋转波束散射计的卫星还有印度 Oceansat-2 和中国 HY-2A 卫星。原计划于 2014 年（推迟到 2018 年）发射的中法海洋卫星（CFOSAT）和国际空间站也将搭载类似 SeaWinds 的散射计。另外，日本也已请求美国为其计划于 2016 年发射的 GCOM-W2 卫星提供一个旋转蝶形天线散射计（Bourassa 等，2010b）。在 2013 年，位于同一轨道的、轨道升交点地方时分别为 20:40 和 21:30 的 METOP-A、METOP-B 卫星和轨道升交点地方时为正午的 Oceansat-2 卫星，组成了测风卫星星座。

NASA 散射计的工作波段为 Ku 波段（14GHz），欧洲散射计的工作波段为 C 波段，两个波段对应的波长 λ 分别为 2cm 和 6cm。如第 9 章所述，C 波段的优势在于，在此频率下大气透射率几乎为 1，而在 Ku 波段，大气透射率接近于 1。短毛细重力波对风速变化的敏感度高于长波，所以 Ku 波段散射计对风速变化的敏感度也高于 C 波段散射计。Ku 波段的不足在于，由于波长较短，其后向散射对雨滴所引起的海表面粗糙度的变化有更灵敏的响应。

如表 11.1 所示，第一个散射计是 1978 年的 NASA SASS 棒状天线散射计（Johnson 等，1980）。接下来是欧洲 ESR-1 和 ESR-2 卫星搭载的欧洲 AMI 扇形波束散射计，该散射计于 1991 年开始工作、2001 年停止运行。SASS 的后继传感器是 1996 年 8 月发射的日本 ADEOS-1 卫星搭载的 NSCAT 散射计。由于太阳能电池板严重故障，ADEOS-1 卫星于 1997 年 6 月 30 日停止工作，所以 NSCAT 持续工作时间不到 1 年（Wentz 和 Smith，1999）。

为弥补 ADEOS-1 过早失效导致的卫星风场数据的缺失，载有 SeaWinds 散射计的美国 QuikSCAT 卫星于 1999 年 6 月发射升空（见图 11.1）。

图 11.1 由 QuikSCAT 卫星装载的 SeaWinds 散射计。QuikSCAT 的天线直径为 1m

如表 11.1 所示，SeaWinds 是在 2001 年期间唯一在轨运行的测风散射计。2002 年 12 月载有相同散射计的 ADEOS-2 发射成功，并于 2003 年 10 月停止运行。2003 年 1 月，极化被动微波传感器WindSat发射成功并开始运行,该传感器在本书8.6.5节和9.7节中进行了介绍。

表11.2列出了QuikSCAT卫星散射计的技术指标。Naderi等（1991）针对NSCAT散射计提出了类似的指标。由于散射计能为气象机构提供有价值的区域和全球测风数据,因此要求散射计必须能够在1天时间内获取所有无冰海区的精确测风数据。在3~20m/s风速范围内,风速均方根精度必须优于2m/s;在20~30m/s风速范围内,风速均方根精度必须优于风速的10%。最优风矢量解的风向均方根误差不超过20°。测量面元的定位均方根精度为25km,风矢量求解的地表单元的尺寸大小为25~50km。后续章节表明,风场测量精度与全球覆盖范围要求决定了散射计的轨道和观测刈幅宽度。

表11.2 QuikSCAT散射计地表覆盖和测风精度要求

参　数	要　求	适 用 范 围
风速	±2m/s（rms）	3~20m/s
	优于风速的10%	20~30m/s
风向	±20°（rms）	3~30m/s
空间分辨率	25km	σ_0单元
	25km	风场单元
定位精度	25km（rms）	绝对
	10km（rms）	相对
覆盖范围	每天覆盖90%无冰海区	—
运行时间	36个月	—

改编自Perry（2001）。

11.3　散射计风速反演

表11.1中列出的每个散射计的风矢量反演,都是通过对同一海面区域以不同方位角和极化方式进行多次观测实现的。如图10.18所示,由于交叉极化后向散射系数σ_{HV}和σ_{VH}远远小于同极化后向散射系数σ_{VV}和σ_{HH},所以散射计一般采用HH极化或VV极化。SEASAT SASS的视数仅为2,AMI的视数为3,NSCAT分别在三个不同视角进行4次测量,其中一个视角（中间天线）同时采用VV极化和HH极化方式,并且天线在卫星运行方向的两侧进行观测。对于旋转波束的SeaWinds散射计,其观测次数取决于风单元在刈幅内的位置,在2~4次之间变化。接下来介绍基于多视数据的散射计风速、风向反演技术。

图11.2是散射计的概念设计图。如图所示,对于稳定风速,散射计获取了同一FOV的2~4个不同时间、方位角和极化的后向散射回波数据。在图11.2中,3次观测的天线视角相对卫星地面轨迹分别为向前45°、向正右侧和向后45°。为反演风向,必须保证海面的主导散射为布拉格散射,即天线波束的地面入射角必须大于15°~20°。假设卫星轨道高度为800km,地面速率约为7km/s。假设地表视场单元FOV轨迹与星下点轨迹之间的距离为500km,则中间波束的观测时间滞后于前向波束70s,而后向波束滞后于中间波束70s。这样散射计在2min时间内对同一个FOV后向散射系数σ_0进行了3次测量。假设风速稳定并且有地面天气预报数据,下一节将介绍如何利用图10.17和图10.18中所示的σ_0对方位角的依

赖关系反演风矢量。

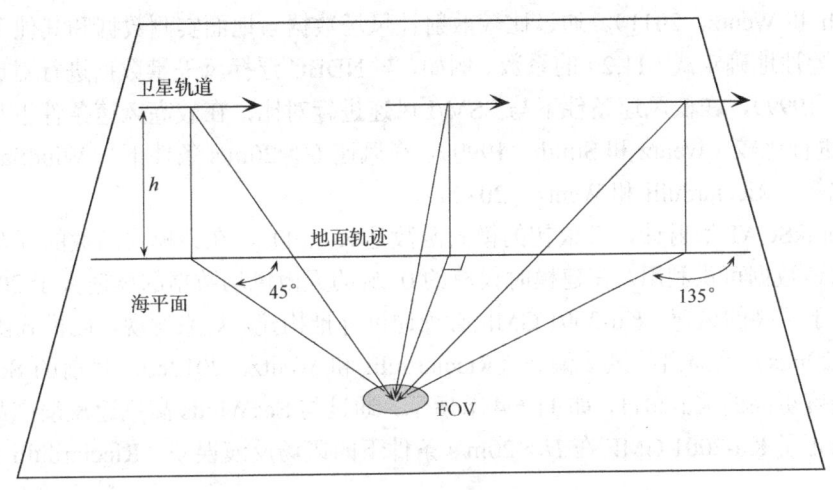

图 11.2 散射计对同一 FOV 多视角观测的示例

11.3.1 地球物理模式函数

由多个 σ_0 测量值确定风速，需要掌握 σ_0 与海面风之间的函数关系，这种关系称为地球物理模式函数（Geophysical Model Function，GMF）。由于依赖于视向和方位角的后向散射（例如强度）与海面粗糙度成正比，因而后向散射能量与风应力的相关性高于其与条件 10m 高风速 U 的相关性，散射计测量风矢量是间接的。风矢量反演的风速为行比高于海平面 10m 的中性稳定风速，此处中性稳定风速是指大气不是层结的（Bourassa 等，2010a）。尽管接下来的叙述把中性稳定风速称为风速或 10m 高风速，但散射计风速与实际测量的风速之间还是存在微小差异。

大气层结的重要性在于它改变了表面边界层间的动量输送。当海表温度高于大气温度时，边界层处于不稳定状态，动量更容易从 10m 高风速向海面转移。与稳定层结的大气相比，在不稳定大气状态下，特定的风速 U 会产生较大的表面粗糙度和较强的后向散射能量。因此，这种不稳定的大气层结会使得散射计反演出的中性风速比实际观测值偏大，相反，稳定的大气层结会使散射计推算的风速比实际值偏小。因此，在散射计和浮标风速对比之前，高风速浮标风速必须根据观测的大气层结状况校正到比观测值大或小的数值，该修正量的典型值为 0.1～0.2m/s（D. Chelton，2003，私人交流）。其他因素，如有机的或无机的油膜等，会增大海水的表面张力，减小海面粗糙度，进而导致散射计所测风速明显偏小。

模式函数最一般的形式是将 σ_0 作为 P、θ、U 和 ϕ_R 的函数，其中 P 为极化方式，代表 VV 极化或 HH 极化，θ 为入射角，U 为风速，ϕ_R 表示相对风向。关系式如下：

$$\sigma_0 = F(P, U, \phi_R) \tag{11.1}$$

基于与 10.6.3 节中描述内容类似的航空和卫星观测数据，在固定的风速 U、入射角 θ 和极化方式下，雷达后向散射系数与相对风向的经验函数关系，可以用舍去了高次谐波项的傅里叶级数描述（Wentz 等，1984；Wentz 和 Smith，1999；Brown，2000）：

$$\sigma_{0P} = A_{0P}(1 + A_{1P}\cos\phi_R + A_{2P}\cos 2\phi_R + \cdots) \tag{11.2}$$

尽管 Wentz 和 Smith（1999）曾认为式（11.2）中的高次谐波项，如 $\cos(3\phi_R)$、$\cos(4\phi_R)$

等对后向散射系数的影响不超过前 3 项的 4%，最近构建的 GMF 却已经包含了 5 次谐波项（Ricciardulli 和 Wentz, 2011）。通过比较散射计风场数据与地面实测数据和其他卫星观测数据，可以经验性地确定式（11.2）的系数。例如，与 NDBC 浮标风矢量数据进行对比（Freilich 和 Dunbar, 1999），在低风速条件下与 SSM/I 风速进行对比，在较高风速条件下与 ECMWF NWP 风速进行比较（Wentz 和 Smith, 1999），在风速 $U > 20$m/s 条件下与 WindSat 风速和风向进行对比等（Ricciardulli 和 Wentz, 2012a）。

对于 QuikSCAT 散射计，其最初的模式函数是 Ku-2001，在该模式函数的开发中，只有少量的高风速数据可供利用。在建模时仅有约 0.2%的无雨风场数据的风速大于 20m/s，这就意味着，对于更高的风速，Ku-2001 GMF 必须通过外推构建。后来发现，此模式函数在高风速段（$U > 20$m/s）反演出的风速偏高（Ricciardulli 和 Wentz, 2012b）。目前的 SeaWinds 模式函数是精度更高的 Ku-2011，如 11.6.4 节所示，通过与 SeaWinds 高风速反演产品比较，发现该模式纠正了 Ku-2001 GMF 在 $U > 20$m/s 条件下的风场反演误差（Ricciardulli 和 Wentz, 2011）。

尽管浮标测风数据在上述检验工作中发挥了重要作用，但在低风速和高风速 U 条件下其测量精度也存在问题（Zeng 和 Brown, 1998）。在低风速条件下，浮标和散射计的风向测量精度都比较低，而且洋流会造成散射计风矢量与浮标测量风矢量之间存在偏差。而对于高风速 U，首先，浮标倾斜导致的海水泼溅会影响浮标风速计的正常测量；其次，强涌浪会使浮标风速计相对海表面高度不稳定。这些问题意味着，当 $U > 20$m/s 时，用浮标数据验证风速存在很大困难，必须使用其他数据源。

作为 QuikSCAT 散射计 GMF 的一个示例，图 11.3 显示了散射计 σ_0 对风速 U、风向和极化方式的依赖关系。正如 10.6.3 节描述的那样，这些曲线表示的 σ_0 最大值大约出现在顺风或逆风向上，而最小值则出现在侧风方向。4 个因素描述了模式函数的曲线特征：σ_0 随风速 U 的增大而总体增大，逆风/侧风方向的差异性、顺风/逆风方向的不对称性、σ_0 对风速变化的敏感度随风速的增大而降低。

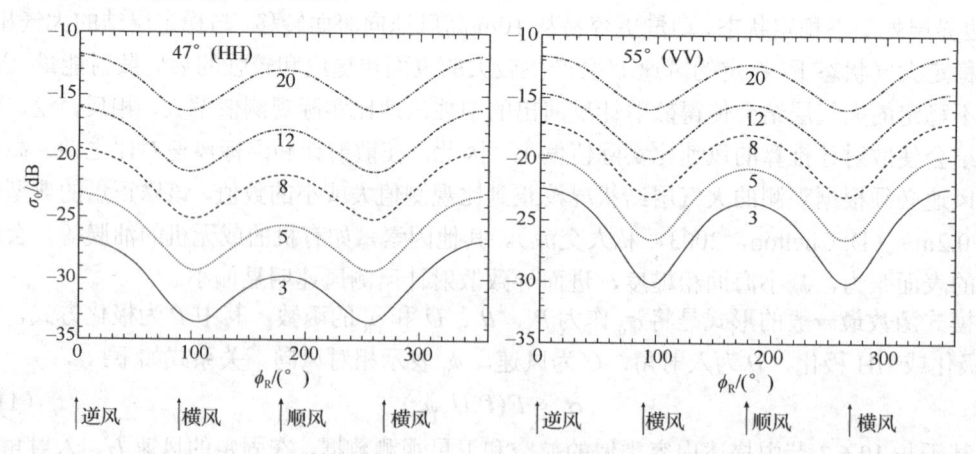

图 11.3 QuikSCAT 47°入射角 HH 极化、55°入射角 VV 极化条件下的地球物理模式函数。每条曲线具有恒定的风速，风速标注在曲线下方，单位为 m/s。逆风方向为 0°，顺风方向为 180°

从图 11.3 可以看出，上述 σ_0 对于 ϕ_R 和其他因子的依赖关系，使得风向反演成为可能。该图表明，σ_0 在逆风向与侧风向的强度差异，即逆风/侧风比，在低风速时最大，然后随风

速 U 的增大而减小。逆风/顺风的不对称性主要是由波浪长波波峰背风面上的寄生毛细波造成的。由于散射计只有在逆风向上才能观测到这些毛细波,因此其逆风向 σ_0 比顺风向稍大。尽管这种不对称性差异较小,但它使得由 4 个 σ_0 观测值确定唯一风向成为可能。通常这种不对称性的大小随雷达入射角的增大而增大;HH 极化的不对称性强于 VV 极化;风速 U 较小时不对称性最强(Freilich,2000)。Freilich 的研究表明,σ_0 对风速 U 变化的敏感性、逆风/侧风比的大小,以及逆风/顺风不对称性强弱,均随雷达入射角的增大而增大。此外,10.6.3 节也表明,相同入射角情况下,VV 极化的 σ_0 比 HH 极化的 σ_0 高约 7dB。这也是 SeaWinds 远端波束采用 VV 极化、近端波束采用 HH 极化以保证回波功率近似相同的原因。

GMF 的另一个重要特征是,σ_0 并不随着风速 U 线性增加;相反,在高风速时,对于给定的入射角和方位角,σ_0 与 U 之间的关系近似为 $\log U$(Freilich,2000)。对于频率为 11.4GHz 的垂直极化和水平极化数据,σ_0 的灵敏度随风速增大而降低(见图 11.4),并且当 $U > 20$m/s 时,敏感度衰退显著(Meissner 等,2010)。

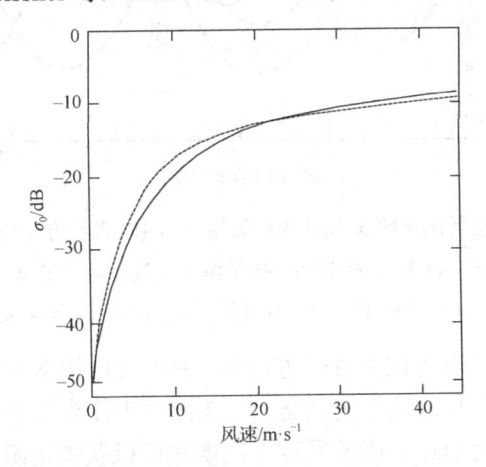

图 11.4 σ_0 与极化方式和风速之间的关系。虚线为 Ku 波段(13.4GHz)垂直极化,实线为 Ku 波段(13.4GHz)水平极化;该图表明,高风速时 σ_0 敏感度下降 [重绘自 Meissner 等(2010),第 6 页]

式(11.2)所描述的模式函数通常是以查找表的形式给出,其模型系数 A_{0P}、A_{1P} 和 A_{2P},以及更高阶系数,是风速、风向、视角和极化方式的函数。扇形波束散射计,如 NSCAT、AMI 和 ASCAT,要求其模式函数包含大约 15°～65°之间的入视角范围。因为这类散射计在交轨方向上大约有 20 个观测单元,它们需要更为复杂的查找表。相反,SeaWinds 模式函数只需要包含两个入视角,因此,与扇形波束散射计相比,其模式函数更容易提升到更高的风速和风向分辨率。

11.3.2 用模式函数反演风速矢量

基于 NSCAT 数据,图 11.5 展示了如何通过多视(multiple looks)数据的 σ_0 反演风矢量(Naderi 等,1991)。图 11.3 中的曲线并不是恒定风速等值线,而是恒定 σ_0 等值线,它给出了同一 σ_0 对应的 U 对 ϕ_R 的依赖关系。这些曲线将按其在图释中出现的先后顺序进行讨论。

首先,实线是相对于飞行方向呈 45°方位角、VV 极化状态下获取的观测值 σ_0 对应的风矢量解曲线。该曲线表明风速解分布于 6～15m/s 之间,且无风向信息。

其次,虚线是与第一个垂直的 σ_0 的 VV 极化状态下解得的曲线。该曲线与实线表示相应的 2 视测量数据，它们在标识为②的 4 个点处相交。每个交叉点代表一个可能的风矢量解，这些可能的风矢量解称为模糊解。这些点对应的风速约为 10m/s，对应的风向依次相差约 90°。这种两次观测和 4 个模糊解的情况，对应于 SeaWinds 散射计的外波束刈幅边缘区域和 SASS 散射计的整个刈幅区域。

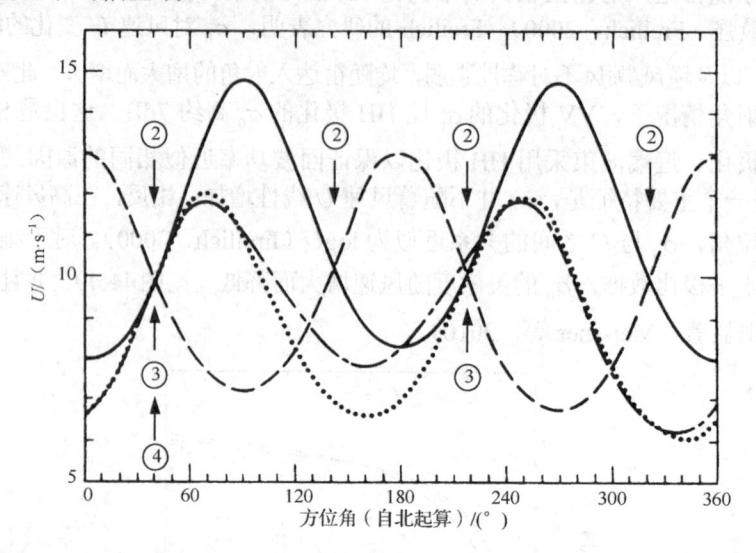

图11.5 通过不同天线在相同位置测量的 σ_0 反演的风矢量：—，45° 天线方位角（VV）；---，135°（VV）；……，65°（HH）；—·—，65°（VV）。箭头②所指是由 2 视数据反演的 4 个解。箭头③所指是由 3 视数据反演的两个解。箭头④代表所指是由 4 视数据反演的单解［引自 Naderi 等（1991）中的图 5］

第三，点虚线表示与飞行方向呈 65° 方位角、HH 极化状态下获取的对应风矢量解，这条曲线与前两条曲线相交，形成两个公共交点，在图中用箭头和③标出。这两个风矢量解风速大小相同、风向近似相差 180°，因此通过 3 次观测可以获得正确的风速，但无法确定风是从某一方向吹来还是吹向该方向。点画线表示与飞行方向成 65° 方位角、VV 极化状态下获取的对应风矢量解。这样 4 条曲线最终相交于一点，在图中用箭头和④标出，该交点对应的风速大小为 10m/s，风向为 40°。仔细观察③和④所标记的两个交点可以发现，正确的风矢量解和 180° 模糊的风矢量解之间仅存在着很小的差异，造成这种差异的原因在于模式函数逆风/顺风的不对称性。没有这种不对称性，180° 模糊解将难以去除。

这种微弱的不对称性容易被噪声淹没，因此许多散射计只利用 3 次观测数据进行反演，并保留具有 180° 模糊的两个风矢量作为模糊解。通过两种技术可以进一步去除风向模糊，而获得唯一风向解。一种是通过对当前风单元周围一定范围内的风矢量数组进行中值滤波，以去除孤立误差；另一种方法称为"逼近"（nudging）技术，即利用外部 NWP 风向作为参考数据源，在两个模糊解中选择最接近外部风场数据的解作为真实解（Freilich 和 Dunbar，1999；Bettenhausen 等，2006）。

11.4 NSCAT 散射计

工作频率为 13.995GHz 的 NSCAT 散射计于 1996 年 8 月 17 日由 ADEOS-1 卫星搭载升空。ADEOS-1 卫星为太阳同步轨道，轨道高度为 795km，轨道周期为 101min，星下点速度为 6.7km/s。风场反演采用多普勒分辨技术。

Naderi（1991）等对 NSCAT 散射计做了详细描述。NSCAT 散射计由 6 根双极化棒状天线组成，每根天线长约 3m，宽为 6cm，厚为 10～12cm。每根天线都可以在沿波束方向产生 20°～55° 入射角 θ 的扇形波束，在垂直于波束方向上的波束宽度为 0.4°。图 11.6 显示了 NSCAT 散射计的照射模式，在左侧刈幅上，波束相对于卫星飞行方向的方位夹角分别为 45°、65° 和 135°，而在右侧刈幅上，波束相对于卫星飞行方向的夹角分别为 45°、115° 和 135°。选择这种不对称角度的原因是，航天器正右方的角度上没有多普勒效应。航天器两侧各有 3 根天线，其中，方位角为 65° 和 115° 的两根天线为 VV 和 HH 极化工作方式，因此每侧的天线可以进行 4 次不同的测量。在距离向上，NSCAT 散射计的刈幅宽度为 600km。在卫星的星下点，地面轨迹左右±165km 的区域内，海面回波以镜面散射为主，因而该区域不能反演风向。无论是采用距离分辨技术还是多普勒分辨技术，所有扇形波束散射计都存在星下点盲区（数据空缺区域）。在盲区以外，每个侧刈幅被划分为 24 个多普勒单元，每个多普勒单元在距离向的宽度为 25km。

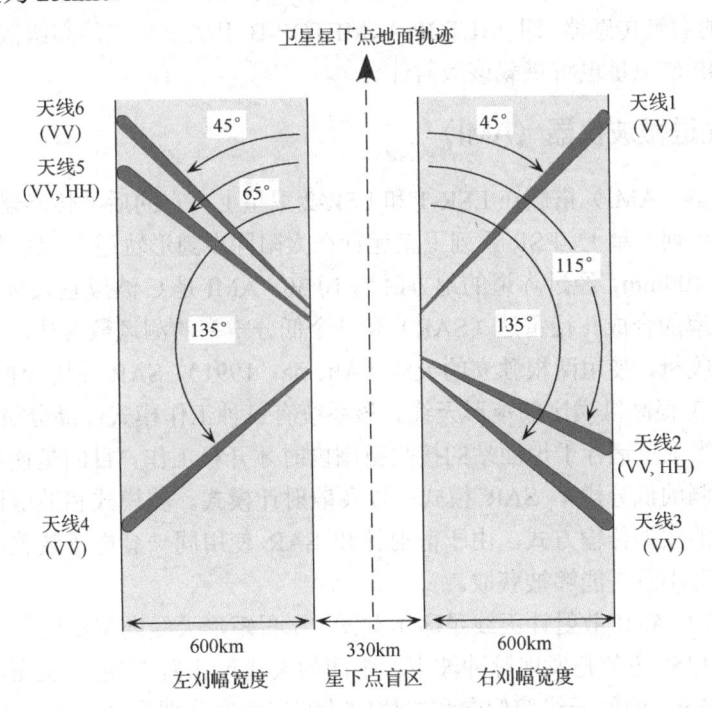

图 11.6　NSCAT 天线结构图及地表覆盖范围。灰色区域为地面刈幅，天线地面足迹为图中被圈出区域，白色区域为星下点盲区［改编自 Naderi 等（1991）中的图 7］

在沿轨方向上，为了获得 25km 的分辨率，每根天线每隔 3.74s 发射和接收一次脉冲信号，期间卫星向前运行 25km。在此周期内，由于 NSCAT 的 8 个不同波束共用一个发射机/接收机，每一个波束在 468ms 的子周期内采样一次。在子周期内，散射计对 Φ_R 和 Φ_{TN} 进行测量。为此，每个子周期又被分为 29 个 16ms 的观测周期，包括 25 个发射-接收周期和 4 个噪声观测周期。每个发射-接收周期包括 5ms 的发射脉冲时间和 11ms 接收脉冲时间。对于接收到的脉冲，10.5.2 节描述了多普勒分辨处理过程。4 个噪声测量周期包括 5ms 的空闲时间和 11ms 的接收时间。噪声观测周期实现每个覆盖区内的 Φ_{TN} 测量。为获得准确的 σ_0 值，首先对Φ_R和Φ_{TN}测量值在其观测周期内进行平均，然后利用式（10.15）从Φ_R减去Φ_{TN}得到Φ'_σ。再根据式（10.17）计算大气衰减校正后的Φ_σ，其中公式中的透射率可以从气候查找表中获得。

如10.5.3节所述，散射计观测的多普勒频移也是地球自转的函数，因此在NSCAT散射计数据处理中，每个多普勒单元的中心频率和带宽都必须依据其到赤道的距离进行调整，以保证地表分辨单元的尺寸及位置相对于卫星保持不变。相比之下，SASS散射计只有4根棒状天线，分别以45°和135°方位角指向卫星的两侧，并携带有固化的星上多普勒滤波器（Johnson等，1980）。在赤道地区，SASS散射计的前视和后视天线的多普勒单元具有不同的尺寸，导致多普勒单元间的重叠区域变小，从而为前视和后视的相互比较带来困难。

11.5 AMI和ASCAT散射计

本节介绍ERS-1和ERS-2卫星上搭载的工作频率为5.3GHz的ESA先进微波仪器（AMI），以及它的后继传感器，即METOP-A、METOP-B卫星上搭载的高级散射计（ASCAT），计划中的METOP-C卫星也将搭载该散射计。

11.5.1 先进微波仪器（AMI）

先进微波仪器（AMI）搭载在ESR-1和ESR-2卫星上，它的后继传感器ASCAT散射计搭载在METOP系列卫星上。ESR系列卫星运行在太阳同步圆形轨道上，轨道高度为785km，标称轨道周期为100min，经过赤道的地方时为10:30。AMI是C波段垂直极化散射计，它集成了一个高分辨率的合成孔径雷达（SAR）和一个低分辨率的测风散射计，两个传感器共用一个发射器和接收机，使用两根独立的天线（Attema，1991）。SAR使用一根大的矩形天线，而散射计则利用3根高纵横比的矩形天线。该系统有三种工作模式：高分辨率SAR成像模式，该模式只有当卫星运行于地面站的接收范围内时才开机工作，目的是使数据能够直接下传；用于海浪观测的低分辨率SAR模式；以及散射计模式。波模式和散射计模式采用星上记录，过后下传的数据传输方式。由于散射计和SAR使用同一套电子装置，因此在地面站附近，风场数据并不总是能够被获取。

图11.7给出了AMI散射计天线足印示意图。3根矩形天线向卫星运行方向的右侧分别以45°、90°和135°方位角发射脉冲波束。中间的天线尺寸为2.3m×0.35m，前后两根天线尺寸为3.6m×0.25m。中间天线俯仰向和方位向的波束宽度分别为24°和1.4°，前后两根天线的俯仰向和方位向的波束宽度为26°和0.9°。前后两根天线的接收机中心频率根据各自的多普勒频移进行相应调整。为尽量减小地球自转对散射计的影响，卫星围绕其轴最低点主动旋转，即进行所谓的偏航控制，以保证中间天线波束的多普勒频移始终为0。

由于存在星下盲区，AMI的刈幅始于星下点225km处，刈幅宽度为475km。AMI采用距离分辨技术，实现对每个面元$\sigma_\circ$的测量，面元距离向与方位向的尺寸约为50km。仪器脉冲序列由功率为几千瓦且频率恒定的电磁波组成（Gelsthorpe等，2000）。中间天线的脉冲持续时间为70μs，前后两根天线的脉冲持续时间为130μs，由于其倾斜的天线方位角，这两根天线比中间天线具有更长的脉冲持续时间。中间天线的脉冲重复频率（PRF）为115Hz，前后两根天线的PRF为98Hz，因此每根天线的脉冲时间间隔约为10^4μs。相对长的脉冲间隔主要完成如下 3 项工作：接收 Φ_R 值，记录一个内定标脉冲，以及被动观测 Φ_{TN}。由于此过程对每一个脉冲都适用，因此散射计可以直接进行回波信号的定标与 Φ_{TN} 的去除。

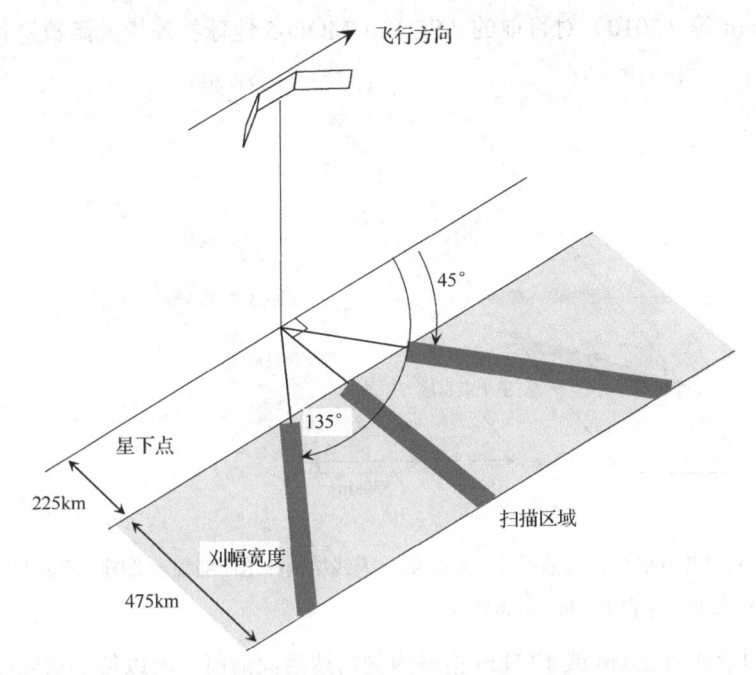

图 11.7　ESR AMI 散射计天线地表扫描刈幅示意图

对于每一个脉冲，需要经过内定标，去除系统噪声和环境噪声，由气候查找表对大气透射率进行校正等过程，实现对 σ_0 的计算。对于每根天线，σ_0 被重采样到 25km 的正方形网格上，在垂直轨道方向上形成 19 个分辨单元。而后，为提高信噪比，单个 σ_0 被再次重采样为 50km 分辨率，重采样后整个刈幅内的噪声近似相等，约为信号的 6%（Ezraty 和 Cavanié，1999）。AMI 的 3 次观测可以推算出两个风矢量解，可以通过与 NWP 数据进行对比确定最优解。地面有源定标器，以及具有相对均一后向散射特征的亚马孙热带雨林可以用于外定标，也可以对仪器漂移和性能下降情况进行检测。

11.5.2　METOP 卫星搭载的高级散射计（ASCAT）

AMI 于 2001 年 1 月停止观测，代替它的是搭载于 METOP-A 和 METOP-B 卫星上的欧洲 C 波段高级散射计（ASCAT）。与 ERS 卫星不同，METOP 系列卫星未搭载 SAR 载荷。图 11.8 为 ASCAT 天线结构及其观测刈幅的示意图，该仪器为 C 波段、采用距离分辨技术的散射计。ASCAT 有 6 根天线，与 AMI 类似，天线成对安装在卫星两侧，不同的是 ASCAT 天线可以对卫星两侧进行观测，使观测刈幅宽度增加 1 倍，但仍然存在星下点盲区。ASCAT 的两条刈幅分别位于星下点轨迹的左侧和右侧，距离星下点轨迹约 350km，因此两条刈幅间距为 700km，每条刈幅宽度为 550km（ASCAT，2013c）。由于预报模式需要每天、近乎全球覆盖的海面风场数据，因此刈幅宽度对于业务化的 METOP-A 和 METOP-B 卫星尤其重要。

ERS 卫星搭载的 AMI 散射计发射持续时间约 100μs、峰值功率约几千瓦的连续波脉冲信号，与 AMI 不同，ASCAT 发射线性调频脉冲信号，持续时间更长，约为 10ms；峰值功率相对较低,为120W。与AMI类似,在天线每个脉冲间隔时间内,ASCAT需要完成发射脉冲、接收回波、发射内定标脉冲和测量噪声工作,此时间周期约为0.2s(Gelsthorpe等,2000)。Soisuvarn等(2010)对目前的ASCAT CMOD-5地球物理模式函数进行了介绍。

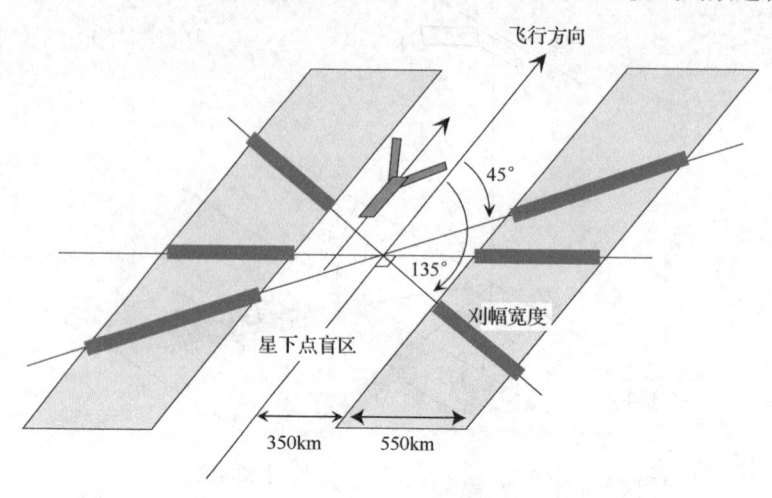

图11.8　METOP-A、METOP-B高级散射计(ASCAT)天线结构和地面刈幅示意图。两颗卫星分别于2006年和2012年发射[引自Rostan(2000)]

每个波束测量地面25km或12.5km格网内的雷达后向散射,所以每个刈幅被划分为21个或41个风矢量单元(WVC)。这两种分辨率对应的地表有效刈幅宽度分别为525km(21×25)和512.5km(41×12.5)。由于卫星的运动,每个WVC能够提供三个独立的、彼此延迟时间很短的后向散射测量值。由三次测量可以得到两个可能的风矢量解,通过与NWP风场数据对比确定其唯一解。业务化的ASCAT散射计可以提供25km和50km分辨率的风场数据,其中,25km分辨率的风场数据主要针对近岸地区,数据可以在PO.DAAC网站获取(ASCAT,2013b)。

11.6　旋转波束散射计

旋转波束散射计是最重要的一类散射计。此类散射计包括QuikSCAT散射计、印度Oceansat-2散射计和中国HY-2A卫星散射计。其中,QuikSCAT卫星散射计在轨运行了10年之久,印度Oceansat-2散射计的数据目前已被用于数值预报模式。此类散射计能够实现无星下点盲区的宽刈幅观测。由于QuikSCAT 10年时间序列数据作为气候数据记录基础的重要性,以及它的工作方式与其他旋转波束散射计具有相似性,因此本节将重点介绍QuikSCAT散射计。

11.6.1　SeaWinds散射计

SeaWinds散射计搭载在QuikSCAT和ADEOS-2卫星上。QuikSCAT卫星的轨道高度约为800km。Spencer等(1997,2000)介绍了该散射计的仪器设计与工作原理。QuikSCAT卫星的升交点地方时为6:00,ADEOS-2的降交点地方时为10:30。如表11.1所示,印度Oceansat-2卫星和中国HY-2A卫星也搭载了类似的散射计,Oceansat-2数据已经公开发布。Oceansat-2

运行于太阳同步轨道，其轨道高度为720km，升交点地方时为正午。HY-2A卫星的轨道高度为970km。

除了轨道高度不同，这些旋转笔形波束散射计具有相似的工作方式。SeaWinds散射计由一个直径为1m的旋转抛物面天线和两个偏置的馈源组成，两个馈源产生频率为13.4GHz、具有不同入射角的两个笔形波束（见图11.9）。内侧波束为HH极化，其天底偏角为40°，入射角为47°；外侧波束为VV极化，天底偏角为46°，入射角为55°。OSCAT散射计具有相似的工作方式，内侧波束为HH极化、外侧波束为VV极化（Fore等，2013）。QuikSCAT散射计的天线旋转速率为18r/min，它的地面足迹直径约为25km。来自波束足迹的回波信号既可以作为整体形成一个分辨单元，也可以根据地距细分为许多的切片单元。如图11.9所示，SeaWinds散射计总的刈幅宽度达到1800km，且不存在星下盲区，刈幅宽度大大超过ASCAT。SeaWinds散射计刈幅可分为两部分：图中深灰色区域，风矢量由4次观测的σ_0确定；而在浅灰色区域，风矢量仅由两次观测σ_0确定。两次观测区域由外波束观测区域和星下点附近区域组成。

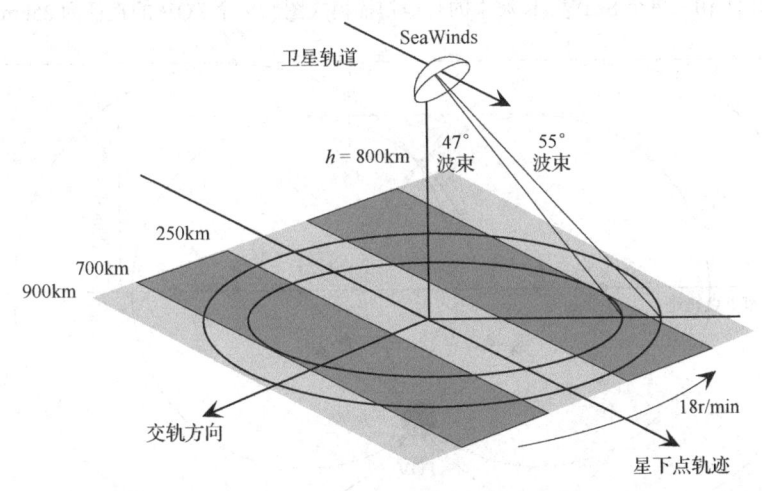

图11.9 SeaWinds观测示意图及标出入射角的扫描覆盖范围。黑色部分为地表扫描刈幅，刈幅内深灰色部分的风场解由4视数据确定，浅灰色区域的风场解由两视数据确定（改编自Michael Freilich未发表的图）

图11.10显示了SeaWinds单个波束的旋转足迹图。天线每旋转1圈，卫星前进约25km。在4次观测区域，图11.11显示FOV在t_1和t_4时刻被外侧波束分别向前和向后各观测一次，在t_2和t_3时刻被内侧波束分别向前和向后各观测一次。Spencer等（1997）的研究表明，SeaWinds的散射计风场反演精度随风元到星下点轨迹的距离而变化，当波束的方位夹角接近90°时，风场反演效果最好。因此，即使在4次观测区域，风矢量反演的质量也是不同的。

表11.3列出了SeaWinds部分波束特征参数。两个波束的发射和接收周期以如下方式交替循环：内侧波束发射，外侧波束接收，外侧波束发射，内侧波束接收，这样每个回波都能在下一个脉冲发射之前返回天线。两个波束的总体PRF约为192Hz，对应于约5.2ms的发射/接收周期，在此周期内，天线旋转约半个波束宽度。

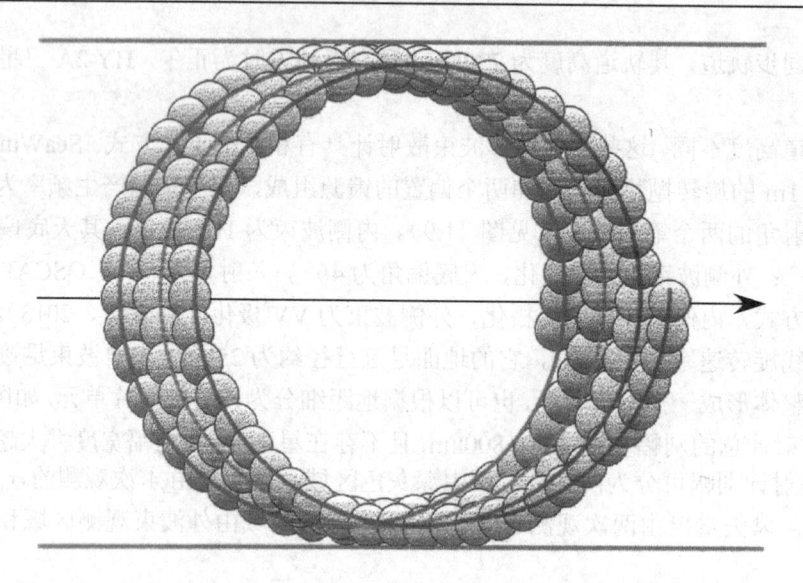

图 11.10 单个 SeaWinds 波束的对地扫描模式图。单个 FOV 的直径为 25km

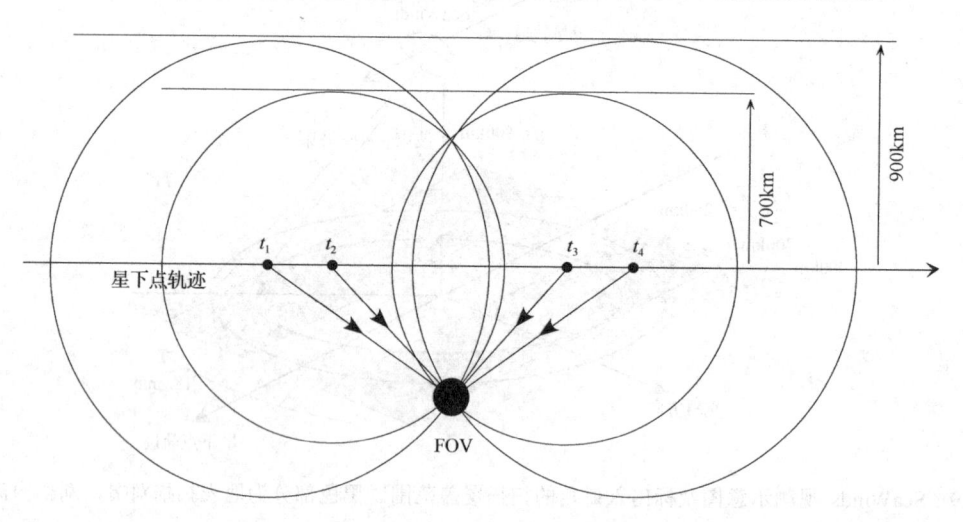

图 11.11 SeaWinds 波束的旋转足迹图［重绘自 NASDA 未标注日期的 ADEOS-2 出版物］

表 11.3 SeaWinds 散射计参数

参　数	内侧波束	外侧波束
旋转速度	18r/min	
极化方式	HH	VV
天顶角	40°	46°
地表入射角	46°	54°
斜距	1100km	1245km
3dB 足印（沿轨方向×交轨方向）	24km×31km	26km×36km
脉冲长度（非线性调频）	1.5ms	
脉冲长度（线性调频）	可编程，>2.7μs	
沿航迹间距	22km	22km

续表

参　数	内侧波束	外侧波束
沿扫描方向间距	15km	19km
地面 xy 幅	1400	1800

改编自 Spencer 等（2000，表1）和 ISS-RapidScat（2013a，表1）。

散射计波束是足迹方位向长约 25km，距离向长约 35km 的椭圆。这个足印，根据其形状，有时被称为卵形足印，在距离向上采用距离分辨技术提高其分辨率（Perry，2001；Fore 等，2013）。图 11.12 为一个卵形足印示意图，足印被划分为 5 个不同的距离单元，称为"切片"，每个切片的空间尺寸约为 7km×25km。每个足印有 5 个切片，散射计既计算整个足印的 σ_0，也计算单个切片的 σ_0。这意味着，散射计可以测量多种分辨率的 σ_0，包括对整个波束足迹、单个切片足印以及多个不同切片足印组合的 σ_0。对于每一种 σ_0，地面处理系统需要对足印和切片的中心位置进行地理定位；风场反演时，需要对来自不同足印的切片进行匹配。

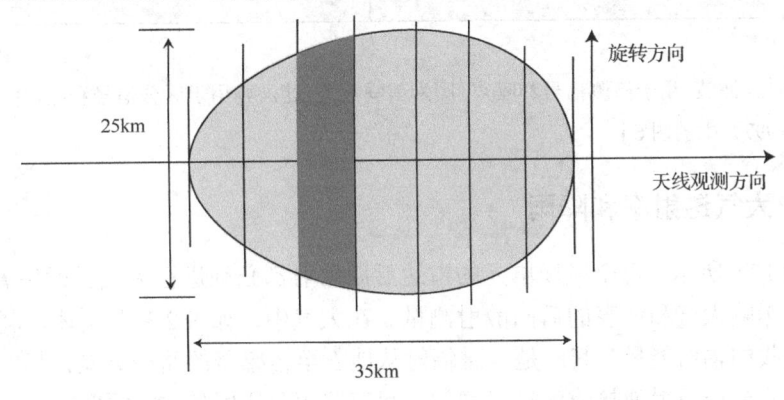

图 11.12　SeaWinds 足迹可以划分为一系列距离分辨单元

自 Oceansat-2 卫星搭载的 OSCAT 散射计入轨以来，它的两个波束的定标系数都已经发生了漂移。通过利用 QuikSCAT 的同步观测数据，这种情况得到了部分修正（Jaruwatanadilok 等，2012）。2009 年，QuikSCAT 散射计天线停止旋转后，OSCAT 散射计的定标主要通过与 QuikSCAT 点测量数据进行对比，以及对诸如像亚马孙盆地这样具有相对稳定均匀后向散射特征的区域进行观测来实现。由于 ASCAT 工作频段为 C 频段，因而很难用它作为定标数据源，来对 OSCAT 散射计进行定标。正如 11.8 节中讨论的，ISS-RapidScat 计划于 2014 年开始实施，它的功能之一就是可以作为 OSCAT 散射计的定标源。

11.6.2　内定标和噪声去除

SeaWinds 散射计的天线每转半圈产生一个内定标脉冲，用于检测散射计系统的增益。与其他散射计的噪声消除方法不同，SeaWinds 散射计通过同时测量 Φ_{TN} 和 Φ_R 来实现噪声的消除（Spencer 等，2000）。由图 11.13 示意的测量原理如下：回波信号中心频率为 f_c，此频率已经过多普勒频移校正，多普勒频移与方位角有关。在 f_c 附近，Φ_R 具有左右对称的尖峰状频谱，带宽为 80kHz。相反，Φ_{TN} 具有平而宽的频谱，并且与 Φ_R 混叠在一起。为了分离信号和噪声，每个脉冲的回波信号必须经过两个中心频率为 f_c 的滤波器，其带宽分别为 1MHz 和 80kHz。宽频的滤波器主要用于测量噪声，窄频滤波器则可同时测量信号和噪声。在足够精确的近似下，用窄频滤波器测量值减去宽频滤波器测量值可以得到较为准确的信号值。信号和噪声同时测量的优点在于能够反映海洋表面和大气特性的突变情况，例如海洋锋面和海冰边缘等。与 AMI 和 NSCAT 散射计不同，SeaWinds 散射计测量 Φ_{TN} 和 Φ_R 不是相互独立的。Spencer 等（2000）的研究表明，与 NSCAT 散射计相比，这种方法引起的噪声增加量还是比较小的。

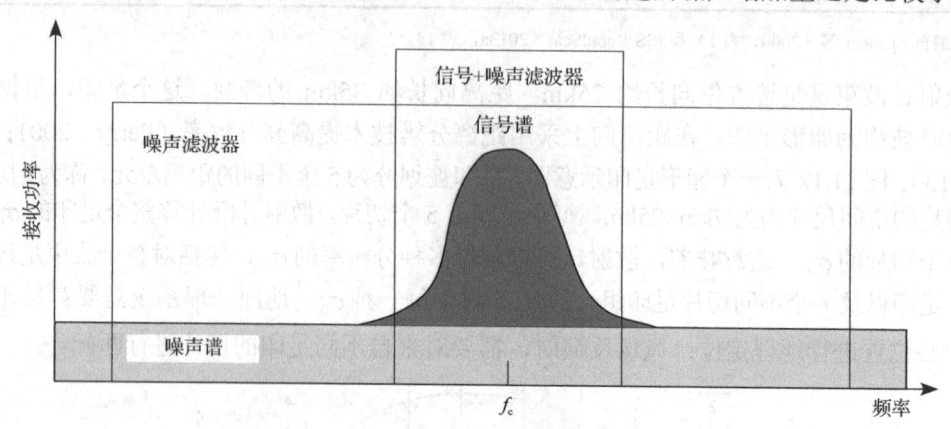

图 11.13 SeaWinds 滤波，用于检测信号和噪声。图为信噪频谱，滤波则用于区分信号和噪声[改编自 Spencer 等（1997）中的图 6]

11.6.3 大气透射率和降雨

如式（10.17）所示，每个风场单元的雷达后向散射都必须进行大气透射率 t 校正和降雨掩模。降雨会影响大气和地表的后向散射测量。在大气中，如 9.2.3 节所述，降雨以两种方式改变雷达接收的辐射能量，其一是电磁辐射从地表至传感器的路径衰减，其二是由雨滴引起的瑞利散射和米氏散射使接收的辐射增加。尽管降雨只影响约 7%的散射计观测数据，但是发生在诸如台风、飓风等气象事件期间的暴雨，通常伴随有持续的强风（Weissman 等，2012）。在地表，雨滴导致海面粗糙度增加，影响后向散射能量并改变 GMF 的响应。即使在无雨的情况下，波浪破碎产生的小水滴和风剪切应力作用于波峰形成的飞沫也使海面产生混杂信号。由于波长较短的散射计对小尺度的海表粗糙度和大气衰减更为敏感，因此这两个问题在 Ku 波段比 C 波段更为严重。

降雨严重影响散射计的回波信号，因此散射计的风场反演被限制在无雨或小雨条件下。尽管散射计天线不如辐射计理想，由降雨引起的回波信号衰减也可以用来掩模降雨数据。考虑到 QuikSCAT 没有搭载被动微波辐射计，可利用基于 SSM/I 辐射计的全球月平均气候态数据，通过时间和空间插值到 QuikSCAT 风矢量单元，计算散射计入射角下的大气透过率 t（Perry，2001；Lungu 和 Callahan，2006）。对于运行时间较短的 ADEOS-2 卫星上搭载的 SeaWinds 散射计，AMSR 辐射计可以为其提供同步观测的水汽、液态水和降雨率数据。

11.6.4 风速和风向的反演精度

在 $U<20m/s$ 时，QuikSCAT 散射计的原始 GMF 是通过与浮标数据和 NWP 风场数据进行对比构建的。Ebuchi 等（2002）对包括 Ku-2001 GMF 在内的早期模式函数和浮标风矢量数据进行对比研究，研究发现，当风速小于 15m/s 时，浮标测量数据和散射计反演风速之间的均方根

误差小于 1m/s,且偏差可忽略不计。而当风速大于 15m/s 时,他们发现两者之间存在随风速增大而变大的正偏差。风向的分析结果表明,总体均方根误差为 25°,当 3m/s<U<20m/s 时,风向均方根误差约为 20°。当 U > 20m/s 时,航空观测数据表明,在 20~30m/s 风速范围内,Ku-2001 GMF 反演风速估计值比实测值偏高 20%~25%(Renfrew 等,2009)。

为校正高速风条件下的这种偏差,Ricciardulli 和 Wentz(2011)推导出了新的 QuikSCAT 散射计模式函数 Ku-2011。在高速风条件下,浮标和 NWP 风场数据的质量没有低风速条件下可靠,因此,在高风速段,该 GMF 是通过对比无雨条件下 QuikSCAT 散射计与 WindSat 辐射计对飓风的同步观测数据得到的(见 9.7 节)。

散射计和 WindSat 辐射计的测风原理不同,因此在二者之间进行对比是可行的。散射计是对地表粗糙度的方位分布做出响应,而辐射计对海面发射率的变化做出响应,发射率在低风速时主要由海浪及粗糙度决定,而在高风速时则主要由海面的泡沫分布面积决定。低风速时(小于 6m/s),海面发射率中的风向信号非常微弱,散射计风向反演精度明显优于辐射计。高风速时,辐射计对海水泡沫做出响应,而散射计则对泡沫覆盖下的海面粗糙度做出响应。图 11.4 对此做了进一步解释,如图中所示,当 U > 20m/s 时,散射计对风速变化的敏感度不及辐射计,如图 9.21 所示,辐射计信号与风速之间近似成线性关系。

如 9.7 节所述,风速小于 30m/s 时 WindSat 的测风结果被认为是准确的,因此 Ku-2011 GMF 是基于 QuikSCAT 和 WindSat 7 年同步高风速数据集构建的(Ricciardulli 和 Wentz,2011)。在分析中采用了 WindSat 降雨检测算法,剔除了受降雨影响的数据,从而使得 Ku-2011 GMF 在无雨条件下和 0≤U≤30m/s 风速范围内是有效的(Meissner 等,2011a)。Ricciardulli 等(2012)计划采用类似的方法,通过与 WindSat 数据对比重新构建高风速段 ASCAT GMF。

对比 WindSat 和 QuikSCAT Ku-2011 反演风场数据与无雨情况下时空匹配的 NCEP 风场数据,结果表明,两个仪器风向反演的均方根误差是风速的函数,如图 11.14 所示(Ricciardulli 等,2012)。风速大于 6m/s 时 QuikSCAT 风向测量误差约为 10°。与之相比,WindSat 在低风速时风向测量结果偏差较大,但在 10~20m/s 风速范围内,风向的测量精度与 QuikSCAT 相近。

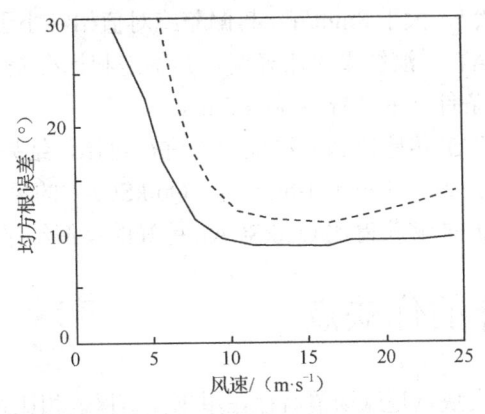

图 11.14 无雨条件下,与 NCEP 风向数据比较,WindSat 数据(虚线)、QuikSCAT Ku-2011(实线)的均方根误差均是风速的函数 [重绘自 Ricciardulli 等(2012)中的图 4]

和 9.7 节中 WindSat 与机载观测数据对比类似,Ku-2011 QuikSCAT 数据与格陵兰岛流场畸变实验(GFDex)中获取的无雨机载风场观测数据也进行了对比(Renfrew 等,2009)。其两分钟平均风速和风向数据在位置与时间上与 QuikSCAT 反演风场数据进行了匹配。

图 11.15 将 GFDex 和 QuikSCAT Ku-2011 的风场观测数据进行了对比。两个数据集之间的风速均方根偏差小于 2m/s，风向之间的均方根偏差小于 10°。这些误差均优于表 11.2 中列出的误差要求，表明 Ku-2011 算法在无雨以及风速小于 30m/s 条件下的风场反演结果是有效的。同时，也证实了利用 WindSat 校正 Ku-2011 模式函数的方法是成功的，与 Ku-2001 相比，在高风速条件下取得了更好的一致性。

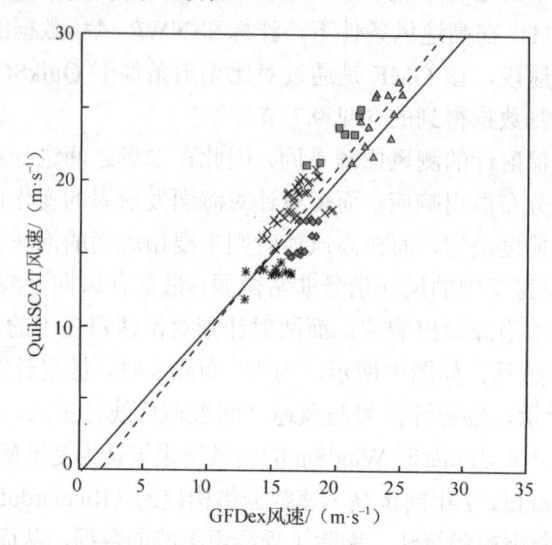

图 11.15　格陵兰岛流场畸变实验（GFDex）飞机风场数据与 QuikSCAT Ku-2011 数据对比结果。不同的符号代表不同飞行航次的数据，其中实线为最佳拟合曲线，虚线为最小二乘法拟合曲线。Ku-2011 风速相对于 GFDex 的偏差为 0.62m/s，均方根误差为 1.9m/s，相关系数为 0.867，最小二乘拟合曲线的斜率为 1.131，风向均方差为 9.3°［改编自 Ricciardulli 和 Wentz（2011）中的图 7，GFDex 航天数据来自 Renfrew 等（2009）］

对于不同降雨率，Ricciardulli 和 Wentz（2011）将浮标风速数据分别与 WindSat 全天候算法反演结果和 QuikSCAT GMF 反演结果进行了对比。与 WindSat 数据的对比表明，随降雨率由 0m/s 增加至暴雨状态（大于 8mm/h），其偏差绝对值始终小于 1m/s，但标准差从 0.9m/s 增加至 2m/s。与 QuikSCAT 反演结果对比表明，其偏差和标准差分别从无雨条件下的 0m/s 和 0.9m/s，增加至强降雨条件下的 7.1m/s 和 4.5m/s。

将 WindSat 与 QuikSCAT 传感器和算法优缺点进行对比，结果表明，在无雨情况下，两者风速反演结果精度相当。当风速小于 10m/s 时，QuikSCAT 的风向反演精度优于 WindSat，而在有雨情况下，WindSat 能够获得比 QuikSCAT 更好的反演结果。

11.7　不同散射计的优缺点

扇形波束散射计的最大缺点是风场覆盖存在星下点盲区。相比之下，QuikSCAT 观测刈幅更宽且不存在星下点盲区，从而提高了卫星每天的覆盖范围。QuikSCAT 数据能够以 25km 分辨率实现全球约 93%的海域覆盖，在稍微降低精度的情况下，也可以处理成 12.5km 分辨率。

旋转天线散射计还包括如下优点。第一，扇形波束散射计天线是 2~3m 长高纵横比的矩形天线或棒状天线，星载散射计需要无遮挡的视场，因此扇形波束散射计并不能安装在所有的航天器上。此外，扇形波束散射计天线必须设计成能够折叠成紧凑的尺寸，如此才能通过运载火箭发射升空；其在太空展开的过程也更加困难，并且可能遇到问题。与之相比，QuikSCAT 的碟形天线更容易安装和展开。第二，用 QuikSCAT 地球物理模式函数只需给出两个离散入射角下的模型值即可，而用 ASCAT 地球物理模式函数则需给出较宽入射角范围内的模型值。第三，QuikSCAT 散射计的全部能量以特定的入射角投射到一个较小的地面足印内，避免了扇形波束散射计后向散射能量在其整个地面刈幅范围内随斜距的 4 次方产生衰减的问题。第四，扇形波束散射计必然存在星下点盲区，并且由于后向散射能量的 4 次方衰减问题，其刈幅宽度比旋转笔形波束散射计要窄。

QuikSCAT 的不足之处如下。第一，天线必须不停地旋转，致使用于平均相邻测量数据和去除噪声的积分时间变少，而扇形波束的每个脉冲可以照射其整个刈幅范围，因此可用于平均的时间更长；第二，扇形波束散射计总是以相同的方位角观测某一特定的 FOV，而 QuikSCAT 则是在不同方位角下进行观测。当方位角相差 90°时，QuikSCAT 风场算法效果最好；而方位角相差 180°时，风场反演误差较大；因此，与扇形波束散射计不同，QuikSCAT 散射计的测量精度在观测刈幅内是变化的。

图 11.16 以列表的形式比较了 5 种不同天线及观测刈幅的散射计。第 3 行是不同传感器天线的地面投影图，第 7 行比较了不同传感器的刈幅宽度，其中，SASS 散射计因采用固定多普勒滤波器，它的观测刈幅是变化的。图 11.16 表明，SeaWinds 和 ASCAT 具有最好的覆盖能力，只有旋转波束散射计和 WindSat 辐射计没有星下点盲区。

仪器	SASS	AMI（ERS-1,-2）	NSCAT	SeaWinds	ASCAT
频率	14.6GHz	5.3GHz	13.995GHz	13.402GHz	5.3GHz
扫描模式		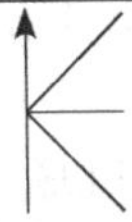			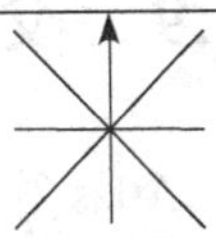
入射角	22°～55°	20°～50°	20°～50°	47°～55°	20°～50°
波束分辨率	多普勒分辨	距离分辨	多普勒分辨	笔形波束扫描	距离分辨
分辨率	50km	50km	25km	12.5，25km	25km
刈幅宽度	500km 500km 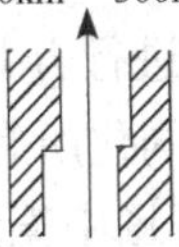	500km 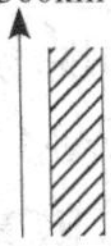	600km 600km 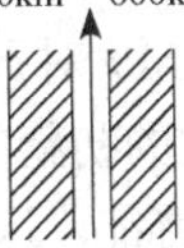	1800 km 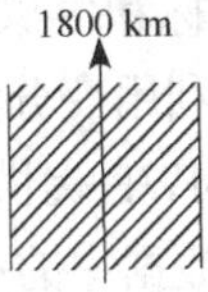	550km 550km 
日覆盖率	可变	41%	77%	93%	80%（估算值）
运行时间	1978 年	1991—2001 年	1996—1997 年	1999—2009 年，2002—2003 年	2006—2013 年；2012—

图 11.16　5 种散射计特征比较［改编自 Atlas 等（2001）中的图 3］

11.8　ISS-RapidScat 散射计

计划安装在国际空间站（ISS）上的 Ku 波段散射计 ISS-RapidScat，将执行为期两年的观测任务。ISS-RapidScat 具有三个任务目标：第一，补充因 QuikSCAT 散射计停止工作带来的数据空缺，作为其后续散射计继续工作；第二，作为散射计卫星星座的定标基准，尤其是

OSCAT 散射计；第三，用于研究海风的日变化规律（ISS-RapidScat，2013a）。

在 2013 年，有三个散射计用于业务化预报工作，分别为 METOP-A 和 METOP-B 卫星上搭载的 ASCAT 散射计、Oceansat-2 卫星上搭载的 OSCAT 散射计。考虑到 ISS-RapidScat 在散射仪星座中的作用，由于 OSCAT 散射计存在仪器漂移问题，ISS-RapidScat 的作用之一就是作为 OSCAT 散射计的定标源。ISS-RapidScat 散射计基于 QuikSCAT 散射计的硬件研制而成，因此与 QuikSCAT 具有相同的视角、极化方式以及旋转速度；不同之处在于，ISS-RapidScat 轨道高度较低，因而其天线直径由 1m 减小至 0.75m。此外，其数据也将先传送至 ISS，然后再传输到地面。ISS-RapidScat 散射计于 2014 年由 SpaceX Dragon 太空舱推送至 ISS。ISS-RapidScat 散射计的地面处理系统与 QuikSCAT 相同（ISS-RapidScat，2013b）。

ISS 并不是一个理想的散射计平台。首先，由于受大气阻力的影响，ISS 的高度在 435km 和 375km 之间变化，约为 QuikSCAT 轨道高度的一半。ISS 需要定期被推送回更高的轨道，因而 ISS 的确切高度是时间的函数。其次，在补给任务期间，ISS 姿态与指向将会发生变化，需要每天调整 ISS-RapidScat 的工作方式。再次，与其他测风卫星不同，ISS 轨道不是太阳同步轨道而是倾角为 51.6°的顺行轨道。每隔 0.5～1h，此轨道与其他散射计卫星轨道相交，提供同步覆盖。随着 ISS 轨道的进动，ISS 与其他卫星轨道的交叉点的经纬度也变化，因此需要确定 ISS-RapidScat 与其他测风卫星之间的地理位置偏差。ISS 的轨道进动意味着，利用 ISS-RapidScat 研究热带和亚热带地区风场的日变化，将加深我们对热带大气的认识。

11.9 交叉定标的多平台风场

Atlas 等（2011）介绍了用于交叉定标的多平台风场（CCMP）计划，该计划利用融合的海洋风场数据集获得气候数据记录产品（CDR）。在 CCMP 计划中，卫星数据集是交叉定标的卫星风场数据，这些数据来自 SSM/I、SSMI/S、AMSR-E、TMI、QuikSCAT 和 WindSat 等多种传感器，由遥感系统公司进行处理（REMSS，2013）。此外，CCMP 计划还使用 ECMWF 分析数据，以及浮标和气象船获取的海面实测数据。

CCMP 数据是利用变分法（VAM）对卫星数据和现场观测数据进行合并处理后获得的。在 VAM 方法中，ECMWF 提供格网化的初猜的风场。VAM 方法用于同化所有的海面和卫星数据集，并且保留卫星数据中的小尺度特征，这些特征在 ECMWF 分析场中无法识别（Atlas 等，2011）。PO.DAAC 网站目前包含源于不同卫星数据的 13 种 CCMP 风场数据集（CCMP，2013）。这些网格化产品的经纬度分辨率为 0.25°×0.25°，时间尺度从每 1 个月到每 1 天再到每 6 小时。

CCMP 产品有三个处理等级。最主要的数据是 Level-3.0 分析数据，它包含了 6 小时格网化的 VAM 分析数据。这种分析产品利用了所有可用的卫星数据集，其时间覆盖范围从 1987 年 7 月 1 日至 2011 年 12 月 31 日。第二个处理等级是 Level-3.5 数据，它由 Level-3.0 数据以 5 天和 1 个月为周期，求平均后得到。Level-3.5 分析数据又分为 Level-3.5a 和 Level-3.5b 分析数据。在 Level-3.5a 中只包含具有卫星数据的格点，而 Level-3.5b 分析数据包含了所有的格点，没有卫星数据的格点用 ECMWF 数据进行填充。第三个处理等级是 12 小时间隔的 Level-2.5 分析数据，它对应于某个特定的卫星传感器，且在该传感器寿命内都是有效的。对于 Level-2.5 分析数据及其每一个格点，由 VAM 分析得到的风向经过时间和空间插值后，再添加到数据集中（CCMP，2009）。每种数据集都可以通过FTP从CCMP网站获取（2013），该网站还包含许多可视化工具。

11.10 应用与实例

本节首先给出散射计风场反演的三个实例，然后讨论SeaWinds散射计获取的南极海冰后向散射图像。风场反演实例包括北太平洋大气锋面、太平洋和大西洋大尺度日观测风场和中美洲太平洋沿岸强风事件监测。

11.10.1 QuikSCAT观测大气锋面

图11.17给出了1999年9月2日、UTC时间15:30、QuikSCAT散射计单个观测内北太平洋锋面的风场图。QuikSCAT散射计观测刈幅为1800km，中心正好位于阿拉斯加半岛南部。图中，黑色风矢量为无雨区域，红色风矢量为受降雨影响的区域。图框外右上角和左中部的箭头标出了QuikSCAT由4次观测过渡到2次观测之间的不连续分界线。图中自左下延伸至右上的风向不连续线是气象锋面，邻近的红色风矢量表示锋面降水带。在图中右下部，异常大的几个风矢量可能是降雨标识错误导致的结果。图11.17表明，散射计观测反演出的风矢量数据为锋面及其他风暴系统的研究提供了强有力的工具。利用船舶观测不可能获取这样的连续风场测量数据。

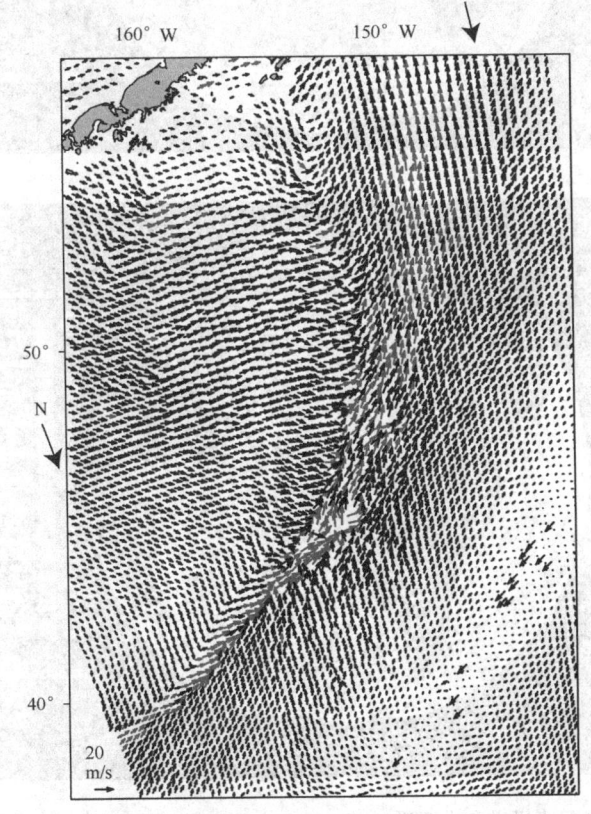

图11.17　1999年9月2日UTC时间15:30，由SeaWinds获得的阿拉斯加半岛南侧北太平洋升轨观测风场。风矢量数据的空间分辨率为25km，并用颜色代码表示矢量，其中，黑色矢量为无雨状态下的风场数据，红色为受雨水影响的数据。箭头长度表示风速大小（见彩插）

11.10.2 半球风场

图 11.18 为 2000 年 8 月 19 日 QuikSCAT 散射计获取的太平洋和大西洋的海面风场图，图中线和箭头表示风向；颜色表示风速大小，其中黄色和绿色表示大于 13.5m/s 的风速。在北大西洋，格陵兰岛东南部的强风与正在靠近不列颠群岛的风暴有关；在北太平洋，一个类似的气旋风暴在阿留申群岛南部生成；在南太平洋，强风发生在澳大利亚南部和新西兰东部；在南大西洋，强风发生在南美洲和非洲之间。

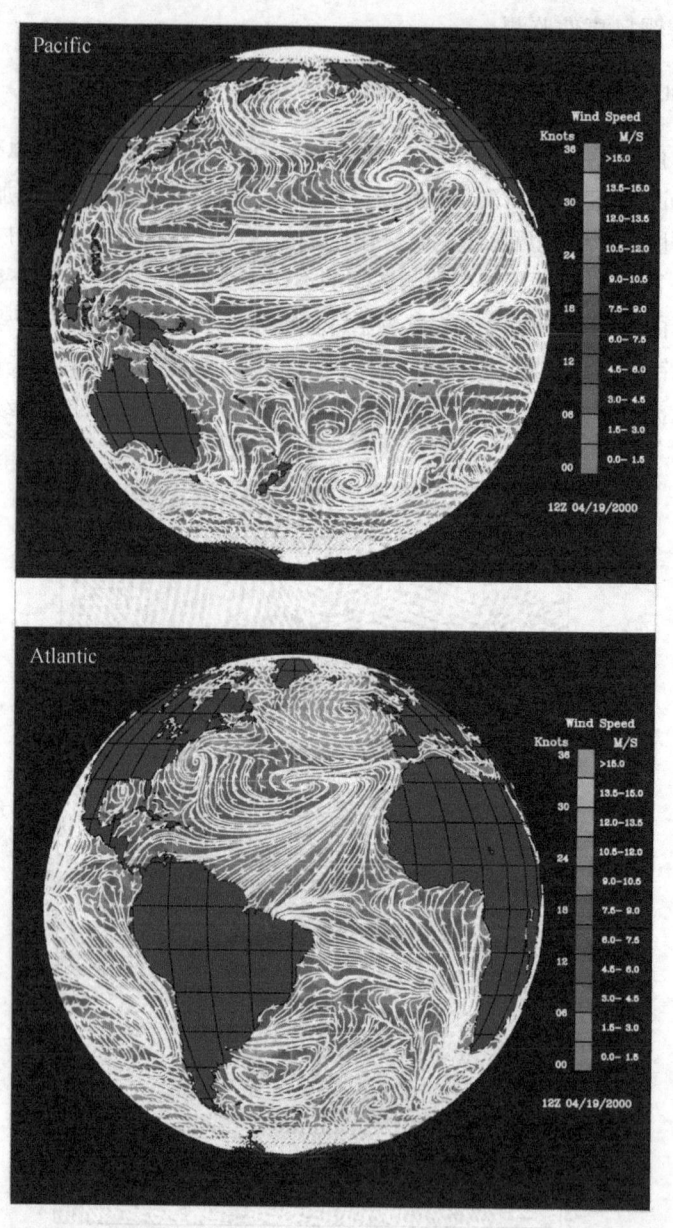

图 11.18　2000 年 8 月 19 日太平洋和大西洋 QuikSCAT 海面风场数据。图中线和箭头代表风向，颜色代表风速大小（见彩插）

11.10.3 特万特佩克湾

位于墨西哥和中美洲太平洋沿岸的马德雷山脉（Sierra Madre Mountains），在区域气象形成中扮演着重要角色。当冬季冷锋自北美穿越墨西哥海峡南下时，马德雷山脉在墨西哥海湾和太平洋之间形成一道屏障，有效阻止了来自北美洲的冬季冷锋面向南移动并穿过墨西哥湾。高密度冷空气只能通过山脉仅有的两个缺口进入太平洋，这两个缺口分别为南墨西哥的 Chivela 山口和尼加拉瓜湖区中部周边的低洼区域。在这些缺口内，气流速度会急剧增加。Bourassa 等（1999）报道称，在 Chivela 山口观测的风速高达到 60m/s。图 11.19 为 1999 年 12 月 1 日 UTC 时间 00:00，QuikSCAT 散射计监测到的进入特万特佩克湾（Gulf of Tehuantepec）的强风，这种风在当地被称为特万特佩克风（Tehuantepecer 或 Tehuano）。图中陆地地形按照图下方比例尺，用不同颜色表示。在海上，蓝色阴影和白色箭头代表了风速大小和风向，更深的蓝色阴影表示更强的风。在大西洋，图中显示在接近这些通道的区域气流加速，而在太平洋，高风速主要集中在沿岸区域。此图像是按照 Pegion 等（2000）提出的方法，由 QuikSCAT 散射计 25km 分辨率网格风场数据处理得到。在特万特佩克湾，这些风产生冷的近岸上升流，图 7.18 以小比例尺显示了该上升流。

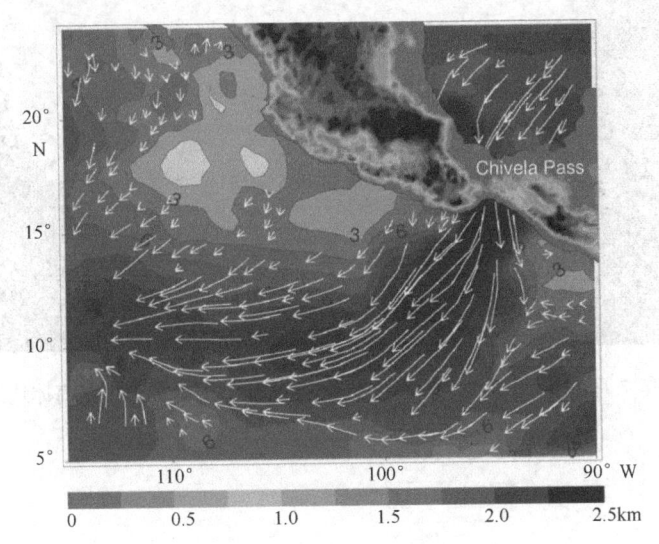

图 11.19 1999 年 12 月 1 日 UTC 时间 00:00 QuikSCAT 监测到的南墨西哥 Chivela 山口的强风。图的右上角为大西洋，左侧为太平洋。彩色柱状标注为地形高度比例尺，等值线标注的蓝色阴影区域和箭头分别代表风速和风向，其中较深的蓝色区域和长箭头代表较大的风速（见彩插）。风速等值线间隔为 1.5m/s

11.10.4 极地冰研究

作为 QuikSCAT 观测陆地和海冰的例子，图 11.20 给出了 1999 年 7 月 19 日 QuikSCAT 散射计测量的南极大陆及其周围海冰 σ_0 的 24 小时平均值。为了去除风信号，浮冰周围的开阔海域已被掩模。陆地冰雪的雷达回波很强，因此南极大陆后向散射强度值范围很大，并且存在几个高亮度区域。与此相反，大陆周围的浮冰亮度较低，且后向散射强度动态范围小。在浮冰区和德雷克海峡（Drake Passage）的冰山表现为亮目标，冰山亮度更高的原因是垂直的冰山壁发生了角反射。图像左侧，海峡外有一个矩形亮目标，是称为 B10A 的 21km×42km 的巨大冰山。B10A 大约于 1992 年脱离西南极洲特怀特（West Antarctic Thwaites）冰架，并在南极洲周围漂浮。如 Long 和 Drinkwater（1999）所述，散射计不用考虑被动微波海冰算法中需要考虑的冰缘水汽，浮冰每天的散射计图像可以反映冰区范围、环流模式及其对风的响应。国家海冰中心使用这些图像追踪大型冰山，并向航海部门通告威胁航行安全的冰山位置。

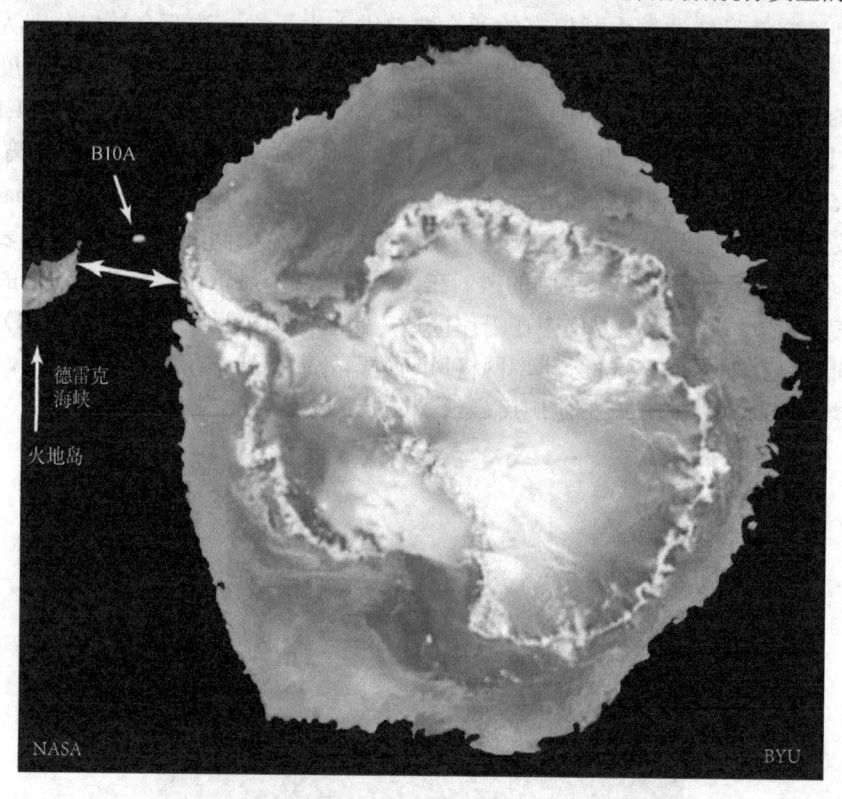

图 11.20　由 1999 年 7 月 19 日 QuikSCAT 24 小时平均 σ_0 显示的南极洲及其海冰边缘的后向散射特征

第 12 章 雷达高度计

12.1 引言

雷达高度计通过海面向下垂直发射尖脉冲，并接收返回的信号进行观测。返回的脉冲中包含全球海面高度分布和变化、海浪振幅和风速等信息。具体来说，根据雷达发射和接收脉冲的时间间隔可以确定卫星到海面的路程或距离；根据返回脉冲的波形可以确定有效波高和海面风速，如果卫星轨道精确确定，并且影响卫星测距的电离层、大气、海面变化等因素校正后，就可以确定潮汐、地转流和其他海洋现象决定的海面高度（SSH）的变化，精度可达到 2~3cm。

本章将介绍高度计的工作原理，讨论其误差源，并介绍高度计的一些海洋学应用。Wunsch 和 Stammer（1998）的著作以及 Fu 和 Cazenave（2001）主编的论文集对高度计做了系统的论述，并详细讨论了 TOPEX 高度计的观测结果；在 Chelton 等（2001b）的专著中介绍了高度计的物理学原理和高度计相关的误差源。Morrow 和 Fu（2010）总结并介绍了 JASON-2 卫星在海洋测绘中的一些特殊问题，可以参考有关 JASON-2 的一系列文章。Fu（2010）描述了高度计测量的现状及其在大洋环流中的应用。在 150~200km 的尺度上，多颗卫星高度计可以提供近全球覆盖的海洋时空变化、经向热传输以及海洋涡漩的特征和分布。

高度计的主要贡献还体现在以下两个方面：第一，因为海面直接反映海底地形引起的引力变化，对相对较小的海面位移的高度计观测有助于提高对海底地形的认识（Smith 和 Sandwell，1997；Smith，2010）。第二，高度计可用于精确潮汐观测，这可以增加对深海潮汐及其能量耗散的认识和了解（Wunsch and Stammer，1998）。

高度计观测的难点在于确定相对大地水准面的海面高度，其为海平面在排除风、洋流、潮汐的影响下随地球自转的模型。利用重力数据、高度计测量数据及现场观测数据，可以在大约 20km 的尺度上确定大地水准面（Smith，2010）。

对于用户来说，美国宇航局 JPL 实验室物理海洋学数据分发存档中心（PO.DAAC）提供了多种可浏览的图像和可下载的数据文件，这些数据都经过了本章提到的误差校正和误差分析（PO.DAAC，2013）。这使得用户可以直接应用，举例来说，用户可以不必知道如何进行大气逆压校正，只根据需要进行应用即可。除了数据的使用方面，轨道周期和赤道上轨道间距的权衡，观测范围和分辨率的决定因素，以及电离层、大气和海面粗糙度等误差源对观测的影响，这些方面的介绍可帮助读者理解高度计的应用潜力和它的局限性。

12.2 节介绍卫星轨道、地球形状，并定义海面高度（SSH）反演时用到的各变量；12.3 节总结已有的海洋卫星高度计；12.4 节和 12.5 节描述 TOPEX/POSEIDON 卫星高度计和它的后续星 JASON-1 和 JASON-2；12.6 节和 12.7 节给出高度计的工作原理，并讨论卫星高度计脉冲和海表面的相互作用，以及海涌和海洋表面的粗糙度如何改变脉冲反射；12.8 节讨论高度计测高误差源；12.9 节给出应用实例。

12.2 地球的形状

图 12.1 给出了用于描述地球和海面形状的参数。在图 12.1 中沿着卫星和地球质心之间的径线上，高度计测量的是卫星距海面的高度或距离 $h(\chi,\psi,t)$，其中 χ 是纬度，ψ 是经度。另一个变量 $H(\chi,\psi,t)$ 是卫星到参考椭球面的距离（JASON-2，2011）。在 12.4.4 节讨论的精密定轨（Precision Orbit Determination，POD）中可知，H 和卫星轨道可以通过三种方式精确测量。H 和 h 之间的差 $h_S(\chi,\psi,t)$ 是海表面相对于参考椭球面的距离，表示为

$$h_S = H - h \tag{12.1}$$

高度计观测的目的是确定 h_S，达到 2~3cm 的精度才能满足解析地转流的要求。由式（12.1）看出，海面高度 h 的确定需要精确地测量卫星距参考椭球的距离 H 和卫星到海面的距离 h。这些测量方法虽以极为不同的方式制出，但同等重要。

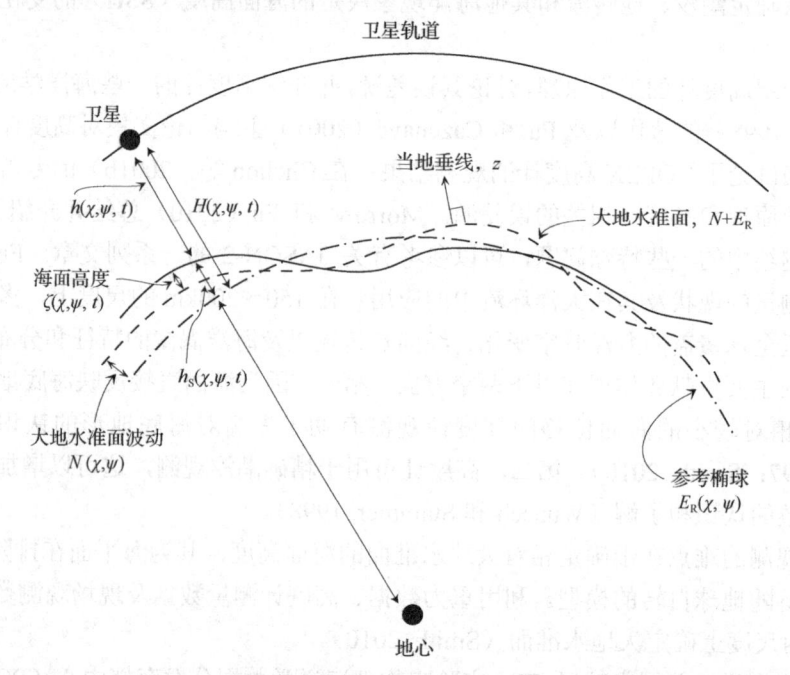

图 12.1　高度计观测的几何示意图。图中表示出了卫星轨道、参考椭球、大地水准面波动，以地心为参考的海面高度，其中 χ 为纬度、ψ 为经度［改编自 Wunsch 和 Stammer（1998）中的图 3］

海面高度 h_S 采用三个连续近似的方法来确定（Wunsch 和 Stammer，1998；Chelton 等，2001b）。首先是参考椭球 $E_R(\chi,\psi)$，它是重力和离心力作用下质量均匀的地球形状。参考椭球的短轴通过两极，长轴通过赤道，并且参考椭球相对于两极对称，赤道轴长度是赤道椭球面对应的平均海平面。TOPEX 参考椭球的短轴是 6359km，长轴是 6380km，它占了整个大地水准面的 90%。海面高度（SSH）是由稳定态的大地水准面和随时间变化的动力拓扑地形合成的。

地球质量分布的不均匀性使椭球的选取面临一些问题。在水平方向 10~1000km 的尺度范围内，侧向的重力决定了海面拓扑地形，因为在海底出现质量过剩的区域，比如大陆脊对

水体的吸引造成地形上升，而质量亏损的地方则产生海沟（见图 12.2）。海面受地球质量分布不均匀的影响，等势能面是相对于没有风和潮汐这些外力时的海平面，但存在地球自转的影响。等势面相对椭球面的距离称为大地水准面波动 $N(\chi,\psi)$，其中，大地水准面高度为 N 和 E_R 之和（Wunsch 和 Stammer，1998）。按照常见的方法，在本书中一般将 N 记为大地水准面。

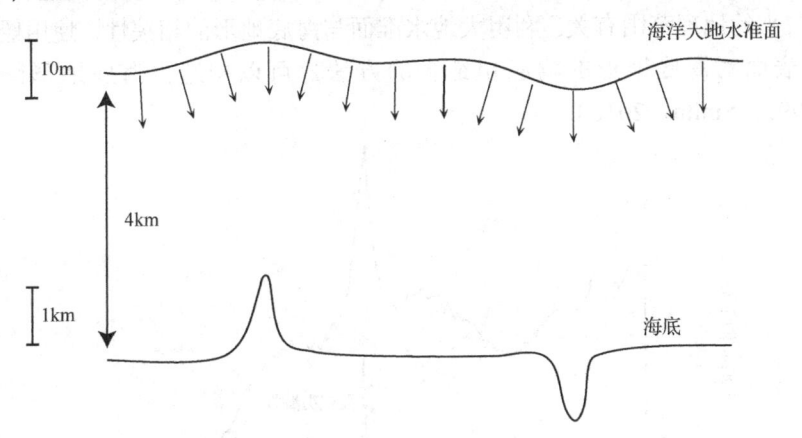

图 12.2 海底地形的上升和下降对海洋大地水准面的影响。水平尺度是 10～1000km。箭头表示局部重力加速度，它的方向垂直于大地水准面［改编自 Chelton（1998）中的图 10 以及 Smith（2010）的讨论］

大地水准面的确定采用展开球谐函数与第 14 章所述的重力卫星数据、本章所述的测高数据及现场数据拟合的方法，其中，大地水准面空间分辨率的高低取决于球谐函数的阶数。相当于参考椭球面，大地水准面 N 的振幅为 ±100m。图 12.3 为利用得克萨斯大学 UTGF26 模型得到的海洋大地水准面，其中球谐系数为 26 阶，空间分辨率为 1500km（Bindschadler 等，1987，图 6a）。由图可知，在印度南部，大地水准面高度相对较小，在新几内亚岛北部则相对较大。目前的一个大地水准面模型是地球重力势模型 2008（EGM2008），该模型的最高阶次是 2190 阶，空间分辨率约为 5 弧分或 10km（Pavlis 等，2012）。在图 12.3 所示的尺度上，EGM2008 和 UTGF26 是一致的。

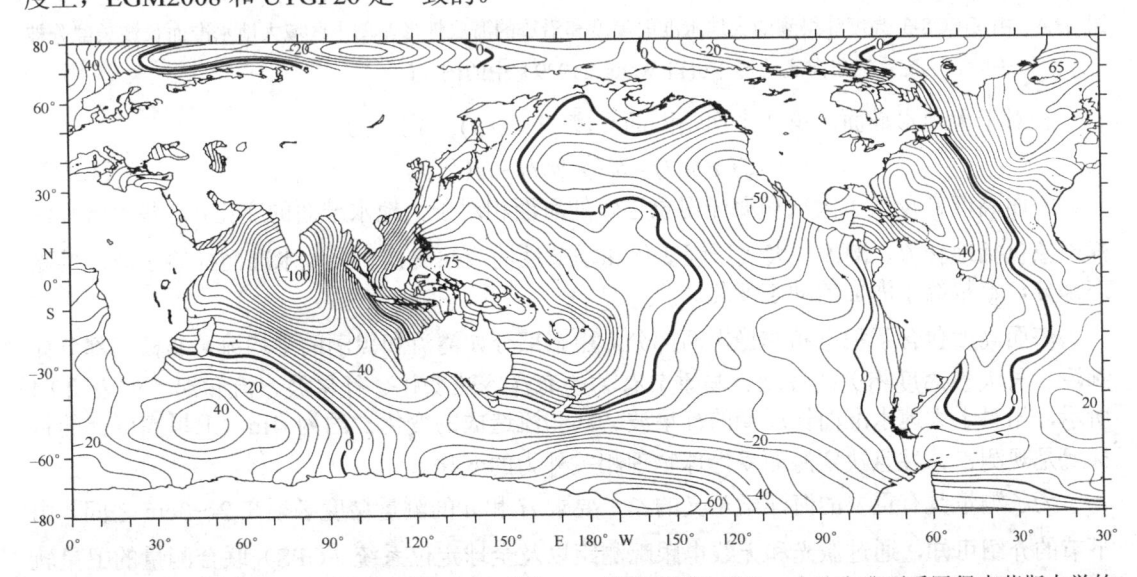

图 12.3 海洋大地水准面。等高线间隔 5m，其中 0m 的等高线为黑色。大地水准面采用得克萨斯大学的 UTGF26 模型，rms 精度为 1m［Bindschadler 等（1987）中的图 6a］

下面举一个大地水准面短波长部分变化的例子，图12.4给出了海表面在10～1000km范围内对海底地形变化的响应。图12.4上图为高度计的观测（单位：m），下图为海底地形（单位：km）。由图可知，莱恩群岛（Line Islands）和夏威夷海脊造成了海面1～5m的变化。默里断裂带（Murray Fracture Zone）同样产生了海面地形下陷，而海山在海面没有明显的特征，可能与它们较小的地理范围有关。利用大地水准面与海底地形的相关性，使用船测重力和高度计观测海表面对海底地形的响应相结合的方法，可以构造出海底地形图（Smith和Sandwell，1997；Smith，2010）。

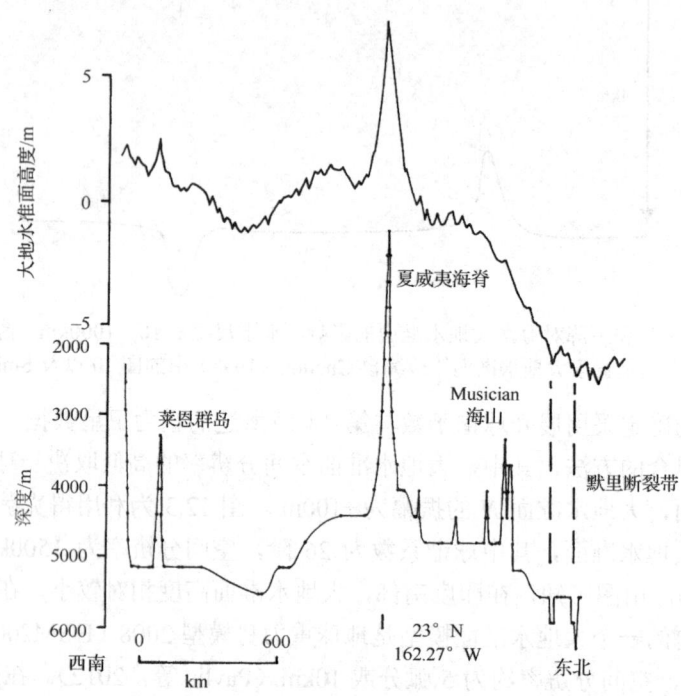

图12.4 由GEOS-3高度计得到的大地水准面高度和沿迹的海底地形。图中区域大地水准面长波长部分被去除，为的是突出海底地形［引自Watts（1979）中的图3］

相对于大地水准面，第3个面是海面高度 $\zeta(\chi,\psi,t)$，定义为

$$\zeta(\chi,\psi,t) = h_S(\chi,\psi,t) - N(\chi,\psi) \tag{12.2}$$

海面高度 ζ 反映了大气和海洋现象导致的海面相对于大地水准面的变化，这些大气和海洋现象包括地转流、潮汐、大气压强变化和季节性的冷热交换。大地水准面描绘了海洋的稳态部分，ζ 描绘了海面的动态变化。

海面高度包含了稳态和非稳态两部分。稳态部分如湾流和黑潮的平均流，非稳态部分如潮汐、与大气高度相关的波动、与季节有关的海洋冷热变化、行星波、流和涡。如表12.1所示，相对于大地水准面长周期的行星波、涡和流造成的变化 ζ 约为1m。卫星高度计的目标就是观测 ζ，并且决定海面受地球物理相关外力的变化。

为了测量具有重要的海洋学意义的 ζ，要求 H 和 h 的测量精度必须在2～3cm之间。由下节的介绍可知，通过激光和无线电跟踪测距以及全球定位系统（GPS）联合测量的卫星轨道位置 H 的精度达到了厘米量级；卫星测距 h 通过脉冲的传播时间可以确定，脉冲往返时间

确定了 h。除了精密轨道的确定，影响 h 测量精度的因素有很多，比如，柱状水汽含量 V 的变化和电离层自由电子使脉冲的传播速度发生改变，进而改变了卫星到海面距离的测量结果。柱状水汽含量 V 使对海面高度的测量出现 30cm 的变化，并且电离层每天和每年的周期变化达到了 1m 量级。在高度计脉冲传播路径上，降雨和大气质量的变化同样造成了观测的误差。最后，海洋不是一个静止的光学反射体，而是被从小尺度的毛细波到大尺度的涌浪所覆盖，所有这些尺度的影响都将对测高反演产生影响。

12.3 卫星高度计的发展历程

卫星高度计发展至今已经历近 30 年的历程。其中，包括 1973 年的高度计实验卫星 Skylab、1975 年的单频卫星高度计 GEOS-3、1978 年的 SEASAT 卫星、1985—1990 年的 Geosat 卫星，以及 1991—2000 年的 ERS-1 和 ERS-2 卫星。精度更高的卫星高度计是 1992 年的双频高度计 TOPEX/POSEIDON，随后是 2001 年的 JASON-1 卫星和 2008 年的 JASON-2 卫星。TOPEX、JASON-1 和 JASON-2 经过专门设计，并且是非太阳同步轨道，其设计目的是满足海洋动力地形研究的需要。考虑到大气拖曳作用和精密定轨的需要，理想的高度计卫星应该具有炮弹的大小和形状。

因此，大部分成功的卫星高度计都采用低大气拖曳的卫星，仅负载一个高度计和配合对大气水汽含量、液态水和自由电子含量观测的仪器。正如下面两节讨论的，下面两组海洋地形卫星计划能满足上述条件。第一组由 TOPEX/POSEIDON、JASON-1、JASON-2 及后续的 JASON-3 组成；第二组由 ERS-1、ERS-2、ENVISAT、SARAL 以及后续的 Sentinel-3 高度计卫星组成。第一组卫星具有 ±66° 纬度 10 天重复轨道周期，轨道高度为 1336km；第二组卫星具有 ±81.5° 纬度 35 天重复轨道周期，轨道高度为 800km。第二组卫星的轨道设计可以覆盖位于高纬地区的北欧海域。在 12.9.4 节将介绍两组卫星互补轨道在海洋变化研究中的贡献。表 12.1 列出了卫星高度计的发展历程。

表 12.1 按发射时间顺序排列的所有雷达高度计列表

卫 星	发射机构	载 荷	工作频率	发射日期	结束日期
SEASAT	NASA	ALT	13.5GHz	1978 年 6 月	1978 年 10 月
Geosat	美国海军	—	13.5GHz	1985 年 3 月	1990 年 1 月
ERS-1	ESA	雷达高度计（RA）	13.8GHz	1991 年 7 月	1996 年 6 月
Geosat 后续（GFO）	美国海军	—	13.5GHz	1998 年	2008 年
ERS-2	ESA	RA	13.8GHz	1995 年 4 月	2001 年 1 月
ENVISAT	ESA	RA-2	3.2GHz，13.6GHz	1999 年 6 月	2012 年 5 月
TOPEX/POSEIDON	NASA/法国	ALT（美国）；SSALT（法国）	5.3GHz，13.6GHz，13.65GHz	1992 年	2006 年
JASON-1	NASA/法国	POSEIDON-2	5.3GHz，13.6GHz	2001 年 12 月	2013 年 7 月
OSTM/JASON-2	NASA/法国	POSEIDON-3	5.3GHz，13.6GHz	2008 年 6 月	—
CryoSat-2[a]	ESA	SIRAL-2	13.575GHz，3 种模式	2011 年 8 月	—

卫　　星	发射机构	载　　荷	工作频率	发射日期	结束日期
HY-2A	中国	ALT	Ku 和 C 双频高度计	2011 年 8 月	—
SARAL	印度/法国	AltiKa	35.75GHz, Ka 波段高度计	2012 年 2 月	—
JASON-3	NASA/法国		双频高度计	预计 2015 年	—
Sentinel-3A.B.C[b]	ESA	SRAL	双频高度计	预计 2015 年	—

a. 见第 14 章的介绍；b. 该系列卫星发射间隔为 18 个月。

12.4　TOPEX/POSEIDON 高度计

作为上述雷达高度计的典型代表，本节介绍 TOPEX/POSEIDON 高度计、它的辅助仪器及其对海面的观测。12.4.1 节介绍 TOPEX/POSEIDON 卫星及其轨道的选择，12.4.2 节介绍 TOPEX 微波辐射计，12.4.3 节介绍自由电子含量的确定，12.4.4 节介绍卫星精密定轨的 3 项技术，12.4.5 节介绍海上定标场。

12.4.1　TOPEX/POSEIDON 高度计轨道

TOPEX/POSEIDON 卫星高度计，如图 12.5 所示，是美国 NASA 和法国国家空间技术研究中心（CNES）联合开发的。TOPEX 是海洋地形实验的缩写，POSEIDON 是法文"海洋动力学综合监测与研究观测计划"的缩写和"地球海洋固体地球海冰定位导航系统"的英文缩写，从其冗长的名字上可以看出国际合作的难度（Wunsch 和 Stammer，1998）。TOPEX 1992 年 8 月 10 日发射，采用精确重复轨道，开始正式接收数据是在 1992 年 9 月至 2006 年 1 月。TOPEX 高度计采用 A、B 备份模式。A 模式从发射开始工作至 1999 年 2 月，然后切换到 B 模式，工作至 2006 年寿命到期。

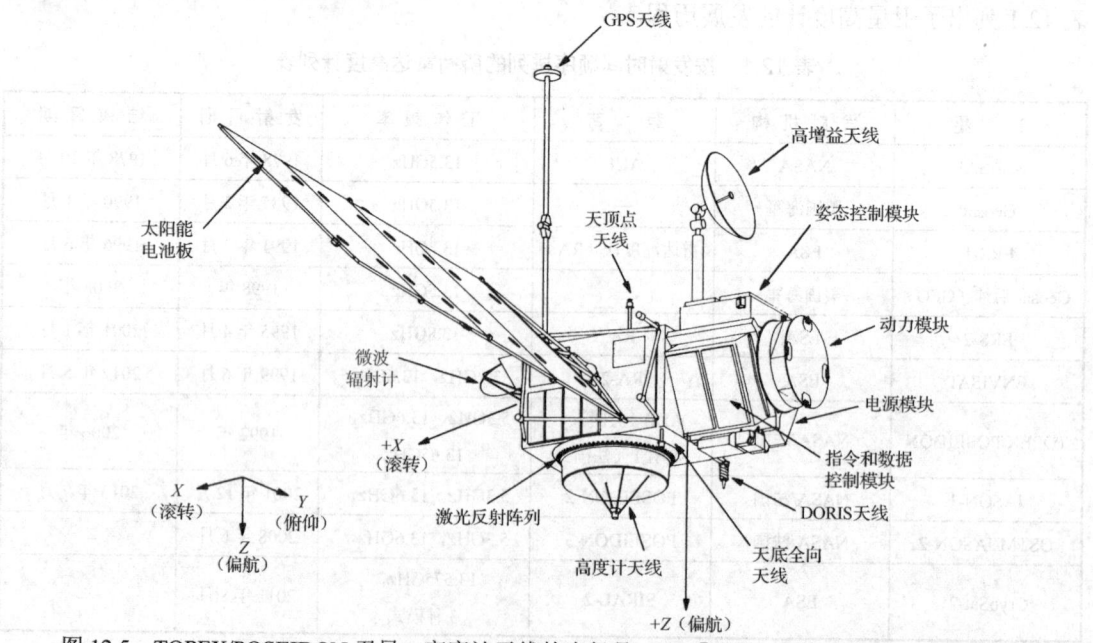

图 12.5　TOPEX/POSEIDON 卫星。高度计天线的直径是 1.5m［引自 Fu 等（1994）中的图 1］

TOPEX 轨道的确定考虑了多种因素。第一，对于单颗卫星来说，时空分辨率之间需要取舍。因为在卫星发射时，对大地水准面的认识还不够，不能用来计算 SSH。重复轨道设计时用降低时间分辨率和时间平均方式来估算大地水准面。卫星高度计的时间分辨率由卫星的重复周期决定，空间分辨率是赤道上相邻轨道之间的间隔。短时间的重复周期，其相邻轨道的空间间隔就大；反之，长时间的重复周期，其相邻轨道的空间间隔就小。第二，TOPEX 采用非太阳同步轨道，且具有高的轨道高度。它选择的这种轨道高度减少了大气拖曳，缺点是由于发射与接收功率比值与距离有 4 倍的关系，必须提供更多的能量来获取高的信噪比。TOPEX 采用非太阳同步轨道是为了避免 24 小时或全日潮混淆现象，潮汐混淆能造成虚假的平均位移（Wunsch 和 Stammer，1998）。第三，根据 TOPEX 设计的轨道，在亚热带地区它的升降轨道交角接近 90°，这样选择的交叉点可以保证准确地反演地转流速的两个分量。第四，TOPEX 精确重复轨道重复在相同的区域采样时间间隔约为 10 天。

基于以上考虑，TOPEX 选取了轨道高度为 1336km 的圆形轨道，环绕地球 1 周 112min，轨道倾角为±66°。TOPEX 卫星每天绕地球约 14 圈[①]，地面轨迹速度约 6km/s。轨道精确重复周期是 9.916 天，一般为 10 天。图 12.6 为 TOPEX 高度计 10 天重复周期的地面轨道，它覆盖了大部分无冰的海域。根据 TOPEX 高度计的轨道，其相邻轨道在赤道的间隔为 320km，在远离两极处升降轨道的交叉角较大。这一轨道对时间采样的限制意味着数据中可观测的最高频率有一个 20 天的间隔。但是，由于 TOPEX 高度计相邻轨道间距较大，精确重复轨道的10 天间隔，因此它只能提供海洋中尺度的信息，但结合 ENVISAT 等卫星观测，观测的海洋要素空间分辨率能达到小于 100km 的范围（Chelton 等，2011a）。

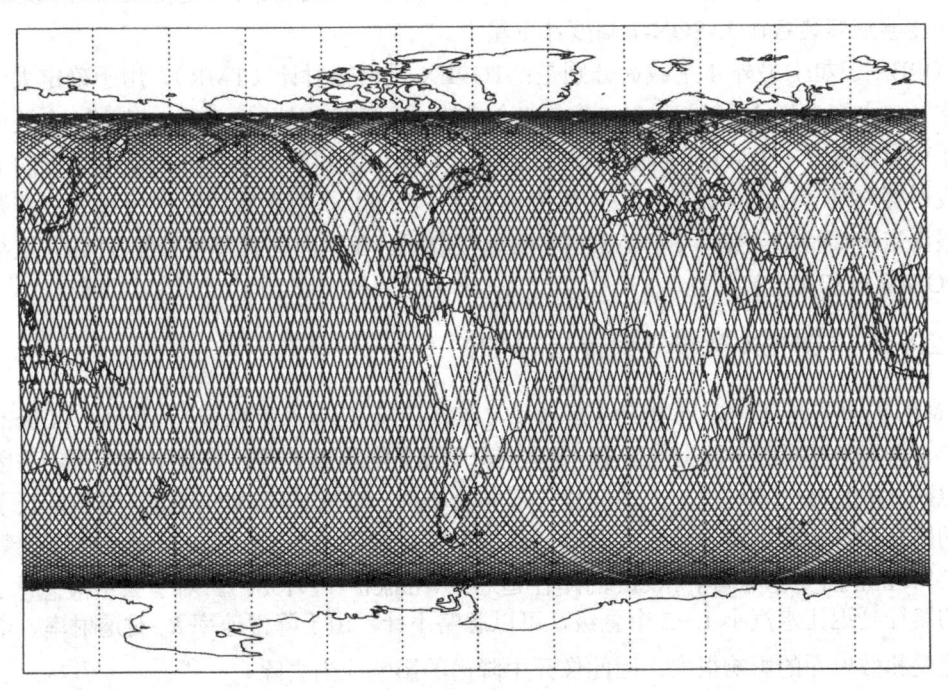

图 12.6 重复周期为 10 天的 TOPEX/POSEIDON 轨道（第 013 周期）。轨道中空白的区域表示数据缺失

---

① 此数据原文如此，疑有误。——译者注

精确重复轨道的优点在于有足够长的平均时间对沿轨道的点作平均,相对于参考椭球的海面高度,时间平均值 $\bar{h}_S(\chi,\psi)$ 可近似看作大地水准面。平均海面高度包括大地水准面和与稳定流场相关导致的海面高度变化。相对于平均海面高度,海面高度的变化 $\Delta\zeta(\chi,\psi,t)$ 定义为

$$\Delta\zeta(\chi,\psi,t)=h_S(\chi,\psi,t)-\bar{h}_S(\chi,\psi) \qquad (12.3)$$

其中,h_S 是由式(12.1)得到的瞬时海面高度。利用多个 10 天周期的数据,并且空间尺度大于轨道间隔,通过式(12.3)能得到流场的变化。

TOPEX 卫星上搭载了两个独立的雷达高度计,它们共用一个直径 1.5m 的抛物形天线。这两个高度计一个是 NASA 的双频高度计(ALT 或 TOPEX),它的工作频率是 C 波段(5.3GHz)和 Ku 波段(13.6GHz),天线长度分别为 6cm 和 2cm;另一个高度计是 CNES 实验用的重量轻、低能耗的单频固态高度计(SSALT 或 POSEIDON),工作频率是 13.65GHz。双频高度计的优点在于它的不同频率对电离层自由电子和降雨有不同的响应。根据它们的不同响应,高度计能观测柱状电离层含量和确定电离层对电磁脉冲相速度的影响,以及判断局部降雨。在 C 波段,ALT 的半功率波束宽度是 2.7°,增益是 35.9dB,脉冲重复频率(PRF)是 1220Hz;在 Ku 波段,它的半功率波束宽度是 1.1°,增益是 43.9dB,脉冲重复频率(PRF)是 4200Hz(Zieger 等,1991)。在上面的两种情况中,仪器使用 10.4.1 节介绍的线性调频技术,能产生的脉冲带宽为 $\Delta f_B = 320$MHz,以便脉冲具有有效的脉冲宽度 3.125ns 或 1m 的长度。TOPEX 和 POSEIDON 高度计的观测交替进行,在 11 个周期的时间中,TOPEX 工作 10 个周期,POSEIDON 工作 1 个周期。SSALT 在 TOPEX 的成功运行,使得双频的 POSEIDON 高度计能够继续装备在 JASON-1 高度计卫星上。

TOPEX 卫星上另外 4 个载荷分别是:TOPEX 微波辐射计(TMR),用于确定大气中的液态水 L、水汽含量 V 和风速 U;其余三个仪器用于精密定轨(POD),其中一个还用于自由电子含量的测量。TOPEX 和 JASON 卫星的 POD 仪器和地面系统分别是卫星上的 NASA 激光反射器阵列(LRA)及其相应的激光地面站、CNES 多普勒跟踪系统(星载多普勒测轨和无线电定位简称 DORIS)和 NASA 的 GPS 接收机。在下面的章节将介绍 TMR、电离层校正、POD 系统和海上校正场。

12.4.2 TOPEX 微波辐射计(TMR)

TMR 的目的是观测大气中的液态水 L、水汽含量 V 以及判断或标记降雨。Chelton 等(2001b)认为,对流层中液态水 L 和水汽含量 V 的变化改变了折射系数中的实部,并因此改变了电磁脉冲传播的相速度。上述变化一般称为折射,造成相速度的减小,明显延长了脉冲传播的路径,称为脉冲路径延迟。高度计脉冲的路径延迟在 1m 左右,例如,水汽含量 V 从 0mm 到 70mm 的变化等同于 50cm 的路径延迟(Wunsch 等,1981)。对于云中液态水 L,它造成的路径延迟比水汽小 1~2 个量级,可以忽略不计。由于降雨速率 R_R 对透射率、电磁波的相速度和散射面的影响很大,因此像元中降雨的影响应当去除。

TMR 是天底指向的辐射计,它使用的几乎都是 SMMR 剩余的部件,工作频率是 18GHz、21GHz 和 37GHz,详见 8.6.1 节(Janssen 等,1995)。这与 JASON-1 和 JASON-2 上的辐射计也相似。因为 TMR 是最低点观测,它的垂直和水平极化是一致的,所以 TMR 仅有三个

频段 TMR 用于反演液态水 L、水汽含量 V 和风速 U，其算法与 SSM/I 相似，详见 9.6.2 节，其中 SST 由查询表得到。根据反演得到的液态水 L 和水汽含量 V 可以计算高度计脉冲传播路径上的透射率、相速度和路径延迟。TOPEX 设置降雨标识的方法有两种方式：第一，如果 L 超过阈值，则降雨发生，并在像元数据中去除。第二，降雨造成的脉冲衰减在 Ku 频段大于 C 波段，两个波段之间的脉冲超过阈值，则认为有降雨（Chelton 等，2001b）。TMR 的覆盖区同样有空间限制，在 21GHz 波段，TMR 覆盖区直径是 35km，由于 8.5 节所述的边缘效应，TMR 覆盖区 50km 范围内不能有陆地存在（Ruf 和 Giampaolo，1998）。

12.4.3 电离层

如 4.2.5 节所述，电离层自由电子密度具有强的变化周期，自由电子密度延缓了电磁脉冲传播的相速度，延缓率与传播路径中的自由电子密度成正比（Chelton 等，2001b，3.1.3 节）。具体来说，如果 Δh_{ion} 为电离层路径延迟（单位：cm），ρ_{ion} 为脉冲传播路径柱状电子密度（单位：TECU，1TECU $=1\times10^{16}$ 电子/m^2），那么两者的关系表示为

$$\Delta h_{ion} \approx \rho_{ion}/f^2 \tag{12.4}$$

由式（12.4）可以看出，路径延迟随着频率 f 的增加而减小。如果在 h 中去除了 V 和 R_R 的影响，那么根据高度计两个频率的观测可以得到关于 Δh_{ion} 和 ρ_{ion} 的两个方程，这样 Δh_{ion} 就能计算出来，并在 h 中消除。如果 $f=5.3$GHz，那么 $\Delta h_{ion}=1.45$cm/TECU；如果 $f=13.6$GHz，那么 $\Delta h_{ion}=0.22$cm/TECU。因为 ρ_{ion} 在 10～120 TECU 之间变化，所以对于 5.3GHz，Δh_{ion} 变化范围为 10～160cm；对于 13.6GHz，Δh_{ion} 变化范围为 2～30cm（Chelton 等，2001b）。根据下一节的介绍可知，电离层校正还可以通过 DORIS 的测量确定。

12.4.4 精密定轨（POD）

在上节已经提到，卫星高度 H 是确定 SSH 的第二个关键要素。POD 的定义是在固定的时间间隔内精确确定卫星相对于地心位置的三维坐标，其中相应的时间序列是轨道星历（Chelton 等，2001b）。通过反演得到的 SSH 要满足海洋应用的需要，H 的精度必须达到 1～2cm，在这方面，Tapley 等（1994）、Chelton 等（2001b）以及 Lambin 等（2010）做了详细的论述。TOPEX JASON-1 和 JASON-2 的 POD 系统包括激光和 DORIS 跟踪及 GPS 定位系统。通过激光和 DORS 跟踪观测确定非均匀时间间隔的飞船位置和速度，GPS 能够连续观测卫星的位置。利用激光、DORS 和 GPS 的联合观测，结合轨道模型，可以计算得到卫星的精密轨道。

根据 Chelton 等（2001b）的介绍，POD 系统的工作方式如下。第一，对于 TOPEX 卫星，NASA 提供的激光反射器阵列 LRA 装备到了高度计天线的底部，并配备了人造卫星激光跟踪（SLR）站，其中跟踪站位置的精度在 1cm 以内（SLR，2013）。图 12.7 为 2012 年时地面跟踪站的位置及其覆盖的区域；有 50 个地面站实现对指定卫星的跟踪，这些地面站以大约 15° 纬度的半径观测卫星。激光观测的卫星位置通常用来确定飞船的位置。通过激光定位虽需要晴天无云条件，但它们的光学波长不受水汽或电离层折射的影响，测量精度能达到 1cm。

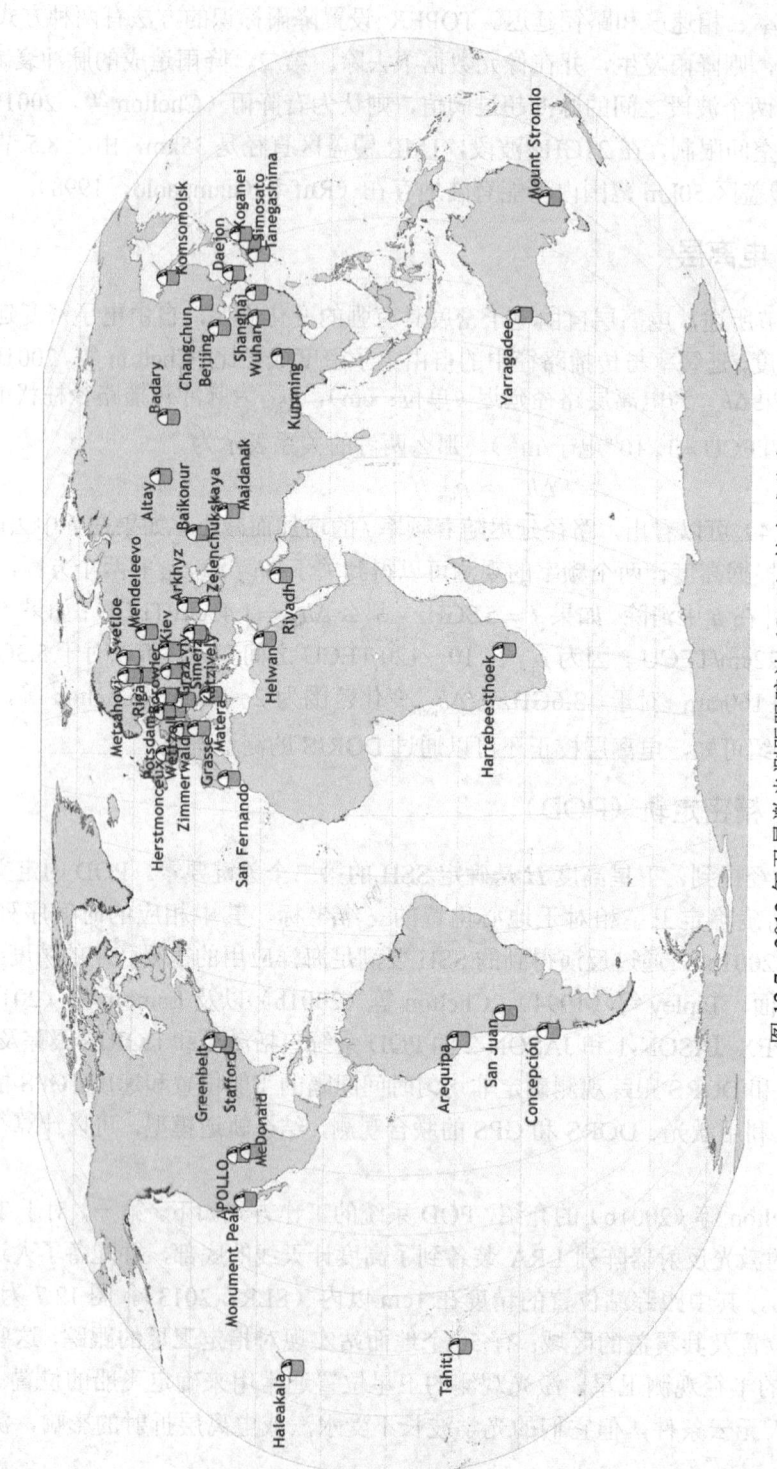

图 12.7 2012 年卫星激光测距跟踪站（SLR）的全球分布

第二，DORIS 跟踪系统通过星上的接收装置结合大约 50 个地面站的全球跟踪网（见图 12.8）来确定卫星速度（DORIS，2013），同样是以 15°的观测半径。DORIS 地面站发射连续的、全方位的信号，频率是 0.4GHz 和 2.04GHz。当飞船接收到这些信号时，根据观测精度为 0.5mm/s 的 10s 间隔的多普勒频移确定卫星的位置。上述观测确定辐射压和大气拖曳造成的卫星速度变化。DORIS 两个频率的观测同样还能确定脉冲传播路径上的自由电子含量。对于 POSEIDON 高度计，自由电子的测量值用于去除电离层的路径延迟，这样精度要比双频的 ALT 低。DORIS 同样用于 JASON-1、JASON-2 和 ENVISAT 轨道的精密定轨和地理定位。SLR 和 DORIS 观测提供了位置和速度的粗略估计，因此必须与轨道数值模型结合进行精密定轨。Chelton 等（2001b）认为 DORIS 是精密定轨的首选，而 SLR 的作用是根据地球质心对轨道进行校准。

第三，在 TOPEX 上的 NASA GPS 接收机（GPSDR）能连续地对卫星的位置进行跟踪（Bertiger 等，1994）。GPS 系统由轨道高度为 20200km、周期为 12h 的 24 颗卫星组成，卫星被分布到 6 个轨道平面上（见图 12.8）。卫星的脉冲频率为 1.58GHz 和 1.23GHz，采用的两个频率可以校正电离层路径延迟。GPSDR 随时收集 5~9 颗卫星的数据。当 GPS 没有加密时，通过至少 4 颗卫星的数据用于确定 TOPEX 的位置，精度为 ±2 cm（Fu 等，1994）。GPS 的优点是其连续地确定卫星的位置，精度超过 SLR 和 DORIS，并且没有时间和空间上的中断。GPS 连续的跟踪同样也说明了它确定的轨道很少依赖数值模型（Chelton 等，2001b，4.2 节）。

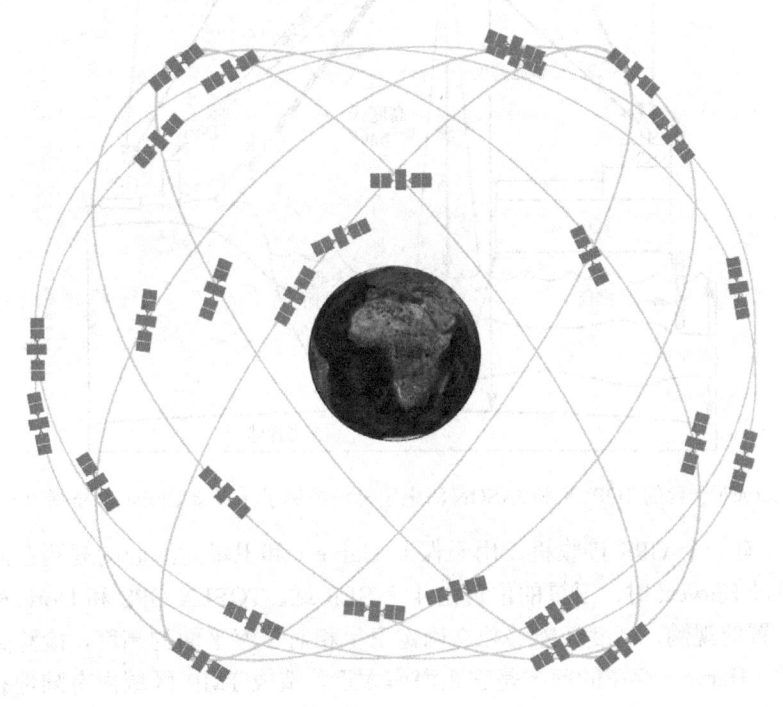

图 12.8　GPS 卫星星座，卫星高度为 20200km

12.4.5　海上定标

TOPEX 有两个海上定标场：一个是美国的 Harvest 平台，位于太平洋的 Texaco 石油平台，在南加州 Point Conception 以西约 10km；另一个是法国的兰皮奥内岛（Lampione Rock），位于西西里和突尼斯之间（Christensen 等，1994；Haines 等 2010）。Harvest 仍然在用，但是兰皮奥内岛已经被地中海的其他定标站取代。Harvest 位于 TOPEX 升轨地面轨道上，兰皮奥内岛位于降轨道的下方。图 12.9 为 Harvest 定标场测量方法的几何示意图，在兰皮奥内岛采用相似的测量方法。Harvest 平台位于雷达脉冲的中间，但该平台太小了，不足以影响脉冲回波。自 1992 年以来，Harvest 平台是一个重要的定标场。Harvest 有三个独立的验潮仪，一个指向上的水汽测量辐射计以及测量自由电子密度海况、湿度和大气压强等的天气参数测量仪。

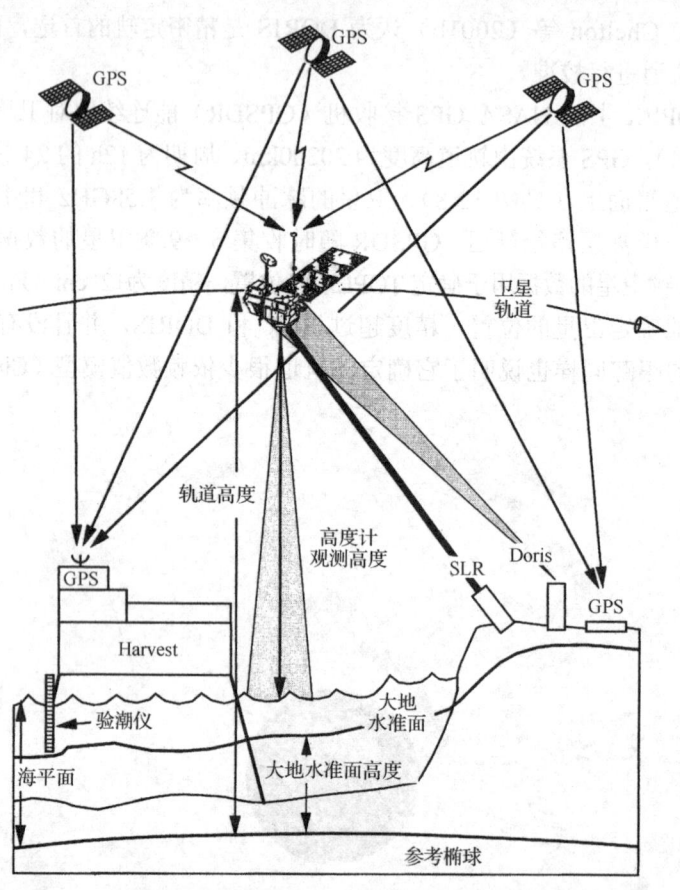

图 12.9 位于 Harvest 平台的 TOPEX 和 JASON 海上定标场的例子［引自 Christensen 等（1994）中的图 1］

Harvest 还有一个 GPS 接收机，用于保证 Harvest 和卫星对海面的观测在同一个参考面上。当卫星经过 Harvest 时，卫星的位置由 4 个 SLR 站、TOPEX GPS 和 Doris 确定。结合海平面和卫星位置的观测，高度计能够独立确定卫星相对于海平面的高度，检验高度计测高精度和仪器飘移。Harvest 存在的问题是它距海岸太近，造成 TMR 区域内有陆地存在，相应的观测结果不可用。解决的方法是，Harvest 的水汽含量 V 通过海上的观测外插得到。下面将会讲到，针对 Harvest 平台，一种新的 JASON-2 卫星辐射计数据处理算法可用于校正 TMR 信号受污染的情况。

目前，在巴士海峡、塔斯马尼亚、加夫多斯岛南部的克里特岛（Mertikas 等，2010）都有定标设备。加夫多斯（Gavdos）定标站是一个非常有意义的定标站，因为其位于 JASON 系列卫星的轨道交叉点处，并且非常靠近 ENVISAT 卫星的轨道。

12.5　JASON-1 和 JASON-2

12.5.1　JASON-1

TOPEX 的后续卫星是 2001 年 12 月 7 日美法联合发射的 JASON-1 卫星。JASON-1 的设计与 TOPEX 类似，但它的电子器件采用了小型化技术，与质量为 2400kg 的 TOPEX 相比，其质量仅为 500kg。JASON-1 与 TOPEX 的不同之处是其仅装载了一个 POSEIDON-2 高度计。这个高度计是在 SSALT 基础上发展的固态双频高度计，分别是 Ku 波段和 C 波段（5.3GHz 和 13.6GHz），其中双频的再次使用还是为了测高和校正电离层路径延迟。关于 POD，JASON-1 使用 GPS、Doris 和 SLR，卫星的定轨精度为 2~3cm（Haines 等，2002）。

关于大气校正，JASON-1 装备了 JASON 微波辐射计（JMR），它是三个频段天底指向的微波辐射计，与 TMR 类似。JMR 工作频率是 18.7GHz、23.8GHz 和 34.0GHz，在这方面与 TMR 有所不同。利用各个频段接收到的亮度温度可以计算出 V、L 和 U 以及设置降雨标识。JMR 与 TMR 频率不同是考虑到了以下因素：第一，由 21.0GHz 改变到 23.8GHz、由 37.0GHz 改变到 34.0GHz 是为了减少高度计 5.3GHz 的干扰；第二，由 18.0GHz 改变到 18.7GHz 是为了更好地与 WindSat 辐射计的频率相匹配。为了满足这种频率的变化，JMR 的算法已修改。JMR 水汽反演的精度为 1.2cm，这与 TMR 一致。

JASON-1 在与 TOPEX 有相同的轨道和地面轨迹，与 TOPEX 的观测具有连续性。在 JASON-1 任务开始阶段，它与 TOPEX 轨道相同，两者前后相差 60s 或 500km。JASON-1 与 TOPEX 保持共同轨道的时间约为 6 个月，这期间两星做了交叉定标，对仪器做了校正。在定标结束后，TOPEX 变轨到与 JASON-1 平行的轨道，位于 JASON-1 相邻两条轨道的中间。在 TOPEX 任务结束之前，两个高度计同时运行大大提高了海洋观测的分辨率。由于 JASON-1 轨道最初与 TOPEX 轨道一致，因此，JASON-1 海上定标场使用已有的美国 Harvest 定标场和法国科西嘉岛（Corsica-Capraia）的定标场（位于地中海）。

12.5.2　JASON-2

JASON-2 卫星于 2008 年 6 月成功发射。图 12.10 为 JASON-2 的在轨运行示意图。Zaouche 等（2010）对 JASON-2 的工作状态进行了描述。JASON-2 卫星搭载的改进型微波辐射计（AMR）的工作频率与 JMR 相同；AMR 配备一副直径 1m 的抛物面天线，指向卫星高度计覆盖区。对于 AMR，Brown（2010）针对离岸 10km 以上的观测提出了一种无偏估计算法。这种算法将会用到 JMR 和 TMR 历史数据中，进一步提高校正精度。

JASON-2 同样也搭载有 GPS 接收机，跟踪 12 个 GPS 卫星信号。Doris 接收机能够和 7 个地面站进行实时交互，而 JASON-1 卫星只有两个。Doris 的电子设备已被加固，来避免南大西洋异常信号的问题。同时，也利用激光角反射器阵列（LRA）进行跟踪。上述三种定轨方式彼此之间是独立的，如表 12.3 所示，与 TOPEX 卫星相比，定轨精度明显提高。

图 12.10　JASON-2 卫星在轨效果图。图中天线直径为 1.2m。位于卫星上方的校正辐射计天线直径为 1m，Doris 天线位于卫星下方

12.5.3　在轨定标验证阶段

作为在轨验证工作的一部分，JASON-1 和 JASON-2 与它们前面的卫星任务一样，采用 "一前一后"（tendem）飞行的方式进行。两颗卫星一前一后飞行在同一轨道上，飞行时间间隔为 55s，飞行持续时间约为 6 个月，确保两颗卫星同步观测到同一海域。JASON-1 和 TOPEX 的 "一前一后" 飞行任务持续了 210 天，然后 TOPEX 移动到 JASON-1 相邻两条轨道中间的位置上。类似地，JASON-1 和 JASON-2 "一前一后" 飞行任务持续了 180 天，然后 JASON-1 变轨到 JASON-2 相邻两条轨道中间。在 "一前一后" 飞行时，由于两颗卫星在 1min 内经过同一区域，因此可以观测到同样的海洋和大气特征。这样用两个卫星测量的距离彼此相减，得到的差值即为仪器和模型误差。利用这个差值可揭示诸多信息，如确定 TOPEX 卫星海况偏差模型的误差、TOPEX 和 JASON 校正辐射计的校正误差以及用于计算轨道的参考框架的区域性误差（Nerem 等，2010）。

12.6　高度计脉冲与平坦海面的相互作用

本节和接下来的几节将讨论精确的观测卫星与海面的距离 h。本节考虑脉冲在海面镜面反射的情况，12.7 节介绍更复杂的波浪情况下脉冲反射的情况。12.6.1 节介绍天线小的非天底指向的情况，此时测高的反演不受视角的影响；12.6.2 节介绍脉冲波束的海面覆盖区；12.6.3 节描述脉冲传播时间的反演。

12.6.1　可变指向角对测高的影响

高度计的视轴不可避免地在天底点的方向发生变化。例如，图 12.11 为 TOPEX 视轴方向小的非天底指向角的日平均，图中角度的间隔为 0.05°。根据 TOPEX 高度计指向角的精度和卫星 1340km 的高度，可以确定 TOPEX 高度计在海面的投影以天底点为中心、半径在 1.2km 左右。利用简单的三角关系得到沿高度计视轴方向高程的变化为 0.5m 或地转流造成高度变化的量级。尽管出现上述高程的变化，因高度计发射的是球面波，根据后面的介绍，非天底

指向角很小时高程的测量仍不受视角 θ 的影响。

当天线天底指向和斜入射观测时,图 12.12 为脉冲波前的示意图。天线在这两种入射情况下,天线距离海面的高度是 h,并有半功率波束宽度 $\Delta\theta_{1/2}$。图 12.12(b)展示了 $\theta<\Delta\theta_{1/2}$ 时的球面波,天线倾斜时的脉冲天底指向的分量使其脉冲传播时间同天底指向的情况相同。在小的非天底指向角下,高程的测量能力是高度计能够成功观测的主要原因。

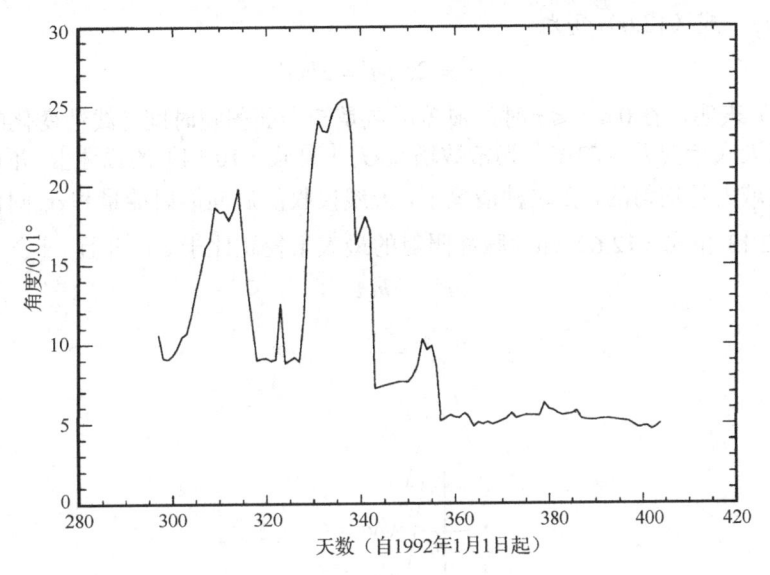

图 12.11 第 4~14 周期小的非天底指向角的日平均 [引自 Fu 等(1994)中的图 4]

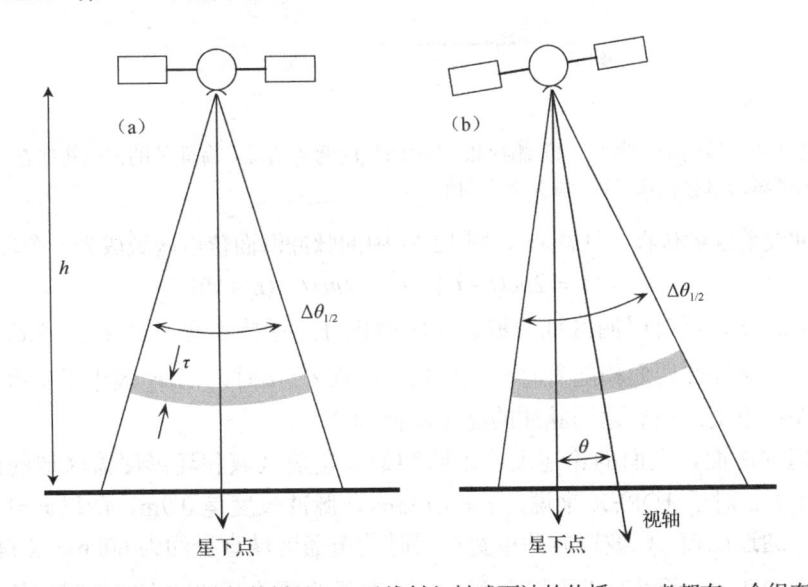

图 12.12 (a)天线垂直向下球面波的传播;(b)天线斜入射球面波的传播,二者都有一个很夸张的波束宽度

12.6.2 脉冲有限覆盖区域

高度计发射窄脉冲,所以脉冲的覆盖区域比波束有限时的覆盖区域小,见 8.2.1 节中的介绍。小的 FOV 称为脉冲有限覆盖区域,覆盖区域面积与脉冲宽度(τ)成正比。具体分析如下:在平坦的海面和天底指向时,相对于脉冲上升沿的时间 t_0 是脉冲由天线到海

面的时间

$$t_0 = h/c \tag{12.5}$$

图 12.13 为脉冲到达海面时覆盖区域的大小，图中简要表示了脉冲达到海面且没有反射的情况。根据图 12.13，如果 $t' = t - t_0$ 和 $0 \leq t' \leq \tau$，覆盖区域半径表示为

$$r^2 = (d^2 - h^2) = (ct)^2 - (ct_0)^2 = c^2[(t_0 + t')^2 - t_0^2] \tag{12.6}$$

对于 $t' \leq t_0$，式（12.6）变为

$$r^2 = 2c^2 t_0 t' = 2hct' \tag{12.7}$$

式（12.7）表明，在 $0 \leq t' \leq \tau$ 时，覆盖区域是一个面积随时间 t' 线性变化的圆盘。假设高度计窄波束天底指向天线的增益为常数增益 G_0 [见式（10.14）的描述]，并且海况条件在时变的覆盖区域内是均匀的，在这种情况下，天线接收的后向散射能量和 σ_0 同样随着 t' 线性增加。由图 12.13 和式（12.6）知，脉冲照射的最大半径正比于 τ，并且

$$r^2 = 2hc\tau \tag{12.8}$$

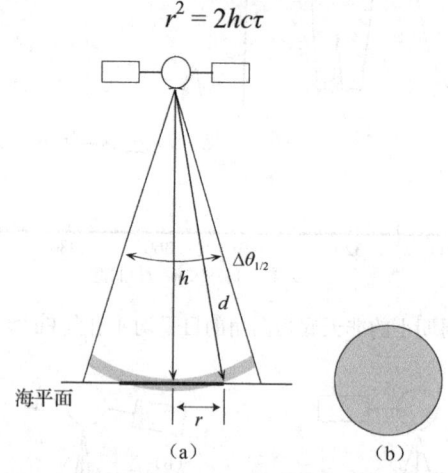

图 12.13 雷达脉冲传播到平坦海面（a）侧视和（b）俯视的两种情况。海面处的黑色实线在（a）情况下为照明区域的直径；在（b）情况下为圆形

随着脉冲波前继续传播，且 $t' > \tau$，图 12.14 中的脉冲海面覆盖区域成为一个环形，表示为

$$r_2^2 = 2hc(t - t_0) \quad r_1^2 = 2hc[t - (t_0 + \tau)] \tag{12.9}$$

所以 $r_2^2 - r_1^2 = 2hc\tau$，同时照明区域的覆盖区域面积 A_{max} 保持不变，且 $A_{max} = 2\pi hc\tau$。总之，在 $0 \leq t' \leq \tau$ 时，脉冲照明面积随着时间线性增加；在 $t' > \tau$ 时，在 r_2 大于半功率带宽时照明面积前一直保持不变；最后返回脉冲的能量降低到 0。

对于平坦的海面，上面的论述表明了脉冲最大覆盖区域和环形覆盖区域的面积是相等的，且正比于 τ。对于 TOPEX 来说，$\tau = 3.125$ns，脉冲长度是 0.9m，所以 $r = 1.6$km，面积 $A_{max} = 8$km^2。通过比较，C 波段脉冲束宽有限时的覆盖区域直径约为 60km，Ku 波段的覆盖区域直径约为 26km，所以对于平坦海面，脉冲有限的覆盖区域比束宽有限时的覆盖区域直径要小。在 10.4.1 节中已讨论过，为避免其他频段的干扰，最小脉冲长度应限制在 1m，目的是能产生最小的高度计覆盖区域。假设海面有相互作用发生，这时的脉冲往返时间的计算将在下节中介绍。

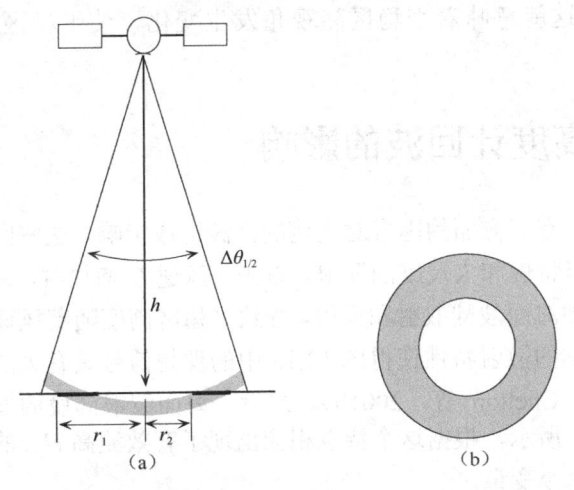

图 12.14 在（a）侧视和（b）俯视两种情况下 $t' > \pi$ 时脉冲照明的环形区域

12.6.3 脉冲传播时间的确定

通过平坦海面返回脉冲波形的情况，如图 12.15 所示。图中将脉冲波形分为 4 部分。第一部分是在返回脉冲达到之前仪器的噪声；第二部分是返回脉冲前沿到达天线时天线接收到的部分，此时 Φ_R 随时间线性增加，与覆盖区域面积成正比；第三部分是当脉冲覆盖区域成为环形时对应波形的部分，此时返回脉冲能量是常量，如此 Φ_R 达到脉冲平稳区；第四部分是返回脉冲的后沿对应区域，此时的脉冲环形覆盖区域超过半功率带宽，并且 Φ_R 减弱，称为平坦区衰减。假如考虑海面相互作用，对应脉冲回波中点的脉冲往返时间 t_{RT} 定义为脉冲照明区域等于最大覆盖区域一半时的时间，可表示为

$$t_{RT} = 2t_0 + \tau/2 \tag{12.10}$$

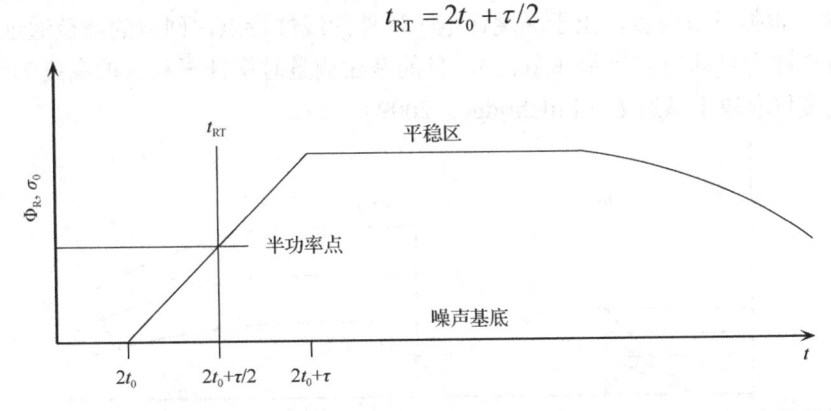

图 12.15 平坦海面后向散射能量和后向散射截面随时间的变化关系。横轴表示出了后向散射能量等于平稳区高度一半时的位置，纵轴为时间

根据上述讨论，确定 t_{RT} 变为寻找回波波形线性上升区中点的问题。t_{RT} 是在返回脉冲功率等于平稳区和噪声区能量差的一半时，利用星上的跟踪算法估算得到的。

影响确定 t_{RT} 的因素有两个：小的非天底指向角，海浪和海面粗糙度。小的非天底指向角对观测带来两大影响：第一，非天底指向使更多的能量被反射掉，而未被天线接收到；第二，如果非天底指向角过大，那么脉冲照射到海面的圆或圆环覆盖区域会超过束

宽有限的覆盖区域。这就意味着平稳区随视角发生变化，使平稳区降低过早，造成平稳区的确定更加困难。

12.7 波浪对高度计回波的影响

当海面有波浪时，有三方面的因素对雷达的回波造成影响，这些因素分别是小尺度的海面粗糙度、海面的随机特性和大尺度的涌浪。首先，风速 U 增加时，海面的粗糙度增加，天线接收的能量更多地被海面波陡散射和反射，导致平稳区高度随着风速 U 的增加而减小。其次，海面随机分布波陡的散射特性使得图 12.15 中的理想信号具有大的随机成分，必须通过平均的方法进行消除（Chelton 等，2001b）。最后，海面波浪高度的增加减小了脉冲回波前沿的斜率，如图 12.15 所示，根据这个特点相应出现了有效波高 $H_{1/3}$ 的反演算法。下节将讨论 $H_{1/3}$ 反演算法中的每个变量。

12.7.1 小尺度粗糙度和风速 U 的确定

天底指向的雷达，海面粗糙度的增加和均方波陡随风速 U 的增加导致 σ_0 减小，如图 10.16 所示。如果忽略随机信号部分，图 12.16 为与风速 U 相关的粗糙度，其中，σ_0 随风速 U 的增加而减小，平稳区高度降低，但脉冲波形的上升时间保持不变。以上是海面粗糙度对回波波形的影响，同样，涌浪也会造成上述影响，这些影响为风速 U 算法的确定提供了理论基础（Chelton 等，2001b，第 7 节）。非天底指向角也会造成平稳区高度的减小，所以由海面回波反演风速 U 时必须对指向角进行修正。同样，由于海面粗糙度与降雨对回波的衰减相关，这会产生一个假的风速信号，因此降雨必须确认，并将受影响的回波数据去除。此外，平稳区的高度取决于风速 U，这意味着高度计电子器件的敏感性和线性以及测高反演精度都同样与风速 U 有关。根据下节内容，由于高度计电子器件的线性特点，回波的增益通过星上调节，回波的增益也称为自动增益控制（AGC），目的是在测量时保证平稳区的高度为常数，此时平稳区的高度仅取决于风速 U（Lillebridge，2009）。

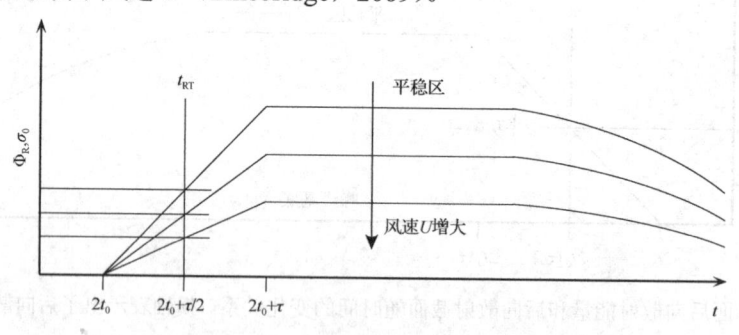

图 12.16 脉冲平稳区高度随着风速 U 的增加而减小

12.7.2 自动增益控制（AGC）和脉冲平均

随机的波浪场会造成返回的脉冲中带有噪声。要减少这些噪声，AGC 能够帮助实现这个功能。首先，根据非无底角调整单个回波的增益，然后在足够长的时间内对波形平均。图 12.17 为一个模拟的返回脉冲，当用于平均的脉冲数量增加时，回波波形达到图 12.15 所示的理想形状。AGC 然后调节平均脉冲波形平稳区的高度，保证它为常数。AGC 调节值被传送到地面用于估算 σ_0 和 U_0。半功率点和 t_{RT} 通过脉冲回波的平稳区和噪声区之差确定。对于 TOPEX 高度计来说，传输和接收的脉冲是每秒 4000 个，在卫星上数据做了 50ms 或 200 个脉冲的平均。根据海洋应用的需要，在地面处理中还要对数据进行 1s 的平均（Chelton 等，2001b，2 节）。对于平坦的海面，平均后的海面覆盖区域沿轨向约为 9km，沿距离向为 3km。在下节还要介绍，覆盖区域的面积同样随涌浪振幅的增大而增大。

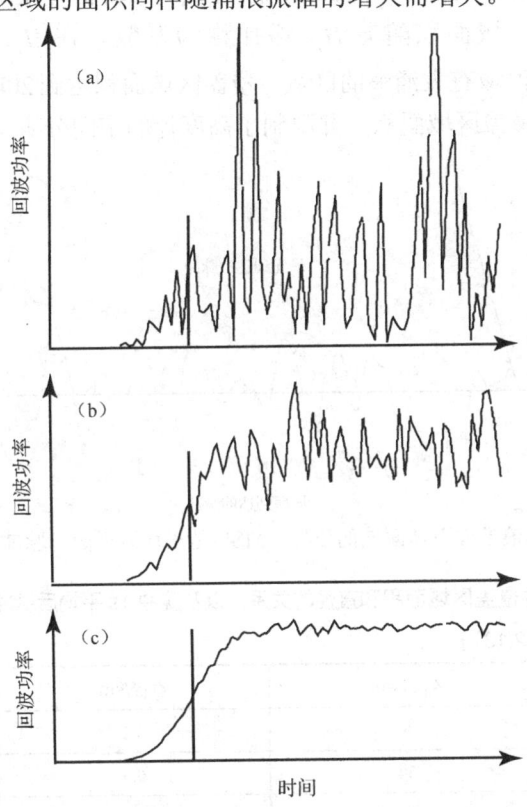

图 12.17 模拟的高斯分布 $H_{1/3}$=10m 波高的脉冲回波。（a）单个回波；（b）25 个回波平均；（c）1000 个脉冲。平均横轴表示噪声水平［引自 Townsend 等（1981）中的图 1b］

12.7.3 涌浪的影响

长周期的涌浪对回波的影响包括脉冲覆盖区域大小和回波能量的上升时间两方面。对于高度计来说，涌浪的振幅可以用有效波高 $H_{1/3}$ 表示（见 2.2.3 节）。根据 TOPEX 高度计的观测，$H_{1/3}$ 典型值为 2m，月平均最大约为 12m，最大瞬时值是 15～20m（Lefèvre 和 Cotton，2001）。

脉冲遇到海面波浪的情况如图 12.18 所示。由于涌浪的出现，高度计最先接收到脉冲的时间表示为

$$t_1 = t_0 - H_{1/3}/(2c) \tag{12.11}$$

与之类似，在天底点最后接收到脉冲的时间为

$$t_2 = t_0 + H_{1/3}/(2c) + \tau \tag{12.12}$$

与平坦海面的情况类似，在 $t_1 < t \leqslant t_2$ 时，覆盖区域是圆盘形，且面积随时间线性增加；

在 $t>t_2$ 时，覆盖区域成为环形，因此脉冲最大照明区域 A_{max} 可以表示为

$$A_{max} = 2\pi h(c\tau + H_{1/3})\qquad(12.13)$$

式（12.13）表明，A_{max} 随着 $H_{1/3}$ 线性增加，对于 TOPEX 来说，$c\tau$ 约为 1m，当 $H_{1/3}=3m$ 时，A_{max} 是平坦海面情况下的 4 倍。表 12.2 列出了 A_{max} 与 $H_{1/3}$ 的对应关系，以及相应的直径和 1s 平均后的沿轨向与距离向的覆盖区域面积。当 $H_{1/3}$ 由 0 增加到 15m 时，脉冲覆盖区域的最大面积 A_{max} 也相应地由 3km 增加到 13km，此时仍小于 Ku 波段束宽有限时高度计 26km 的覆盖区域直径。覆盖区域面积随着 $H_{1/3}$ 增加称为发散。在 $H_{1/3}=3m$ 时，覆盖区域是 12km×6km，而在南极海域有大涌浪的区域，覆盖区域面积达到 20km×15km。这表明涌浪的出现增加了海面脉冲覆盖区域面积，并限制了高度计的空间分辨率的提高。

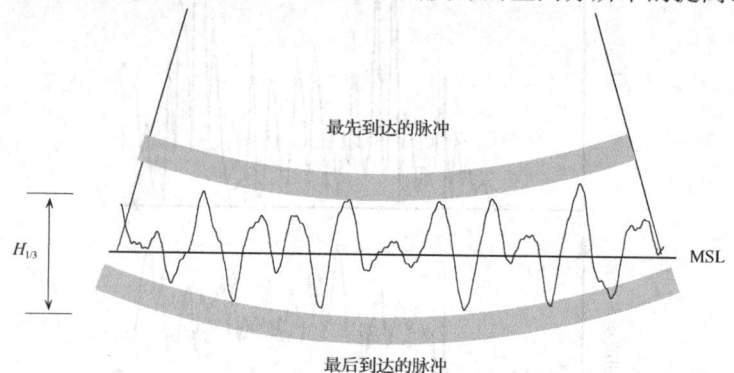

图 12.18　波浪条件下球面波的传播，MSL 是平均海平面，脉冲波前被展宽

表 12.2　有效波高 $H_{1/3}$ 与脉冲覆盖区域面积和直径的关系，以及脉冲 1s 平均后脉冲在沿轨向和距离向上的覆盖区域大小［见式（12.13）］

$H_{1/3}$/m	A_{max}/km²	直径/km	足印面积
0	8	3.2	9km×3km
3	34	6.5	12km×6km
6	59	8.7	15km×9km
15	134	13	19km×13km

图 12.19 中比较了有涌浪与无涌浪两种情况下的回波波形，由图中看出，当涌浪出现时，波形的上升时间长、斜率较小。尽管出现上述变化，通过 AGC 的调节仍然使两种情况下波形平稳区高度和半功率点位置保持了一致。因此，在平坦海面下适用的方法同样适用于波浪覆盖的海面时脉冲往返时间的反演。$H_{1/3}$ 与斜率的反比关系可以用来反演全球的有效波高，并进一步分析 $H_{1/3}$ 的季节变化（Lefèvre 和 Cotton，2001）。

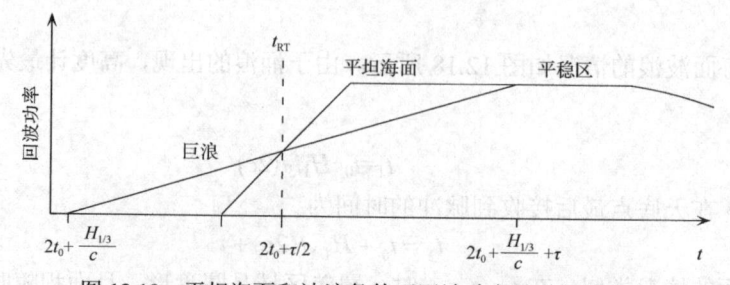

图 12.19　平坦海面和波浪条件下回波功率随时间的变化

12.8 海面高度反演中的误差分析

12.8.1 节到 12.8.4 节将介绍海面高度反演中的误差和偏差,这些误差源包括 4 个方面:高度计仪器噪声、大气误差、海况偏差和轨道误差。12.8.5 节对全部这些误差作了统计,得到了 TOPEX、JASON-1 和 JASON-2 高度计的测高误差分别是 4.1cm、3.3cm 和 3.1cm。这些误差可以利用长时间序列平均来减小。12.8.6 节讨论两个环境误差源,即大气逆压效应和海洋潮汐,这两者造成海面高度的变化,并给地转流的反演带来误差。大地水准面的不确定性也是测高中的一个误差源。

12.8.1 高度计仪器噪声

TOPEX 和 JASON 卫星高度计仪器噪声是在 $H_{1/3} = 2m$ 时基于 1s 平均得到的,单位是 cm(Fu 等,1994),该噪声随着有效波高的变化而变化,直到 $H_{1/3} > 3m$ 时,它将达到一个稳定值 2~2.5cm。

12.8.2 大气误差源

大气校正及其不确定性包括三部分:干对流层、湿对流层和电离层。干对流层指全部对流层中除去水汽和液态水的气体,湿对流层指水汽和云中液态水,电离层指自由电子。

(1)干对流层

干对流层造成的测高路径延迟随着遥感器与海面之间大气质量的变化而变化,或等于海面压强的变化,并且每 1mbar 的压强造成 2.7mm 的路径延迟。干对流层的校正用到欧洲中期天气预报(ECMWF)中心的海面压强数据,TOPEX 和 JASON-1 基于 ECMWF 的压强数据计算得到的干对流层测高路径延迟误差是 7mm(Chelton 等,2001b)。

(2)湿对流层

湿对流层路径延迟取决于 V 和 R_R,其中 L 带来的误差非常小,可以忽略,但暴雨条件下的需要舍弃。对于 V 来说,TMR 与陆基的辐射计和探空气球的测量结果比较表明,利用 TMR 测量的 V 计算路径延迟带来的误差是 11mm(Fu 等,1994)。利用 JMR 反演的结果与 TMR 有相同的精度,在 12.4.2 节已经介绍了 TMR 和 JMR 以及双频高度计能识别降雨的发生,为数据处理提供降雨标识。

(3)电离层

TOPEX 和 JASON-1 电离层路径延迟校正通过双频高度计进行,其误差为 5mm。TOPEX 上的 POSEIDON 单频高度计电离层路径延迟校正通过双频 Doris 确定。Doris 的斜视观测造成计算得到的高度计垂直方向电离层路径延迟的不确定性,这个不确定性是 17mm,或者约 3 倍于 TOPEX 校正值的不确定性。

12.8.3 海况偏差

海况偏差由海洋波浪造成,分为两部分,每一部分都会造成海面高度反演中的测距误差。一部分是电磁偏差(EM),是由雷达脉冲与海面相互作用造成的平均海面的下降;另一部分是跟踪偏差或偏斜偏差,是由跟踪器确定的半功率点位置造成的对海面高度估计偏低的误差。这两部分合称为海况偏差。偏斜偏差可以通过数据的后处理消除，电磁偏差不能够完全消除（Chelton 等，2001b；Tran 等，2010）。这些量目前组合在一起称为海况偏差，并设定为 SWH 的 1%。

(1) 电磁偏差

在波浪条件下，EM 偏差是由于波谷比波峰更多地反射了脉冲，因此平均反射面低于平均海面。电磁偏差受两个因素的影响，即波峰中的毛细结构和有限振幅的波浪。对于前者，波峰中的毛细结构散射了部分脉冲的能量，并造成平均反射面的降低；对于后者，波陡 ak_W 增大时，波谷展宽波峰变窄（见 2.2.1 节）。因为展宽的波谷比波峰具有更好的反射特性，所以平均反射面被进一步降低。

通过实验证实 EM 偏差是负值，并且与 $H_{1/3}$ 近似成线性关系，即 $(2\% \sim 3\%) \times H_{1/3}$，其中比例常数取决于地理位置和风速 U（Chelton 等，2001b）。$H_{1/3}$ 的波陡有大有小，这给 EM 的确定带来很大误差。对于 $H_{1/3}$，可看作由小波陡长 ak_W 周期的正弦波组成，它最初由远处的风暴或者当地风暴产生的大振幅波浪 ak_W 激发。因此，波陡或确切的偏差不能由 $H_{1/3}$ 得到，只能根据 TOPEX 反演的 $H_{1/3}$ 和风速 U 来部分参数化（Chelton 等，2001b）。

(2) 跟踪器或偏态偏差

根据 12.6.3 节和 12.7 节中的内容，星上跟踪器的作用是确定高度计返回脉冲波形上升沿中点的位置，在其中的计算中假设波形的振幅成高斯分布。由于实际波形是非高斯型或是偏态的，所以跟踪器应附加一个负的补偿量。这个补偿量与 H 成正比，且与电磁偏差存在重叠。在 $H_{1/3} = 2m$ 时 TOPEX 卫星中偏斜偏差的误差约为 1.2cm（Fu 等，1994）；在 $H_{1/3} = 10m$ 时这个误差达到最大值约 4cm（Chelton 等，2001b）。在实际应用中，很难从 EM 偏差中分离出偏斜误差，在 TOPEX、JASON-1 和 JASON-2 中，海况偏差引起的均方根误差大约为 $H_{1/3}$ 的 1%。

12.8.4 轨道误差

卫星轨道位置的不确定性在短时段内是整个测高的最大误差源。轨道误差分为单弧段误差和每月或几百千米尺度上更长时段的平均轨道误差。其中，单弧段误差直接与测距相关。JASON-2 单弧段的轨道误差均方根约为 1.0cm，其中包含随机的误差和系统的误差（Chelton 等，2001b，表 11；JASON-2，2011，表 2）。

12.8.5 小结和误差讨论

目前有三种雷达高度计数据产品记录形式。第一种是业务化地球物理数据记录（OGDR），这是具有 3 小时延迟的未经真实性检验的近实时数据，其中定轨数据通过在轨进行估算，误差校正项通过模型预测得到。第二种数据产品是临时数据记录产品（IGDR），数据延迟 2 天，提供中等精度的定轨数据和经分析计算的误差校正项。第三种数据是地球物理数据记录（GDR），数据是经过完整真实性检验的，并具有 6 星期延迟的最高精度的数据（Zaouche 等，2010）。

对于 GDR 数据，表 12.3 给出了 TOPEX 和 JASON-1、JASON-2 高度计的观测数据情况。表中涉及两类误差：高度计仪器噪声、大气和海况带来的误差，卫星径向轨道误差。这两类误差之和就是全部的高度计测量误差。在表 12.3 中还列出了风速和有效波高的精度。表中误差源带来的测高误差平方和（rss），对于 TOPEX、JASON-1 和 JASON-2 分别是 3.2cm、3cm、2.9cm。这整个测高误差中最大的误差源就是轨道误差，其次是 EM 偏差和仪器噪声。对于几百千米空间尺度和 1 个月或更长时间的平均，将 TOPEX 高度计反演的海面高度与几个太平洋海域的验潮站比较，结果显示整个测高误差减小 2cm（Chelton 等，2001b）。

表 12.3 TOPEX 和 JASON-1 和 JASON-2 高度计单轨测量的各种误差源统计

	TOPEX /cm	JASON-1/cm	JASON-2/cm
测高误差			
高度计噪声 [a]	1.7	1.6	1.8
大气校正			
干对流层	0.7	0.7	0.7
湿对流层	1.1	1.2	0.8
电离层	0.5	0.5	0.3
海况偏差（$H_{1/3}=2m$）[b]	2.3	2	2
全部测高误差平方和（rss）	3.2	3.0	2.9
单轨径向轨道误差（rms）	2.5	1.5	1.0
全部海面高度测量误差（rss）	4.1	3.3	3.1
风速/波浪精度			
风速 (m/s)	2	1.5	0.9
有效波高（$H_{1/3}$）(m)	0.2	10%或 0.4 [c]	5%或 0.25 [d]

a 基于 1s 数据平均和 2m 波高情况（Fu 等，1994；Chelton 等，2001b）。
b 表示为 SWH×1%，取大者。
c 取大者。
d 未经真实性检验。
表中 TOPEX 数据改编自文献 Chelton 等（2001b，表 11）；JASON-1 数据来自 Perbos（2004），JASON-2 数据来自 JASON-2（2011，表 2）。

12.8.6 环境误差源

在海面高度的观测中，除了地转流造成的高度变化，海面高度还受海洋潮汐和大气逆压的影响而发生变化。潮汐是由地球、月亮和太阳之间的相对运动造成的，大气逆压是海面压强的空间变化对海面高度的影响。上述因素造成的海面高度是海面真实的变化，在表 12.3 中没有列出。要确定海面高度，潮汐和大气逆压的影响必须去除。

（1）潮汐

海洋潮汐具有不同的频率成分，包括半日潮、全日潮，以及每两周的、每月的、每半年的和每 1 年的潮汐。潮汐能够使海面发生 1~3m 的变化，除了大的海浪，它对海面变化的影响最大（Wunsch 和 Stammer，1998）。在 TOPEX 任务之前，潮汐模式主要依靠位于海岸和岛屿附近的潮汐站配合。在高度计对海盆内潮汐高度的观测中，通过 TOPEX 观测和海面实测与潮汐数值模式结合，使得对潮汐各主要分量振幅的测量达到 1cm 的误差（Le Provost，2001）。基于潮汐模型，大部分潮汐信号可从高度计测高数据中去除，这能极大提高海面高度反演的精度。

(2) 大气逆压

大气逆压效应为时间尺度在两天以上时海面高度对海面压强空间变化后的响应。海面压强空间上均匀的变化不影响海面高度，这里压强的变化一般指的是空间平均后的压强。压强的变化满足以下条件：压强每增加 1mbar，海面高度降低 1cm。大气逆压校正在开阔海域效果好，但在边缘海域和湾流经过海域校正效果差。虽然大气逆压和干对流层校正是海面压强的函数，但它们有本质的区别。干对流层校正与海面的位移无关；大气逆压效应造成海面位移。大气逆压效应校正与干对流层路径延迟校正类似，它使用 ECMWF 海面压强数据来消除。大气逆压校正的误差约为 3mbar 或 3cm 的位移（Chelton 等，2001b）。

12.9 应用与实例

利用高度计的观测能提供关于海洋中尺度特征和变化的信息。对于空间尺度超过 100km 的流场（该区域大地水准面已知），它们具有稳定的和变化的两种流场特性（Wunsch 和 Stammer，1998；Fu，2010）。在大地水准面不能完全确定的小尺度区域，观测到的流场变化的信息近似采用高度计确定的平均海平面作为参考。海面高度具有两类变化：一类是与局部水体密度和体积相关的变化，称为比容变化；另一类是与质量的重新分布相关的变化。比容变化是由季节冷热变化、降雨和蒸发等引起；质量重新分布相关的变化是海流和行星波的变化引起的。

12.9.1 大尺度的地转流

图 12.20 和图 12.21 描绘了全球环流大尺度的特性。这些例子中，ζ 已做了潮汐和大气逆压校正。图 12.20 给出了相对于大地水准面的海表面高度和地转流，图 12.21 显示了相对于平均海面高度的洋流变化。图中显示了相对于大地水准面的海面高度，以及地转流和流场相对于平均海面的变化。图 12.20 中使用了 4 年（1992 年 10 月 12 日至 1996 年 10 月 9 日）平均的 TOPEX 海面高度 ζ（相对于大地水准面），ζ 在式（12.2）中予以定义。图像中采用滤波处理，去除了空间尺度小于 500km 的流场。图中色彩表示海面高度（SSH），箭头表示地转流。因为地球的自转影响，在赤道，箭头被省略。由图 12.20 知，海面高度对地转流的贡献是 3m。最小的海面高度值出现在南极，向北海面高度的增高与南极绕极环流相关。最大海面高度出现在西太平洋和远离南非的印度洋，在太平洋，这与黑潮和澳大利亚西边界流有关；在印度洋，与阿加勒斯海流系统有关。在大西洋，与湾流相关的海面高度梯度，和巴西-马岛汇流一样，能够在图中看到。

作为小空间尺度变化的例子，同样采用 4 年数据平均的图 12.20 和图 12.21 描绘了 $\Delta\zeta$ 相对于 $\bar{\zeta}$ 的均方根变化，定义见式（12.3）。由于减去 $\bar{\zeta}$ 去除了全部的大地水准面波动，以及稳定的地转流部分，所以对所有空间尺度海面高度异常都是有效的。根据图 12.17，最大高度的变化发生在西边界流区域，包括湾流、黑潮、阿加勒斯海流和南极绕极环流，以及变化尤其大的南非海域。在高度计的数据处理中采用了 4 年 TOPEX 海面高度数据的平均，海面高度异常的变化接近于经长期平均的 TOPEX 本底噪声 2cm 的水平（Chelton 等，2001b）。

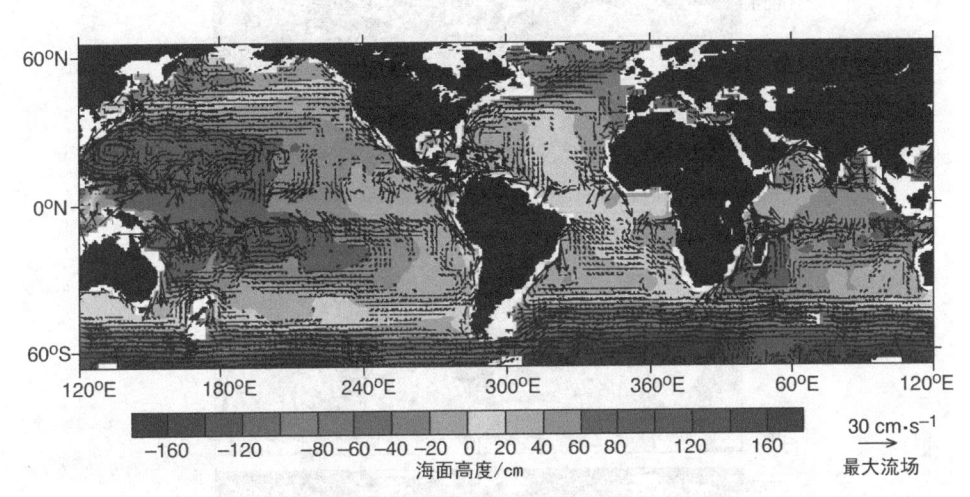

图 12.20 基于 TOPEX 数据 4 年平均的相对于地球重力势模型 96（EGM 96）大地水准面的海面高度。图中箭头表示地转流速。由于地转流模型在近赤道处失效，该区域无数据。为了表示清晰，小的地转流速未标出。由于大地水准面误差因素，流场中小于 500km 的忽略不计［引自 Wunsch 和 Stammer (1998) 中的图 6a］（见彩插）

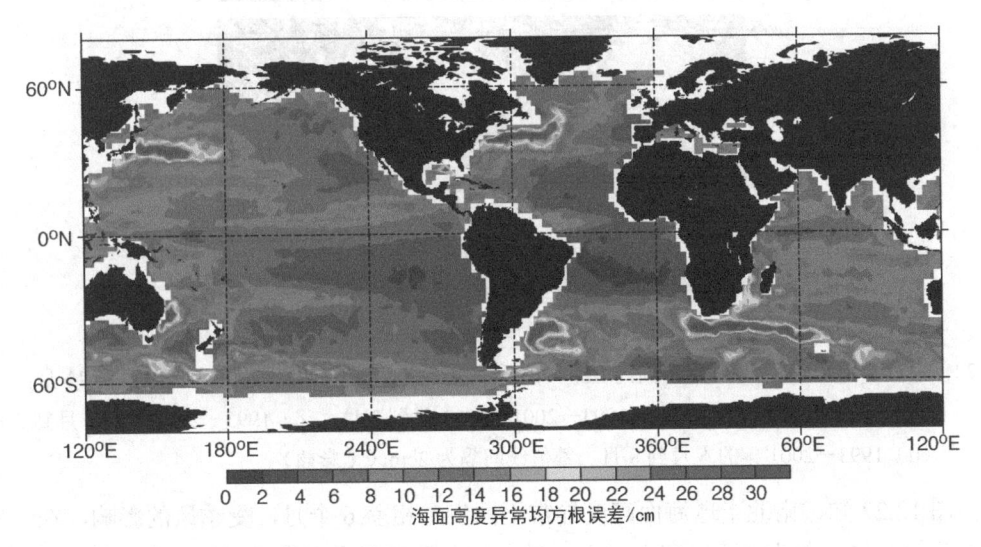

图 12.21 4 年 TOPEX 数据海面高度异常均方根误差。引自 Wunsch 和 Stammer (1998) 中的图 8a（见彩插）

12.9.2 海面高度的季节变化

图 12.22 中的 4 个图为 TOPEX 高度计数据 9 年平均后的季节海面高度异常。图中包括北半球秋天（9 月到 11 月）、冬天（12 月到 1 月）、春天（3 月到 5 月）和夏天（6 月到 8 月）。根据 Stammer 和 Wunsch (1994)、Wunsch 和 Stammer (1998) 的研究，季节海面高度异常的来源有两个：季节冷热变化造成的比容变化，季风的变化带来的流场系统的变化。

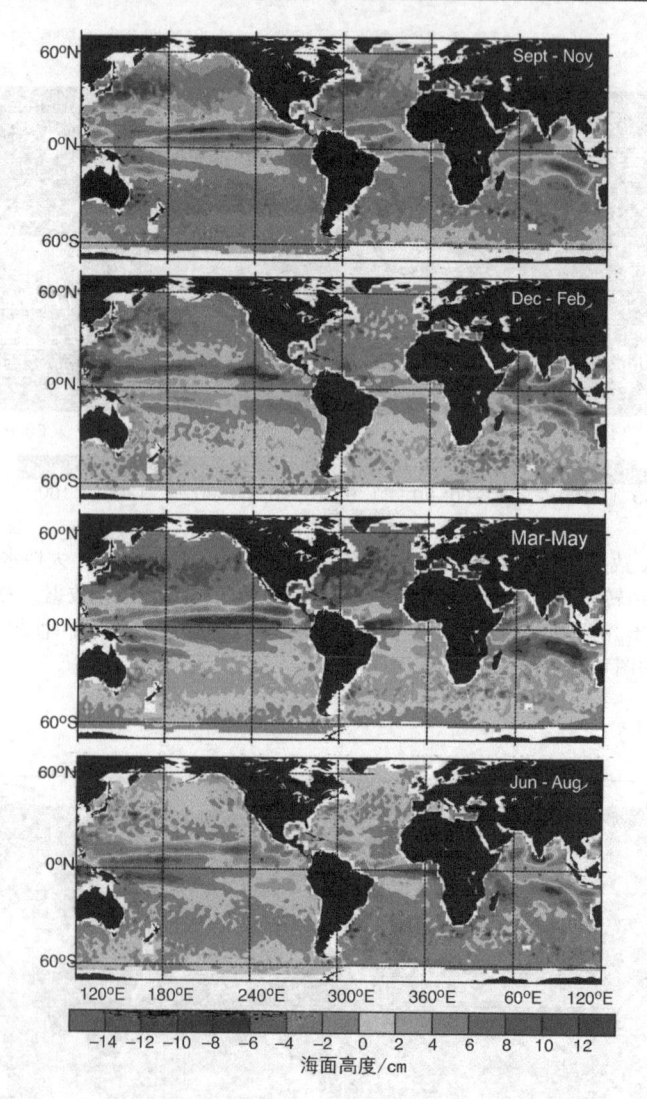

图 12.22 相对于 TOPEX 卫星 9 年海面高度平均的季节性异常。(a) 1992—2000 年的 9 月到 11 月；(b) 1992—2000 年的 12 月和 1993—2001 年的 1 月到 2 月；(c) 1993—2001 年的 3 月到 5 月；(d) 1993—2001 年的 6 月到 8 月。等值线间隔为 2cm（见彩插）

由图 12.22 知，南北半球海面高度异常不同步，相差 6 个月，受季风的影响，在一些区域有复杂的变化。在北大西洋和太平洋，最大的海面高度异常集中在秋天和春天部分时间。由于冬天强烈的热交换，在湾流和黑潮区域每年最大海面高度异常的变化量达到 20cm 左右。除了这些流场系统，北半球每年的变化是 12cm，在南半球的反应正好相反，在南半球，最大海面高度异常出现在 3 月到 5 月，最小异常出现在 9 月到 11 月。

南半球每年的海面高度变化约为 6cm，约为北半球的一半。北半球大范围的陆地区域对海面高度异常的变化产生很大影响。由于冬天陆地区域比海洋的温度更低，北半球冬天的季风降低海洋温度比南半球明显，因此，北半球海洋比南半球的温度变化更大。在两个半球，由于冷的海水对温度的变化相对不敏感，所以最大的比容变化发生在中纬度，而不是高纬度。

图 12.22 中同样展示了大规模的海流和风场造成的海面高度异常的年际变化。图中赤道

上表现出比较复杂的情形,这是由于对 1992—1993 年和 1997—1998 年两次厄尔尼诺平均的结果,并且由西向和东向流错综复杂的带状结构造成。在赤道北部,图中表示了北赤道流场和反方向流场的季节带状特点。反向流场东向流场达到最大是在 9 月到 11 月,达到最小是在 3 月到 5 月,而北赤道流场具有相反的特点。一个类似但弱的流场系统发生在赤道南部。在北印度洋,季节性的海面高度异常变化是海洋受季风的影响造成的。

12.9.3　20 年全球海平面变化趋势

从 1993 年 1 月到 2012 年 12 月,利用 TOPEX、JASON-1 和 JASON-2,图 12.23 给出了全球平均海平面的变化趋势(Beckley 等,2010)。这 20 年间全球平均海平面升高了大约 6.4cm,该曲线的确定以及 JASON 和 TOPEX 卫星的相互标定是一个非常复杂的过程。通过比较卫星高度计测量的海面高度的时间变化和全球 64 个验潮仪测量的海面高度变化进行标定,验潮仪的测量精度为 0.3mm 每年。从标定可以估计出全球平均海平面每年上升约 (3.2 ± 0.4) mm 每年,或 3.2cm 每 10 年,冰川带来的变化约为 0.3mm 每年。图 12.22 的曲线还可以给出由于每年海洋的升温和冷却导致的海平面的 1 年和半年变化规律。

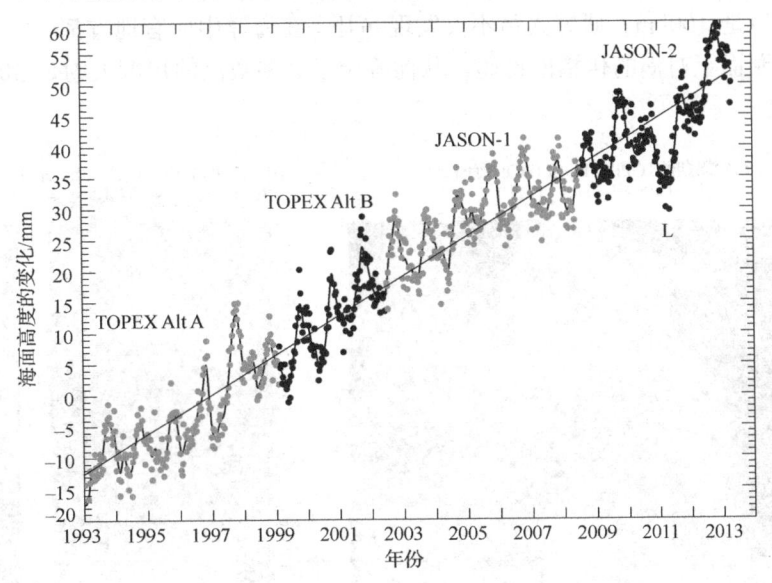

图 12.23　基于 TOPEX、JASON-1 和 JASON-2 卫星观测的 1993 年 1 月至 2013 年 3 月全球海平面变化趋势。图中为 TOPEX、JASON-1 和 JASON-2 观测的海面高度随时间变化。TOPEX A 模式的数据点用灰色表示;TOPEX B 模式用黑色表示;JASON-1 模式用灰色;JASON-2 模式用黑色。不规划的黑色曲线表示经 60 天汉宁窗滤波后的海面高度变化,图中包括了年际和半年际的变化;斜线为最小二乘拟合线。图中的"L"表示与 2010—2011 年厄尔尼诺/拉尼娜事件相关的海平面下降 [图片是 Beckley 等(2010)中图 16 的更新版本]

20 世纪,利用验潮仪测量计算得到全球海表面大约每年上升 1.7mm,这样,20 世纪上升速率翻了 1 倍(Boening 等,2012)。在图 12.23 中,字母"L"表示 2010 年 3 月和 2011 年 5 月间海表面有 5mm 的下降。正如 Boening 等(2012)讨论的,这个下降同图 9.20 显示的 2010—2011 年的厄尔尼诺/拉尼娜变迁有关。拉尼娜期间的降雨量会发生改变,降雨量在陆地增大而在海洋减小,导致澳大利亚、巴基斯坦和中国发生洪水。Boening 等人认为,2010

年11月的拉尼娜造成过去80年最冷的事件发生，导致陆地储存的水量增多，全球平均海平面相应下降。

12.9.4 涡流的西向传播

本节用两种方式检验小尺度涡的西向传播。第一，对于印度洋，图12.24显示海面高度场具有100km尺度长时间周期的传播。尽管这些以前被认为是Rossby波，Chelton等（2011a，2011b）证明这具有明显的非线性中尺度结构（称为涡）的特征。这些涡同Rossby波类似，是向西传播的长波长斜压波，且在海表面只引起约10cm的高度变化（Cushman-Roisin，1994）。由于具有相对长的波长和相对小的相速度，其表面特征能利用TOPEX数据得到。基于TOPEX的第60周期的观测数据，图12.24的左图给出了印度洋海面高度的分布，箭头所指的矩形色谱为在25°S的观测。右图为海面高度异常Hovmöller分析图，横轴为经度，纵轴为TOPEX周期数。分析图显示，海面高度从右下到左上成斜向特征，对应着这些涡的西向传播。

第二，基于16年的ERS-1、ERS-2和ENVISAT卫星高度计数据，并利用TOPEX和JASON-1数据，Chelton等（2011b）检验了35 891个涡，其存在周期超过16周，典型振幅是10cm，半径是100km。研究人员不仅发现涡几乎在海洋中所有地方都会发生，而且完成了在45个纵断面上对涡的传播的检验，从而确定了大多数涡的尺度大约是300km，并且向西传播。

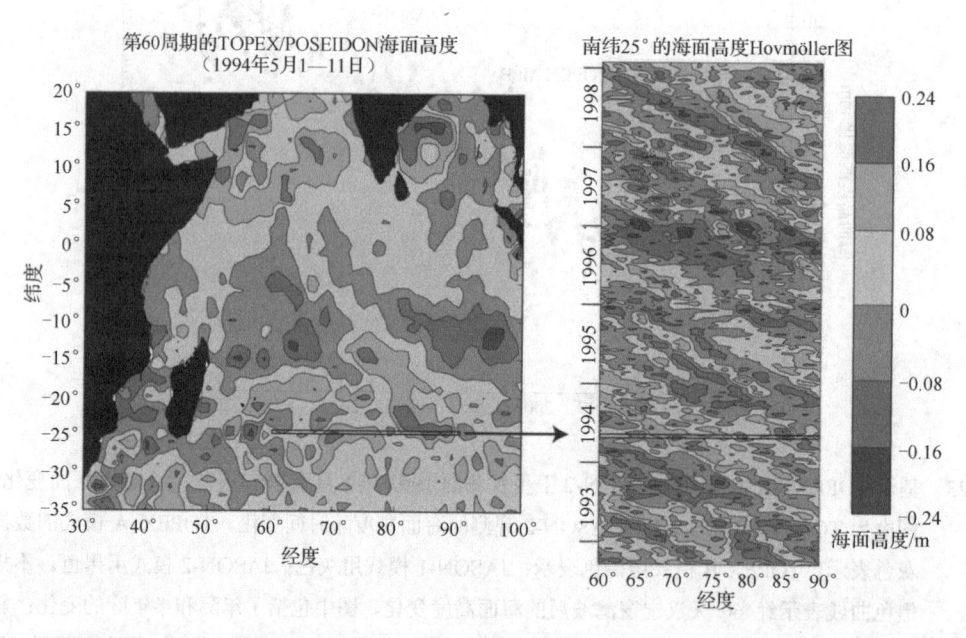

图12.24 印度洋的涡流。左图展示了印度洋海面高度异常的地理分布，使用了TOPEX第60周期（1994年5月1—11日）的数据。左图南纬25°处的细小长方形条带对应箭头所指的右图中的条带。右图中横轴对应印度洋的中心区域；纵轴对应TOPEX的观测周期。两图共用右面的色度条。右图中出现的斜向特征反映了涡流的西向传播特征［引自Killworth（2011）中的图5］（见彩插）

图12.25上图比较了随纬度西向传播的大尺度海洋现象西向传播的平均速度（黑色点）、小尺度非线性涡的平均速度（灰色点）以及斜压的线性Rossby波的传播速度（黑线），在求平均时，选取同一纬度±1.5°内的观测点进行平均。对于下图，横轴是纬度（南纬50°至北

纬 50°），灰色线是所有生命周期超过 16 周的涡纬向平均传播速度，灰色区显示了涡速度分布的 25%～75%在四分位范围。图 12.25 显示大尺度海洋现象的传播速度比涡的传播速度大 33%，而且二者的速度都比线性 Rossby 波的传播速度快，并且涡的传播速度在南半球比北半球快约 20%。图 12.25 还显示了西向传播速度随着纬度的降低而增加，在±25°的赤道带没有观测到波。下图比较了涡和 Rossby 波的速度，虚线是完全相同的（Chelton 和 Schlax，1996），涡的速度一般为 Rossby 波速度的 1～2 倍，鲜有例外。尽管图中显示了涡与大尺度海洋现象的传播速度和 Rossby 波模式计算的速度近似符合，但 Chelton 等（2011b）认为，很难证明涡就是线性 Rossby 波。

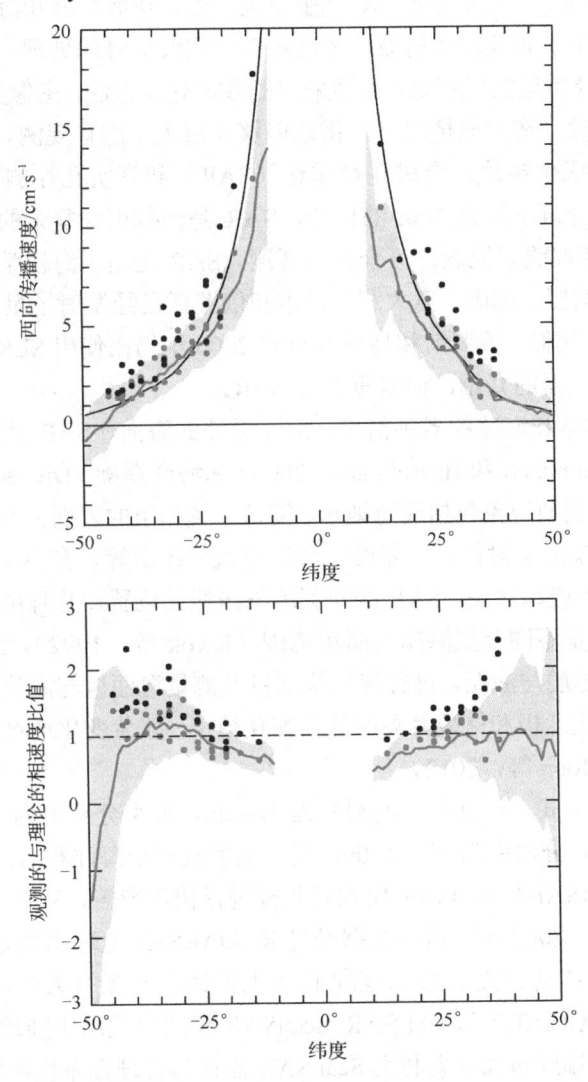

图 12.25　基于高度计数据观测到的沿纬度西向传播速度的变化。图中左侧部分的黑点表示沿纬向大尺度海洋现象的平均传播速度；灰色点表示生命周期大于 16 周的小尺度非线性涡流的平均速度。在数据处理中做了沿纬向±1.5°范围内的平均。图中左侧部分的灰线表示全部涡流的平均，其中灰色阴影区域表示 25%～75%的涡流速度的分布在四分位范围。黑色线表示理论计算的 Rossby 波相速度。下图展示了观测与 Rossby 波模式计算相速度的比值［引自 Chelton 等（2011b）中的图 22］

第13章 成像雷达

13.1 引言

侧视成像雷达提供了一种高分辨率、几乎全天候的、获取海冰和海表后向散射特征的方法。许多海洋现象调制了布拉格散射波,通过对雷达回波信号的处理,能够形成图像并显示出这些海洋现象。成像雷达的优点是,根据采用的数据处理方法,图像分辨率可以达到米级;在雷达工作频段内,除了在大雨情况下,雷达能够穿透大气进行观测。

目前有两种星载成像雷达:合成孔径雷达(SAR)和真实孔径侧视雷达(SLR)。SLR是距离向采样、地面分辨率约为1km的仪器,SAR是一种更加复杂的仪器,最高分辨率可优于3m。雷达脉冲能够照射地表,可全天时观测。SAR是用于海洋学研究的主要雷达成像仪,美国、加拿大、欧盟、德国、意大利、日本和俄罗斯已经发射了星载SAR。SLR在交轨方向工作方式与SAR相似,俄罗斯和乌克兰直到2000年仍在使用SLR监测海冰。因此,本章内容包括对这两种仪器的介绍,但着重介绍SAR。

SAR提供了海洋学和海冰的多种信息。对于无冰的海面,SAR用于研究内波(Hsu和Liu,2000)、海浪(Heimbach和Hasselmann,2000)和海洋涡旋(DiGiacomo和Holt,2001)。SAR图像上还能观测到的现象包括浅海地形、海流、风和雨的表面分布,以及油膜和其他改变海表特性的物质。镜面反射体,如船舶、海岸建筑和冰山等,在SAR图像中也是可见的(Kim等,2011)。对于极地冰盖,SAR能观测冰外缘线的位置,并且由于冰表面粗糙度随冰厚增加,SAR也能确定不同类型海冰的面积范围(Kwok等,1992)。SAR还用于监测海面溢油,近实时地监视船舶与渔船,进行海域执法以及测量海面风与海浪(Hurley,2010)。近年来,SAR被用于确定北极和格陵兰岛的冰盖变化情况,冰盖变化通过海平面升高来影响海洋(Rignot,2008;Moon等,2012)。

SAR有多种工作模式。标准模式的刈幅为100km,典型分辨率为25m;ScanSAR模式的刈幅为350~500km,分辨率为75~150m。宽刈幅模式对于海洋和海冰的研究非常有价值。在北极,采用RADARSAT-1 ScanSAR模式对北极进行快速覆盖,3~6天能获取一次完整的冰区覆盖图。在1996—2007年,这些数据经过RADARSAT地球物理处理系统(RGPS)分析后,可以提取海冰移动速度、形态变化和海上浮冰的冰龄(ASF,2013a)。在南极,RADARSAT-1、RADARSAT-2和PALSAR ScanSAR模式已经用于陆地冰盖制图(Rignot,2008)。在开阔海域,挪威和加拿大利用ScanSAR监视与管理在本国海域和国际海域的捕鱼船队的情况,也用于海面溢油的监测与追踪(Olsen和Wahl,2000;Pichel和Clemente-Colón,2000;Bannerman等,2009;RADARSAT-2,2013b)。

SAR和SLR都依靠卫星或载机的相对移动形成图像,天线方位向的长度远大于距离向的长度,且以合适的角度发射扇形波束。在多数情况下,这些扇形波束的视角大于20°。这种角度下的回波信号避免了镜面反射,主要为布拉格散射。SAR工作原理复杂,而且数据量大；对于 SAR 图像的每一个像元，其灰度值是从记录在约 0.5s 周期内发射的数百个脉冲信号的后向散射的振幅和相位计算得到的。由于这个过程复杂，理解 SAR 图像需要了解 SAR 的工作原理，以及由太阳能电池帆板、天线、电子设备和相关地面系统施加的工程限制条件。解译图像需要知道布拉格散射与入射角和地表特性之间的关系。

13.2 节介绍 SLR 和 SAR 的基本设计方法，13.3 节推导 SLR 的分辨率，13.4 节推导 SAR 的分辨率并讨论 PRF（脉冲重复频率）与系统噪声对 SAR 成像的限制，描述海流、船舶或海浪造成的相对运动对成像的影响。以目前运行的 RADARSAT-2 SAR 为例，13.5 节讨论 SAR 的设计、成像模式和工作限制条件，13.6 节介绍其他运行中的 SAR，13.7 节给出 SAR 对开阔海域和浮冰观测图像的示例。

13.2 背景知识

本节描述 SLR 和 SAR 的工作原理，讨论分辨率的概念以及它和可见光/红外情况下分辨率的区别，介绍多极化 SAR，讨论干涉 SAR，并对过去、现在和将来的 SAR 卫星情况进行总结和展望。

13.2.1 概述

SAR 或 SLR 卫星天线的典型尺寸为方位向约 10m、距离向约 2m，侧视入射角为 20°～50°。天线由许多称为主动相控阵列的分布收/发组件组成（Luscombe 等，1993；Riendeau 和 Grenier，2007）。尽管本节提到的天线形状是矩形的，SAR 也有抛物面结构的天线，在 1990—1994 年麦哲伦 SAR 的金星制图计划中有具体描述（Anthony Freeman，1999，私人交流）。星载 SAR 的脉冲重复频率为 1000～2000Hz，工作频率为 1～10GHz，相应的波长为 3～25cm。这样选择频段的原因是，当频率小于 1GHz 时，雷达受到电离层的反射和吸收、地球辐射以及 9.3 节中介绍的太空辐射的影响。当频率大于 10GHz 时，主要受到大气吸收的影响。

图 13.1 显示了右侧视雷达宽度为 w、长度为 l 的矩形天线几何关系图和半功率 FOV 或天线表面覆盖区域。对于 RADARSAT-1 和 RADARSAT-2 SAR 天线，$w=1.5\text{m}$，$l=15\text{m}$。观测表面覆盖区域大小由式（10.19）定义，在方位向和距离向的半功率波束宽度分别为 $\Delta\theta_{1/2}$，$\Delta\phi_{1/2}$。假设天线高度为 h，入射角为 θ，距离向的地表刈幅 X_S 可以近似表示为

$$X_S = \Delta\theta_{1/2}R_0/\cos\theta = \Delta\theta_{1/2}h/\cos^2\theta = \lambda h/w\cos^2\theta \tag{13.1}$$

式（13.1）中雷达至地表的距离 $R_0 = h/\cos\theta$。推导式（13.1）的假设是 $\Delta\theta_{1/2} \ll \theta$。另外，$\cos\theta$ 项将正交于视线方向的波束宽度转换成地面刈幅，X_S 的典型值为 100km。同样，方位向的波束宽度 Y_S 表示为

$$Y_S = \Delta\phi_{1/2}R_0 = \Delta\phi_{1/2}h/\cos\theta = \lambda h/l\cos\theta \tag{13.2}$$

因此，Y_S 与天线长度 l 成反比。对于 RADARSAT，Y_S 的典型值约为 3km，所以覆盖区域的纵横比小。

由 10.4 节可知，对于 SAR 和 SLR，脉冲长度决定了它们距离向的分辨率。两者图像之间的不同在于它们沿航迹方向或方位向的分辨率，由于 SLR 方位分辨率与距离单元有关，它的方位分辨率为式（13.2）中的 Y_S。因此，只有通过增加天线的长度 l、减小观测距离来

提高方位分辨率。如果 RADARSAT 的天线以 SLR 方式工作，那么它将不能分辨出在方位向上间隔小于 3km 的两个物体。

相反，SAR 的理论方位分辨率为 $l/2$，即天线长度的一半。SAR 采用以下方法达到如此高的分辨率。物理上，SAR 可以分为两部分——天线及收/发组件，存储器或回波存储器。考虑图 13.1 中的 A 点，在 SAR 坐标系中，该点从左侧进入观测覆盖区域范围，从右侧退出，该点经过 RADARSAT 的观测范围需要 0.5s 的时间，在此期间被 1000 个脉冲照射。对于 SLR，只记录回波每个脉冲幅度的时间历程。

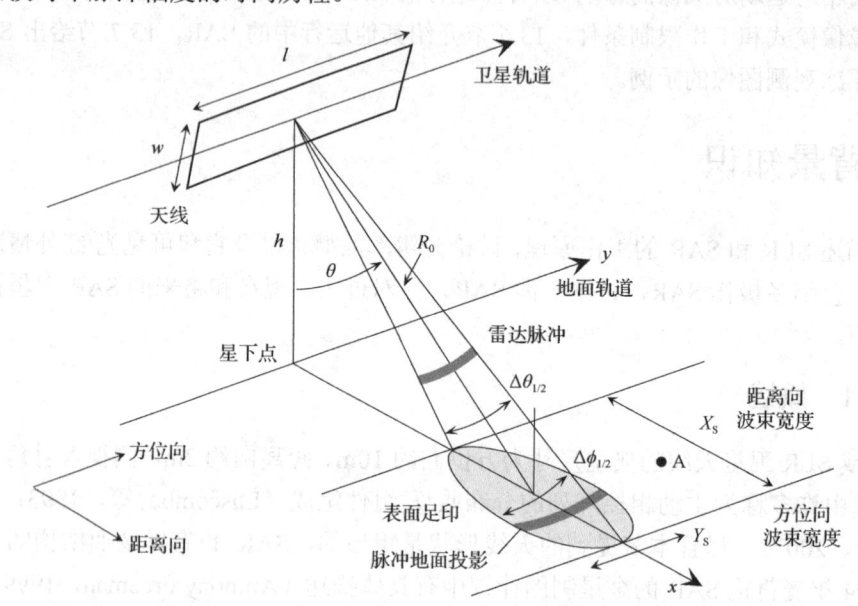

图 13.1 SAR 和 SLR 天线的观测几何关系。w 为天线宽度，l 为天线长度。为清晰起见，表面覆盖区域方位向宽度相对于距离向宽度进行了放大，典型的覆盖区域尺寸为 3km×100km。按照图中比例，方位向的波束宽度只比线 x 标出的宽度略大

与之相反，SAR 记录了每个回波的幅度和相位的时间历程，因此产生了所谓的相干雷达，在存储的数据集中，每一个通过照射覆盖区域的空间点用时间表示，都有唯一的距离和多普勒频移历程。如果在雷达观测时间内，物体的相对位置不改变，那么对脉冲序列的大量分析计算，可以得到距离和方位向高分辨率的表面图像。这种计算过程类似天线孔径合成，合成孔径天线的长度与照射范围宽度相等，对于 RADARSAT，约为 3km。事实上，SAR 获得高分辨率不仅是采用了更长的天线，如 13.4.1 节所述，而且进行了距离与多普勒联合处理，SAR 方位向分辨率与距离无关。

13.2.2 分辨率和像元尺寸

遥感领域有两种分辨率定义，第一种是用于可见光/红外与被动微波仪器生成图像的 FOV 直径或像元尺寸（见 1.6.6 节）；第二种是主动雷达中采用的能够区分的两个物体之间的最小间距（Raney，1998，第 12~14 页）。对于第一种定义，图 13.2（a）显示一系列 FOV 与两个由竖直线段表示的目标，两个目标的 FOV 直径间隔为 Δx。在图像中，这些目标表示为相邻的黑色像元，不能被分别区分。对于第二种定义，即雷达分辨率，像元尺寸为分辨率

的一半。图 13.2（b）表示了这种情况，距离为分辨率的两个目标可以被区分。图 13.2（c）表明两个物体之间的距离小于分辨率的情况，此时这两个物体不能被区分。说明像元尺寸和分辨率之间差别的另外一种方法是奈奎斯特准则（Jenkins 和 Watts，1968）。奈奎斯特准则表明，为确定波长 λ_s 的空间变化，信号采样的最小间隔必须为 $\lambda_s/2$，因此像元间隔为分辨率的一半。

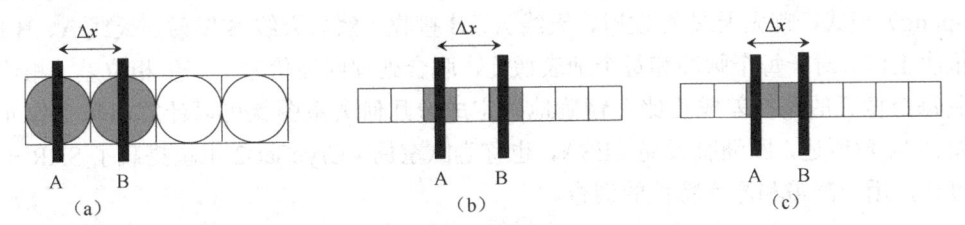

图 13.2 两种分辨率的定义示例，A、B 为两个目标，Δx 为固定分辨率间距。(a) VIR 分辨率定义为与像元大小相等的 FOV 直径，两个目标间距为 Δx。由于目标在图像中表示为相邻黑色像元，因此两个目标在图像中不能被分别区分；(b) 雷达分辨率，Δx 为两个目标可以被分辨的最小分辨间距，在图中，像元的大小为分辨率的一半，因此两个物体能被分辨；(c) 两个物体之间的间距小于雷达分辨率，因此目标不能被分辨。更多内容见正文

13.2.3 极化

SAR 发射的脉冲是极化的，通常为水平极化（H）和垂直极化（V）。发射和接收都为水平极化或垂直极化的天线为 HH 天线或 VV 天线。另一种情况是，天线发射为水平极化，接收为 HH 和 HV；或者天线发射为垂直极化，接收为 VV 和 VH，HV 和 VH 被称为交叉极化。如 10.2.2 节所述，采用 4 种极化方式（HH，HV，VV，VH）的 SAR 称为极化 SAR。极化 SAR 为 4 极化工作方式。在 4 极化模式下，首先 SAR 发射垂直极化脉冲，然后接收到垂直极化和水平极化回波（VV，VH），再由 SAR 发射水平极化脉冲，然后接收到水平极化和垂直极化回波（HH，HV）。交替发射水平极化与垂直极化脉冲，而不同时发射这两种极化脉冲的原因是：在区分同时到达的 VV 和 HV、HH 和 VH 回波时可能发生模糊。极化 SAR 的优点是能提供更多的地表信息，缺点是数据量远大于单极化 SAR 数据量。很多 SAR 天线都以上述模式工作，不同极化模式对感兴趣特征的灵敏度不同，例如，VH 极化在船舶检测应用中的效果明显优于 VV 极化（Hurley，2010；Hannevik，2010）；在其他研究领域，Bannerman 等（2009）讨论了极化 SAR 在检测海面溢油中的应用；Kim 等（2011）描述它在冰山研究中的应用。

13.2.4 干涉雷达

SAR 和 SLR 的干涉测量都是在不同位置或不同时间获取相同区域的观测数据，然后联合使用观测数据测量地表位移或速度的变化（Madsen 和 Zebker，1998；Rosen 等，2000；Gens，2013）。根据 Massonnet 和 Feigl（1998）的说法，干涉测量广泛应用于陆地制图、与地震相关的地表形变研究和格陵兰岛与南极的冰盖移动研究（Rignot，2008；Joughin 等，2010）。在海洋学应用中，干涉已用于海浪测量（Zhang 等，2009）。干涉 SAR 有两种工作方式：交轨干涉与顺轨干涉。

交轨干涉由航迹方向位置相同、交轨方向位置不同的两副天线组成，两副天线同时对相同区域进行观测（见图 13.3）。两副天线在交轨方向的间距经过精确测量，并保持在给定的基线长度，基线长度量级一般为米级。干涉仪的几何关系由三个因素决定：天线尺寸、基线长度和仪器的高度。目前至少有两种天线工作方式，第一种是天线 A 发射并接收信号，天线 B 仅接收信号，这样反射的回波信号由两个天线接收。另外一种工作方式是所谓的乒乓（ping-pong）模式，首先天线 A 发射，天线 A、B 接收，然后天线 B 发射，天线 A、B 接收，这样依次工作。对于每个脉冲和每个地表像元，联合处理回波信号会产生相位差，相位差与天线到每个像元的路径差成正比。精确地确定成像几何关系图就可以计算出每个像元的高度。如第 14 章所述，欧洲航天局（ESA，也称为欧空局）CryoSat-2 卫星搭载了 SAR 干涉雷达高度计，用于冰盖和浮冰特性的调查。

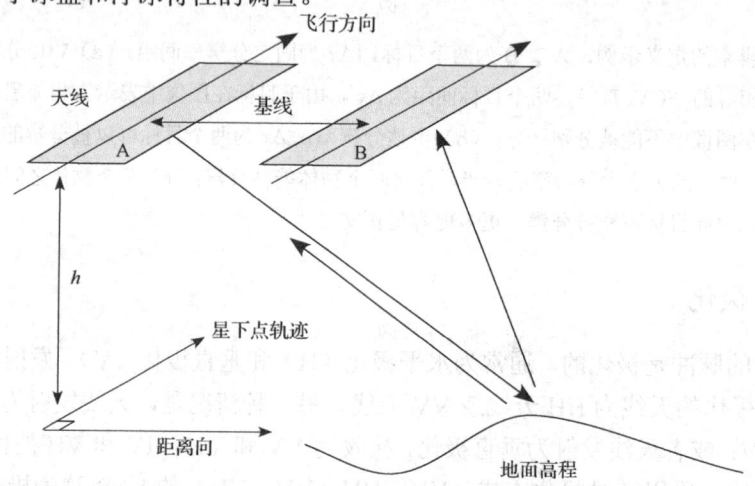

图 13.3　交轨干涉仪的观测几何关系，两副天线航迹平行，并处于特定的高度，它们之间的基线长度精确已知。这两副天线在不同的位置对相同的观测区域同时观测

方位向干涉仪由两个在相同轨道上的天线组成，它们在相同的位置、不同的时间对同一观测区域进行观测获取两幅图像（见图 13.4）。这样，根据观测得到的每个像元的不同相位，可以分析得到径向位移，Zhang 等（2009）描述了它在海洋表面速度测量方面的应用。

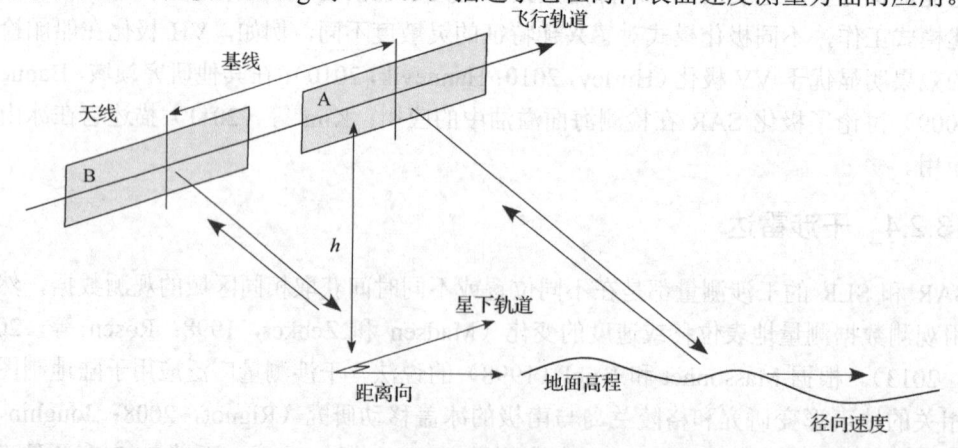

图 13.4　顺轨干涉仪的观测几何关系。两副处于特定高度的天线航迹相同，两副天线间的基线长度已知。天线 A 先对观测区域进行观测，随后天线 B 对其进行观测

13.2.5 过去、现在和将来的 SAR 卫星

表 13.1 列举了部分过去、现在和将来的民用 SAR 卫星。表中给出了卫星名称、所属国家或机构、SAR 工作频率与极化方式、卫星发射时间和结束运行时间。第一颗民用 SAR 卫星是 NASA 在 1978 年发射的 SEASAT SAR。此后，美国的民用 SAR 都搭载在航天飞机上执行短期任务。紧随 SEASAT 之后的是俄罗斯 ALMAZ（金刚石）SAR，欧洲航天局的 ERS-1 和 ERS-2 SAR。由于 SEASAT，ERS-1 与 ERS-2 没有星上数据存储器，仅能在地面站接收范围内进行观测。在 1995 年，ERS-1 和 ERS-2 运行在相同的轨道上，实现了顺轨干涉测量。

表 13.1 民用 SAR 卫星

卫星名称	国家或机构	频率/GHz，极化方式	发射时间/年	结束运行时间/年	注 释
SEASAT	美国宇航局	1.3，HH	1978	1978	
ALMAZ	苏联	3，HH	1991	1992	
ERS-1	欧洲航天局	5.3，VV	1991	2000	
JERS-1	日本	1.3，HH	1992	1994	
ERS-2	欧洲航天局	5.3，VV	1995	2011	
RADARSAT-1	加拿大	5.3，HH	1995	—	
ENVISAT（ASAR）	欧洲航天局	5.3，VV，HH；VV，VH；HH，HV	2002	2012	
ALOS（PALSAR）	日本	1.3，四极化	2006	2011	
RADARSAT-2	加拿大	5.405，四极化	2007	—	与 RADARSAT-1 轨道相同
TanDEM-X	德国	9.65，四极化	2010	—	与 TerraSAR-X 前后跟随
COSMO-SKYMED	意大利	9.6，四极化	2007—2010	—	4 颗卫星
Sentinel-1A 与 1B	欧洲航天局	5.405，VV，HH；VV，VH；HH，HV	2014	—	2 颗卫星（第二颗在 2015—2016 年）发射
RADARSAT 星座	加拿大	5.3，四极化	2018	—	3 颗卫星

1999 年前的数据引自 Raney（1998，表 2-4，表 2-5 和表 2-6）；2000 年后的数据引自 ASAR（2013a），PALSAR（2013），RADARSAT（2013），TanDEM-X（2013a），COSMO-SkyMed（2013a），Sentinel-1（2013），Snoeij 等（2008），Torres 等（2012）等文献。

日本的 SAR 有搭载在日本地球遥感卫星上的 L 频段 SAR 与后续搭载在先进陆地观测卫星（ALOS）上的相控阵 L 频段 SAR（PALSAR）。加拿大 RADARSAT-1 SAR 是第一颗业务运行的宽刈幅观测 SAR 卫星，它的后续星是目前正在运行的 RADARSAT-2 极化 SAR 卫星，以及计划中的 RADARSAT 星座。ERS SAR 的后续星是 ENVISAT ASAR（极化方式为 VV 和 HH），以及未来的 Sentinel-1A 与 1B 卫星。与 ERS 和 ASAR 相似，Sentinel SAR 有两种工作模式：普通的 SAR 模式和海浪研究的专用模式。德国目前在轨的两颗 SAR 卫星 TerraSAR-X 与 TanDEM-X 运行在相同轨道上，卫星间距约为 400m（TanDEM-X，2013b）。它们采用交

叉轨道干涉方式主要在陆地任务中生成了全球数字高程模型（DEM）。意大利在轨的由 4 颗卫星组成的 COSMO-SKYMED 星座，应用在军事、民用与研究领域（COSMO-SkyMed, 2013b）。

13.3 SLR 分辨率

本节主要推导 SLR 的分辨率，SLR 距离向分辨率的推导与 SAR 相同。如图 13.1 所示，SLR 对轨道的一侧进行观测，先发射短脉冲，然后接收后向散射能量，并对回波信号进行采样排序。由于卫星速度远小于光速，随着 SLR 沿着轨道飞行，不断接收回波信号，并对每个脉冲进行采样排序，图像也逐行形成。SLR 搭载在苏联 KOSMOS 系列卫星和随后的乌克兰/俄罗斯 OKEAN 和 OKEAN-O 卫星上，并且还将搭载于继 OKEAN 系列之后的乌克兰/俄罗斯的 OKEAN-O（业务）卫星。Mitnik 和 Kalmykov（1992）描述了 KOSMOS 卫星上业务运行的 SLR 载荷，并且给出了示例图像；在俄罗斯，SLR 数据由类似传真机的设备接收。KOSMOS SLR 的地面分辨率为 1~3km，它可以被认为是全天候的 AVHRR（先进甚高分辨率辐射计）。

侧视雷达的分辨率是距离向和方位向距离的函数。如果距离相同的两个目标，在方位向上的间距非常小，处于式（13.2）中 Y_S 的范围内，那么同一个脉冲的能量被两个目标同时反射，因此这两个目标不能被区分。SLR 的方位向分辨率 Δy_{SLR} 为

$$\Delta y_{SLR} = Y_S = \Delta \phi_{1/2} R_0 = R_0(\lambda/l) \tag{13.3}$$

式（13.3）表明，方位向分辨率随着卫星到观测表面距离 R_0 的增加而线性减小。

在距离向上，由 10.4 节可知，SLR 的距离向分辨率 Δx_{SLR} 等于脉冲长度或脉冲持续时间投影到观测表面的一半：

$$\Delta x_{SLR} = c\tau/(2\sin\theta) \tag{13.4}$$

式（13.3）和式（13.4）表明，随着 θ 角的增加，Δx_{SLR} 减小而 Δy_{SLR} 增加。考虑 $\theta \to 0$ 和 $\theta \to \pi/2$ 两种极限情况。首先，当 $\theta \to 0$ 时，接近天底指向，能量被同时反射回来，此时，$\Delta x_{SLR} \to \infty$，$\Delta y_{SLR} = \Delta\theta_{1/2}h$，SLR 是不可用的。

其次，当 $\theta \to \pi/2$ 或为水平入射角时，$\Delta x_{SLR} \to c\tau/2$ 达到最小值，$\Delta y_{SLR} = \infty$，这时 SLR 也是不可用的。在这两种极限情况之间，分辨率随着 θ 变化，因此，SLR 的二维分辨率都与 θ 有关。减小脉冲长度可以提高距离向的分辨率，但是提高方位向分辨率只能增加天线长度、减小 $\Delta \phi_{1/2}$。

13.4 SAR 如何达到它的分辨率

本节主要讲述 SAR 如何达到它的分辨率，并讨论 SAR 工作中的某些限制。13.4.1 节推导 SAR 的方位向分辨率，13.4.2 节讨论分辨率对 PRF（脉冲重复频率）的限制条件，13.4.3 节描述仪器和环境噪声对信噪比的限制，13.4.4 节描述由随机表面后向散射产生的噪声-斑点噪声。13.4.5 节和 13.4.6 节讨论 SAR 图像中出现的问题：图像辐射均衡处理的必要性与距离走动问题，距离走动是目标在覆盖区域内相对运动产生的图像畸变。

13.4.1 由多普勒波束锐化推导 SAR 的分辨率

SAR 天线的最优方位向分辨率等于天线长度的一半,即 $l/2$,这个结果与距离和频率无关。Ulaby 等(1982)用几种方法推导出这个结果,在这些方法中,本节介绍一种称为多普勒波束锐化的方法,分析方法涉及多普勒跟踪穿过覆盖区域的单个目标,并推导出方位分辨率。

假设地球没有自转,天线向航迹直角照射,在一个表面覆盖区域内,图 13.5 显示了等多普勒线与等距离线的几个特性。如果地表相对卫星的位置定义为 (x, y),则在覆盖区域内,y 远小于 x。此时,定义 $\delta = y/x$ 为相对于距离向的方位角,并定义入射辐射的中心频率和波长分别为 f_0 和 λ_0,式(10.32)给出多普勒频移 Δf 与入射角的关系

$$\Delta f = 2U_0 \delta \sin\theta / \lambda_0 \tag{13.5}$$

替换 δ,并将 $x = R_0 \sin\theta$ 代入式(13.5),得到

$$\Delta f = 2U_0 y / (\lambda_0 R_0) \tag{13.6}$$

根据式(13.2),覆盖区域前缘 y 的位置 $y_{\max} = Y_S/2$ 可以写为

$$y_{\max}/R_0 = \Delta f_{1/2}/2 = \lambda_0/(2l) \tag{13.7}$$

它与覆盖区域后缘 y 的位置大小相同、方向相反。将式(13.7)代入式(13.6),可以得到目标进入或离开覆盖区域边缘时的多普勒频移:

$$\Delta f_{SAR} = \pm U_0/l = \pm 1/\tau_S \tag{13.8}$$

在式(13.8)中,τ_S 是卫星飞过一个天线长度所需的时间。对于 RADARSAT-1 和 RADARSAT-2,$l = 15\text{m}$,$U_0 = 6.5\text{km/s}$,可得 $\Delta f_{SAR} = \pm 430\text{Hz}$。

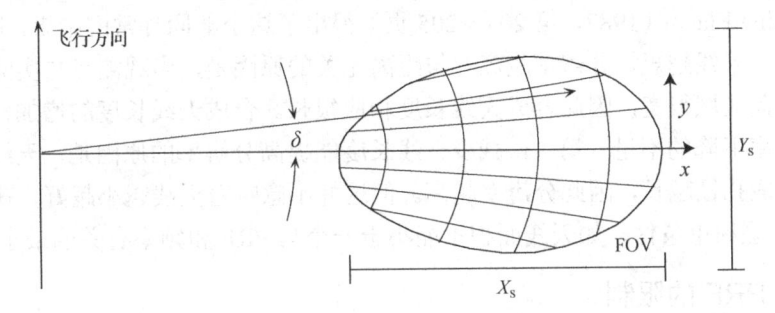

图 13.5 SAR 的表面覆盖区域。图中显示了等距离线和与其正交的等多普勒线,覆盖区域位于飞行方向的右侧。相对于 x 轴,y 轴方向的尺寸被放大了

图 13.5 表明,当一个固定目标穿过覆盖区域时,它相对于卫星的距离是减小的,直到 $y=0$ 后再增加,在这段时间内,多普勒频率几乎是线性地减小。目标穿越覆盖区域时距离是时刻变化的,对变化距离进行处理称为聚焦 SAR(focused SAR)。为便于对比,非聚焦 SAR 则假设目标距离是不变的。

对于聚焦 SAR 和式(13.5),图 13.6 表明多普勒频移是时间的函数。相对于卫星,目标物进入覆盖区域时刻的多普勒频移为 $+\Delta f_{SAR}$,离去时刻的多普勒频移为 $-\Delta f_{SAR}$。假设采用多普勒滤波器进行目标跟踪处理,去除回波中的载频 f_0 后,滤波器的中心频率随着时间减小。如果 $\Delta f_{\min}$ 是 Δf 能被区分的最小频率间隔,那么根据式(13.6)可以得到在方位向上的分辨率 $\Delta y_{\min}$

$$\Delta y_{\min} = \Delta f_{\min} \lambda_0 R_0 / (2U_0) \tag{13.9}$$

从式（13.9）可以看出，如果给定一个 $\Delta f_{\min}$，很容易得到 $\Delta y_{\min}$。

频率分辨率 $\Delta f_{\min}$ 由照射时间 T_0 决定，T_0 为测量点经过刈幅所用的时间，或者是卫星经过在方位方向刈幅宽度所需的时间，因此由式（13.7）得

$$T_0 = R_0 \lambda_0 / (lU_0) \tag{13.10}$$

根据基本的时间序列限制（Jenkins 和 Watts，1968），有

$$\Delta f_{\min} = 1/T_0 = lU_0 / (R_0 \lambda_0) \tag{13.11}$$

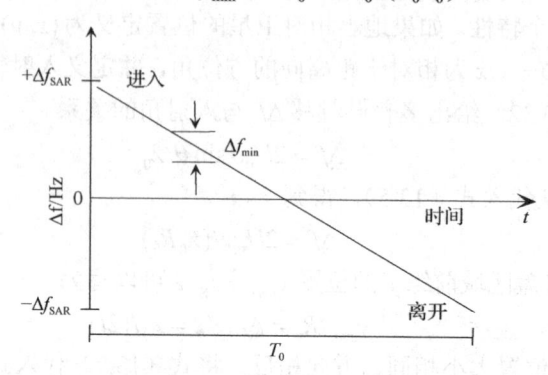

图 13.6 在频率空间跟踪穿过 SAR 覆盖区域的目标，目标从左上方进入，从右下方离开

对于 RADARSAT-1 和 RADARSAT-2，T_0 为 0.5s，因此 $\Delta f_{\min}$ 为 1.2Hz。将 $\Delta f_{\min}$ 代入式（13.9）可以看出，方位向的最小分辨率等于天线长度的一半：

$$\Delta y_{\min} = (lU_0 \lambda_0 R_0)/(\lambda_0 R_0 2U_0) = l/2 \tag{13.12}$$

Paraphrasing Elachi（1987，第 204~205 页）得出了这个非同寻常的结果，因为 $l/2$ 与频率和距离无关，天线越短，分辨率越高。与距离无关的原因是，当观测点与实际天线的距离非常远时，覆盖区域很宽，因此合成天线长度相应很长。合成天线长度的增加，弥补了距离过大引起分辨率下降的不足。第二，减少天线长度能提高分辨率的原因是，天线越短，覆盖区域越宽，合成孔径越长，因此分辨率越高。但这并不意味着天线越小越好，在下一节中将介绍 PRF 的一些约束条件，如天线面积不能小于一个与 PRF 和频率有关的最小值。

13.4.2 PRF 的限制

为使式（13.12）有效，PRF（脉冲重复频率）必须满足两个限制条件，一个是下限，一个是上限。PRF 的下限与天线长度相关，上限与天线的宽度有关。结合这两个限制条件，就限定了天线的最小面积。

PRF 的下限由天线的分辨率决定，根据奈奎斯特准则，PRF 必须至少为样本多普勒频移的 2 倍，因此，

$$\text{PRF} \geq 2\Delta f_{\text{SAR}} \tag{13.13}$$

为了达到 SAR 的分辨率，即 $l/2$，由式（13.8），PRF 必须满足

$$\text{PRF} \geq 2U_0/l \tag{13.14}$$

式（13.14）表明，为使方位分辨率等于 $l/2$，移动一个天线长度距离至少要发射 2 个脉冲。在这种限制条件下，对于天线长度为 15m 的 RADARSAT，$U_0 = 6.5$km/s，则 PRF 必须大于 900Hz。式（13.14）设定了 PRF 的下限，表明非常短的天线要达到 $l/2$ 的分辨率，PRF 必须

非常高。如果 PRF 小于式（13.14）设定的下限 PRF $< 2U_0/l$，天线还会继续工作，但 $\Delta y_{min} > l/2$（Anthony Freeman，1999，私人交流）。

PRF 的最大值或上限的限制条件是：每个脉冲回波必须能够被无模糊地区分，不能与在它之前或之后发射的脉冲混叠。根据 10.4.2 节的内容，这意味着 PRF 必须满足式（10.24）。为推导图 13.7 中窄观测刈幅的 SAR 的 PRF 最大值，假设距离向的波束宽度 $\Delta\theta_{1/2}$ 远小于 θ，波束中心的角度为 θ_m，R_0 为卫星到地面的距离，去掉 θ_m、λ_0 的下标，在进行一系列的三角几何变换后，连续脉冲之间的距离 d_p 必须满足：

$$d_p = c\tau_p > 2\tan\theta R_0 \lambda/w \tag{13.15}$$

由式（10.22），PRF $= \tau_p^{-1}$，式（13.15）也可以写成

$$\text{PRF} < cw/(2R_0\lambda\tan\theta) \tag{13.16}$$

对于 RADARSAT 天线，$\theta = 45°$，$\lambda = 5.6\text{cm}$，$R_0 = 1100\text{km}$。由式（13.16）可知，PRF 必须小于 3600Hz。从式（13.1）可以看出，w 越小，距离向的波束越宽，因此根据式（13.16），窄天线所需的 PRF 较低。刈幅宽度随 PRF 的减小而增加，这就是宽刈幅 SAR 分辨率较低的原因。

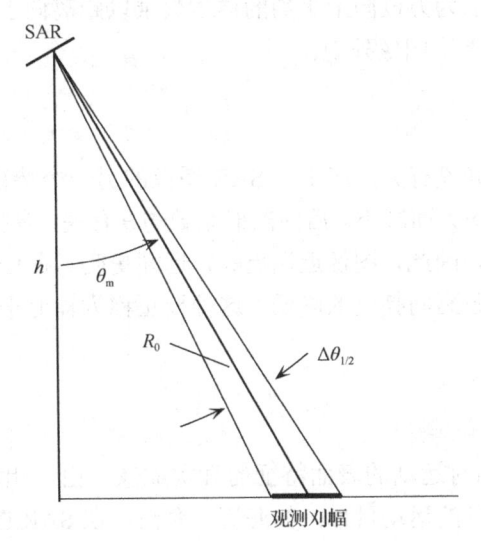

图 13.7　对于窄观测刈幅 SAR，用于描述距离向刈幅和 PRF 关系的 SAR 观测示意图

结合式（13.14）和式（13.16）可得

$$2U_0/l < \text{PRF} < cw/(2R_0\lambda\tan\theta) \tag{13.17}$$

式（13.17）经过变换后，天线面积满足

$$lw > 4U_0\lambda R_0 \tan\theta/c \tag{13.18}$$

根据式（13.18），如果视角 θ 为 45°，X 波段（10GHz）的天线面积 $lw > 2.8\text{m}^2$，L 波段（1.3GHz）的天线面积 $lw > 21.8\text{m}^2$。RADARSAT 实际的天线面积为 22.5m^2，频率为 5.3GHz、视角为 45° 的最小天线面积为 5.3 m^2。所以天线都大于最小天线面积。特殊的情况是，对于第 11 章中介绍的 SeaWinds 抛物面天线，$f = 13.4\text{GHz}$，$\theta = 50°$，$lw > 2.9\text{m}^2$。这就意味着 SeaWinds 以 SAR 方式工作，需要天线直径约为 2m，这是其实际尺寸的 2 倍。

13.4.3 信噪比限制

10.2.3 节中说明，接收的功率是衰减的后向散射回波信号、仪器的噪声和环境黑体辐射的总和。可以从噪声中分辨的最小信号必须大于仪器的本底噪声，表示为噪声等效后向散射系数 σ_0（NEσ_0）。由于环境辐射产生的附加噪声，实际的本底噪声更大。对于雷达，要尽可能提高信噪比，而这要求高的输出功率，其与太阳能帆板尺寸和电池容量有关。对于 SEASAT、ERS-1、ERS-2 和 RADARSAT-1，NEσ_0 的典型值为-24dB（Raney，1998）。RADARSAT-2 本底噪声为-28dB，因视角与观测模式不同而稍有变化（Jeffries，2012）。

13.4.4 斑点噪声

正如 Ulaby 等（1982）和 Rees（2001）讨论的，除了仪器的噪声和环境黑体辐射噪声，还有由规则表面的后向散射产生的附加噪声。在这种情况下，即使相邻的表面单元有相同的 σ_0，像素单元入射波束与更精细尺度的结构相互作用产生了 σ_0 的统计不确定性，这种不确定性使图像中产生亮度变化，称为斑点噪声。平均相邻像素可以降低斑点噪声，平均的数量称为视数。这种平均，表示为方位向上平均的样本数乘以距离向上平均的样本数，其降低了图像的方差与分辨率，改善了图像外观。

13.4.5 辐射平衡

后向散射系数与入射角 θ 有关，产生了 SAR 图像的另一个特征。对于稳定的海面风速，图 10.16 表明 σ_0 随着 θ 的增大而减小。后向散射系数与 θ 有关，意味着 SAR 图像的亮度沿刈幅方向随距离增加而降低，因此，图像近端更亮，远端更暗。在处理过程中，通过消除这种线性变化趋势，减少图像距离向亮度的降低，这种校正称为辐射平衡。下面会给出一些未经辐射平衡校正的例子。

13.4.6 距离走动

SAR 能够生成没有相对运动的表面特征的真实成像。由于相对运动对多普勒处理的响应，任何有距离向速度分量的运动目标，如海流、海浪，在 SAR 图像中会产生畸变。例如，对于工作频率为 1.3GHz、入射角 $\theta = 22°$ 的 SEASAT SAR，在天线覆盖区域中，一艘船在距离向朝着 SAR 航行，航行速度为 10 节或 5m/s。正如式（10.29）所示，对于距离向的速度 5m/s，SAR 在距离向上观测到的多普勒频移不是零，而是大约 $\Delta f = 20$Hz。由式（13.6）可知，多普勒频移对应的 Δy 约为 0.3km，因此在图像上，这艘船的位置是在正多普勒方向上相对于它的实际位置和尾迹移动了 Δy。类似地，如果一艘船在距离向朝驶离 SAR 方向行驶，那么图像中的船会在负多普勒方向移动。这种由速度引起的位置变化称为距离走动。

在 SEASAT SAR 获取的加勒比海的图像中，图 13.8 显示了两个关于距离走动的例子。两个白色的圆圈显示了两艘船的位置和它们的尾迹；图像中，船由于镜面反射显示为亮点，由于排放的油或船的尾迹抑制了布拉格散射，尾迹在图像上为黑色。图像中的黑色区域可能是被风和海流驱动的污染物。通过船舶与尾迹的相对位置可以看出两艘船的运动方向相反。左边的船朝远离 SAR 方向行驶，因此在图像中这艘船向右侧移动，或者在正多普勒频移方向发生了移动，右边的船朝向 SAR 方向行驶，因此图像中它在相反方向发生了移动。运动目标引起的多普勒频移会产生一些图像问题，例如，行驶的火车偏离了轨道，或者汽车离开了高速公路。距离走动也可由卫星的不规则运动引起，例如，卫星的俯仰与偏航或轨道机动。

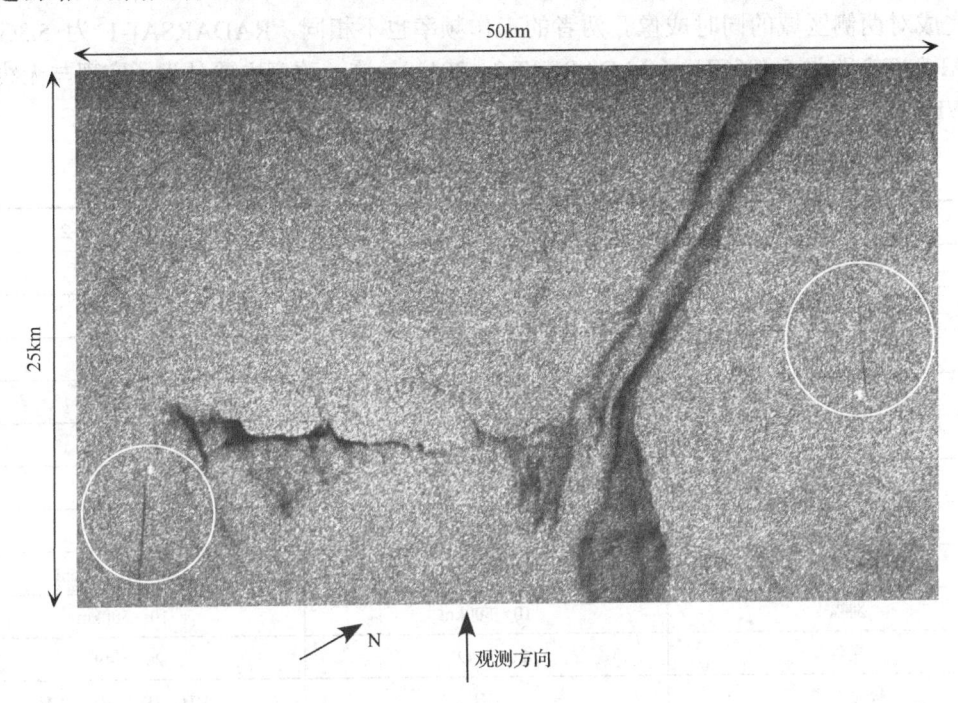

图 13.8　SEASAT SAR 图像距离走动的例子。这个图像 1978 年 10 月 3 日获取于加勒比海。白色圆圈显示两艘船和它们的尾迹；船舶在图像上表现为亮点，它们的尾迹较暗［取自 Fu 和 Holt（1982）］

13.5　RADARSAT-2 SAR 卫星

为了说明 SAR 的成像模式和工作限制，本节介绍加拿大 RADARSAT-1 与 RADARSAT-2 SAR。RADARSAT 卫星由 NASA 火箭搭载，于 1995 年 11 月 4 日发射。根据协议，加拿大提供给 NASA 部分 SAR 数据，以及两个周期的南极地区 RADARSAT 的覆盖数据，在后面有具体说明。RADARSAT-2 由法国卫星搭载，2007 年 11 月由俄罗斯在哈萨克斯坦拜科努尔基地发射。RADARSAT-1 归加拿大航天局（CSA）所有，由 MacDonald Dettwiler 公司（MDA）建造。RADARSAT-2 归 MDA 所有，由 CSA 通过数据购买计划资助。表 13.2 列出了两颗卫星的部分技术指标。对于 RADARSAT-2，图 13.9 显示了 SAR 的天线、X 波段数传天线和太阳能帆板，它的面积为 $27m^2$，产生的峰值功率约为 2.4kW（Livingston 等，2005）。

这台仪器的设计寿命是 7 年。两者的轨道相同，但相对位置不同。RADARSAT-2 拥有 300GB 容量的存储能力，可记录 100 幅 SAR 图像（300km×300km）。对地通信和数据传输方面，它具有两条 X 波段高功率下行链路，总速率达 210MB/s，可以满足在 10min 的视场覆盖时间内，完成 40 幅 SAR 图像的下载要求。地面天线为 3m，可在 5° 以上仰角接收数据（RADARSAT-2，2013e）。

RADARSAT-2 的轨道位置由星上 GPS、地面跟踪器和轨道数值模型共同确定。表 13.2

列举了 RADARSAT-1 和-2 的特征对比。RADARSAT-1 只能进行单侧成像,为了完成对南极区域的两次成像,卫星必须旋转 180°。而 RADARSAT-2 的天线可左右机械偏转,因此能轻易地完成对两侧区域的同时成像。两者的工作频率也不相同,RADARSAT-1 为 5.3GHz,RADARSAT-2 改为 5.405GHz(RADARSAT-2,2011),这一改变主要是为了实现与无线局域网(WLAN)之间的电磁兼容。

表 13.2 RADARSAT-1 和 RADARSAT-2 SAR 技术指标

指标	RADARSAT-1	RADARSAT-2
轨道高度	800km	800km
倾角	98.6[a]	98.6[a]
观测模式	单侧视	双侧视
星上记录	模拟	数字(300GB)
全球定位	无	星上 GPS
偏航控制	无	有
天线长、宽	15m,1.5m	15m,1.5m
频率/波长	5.3GHz/5.6cm	5.405GHz/5.5cm
刈幅	10~500km	10~500km
视角	20°~49°	20°~49°
极化方式	HH	HH, HV, VV, VH
脉冲重复频率(PRF)	1270~1390Hz	1000~3800Hz
脉冲长度(压缩)	33ns,57ns,86ns	20ns,33ns,50ns,86ns
等效噪声后向散射系数(NEσ_0)	-23dB	-28dB[a]
空间分辨率	10~100m	3~100m
成像模式间切换延迟	~14s	≤1s

源于 Ahmed 等(1990);Raney(1998);Jeffries(2012);Livingston 等(2005)等文献和 RADARSAT-2(2013d)。
a 近似,随距离向的距离变化。

RADARSAT-2 的天线分为 4 个完全相同的部分,在发射时可折叠变小。其中每一部分有 4 列,共 32 个子阵,每个子阵有 20 个双极化收/发模块(Riendeau 和 Grenier,2007)。整个天线有 640 个收/发模块、10240 个辐射单元;长 15m,比 ERS 卫星多 50%;方位波束宽约 0.2°(Living 等,2005,表 3)。在运动方向上,天线具有灵活的波束形成能力,波束切换时间不到 1s,可以保证波束切换不影响成像的地面覆盖。

正如 Raney 等(1991)和 Raney(1998)所说,RADARSAT-1 和 RADARSAT-2 采用太阳同步轨道,最大限度地实现了太阳能板与光照的匹配,除南极点外,卫星都可充分享有太阳能,从而降低了对电池的要求。正常状态下,RADARSAT-1 的天线指向其运动方向的右侧或北侧,覆盖从南纬 79°到北纬 70°之间的区域。在 1997 年和 2000 年南极成像任务中,RADARSAT-1 绕其地轴旋转了 180°,倒置了半球倾斜,完成了对南极区域的成像。

图 13.9　RADARSAT 卫星。天线面积为 15m×1.5m

与 RADARSAT-1 不同的是，RADARSAT-2 天线能够摆动，因此它能够观测卫星左侧区域或右侧区域（见图 13.10）。天线摆动约耗时 10min，不需要燃料，每月可以摆动 150 次；并且能够预编程，以在连续观测过程中提供更多的观测机会（Jeffries，2012）。得益于 RADARSAT-2 的摆动工作能力，其可随时对南极区域进行成像。

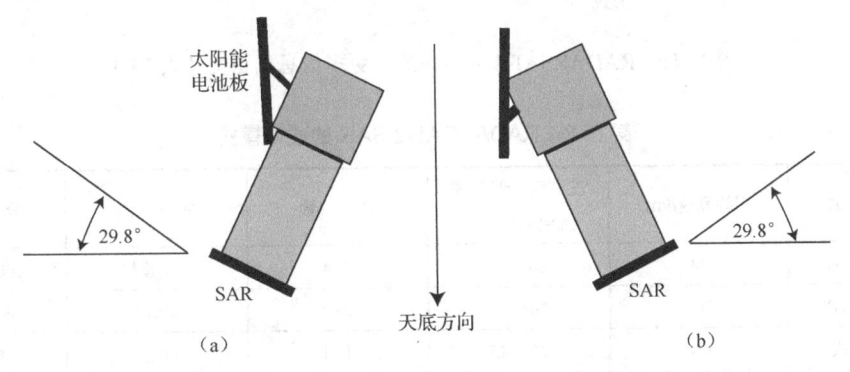

图 13.10　RADARSAT-2 天线不同的侧视模式。(a) 右侧视；(b) 左侧视。从一侧至另一侧摆动约需 10min〔重绘自 RADARSAT-2（2013f）〕

13.5.1　成像模式

RADARSAT-2 包含 RADARSAT-1 所有的波束模式。RADARSAT-2 提供两种全极化模式（VV，VH，HH，HV），两种模式观测刈幅都为 25km，但分辨率不同。宽幅标准模式与扫描模式不能获取全极化数据，卫星以水平极化或垂直极化发射，以水平极化或垂直极化接收。

RADARSAT-2 具有距离向电子波束成形的能力，能够产生 RADARSAT-1 所有的成像模式，加上 5 种多极化成像模式。如图 13.11 和表 13.3 所示，为了增加不同的分辨率，成像模式包括宽幅扫描、窄幅扫描、标准、宽刈幅和精细分辨率模式（RADARSAT-2，2013a，2013d）。RADARSAT 这些成像模式的入射角介于 20°和 50°之间。RADARSAT-2 使用表 13.2 中给出的 4 种不同的脉冲长度，并相应采用不同的 PRF 以获得不同的地表分辨率。对于海洋学应用，最广泛使用的模式为标准和宽幅扫描模式。标准模式提供了面积为 100km×100km、分辨率为25m或像元尺寸为12.5m的图像。宽幅扫描模式图像的刈幅宽度为500km，分辨率为100m。

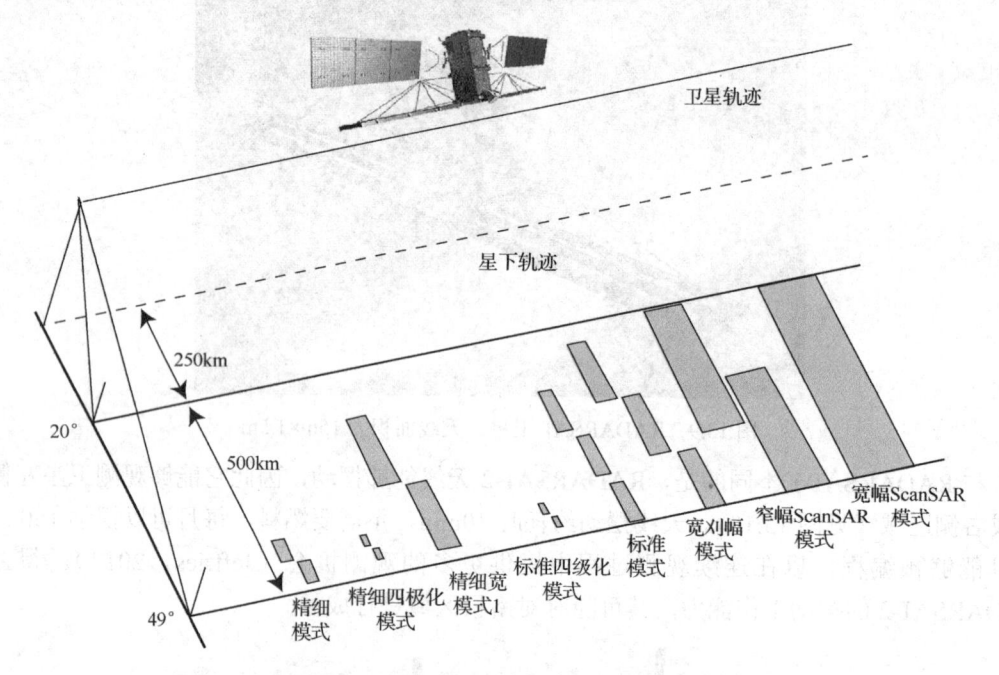

图 13.11　RADARSAT-2 成像模式。更多信息见正文及表 13.3

表 13.3　RADARSAT-2 SAR 的成像模式

波束模式	刈幅宽度/km	左侧或右侧观测入射角/(°)	视　数	极　化	分　辨　率
宽幅 ScanSAR	500	20～49	4×4	可选[a]	100m×100m
窄幅 ScanSAR	300	20～46	2×2	可选[a]	50m×50m
宽刈副模式	150	20～45	1×4	可选[a]	25m×28m
标准模式	100	20～49	1×4	可选[a]	25m×28m
标准全极化	25	20～41	1×4	全极化[b]	25m×28m
精细宽模式 1[d]	170	20～45	1×1	可选[a]	15m×8m
精细全极化	25	20～41	1×1	全极化[b]	11m×9m
精细模式	50	37～49	1×1	可选[a]	10m×9m
多视精细模式	50	30～50	2×2	可选单[c]	11m×9m
超精细模式	20	30～40	1×1	可选[a]	3m×3m

第 4 和第 6 列，视数和分辨率通过距离向与方位向样本数相乘得到。源于 Luscombe 等（1993）; RADARSAT-2（2011, 2013a, 2013d）。

　　a 可选极化：发射 H、接收 H 或 V；或者发射 V、接收 H 或 V；
　　b 多极化模式：交替发射 H 或 V 脉冲，同时接收 H 和 V；
　　c 可选单极化：发射 H、接收 H 或 V；或者发射 V、接收 H 或 V。

ScanSAR 的工作方式与标准模式不同。在此模式下，天线的波束由电子控制在多个平行的子刈幅中转换，波束切换速率足够快，能够保证在子刈幅形成合成孔径，并最终拼接成 300~500km 宽的图像。很明显，成像的区域被划分成一系列的子刈幅和子图像，天线扫描周期足够快，能够保证子图像是连续的（Raney 等，1991）。300km 刈幅宽度窄幅扫描模式包含两个子刈幅，而 500km 刈幅宽度的宽幅扫描模式包括 4 个子刈幅。图 13.12 显示了最简单的两个子刈幅的情况。在这个例子中，ScanSAR 首先采用位于刈幅内侧的子图像 A，然后切换到刈幅外侧扫描子图像 B，再切换到刈幅内侧采样子图像 C。对于扫描模式，子图像 A 与 B 以、图像 B 与 C 在各自的方位向波束宽度内有一定的重叠。尽管扫描模式可以生成宽刈幅的图像，但由于整个刈幅 PRF 的限制，增加刈幅宽度会导致分辨率下降，因此它的分辨率低于标准模式的分辨率。

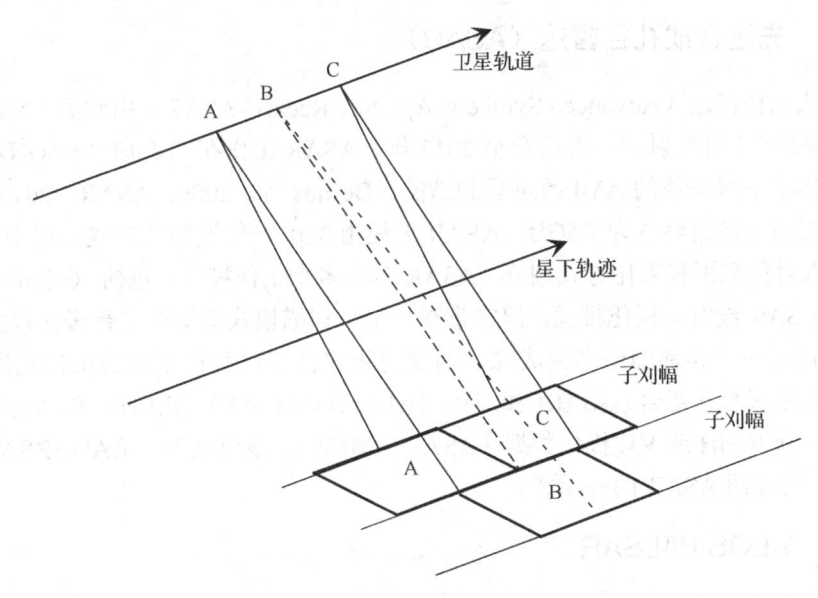

图 13.12 用于生成两波束 ScanSAR 图像的波束位置与顺序。飞行方向上的字母表明在飞行期间获取的相应地表图像的平均位置。子图像在方位向上的宽度被放大了（Raney 等，1991 中的图 8）

13.5.2 数据的存储和下传

早期的 SAR 没有星上数据存储设备，只能在地面站接收范围内工作。RADARSAT-1 带有磁带记录器，RADARSAT-2 和其他近来的 SAR 卫星使用固态存储设备记录数据，记录数据后，可以将数据在一个或多个地面接收站下传。对于存储的图像数量有两个限制条件：星上存储设备容量和存储数据下传的需求。假设卫星经过地面站时间很短，而且下行数据带宽受到其他用户限制，就面临卫星每轨有多少数据能够下传的问题。在这种情况下，当 RADARSAT-2 地面站在 5°以上接收仰角时，可接收数据的最长时间约为 12min。对于 RADARSAT-2，通过多个地面站接力接收，这个问题已大大缓解。

为应对由多频多极化 SAR 产生的海量数据下传问题，有一些计划在研究采用激光下行链路（Giggenbach 等，2009）。TerraSAR-X 带有一个用于激光通信试验用的激光通信终端（LCTSX），工作中心波长为 1064nm。采用激光下行链路，意味着下一代 SAR 数据将通过激光宽带通信下传到诸如夏威夷莫纳罗亚山（Mauna Loa）这样的无云地面接收站（A. Freeman, 1999, 私人交流）。

13.6 其他运行的 SAR 卫星

除了 RADARSAT-2，其他近期还在运行的和即将发射的海洋 SAR 卫星包括欧洲的 ASAR、日本的 PALSAR 以及欧洲航天局的 Sentinel-1A 和 Sentinel-1B 卫星。如下所述，这些 SAR 具有多种工作模式，将促进海洋学和海冰特性的研究，增强对海面溢油和船舶航行的监测能力。由于 TerraSAR-X 和 TAODEM-X 任务集中在构建 DEM，以及 COSMO-SKYMED 目前没有关注海洋应用，本书对这些卫星不再讨论。

13.6.1 先进合成孔径雷达（ASAR）

先进合成孔径雷达（Advanced Synthetic Aperture Radar，ASAR）由欧洲 ENVISAT 卫星搭载，于 2002 年 3 月发射，一直运行至 2012 年。ASAR 工作在 C 频段（5.6GHz），是在对 ERS-1 与 ERS-2 卫星搭载的 AMI 改进后制造的（Desnos 等，2000；ASAR，2013a）。ASAR 为右侧视，固态存储器容量为 7.5GB。ASAR 天线由 320 个收/发组件组成，用于波束成形。按照覆盖、入射角范围和极化方式划分，ASAR 具有多个工作模式，包括 400km 刈幅的扫描模式。尽管 ASAR 没有全极化模式，但它带有一个与扫描模式类似的交替极化模式。扫描模式以相同极化对两个相邻的子刈幅成像，而交替极化模式以两种不同的极化观测相同的区域。交替极化模式极化组合包括 HH 和 VV、HH 和 HV 或者 VV 和 VH，刈幅达到 100km。扫描模式只能获取 HH 或 VV 极化数据（ASAR，2013a），该模式类似 RADARSAT-2 扫描模式。13.6.3 节将介绍 ASAR 的波模式。

13.6.2 ALOS PALSAR

日本的先进陆地观测卫星（Advanced Land Observing Satellite，ALOS）是太阳同步轨道卫星，于 2006 年 1 月发射，搭载了由 NASA 和日本资源观测系统组织（JAROS）共同研制的 L 频段（1.27GHz）PALSAR。该卫星一直运行到 2011 年。PALSAR 具有 40～70km 刈幅的标准模式、250～350km 刈幅的扫描模式以及一个全极化试验模式。为了使用这些数据，ALOS 带有一个容量为 96GB 的高速固态数据记录器。通过日本数据中继卫星，PALSAR 能够以 30MB/s 的码速率下传数据，也能够通过广播方式以 15MB/s 的码速率将数据下传至地面站（Rosenqvist 等，2007）。由于 PALSAR 具有较好的极地覆盖能力，它主要用于格陵兰岛和南极的冰盖研究（Rignot，2008；Rignot 和 Mouginot，2012）。

13.6.3 Sentinel-1A 与 Sentinel-1B

根据 Torres 等（2012）的描述，欧洲航天局两颗"哨兵"卫星中的首发星将于 2014 年发射；第二颗卫星将于 2015—2016 年发射。"哨兵"是 ERS 和 ASAR 的后续星，它的海洋任务集中在海浪、海冰和海洋监视。"哨兵"天线为右侧视，有 4 种工作模式：80km 刈幅 5m 分辨率的条带模式、250km 刈幅的干涉宽模式、400km 刈幅的扫描模式和一个类似 ASAR 的波模式。波模式能够以 5m 分辨率观测 20km×20km 区域内的海洋波谱，观测区域沿轨道的采样间隔为 100km，入射角在 23°与 36.5°之间切换（Potin，2011）。这些数据将同化到全球海浪模式中。卫星带有容量为 180GB 的记录器和两个独立的、分辨率均为 5m 的 X 波段天线，数据下行码速率达到 65MB/s，数据下行通过直接下传至地面站以及由地球同步的欧洲数据中继卫星系统（EDRS）下传来完成。

13.7 应用与实例

SAR 已应用于开阔海洋和极地浮冰的研究中。对于开阔海洋，13.7.1 节介绍 SAR 用于海浪、内波、海洋锋面和涡流的监测，并且能监视捕鱼船队和溢油（Brekke 和 Solberg，2005；Hurley，2010）。对于极地浮冰，13.7.2 节介绍 SAR 用于区分不同类型的冰、追踪浮冰和冰山，并提供了连续的北极海冰覆盖图。

13.7.1 开阔海域

由于 SAR 的入射角通常大于 20°，开阔海域的雷达回波信号主要为海浪短波的布拉格散射。此外，雷达回波中可能存在雨滴间的布拉格散射，以及近岸建筑、船舶和冰山等镜面反射体的后向散射。SAR 对布拉格散射的响应表明，它能观测任何产生、抑制或调制这些海浪短波的大尺度的海洋或大气现象。这些海洋现象包括海面溢油、洋流、长周期的海浪和内波，大气现象包括降雨、风暴和天气锋面。

非均匀海流和海底地形也能影响短波（Philips，1977）。逆流使得海浪的波陡急剧上升，生成寄生毛细波；与海浪方向相同的流使海浪斜率减小。这些海流一般是由局地海风、长周期性的海浪、内波和诸如湾流的大尺度系统形成的。在海底地形上传播的长波会变陡，导致短波增加，使得在 SAR 图像中可以看到海底地形。Fu 和 Holt（1982）用广泛收集的 SEASAT SAR 图像详细介绍了这些调制机制。Mouchot 和 Garello（1998）介绍了 SAR 在海洋学领域的应用，并展示了许多 Fu 和 Holt 提及的图像。接下来主要讨论三个具体实例：涌浪、溢油和内波。

（1）涌浪

作为 SAR 能观测涌浪的实例，图 13.13 是 RADARSAT-1 SAR 标准模式于 2001 年 11 月 22 日获取的旧金山海湾和毗邻的太平洋海域的图像。图 13.14 是雷耶斯角（Point Reyes）附近区域的放大图像。两个图像的分辨率均为 25m，像元尺寸为 12.5m，观测方向卫星右侧视。在这幅图像获取的同时，一个位于旧金山湾西部的 NBDC 浮标记录了当时的风向为西向东，风速为 4~6m/s（NBDC，2013）。两幅图像都未经辐射均衡处理，因此对图像的右侧进行了亮度增强。在太平洋开阔海域，长周期的涌浪可以在图像上看到明暗相间的线性条纹向海岸传播。相反，旧金山市海湾没有涌浪，图像中可以看到由风生布拉格散射产生的亮块。图像中还可看见很长的圣安蒂斯直线断层，经过雷耶斯角内陆，向南到达旧金山。

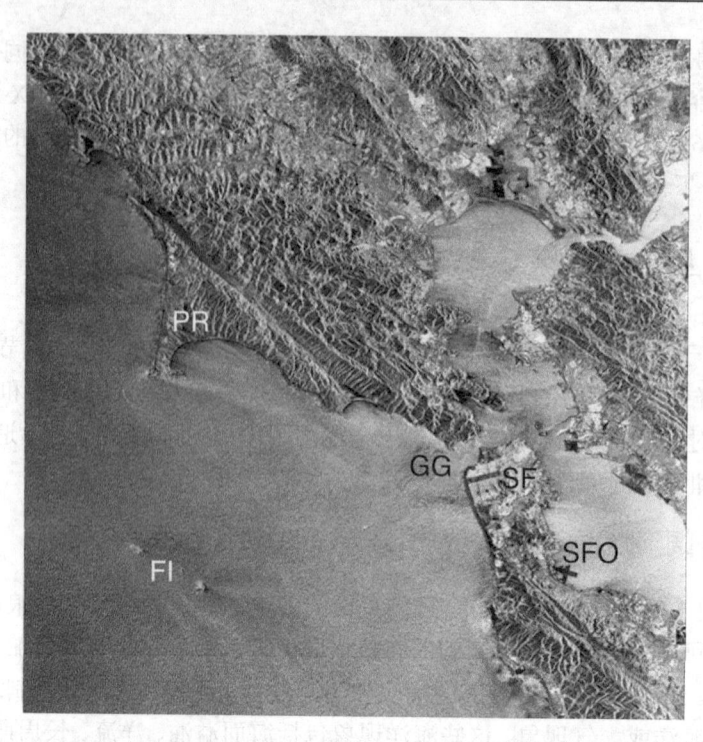

图 13.13 RADARSAT-1 SAR 在 2001 年 11 月 22 日 14:24（UTC）降轨成像所获取的美国旧金山市海湾区域标准模式的图像。图像的尺寸为 100km×100km。图像上 PR 为雷耶斯角，SF 为旧金山市，SFO 为机场，FI 为法拉隆岛，GG 为金门大桥。卫星观测方向是右侧视，图像方向近似为南北向

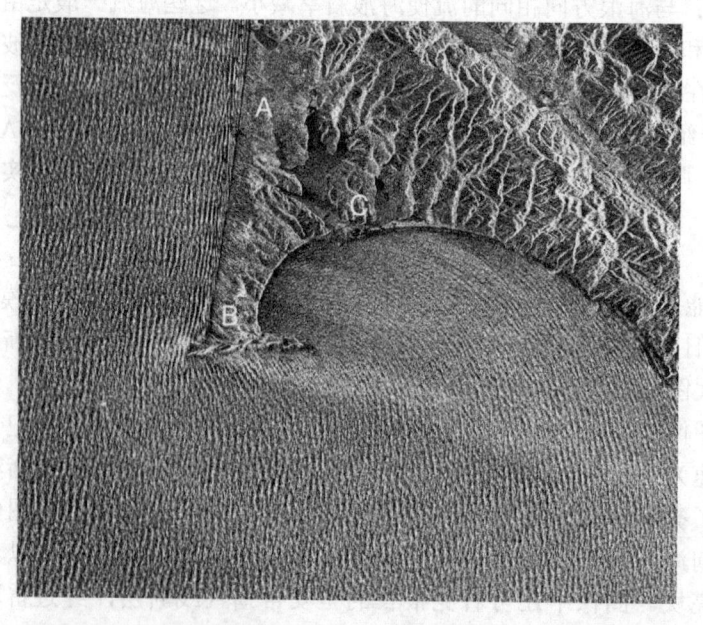

图 13.14 图 13.13 中雷耶斯角放大后的图像。图像尺寸约为 25km×25km

涌浪能被 SAR 观测到的主要原因是，与布拉格散射有关的毛细波主要位于波峰的上方与前方，部分原因是受到曲率的影响，以及风不能影响波谷而可以影响波峰。这种毛细波振幅的变化产生了可观测的明暗相间的条纹。由于海浪是传播的，因此，距离走动在图像中引

起轻微的变形。在这幅图像中,深水涌浪的波长为 350m,周期为 15s,与 NBDC 浮标监测到的约 14s 波周期基本一致,NBDC 浮标测量结果显示涌浪的 $H_{1/3}$ 为 4~6m。这就意味着,在深水区域涌浪波陡较小。

图 13.14 显示了波浪在雷耶斯角附近发生衍射的细节和波传播到浅水区域时波长减小的现象。波浪进入没有遮挡的海岸线 A 时,波长变短,亮度增加,这表明,当涌浪传向浅水区域时,振幅变大了。雷耶斯角的前端为 B,此处有一个由波浪破碎产生的明亮区域。当波浪经过雷耶斯角时,受到地形的影响而产生衍射;当波浪进入浅水区域时,浪峰发生旋转,变成与海岸线平行。在海湾 C 处有一个海浪阴影区域,图像说明海浪在障碍物周围发生衍射,表明 SAR 能够用于涌浪与海岸或港口相互作用的研究。在更大的图像上,法拉隆岛提供了波浪破碎与衍射的另外一个例子。

(2) 溢油

SAR 同样能观测海面溢油的位置和范围。正如 2.2.5 节所述,海面溢油包括人为排放的石油、化学排放物以及天然溢油或生物油膜,它们会抑制波长 0.3m 以下的波浪,从而大大降低布拉格散射强度。在图像中,由于船舶和近岸建筑物是镜面反射体,显得较亮,而溢油抑制了布拉格散射,因而显得较暗。因此,SAR 提供了一种监视近岸油井、航运和渔场的技术手段。

图 13.15 是 ASAR 于 2002 年 11 月 17 日观测到的"威望"号油轮海面溢油图像,油轮位于大西洋海岸西班牙加拉西亚省附近海域(ASAR,2013b,2013c)。图 13.15 是 400km×400km 宽幅扫描模式图像的局部,溢油范围超过 150km。图像中可以看见油轮为明亮的点和从油轮溢出的黑色的羽状原油。油轮周围更小的亮点是救援船。油轮位置正好处于主航道外,溢油带横穿过主航道,其他主航道内的船只也显示为亮点。在 SAR 观测时,"威望"号装载的 70 000 吨原油已经泄漏了 10 000 吨,污染了 200km 长的海滩。

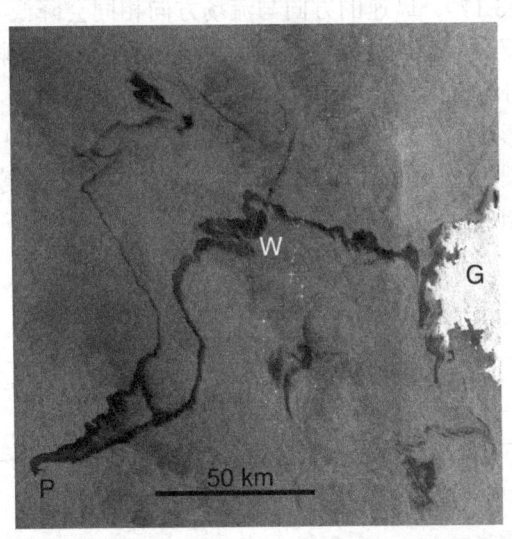

图 13.15　ASAR VV 极化"威望"号油轮扫描模式溢油图像。观测时间为 2002 年 11 月 7 日 10:45(UTC)。P 为油轮位置,G 为加拉西亚(Galacia)省,W 为经过溢油带船舶的尾迹

图 13.16 是 RADARSAT-2 直布罗陀海峡 VV 和 VH 双极化图像。在图像中可以看到阿尔赫西拉斯镇(Algeciras)和直布罗陀岩山(Gibraltar)。VV 极化图像显示了海洋特征和微弱的船舶回波。与其形成对照的是,VH 极化整幅图像都清晰地显示出了船舶和它的位置。

Hannevik（2010，表 2）表明，对于停泊在挪威的漂浮船舶，与 VV 极化图像相比，VH 极化图像中的船舶与海洋背景的对比度更高。图 13.16 为回波特性与极化方式的关系，以及使用 VH 极化图像监视船舶交通的实例。

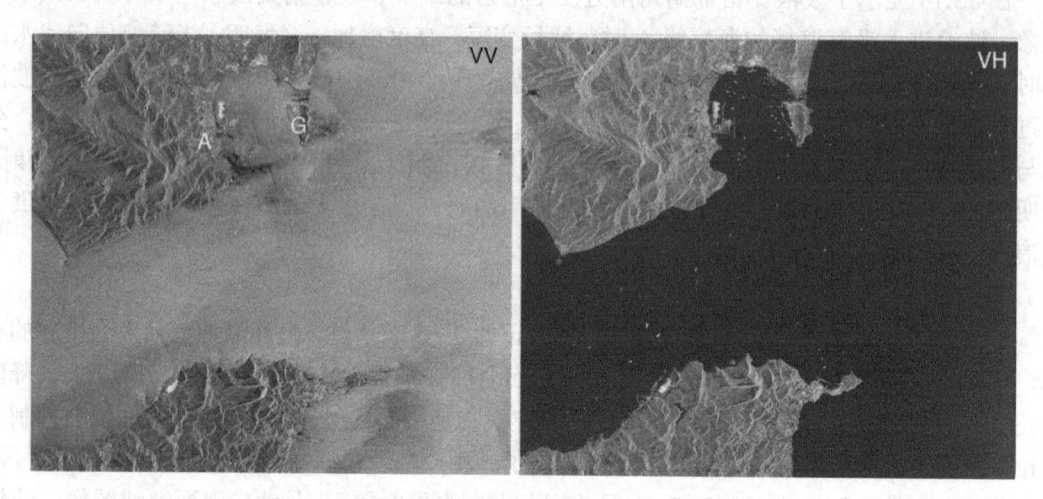

图 13.16　两幅 RADARSAT-2 直布罗陀海峡精细-宽模式 VV 和 VH 极化。图像获取时间为 2011 年 3 月 27 日 06:35:21（UTC）。图像中海峡最窄处约为 14km，G 为直布罗陀岩山，A 为阿尔赫西拉斯镇［改编自 Hurley（2010）］

（3）内波

如 Gasparovic 等（1988）所述，内波引起了海洋表面流（海表流）幅聚和幅散区域，SAR 也能观测到内波（见图 13.17）。风速的方向与流场方向相同会降低毛细波的振幅；而当流场的方向与风速的方向相反时，毛细波振幅增加。图 13.18 给出了两幅内波的例子。在新泽西州的大陆架斜坡，图 13.18（a）显示的是在水深 35m 处传播的内波，内波是由于半日潮与大陆架斜坡的相互作用而形成的（Li 等，2000）。沿着图 13.18（a）中的白线方向，两个内波包清晰可见，内波的波长约为 700m，每个波包约有 8 个波峰。Li 等（2000）用这些 SAR 图像估计出内波的波长和相速度，从而推断出水体分层。

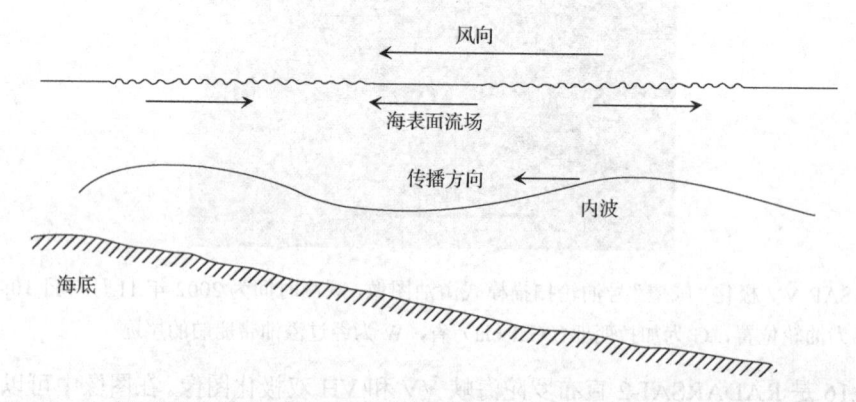

图 13.17　由内波驱动的海表流产生的表面粗糙度［改编自 Hsu 和 Liu（2000）中的图 2］

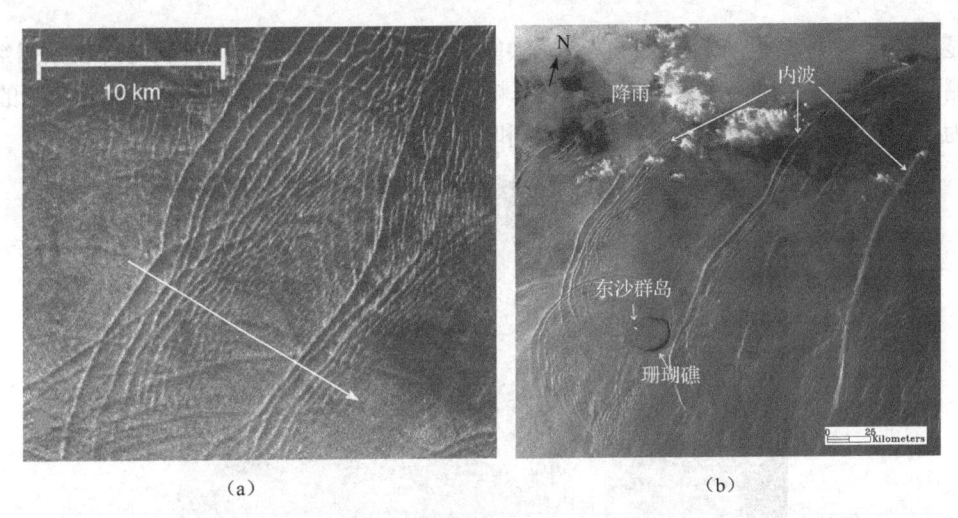

图 13.18 SAR 观测到的内波。(a) 1996 年 7 月 31 日 22:40 (UTC) RADARSAT 记录的沿新泽西大陆斜坡传播的内波标准波束图像。波峰近似平行于等深线，白线和箭头表示传播方向；(b) 1998 年 4 月 26 日 RADARSAT 记录的中国南海和东沙群岛及其周边珊瑚礁附近向西传播的内波宽幅扫描图像。图像观测面积为 240km×240km，原始像元尺寸为 100m

对于中国南海，图 13.18 (b) 是经 Hsu 和 Liu (2000) 分析的部分 ScanSAR 图像中的内波。这幅图像显示了向西传播的内波和位于图像左下方的东沙群岛及其周围的珊瑚礁。图像中的内波是由黑潮与海峡浅海地形相互作用形成的，该海峡位于图像以外的东部。图像中的内波向东沙群岛传播，经过东沙群岛后分成两部分，再与西部的其他岛屿相互作用。Hsu 和 Liu (2000) 利用观测的图像验证了内波作用的理论模型。图像的上方与云类似的高亮度反射区域是由雨点的布拉格散射引起的。

13.7.2 海冰

Onstott (1992) 描述了不同类型海冰的雷达后向散射。随着海面由开阔水域变成薄冰、新生冰、一年冰和多年冰，海冰厚度随之增加，表面粗糙度和后向散射系数通常也会增加，SAR 就可据此识别冰的这些类型。在开阔海域，图像亮度受风速影响，可能比相邻的冰更亮或更暗。莲叶冰的直径很小 [见图 2.9 (a)]，边缘凸起且浮冰的随机分布，因而布拉格散射使得图像更亮 (Wadhams 和 Holt, 1991)。此外，新冰表面产生一种称为"霜花"(frost flowers) 的现象，布拉格散射产生明亮而短暂的回波图像 (Nghiem 等, 1997)。

有了这些背景知识，本节主要讨论 5 幅海冰示例图像。前 3 幅图像显示了 3 个相同尺度的北极浮冰，位置为北极附近海域，基本宽度为 500km 和 10km。北极附近海域的图像是北极圈的一个快照 (snapshot)，中尺度的图像上显示了快照图像上的浮冰，小尺度图像给出了经过 RGPS 分析的一系列海冰图像。最后两幅图像中，一幅是南部海洋冰边缘的多频段 ScanSAR 图像，另一幅是经过融合的 SAR 与 AVHRR 观测的白令海开阔海域浮冰的图像。

首先，图像 13.19 显示的是 1997 年 11 月 2 日到 5 日间，整个北极区域刈幅为 500km 的 ScanSAR 覆盖图，或称为北极快照，图像由阿拉斯加 SAR 处理中心处理。从图像标记为"楚科奇海"(Chukchi Sea) 的区域可以明显看出，图像刈幅范围内没有经过辐射校正。海岸线用白线，楚科奇海、阿拉斯加和俄罗斯在图像上都已经标示出来。在楚科奇海开阔海域特征最明显，该区域主要受到暖水通过白令海峡的影响。快照由 3 天内的升轨与降轨数据组成，且观测区域的温度和风速都不同，因此，每幅图像刈幅内的亮度差异都不相同。快照的重复周期为 3～6 天，主要用于观测浮冰的移动和变化。

图 13.19　北极圈的快照，是由阿拉斯加 SAR 地面站制作的北极地区海冰和开阔海域 3 天的 RADARSAT 扫描模式图像。快照包括了第 306 天至第 309 天即 1997 年 11 月 2 日到 5 日的图像。扫描模式图像处理的分辨率为 300m

图 13.20 显示的是从北极快照中提取的部分波弗特海（Beaufort Sea）的浮冰图像，测量范围为 $500km^2$。图中有两种不同类型的海冰。在左方，较暗的冰是附近海岸生成的一年冰。右边显示了北极中部大量的多年浮冰特性，它们的后向散射较强，浮冰间由覆盖了较暗的薄冰的水道分隔。这些较大浮冰的尺寸为 25～75km。图中亮线可能是由受压的冰脊镜面散射或水道上霜花的布拉格散射引起的。

快照经过 RGPS 处理后得出海冰的统计信息和漂移情况。文中采用 1996 年秋处理的图像，图 13.21 展示了 41 天内记录的 9 幅浮冰图像（Kwok 等，1999）。多年冰的后向散射比新生冰强，因此多年冰为白色，而新冰是黑的。由于每天浮冰的位置都是变化的，RGPS 采用相关法跟踪相同的海冰特征，因此相同的海冰特征能够显示在每一幅图像中。在第 312 天的图像中，白线划分的方块面积为 10km×10km，在其后图像中发生的变形是由海冰的漂移引起剪切和分离导致的。这个区域保持不变，直到第 338 天的区域内开始出现水道和薄冰。在第 341 天和第 345 天的水道不断变宽，并生成新冰，使得最初的区域继续变形。在 41 天周期的最后一天，新生薄冰约占据了 50%的白线区域。这种图像用于确定大尺度海冰的统计特征，这些统计特征用于验证数值模式。

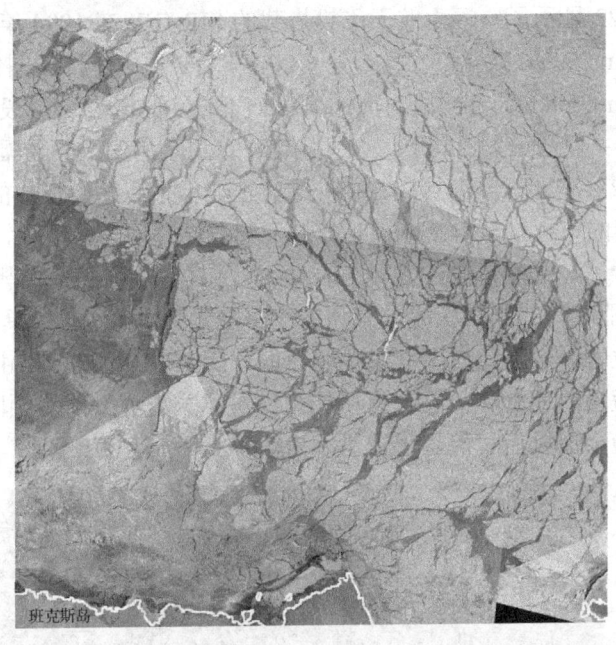

图 13.20　取自图 13.19 的波弗特海的一幅 500km 的浮冰影像

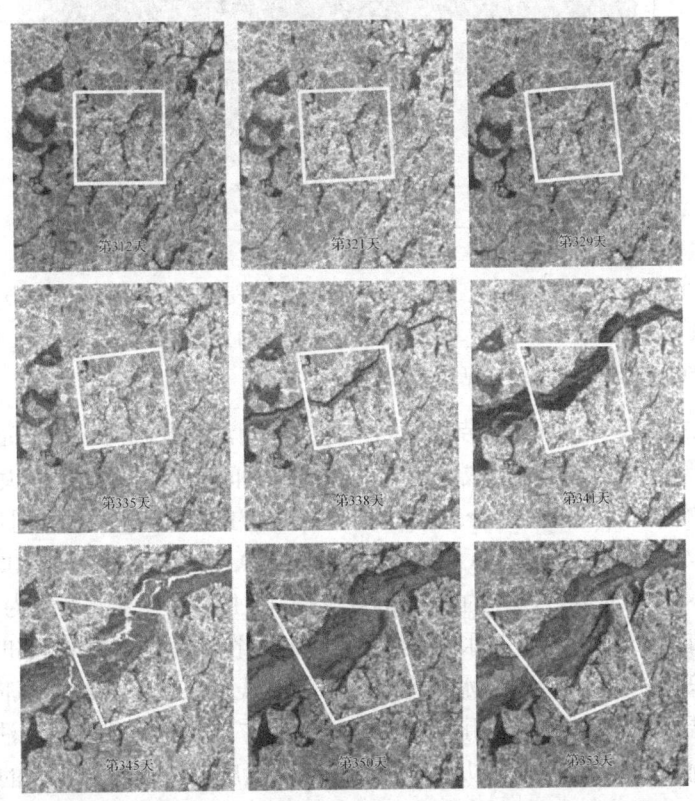

图 13.21　RADARSAT-1 在 1996 年不同时间记录的波弗特海域的图像。图片显示了一个 10km×10km 的区域从第 312 天（11 月 8 日）至第 353 天（12 月 19 日）共 41 天期间的变化情况。第 312 天的白色图框面积是 10km×10km 的正方形区域，随后的图像显示了海冰的变化情况

尽管早期的 SAR 图像是单极化通道灰度图像，但可以用多频段的 SAR 图像生成伪彩色图像。例如，图 13.22 显示了一幅由航天飞机搭载的 SIR-C/X 在 1994 年 10 月 5 日获取的威德尔海（Weddell Sea）的海冰边缘三个波段（X、C、L）雷达图像。图像方向接近东西向；图像的大小为 240km×350km。各波段对应的颜色如下：红通道为 C 波段，VV 极化；绿通道为 L 波段，HV 极化；蓝通道为 L 波段，VV 极化。这也是历史上第一幅 ScanSAR 图像，图像显示了威德尔海域浮冰和开阔海域的边界，同样也显示了海冰中形成的两个大的顺时针方向气旋。受强风引起的布拉格散射影响，北部的开阔海面是均匀的蓝色，标示为 A 的右下角暗绿色海冰是一年浮冰，典型厚度约为 0.5m。标示为 B 的中心偏右的黑色区域是第 2 章图 2.9（a）讨论过的油脂状冰。油脂状冰是浆状的、由小冰晶体组成的，具有 1mm 左右晶体的特征，它抑制了布拉散射，因此在图像中是黑色的。图 13.22 也显示出由标示为 C 的涡流驱动形成的白色或浅蓝色的莲叶冰；这也有可能是薄饼冰。尽管目前多频段 SAR 只是由航天飞机搭载进行过实验，但以后可能用于卫星（SIR-C/X-SAR，2013）。

图 13.22 1994 年 10 月 5 日由奋进号航天飞机成像雷达 C/X 波段 SAR（SIR-C/X SAR）获取的南极海冰图像。图像方向近似为东西向，中心位置的经纬度约为南纬 56.6°和西经 6.5°，图像尺寸为 240km×350km。进一步的描述见正文（见彩插）

最后，图 13.23 显示了白令海圣劳伦斯岛南部的冰间湖和开阔海域的 ScanSAR 和 AVHRR 图像及其融合图像。冰覆盖区域形成如此大的、持续时间长的冰间湖是由大气热通量、大面积海冰和高盐度的海水形成的（Martin，2001）。较小的图像显示了近似同步的 AVHRR 和 ScanSAR 的图像，AVHRR 的像元大小为 1km，ScanSAR 的像元大小为 200m。图像的右上角方向为北方，风向为北风，风速约为 20m/s，冰间湖上方的空气温度约为-15℃。

由于北风吹走了岛屿南部的浮冰，图像上可以看见在此海域内由于风和浪的联合作用形成了水内冰，而朗缪尔环流导致浮冰聚集形成了长的线状条纹，条纹与风向平行。AVHRR 图像显示了冰面温度，温度反演采用的是 Key 等（1997）提出的分裂窗算法。温度图显示，岛屿以南的水内冰温度较高，岛屿以北较厚的浮冰区温度较低。下方较大的图像是 AVHRR 和 SAR 融合图像；AVHRR 图像通过图像颜色表示温度高低，而 SAR 图像提供图像纹理信息。合成图像显示 Langmuir 条纹区域相对温暖，而周围较厚的积冰则较冷。这幅融合图像说明了冰间湖在北极热平衡中的重要性，展示了如何联合使用不同类型图像增加应用价值。

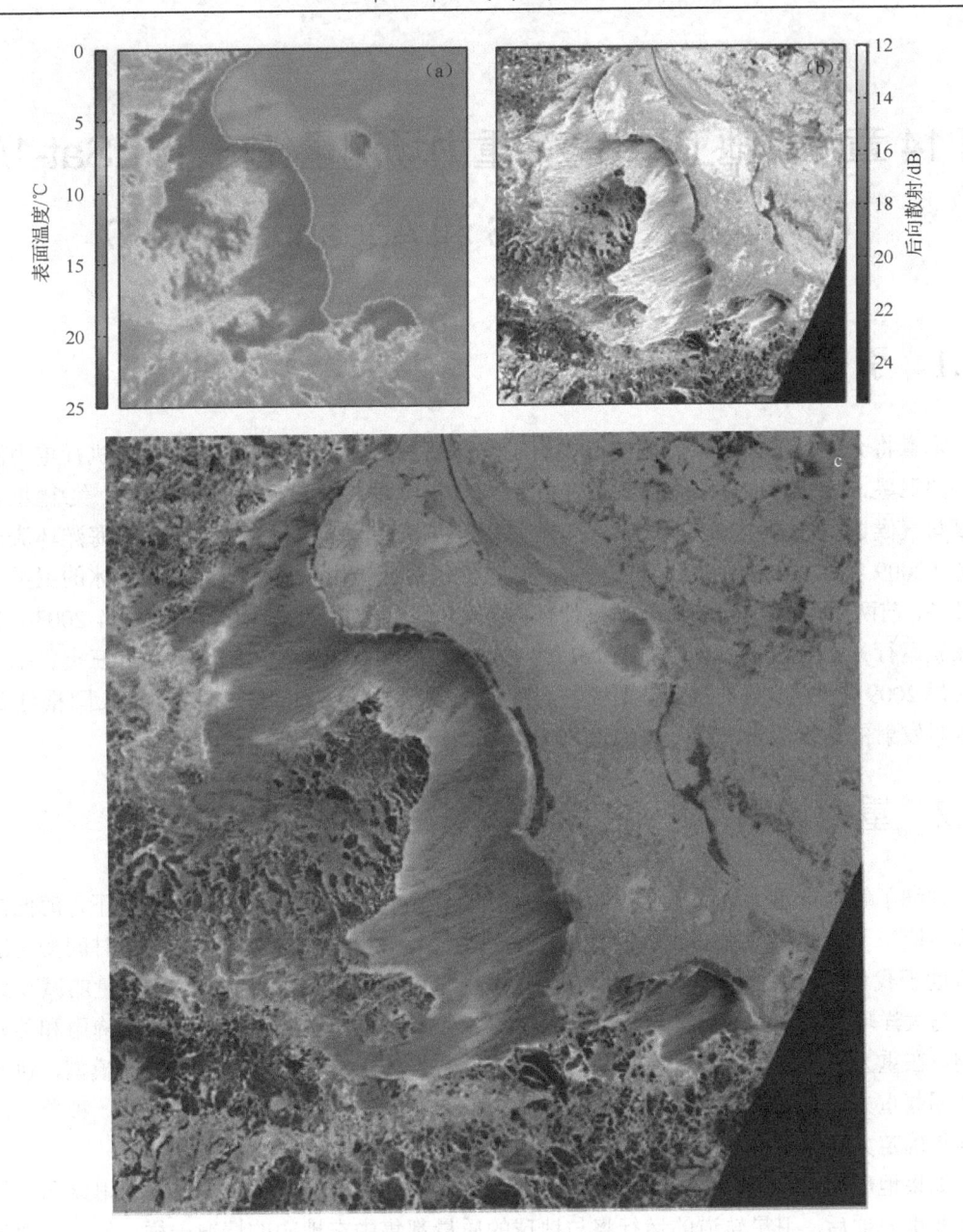

图 13.23 1999 年 1 月 9 日白令海圣劳伦斯岛南部海冰与未结冰区域的图像。图中上方左图为处理后的 AVHRR 海冰表面温度，获取时间为 04:31（UTC）。图中上方右图为 RADARSAT 扫描模式图像，获取时间为 05:04（UTC），两幅图像获取时间差为 33min。沿岛长轴方向测量长度约为 200km（见彩插）

第 14 章 其他卫星任务：重力场测量任务、ICESat-1/2、CryoSat-2、SMOS 和 Aquarius/SAC-D

14.1 引言

本章将介绍与前面各章不同的三类用于海洋观测的卫星。第一类包括三个执行重力测量任务的卫星，分别为挑战小卫星载荷任务（2000 年 7 月发射的 CHAMP 卫星）、美/德重力场恢复与气候试验任务（2002 年 3 月发射的 GRACE 卫星）、欧洲重力场与稳态海洋环流探测任务（2009 年 3 月发射的 GOCE 卫星）。第二类包括三个用来研究海冰和冰川冰的卫星高度计任务，前两个是 NASA 的激光高度计任务 ICESat-1（冰、云、陆地高程卫星-1，2003—2009 年在轨运行）和 ICESat-2（计划于 2017 年发射），搭载双波束雷达高度计。第三类包括欧洲航天局 2009 年 11 月发射的土壤湿度与海洋盐度探测卫星（SMOS），以及 NASA/阿根廷 2011 年 6 月发射的用于测量海表盐度（SSS）的 Aquarius/SAC-D 卫星。

14.2 重力场测量任务

详细了解地球重力场的重要性的原因有两点。第一，在稳态海面地形状态下，海面高度的确定取决于海洋大地水准面的形状及相应的重力场。第二，对地球重力场随时间变化的理解有助于我们对全球水循环的了解。重力场随时间的变化表现在极区冰盖质量的减少或增加，与大洋环流相关的质量分布变化，底层流导致的质量重新分布以及径流、降雨和蒸发的影响。在重力卫星发射之前，人们基于多种测量数据的组合来构建大地水准面模型，包括地基和船载重力测量数据以及高度计卫星数据。重力卫星的发射第一次提供了由一种单一测量数据集确定大地水准面的机会（GRACE，2013）。

如果地球质量均匀分布，或等价为不同密度均匀球形分布，那么在忽略太阳风和大气拖曳等非引力项后，卫星轨道的运行将与地球的质量都集中在地心的情况一样。然而，地球质量分布并不均匀，因此卫星受重力驱动的运动相应地也会不同。这里考虑一种卫星下方有山地造成附加质量场的情况。当卫星接近山地时，横向的地球引力使卫星运行加速；当其飞过山地的正上方后则开始减速。根据多轨观测的卫星速度变化情况，可以用来计算地球重力场。Smith（2010）指出，卫星轨道越低，空间分辨率越好。对于 4km 深度的海沟或海山来说，如果它的宽度小于深度，则其对应的重力场对海面高度几乎没有影响。同样，对于轨道高度为 400km 的卫星，如 GRACE 和 GOCE，宽度小于 400km 的地物也几乎对观测不产生影响。

重力卫星通常采用自身质量进行地球重力场的测量，因此这些卫星具有共同的特征。为减小卫星受到的空气动力，它们的基本形状设计为一个大质量、小迎风面的圆柱体，以使空气动力的总和作用于卫星的质心。为避免卫星内部仪器运动造成的位移,重力卫星基本没有或仅有很少运动部件,并且它们都是温度可控的,以保持自身密度稳定。

14.2.1 挑战小卫星载荷任务(CHAMP)

2000年德国发射的挑战小卫星载荷任务(CHAMP)卫星是一颗非太阳同步轨道卫星,其初始轨道高度为454km,在轨运行到2010年。选取非太阳同步轨道使得该卫星能够观测到每日的重力变化。由于大气的拖曳,卫星轨道缓慢下降,在任务中期通过一次轨道助推使卫星重新回到初始高度。对于精密定轨(POD),CHAMP使用GPS接收机、第11章介绍的卫星激光测距用激光反射阵列,以及使用一个用于测量由大气拖曳和太阳风造成的非重力加速度的加速计。CHAMP任务确定的地球重力场分辨率达到1000km(CHAMP,2013)。该卫星也是后续GRACE任务的试验卫星。

14.2.2 重力恢复与气候试验任务(GRACE)

GRACE由一对2002年发射的相同卫星组成,绰号是"汤姆和杰瑞"(GRACE,2004)。两颗卫星运行在同一太阳同步轨道(轨道的地面轨迹不重复)、沿轨道间距为200km,轨道高度是500km(GRACE,2013)。卫星尺寸约为3m×2m×1m,重480kg(见图14.1)。由于大气拖曳,轨道高度在300~500km间变化,轨道倾角为89°,轨道偏心率约为0.001,每天约有16轨观测数据。利用它们的观测数据,每30天生成一次地球重力场图。GRACE的后续卫星将于2017年发射。

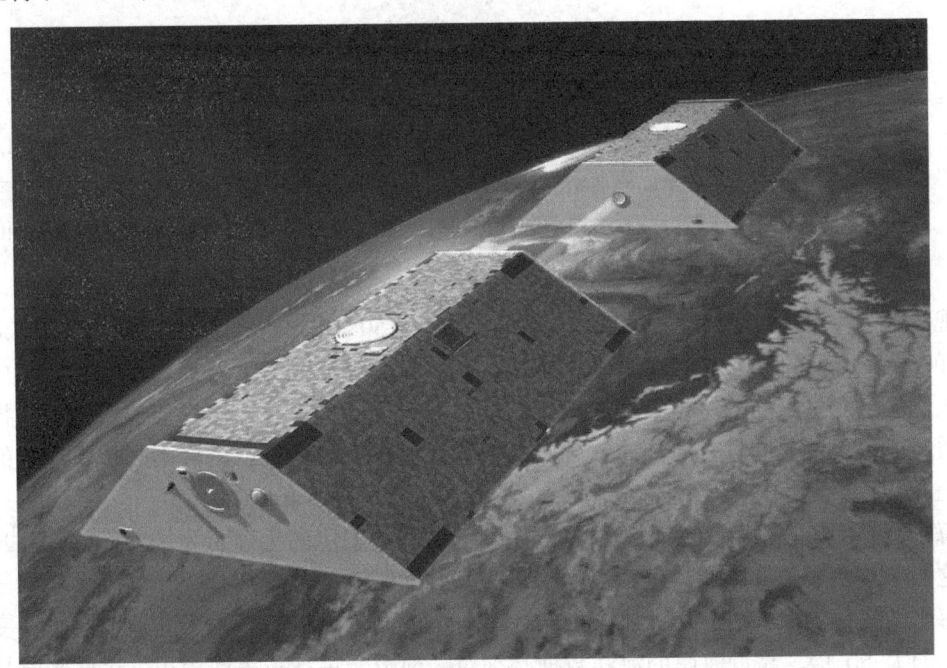

图14.1 GRACE双星示意图

GRACE测量系统由4部分组成,分别是高精度星间测距系统(HAIRS)、测量卫星所受非引力的力的超星加速计(ACC)、用恒星确定卫星位置的星光相机组件(SCA),以及GPS

接收机。为保持卫星稳定，每个部分均包含一个质心修正组件（MTA）。双频微波测距系统 HAIRS 工作于 24GHz 和 32GHz，测量两颗卫星之间距离的精度可达 1μm，这仅是人类头发丝直径的 1/100（GRACE, 2013）。GPS 和星体跟踪系统确定的卫星位置误差小于 1cm，星间微波链接使得卫星相对位置误差小于 1μm。

图 14.2 给出了双星飞过山峰时卫星受重力驱动的过程。当双星接近山峰时，第一颗卫星加速，导致双星间距离增加，当双星通过山顶上方时，第一颗卫星减速，第二颗卫星加速，造成一个最小间距；当双星都飞过山峰后，第二颗卫星减速，而附加地球引力不再作用于第一颗卫星，从而造成双星间距离增加。也就是说，双星间距离先扩大，然后达到一个极小值，之后再扩大。图 14.2 以放大的比例显示了这些变化，而实际上这些变化是微米量级的。GPS 和激光跟踪系统确定卫星大体位置，而双星间的微波测距系统确定卫星精确位置。

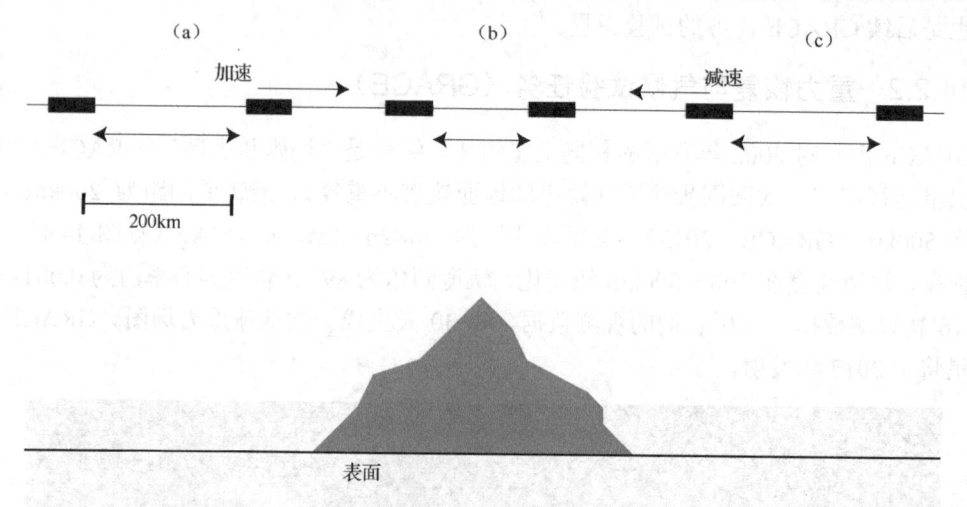

图 14.2 GRACE 双星飞过山峰示意图。图中的比例被放大。当接近山峰时：（a）第一颗卫星由于山峰引力的作用而加速，导致双星间距离增加；（b）当双星通过山峰时，第一颗卫星减速，第二颗卫星加速，造成一个最小间距；（c）当双星远离山峰时，第二颗卫星减速，导致双星间距离增加。当双星远离山峰时，双星间距离保持不变

现在来让我们看一下格陵兰冰盖，它以 $100\times10^{12}\sim150\times10^{12}$ kg 每年的速度损失质量（Luthcke 等，2006；Luthcke, 2008），双星飞过格陵兰冰盖时运行情况与上段描述类似，只是由于质量损失，每年测量到的双星位置在距离上的变化量将随时间减少，这也使得具体计算损失了多少质量成为可能。同样，海洋质量分布的变化，如洋流的运动或由降雨和径流造成的海面高度上升，也会产生与质量变化成比例的信号（Hobish 和 Ward, 2012）。

每个月 GRACE 项目都会计算出以一系列球谐函数表示的全球重力场（Tapley 等, 2004）。根据这些谐波函数，可以计算出由海洋水体重新分布带来的质量变化，并以海洋底部压力变化或海平面变化的形式表示出来（Johnson 和 Chambers, 2013）。由于陆地上的重力变化比海洋上的大 50 倍，靠近海岸的海洋数据必须对陆地影响进行覆盖或校正。这些影响最大的区域位于格陵兰南部、南极半岛北部以及印度尼西亚班达亚齐附近（该区域是 2004 年 12 月 26 日印度洋大地震的震中）。GRACE 观测给出的重力变化可达 500km 尺度。

下面以北极海盆为例介绍 GRACE 的测量，Peralta-Ferriz 和 Morison（2010）比较了从 2002 年 8 月到 2006 年 12 月 GRACE 测量和现场测量的海洋底部压力（OBP）（见图 14.3）。

现场测量包括：从2003年4月到2008年4月，位于北点附近的两个底基式压力记录仪以15min时间间隔记录的压力；2003年8月至2007年8月间，在波弗特海获得的两个压力记录仪的数据；2003年9月至2006年8月，在弗拉姆海峡获得的附加海底压力测量结果。在去除OBP和GRACE时间序列的长期线性趋势后，信号的年际振幅约为2cm。曲线的比较表明，现场测量和GRACE测量的底部压力在幅度和相位上均相符。年际周期变化在两个数据集的时间序列中均清晰可见，其中压力最大值发生在8月至10月间、最小值发生在2月至4月间。上述测量结果符合一个由径流与降水/蒸发引起的海底压力变化模型（Peralta-Ferriz 和 Morison，2010）。

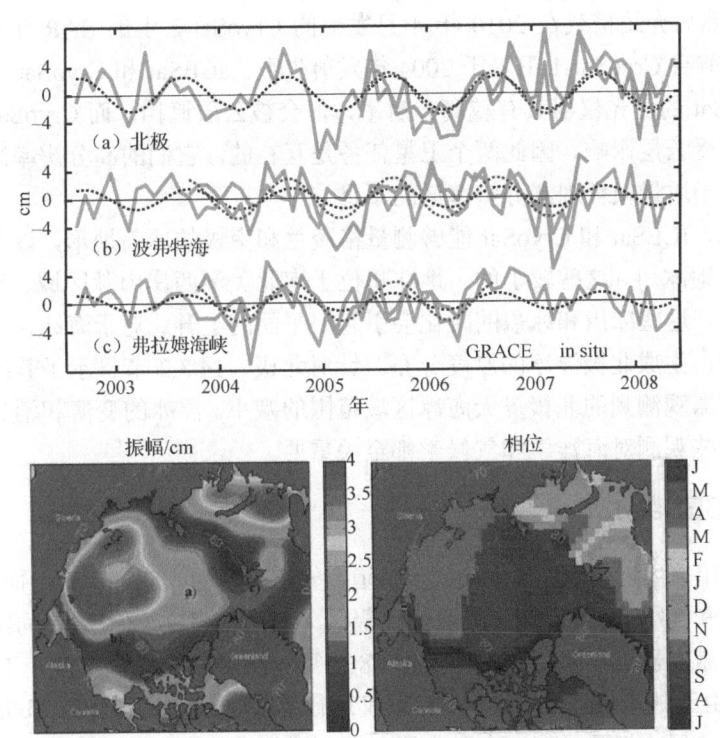

图14.3 2002—2008年北冰洋的GRACE和底部压力观测时间序列比较。上图给出了（a）北极、（b）波弗特海和（c）弗拉姆海峡三个地点的现场测量海底压力异常月平均结果（红色实线）和年度谐波拟合结果（红色虚线）。对于每个地点，灰色实线表示GRACE海底压力异常月平均结果，灰色虚线表示GRACE数据的年度谐波拟合结果。所有时间序列的长期线性趋势都已被移除。下方图片给出GRACE测量底部压力的幅度和相位分布。颜色条显示相位从6月到7月变化剧烈［引自Peralta-Ferriz 和 Morison（2010）中的图1］（见彩插）

14.2.3 重力场与稳态海洋环流探测器（GOCE）

GOCE卫星2009年发射，2013年结束运行，采用轨道高度为250km的太阳同步轨道。为补偿低轨的大气拖曳，卫星配备了一个连续运行的离子推进器以保持卫星轨道高度的稳定。GOCE以两种方式测量重力：（1）通过测量其轨道重力扰动的方法，主要基于上节所述的技术；（2）通过测量6个正交成对摆放的重块对于局部重力梯度的响应，重力梯度计的三个轴可以同时测量重力场的三个相互独立但互为补充的分量。基于上述技术，GOCE观测确定的大地水准面空间分辨率约为100km、精度为1~2cm（GOCE，2013）。结合高度计数据，改善后的大地水准面数据使得研究100km尺度洋流系统（如墨西哥湾流和南极绕极流）的特性成为可能。

14.3　ICESat-1、ICESat-2和CryoSat-2任务

本节首先介绍搭载在ICESat-1卫星上，于2003年至2009年间运行的地球科学激光高度计系统（GLAS），以及计划搭载在将于2017年发射的ICESat-2上的先进拓扑激光高度计系统（ATLAS），然后介绍搭载在2010年4月发射的CryoSat-2上的SAR干涉雷达高度计2（SIRAL-2），其前身CryoSat-1卫星于2004年发射失败。ICESat和CryoSat用来调查陆地和海冰地形。ICESat的激光仪器具有较高分辨率，但会被云层遮挡，而CryoSat的雷达仪器分辨率较低，却不受云层影响，因此两个卫星任务是互补的。它们的高分辨率冰盖测量结果弥补了GRACE对于质量损耗观测分辨率低的不足。

对于陆地冰，ICESat和CryoSat能够测量格陵兰和南极的冰盖地形，以及虽然规模较小但同样重要的山地冰川。这些较小的山地冰川位于南北美洲西岸山脉区域、欧洲和亚洲的北岸以及青藏高原，这些冰川和冰盖的融化会引起海平面的上升。对于海冰，卫星测量其表面地形和出水高度，生成北极浮冰的厚度分布。针对北极，14.3.2节显示了其冰厚减小并伴随着由被动微波仪器观测到的北极夏天海冰区域范围的减小。浮冰的变薄和消失会改变北极的热平衡，因此这些观测对海洋学和气候学都至关重要。

14.3.1　ICESat-1

ICESat-1卫星采用近极地、非太阳同步轨道，轨道高度为600km。其地面轨迹具有91天的完全重复周期和33天的子周期，从而提供极区（可达±86°）的密集空间覆盖。卫星搭载三个完全一样的激光器，期望每个都可运行18个月，从而保障整个仪器5年的寿命。

不幸的是，由于制造缺陷，第一个激光器仅运行了37天就出现故障（Abdalati等，2010）。在对故障进行评估后，打开了第二个激光器，计划运行45天后关闭6个月。由于这个激光器性能快速衰变，在2003年秋，ICESat由连续运行切换为任务模式。这个模式下，激光器在每年的北半球秋天、冬天和春天运行3个33天的周期。在2007年，测量减少为每年2次（冬天和秋天）。卫星在2009年11月随着最后一个激光器的故障而宣告任务结束。ICESat总计进行了18个相互独立的33天观测。

GLAS有两个工作波长，第一个选为近红外（NIR）1.064μm以增加由积雪表面反射回的激光；第二个为532nm的绿光，用于测量气溶胶。NIR激光脉冲长度为5ns、地面覆盖区域直径为70m、脉冲重复频率为40Hz，仪器以175m间隔的覆盖区域对地球表面进行采样。卫星以一个1m直径的望远镜汇聚反射回的辐射，将激光反射阵列和GPS相结合进行精确的轨道确定，用一个星敏感器和陀螺仪确定激光的指向。每个激光器照射区域内的地面高度，通过脉冲发射和接收之间的时间间隔结合激光器的指向角来确定。激光器工作时，仪器首先发射一个脉冲，然后以模拟方式记录反射能量，记录随后被数字化。

14.3.2 ICESat-2

ICESat-1 仅使用一个激光束,带来的问题是,对冰盖尤其是斜坡的测量,地面轨迹的一个微小偏差就会导致高程估计的错误。另一个问题是,对于海冰厚度反演,基于大覆盖区域的冰厚反演要比使用小覆盖区域的冰厚反演困难很多。由于上述问题和激光技术的进步,ICESat-2(计划于 2017 年发射)使用一种称为光子计数的高分辨率激光技术以及相应的激光器配置(Neumann 等,2012)。

与 ICESat-1 相比,ICESat-2 轨道将运行在相对较低的 500km 高度、覆盖±88°的纬度范围。ICESat-2 将搭载先进的地形测量激光高度计系统(ATLAS)。ATLAS 激光器工作在绿光 532nm,脉冲重复频率为 10kHz,这要比 ICESat-1 高很多。每个脉冲分为三对波束,一对波束在星下点,另两对波束分别在左侧和右侧偏离星下点轨迹 3km 处(见图 14.4)。在地表,每对波束的两个波束间横向间隔 90m,波束对用来确定冰盖的斜率。与 ICESat-1 相比,ICESat-2 将发射较低能量的脉冲并使用敏感单光子检测器接收反射能量。ICESat-2 相对于 ICESat-1 观测策略的变化,在于采用由单激光脉冲的数字化来确定回波波形到多个回波脉冲光子计算器的探测方式,这样可以改善分辨率。

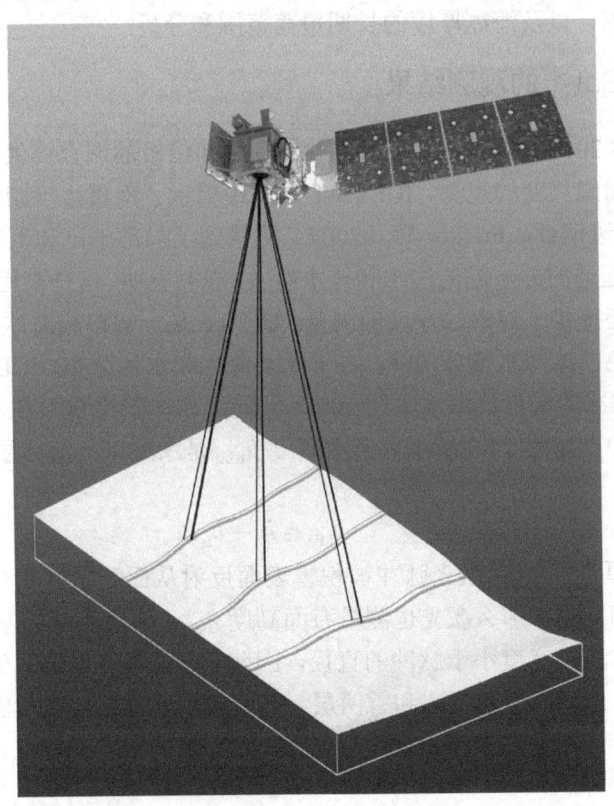

图 14.4 ICESat-2 激光高度计观测示意图航空影

图 14.5 比较了 ICESat-1 和 ICESat-2 两个中间波束地表覆盖区域的尺寸和间隔。ICESat-1 具有沿轨间隔 175m 的覆盖区域;ICESat-2 具有 10m 直径的地表覆盖,相互交叠,沿轨间距为 0.7m,交轨方向间隔为 90m。ICESat-2 的设计有利于改善对海冰和冰盖

特性的反演。

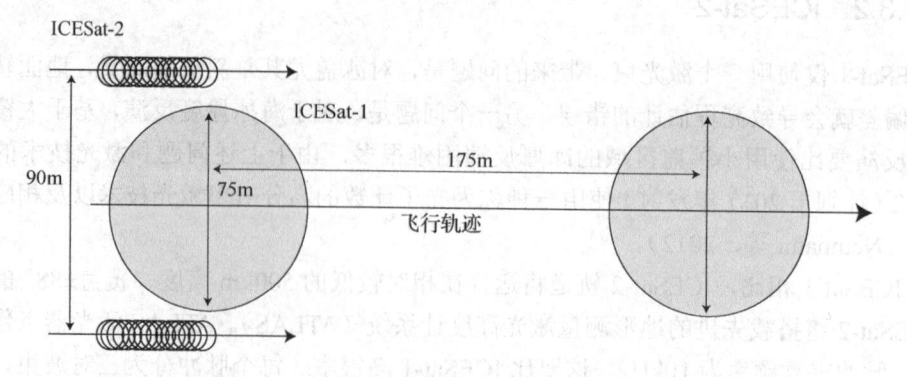

图 14.5 ICESat-1 和两个中间波束的 ICESat-2 的地表覆盖区域配置

考虑到这些精细的激光观测对于理解海冰和冰盖的重要性，NASA 建立了一个称为"冰桥"（IceBridge）的航空计划，其目的是填补 ICESat-1 任务终止后到 ICESat-2 发射这一段时间的空白，提供对格陵兰和南极冰盖以及极地海冰的激光观测和其他类型的观测。这一计划的数据存档于 NSIDC。ICESat-1、"冰桥"计划和 ICESat-2 的组合将提供冰盖体积变化的 15 年时间序列观测数据，以及海冰厚度的长期覆盖范围和分析。

14.3.3 ICESat-1 的观测结果

如 Abdalati 等（2010）所述，ICESat-1 对格陵兰和南极的调查提供了 GRACE 观测到的大尺度变化之外更精细尺度的观测。ICESat-1 数据还揭示了南极冰下湖的运动规律。根据多年 ICESat-1 重复轨迹调查，Fricker 等（2007）测量到了局部下沉和上升，这种现象与向冰面下 2~4km、彼此连通的冰下湖的注水和排水有关。观测表明，这些高程变化可以达到 10m。

ICESat-1 任务还提供了对海冰厚度的测量。图 14.6 是一幅南极海冰的航空影像，其中白色的浮冰被一条黑色的冰间水道分隔开。对于此类海冰和水体分布，ICESat 通过测量海冰出水高度确定冰厚。海冰的密度比海水小约 10%，因此浮冰体积约 90% 在水面以下（Kwok 等，2009；Kwok，2010）。如图 14.7 所示，出水高度 h_{frbd} 是水线以上海冰层高度 h_{fi} 和积雪层高度 h_{fs} 的和，即

$$h_{frbd} = h_{fi} + h_{fs} \tag{14.1}$$

水线以下的冰厚是 h_{draft}。激光脉冲被积雪表面反射从而测量其相对于大地水准面的高度；如果附近有冰间水道，那么激光也测量海面高度 h_{ssh}；两个高度的差就是出水高度 h_{frbd}。很多情况下，冰间水道的宽度小于脉冲的直径，因此 Kwok 等（2009）使用冰间水道的部分回波确定出水高度。出水高度包括冰和雪两层，其中雪厚通过将气候学的降雪量与雪密度观测相结合来进行估计。在给定雪厚和雪、海冰、海水三者的密度基础上，可基于出水高度反演获得海冰厚度。

Kwok 等（2009）在海冰厚度估计中，将出水高度在包括 140 个 ICESat-1 观测 25km 的空间尺度上进行平均，这些平均值的误差约为 7cm。对于每个 25km 的区域，反演的海冰厚度误差约为 0.5m。图 14.8 给出了 10 个不同 ICESat 观测任务获得的北极海盆的海冰厚度。虚线圈表示 ICESat-1 数据的最北界限，其内通过差值填充。各个子图像显示，最厚的冰（约为 5m）出现在格陵兰和加拿大的岛屿附近，具有向北极中心和西伯利亚海岸变薄的趋势。

第14章 其他卫星任务：重力场测量任务、ICESat-1/2、CryoSat-2、SMOS 和 Aquarius/SAC-D

图像还显示了10月到11月海冰覆盖范围小、2月到3月海冰覆盖范围大的年际周期。图中的 ON07（2007年10月到11月）显示了9.8节讨论的海冰区域急剧下降，以及毗邻加拿大和格陵兰海岸的多年厚冰总量的减少；在整个观测周期内，冬季海冰体积量约为 14000km^3；相比其他相同时期，Kwok 等（2009）指出，在冬天，一年冰体积量基本保持不变，多年冰体积量减少约40%，总体体积量稍微减小。他们的工作表明，对于北极，激光高度计的观测可对海冰厚度分布和体积提供稳定估计。

图 14.6 南极冰层的一处冰间水道影像。这一影像于2009年10月30日在南纬75.626087°、西经51.085481°使用一个数字测绘相机拍摄，相机安装在 NASA 的 DC-8 飞机上，飞行高度为500m。影像观测范围为 600m×400m，分辨率为0.1m。图中水道的宽度在 75~100m 之间

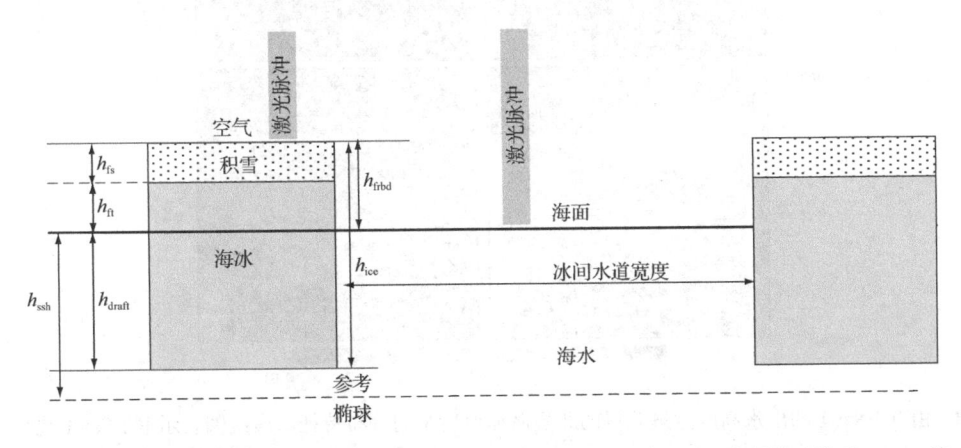

图 14.7 ICESat 海冰厚度反演使用的海冰出水高度、积雪、吃水深度和冰厚示意图［改编于 Kwok 等（2009）中的图1；Abdalati 等（2010）中的图4］

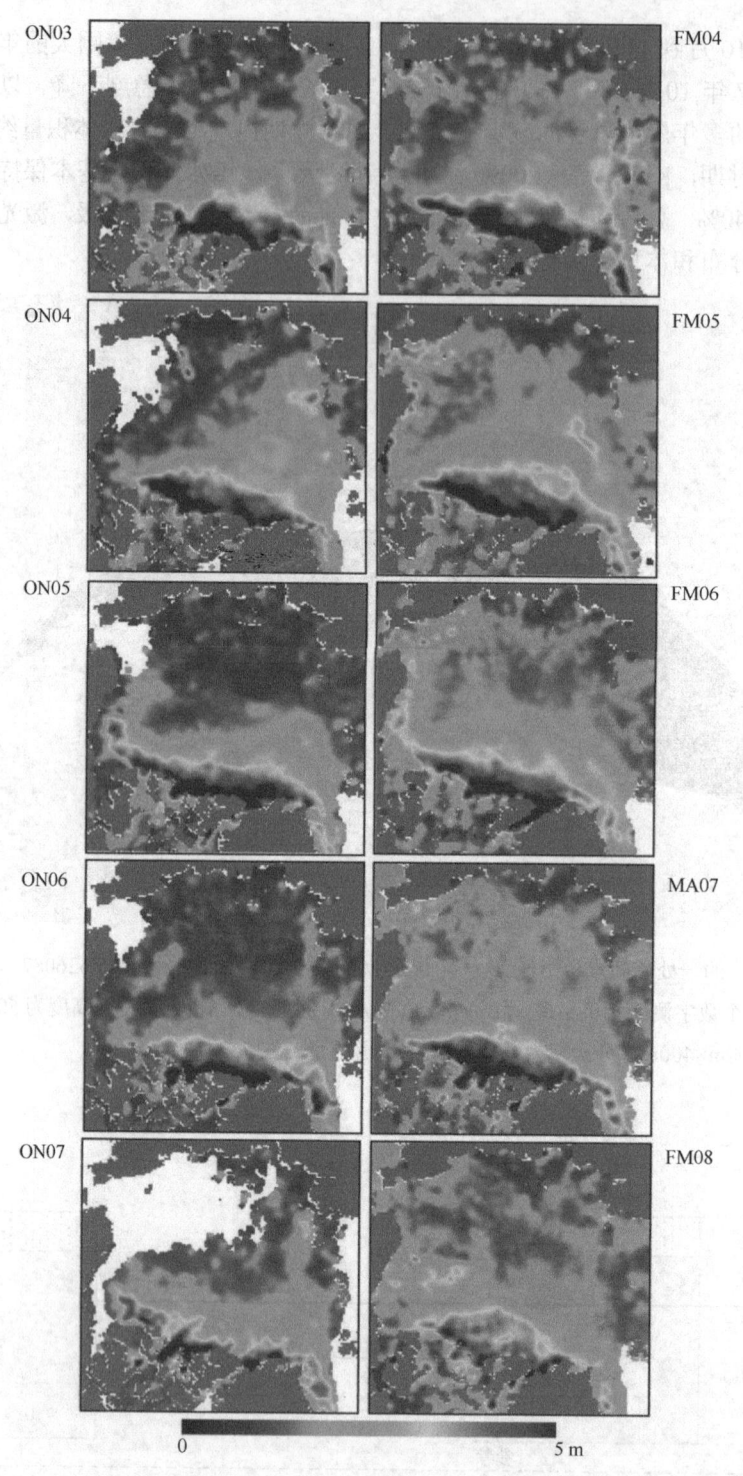

图 14.8 由 ICESat-1 的出水高度测量获得的北极海冰厚度空间分布特征。虚线圈表示 ICESat-1 观测的最北界限，其内通过差值填充并以 50km 高斯核进行平滑。底部的彩色刻度尺显示冰厚值。ON03 表示 2003 年 10 月到 11 月，FM04 表示 2004 年 2 月到 3 月，它们标记了 ICESat-1 不同的 34 天观测任务 [引自 Kwok 等（2009）中的图 7]（见彩插）

14.3.4 CryoSat-2

CryoSat-2 是一个用于观测冰盖和海冰的雷达高度计卫星任务，该卫星发射于 2010 年 4 月，运行在一个近圆形极地轨道，轨道高度为 720km、倾角为 92°（CryoSat-2，2013a）。它的轨道重复周期为 369 天（子周期为 30 天），在赤道上的轨迹间隔为 7.5km。CryoSat-2 的轨道使用 Doris 系统和一个激光反射阵列来确定（Drinkwater 等，2004；Phalippou 等，2001）。CryoSat 卫星尺寸长为 4.5m、宽为 2.3m、高为 2.2m。与许多卫星不同的是，CryoSat-2 没有在两翼安装太阳能电池板，而是以屋顶的形式将太阳能电池板安装在了卫星顶部（见图 14.9）。CryoSat-2 的设计目的是测量海冰厚度、陡峭斜坡区域的冰盖高程，以及填补高度计在极点附近的观测空白（CryoSat-2，2013a）。

图 14.9　CryoSat-2 卫星效果图。太阳能电池板以屋顶形式安装在卫星顶部，两个 SIRAL-2 椭圆形雷达天线在卫星的下部清晰可见

CryoSat-2 卫星上最主要的仪器是 SAR 干涉雷达高度计-2（SIRAL-2）。SIRAL-2 包括两根并排安装的卡塞格伦椭圆形天线以形成交轨方向的干涉。两个天线基线距离为 1.15m，尺寸均为 1.15m×14m，长轴平行于卫星轨道。天线的椭圆形设计既是为了适应发射运载的整流罩，也是为了满足沿轨和交轨两个方向对不同波束宽度的需求。卫星搭载了一主一备两个完全一样的 SIRAL-2，主仪器失效时，将使用备份仪器继续测量（CryoSat-2，2013b）。

SIRAL 工作在 Ku 频段（13.575GHz），具备三种观测模式（Drinkwater 等，2004；Francis，2001）。第一种是低分辨率模式（LRM），此时 SIRAL 工作方式与传统单频高度计一样，使用一根天线来发射和接收脉冲，利用 DORIS 系统提供电离层校正。这一传统脉冲有限模式将用来对海洋和大块浮冰的主体部分（相对于冰边缘具有较低的粗糙度）进行覆盖观测。在这种情况下,FOV 的直径约为 15km。

第二种观测模式是 SAR 模式。为获得更好的沿轨方向分辨率,仪器虽仍使用一根天线来发射和接收脉冲,但其 PRF 约是低分辨率模式下的 10 倍。此模式下,仪器每次集中发射 64 个连续的短脉冲,接收回波后使用 SAR/多普勒处理,将一个覆盖区在沿迹方向分为 64 个子面元。每个子面元在沿轨迹方向约为 250m,在交轨方向可达 15km(取决于海面粗糙度)。这一观测模式主要用于浮冰边缘的较粗糙海冰观测,以及根据出水高度测量结果的海冰厚度反演(Laxon 等,2013)。与 ICESat-1 的激光高度计不同的是,CryoSat 的雷达脉冲在冰表面反射而不是雪表面反射。CryoSat-2 和 ICESat-2 测量的互补性意味着,将激光和雷达高度计相组合,可提供积雪厚度的直接测量结果。

第三种观测模式是 SAR 干涉模式(简称为 SARIn 以免与 InSAR 混淆),用来观测倾斜地形区域的冰盖高程。在这一模式下,仪器使用一根天线发射、两根天线接收,PRF 为 SAR 模式的 2 倍,对应沿轨间隔约为 250m。LRM 模式每个脉冲产生一个距离测量结果,相比之下,由于存在 1.1m 的基线,SARIn 模式产生的距离测量结果是照射刈幅内所有点观测角度的函数。地表存在倾斜,因此最初的回波可能来自一个非天底点,SARIn 模式的目的就是确定这一非天底指向角及其对应的距离。根据冰盖斜坡对应的具体地形,最小距离观测结果对应的表面区域可以位于星下点轨道的左右两侧。

SIRAL-2 在观测冰盖时遇到一个问题。称为累积层的冰盖最上层由于包含垂直厚度达数十米的积雪部分被压缩成冰,激光从雪表面反射,但雷达信号从一定深度反射且反射深度因区域而异。目前寄希望于通过航空试验与地面现场试验相比较来解决这一累积层问题。

14.4 SMOS 和 Aquarius/SAC-D

目前的两个海面盐度(SSS)卫星观测任务分别是 ESA 的土壤湿度与海洋盐度(SMOS)卫星和 Aquarius/SAC-D 卫星。NASA 与阿根廷航天局(CONAE)在 Aquarius/SAC-D 任务上相互合作,其中 SAC-D 的 D 表示 SAC 卫星系列的第 4 颗。CONAE 提供卫星平台和部分载荷;NASA 提供 Aquarius 载荷。SMOS 于 2009 年 11 月发射,Aquarius/SAC-D 于 2011 年 6 月发射。

SMOS 和 Aquarius 均位于太阳同步晨-昏轨道且都搭载 1.4GHz(L 波段)辐射计。这些仪器不旋转,观测明暗界线的黑暗一侧,以 10~30 天的周期生成几乎覆盖全球的 SSS 图像。两个任务的目标都是在 100~200km 的空间分辨率下将反演 SSS 的精度达到 0.2psu(Lagerloef 和 Font,2010)。

这两个任务的科学目标是监视海洋表面盐度场大尺度特征的季节性和年际变化。SSS 的重要性在于其在全球水循环和海洋热盐环流中所起的作用。在全球水循环中,SSS 与蒸发、降水、河流径流、海冰的形成和消融密切相关,它会随着降水减小、随着蒸发增加(Lagerloef 等,2010;Lagerloef 和 Font,2010)。约 85%的全球蒸发和 80%的全球降水发生在海洋,对 SSS 的详细了解有助于对全球水循环的理解(Salinity,2013)。10 年间的盐度变化包括北大西洋和南大洋靠近极地部分的盐度降低,以及亚热带海洋区域的盐度增加。表面盐度和温度同样决定了表面海水的密度,进而决定了其浮力,浮力的变化驱动着热盐环流。

如 9.5 节中所讨论的，以及图 9.16 与图 9.17 所示，由盐度引起的辐射函数变化可以在 1.413GHz 频率下测量，对盐度变化的敏感性在海面温度较高的区域最大，在高纬海面温度较冷的区域最小。两颗卫星在更高纬度增加采样率部分地补偿了这一低温不敏感性。在反演 SSS 时，其他要素同样影响着表面发射率和接收到的辐射量，包括海面粗糙度、海面温度、电离层法拉第旋转、反射进入仪器的地球外辐射源（如海面反射的太阳光、宇宙背景辐射）、无线电频率干扰（RFI）的存在以及需要滤除的强降雨。海面粗糙度引起的表面发射率变化是最大的干扰源。两个仪器使用不同方法对海面粗糙度进行校正，Aquarius 直接测量粗糙度，而 SMOS 由 ECMWF 风场确定粗糙度。

对于 SMOS，Camps 等（2004）介绍了一个 ESA 资助的海面粗糙度现场研究（称为风与盐度试验，WISE）的结果。在 1.413GHz，WISE 的研究确定了亮温与海况和粗糙度的关系，或者说是风速、入射角和极化方式的函数。WISE 的结果提供了由矢量风速确定粗糙度的经验公式。

Aquarius 将被动辐射计和主动散射计进行组合，使用同一个 2.5m 直径真实孔径反射天线。对于相同的地面覆盖区，Aquarius 同时测量海面发射率和后向散射系数，这样的组合可同时提供海面发射率和粗糙度。不同的是，SMOS 使用一个合成孔径辐射计确定发射率，使用 ECMWF 风场根据 WISE 结果确定粗糙度。

14.4.1 土壤湿度与海洋盐度（SMOS）

欧洲航天局的土壤湿度与海洋盐度（SMOS）卫星于 2009 年 11 月发射，目标是以 200km×200km 的空间分辨率，在 10~30 天的周期内观测盐度的精度达到 0.1psu。SMOS 主要搭载的合成孔径微波成像辐射计（MIRAS）工作在 1.4GHz，载有的 69 个天线/接收模块分布在三个线型天线臂上，这些天线臂发射时是折叠的，入轨后展开成 Y 形，直径达 8m。所有模块的观测形成一个二维合成孔径辐射计。SMOS 最小分辨率为 40km，其天线方向图综合和具体处理的细节很复杂，Lagerloef 和 Font（2010）给出了一个非常好的总结。

14.4.2 Aquarius/SAC-D

Aquarius/SAC-D 卫星是 CONAE 和 NASA 的联合任务，主要包括两部分：测量 SSS 的辐射计和散射计的组合 Aquarius，以及包括其他载荷的 CONAE 卫星平台 SAC-D。Aquarius 的设计目的是以 150km 的空间分辨率和 0.2psu 的精度提供近全球海表盐度月平均产品（Le Vine 等，2010）。

在这一任务中，CONAE 提供卫星平台、一个双极化微波辐射计（工作在 23.8GHz 和 37GHz）、一个红外传感器、一个相机以及任务管控和地面系统，NASA 提供 Aquarius 载荷和发射运载。图 14.10 给出了 Aquarius/SAC-D 卫星的示意图，太阳能电池板在右侧，发射天线和馈源喇叭在左侧。卫星飞行时其长轴近似垂直于飞行轨迹；为避开反射的太阳光，天线指向明暗分界线的黑暗一侧。为保持辐射计的稳定性（目标是保持在 7 天内其温度波动小于 0.1K）使用了主动加热和制冷，并使用了一个太阳遮挡罩（位于图 14.10 中馈源喇叭的右侧）。

图 14.10 Aquarius/SAC-D 卫星示意图。飞行方向与卫星长轴垂直，反射天线和微波馈源喇叭在左侧，太阳能电池板在右侧。按照比例，天线的直径是 2.5m，且并不相对于卫星旋转，伞状罩保护电子组件不被太阳照射。卫星飞行时其长轴近似垂直于飞行轨迹，其天线指向明暗分界线的黑暗一侧

Aquarius 使用三个 1.413GHz 双极化馈源喇叭和一个 2.5m 反射天线，形成交轨方向相互分离的三个波束，采用推扫方式观测。卫星运行于太阳同步精确重复轨道，轨道高度为 657km，升交点地方时是下午 6 点。三个波束形成 390km 宽的刈幅，每 7 天提供一次近全球覆盖。天线指向轨道的黑暗一侧，图 14.11 显示了入射角分别为 28.7°、37.8° 和 45.6° 的三个波束在地面产生的 3dB 覆盖区的配置情况。

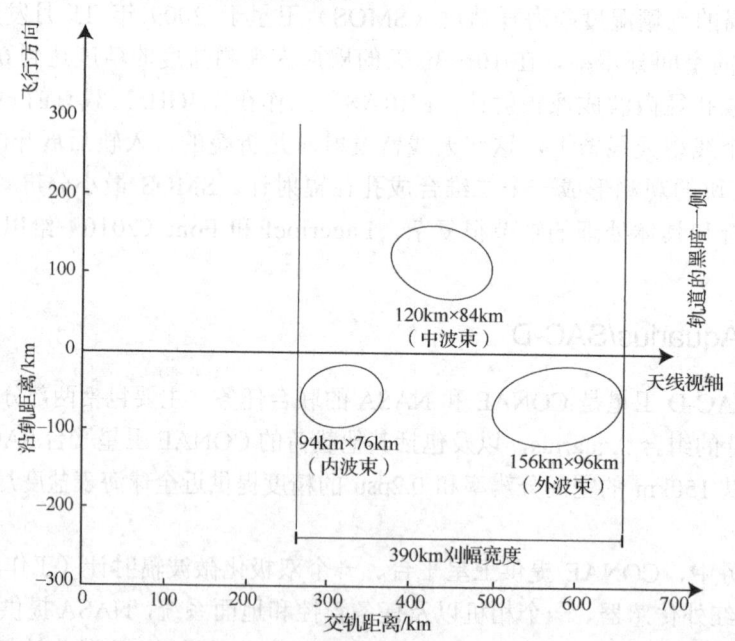

图 14.11 Aquarius 仪器三个地面覆盖区的分布和近似尺寸［重绘自 Le Vine 等（2007）中的图 3］

因为使用同一天线，Aquarius 的仪器可以在被动和主动观测间相互切换，被动观测工作在 1.413GHz，散射计观测工作在 1.26GHz。1.413GHz 频段属于射电天文学保护频段，1.260GHz 散射计频段则被其他卫星和地面发射器共用（Spencer 等，2011，图 1）。对于 Aquarius 辐射计，地基大气监视雷达是最主要的 RFI 干扰源（Le Vine 等，2007）。

Aquarius 有三个独立的辐射计，但仅有一个散射计。三个辐射计并列运行，而散射计在三个馈源喇叭间旋转（Le Vine 等，2007）。辐射计和散射计的观测是相互交替的，对于这两种仪器，一个基本测量时间单元是 10ms，包括 1ms 的散射计发射和 9ms 的辐射计观测（如后文所述，这一短测量时间单元的持续时间是由 RFI 分析决定的）。当散射计发射时，辐射计是关闭的。一个辐射计测量周期的持续时间是 120ms，期间每个辐射计采集 7 组垂直极化和水平极化观测，随后是 5 个 10ms 的定标采样。

对于每个波束，一个 60ms 的散射计测量周期有 6 个时间单元，包括两个噪声测量（V 与 H）和 4 个极化测量（包括两个 H 脉冲发射分别使用水平接收和垂直接收，以及两个 V 脉冲发射使用水平接收和垂直接收）。这一 60ms 测量周期在各个波束上逐一进行，对于全部三个波束，180ms 完成一次。每 0.72s，上述两种测量周期交替一次，期间散射计完成 4 个 180ms 测量周期，辐射计完成 6 个 120ms 测量周期。如此短时间的交替序列意味着辐射计和散射计采样的地面覆盖区基本相同。对于辐射计，使用 5.46s 的积分时间以将辐射计的 NEΔT 减小到 0.1K（Yueh 和 Chaubell，2012）。

散射计测量 VV、VH、HH 和 HV 4 种极化的后向散射系数；这 4 种极化测量的总功率是不变的，即与法拉第旋转无关，因此它被用来反演海面粗糙度。在 L 波段，法拉第旋转的幅度要比在 10.7GHz 大 50 倍以上，为了保证成功地反演 SSS，法拉第旋转影响必须从亮温中移除（Meissner 和 Wentz，2006a）。法拉第旋转意味着离开海面的某单一极化辐射在到达传感器时变为多种极化的组合。为校正这一影响，首先需从两个接收极化的和与差（V+H，V-H）中计算出第 3 个斯托克斯参数，然后由它和第 2 个斯托克斯参数（水平极化）计算出法拉第旋转的角度，并且最终用来校正接收到的辐射（Le Vine 等，2013）。

为了从接收亮温中移除 RFI，每个 9ms 时间单元都要被一个 RFI 门限滤波器检查（Fischman 等，2009；Le Vine 等，2012）。不能通过检查的数据将被丢弃，剩余数据将在 1.44s 内（即 12 个周期时间单元）进行平均。使用短时间单元平均减少了 RFI 造成的损失。另一个问题是，在 L 波段，陆地要比海洋亮很多，因此为避免旁瓣污染，靠近陆地 200km 以内范围的 SSS 反演将被屏蔽。海面验证数据来源于位置相同的 Argo 浮标，以及第 7 章讨论的每天可获得约 300 个观测结果的 TAO/TRITON 阵列。

Meissner 等（2012）描述了盐度反演算法。首先，三个馈源喇叭获得的亮温要经过法拉第旋转校正和 RFI 标记，然后使用 CONAE 辐射计数据标记降雨。随后，将雷达后向散射测量结果 σ_0 和 NCEP 的风速、风向相结合，计算由粗糙度引起的亮温分量 ΔT_B。当 ΔT_B 从经过校正的辐射计亮温中剔除后，获得的就是平静海洋表面的亮温结果。这一结果将被用来结合图 9.16 所示的温度盐度曲线来反演我们需要的盐度，其中海面温度数据来自 GHRSST 数据集。

图 14.12 显示了 2012 年 1 月至 12 月的年平均海表盐度。Le Vine 等（2007）指出，Aquarius 两个月获得的 SSS 观测结果已经超过之前 125 年所有船舶获得的 SSS 观测结果的总和。图中红色表示高盐度值，蓝色和紫色表示低盐度值；由于较冷的水温和较高的风速，南大洋的盐度值并不可靠；南北向轻微的条带是定标残差的结果；地中海的数据缺失显示了海岸污染问题。图 14.12 显示比较明显的海面盐度分布特征，包括：北大西洋产生的高盐度海水由地中海流出，大西洋的平均盐度高于太平洋和印度洋；大西洋和太平洋的亚热带环流区域的盐度高于其周围区域；以及与赤道附近的降水带和北太平洋的降水有关的低盐度海水。上述所

有特征都与大尺度的降雨和蒸发模式、河流径流以及海洋环流有关。区域特征包括由蒸发决定的印度西面的高盐度阿拉伯海,以及由恒河和季风雨决定的印度东面的低盐度孟加拉湾(Aquarius,2013a)。

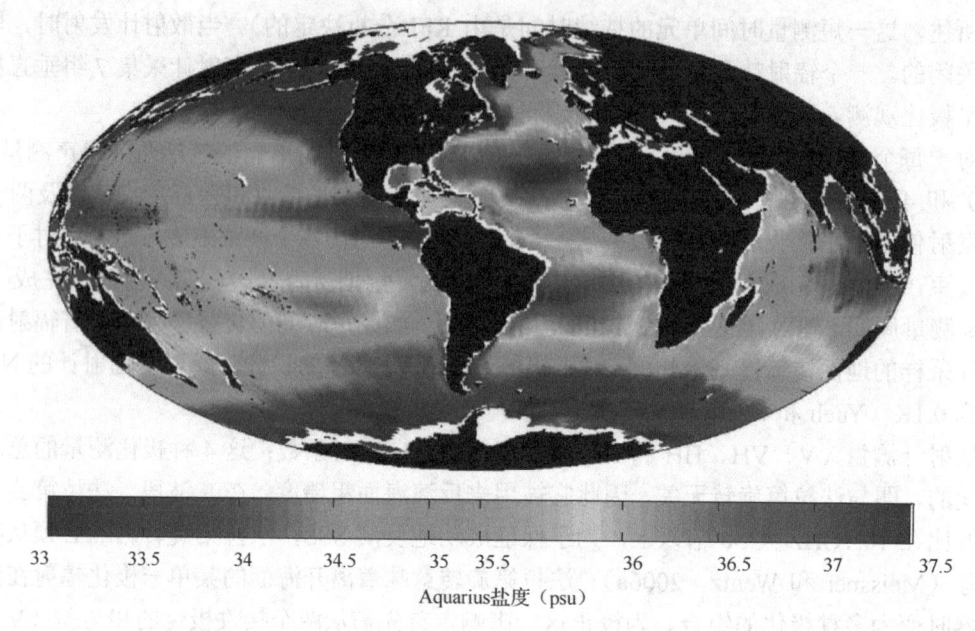

图 14.12　Aquarius 获得的 2012 年 1 月至 12 月年度平均盐度。盐度数据通过多项式值以 1°×1° 网格显示(见彩插)

参 考 文 献

Abdalati, W., Zwally, H. J., Bindschadler, R., et al. (2010). The ICESat-2 laser altimetry mission. *Proc. IEEE*, **98**, 735–751.

Acker, J. G., & Leptoukh, G. (2007). Online analysis enhances use of NASA earth science data. *Eos, Trans. AGU*, **88**(2), 14 and 17.

Ackerman, S., Frey, R., Strabala, K., et al. (2010). Discriminating clear-sky from cloud with MODIS – Algorithm Theoretical Basis Document (MOD35), Version 6.1, ATBD-MOD-06, http://modis-atmos.gsfc.nasa.gov/_docs/MOD35_ATBD_Collection6.pdf.

ACSPO (2010). Advanced Clear-Sky Processor for Ocean (ACSPO), Version 1.40, Interface Control Document, NOAA/NESDIS/OSDPD/SSD, ftp://www.star.nesdis.noaa.gov/pub/sod/osb/aignatov/ACSPO/1_Prior%20Versions/ACSPO_Interface_Control_Document_Ver1.40.doc.

Ahmad, Z., Franz, B. A., McClain, C. R., et al. (2010). New aerosol models for the retrieval of aerosol optical thickness and normalized water-leaving radiances for the SeaWiFS and MODIS sensors over coastal regions and open oceans. *Appl. Opt.*, **49**(29), 5545–5560.

Ahmed, S., Warren, H. R., Symonds, M. D., & Cox, R. P. (1990). The Radarsat System. *IEEE Trans. Geosci. Remote Sens.*, **28**, 598–602.

Aiken, J., Moore, G. F., Trees, C. C., et al. (1995). *The SeaWiFS CZCS-Type Pigment Algorithm*. SeaWiFS Technical Report Series, Vol. 29, ed. Hooker S. B. & Firestone E. R., NASA Technical Memorandum 104566. Greenbelt, MD: NASA Goddard Space Flight Center.

Allianz (2012). Safety and shipping 1912–2012, from *Titanic* to *Costa Concordia*, http://www.agcs.allianz.com/assets/PDFs/Reports/AGCS_safety_and_shipping_report.pdf, 63 pp.

Altimetry (2013). Radar altimetry tutorial, missions, http://www.altimetry.info/html/missions/ers1/instruments/ra_en.html.

Alvain, S., Moulin, C., Dandonneau, Y., et al. (2005). Remote sensing of phytoplankton groups in case 1waters from global SeaWiFS imagery. *Deep-Sea Res. I*, **52**, 1989–2004.

AMSR-E (2013). Advanced Microwave Scanning Radiometer – EOS, http://www.ghcc.msfc.nasa.gov/AMSR.

Anderson, G. P., Kneizys, F. X., Chetwynd, J. H., et al. (1995). FASCODE/MODTRAN/LOWTRAN: Past/present/future. *In 18th Annual Review Conference on Atmospheric Transmission Models*, 1995. Lexington, MA: Phillips Laboratories.

Anguelova, M. D. & Webster, F. (2006). Whitecap coverage from satellite measurements: A first step toward modeling the variability of oceanic whitecaps. *J. Geophys. Res.*, **111**, C03017.

Antoine, D., d'Ortenzio, F., Hooker, S. B., et al. (2008). Assessment of uncertainty in the ocean reflectance determined by three satellite ocean color sensors (MERIS, SeaWiFS and MODIS-A) at an offshore site in the Mediterranean Sea (BOUSSOLE project). *J. Geophys. Res.*, **113**, C07013, doi:10.1029/2007JC004472.

AOML (2012). The Global Drifter Program, http://www.aoml.noaa.gov/phod/dac/index.php.

Aquarius (2013a). NASA Goddard Space Flight Center, Aquarius, http://aquarius.nasa.gov.

Aquarius (2013b). Key Aquarius facts, http://aquarius.nasa.gov/images/Aquarius_ese.pdf.

Argo (2012). Argo Floats, http://www.argo.ucsd.edu.

ASAR (2013a). ESA Envisat ASAR, http://earth.esa.int/web/guest/missions/esa-operational-eo-missions/envisat/instruments/asar.

ASAR (2013b). ESA observing the earth, ENVISAT's ASAR reveals extent of massive oil spill off Spanish coast, http://www.esa.int/Our_Activities/Observing_the_Earth/Envisat_s_ASAR_reveals_extent_of_massive_oil_spill_off_Spanish_coast.

ASAR (2013c). ESA earthnet online, ASAR products, http://earth.esa.int/handbooks/asar/CNTR1-1-6.htm.

ASCAT (2013a). EUMETSAT ASCAT, http://www.eumetsat.int/Home/Main/Satellites/Metop/Instruments/SP_2010053161611647.

ASCAT (2013b). JPL PO.DAAC, MetOp-B ASCAT Level-2 25-km ocean surface winds, http://podaac.jpl.nasa.gov/dataset/ASCATB-L2-25km.

ASCAT (2013c). ASCAT wind product user manual, version 1.13, http://www.knmi.nl/scatterometer/publications/pdf/ASCAT_Product_Manual.pdf.

ASF (2013a). Alaska Satellite Facility RADARSAT Geophysical Processing System, http://www.asf.alaska.edu/program/sdc/project/measures/measures_visualizations.

ASF (2013b). Alaska Satellite Facility SAR data center, http://www.asf.alaska.edu/program/sdc.

Asrar, G., & Dozier, J. (1994). *EOS: Science Strategy for the Earth Observing System*. Woodbury, NY: AIP Press.

Assar, G. R. (2011). The enduring legacy of the Earth Observing System Part II: Creating a global observing system – challenges and opportunities. *Earth Observer*; **23**(3), 4–14, http://eospso.gsfc.nasa.gov/eos_homepage/for_scientists/earth_observer.php.

Atlas, R., Hoffman, R. N., Ardizzone, J., et al. (2011) A cross-calibrated, multiplatform ocean surface wind velocity product for meteorological and oceanographic applications. *Bull. Amer. Meteor. Soc.*, **92**, 157–174, http://journals.ametsoc.org/doi/pdf/10.1175/2010BAMS2946.1.

Atlas, R., Hoffman, R. N., Leidner, S. M., et al. (2001). The effects of marine winds from scatterometer data on weather analysis and forecasting. *Bull. Amer. Meteor. Soc.*, **82**, 1965–1990.

Attema, E. P. W. (1991). The active microwave instrument on-board the ERS-1 satellite. *Proc. IEEE*, **79**, 791–799.

Bailey, S. W., & Werdell, P. J. (2006). A multi-sensor approach for the on-orbit validation of ocean color satellite data products. *Remote Sens. Environ.*, **102**, 12–23.

Bailey, S. W., Hooker, S. B., Antoine, D., et al. (2008). Sources and assumptions for the vicarious calibration of ocean color satellite observations. *Appl. Opt.*, **47**(12), 2035–2045.

Baker, M. E. (1997). Cloud microphysics and climate. *Science*, **276**, 1072–1078.

Balanis, C. A. (1982). *Antenna Theory: Analysis and Design*. New York: John Wiley.

Balch, W. M., & Byrne, C. F. (1994). Factors affecting the estimate of primary production from space. *J. Geophys. Res.*, **99**, 7555–7570.

Balch, W. M., Drapeau, D. T., Cucci, T. L., et al. (1999). Optical backscattering by calcifying algae – separating the contribution by particulate inorganic and organic carbon fractions. *J. Geophys. Res.*, **104**, 1541–1558.

Baldy, S. (1993). A generation – dispersion model of ambient and transient bubbles in the close vicinity of breaking waves. *J. Geophys. Res.*, **98**, 18277–18293.

Band ratio algorithms (2010). Ocean color documents, http://oceancolor.gsfc.nasa.gov/DOCS/MSL12/master_prodlist.html/#chlor_a.

Band reprocessing (2010). Ocean Color chlorophyll (OC) v6, http://oceancolor.gsfc.nasa.gov/REPROCESSING/R2009/ocv6/.

Bannerman, K., Rodriguez, M. H., de Miranda, F. P., et al. (2009). Operational applications of RADARSAT-2 for the environmental monitoring of oil slicks in the Southern Gulf of Mexico. *IEEE Trans. Geosci. Remote Sens. Symposium (IGARSS-2009)*, **3**, 381–383.

Barnes, R. A., Eplee, R. E., Schmidt, G. M., et al. (2001). Calibration of SeaWiFS. I. Direct techniques. *Appl. Opt.*, **40**, 6682–6700.

Barnes, W. L., & Salomonson, V. V. (1993). MODIS: A global imaging spectroradiometer for the Earth Observing System. *Crit. Rev. Opt. Sci. Technol.*, **47**, 285–307.

Barnes, W. L., Pagano, T. S., & Salomonson, V. V. (1998). Prelaunch characteristics of the Moderate Imaging Spectroradiometer (MODIS) on EOS-AM1. *IEEE Trans. Geosci. Remote Sens.*, **36**, 1088–1100.

Barrick, D. E., & Swift, C. T. (1980). The Seasat microwave instruments in historical perspective. *IEEE J. Oceanic Eng.*, **5**, 74–80.

Barton, I. J. (1995). Satellite-derived sea surface temperatures: Current status. *J. Geophys. Res.*, **100**, 8777–8790.

Beckley, B. D., Zelensky, N. P., Holmes, S. A., et al. (2010). Assessment of the Jason-2 extension to the TOPEX/Poseidon, Jason-1 sea-surface height time series for global mean sea level monitoring. *Marine Geodesy*, **33**(S1), 447–471.

Behrenfeld, M. J., & Falkowski, P. G. (1997a). Photosynthetic rates derived from satellite-based chlorophyll concentration. *Limnol. Oceanogr.*, **42**, 1–20.

Behrenfeld, M. J., & Falkowski, P. G. (1997b). A consumer's guide to phytoplankton primary productivity models. *Limnol. Oceanogr.*, **42**(7), 1479–1491.

Behrenfeld, M. J., O'Malley, R. T., Siegel, D. A., et al. (2006a). Climate-driven trends in contemporary ocean productivity, *Nature*, **444**, 752–755.

Behrenfeld, M. J., Westberry, T. K., Boss, E. S., et al. (2009). Satellite-detected fluorescence reveals global physiology of ocean phytoplankton. *Biogeoscience*. **6**(5), 779–794.

Behrenfeld, M. J., Westberry, T. K., Boss, E. S., et al. (2006b). A comparison of global estimates of marine primary production from ocean color. *Deep Sea Res.*, II, **53**, 741–770.

Bernstein, R. L., & Chelton, D. B. (1985). Large-scale sea surface temperature variability from satellite and shipboard measurements. *J. Geophys. Res.*, **90**, 11619–11630.

Bertiger, W. I., Bar-Sever, Y. E., Christensen, E. J., et al. (1994). GPS precise tracking of TOPEX/POSEIDON: results and implications. *J. Geophys. Res.*, **99**, 24449–24464.

Bettenhausen, M. H., Smith, C. K., Bevilacqua, R. M., et al. (2006). A nonlinear optimization algorithm for WindSat wind vector retrievals. *IEEE Trans. Geosci. Remote Sens.*, **44**, 597–610, http://www.nrl.navy.mil/WindSat/pdfs/TGRS06_WindSat_Bettenhausen.pdf.

Bi, L., Jung, J. A., Morgan, M. C., *et al.* (2011) Assessment of assimilating ASCAT surface wind retrievals in the NCEP global data assimilation system. *Mon. Wea. Rev.*, **139**, 3405–3421.

Bindschadler, R. A., Born, G., Chase, R. R. P., *et al.* (1987). *Altimetric System. Volume IIh, Earth Observing System Reports.* Washington, DC: NASA.

Bird, J. (1998). *The Upper Atmosphere: Threshold of Space.* Washington, DC: NASA.

Birks, A. R., Delwart, S., Mutlow, C. T., *et al.* (1999). The ENVISAT-1 Advanced Along Track Scanning Radiometer processor and data products. *Proc. IEEE Trans. Geosci. Remote Sens. Symposium, 1999 (IGARSS 1999)*, **3**, 1703–1705.

Boening, C., Willis, J., Landerer, F., *et al.* (2012). The 2011 La Niña: So strong, the oceans fell. *Geophys. Res. Lett.* **39**(19), L19602.

Boerner, W.-M., Mott, H., Lüneburg, E., *et al.* (1998). Polarimetry in radar remote sensing: Basic and applied concepts. In *Manual of Remote Sensing*, 3rd edn., ed.-in-chief, Ryerson, R. A., Vol. 2, *Principles and Applications of Imaging Radar*, ed. Henderson, F. M., & Lewis, A. J., pp. 271–357. New York: Wiley & Sons.

Bohren, C. F. (undated). *Atmospheric Optics*, http://homepages.wmich.edu/~korista/atmospheric_optics.pdf.

Born, M., & Wolf, E. (1999). *Principles of Optics*, 7th edn. Cambridge: Cambridge University Press.

Bourassa, M. A., Gille, S. T., Jackson, D. L., *et al.* (2010a). Ocean winds and turbulent air-sea fluxes inferred from remote sensing. *Oceanography* **23**(4), 36–51, http://www.tos.org/oceanography/archive/23-4_bourassa.html.

Bourassa, M. A., Rodriguez, E., & Gaston, R. (2010b). NASA's Ocean Vector Winds Science Team Workshops. *Bull. Amer. Meteor. Soc.*, **91**, 925–928.

Bourassa, M. A., Zamudio, L., & O'Brien, J. J. (1999). Non-inertial flow in NSCAT observations of Tehuantepec winds. *J. Geophys. Res.*, **104**, 11311–11320.

Bourlès, B., Lumpkin, R., McPhaden, M. J., *et al.* (2008). The PIRATA program: History, accomplishments, and future directions, *Bull. Am. Meteorol. Soc.*, **89**, 1111–1125.

Brautigam, D. H. (2002). CRRES in review: Space weather and its effects on technology. *J. Atmos. Sol. Terr. Phys.*, **64**, 1709–1721.

Brekke, C., & Solberg, A. H. S. (2005). Oil spill detection by satellite remote sensing. *Remote Sens. Environ.*, **95**, 1–13.

Brennan, M. J., Hennon, C. C., & Knabb, R. D. (2009). The operational use of QuikSCAT ocean surface vector winds at the National Hurricane Center. *Weather Forecasting*, **24**, 621–645, http://www.nhc.noaa.gov/pdf/brennan-et-al-wf09.pdf.

Brown, O. B., & Minnett, P. J. (1999). *MODIS Infrared Sea Surface Temperature Algorithm, Version 2.0.* MODIS Algorithm Theoretical Basis Document, ATBD-MOD-25. Washington, DC: NASA.

Brown, R. A. (2000). On satellite scatterometer model functions. *J. Geophys. Res.*, **105**, 29195–29205.

Brown, S. (2010). A novel near-land radiometer wet path-delay retrieval algorithm: Application to the Jason-2/OSTM Advanced Microwave Radiometer. *IEEE Trans. Geosci. Remote Sens.*, **48**(4), 1986–1992.

Callaghan, A. H., de Leeuw, G., Cohen, L., *et al.* (2008). Relationship of oceanic whitecap coverage to wind speed and wind history. *Geophys. Res. Lett.*, **35**, L23609.

Camps, A., Font, J., Vall-llossera, M., *et al.* (2004). The WISE 2000 and 2001 field experiments in support of the SMOS mission: Sea surface L-band brightness temperature observations and their application to sea surface salinity retrieval. *IEEE Trans. Geosci. Remote Sens.*, **42**(4), 804–823.

Carder, K. L. (2002). Performance of MODIS semi-analytic ocean color algorithms: Chlorophyll *a*, absorption coefficients, and absorbed radiation by phytoplankton. Presentation at MODIS Science Team Meeting, July 22–24, 2002. Greenbelt, MD: NASA Goddard Space Flight Center.

Carder, K. L., Chen, F. R., Lee, Z. P., et al. (1999). Semi-analytic MODIS algorithms for chlorophyll a and absorption with bio-optical domains based on nitrate-depletion temperatures. *J. Geophys. Res.*, **104**, 5403–5421.

Casey, K. S., Brandon, T. B., Cornillon, P., et al. (2010). The past, present and future of the AVHRR Pathfinders SST program. In *Oceanography from Space Revisited*, ed. Barale, V., Gower, J. F. R. and Alberotanza, L., pp. 273–287. New York: Springer.

Cavalieri, D. J. (1994). A passive microwave technique for mapping new and young sea ice in seasonal sea ice zones. *J. Geophys. Res.*, **99**, 12561–12572.

Cavalieri, D. J., Gloersen, P., & Campbell, W. J. (1984). Determination of sea ice parameters with the Nimbus 7 SMMR. *J. Geophys. Res.*, **89**, 5355–5369.

Cavalieri, D. J., & Parkinson, C. L. (2012). Arctic sea ice variability and trends, 1979–2010, *Cryosphere*, **6**, 881–889, www.the-cryosphere.net/6/881/2012.

CCMP (2009). *Physical Oceanography Distributed Active Archive Center (PO.DAAC) Cross-Calibrated, Multi-Platform Ocean Surface Wind Velocity Product* (MEaSUREs Project) Guide Document, Version 1.0, ftp://podaac-ftp.jpl.nasa.gov/allData/ccmp/L3.5a/docs/ccmp_users_guide.pdf.

CCMP (2013). Jet Propulsion Laboratory (JPL), Physical oceanography distributed active archive center (PO.DAAC), Collections: cross-calibrated multi-platform surface wind vector analysis fields, http://podaac.jpl.nasa.gov/datasetlist%3F;ids=Collections%26;values=Cross-Calibrated%20Multi-Platform%20Ocean%20Surface%20Wind%20Vector%20Analysis%20Fields%26;search=.

CEOS (2012). Committee on Earth Observation Satellites, http://www.ceos.org.

CEOS (2013). CEOS: The Earth Observation Handbook, http://www.eohandbook.com.

CFOSAT (2013). eoPortal, CFOSAT (Chinese–French Oceanography Satellite), http://directory.eoportal.org/web/eoportal/satellite-missions/c-missions/cfosat.

CGMS (2012). Status of current and future Coordination Group for Meteorological Satellites (CGMS) Members' satellites, http://www.wmo.int/pages/prog/sat/satellitestatus.php.

Chahine, M. T., McCleese, D. J., Rosenkranz, P. W., et al. (1983). Interaction mechanisms within the atmosphere. In *Manual of Remote Sensing*, 2nd edn., ed.-in-chief, Colwell, R. N., Vol. 1, *Theory, Instruments and Techniques*, ed. Simonett, D. S., pp. 165–230. Falls Church, VA: American Society of Photogrammetry.

CHAMP (2013). GFZ German Research Centre for Geosciences, the CHAMP mission, http://op.gfz-potsdam.de/champ.

Charman, W. N. (1995). Optics of the eye. In *Handbook of Optics*, 2nd edn., Vol. 1, ed. Bass, M., pp. 24.3–24.54. New York: McGraw-Hill.

Chavez, F. P., Strutton, P. G., Friederich, G. E., et al. (1999). Biological and chemical response of the equatorial pacific ocean to the 1997–98 El Niño, *Science*, **286**(5447), 2126–2132.

Chelton, D. B. (1998). *WOCE/NASA Altimeter Algorithm Workshop*. US WOCE Technical Report No. 2. College Station, TX: US Planning Office for WOCE.

Chelton, D. B. (ed.) (2001). *Report of the High-Resolution Ocean Topography Science Working Group Meeting*. Corvallis, OR: College of Oceanic and Atmospheric Sciences, Oregon State University.

Chelton, D. B., & Schlax, M. G. (1996). Global observations of oceanic Rossby waves. *Science*, **272**, 234–238.

Chelton, D. B., & Wentz, F. J. (2005). Global microwave satellite observations of sea surface temperature for numerical weather prediction and climate research. *Bull. Am. Meteorol. Soc.*, **86**, 1097–1115, http://scholarsarchive.library.oregonstate.edu/xmlui/bitstream/handle/1957/27957/CheltonDudleyB.CEOAS.GlobalMicrowaveSatellite.pdf%3F;sequence=1.

Chelton, D. B., Esbensen, S. K., Schlax, M. G., et al. (2001a). Observations of coupling between surface wind stress and sea surface temperature in the eastern tropical Pacific. *J. Climate*, **14**, 1479–1498.

Chelton, D. B., Freilich, M. H., Sienkiewicz, J. M., et al. (2006). On the use of QuikSCAT scatterometer measurements of surface winds for marine weather prediction. *Mon. Wea. Rev.*, **134**, 2055–2071, ftp://numbat.coas.oregonstate.edu/pub/chelton/papers/chelton_etal_2006_MWR.pdf.

Chelton, D. B., Gaube, P., Schlax, M. G., et al. (2011a). The influence of nonlinear mesoscale eddies on near-surface oceanic chlorophyll. *Science*. **334**(6054), 328–332, ftp://wombat.coas.oregonstate.edu/pub/chelton/papers/chelton_etal_2011_Science.pdf.

Chelton, D. B., Ries, J. C., Haines, B. J., et al. (2001b). Satellite altimetry. In *Satellite Altimetry and Earth Sciences*, ed. Fu, L.-L., & Cazenave, A., pp. 1–131. San Diego, CA: Academic Press.

Chelton, D. B., Schlax, M. G., & Samelson, R. M. (2011b). Global observation of nonlinear mesoscale eddies. *Prog. Oceanogr.*, **91**, 167–216.

Chelton, D. B., Schlax, M. G., Samelson, R. M., et al. (2007). Global observations of large oceanic eddies. *Geophys. Res. Lett.*, **34**, L15606.

Christensen, E. J., Haines, B. J., Keihm, S. J., et al. (1994). Calibration of TOPEX/POSEIDON at Platform Harvest. *J. Geophys. Res.*, **99**, 24465–24485.

Christian, E. (2005). Planning for the Global Earth Observation System of Systems (GEOSS). *Space Policy*, **21**(2), 105–109.

Clark, C. and the *In Situ* Observing System Authors, and Wilson, S. and the satellite observing system authors (2009). An overview of global observing systems relevant to GODAE. *Oceanography* **22**(3), 22–33.

Clemente-Colón, P., & Yan, X.-H. (2000). Low-backscatter ocean features in synthetic aperture radar imagery. *Johns Hopkins APL Technical Digest*, **21**(1), 116–121.

Clough, S. A., Shephard, M. W., Mlawer, E. J., et al. (2005). Atmospheric radiative transfer modeling: A summary of the AER codes. *J. Quant. Spectrosc. Radiat. Transfer*, **91**, 233–244.

Colton, M. C., & Poe, G. A. (1999). Intersensor calibration of DMSP SSM/I's: F-8 to F-14, 1987–1997. *IEEE Trans. Geosci. Remote Sens.*, **37**, 418–439.

Comiso, J. C. (2010). *Polar Oceans from Space*. New York: Springer.

Comiso, J. C., Cavalieri, D. J., Parkinson, C. P., et al. (1997). Passive microwave algorithms for sea ice concentration – a comparison of two techniques. *Remote Sens. Environ.*, **60**, 357–384.

Comiso, J. C., Parkinson, C. L., Gersten, R., et al. (2008). Accelerated decline in the Arctic sea ice cover. *Geophys. Res. Lett.*, **35**, L01703, doi:10.1029/2007GL031972.

COSMO-SkyMed (2013a). COSMO-SkyMed system description, http://www.e-geos.it/products/pdf/csk-user_guide.pdf.

COSMO-SkyMed (2013b). Earth observation portal, COSMO-SkyMed (Constellation of 4 SAR Satellites), http://www.eoportal.org/directory/pres_COSMOSkyMedConstellationof4SARSatellites.html.

Cox, C., & Munk, W. (1954). Statistics of the sea surface derived from sun glitter. *J. Marine Res.*, **13**, 198–227.

Cracknell, A. P. (1997). *The Advanced Very High Resolution Radiometer*. London: Taylor & Francis.

Creel, L. (2003). Ripple effects: Population and coastal regions, http://www.prb.org/Publications/PolicyBriefs/RippleEffectsPopulationandCoastalRegions.aspx.

CryoSat-2 (2013a). European Space Agency (ESA) CryoSat-2, http://www.esa.int/Our_Activities/Observing_the_Earth/The_Living_Planet_Programme/Earth_Explorers/CryoSat-2/ESA_s_ice_mission.

CryoSat-2 (2013b). EoPortal directory, CryoSat-2, http://directory.eoportal.org/web/eoportal/satellite-missions/c-missions/cryosat-2.

Cushman-Roisin, B. (1994). *Introduction to Geophysical Fluid Dynamics*. Englewood Cliffs, NJ: Prentice Hall.

Dash, P., Ignatov, A., Kihai, Y., et al. (2010). The SST Quality Monitor (SQUAM). *J. Atmos. Oceanic Technol.*, **27**, 1899–1917.

Dash, P., Ignatov, A., Martin, M., et al. (2012). Group for High Resolution SST (GHRSST) analysis fields inter-comparisons: Part 2. Near real-time web-based Level 4 SST Quality Monitor (L4-SQUAM), *Deep Sea Res.* **II**, 77–80, 31–43.

David, L. (2010). Space junk mess getting messier in orbit, http://www.space.com/7956-space-junk-mess-messier-orbit.html.

Desjonquères, J. D., Carayon, G., Steunou, N., et al. (2010). Poseidon-3 radar altimeter: New modes and in-flight performances. *Mar. Geod.*, **33**(S1), 53–79.

Desnos, Y.-L., Buck, C., Guijarro, J., et al. (2000). The ENVISAT advanced synthetic aperture radar system. *Proc. IEEE Trans. Geosci. Remote Sens. Symposium, 2000 (IGARSS 2000)*, **3**, 1171–1173.

Dickey, T. D., Kattawar, G. W., & Voss, K. J. (2011). Shedding new light on light in the ocean. *Phys. Today*, **64**, 44–49, http://dx.doi.org/10.1063/1.3580492.

Dierssen, H. M. (2010). Perspectives on empirical approaches for ocean color remote sensing of chlorophyll in a changing climate. *Proc. Natl. Acad. Sci.*, **107**, 17073–17078.

DiGiacomo, P. M., & Holt, B. (2001). Satellite observations of small coastal eddies in the Southern California Bight. *J. Geophys. Res.*, **106**, 22521–22543.

Dinnat, E. P., & Le Vine, D. M. (2008). Impact of sun glint on salinity remote sensing: An example with the Aquarius radiometer. *IEEE Trans. Geosci. Remote Sens.*, **46**, 3137–3150.

Dodd, J. L., Wenny, B. N., Chiang, K., et al. (2010). Space environment's effect on MODIS calibration. *Proc. SPIE*, **7807**, 78070G-1–78070G-9.

Donelan, M. A., & Pierson, W. J. (1987). Radar scattering and equilibrium ranges in wind-generated waves with application to scatterometry. *J. Geophys. Res.*, **92**, 4971–5029.

Donlon, C. J. (2010). Sea surface temperature measurements from thermal infrared satellite instruments: Status and outlook. In *Oceanography from Space Revisited*, ed. Barale, V., Gower, J. F. R., & Alberotanza, L., pp. 211–227. New York: Springer.

Donlon, C. J., Martin, M., Stark, J., et al. (2012). The operational Sea Surface Temperature and Sea Ice Analysis (OSTIA) system. *Remote Sens. Environ.*, **116**, 140–158.

Donlon, C. J., Minnett, P. J., Gentemann, C., et al. (2002). Toward improved validation of satellite sea surface skin temperature measurements for climate research. *J. Climate*, **15**, 353–369.

Donlon, C., Robinson, I., Casey, K. S., et al. (2007). The global ocean data assimilation experiment high-resolution sea surface temperature pilot project. *Bull. Am. Meteorol. Soc.*, **88**(8), 1197–1213.

DORIS (2013). International DORIS Service, http://ids-doris.org.

Drinkwater, M. R., Francis, R., Ratier, G., *et al.* (2004). The European Space Agency's Earth explorer mission CryoSat: Measuring variability in the cryosphere, *Ann. Glaciol.*, **39**, 313–320, http://esamultimedia.esa.int/docs/ISAG7_CryoSat_39A236_final.pdf.

Duck, K. I., & King, J. C. (1983). Orbital mechanics for remote sensing. In *Manual of Remote Sensing*, 2nd edn., ed.-in-chief, Colwell, R. N., Vol. 1, *Theory, Instruments and Techniques*, ed. Simonett, D. S., pp. 699–717. Falls Church, VA: American Society of Photogrammetry.

Ebuchi, N., Graber, H. C., & Caruso, M. J. (2002). Evaluation of wind vectors observed by QuikSCAT/SeaWinds using ocean buoy data. *J. Atmos. Oceanic Technol.*, **19**, 2049–2062.

Elachi, C. (1987). *Introduction to the Physics and Techniques of Remote Sensing*. New York: Wiley-Interscience.

Embury, O., & Merchant, C. J. (2012). A reprocessing for climate of sea surface temperature from the along-track scanning radiometers: A new retrieval scheme. *Remote Sens. Environ.*, **116**, 47–61.

Emery, W. J., Yu, Y., Wick, G. A., *et al.* (1994). Correcting infrared Satellite estimates of sea surface temperature for atmospheric water vapor contamination. *J. Geophys. Res.*, **99**, 5219–5236.

Eos Science Steering Committee (1989). *From Pattern to Process: The Strategy of the Earth Observing System*. Eos Science Steering Committee Report, Vol. II. Washington, DC: NASA.

Eplee, R. E., Meister, G., Patt, F. S., *et al.* (2012). On-orbit calibration of SeaWiFS. *Appl. Opt.*, **51**(36), 8702–8730.

Eplee, R. E., Robinson, W. D., Bailey, S. W., *et al.* (2001), Calibration of SeaWiFS. II. Vicarious techniques. *Appl. Opt.*, **40**, 6701–6718.

Eplee, R. E., Sun, J.-Q., Meister, G., *et al.* (2011). Cross calibration of SeaWiFS and MODIS using on-orbit observations of the moon: *Appl. Opt.*, **50**(2), 120–133.

Eplee, R. E., Xiong, X., Sun, J.-Q., *et al.* (2009). The cross calibration of SeaWiFS and MODIS using on-orbit observations of the moon. *Proc. SPIE* **7452**, 74520X-1–74520X-9.

ESA (2012a). Space Debris, http://www.esa.int/esaMI/Space_Debris.

ESA (2012b). New Member States, http://www.esa.int/esaMI/About_ESA/SEMP936LARE_0.html.

ESA (2012c). Sentinel Family Definition Studies, http://www.esa.int/esaLP/SEMZHM0-DU8E_LPgmes_0.html.

ESA (2012d). ESA's Sentinel satellites, http://www.esa.int/esaLP/SEM097EH1TF_LPgmes_0.html.

Esaias, W. E., Abbott, M. R., Barton, I., *et al.* (1998). An overview of MODIS capabilities for ocean science observations. *IEEE Trans. Geosci. Remote Sens.*, **36**, 1250–1265.

EUMETSAT (2012). About EUMETSAT, http://www.eumetsat.int/Home/Main/AboutEUMETSAT/index.htm?l=en.

Evans, R. H., & Gordon, H. R. (1994). Coastal zone color scanner "system calibration": A retrospective examination. *J. Geophys. Res.*, **99**, 7293–7307.

Ezraty, R., & Cavanié, A. (1999). Intercomparison of backscatter maps over Arctic sea ice from NSCAT and the ERS scatterometer. *J. Geophys. Res.*, **104**, 11471–11483.

Fischman, M., Freedman, A., McWatters, D., *et al.* (2009). Low-noise detector with RFI mitigation capability for the Aquarius L-band scatterometer. In *IEEE Aerospace Conference*, pp. 1–9.

Fore, A. G., Stiles, B. W., Chau, A. H., et al. (2013). Point-wise wind retrieval and ambiguity removal improvements for the QuikSCAT climatological data set. *IEEE Trans. Geosci. Remote Sens.* (in press) ftp://podaac.jpl.nasa.gov/allData/oceansat2/L2B/oscat/jpl/docs/fore_et_al_ieee_2013.pdf.

Francis, C. R. (2001). Cryosat mission and data description, ESA Document Number CS-RP-ESA-SY-0059. Noordwijk: ESTEC.

Franz, B. A., Bailey, S. W., Werdell, P. J., et al. (2007). Sensor-independent approach to vicarious calibration of satellite ocean color radiometry. *Appl. Opt.*, **46**, 5068–5082.

Freilich, M. H. (2000). *SeaWinds Algorithm Theoretical Basis Document*. ATBD-SWS-01. Greenbelt, MD: NASA Goddard Space Flight Center.

Freilich, M. H., & Dunbar, R. S. (1999). The accuracy of the NSCAT 1 vector winds: Comparison with National Data Center buoys. *J. Geophys. Res.*, **104**, 11231–11246.

Fricker, H. A., Scambos, T., Bindschadler, R., et al. (2007). An active subglacial water system in West Antarctica mapped from space. *Science*, **315**, 1544–1548.

Frouin, R., Schwindling, M., & Deschamps, P.-Y. (1996). Spectral reflectance of sea foam in the visible and near-infrared: *In situ* measurements and remote sensing implications. *J. Geophys. Res.*, **101**, 14361–14371.

Fu, L.-L. (2010). Determining ocean circulation and sea level from satellite altimetry: Progress and challenges. In *Oceanography from Space Revisited*, ed. Barale, V., Gower, J. F. R., & L. Alberotanza, pp. 147–163, New York: Springer.

Fu, L.-L., & Cazenave, A. (ed.) (2001). *Satellite Altimetry and Earth Sciences*. San Diego, CA: Academic Press.

Fu, L.-L., & Holt, B. (1982). *Seasat Views Oceans and Sea Ice with Synthetic-Aperture Radar*. Pasadena, CA: NASA Jet Propulsion Laboratory, California Institute of Technology.

Fu, L.-L., Christensen, E. J., Yamarone, C. A., et al. (1994). TOPEX/POSEIDON mission overview. *J. Geophys. Res.*, **99**, 24369–24381.

Gaiser, P. W. (1999). Windsat-satellite-based polarimetric microwave radiometer. *IEEE MTT-S Digest*, **1**, 403–406.

Gaiser, P. W., St. Germain, K., Twarog, E. M., et al. (2004). The WindSat polarimetric microwave radiometer: Sensor description and early orbit performance. *IEEE Trans. Geosci. Remote Sens.*, **42**(11), 2347–2361, http://ieeexplore.ieee.org/stamp/stamp.jsp?arnumber=01356050.

Gao, B.-C., Goetz, A. F. H., & Wiscombe, W. J. (1993). Cirrus cloud detection from airborne imaging spectrometer data using the 1.38 micron water vapor band. *Geophys. Res. Lett.*, **20**, 301–304.

Garver, S. A., & Siegel, D. A. (1997). Inherent optical property inversion of ocean color spectra and its biogeochemical interpretation 1. Time series from the Sargasso Sea. *J. Geophys. Res.*, **102**, 18607–18625.

Gasparovic, R. F., Apel, J. R., & Kasischke, E. S. (1988). An overview of the SAR internal wave signature experiment. *J. Geophys. Res.*, **93**, 12304–12316.

GCOS (2011). Global Climate Observing System, systematic observation requirements for satellite-based data products for climate, GCOS-154, http://www.wmo.int/pages/prog/gcos/Publications/gcos-154.pdf.

Gelsthorpe, R. V., Schied, E., & Wilson, J. J. W. (2000). ASCAT-METOP's advanced scatterometer, ESA Bulletin No. 102, http://www.esa.int/esapub/bulletin/bullet102/Gelsthorpe102.pdf.

Gens, J. (2013). Introduction to SAR interferometry, http://www.asf.alaska.edu/~rgens/teaching/asf_seminar/intro_insar.pdf.

Gentemann, C. L., & Minnett, P. J. (2008). Radiometric measurements of ocean surface thermal variability. *J. Geophys. Res.*, **113**, C08017, doi:10.1029/2007JC004540.

Gentemann, C., Brewer, M., Hilburn, K., et al. (2010a). Algorithm development, GCOM-W, AMSR-2 ocean product suite, http://www.ssmi.com/papers/presentations/RFI/RSS_Gentemann_Brewer_GCOM-W_AMSR_Tokyo_2010.12.ppt.

Gentemann, C. L., Meissner, T., & Wentz, F. J. (2010b). Accuracy of satellite sea surface temperatures at 7 and 11 GHz. *IEEE Trans. Geosci. Remote Sens.*, **48**(3), 1009–1018.

Gentemann, C. L., Minnett, P. J., Sienkiewicz, J., et al. (2009). MISST: The multi-sensor improved sea surface temperature project *Oceanography*, **22**(2), 76–87.

Gentemann, C. L., Wentz, F. J., Brewer, M., et al. (2010c). Passive microwave remote sensing of the ocean: An overview. In *Oceanography from Space Revisited*, ed. Barale, V., Gower, J. F. R., & L. Alberotanza, pp. 13–33. New York: Springer.

GEO (2012). Group on Earth Observations, http://www.earthobservations.org/index.shtml.

GHRSST (2011). GHRSST user guide version 9.1, www.ghrsst.org/documents/q/category/user-interaction.

GHRSST (2012a). Group for High Resolution Sea Surface Temperature, https://www.ghrsst.org.

GHRSST (2012b). The recommended GHRSST data specification (GDS) 2.0, document revision 5, available from the GHRSST International Project Office, 2012, 123, pp. www.ghrsst.org/documents/q/category/gds-documents/operational.

GHRSST (2013a) JPL PO.DAAC, GHRSST dataset discovery, http://podaac.jpl.nasa.gov/datasetlist?search=GHRSST.

GHRSST (2013b). GHRSST L2P and L2Pc observation data products, www.ghrsst.org/data/data-descriptions/l2p-observations.

GHRSST (2013c). GHRSTT Long term stewardship and reanalysis facility, http://www.nodc.noaa.gov/SatelliteData/ghrsst/accessdata.html.

Giggenbach, D., Horwath, J., & Knapek, M. (2009). Optical data downlinks from earth observation platforms. *Proc. SPIE 7199*, http://www.researchindustrial.com.au/wp-content/uploads/2010/12/Satellite-communication-with-SWIR-camera-as-wavefront-sensor.pdf.

Gill, A. E. (1982). *Atmosphere–Ocean Dynamics*. London: Academic Press.

Giovanni (2013). Giovanni – Geospatial interactive visualization and analysis, http://disc.sci.gsfc.nasa.gov/giovanni.

Gloersen, P., & Barath, F. T. (1977). A scanning multichannel microwave radiometer for Nimbus-G and SeaSat-A. *IEEE J. Oceanic Eng.*, 2, 172–178.

Gloersen, P., & Cavalieri, D. J., (1986). Reduction of weather effects in the calculation of sea ice concentration from microwave radiances. *J. Geophys. Res.*, **91**, 3913–3919.

Gloersen, P., Campbell, W. J., Cavalieri, D. J., et al. (1992). *Arctic and Antarctic Sea Ice, 1978–1987: Satellite Passive-Microwave Observations and Analysis*. Washington, DC: NASA.

GMES (2012). GMES Observing the Earth, http://www.esa.int/esaLP/SEMZHM0DU8E_LPgmes_0.html.

GOCE (2013). ESA's gravity mission GOCE, Gravity field and steady-state Ocean Circulation Explorer (GOCE), http://www.esa.int/Our_Activities/Observing_the_Earth/The_Living_Planet_Programme/Earth_Explorers/GOCE/ESA_s_gravity_mission_GOCE.

GODAE (2012a). Global Ocean Data Assimilation Experiment, http://www.godae.org.

GODAE (2012b). GODAE OceanView, www.godae-oceanview.org.

Goddijn-Murphy, L., Woolf, D. K., & Callaghan, A. H. (2011). Parameterizations and algorithms for oceanic whitecap coverage. *J. Phys. Oceanogr.*, **41**(4), 742–756.

GOES (2012). GEO-news around the world, http://goes.gsfc.nasa.gov/text/geonews.html#MSG.

Gonzales, A. E., & Long, D. G. (1999). An assessment of NSCAT ambiguity removal. *J. Geophys. Res.*, **104**, 11449–11457.

Gordon, H. R. (1976). Radiative transfer in the ocean: A method for determination of absorption and scattering properties. *Appl. Opt.*, **15**, 2611–2613.

Gordon, H. R. (1998). In-orbit calibration strategy for ocean color sensors. *Remote Sens. Environ.*, **63**, 265–278.

Gordon, H. R., & Castaño, D. J. (1987). Coastal Zone Scanner atmospheric correction algorithm: Multiple scattering effects. *Appl. Opt.*, **26**, 2111–2122.

Gordon, H. R., & Clark, D. K. (1981). Clear water radiances for atmospheric correction of coastal zone color scanner imagery. *Appl. Opt.*, **20**, 4175–4180.

Gordon, H. R., & McCluney, W. R. (1975). Estimation of the depth of sunlight penetration in the sea for remote sensing. *Appl. Opt.*, **14**(2), 413–416.

Gordon, H. R., & Voss, K. J. (1999). MODIS normalized water-leaving radiance, MODIS Algorithm Theoretical Basis Document ATBD MOD-17. Greenbelt, MD: NASA Goddard Space Flight Center.

Gordon, H. R. & Wang, M. (1992). Surface-roughness considerations for atmospheric correction of clean color sensors. II. Error in the retrieved water-leaving radiance. *Appl. Opt.*, **31**, 4261–4267.

Gordon, H. R., & Wang, M. (1994a). Retrieval of water-leaving radiance and aerosol optical thickness over the oceans with SeaWiFS: A preliminary algorithm. *Appl. Opt.*, **33**, 443–452.

Gordon, H. R., & Wang, M. (1994b). Influence of oceanic whitecaps on atmospheric correction of SeaWiFS. *Appl. Opt.*, **33**, 7754–7763.

Gordon, H. R., Brown, O. B., Evans, J. W., *et al.* (1988). A semianalytic radiance model of ocean color: *J. Geophys. Res.*, **93**(D9), 10909–10924.

Gordon, H. R., Clark, D. K., Brown, J. W., *et al.* (1983). Phytoplankton pigment concentrations in the Middle Atlantic Bight: Comparison of ship determinations and CZCS estimates. *Appl. Opt.*, **22**, 20–36.

GPM (2010). Global Precipitation Measurement (GPM) Mission Algorithm Theoretical Basis Document, Version 1.0, http://pmm.nasa.gov/sites/default/files/document_files/GPROF_ATBD_1Dec2010.pdf.

GPM (2012). Precipitation measurement missions, http://pmm.nasa.gov/GPM.

GPS (2013). US Global Positioning System, http://www.gps.gov.

GRACE (2004). GRACE, Gravity recovery and climate experiment, press release http://www.csr.utexas.edu/grace/publications/press/02_03_17astrium.html.

GRACE (2013). GRACE, Gravity recovery and climate experiment, http://www.csr.utexas.edu/grace.

Gregg, W. W. (2008). Assimilation of SeaWiFS ocean chlorophyll data into a three-dimensional global ocean model. *J. Mar. Syst.*, **69**(3–4), 205–225.

Gregg, W. W., Ginoux, P., Schopf, P. S., *et al.* (2003). Phytoplankton and iron: Validation of a global three-dimensional ocean biogeochemical model. *Deep Sea Res. Part II*, **50**(22–26), 3143–3169.

Guenther, B., De Luccia, F., McCarthy, J., *et al.* (2011). Performance continuity of the A-Train MODIS observations: Welcome to the NPP VIIRS (poster), http://www.star.nesdis.noaa.gov/jpss/documents/meetings/2011/AMS_Seattle_2011/Poster/A-TRAIN%20%20Perf%20Cont%20%20MODIS%20Observa%20-%20Guenther%20-%20WPNB.pdf.

Haines, B. J., Desai, S. D., & Born, G. H. (2010). The Harvest experiment: Calibration of the climate data record from TOPEX/Poseidon, Jason-1 and the Ocean Surface Topography Mission. *Marine Geod.*, **33**(S1), 91–113.

Haines, B., Bertiger, W., Desai, S., *et al.* (2002). Initial orbit determination results for Jason-1: Towards a 1-cm orbit. *Proc. Inst. Navigation GPS 2002 Conference*, pp. 2011–2021.

Hamilton, G. D. (1986). National Data Buoy Center programs. *Bull. Amer. Meteor. Soc.*, **67**, 411–415.

Hannevik, T. N. (2010). Polarisation and mode combinations for ship detection using RADARSAT-2. *IEEE Geosci. Remote Sens. Symposium (IGARSS 2010)*, 3676–3679, doi:10.1109/IGARSS.2010.5653596.

Hansen, J. E., & Travis, L. D. (1974). Light scattering in planetary atmospheres. *Space Sci. Rev.*, **16**, 527–610.

Heimbach, P., & Hasselmann, K. (2000). Development and application of satellite retrievals of ocean wave spectra. In *Satellites, Oceanography and Society*, ed. Halpern, D., pp. 5–33. Amsterdam: Elsevier.

Hilburn, K. A., & Wentz, F. J. (2008). Intercalibrated passive microwave rain products from the unified microwave ocean retrieval algorithm (UMORA). *J. Appl. Meteorol. Clim.*, **47**, 778–794.

Hobish, M. K., & Ward, A. B. (2012). Assessing the state of GRACE@10, *Earth Observer*, **24**(2), 4–9, http://eospso.gsfc.nasa.gov/earth-observer-archive/.

Hoepffner, N., & Sathyendranath, S. (1993). Determination of the major groups of phytoplankton pigments from the absorption spectra of total particulate matter. *J. Geophys. Res.*, **98**, 22789–22803.

Holligan, P. M., Fernandez, E., Aiken, J., *et al.* (1993). A biogeochemical study of the coccolithophore, *Emiliania huxleyi*, in the North Atlantic. *Global Biogeochem. Cycles*, **7**, 879–900.

Hollinger, J. P., Peirce, J. L., & Poe, G. A. (1990). SSM/I instrument evaluation. *IEEE Trans. Geosci. Remote Sens.*, **28**, 781–790.

Hooker, S. B., & McClain, C. R. (2000). The calibration and validation of SeaWiFS data, *Prog. Oceanogr.*, **45**(3–4), 427–465.

Hooker, S. B., & McClain, C. R. (2000). The calibration and validation of SeaWiFS data. *Prog. Oceanogr.*, **45**, 427–465.

Hooker, S. B., Esaias, W. E., Feldman, G. C., *et al.* (1992). *An Overview of SeaWiFS and Ocean Color*. SeaWiFS Technical Report Series, Vol. 1, ed. Hooker, S. B., & Firestone, E. R., NASA Technical Memorandum 104566. Greenbelt, MD: NASA Goddard Space Flight Center.

Hsu, M.-K., & Liu, A. K. (2000). Nonlinear internal waves in the South China Sea. *Can. J. Remote Sens.*, **26**, 72–81.

Hsu, N. C. (2010). Status of VIIRS on NPP/NPOESS, http://modis.gsfc.nasa.gov/sci_team/meetings/201001/presentations/atmos/hsu.pdf.

Hu, C. (2011). An empirical approach to derive MODIS ocean color patterns under severe sun glint. *Geophys. Res. Lett.*, **38**, L01603, doi:10.1029/2010GL045422.

Huang, N. E., Tung, C.-C., & Long, S. R. (1990). Wave spectra. In *Ocean Engineering Science*, Vol. 9, Part B, *The Sea*, ed. Le Méhauté, B., & Hayes, D. M., pp. 197–237. New York: John Wiley.

Hunt, G. E. (1973). Radiative properties of terrestrial clouds at visible and infrared thermal window wavelengths. *Q. J. R. Meteorol. Soc.*, **99**, 364–369.

Hurley, J. (2010). Operational review: RADARSAT-1 and -2, http://earth.eo.esa.int/workshops/seasar2010/8_Hurley.pdf.

IADC (2007). IADC space debris mitigation guidelines, http://www.iadc-online.org/index.cgi?item=docs_pub.

IADC (2012). Inter-Agency Space Debris Coordination Committee, Document No. IADC-02–01, http://www.iadc-online.org/index.cgi.

Ignatov, A., & Petrenko, B. (2010). Cloud mask and quality control of SST within the Advanced Clear Sky Processor for Oceans (ACSPO) (poster), http://www.star.nesdis.noaa.gov/star/documents/meetings/extReview/presentations/4WW/posters/WW-p04_Ignatov.ppt.

Ignatov, A., Dash, P., Sapper, J., *et al.* (2009). The SST Quality Monitor (SQUAM) (poster), http://www.star.nesdis.noaa.gov/sod/sst/squam/images/popupinfofiles/squamotherpapers.htm.

Imaoka, K., Kachi, M., Shibata, A., *et al.* (2007). Five years of AMSR-E monitoring and successive GCOM-W1/AMSR2 instrument. *Proc. SPIE*, **6744**, 67440J.

IOCCG (2013). International Ocean Colour Coordinating Group (IOCCG), http://www.ioccg.org.

iQUAM (2013) *In situ* SST quality monitor, http://www.star.nesdis.noaa.gov/sod/sst/iquam/.

Irisov, V. G., Kuzmin, A. V., Pospelov, M. N., *et al.* (1991). The dependence of sea brightness temperature on surface wind direction and speed. Theory and experiment. *Proc. IEEE Geosci. Remote Sens. Symposium, 1991 (IGARSS 1991)*, pp. 1297–1300.

ISS-RapidScat (2013a). International Space Station, ISS-RapidScat, http://www.nasa.gov/mission_pages/station/research/experiments/ISSRapidScat.html.

ISS-RapidScat (2013b). Jet Propulsion Laboratory (JPL) wind missions, ISS-RapidScat, http://winds.jpl.nasa.gov/missions/RapidScat.

Jackson, J. D. (1975). *Classical Electrodynamics*, 2nd edn. New York: John Wiley.

Janssen, M. A., Ruf, C. S., & Keihm, S. J. (1995). TOPEX/Poseidon microwave radiometer (TMR): II. Antenna pattern correction and brightness temperature algorithm. *IEEE Trans. Geosci. Remote Sens.*, **33**, 138–146.

Jaruwatanadilok, S., Stiles, B. W., Fore, A., *et al.* (2012). OSCAT backscatter stability evaluation using ocean and natural land targets (presentation), http://coaps.fsu.edu/scatterometry/meeting/docs/2012_meeting/First%20results/OSCAT%20backscatter%20drift%20evaluation%20using%20ocean%20and%20natural.pdf.

JASON-2 (2010). *Marine Geodesy*, Volume 33, Supplement 1, http://www.tandfonline.com/toc/umgd20/33/sup1#.UgkF7RacOAE.

JASON-2 (2011). OSTM/JASON-2 products handbook, http://www.eumetsat.int/Home/Main/Satellites/Jason-2/Resources/index.htm.

JASON-2 (2013). JASON-2, Radar altimetry tutorial, http://earth.eo.esa.int/brat/html/missions/jason2/instruments/welcome_en.html.

JAXA (2012). Japan Aerospace Exploration Agency, Missions, http://www.jaxa.jp/projects/sat/index_e.html.

Jeffrey, S. W., & Mantoura, R. F. C. (1997). Development of pigment methods for oceanography: SCOR-supported Working Groups and objectives. In *Phytoplankton Pigments*

Jeffrey, S. W., & Vesk, M. (1997). Introduction to marine phytoplankton and their pigment signatures. In *Phytoplankton Pigments in Oceanography: Guidelines to Modern Methods*, ed. Jeffrey, S. W., Mantoura, R. F. C., & Wright, S. W., pp. 37–84. Paris: UNESCO Publishing.

Jeffries, B. (2012). Radarsat 2 – New ice information products, http://nsidc.org/noaa/iicwg/presentations/IICWG-2012/Jefferies_RADARSAT-2_New_Ice_Information_Products.pdf.

Jenkins, G. M., & Watts, D. G. (1968). *Spectral Analysis and its Applications*. San Francisco, CA: Holden-Day.

Jessup, A. T., & Zappa, C. J. (1997). Defining and quantifying microscale wave breaking with infrared imagery. *J. Geophys. Res.*, **102**, 23145–23153.

Johnson, G. C., & Chambers, D. P. (2013). Ocean bottom pressure seasonal cycles and decadal trends from GRACE release-05: Ocean circulation implications. *J. Geophys. Res.* (in press).

Johnson, J. W., Williams, L. A., Bracalente, E. M., et al. (1980). Seasat-A satellite scatterometer instrument evaluation. *IEEE J. Oceanic Eng.*, 5(2), 138–144.

Jones, W. L., & Schroeder, L. C. (1978). Radar backscatter from the ocean: Dependence on surface friction velocity. *Boundary-Layer Meteorol.*, **13**, 133–149.

Jones, W. L., Schroeder, L. C., & Mitchell, J. L. (1977). Aircraft measurements of the microwave scattering signature of the ocean. *IEEE J. Oceanic Eng.*, 2(1), 52–61.

Jones, W. L., Wentz, F. J., & Schroeder, L. C. (1978). Algorithm for inferring wind stress from SEASAT-A. *J. Spacecr. Rockets*, 15(6), 368–374.

Joughin, I., Smith, B. E., Howat, I. M., et al. (2010). Greenland flow variability from ice-sheet-wide velocity mapping, *J. Glac.*, **56**, 415–430.

JPSS (2013a). NOAA NESDIS Joint Polar Satellite System, http://www.jpss.noaa.gov.

JPSS (2013b). About JPSS satellites, http://www.jpss.noaa.gov/satellites.html.

Katsaros, K. B. (1980). The aqueous thermal boundary layer. *Boundary-Layer Meteorol.*, **18**, 107–127.

Katsaros, K. B., Forde, E. B., & Liu, W. T. (2001). QuikSCAT facilitates early identification of tropical depressions in 1999 hurricane season. *Geophys. Res. Lett.*, **28**, 1043–1046.

Kawai, S. (1979). Generation of initial wavelets by instability of a coupled shear flow and their evolution to wind waves. *J. Fluid Mech.*, **93**, 661–703.

Key, J., Collins, J., Fowler, C., & Stone, R. (1997). High-latitude surface temperature estimates from thermal satellite data. *Remote Sens. Environ.*, **61**, 302–309.

Keyser, D. (2012), Satellite data ingest at NCEP, http://www.emc.ncep.noaa.gov/mmb/data_processing/satellite_ingest.doc/document.htm.

Khan, S. S. (2009). Simulation of brightness temperatures for the microwave radiometer on the AQUARIUS/SAC-D mission, Master of Science thesis, University of Central Florida, Orlando, FL, http://www2.cecs.ucf.edu/centers/cfrsl/team/salman_khan/MS_Defense.pdf.

Kidder, S. Q., & Vonder Haar, T. H. (1995). *Satellite Meteorology: An Introduction*. San Diego, CA: Academic Press.

Killworth, P. D. (2001). Rossby waves. In *Encyclopedia of Ocean Sciences*, ed. Steele, J. H., Turekian, K. K., & Thorpe, S. A., Vol. 4, pp. 2434–2443. London: Academic Press.

Kilpatrick, K. A., Podestá, G. P., & Evans. R. (2001). Overview of the NOAA/NASA advanced very high resolution radiometer pathfinder algorithm for sea surface temperature and associated matchup database. *J. Geophys. Res.*, **106**(C5), 9179–9197.

Kim, J.-K., Kim, D.-J., Kim, S.-H., et al. (2011). Iceberg detection using full-polarimetric RADARSAT-2 SAR data in west Antarctica. In *Third International Asia–Pacific Conference on Synthetic Aperture Radar (APSAR)*, pp. 1–4.

Kinsman, B. (1984). *Wind Waves: Their Generation and Propagation on the Ocean Surface.* New York: Dover Publications.

Kirk, J. T. O. (1996). *Light and Photosynthesis in Aquatic Ecosystems.* Cambridge: Cambridge University Press.

Klein, L. A., & Swift, C. T. (1977). An improved model for the dielectric constant of sea water at microwave frequencies. *IEEE Trans. Antennas Propag.*, 25(1), 104–111.

Knauss, J. A. (1997). *Introduction to Physical Oceanography*, 2nd edn. Upper Saddle River, NJ: Prentice Hall.

Koepke, P. (1984). Effective reflectance of whitecaps. *Appl. Opt.*, **23**, 1816–1824.

Kopelevich, O. V. (1983). Small-parameter model of optical properties of seawater. In *Ocean Optics, Volume 1: Physical Ocean Optics*, ed. Monin, A. S., Chapter 8. Moscow: Nauka (in Russian).

Kramer, H. J. (1994). *Observation of the Earth and its Environment: Survey of Missions and Sensors.* Berlin: Springer-Verlag.

Kummerow, C., Barnes, W., Kozu, T., et al. (1998). The Tropical Rainfall Measuring Mission (TRMM) sensor package. *J. Atmos. Oceanic Technol.*, **15**, 809–817.

Kwok, R. (2010). Satellite remote sensing of sea-ice thickness and kinematics: A review, *J. Glac.*, **56**, 1129–1140.

Kwok, R., Cunningham, G. F., LaBelle-Hamer, N., et al. (1999). Ice thickness derived from high-resolution radar imagery. *EOS, Trans. American Geophysical Union*, **80**(42), 495–497.

Kwok, R., Cunningham, G. F., Wensnahan, M., et al. (2009). Thinning and volume loss of the Arctic Ocean sea ice cover: 2003–2008, *J. Geophys. Res.*, **112**, C07005, http://rkwok.jpl.nasa.gov/publications/Kwok.2009.JGR.pdf.

Kwok, R., Rignot, E., & Holt, B. (1992). Identification of sea ice types in spaceborne synthetic aperture radar data. *J. Geophys. Res.*, **97**, 2391–2402.

Lagerloef, G., Colomb, F., Le Vine, D., et al. (2008). The Aquarius/SAC-D mission: Designed to meet the salinity remote-sensing challenge. *Oceanogr.*, 21(1), 68–81, http://www.tos.org/oceanography/issues/issue_archive/21_1.html.

Lagerloef, G., & Font, J. (2010). SMOS and Aquarius/SAC-D missions: The era of spaceborne salinity measurements is about to begin. In *Oceanography from Space Revisited*, ed. Barale, V., Gower, J. F. R., & Alberotanza, L., pp. 35–58,. New York: Springer.

Lagerloef, G., Schmitt, R., Schanze, J., et al. (2010). The ocean and the global water cycle. *Oceanography*, 23(4), 82–93, http://dx.doi.org/10.5670/oceanog.2010.07.

Lalli, C. M., & Parsons, T. R. (1993). *Biological Oceanography: An Introduction.* Oxford: Pergamon Press.

Lamarre, E., & Melville, W. K. (1996). Void-fraction measurements near the ocean surface. In *The Air–Sea Interface: Radio and Acoustic Sensing, Turbulence and Wave Dynamics*, ed. Donelan, M. A., Hui, W. H., & Plant, W. J., pp. 693–698. Miami, FL: Rosenstiel School of Marine and Atmospheric Science, University of Miami.

Lamb, H. (1945). *Hydrodynamics.* New York: Dover Publications.

Lambin, J., Morrow, R., Fu, L.-L., et al. (2010). The OSTM/Jason-2 mission. *Marine Geod.*, **33**(S1), 4–25.

Lautenbacher, C. C. (2006). The Global Earth Observation System of Systems: Science serving society. *Space Pol.*, **22**(1), 8–11.

Laxon, S. W., Giles, K. A., Ridout, A. L., *et al.* (2013). CryoSat-2 estimates of Arctic sea ice thickness and volume. *Geophys. Res. Lett.*, **40**, 732–737.

Le Provost, C. (2001). Ocean tides. In *Satellite Altimetry and Earth Sciences*, ed. Fu, L.-L., & Cazenave, A., pp. 267–303. San Diego, CA: Academic Press.

Le Vine, D. M., & Abraham, S. (2002). The effect of the ionosphere on remote sensing of sea surface salinity from space: absorption and emission at L band. *IEEE Trans. Geosci. Remote Sens.*, **40**(4), 771–782.

Le Vine, D. M., Abraham, S., Kerr, Y. H., *et al.* (2005). Comparison of model prediction with measurements of galactic background noise at l-band. *IEEE Trans. Geosci. Remote Sens.*, **43**, 2018–2023, doi: 10.1109/TGRS.2005.853190.

Le Vine, D. M., Abraham, S., Utku, C., *et al.* (2013). Aquarius third stokes parameter measurements: Initial results. *IEEE Trans. Geosci. Remote Sens.*, **10**, 520–524.

Le Vine, D. M., Lagerloef, G. S. E., Colomb, F. R., *et al.* (2007). Aquarius: An instrument to monitor sea surface salinity from space. *IEEE Trans. Geosci. Remote Sens.*, **45**, 2040–2050.

Le Vine, D. M., Lagerloef, G. S. E., Ruf, C., *et al.* (2012). Aquarius: The instrument and initial results. In *proceedings of IEEE MicroRad*, pp. 1–3.

Le Vine, D. M., Lagerloef, G. S. E., & Torrusio, S. E. (2010). Aquarius and remote sensing of sea surface salinity from space. *Proc. IEEE*, **98**(5), 688–703.

Lee, Z.-P., Darecki, M., Carder, K. L., *et al.* (2005). Diffuse attenuation coefficient of downwelling irradiance: An evaluation of remote sensing methods, Marine Science Faculty Publications, Paper **10**, http://scholarcommons.usf.edu/msc_facpub/10.

Lefèvre, J.-M., & Cotton, P. D. (2001). Ocean surface waves. In *Satellite Altimetry and Earth Sciences*, ed. Fu, L.-L., & Cazenave, A., pp. 305–328. San Diego, CA: Academic Press.

Letelier, R. M., & Abbott, M. R. (1996). An analysis of chlorophyll fluorescence algorithms for the Moderate Resolution Imaging Spectroradiometer (MODIS). *Remote Sens. Environ.*, **58**, 215–223.

Li, X., Clemente-colón, P., & Friedman, K. S. (2000). Estimating oceanic mixed-layer depth from internal wave evolution observed from Radarsat-1 SAR. *Johns Hopkins APL Technical Digest*, **21**(1), 130–135.

Lighthill, J. (1980). *Waves in Fluids*. Cambridge: Cambridge University Press.

Lillebridge, J. (2009). Ocean Surface Topography Mission (OSTM)/Jason-2: Level-2 Geophysical Data Records (GDR), ftp://ftp.nodc.noaa.gov/pub/data.nodc/pathfinder/UserRequests/Jason1/Draft_Jason2_GDR_FGDC_meta_May09.txt.

Liou, K.-N. (1980). *An Introduction to Atmospheric Radiation*. San Diego, CA: Academic Press.

Liu, T. J. (1988). Moisture and latent heat flux variability in the tropical Pacific derived from satellite data. *J. Geophys. Res.*, **93**, 6749–6760.

Liu, W. T. (2002). Progress in scatterometer application. *J. Oceanogr.*, **58**, 121–136.

Liu, W. T., Tang, W., & Polito. P. S. (1998). NASA Scatterometer provides global ocean-surface wind fields with more structures than numerical weather prediction. *Geophys. Res. Lett.*, **25**(6), 761–764, 1998.

Liu, W. T., Xie, X., & Tang, W. (2010). Scatterometer's unique capability in measuring ocean surface stress. In *Oceanography from Space Revisited*, ed. Barale, V., Gower, J. F. R., & Alberotanza, L., pp. 93–111. New York: Springer.

Liu, Y., Key, J., Frey, R., Ackerman, S., et al. (2004). Nighttime polar cloud detection with MODIS. *Remote Sens. Environ.*, **92**, 181–194.

Livingston, C. E., Sikaneta, I., Gierull, C., et al. (2005). RADARSAT-2 system and mode description. In *Integration of Space-Based Assets within Full Spectrum Operations*, Meeting Proceedings RTO-MP-SCI-150, Paper 15. Neuilly-sur-Seine: NATO Research and Technology Organization. http://www.dtic.mil/dtic/tr/fulltext/u2/a469927.pdf.

Llewellyn-Jones, D., & Remedios, J. (2012). The Advanced Along Track Scanning Radiometer (AATSR) and its predecessors ATSR-1 and ATSR-2: An introduction to the special issue. *Remote Sens. Environ.*, **116**, 1–3.

LOCUS (2013). Laboratory for Ocean Color Users (LOCUS), http://disc.sci.gsfc.nasa.gov/education-and-outreach/additional/science-focus/locus.

Long, D. G., & Drinkwater, M. R. (1999). Cryosphere applications of NSCAT data. *IEEE Trans. Geosci. Remote Sens.*, **37**, 1671–1684.

Lungu, T., & Callahan, P. S. (2006). *QuikSCAT Science Data Product User's Manual: Overview and Geophysical Data Products*. D-18053-Rev A, Ver. 3.0. Pasadena, CA: Jet Propulsion Lab., ftp://podaac.jpl.nasa.gov/allData/quikscat/L2B12/docs/QSUG_v3.pdf.

Luscombe, A. (2009). Image quality and calibration of RADARSAT-2. *IEEE Geosci. Rem. Sens. Symposium (IGARSS 2009)*, **2**, 757–760.

Luscombe, A. P., Ferguson, I., Sheperd, N., et al. (1993). The RADARSAT synthetic aperture radar development. *Can. J. Remote Sens.*, **19**, 298–310.

Luthcke, S. B. (2008). Recent land ice mass flux from spaceborne gravimetry, http://www.ametsoc.org/atmospolicy/documents/ICE_GRACE_ams_briefing.pdf.

Luthcke, S. B., Zwally, H. J., Abdalati, W., et al. (2006). Recent Greenland ice mass loss by drainage system from satellite gravity observations. *Science*, **314**, 1286–1289.

Madsen, S. N., & Zebker, H. A. (1998). Imaging radar interferometry. In *Manual of Remote Sensing*, 3rd edn., ed.-in-chief, Ryerson, R. A., Vol. 2, *Principles and Applications of Imaging Radar*, ed. Henderson, F. M., & Lewis, A. J., pp. 359–380. New York: Wiley and Sons.

Maeda, T., Imaoka, K., Kachi, M., et al. (2011). Status of GCOM-W1/AMSR2 development, algorithms, and products. *Proc. SPIE Int. Soc. Opt. Eng.*, **8176**, 81760N-1–81760N-7.

Maritorena, S., & Siegel, D. (2005). Consistent merging of satellite ocean color data sets using a bio-optical model. *Remote Sens. Environ.*, **94**, 429–440, http://www.icess.ucsb.edu/~stephane/Marito_Siegel_merging_RSE.pdf.

Maritorena, S., & Siegel, D. (2006). The GSM semi-analytical bio-optical model. In *IOCCG (2006), Remote Sensing of Inherent Optical Properties: Fundamentals, Tests of Algorithms, and Applications*, ed. Lee, Z.-P., Reports of the International Ocean-Colour Coordinating Group, No. 5, IOCCG, Dartmouth, Canada, pp. 81–85.

Maritorena, S., d'Andon, O. H. F., Mangin, A., et al. (2010). Merged satellite ocean color data products using a bio-optical model: Characteristics, benefits and issues. *Remote Sens. Environ.*, **114**(8), 1791–1804.

Maritorena, S., Siegel, D. A., & Peterson, A. (2002). Optimization of a semi-analytical ocean color model for global scale applications. *Appl. Opt.*, **41**(15), 2705–2714.

Markus, T., & Cavalieri, D. J. (2009). Sea ice concentration algorithm: Its basis and implementation. *J. Remote Sens. Soc. Japan*, **29**(1), 216–225, www.jstage.jst.go.jp/article/rssj/29/1/29_1_216/_pdf.

Martin, M., Dash, P., Ignatov, A., et al. (2012). Group for High Resolution SST (GHRSST) analysis fields inter-comparisons: Part 1: A GHRSST multi-product ensemble (GMPE). *Deep Sea Res. II*, 77–80, 21–30.

Martin, S. (2001). Polynyas. In *Encyclopedia of Ocean Sciences*, ed. Steele, J. H., Turekian, K. K., & Thorpe, S. A., Vol. 3, pp. 2241–2247. London: Academic Press.

Massom, R. (1991). *Satellite Remote Sensing of Polar Regions*. Boca Raton, FL: CRC Press.

Massonnet, D., & Feigl, K. L. (1998). Radar interferometry and its application to changes in the Earth's surface. *Rev. Geophys.*, **36**, 441–500.

Maul, G. A. (1985). *Introduction to Satellite Oceanography*. Dordrecht: Kluwer.

May, D. A., Parmeter, M. M., Olszewski, D. S., et al. (1998). Operational processing of satellite sea surface temperature retrievals at the Naval Oceanographic Office. *Bull. Am. Meteorol. Soc.*, **79**(3), 397–407.

McCain, C. R., Hooker, S. Feldman, G., et al. (2006). Satellite data for ocean biology, biogeochemistry, and climate research. *Eos Trans. AGU*, **87**(34), 337–343, doi:10.1029/2006EO340002.

McClain, C. R. (2009). A decade of satellite ocean color observations. *Annu. Rev. Marine Sci.*, **1**, 19–42.

McClain, C. R., Esaias, W. E., Barnes, W., et al. (1992). In *SeaWiFS Calibration and Validation Plan*. SeaWiFS Technical Report Series, Vol. 3, ed. Hooker, S. B., & Firestone, E. R., NASA Technical Memorandum 104566. Greenbelt, MD: NASA Goddard Space Flight Center.

McClain, E. P., Pichel, W., & Walton, C. C. (1985). Comparative performance of AVHRR-based Multichannel Sea Surface Temperatures. *J. Geophys. Res.*, **90**, 11587–11601.

McPhaden, M. J. (1999). Genesis and evolution of the 1997-98 El Niño. *Science*, **283**, 950–954.

McPhaden, M. J., Busalacchi, A. J., Cheney, R., et al. (1998). The Tropical Ocean–Global Atmosphere observing system: A decade of progress. *J. Geophys. Res.*, **103**, 14169–14240.

McPhaden, M. J., Lee, T., & McClurg, D. (2011). El Niño and its relationship to changing background conditions in the tropical Pacific Ocean. *Geophys. Res. Lett.*, **38**, L15709.

Meindl, E. A., & Hamilton, G. D. (1992). Programs of the National Data Buoy Center. *Bull. Amer. Meteorol. Soc.*, **73**, 985–993.

Meissner, T., & Wentz, F. J. (2002). Updated analysis of the ocean surface wind direction signal. *IEEE Trans. Geosci. Remote Sens.*, **40**, 1230–1240, http://www.remss.com/papers/meissner_tgars_2002.pdf.

Meissner, T., & Wentz, F. J. (2004). The complex dielectric constant of pure and seawater from microwave satellite observations. *IEEE Trans. Geosci. Remote Sens.*, **42**, 1836–1849.

Meissner, T., & Wentz, F. J. (2006a). Polarization rotation and the third Stokes parameter: the effects of spacecraft attitude and Faraday rotation, *IEEE Trans. Geosci. Remote Sens.*, **44**, 506–515, http://www.remss.com/papers/meissner_TGRS_2006.pdf.

Meissner, T., & Wentz, F. J. (2006b). Ocean retrievals for WindSat: Radiative transfer model, algorithm, validation. In *Proceedings of IEEE MicroRad*, pp. 4761–4764.

Meissner, T., & Wentz, F. J. (2009). Wind vector retrievals under rain with passive satellite microwave radiometers. *IEEE Trans. Geosci. Remote Sens.*, **47**, 3065–3083.

Meissner, T., & Wentz, F. J. (2012), The emissivity of the ocean surface between 6 and 90 GHz over a large range of wind speeds and earth incidence angles. *IEEE Trans. Geosci.*

Remote Sens., **50**(8), 3004–3026, http://www.remss.com/papers/meissner_emissivity_TGRSS.pdf.

Meissner, T., Ricciardulli, L., & Wentz, F. J. (2010). Wind measurements from active and passive microwave sensors, high winds and winds in rain (presentation), http://www.ursif2010.org/sites/default/files/Meissner.pdf.

Meissner, T., Ricciardulli, L., & Wentz, F. J. (2011a). All-weather wind vector measurements from intercalibrated active and passive microwave satellite sensors. *IEEE Geosci. Remote Sens. Symposium (IGARSS 2011)*, 1509–1511.

Meissner, T., Smith, D., & Wentz, F. J. (2001). A 10-year intercomparison between collocated SSM/I oceanic surface wind speed retrievals and global analyses. *J. Geophys. Res.*, **106**(C6), 11731–11742, http://www.ssmi.com/ssmi/ssmi_validation.html.

Meissner, T., Wentz, F. J., & Draper, D. (2011b). GMI calibration algorithm and analysis theoretical basis document, version F, report number 111311, Remote Sensing Systems, Santa Rosa, CA, 125 pp., http://www.remss.com/papers/gmi_ATBD.pdf.

Meissner, T., Wentz, F., Hilburn, K., *et al.* (2012). The Aquarius salinity retrieval algorithm. *IEEE Trans. Geosci. Remote Sens. Symposium (IGARSS 2012)*, 386–388.

Melville, W. K. (1996). The role of surface-wave breaking in air–sea interaction. *Ann. Rev. Fluid Mech.*, **28**, 279–321.

Mertikas, S. P., Ioannides, R. T., Tziavos, I. N., *et al.* (2010). Statistical models and latest results in the determination of the absolute bias for the radar altimeters of Jason satellites using the Gavdos facility. *Marine Geodesy*, **33**(S1), 114–149.

Microwaves101 (2013). Microwaves101, Standard radar frequency letter-band nomenclature (IEEE standard 521-1984), http://www.microwaves101.com/encyclopedia/letterbands.cfm.

Minnett, P. J. (1995a). Sea surface temperature measurements from the Along-Track Scanning Radiometer on ERS-1. In *Oceanographic Applications of Remote Sensing*, ed. Ikeda, M., & Dobson, F., pp. 131–143. Boca Raton, FL: CRC Press.

Minnett, P. J. (1995b). The Along-Track Scanning Radiometer: Instrument details. In *Oceanographic Applications of Remote Sensing*, ed. Ikeda, M., & Dobson, F., pp. 461–472. Boca Raton, FL: CRC Press.

Minnett, P. J. (2010). The validation of sea surface temperature retrievals from spaceborne infrared radiometers. In *Oceanography from Space Revisited*, ed. Barale, V., Gower, J. F. R., & Alberotanza, L., pp. 229–247 New York: Springer.

Mitchell, B. G. (ed.) (1994). Ocean color from space: A coastal zone color scanner retrospective. *J. Geophys. Res.*, **99**, 7291–7570.

Mitnik, L. M., & Kalmykov, A. I. (1992). Structure and dynamics of the Sea of Okhotsk marginal ice zone from "Ocean" satellite sensing data. *J. Geophys. Res.*, **97**, 7429–7445.

Mobley, C. D. (1994). *Light and Water; Radiative Transfer in Natural Waters*. San Diego, CA: Academic Press.

Mobley, C. D. (1995). The optical properties of water. In *Handbook of Optics*, 2nd edn., Vol. 1, ed. Bass, M., pp. 43.3–43.56. New York: McGraw-Hill.

Mobley, C. D. (1999). Estimation of the remote sensing reflectance from above-surface measurements. *Appl. Opt.*, **38**, 7442–7455.

MODIS (2006). Implementation of SST processing with the OBPG (Ocean Biology Processing Group), http://oceancolor.gsfc.nasa.gov/DOCS/modis_sst.

MODIS (2012). Terra mission, http://directory.eoportal.org/web/eoportal/satellite-missions/t/terra.

MODIS (2013a). NASA MODIS website, http://modis.gsfc.nasa.gov.

MODIS (2013b). AQUA project science, http://aqua.nasa.gov/about/instrument_modis.php.

MODIS (2013c). MODIS web specifications, http://modis.gsfc.nasa.gov/about/specifications.php.

Monaldo, F. M. (2006). Evaluation of WindSat wind vector performance with respect to QuickSCAT estimates. *IEEE Trans. Geosci. Remote Sens.*, **44**, 638–644.

Moon, T., Joughin, I., Smith, B.; *et al.* (2012). 21st-Century evolution of Greenland outlet glacier velocities. *Science*, **336**, 6081.

Moore, T. S., Dowell, M. D., & Franz, B. A. (2012). Detection of coccolithophore blooms in ocean color satellite imagery: A generalized approach for use with multiple sensors. *Remote Sens. Environ.*, **117**, 249–263.

Moore, K. D., Voss, K. J., & Gordon, H. R. (2000). Spectral reflectance of whitecaps: their contribution to the water-leaving radiance. *J. Geophys. Res.*, **105**, 6493–6499.

Morel, A., & Gentili, B. (2009). A simple band ratio technique to quantify the colored dissolved and detrital organic material from ocean color remotely sensed data. *Remote Sens. Environ.*, **113**(5), 998–1011.

Morel, A., Claustre, H., & Gentili, B. (2010). The most oligotrophic subtropical zones of the global ocean: Similarities and differences in terms of chlorophyll and yellow substance. *Biogeoscience*, **7**, 3139–3151, http://www.biogeosciences.net/7/3139/2010/bg-7-3139-2010.pdf.

Morel, A., Gentili, B., Claustre, H., *et al.* (2007). Optical properties of the "clearest" natural waters. *Limnol. Oceanogr.*, **52**(1), 217–229.

Morel, A., & Prieur, L. (1977). Analysis of variations in ocean color. *Limnol. Oceanogr.*, **22**, 709–722.

Morrow, R., & Fu, L.-L. (2010). Preface, Special issue on the Ocean Surface Topography Mission (OSTM)/Jason-2. *Marine Geodesy*. **33**(S1), 1–3.

Mouchot, M.-C., & Garello, R. (1998). SAR for oceanography. In *Manual of Remote Sensing*, 3rd edn., ed.-in-chief, Ryerson, R. A., Vol. 2, *Principles and Applications of Imaging Radar*, ed. Henderson, F. M., & Lewis, A. J., pp. 631–675. New York: Wiley and Sons.

Mueller, J. L. (2000). SeaWiFS algorithm for the diffuse attenuation coefficient, K (490), using water-leaving radiances at 490 and 555 nm. In *SeaWiFS Postlaunch Calibration and Validation Analyses*, part 3, ed. Hooker, S. B., pp. 24–27. Greenbelt, MD: NASA Goddard Space Flight Center.

Mueller, J. L., & Trees, C. C. (1997). Revised SeaWiFs prelaunch algorithm for the diffuse attenuation coefficient $K(490)$, NASA Technical Memorandum, TM-104566, **41**, pp. 18–21. Greenbelt, MD: NASA Goddard Space Flight Center, ftp://ftp.nist.gov/pub/physics/lunarproject/References/SeaWiFS/PreLaunchTMSeries/PreLVol41.pdf.

Mueller, J. L., Fargion, G. S., & McClain, C. R. (2002). Data requirements for ocean color algorithms and validation. In *Ocean Optics Protocols for Satellite Ocean Color Sensor Validation*, revision 4, volume **1**, pp. 29–38, NASA Technical Memorandum 2002-210004. Greenbelt, MD: NASA Goddard Space Flight Center.

Naderi, F. M., Freilich, M. H., & Long, D. G. (1991). Spaceborne radar measurement of wind velocity over the ocean – an overview of the NSCAT Scatterometer System. *Proc. IEEE*, **79**(6), 850–866.

NASA (2012a). NASA Orbital Debris Program Office, http://orbitaldebris.jsc.nasa.gov.

NASA (2012b). The afternoon constellation, http://atrain.nasa.gov,.

NASA (2013a). NASA Goddard Earth Sciences, Data and Information Services Center, http://disc.sci.gsfc.nasa.gov/.

NASA (2013b). Earth Observing System Data and Information System (EOSDIS), Ocean Biology Processing Group (OBPG), http://earthdata.nasa.gov/data/data-centers/obpg.

NASA Science Working Group (1984). *Passive Microwave Remote Sensing for Sea Ice Research*. Washington, DC: NASA Headquarters.

National Research Council (2004). *Climate Data Records from Environmental Satellites: Interim Report*. Washington, DC: The National Academies Press, 150 pp., http://www.nap.edu/openbook.php?record_id=10944&page=1.

NDBC (2012). National Data Buoy Center, http://www.ndbc.noaa.gov.

NDBC (2013). National Data Buoy Center (NDBC), Monterey Bay historical marine data, http://www.ndbc.noaa.gov/maps/monterey_bay_hist.shtml.

Nerem, S., Chambers, D. P., Choe, C., *et al.* (2010). Estimating mean sea level change from the TOPEX and Jason altimeter mission. *Marine Geodesy.*, **33**(S1), 435–446.

Neumann, T., Markus, T., McGill, M., *et al.* (2012). MABEL and the ICESat-2 mission: Photon-counting altimetry from air and space. *Earth Observer*, **24**(5), 4–9, http://eospso.gsfc.nasa.gov/earth-observer-archive/.

Newell, D. A., Rait, G., Ta, T., *et al.* (2010). GPM Microwave Imager design, predicted performance and status. *IEEE Geosci. Remote Sens. Symposium (IGARSS 2010)*, 546–549.

Nghiem, S. V., Martin, S., Perovich, D. K., *et al.* (1997). A laboratory study of the effect of frost flowers on C-Band radar backscatter from sea ice. *J. Geophys. Res.*, **102**, 3357–3370.

Njoku, E. G., Christensen, E. J., & Cofield, R. E. (1980a). The Seasat Scanning Multichannel Microwave Radiometer (SMMR): Antenna pattern corrections – development and implementation. *IEEE J. Oceanic Eng.*, 5(2), 125–137.

Njoku, E. G., Stacey, J. M., & Barath, F. T. (1980b). The SeaSat Scanning Multichannel Microwave Radiometer (SMMR): Instrument description and performance. *IEEE J. Oceanic Eng.*, 5(2), 100–115.

NOAA (2012a). NOAA Comprehensive Large Array-Data Stewardship System (CLASS)-AVHRR, http://www.class.ncdc.noaa.gov/saa/products/search?datatype_family=AVHRR.

NOAA (2012b). NOAA KLM user's guide, with NOAA-N,-P supplement, http://www.ncdc.noaa.gov/oa/pod-guide/ncdc/docs/klm/index.htm.

NOAA (2012c). POES flyout chart, http://www.nesdis.noaa.gov/FlyoutSchedules.html.

NRC (2011). *Assessing Requirements for Sustained Ocean Color Research and Operations*. Washington, DC: The National Academies Press, http://download.nap.edu/napguest.php?record_id=13127&page=%2Fcatalog.php%3Frecord_id%3D13127.

NSIDC (2013a). National Snow and Ice Data Center, http://nsidc.org.

NSIDC (2013b). National Snow and Ice Data Center, Arctic sea ice news, http://nsidc.org/arcticseaicenews.

NSIDC (2013c). NASA Distributed Active Archive Center (DAAC) at National Snow and Ice Data Center (NSIDC), http://nsidc.org/daac/index.html.

NTIA (2012). National Telecommunications and Information Administration, United States Department of Commerce, United States Frequency Allocation Chart, http://www.ntia.doc.gov/page/2011/united-states-frequency-allocation-chart.

O'Brien, J. J. (ed.) (1999). NSCAT Validation and Science. *J. Geophys. Res.*, **104**, 11229–11568.

O'Carroll, A. G., Watts, J. G., Horrocks, L. A., *et al.* (2006). Validation of the AATSR Meteo product sea surface temperature. *J. Atmos. Oceanic Technol.*, **23**, 711–726.

O'Reilly, J. E., Maritorena, S., Siegel, D., et al. (2000). SeaWiFS postlaunch calibration and validation analyses, part 3, NASA Technical memorandum 2000-206892, Vol. 11, ed. Hooker, S. B., and Firestone, E. R., 49 pp. Greenbelt, MD: NASA Goddard Space Flight Center.

O'Reilly, J. E., Maritorena, S., Mitchell, B. G., et al. (1998). Ocean color chlorophyll algorithms for SeaWiFS. *J. Geophys. Res.*, **103**, 24937–24953.

Oceansat-2 (2013). Oceansat-2 brochure, http://www.isro.org/pslv-c14/pdf/Oceansat-2-Brochure-1.pdf#OCEANSAT2.

OI-SST (2012). NOAA optimum interpolation 1/4 degree daily sea surface temperature analysis, http://www.ncdc.noaa.gov/oa/climate/research/sst/oi-daily-information.php.

Olsen, R. B., & Wahl, T. (2000). The role of wide swath SAR in high-latitude coastal management. *Johns Hopkins APL Technical Digest*, **21**, 136–140.

Onstott, R. G. (1992). SAR and scatterometer signatures of sea ice. In *Microwave Remote Sensing of Sea Ice*, ed. Carsey, F. D., pp. 73–104. Washington, DC: American Geophysical Union.

Orbital Debris (2013). NASA orbital debris program office, quarterly news, http://orbitaldebris.jsc.nasa.gov/newsletter/newsletter.html.

PACE-STD (2012). Pre-Aerosol, Clouds, and ocean Ecosystem (PACE) mission science definition team report, http://dsm.gsfc.nasa.gov/pace_documentation/PACE_SDT_Report_final.pdf.

PALSAR (2013). ALOS research and application project, PALSAR, http://www.eorc.jaxa.jp/ALOS/en/about/palsar.htm.

Parkinson, C. L., & Cavalieri, D. J. (2012). Antarctic sea ice variability and trends, 1979–2010. *Cryosphere*, **6**, 871–880, www.the-cryosphere.net/6/871/2012.

Parkinson, C. L., Comiso, J. C., Zwally, H. J., et al. (1987). *Arctic Sea Ice, 1973–1976: Satellite Passive-Microwave Observations*. Washington, DC: NASA.

Parkinson, C. L., Ward, A., & King, M. D. (eds.) (2006). *Earth Science Reference Handbook – A Guide to NASA's Earth Science Program and Earth Observing Satellite Missions*. Washington, DC: National Aeronautics and Space Administration, http://eospso.gsfc.nasa.gov/ftp_docs/2006ReferenceHandbook.pdf.

Pathfinder (2001). Description of the AVHRR Pathfinder matchups, http://yyy.rsmas.miami.edu/groups/rrsl/pathfinder/Matchups/description.html.

Pathfinder (2013). NOAA National Oceanographic Data Center, 4-km Pathfinder project, http://www.nodc.noaa.gov/SatelliteData/pathfinder4km.

Pavlis, N. K., Holmes, S. A., Kenyon, S. C., et al. (2012). The development and evaluation of the Earth Gravitational Model 2008 (EGM2008). *J. Geophys. Res.*, **117**, B04406.

Pavolonis, M. J., Heidinger, A. K., & Uttal, T. (2005). Daytime global cloud typing from AVHRR and VIIRS: Algorithm description, validation, and comparisons. *J. Appl. Meteor.*, **44**, 804–826.

Pegion, P. J., Bourrassa, M. A., Legler, D. M., et al. (2000). Objectively derived daily "winds" from satellite scatterometer data. *Mon. Wea. Rev.*, **128**, 3150–3167.

Peralta-Ferriz, C., & Morison, J. (2010). Understanding the annual cycle of the Arctic Ocean bottom pressure. *Geophys. Res. Lett.*, **37**, L10603.

Perbos, J. (2004). Jason-1: Satellite and system performance, one year after launch, http://www.aviso.oceanobs.com/fileadmin/documents/kiosque/newsletter/news09/perbos_uk.pdf.

Perkowitz, S. (2000). *Universal Foam: From Cappuccino to the Cosmos*. New York: Walker.

Perry, K. L. (ed.) (2001). *QuikSCAT Science Data Product Users Manual, Version 2.2.* NASA Report No. D-18053. Pasadena, CA: Jet Propulsion Laboratory, California Institute of Technology.

Petrenko, B., Ignatov, A., Dash, P., et al. (2013). The ACSPO clear-sky mask (ACSM) (presentation), http://www.star.nesdis.noaa.gov/sod/sst/xliang/lannion_agenda/presentations/cl_mask/ACSPO_Clear-Sky_Mask_v03.pdf.

Petrenko, B., Ignatov, A., Kihai, Y., et al. (2010). Clear-sky mask for the Advanced Clear-Sky Processor for Oceans (ACSPO). *J. Atmos. Oceanic Technol.*, **27**, 1609–1623.

Petty, G. W. (2006). *A First Course in Atmospheric Radiation*, 2nd edn. Madison, WI: Sundog Publishing.

Petzold, T. J. (1972). *Volume Scattering Functions for Selected Ocean Waters.* La Jolla, CA: Scripps Institution of Oceanography.

Phalippou, L., Rey, L., de Chateau-Thierry, P., et al. (2001). Overview of the performances and tracking design of the SIRAL altimeter for the CryoSat mission. *Proc. IEEE Trans. Geosci. Remote Sens. Symposium (IGARSS 2001)*, **5**, 2025–2027.

Phillips, K. J. H. (1992). *Guide to the Sun.* Cambridge: Cambridge University Press.

Phillips, O. M. (1977). *The Dynamics of the Upper Ocean.* Cambridge: Cambridge University Press.

Pichel, W. G., & Clemente-Colón, P. (2000). NOAA CoastWatch SAR applications and demonstration. *Johns Hopkins APL Technical Digest*, **21**, 49–57.

Plant, W. J. (1990). Bragg scattering of electromagnetic waves from the air/sea interface. In *Surface Waves and Fluxes, II*, ed. Geernaert, G. L., & Plant, W. J., pp. 41–108. Dordrecht: Kluwer.

PO.DAAC (2013). NASA JPL physical oceanography distributed active archive center (PO.DAAC), http://podaac.jpl.nasa.gov/.

Pond, S., & Pickard, G. L. (1986). *Introductory Dynamical Oceanography*, 2nd edn. New York: Pergamon Press.

Pope, R. M., & Fry, E. S. (1997). Absorption spectrum (380–700 nm) of pure water. II. Integrating cavity measurements. *Appl. Opt.*, **36**(33), 8710–8723.

Potin, P. (2011). Sentinel-1 mission overview (presentation), http://earth.eo.esa.int/pub/polsarpro_ftp/RadarPol_Course11/Wednesday19/Sentinel-1_overview.pdf.

PPS (2010). Precipitation Processing System (PPS), NASA Global Precipitation Measurement (GPM) Microwave Imager (GMI) Level 1B (L1B), Algorithm Theoretical Basis Document (ATBD), 25 pp. Greenbelt, MD: NASA Goddard Space Flight Center, http://pmm.nasa.gov/sites/default/files/document_files/GMIL1B_ATBD.pdf.

Prabhakara, C. R., Fraser, R. S., Dalu, G., et al. (1988). Thin cirrus clouds: Seasonal distribution over oceans deduced from Nimbus 4 IRIS. *J. Appl. Meteorol.*, **27**, 379–399.

RADARSAT-2 (2011). RADARSAT-2 product description, http://gs.mdacorporation.com/includes/documents/RN-SP-52-1238_RS2_Product_Description_Iss1-9.pdf.

RADARSAT (2013). RADARSAT constellation, http://www.asc-csa.gc.ca/eng/satellites/radarsat/Default.asp.

RADARSAT-2 (2013a). Canadian Space Agency, RADARSAT-2 imaging modes, http://www.asc-csa.gc.ca/eng/satellites/radarsat2/inf_data.asp.

RADARSAT-2 (2013b). Canadian Space Agency, RADARSAT-2 applications, http://www.asc-csa.gc.ca/eng/satellites/radarsat2/applications.asp.

RADARSAT-2 (2013c). Globe_SAR, RADARSAT-2, http://ebookbrowse.com/radarsat2-pdf-d184339492.

RADARSAT-2 (2013d). eoPortal directory, RADARSAT-2, http://directory.eoportal.org/web/eoportal/satellite-missions/r/radarsat-2.

RADATSAT-2 (2013e). Canadian Space Agency, RADARSAT-2 innovations, http://www.asc-csa.gc.ca/eng/satellites/radarsat2/innovations.asp.

RADARSAT-2 (2013f). MDA, about RADARSAT-2, http://gs.mdacorporation.com/SatelliteData/Radarsat2/About.aspx.

RaDyO (2009). The RaDyO project, Radiance in a dynamic ocean, Hawaii cruise, August–September 2009, http://www.youtube.com/watch?v=vym7TQBc-TE.

Raman, C. V. (1922). On the molecular scattering of light in water and the colour of the sea. *Proc. R. Soc. Lond. A*, **101**, 64–80.

Raney, R. K. (1998). Radar fundamentals: Technical perspective. In *Manual of Remote Sensing*, 3rd edn., ed.-in-chief, Ryerson, R. A., Vol. 2, *Principles and Applications of Imaging Radar*, ed. Henderson, F. M. & Lewis, A. J., pp. 9–130. New York: Wiley & Sons.

Raney, R. K., Luscombe, A. P., Langham, E. J., et al. (1991). RADARSAT. *Proc. IEEE*, **79**, 839–849.

Rees, W. G. (2001). *Physical Principles of Remote Sensing*, 2nd edn. Cambridge: Cambridge University Press.

REMSS (2013). Remote Sensing Systems, http://www.remss.com.

Renfrew, I. A., Petersen, G. N., Sproson, D. A. J., et al. (2009). A comparison of aircraft-based surface-layer observations over Denmark Strait and the Irminger Sea with meteorological analyses and QuikSCAT winds. *Quart. J. Royal Meteorol. Soc.*, **135**, 2046–2066.

Reul, N., Tenerelli, J., Chapron, B., et al. (2007). Modeling sun glitter at L-band for sea surface salinity remote sensing with SMOS. *IEEE Trans. Geosci. Remote Sens.*, **45**, 2073–2087.

Reynolds, R. W., Gentemann, C. L., & Corlett, G. K. (2010). Evaluation of AATSR and TMI satellite SST data. *J. Climate*, **23**, 152–165.

Reynolds, R. W., Rayner, N. A., Smith, T. M., et al. (2002). An improved *in situ* and satellite SST analysis for climate, *J. Climate*, **15**, 1609–1625.

Reynolds, R. W., Smith, T. M., Liu, C., et al. (2007). Daily high-resolution-blended analyses for sea surface temperatures. *J. Climate*, **20**, 5473–5496.

Ricciardulli, L., & Wentz, F. J. (2011). The new geophysical model function for QuikSCAT: Implementation and validation (presentation), http://coaps.fsu.edu/scatterometry/meeting/docs/2011/New%20Products/OVWST_2011_ricciardulli_post.pdf.

Ricciardulli, L., & Wentz, F. J. (2012a). Reprocessed QuikScat (V04) wind vectors with Ku-2011 geophysical model function, Remote Sensing Systems Technical Report 043011, http://www.ssmi.com/qscat/qscat_Ku2011_tech_report.pdf.

Ricciardulli, L., & Wentz, F. J. (2012b). Development of consistent geophysical model functions for different scatterometer missions: Ku and C-band (presentation), http://coaps.fsu.edu/scatterometry/meeting/docs/2012_meeting/New%20Products/Ricciardulli_IOVWST_2012_posted.pdf.

Ricciardulli, L., Meissner, T., & Wentz, F. J. (2012). Towards a climate data record of satellite ocean vector winds. *IEEE Geosci. Remote Sens. Symposium (IGARSS 2012)*, 2067–2069.

Riendeau, S., & Grenier, C. (2007). RADARSAT-2 Antenna. In *IEEE Aerospace Conference*, pp. 1–9.

Rignot, E. (2008). Changes in West Antarctic ice stream dynamics observed with ALOS PALSAR data. *Geophys. Res. Lett.*, **35**, L12505.

Rignot, E., & Mouginot, J. (2012). Ice flow in Greenland for the International Polar Year 2008–2009. *Geophys. Res. Lett.*, **39**, L11501.

Risien, C. M., & Chelton, D. B. (2008). A global climatology of surface wind and wind stress fields from eight years of QuikSCAT scatterometer data. *J. Phys. Oceanogr.*, **38**, 2379–2413.

Roesler, C. S., & Perry, M. J. (1995). *In situ* phytoplankton absorption, fluorescence emission, and particulate backscattering spectra determined from reflectance. *J. Geophys. Res.*, **100**, 13279–13294.

Roesler, C. S., Perry, M. J., & Carder, K. L. (1989). Modeling *in situ* phytoplankton absorption from total absorption spectra in productive inland marine waters. *Limnol. Oceanogr.*, **34**, 1510–1523.

Rosen, P. A., Hensley, S., Joughin, I. R., *et al.* (2000). Synthetic aperture radar interferometry. *Proc. IEEE*, **88**, 333–382.

Rosenqvist, A., Shimada, M., Ito, N., *et al.* (2007). ALOS PALSAR: A pathfinder mission for global-scale monitoring of the environment. *IEEE Trans. Geosci. Remote Sens.*, **45**(11), 3307–3316.

Ross, D., & Jones, W. L. (1978). On the relationship of radar backscatter to wind speed and fetch. *Boundary-Layer Meteorol.*, **13**, 151–163.

Rossow, W. B. (1989). Measuring cloud properties from space. A review. *J. Climate*, **2**, 201–213.

Rostan, F. (2000). The calibration of the MetOp/Advanced Scatterometer (ASCAT). *Proc. IEEE Trans. Geosci. Remote Sens. Symposium, 2000 (IGARSS 2000)*, **5**, 2206–2208.

Rothrock, D. A., Yu, Y., & Maykut, G. A. (1999). Thinning of the Arctic sea-ice cover. *Geophys. Res. Lett.*, **26**, 3469–3472.

RSS (2013a). Remote Sensing Systems: Description of AMSR data products, http://www.ssmi.com/amsr/amsr_data_description.html#geophysical_data.

RSS (2013b). Remote Sensing Systems, radio frequency interference (RFI), http://www.ssmi.com/RFI/radio_frequency_interference.html.

RSS (2013c). Description of SSM/I & SSMIS data products, http://www.ssmi.com/ssmi/ssmi_description.html.

Ruf, C. S., & Giampaolo, J. C. (1998). Littoral deconvolution for a microwave radiometer. *Proc. IEEE Geosci. Remote Sens. Symposium, 1998 (IGARSS 1998)*, **1**, 378–380.

Sabbah, S., Barta, A., Gál, J., *et al.* (2006). Experimental and theoretical study of skylight polarization transmitted through Snell's window of a flat water surface. *J. Opt. Soc. Am. A*, **23**, 1978–1988.

Sabins, F. F. (1987). *Remote Sensing: Principles and Interpretation*, 2nd edn. New York: W. H. Freeman.

Salinity (2013). NASA physical oceanography, salinity, http://science.nasa.gov/earth-science/oceanography/physical-ocean/salinity/.

Saunders, R. W., & Kriebel, K. T. (1988). An improved method for detecting clear sky and cloudy radiances from AVHRR data. *Int. J. Remote Sens.*, **9**, 123–150.

SeaBASS (2013). SeaWiFS Bio-optical Archive and Storage System (SeaBASS), http://seabass.gsfc.nasa.gov.

SeaDAS (2008). SeaDAS training material (powerpoint), seadas.gsfc.nasa.gov/SeaDAS_Training/lectures/intro_seabass.ppt.

SeaDAS (2013). SeaWiFS Data Analysis System (SeaDAS), http://seadas.gsfc.nasa.gov.

SeaWiFS (2012a). SeaWiFS Project, http://oceancolor.gsfc.nasa.gov/SeaWiFS.

SeaWiFS (2012b). An overview of SeaWiFS and the SeaStar spacecraft, http://oceancolor.gsfc.nasa.gov/SeaWiFS/SEASTAR/SPACECRAFT.html.

Segelstein, D. (1981). *The Complex Refractive Index of Water*. M.S. thesis, University of Missouri-Kansas City.

Sentinel-1 (2012). Mission Requirements Document GMES Sentinel-1, http://www.esa.int/esaLP/SEMBRS4KXMF_LPgmes_0.html

Sentinel-1 (2013). ESA Global Monitoring for Environment and Security (GMES) Sentinel-1, http://www.esa.int/Our_Activities/Observing_the_Earth/GMES/Sentinel-1.

Shankaranarayanan, K., & Donelan, M. A. (2001). A probabilistic approach to scatterometer function verification. *J. Geophys. Res.*, **106**, 19969–19990.

Shimoda, H. (2010). Overview of GCOM. *IEEE Trans. Geosci. Remote Sens. Symposium, 2010 (IGARSS 2010)*, **1**, 1351–1354.

Siegel, D.A., Antoine, D., Behrenfeld, M.J., et al. (2012) Global ocean phytoplankton. *Bull. Amer. Meteorol. Soc.* **93**(7), S89–S92.

SIR-C/X-SAR (2013). SIR-C/X-SAR, Space radar images of Earth, http://www.jpl.nasa.gov/radar/sircxsar.

SLR (2013). International laser ranging service, http://ilrs.gsfc.nasa.gov.

Smith, G. S. (2005). Human color vision and the unsaturated blue color of the daytime sky. *Am. J. Phys.*, **73**(7), 590–597.

Smith, P. M. (1988). The emissivity of sea foam at 19 and 37 GHz. *IEEE Trans. Geosci. Remote Sens.*, **26**, 541–547.

Smith, R. C., & Baker, K. S. (1981). Optical properties of the clearest natural waters. *Appl. Opt.*, **20**, 177–184.

Smith, W. H. F. (2010). The marine geoid and satellite altimetry. In *Oceanography from Space Revisited*, ed. Barale, V., Gower, J. F. R., & Alberotanza, L., pp. 181–193. New York: Springer.

Smith, W. H. F., & Sandwell, D. T. (1997). Global seafloor topography from satellite altimetry and ship depth soundings. *Science*, **277**, 1957–1962.

Snoeij, P., Attema, E., Davidson, M., et al. (2008). Sentinel-1, the GMES radar mission. In *Proceedings of the IEEE Radar Conference*, pp. 1–5.

Soisuvarn, S., Jelenak, Z., Chang, P. S., et al. (2010). A revised geophysical model function for the advanced scatterometer (ASCAT) at NOAA/NESDIS. *IEEE Geosci. Remote Sens. Symposium (IGARSS 2010)*, 1335–1338.

Song, Q., Mu, B. & Dong, X. (2012). Evaluation of HY-2A scatterometer wind product-preliminary analysis, http://coaps.fsu.edu/scatterometry/meeting/docs/2012_meeting/Intro/song_qingtao_hy2_calval_final.pdf.

Space News (2011). Intelsat moving recovered Galaxy 15 to test location, 7 January 2011, http://www.spacenews.com/satellite_telecom/110107-intelsat-moving-galaxy15.html.

Spencer, M. W., Wu, C., & Long, D. G. (1997). Tradeoffs in the design of a spaceborne scanning pencil beam scatterometer: Application to SeaWinds. *IEEE Trans. Geosci. Remote Sens.*, **35**, 115–126.

Spencer, M. W., Wu, C., & Long, D. G. (2000). Improved resolution backscatter measurements with the SeaWinds pencil-beam scatterometer. *IEEE Trans. Geosci. Remote Sens.*, **38**, 89–104.

Spencer, M., Chan, S., Belz, E., et al. (2011). Radio frequency interference mitigation for the planned SMAP radar and radiometer. *IEEE Geosci. Remote Sens. Symposium (IGARSS 2011)*, 2440–2443.

SQUAM (2013). NOAA NESDIS SST quality monitor: Hi-Res, SQUAM v10, http://www.star.nesdis.noaa.gov/sod/sst/squam/HR/.

SST-VC (2013). Sea Surface Temperature Virtual Constellation, http://www.ceos.org/index.php?option=com_content&view=category&layout=blog&id=194&Itemid=313.

St. Germain, K. M., & Gaiser, P. W. (2000). Spaceborne polarimetric radiometry and the Coriolis WindSat system. *IEEE Aerospace Conf. Proc.*, **5**, 159–164.

St. Germain, K. M., Poe, G., & Gaiser, P. (1998). Modeling of the polarimetric microwave signal due to ocean surface wind vector. *Proc. IEEE Geosci. Remote Sens. Symposium, 1998 (IGARSS 1998)*, **5**, 2304–2306.

Stammer, D., & Wunsch, C. (1994). Preliminary assessment of the accuracy and precision of TOPEX/POSEIDON altimeter data with respect to the large-scale ocean circulation. *J. Geophys. Res.*, **99**, 24584–24604.

Stewart, R. (ed.), (1981). *Satellite Altimetric Measurements of the Ocean, Report of the TOPEX Science Working Group.* Pasadena, CA: NASA Jet Propulsion Laboratory, California Institute of Technology, http://ntrs.nasa.gov/search.jsp?R=19810012157.

Stewart, R. H. (1985). *Methods of Satellite Oceanography.* Berkeley, CA: University of California Press.

Stommel, H. (1966). *The Gulf Stream*, 2nd edn. Berkeley, CA: University of California Press.

Stramski, D., & Kiefer, D. A. (1991). Light scattering by microorganisms in the open ocean. *Prog. Oceanogr.*, **28**, 343–383.

Strayed, C. (2012). *Wild* New York: Alfred A. Knopf, Random House.

Sullivan, J. M., & Twardowski, M. S. (2009). Angular shape of the oceanic particulate volume scattering function in the backward direction. *Appl. Opt.*, **48**(35), 6811–6819.

Sun, J., Xiong, X., Barnes, W. L., et al. (2007). MODIS reflective solar bands on-orbit lunar calibration. *IEEE Trans. Geosci. Remote Sens.*, **45**, 2383–2393.

Swift, C. T., & McIntosh, R. E. (1983). Considerations for microwave remote sensing of ocean surface salinity. *IEEE Trans. Geosci. Remote Sens.*, 21, 480–491.

SWPC (2012). National Weather Service Space Weather Prediction Center, http://www.swpc.noaa.gov/info/FAQ.html.

Szeto, M., Werdell, P. J., Moore, T. S., et al. (2011). Are the world's oceans optically different? *J. Geophys. Res.*, **116**, C00H04, doi:10.1029/2011JC007230.

TanDEM-X (2013a). TanDEM-X – a new high resolution interferometric SAR mission, http://www.dlr.de/hr/desktopdefault.aspx/tabid-2317/3669_read-5488/.

TanDEM-X (2013b). Earth observation portal, TanDEM-X (TerraSAR-X add-on for Digital Elevation Measurement), http://directory.eoportal.org/web/eoportal/satellite-missions/t/tandem-x.

TAO (2012). Tropical Atmosphere Ocean Project Overview, http://www.pmel.noaa.gov/tao/proj_over/proj_over.html.

Tapley, B. D., Bettadpur, S., Watkins, M., et al. (2004). The gravity recovery and climate experiment: mission overview and early results. *Geophys. Res. Lett.*, **31**, L09607, doi:10.1029/2004gl019920.

Tapley, B. D., Ries, J. C., Davis, G. W., et al. (1994). Precision orbit determination for TOPEX/POSEIDON. *J. Geophys. Res.*, **99**, 24383–24404.

Thomas, G. E., & Stamnes, K. (1999). *Radiative Transfer in the Atmosphere and Ocean.* Cambridge: Cambridge University Press.

TIROS (2013). NASA science missions, Television Infrared Observation Satellite Program (TIROS), http://science1.nasa.gov/missions/tiros.

Torres, R., Snoeij, P., Geudtner, D., et al. (2012). GMES Sentinel-1 mission. *Remote Sens. Environ.*, **120**, 9–24.

Townsend, W. F., McGoogan, J. T., & Walsh, E. J. (1981). Satellite radar altimeters – present and future oceanographic capabilities. In *Oceanography from Space*, ed. Gower, J. F. R., pp. 625–636. New York: Plenum Press.

Tran, N., Vandemark, D., Labroue, S., et al. (2010). Sea state bias in altimeter sea level estimates determined by combining wave model and satellite data. *J. Geophys. Res.*, **115**, C03020, publisher's official version http://dx.doi.org/10.1029/2009JC005534, open-access version http://archimer.ifremer.fr/doc/00002/11276/.

Trees, C. C., Clark, D. K., Bidigare, R. R., et al. (2000). Accessory pigments versus chlorophyll a concentrations within the euphotic zone: A ubiquitous relationship. *Limnol. Oceanogr.*, **45**(5), 1130–1143.

Trenkle, T., & Driggers, P. (2011). Joint polar satellite system. *Proc. SPIE Int. Soc. Opt. Eng.*, **8176**, 817605-1–817605-11.

Turpie, K. R., Meister, G., Eplee, G., et al. (2011). Assessment of NPP VIIRS ocean color data products: Hope and risk. *Proc. SPIE Int. Soc. Opt. Eng.*, 8153, 21–25.

Turpie, K. R., Robinson, W. D., Franz, B. A., et al. (2012). Suomi NPP VIIRS ocean color data product early mission assessment. *Proc. SPIE Int. Soc. Opt. Eng.*, 8510, 85101H, http://oceancolor.gsfc.nasa.gov/staff/franz/papers/turpie_et_al_2012_spie.pdf.

Ulaby, F. T., Moore, R. K., & Fung, A. K. (1981). *Microwave Remote Sensing: Active and Passive, Volume 1, Microwave Remote Sensing: Fundamentals and Radiometry*. Boston, MA: Addison-Wesley.

Ulaby, F. T., Moore, R. K., & Fung, A. K. (1982). *Microwave Remote Sensing: Active and Passive, Volume 2, Radar Remote Sensing and Surface Scattering and Emission Theory*. Boston, MA: Addison-Wesley.

Ulaby, F. T., Moore, R. K., & Fung, A. K. (1986). *Microwave Remote Sensing: Active and Passive, Volume 3, From Theory to Application*. Boston, MA: Addison-Wesley.

Valenzuela, G. R. (1978). Theories for the interaction of electromagnetic and oceanic waves – a view. *Boundary-Layer Meteorol.*, **13**, 61–85.

Vázquez-Cuervo, J., Armstrong, E. M., & Harris, A. (2004). The effect of aerosols and clouds on the retrieval of infrared sea surface temperatures. *J. Climate*, **17**, 3921–3933.

View angles (2013). Satellite and solar viewing angles, http://psbcw1.nesdis.noaa.gov/terascan/man1/angles.html.

Vignola, F., Grover, C., Lemon, N., & McMahan, A. (2012). Building a bankable solar radiation dataset. *Solar Energy*, **86**(8), 2218–2229.

VIIRS (2011a). Joint Polar Satellite System (JPSS) VIIRS cloud mask (VCM), Algorithm Theoretical Basis Document, http://jointmission.gsfc.nasa.gov/science/sciencedocuments/ATBD_122011/474-00033_VIIRS-Cloud-Mask-ATBD_Rev-_20110422.pdf.

VIIRS (2011b). Joint Polar Satellite Systems (JPSS) VIIRS ocean color/chlorophyll algorithm theoretical basis document (ATBD), Code 474–00035, http://npp.gsfc.nasa.gov/science/sciencedocuments/ATBD_122011/474-00035_VIIRS_Ocean_Color-Chlorophyll_ATBD_Rev-_20110422.pdf.

VIIRS (2011c). Joint Polar Satellite System (JPSS) VIIRS sea surface temperature Algorithm Theoretical Basis Document (ATBD), http://npp.gsfc.nasa.gov/science/sciencedocuments/ATBD_122011/474-00027_Rev-Baseline.pdf.

VIIRS (2012a). Visible Infrared Imaging Radiometer Suite (VIIRS), http://npp.gsfc.nasa.gov/viirs.html.

VIIRS (2012b). Joint Polar Satellite System (JPSS) VIIRS radiometric calibration Algorithm Theoretical Basis Document (ATBD), http://npp.gsfc.nasa.gov/science/sciencedocuments/474-00027_ATBD-VIIRS-RadiometricCal_B_20120411.pdf.

VIIRS (2012c). NPOESS Instruments – VIIRS, http://npoess.noaa.gov/instruments/VIIRS.pdf.

VIIRS (2013a). VIIRS-NPP initial processing for evaluation, http://oceancolor.gsfc.nasa.gov/WIKI/OCReproc20120VN.html.

VIIRS (2013b). VIIRS-NPP reprocessing 2013.0, http://oceancolor.gsfc.nasa.gov/WIKI/OCReproc20130VN.html.

Wadhams, P. (2000). *Ice in the Ocean*. London: Taylor & Francis.

Wadhams, P., & Holt, B. (1991). Waves in frazil and pancake ice and their detection on Seasat SAR imagery. *J. Geophys. Res.*, **96**, 8835–8852.

Walton, C. C., Pichel, W. G., & Sapper, J. F. (1998). The development and operational application of nonlinear algorithms for the measurement of sea surface temperatures with the NOAA polar-orbiting environmental satellites. *J. Geophys. Res.*, **103**, 27999–28012.

Wang, M. (1999). Atmospheric correction of ocean color sensors: Computing atmospheric diffuse transmittance. *Appl. Opt.*, **38**, 451–455.

Wang, M. (2000). The SeaWiFS atmospheric correction algorithm updates. *In SeaWiFS Postlaunch Technical Report Series*, Vol. 9, ed. Hooker, S. B., & Firestone, E. R., pp. 57–68. Greenbelt, MD: NASA Goddard Space Flight Center.

Wang, M., & Bailey, S. W. (2001), Correction of sun glint contamination on the SeaWiFS ocean and atmosphere products. *Appl. Opt.*, **40**, 4790–4798.

Wang, M., & Shi, W. (2005). Estimation of ocean contribution at the MODIS near-infrared wavelengths along the east coast of the U.S.: Two case studies. *Geophys. Res. Lett.*, **32**, L13606, doi:10.1029/2005GL022917.

Wang, M., Bailey, S., & McClain, C. R. (2000). SeaWiFS provides unique global aerosol optical property data. *EOS Trans. Amer. Geophys. Union*, **81**(18), 197–202.

Wang, M., Son, S., & Shi, W. (2009). Evaluation of MODIS SWIR and NIR-SWIR atmospheric correction algorithms using SeaBASS data. *Remote Sens. Environ.*, **113**, 635–644.

Watts, A. B. (1979). On geoid heights derived from Geos-3 altimeter data along the Hawaiian–Emperor seamount chain. *J. Geophys. Res.*, **84**, 3817–3826.

Weast, R. C. (ed.) (1976). *Handbook of Chemistry and Physics*, 57th edn. Boca Raton, FL: CRC Press.

Weeden, B. (2010). Dealing with Galaxy 15: Zombiesats and on-orbit servicing. *Space Rev.*, http://www.thespacereview.com/article/1634/1.

Weissman, D. E., Stiles, B. W., Hristova-Veleva, S. M., *et al*. (2012). Challenges to satellite sensors of ocean winds: Addressing precipitation effects. *J. Atmos. Oceanic Technol.*, **29**, 356–374.

Welsch, C., Swenson, H., Cota, S. A., *et al*. (2001). VIIRS (Visible Infrared Imager Radiometer Suite): A next-generation operational environmental sensor for NPOESS. *IEEE Trans. Geosci. Remote Sens. Symposium, (IGARSS 2001)*, **3**, 1020–1022.

Wentz, F. J. (1975). A two-scale model for foam-free sea microwave brightness temperatures. *J. Geophys. Res.*, **80**, 3441–3446.

Wentz, F. J. (1978). The forward scattering of microwave solar radiation from a water surface. *Radio Sci.*, **13**(1), 131–138.

Wentz, F. J. (1981). The effect of sea-surface sun glitter on microwave radiometer measurements. RSS Technical Report No. 110481. Santa Rosa, CA: Remote Sensing Systems.

Wentz, F. J. (1983). A model function for ocean microwave brightness temperatures. *J. Geophys. Res.*, **102**, 1892–1908.

Wentz, F. J. (1992). Measurement of oceanic wind vector using satellite microwave radiometers. *IEEE Trans. Geosci. Remote Sens.*, **30**, 960–972.

Wentz, F. J. (1997). A well-calibrated ocean algorithm for Special Sensor Microwave/Imager. *J. Geophys. Res.*, **102**, 8703–8718.

Wentz, F. J., Cardone, V. J., & Fedor, L. S. (1982). Intercomparison of wind speeds inferred by the SASS, Altimeter and SMMR. *J. Geophys. Res.*, **87**, 3378–3384.

Wentz, F. J., Mattox, L. A., & Peteherych, S. (1986). New algorithms for microwave measurements of ocean winds: Applications to SEASAT and the Special Sensor Microwave Imager. *J. Geophys. Res.*, **91**, 2289–2307.

Wentz, F. J., & Meissner, T. (1999). *AMSR Ocean Algorithm, Version 2*. RSS Technical Report 121599A. Santa Rosa, CA: Remote Sensing Systems.

Wentz, F. J., Peteherych, S., & Thomas, L. A. (1984). A model function for ocean radar cross sections at 14.6 GHz. *J. Geophys. Res.*, **89**, 3689–3704.

Wentz, F. J., & Smith, D. K. (1999). A model function for the ocean-normalized radar cross section at 14 GHz derived from NSCAT observations. *J. Geophys. Res.*, **104**, 11499–11514.

Wentz, F. J., & Spencer, R. W. (1998). SSM/I rain retrievals within a unified all-weather ocean algorithm. *J. Atmos. Sci.*, **55**, 1613–1627, http://www.ssmi.com/ssmi/ssmi_description.html.

Werdell, P. J., & Bailey, S. W. (2005). An improved *in situ* bio-optical data set for ocean color algorithm development and satellite data product validation. *Remote Sens. Environ.*, **98**, 122–140.

Wilheit, T. T. (1978). A review of applications of microwave radiometry to oceanography. *Boundary-Layer Meteorol.*, **13**, 277–293.

Wilson, W. S. (2001). Oceanography from space in the U.S.A. *Backscatter*, **12**(2), 31–36.

Wilson, W. S., Apel, J. R., & Lindstrom, E. J. (2001). Satellite oceanography, history and introductory concepts. In *Encyclopedia of Ocean Sciences*, ed. Steele, J. H., Turekian, K. K., & Thorpe, S. A., Vol. 5, pp. 2517–2530. London: Academic Press.

WindSat (2013a). U. S. Naval Research Lab WindSat, http://www.nrl.navy.mil/WindSat/.

WindSat (2013b). WindSat payload description, http://www.nrl.navy.mil/WindSat/Description.php.

Wolfe, R. E., Nishihama, M., Fleig, A. J., *et al.* (2002). Achieving sub-pixel geolocation accuracy in support of MODIS land science. *Remote Sens. Environ.*, **83**, 1–2, 31–49.

Wu, J. (1990). Mean square slopes of the wind-disturbed water surface, their magnitude, directionality, and composition. *Radio Sci.*, **25**, 37–48.

Wu, X., & Smith W. L. (1997). Emissivity of rough sea surface for 8–13 m: Modeling and validation. *Appl. Opt.*, **36**, 1–11.

Wunsch, C. (2002). What is the thermohaline circulation? *Science*, **298**, 1179–1180.

Wunsch, C., Anderle, R. J., Bryden, H., *et al.* (1981). *Satellite Altimetric Measurements of the Ocean, Report of the TOPEX Science Working Group*. Pasadena, CA: NASA Jet Propulsion Laboratory, California Institute of Technology.

Wunsch, C., & Stammer, D. (1998). Satellite altimetry, the marine geoid, and the oceanic general circulation. *Ann. Rev. Earth Planet. Sci.*, **26**, 219–253.

Xie, S.-P., Liu, W. T., Liu, Q., *et al.* (2001). Far-reaching effects of the Hawaiian Islands on the Pacific ocean-atmosphere system. *Science*, **292**, 2057–2060.

xkcd (2013). Sky Color, http://xkcd.com/1145.

Xu, F., & Ignatov, A. (2010). Evaluation of *in situ* SSTs for use in the calibration and validation of satellite retrievals. *J. Geophys. Res.*, **115**, C09022, doi:10.1029/2010JC006129.

Xu, K., Liu, H., & Jiang, J. (2004). The radar altimeter and scatterometer of China's HY-2 satellite. *IEEE Geosci. Remote Sens. Symposium (IGARSS 2004)*, **3**, 1703–1706.

Yang, X., Li, X., Pichel, W. G., et al. (2011). Comparison of ocean surface winds from ENVISAT ASAR, METOP ASCAT scatterometer, buoy measurements and NOGAPS model. *IEEE Trans. Geosci. Remote Sens.*, **49**, 4743–4750.

Yueh, S. H. (1997). Modeling of wind direction signals in polarimetric sea surface brightness temperatures. *IEEE Trans. Geosci. Remote Sens.*, **35**, 1400–1418.

Yueh, S. H. (2008). Directional signals in Windsat observations of hurricane ocean winds. *IEEE Trans. Geosci. Remote Sens.*, **46**, 130–136.

Yueh, S. H., & Chaubell, J. (2012). Sea surface salinity and wind retrieval using combined passive and active L-band microwave observations. *IEEE Trans. Geosci. Remote Sens.*, **50**, 1022–1032.

Yueh, S. H., Wilson, W. J., Dinardo, S. J., et al. (2006). Polarimetric microwave wind radiometer model function and retrieval testing for WindSat. *IEEE Trans. Geosci. Remote Sens:*, **44**(3), 584–596.

Yueh, S. H., Wilson, W. J., Li, K., et al. (1999). Polarimetric microwave brightness signatures of ocean wind directions. *IEEE Trans. Geosci. Remote Sens.*, **37**, 949–959.

Yueh, S. H., Wilson, W. J., Li, K., et al. (2002). Polarimetric radar remote sensing of ocean surface wind. *IEEE Trans. Geosci. Remote Sens.*, **40**, 793–800.

Zaneveld, J. R. V. (1995). A theoretical derivation of the dependence of the remotely sensed reflection of the ocean on the inherent optical properties. *J. Geophys. Res.*, **100**, 13135–13142.

Zaneveld, J. R. V., Barnard, A., & Lee, Z.-P. (2006). Why are inherent optical properties needed in ocean-colour remote sensing? In *IOCCG (2006), Remote Sensing of Inherent Optical Properties: Fundamentals, Tests of Algorithms, and Applications*, ed. Z.-P. Lee, Reports of the International Ocean-Colour Coordinating Group, No. 5, pp. 3–11. Dartmouth: IOCCG.

Zaouche, G., Perbos, J., Lafon, T., et al. (2010). OSTM/Jason-2: Assessment of the system performances (Ocean Surface Topography Mission: OSTM). *Marine Geodesy*, **33**(S1), 1–3, 26–52.

Zeng, L., & Brown, R. A. (1998). Scatterometer observations at high wind speeds. *J. Appl. Meteorol.*, **37**, 1412–1420.

Zhang, B., Perrie, W., & He, Y. (2009). Remote sensing of ocean waves by along-track interferometric synthetic aperture radar. *J. Geophys. Res.*, **114**, C10015.

Zhou, L. (2011). Advances in imagers from AVHRR to VIIRS, http://directreadout.noaa.gov/miami11/docs/5.12_Zhou_Imagers.pdf.

Zieger, A. R., Hancock, D.W., Hayne, G. S., et al. (1991). NASA radar altimeter for the TOPEX/POSEIDON Project. *Proc. IEEE*, **79**, 810–826.

Zwally, H. J., Comiso, J. C., Parkinson, C. L., et al. (1983). *Antarctic Sea Ice, 1973–1976: Satellite Passive-Microwave Observations*. Washington, DC: NASA.

图 2.7

图 4.2

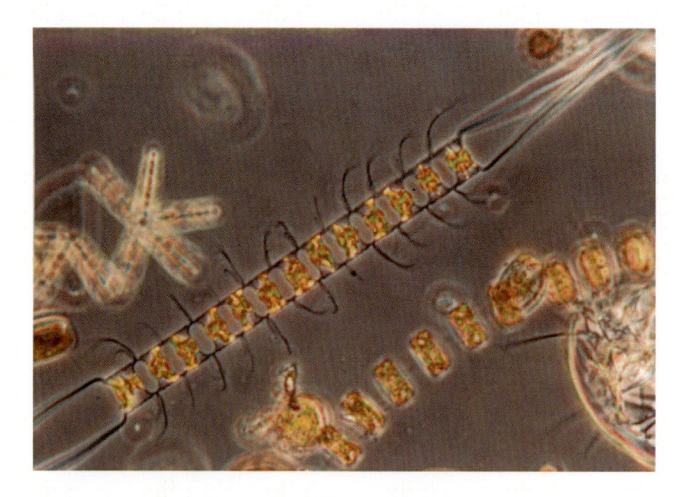

图 6.1

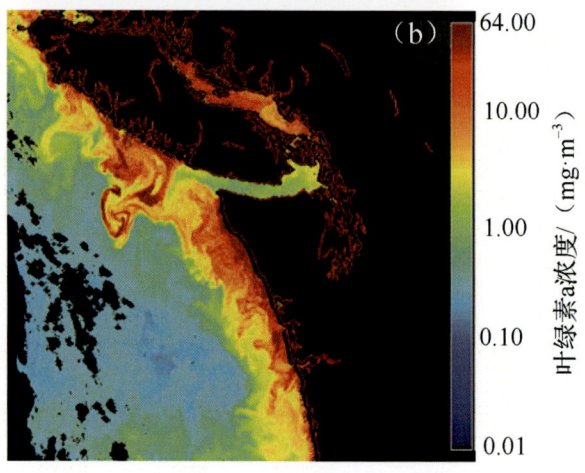

(a)

(b) 叶绿素a浓度/(mg·m⁻³)

图 6.27

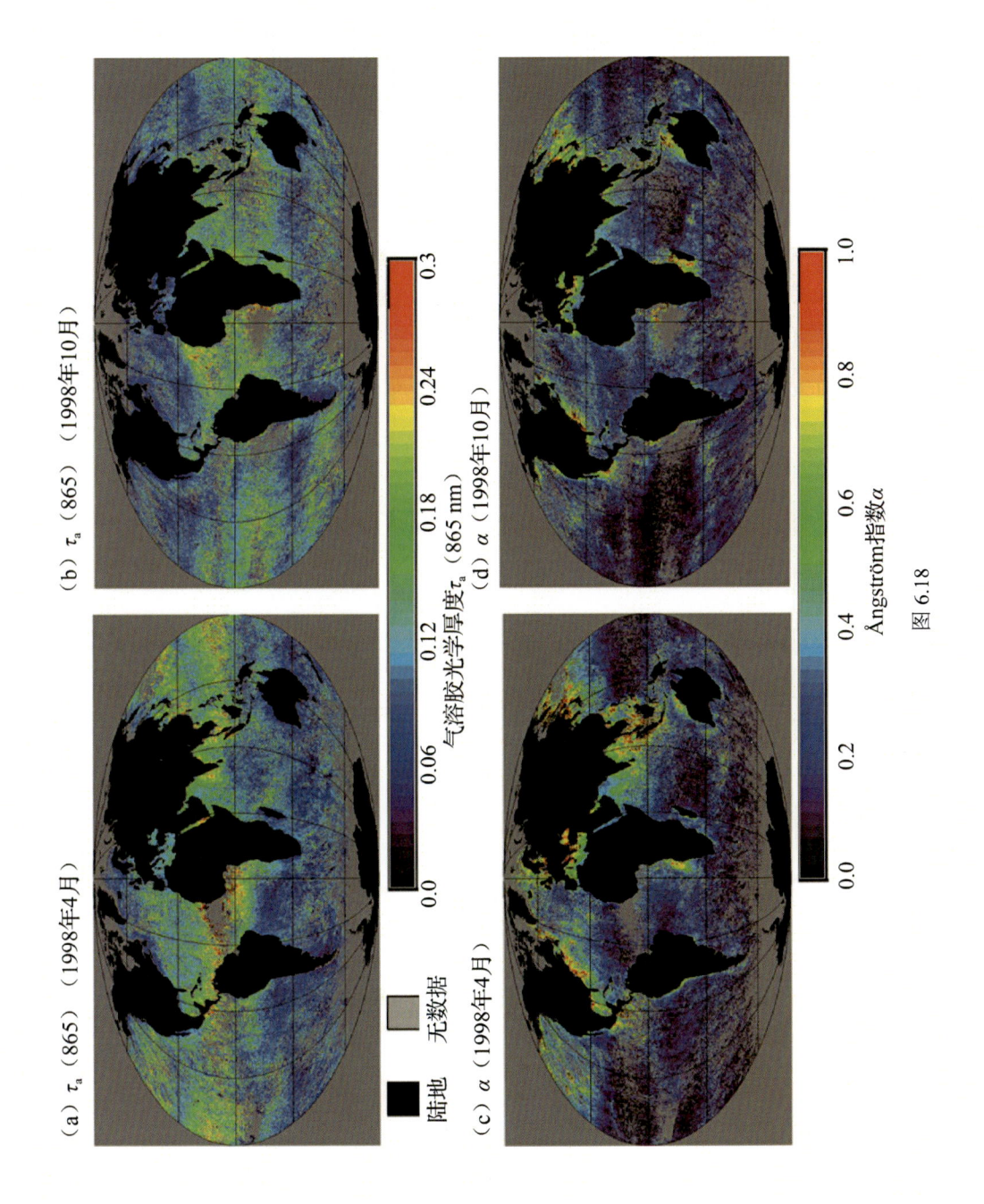

(a) τ_a (865) (1998年4月) (b) τ_a (865) (1998年10月)

气溶胶光学厚度 τ_a (865 nm)

■ 陆地   ■ 无数据

(c) α (1998年4月) (d) α (1998年10月)

Ångström指数 α

图 6.18

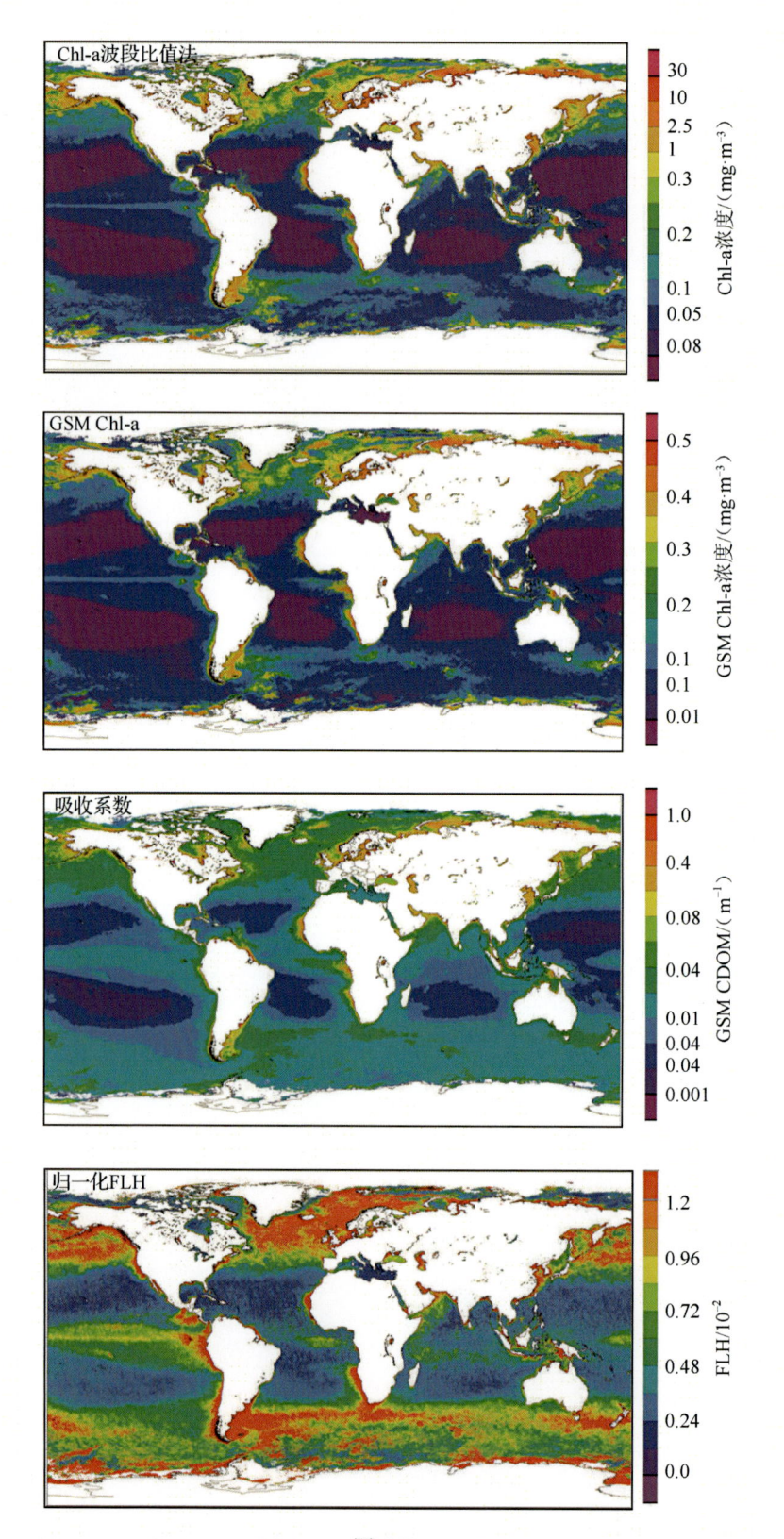

图 6.29

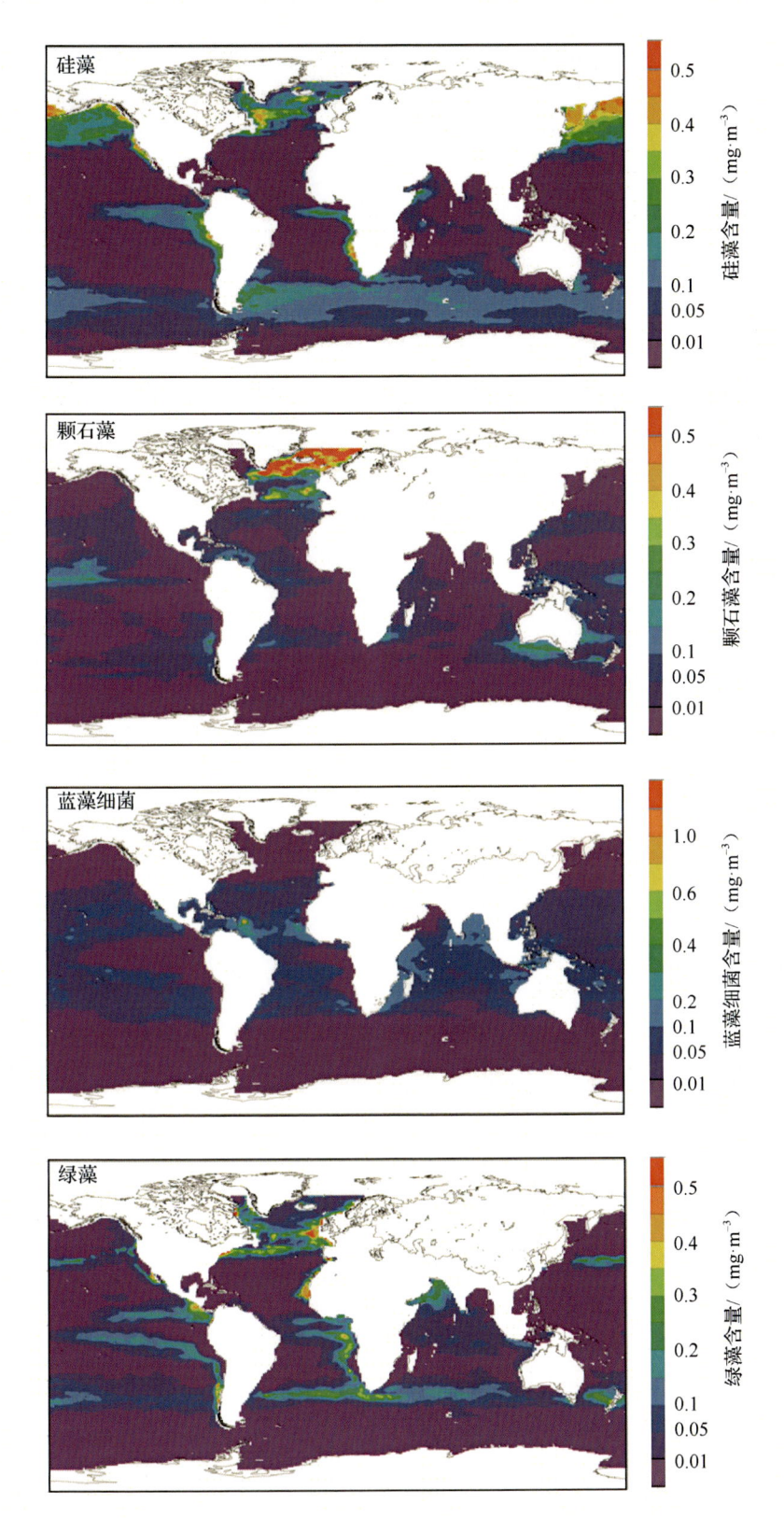

图 6.32

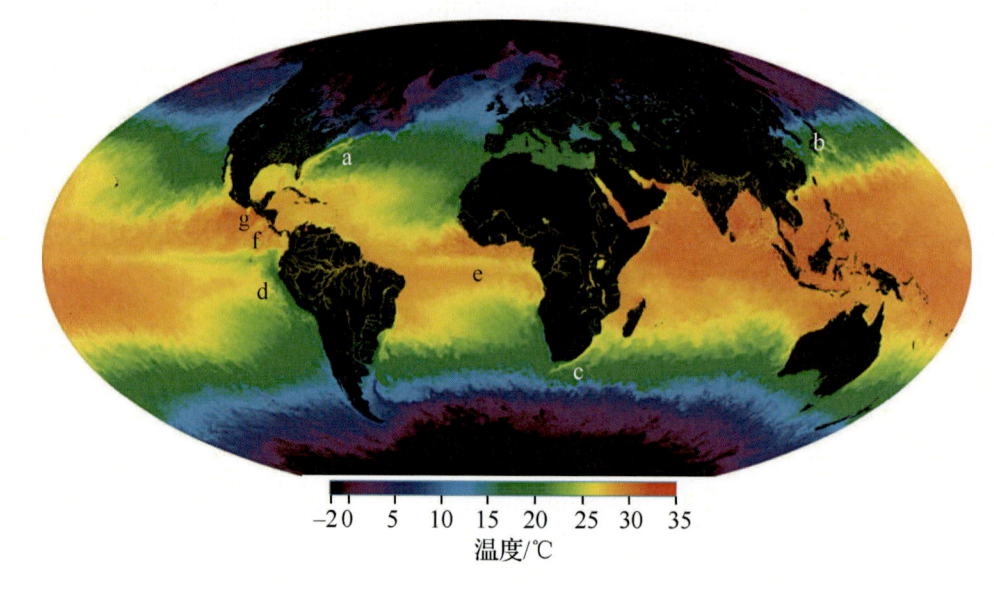

图 7.18

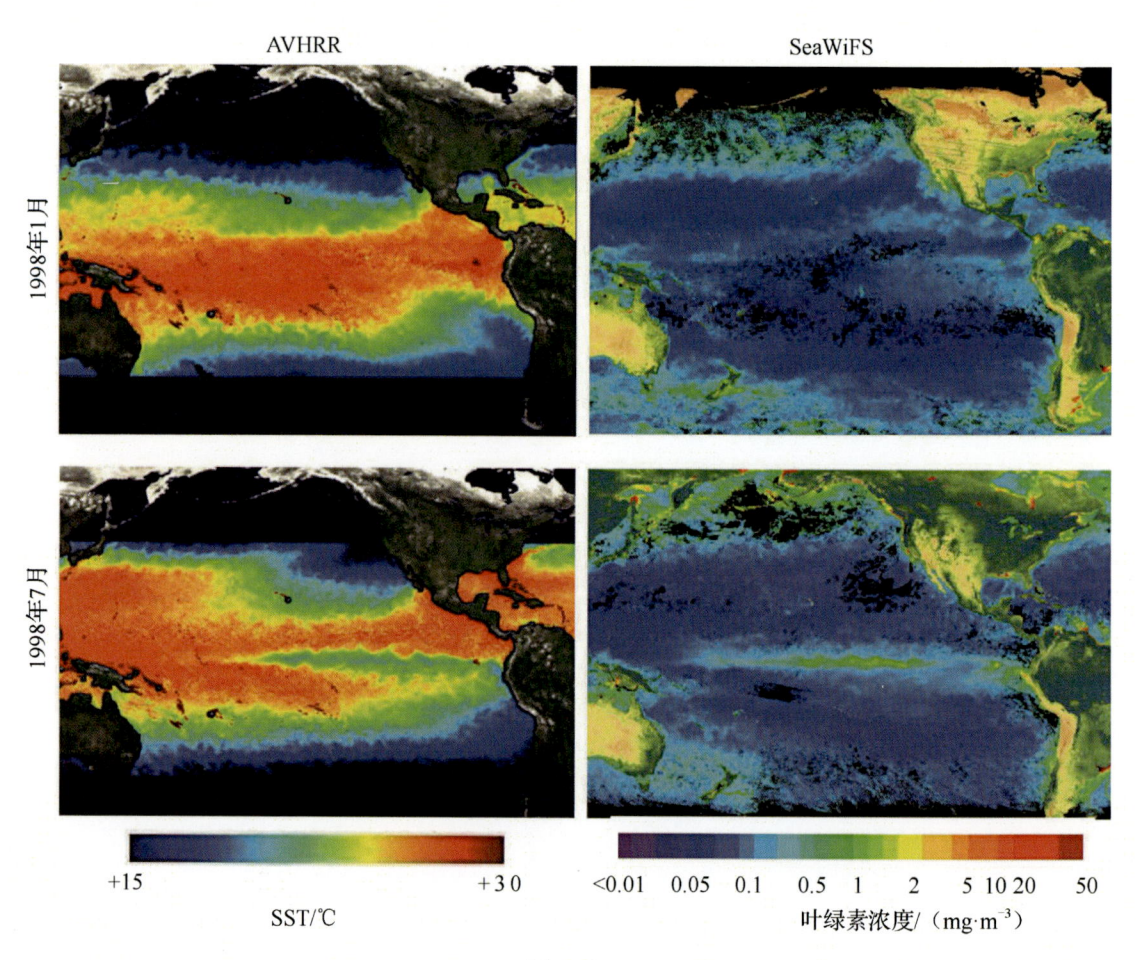

图 7.19

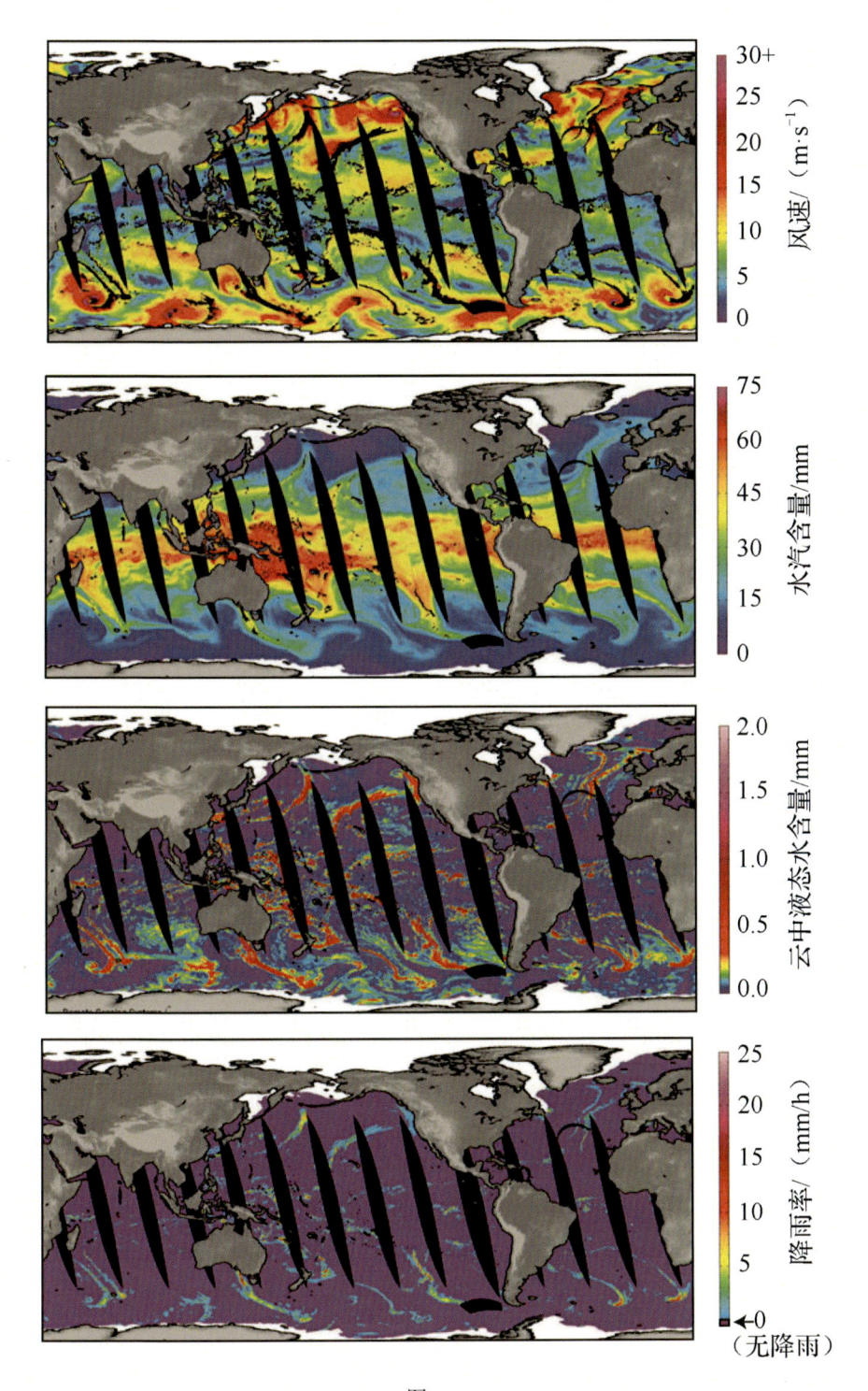

图 9.18

图 9.20

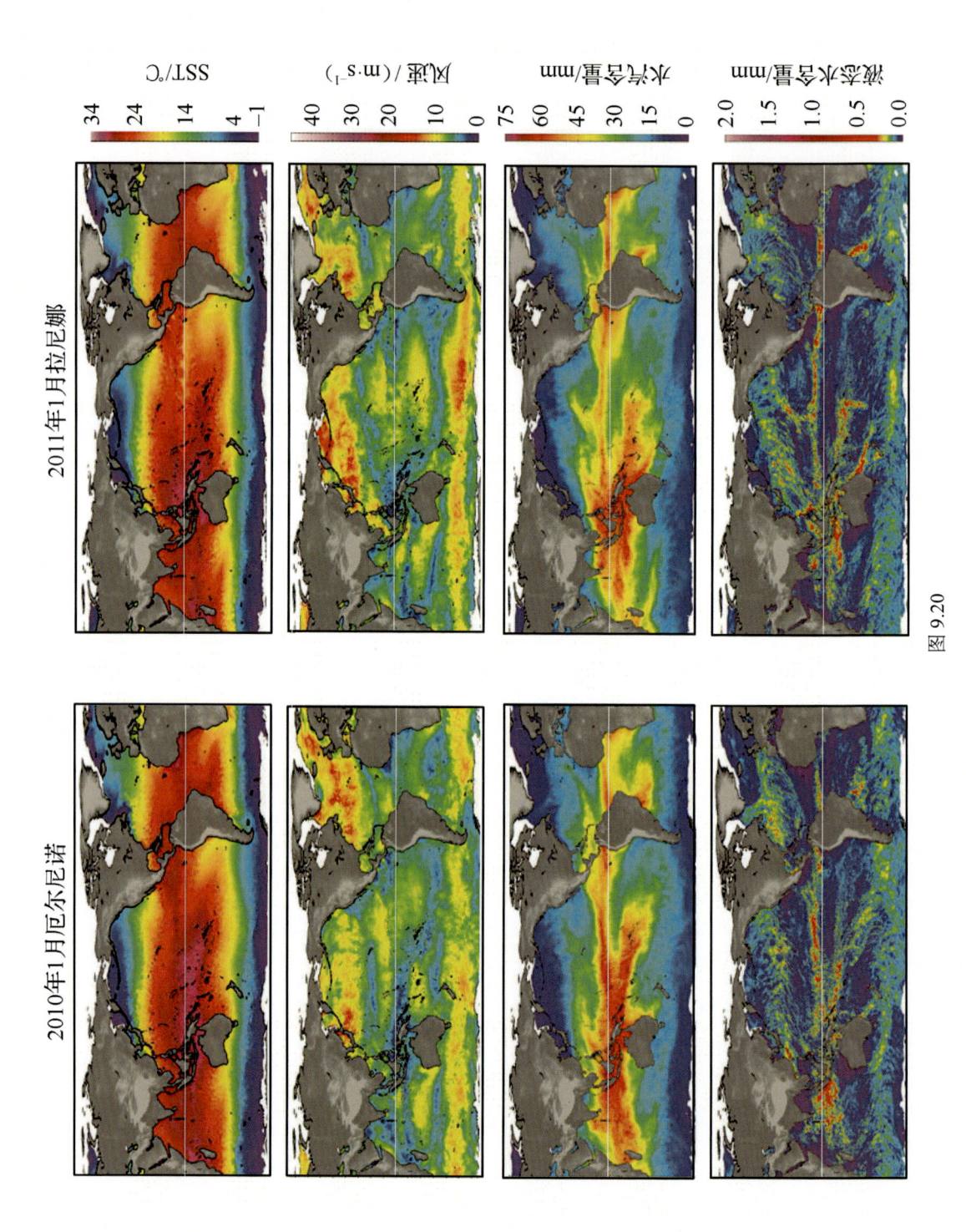

图 9.25

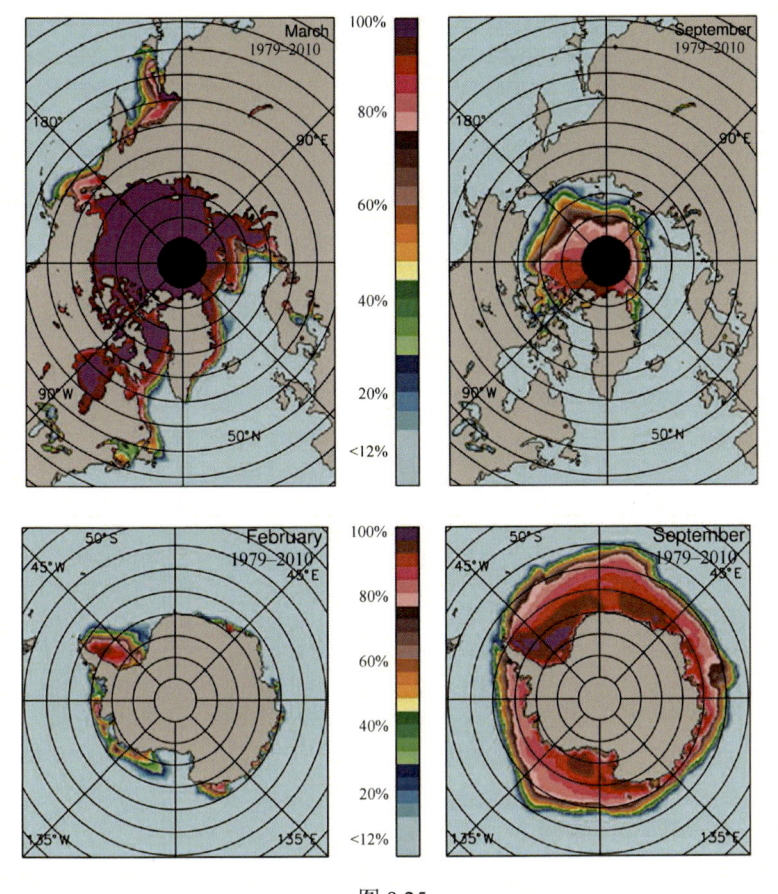

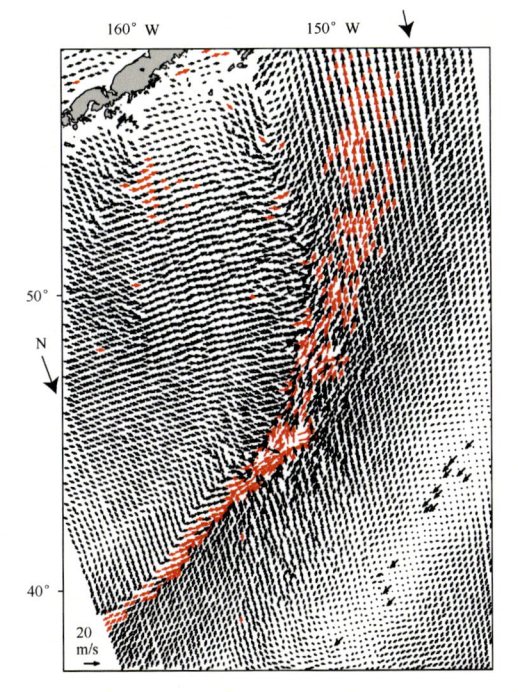

图 11.17

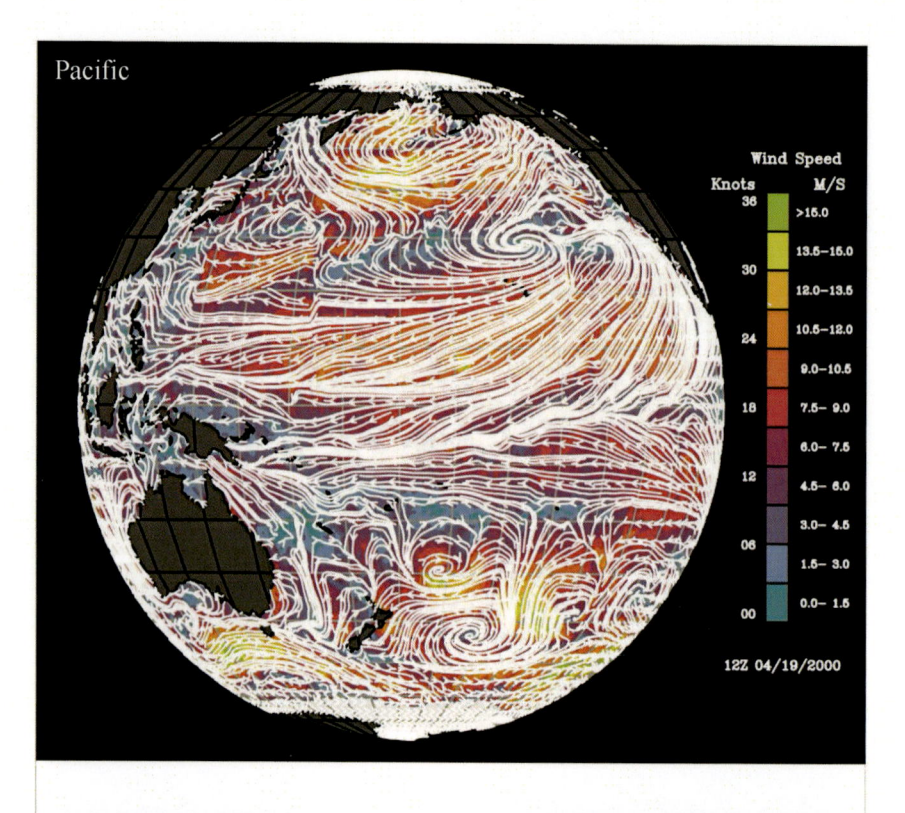

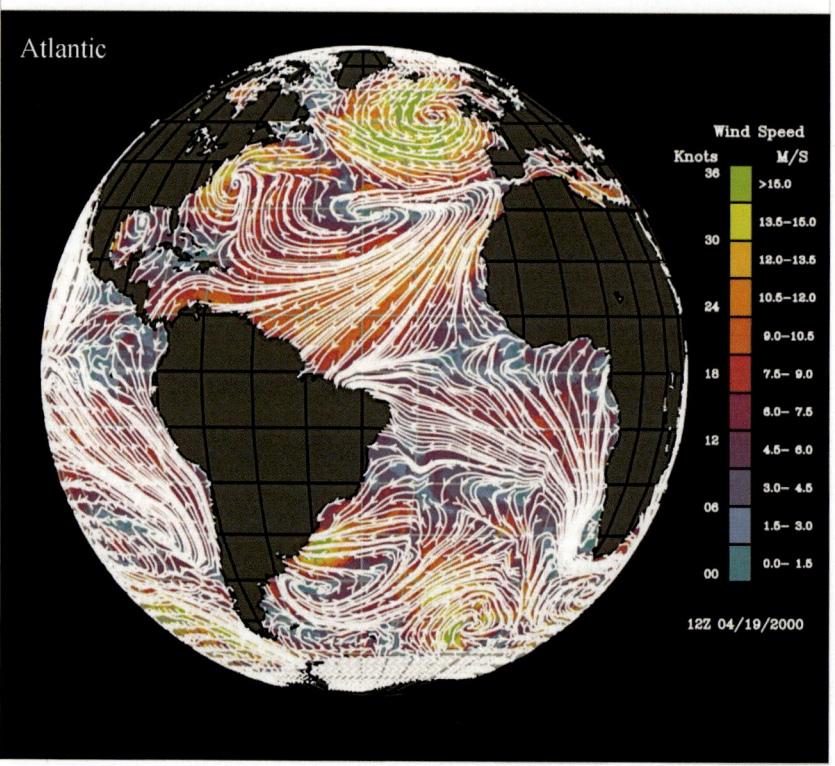

图 11.18

图 11.19

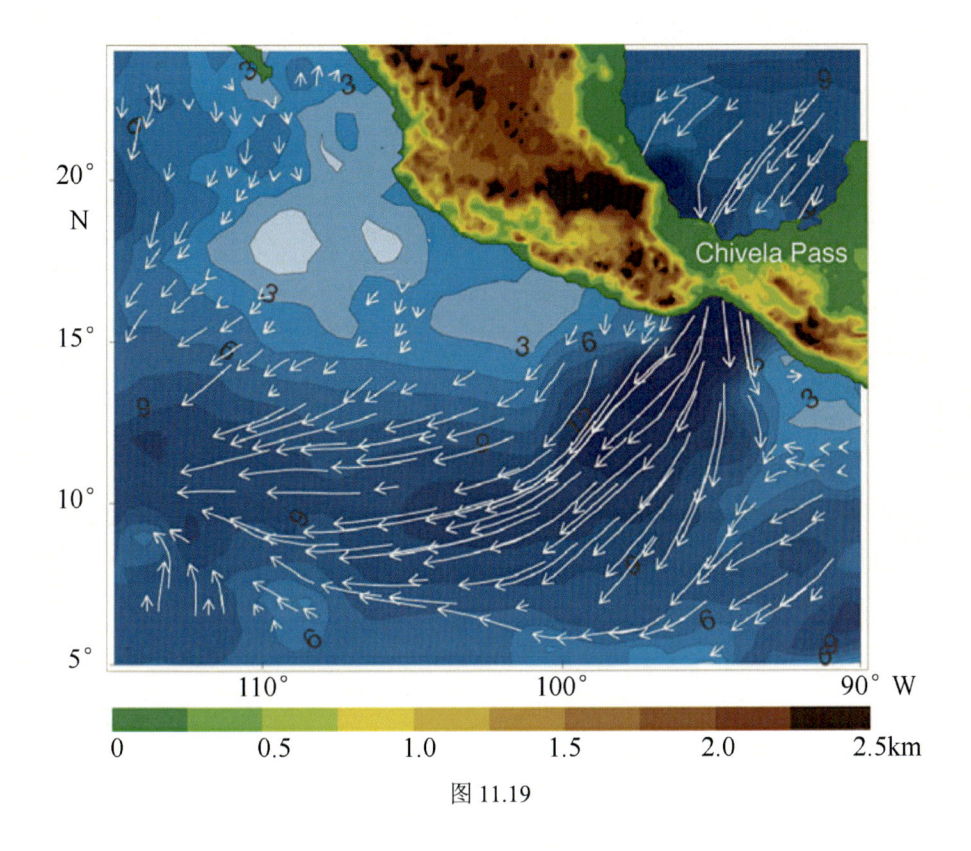

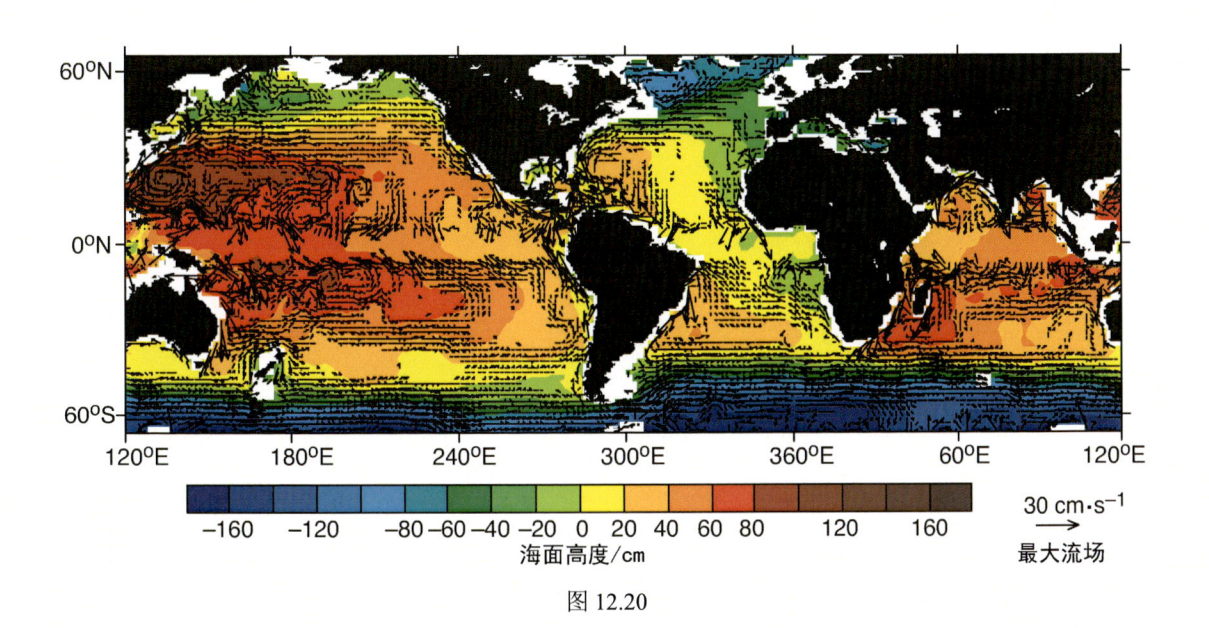

图 12.20

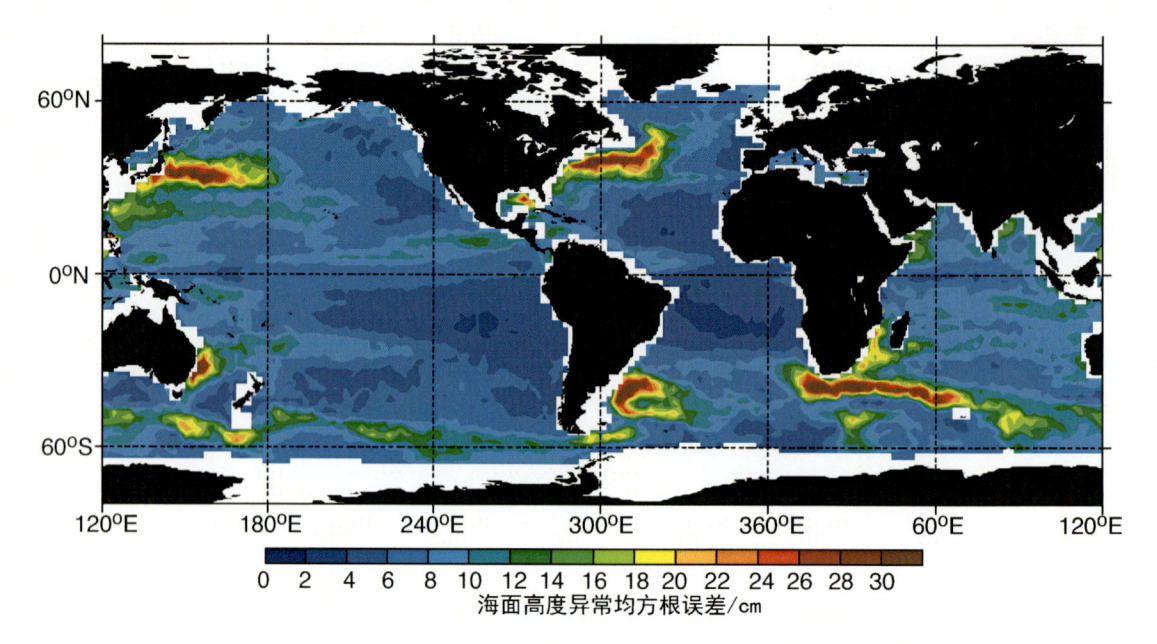

图 12.21

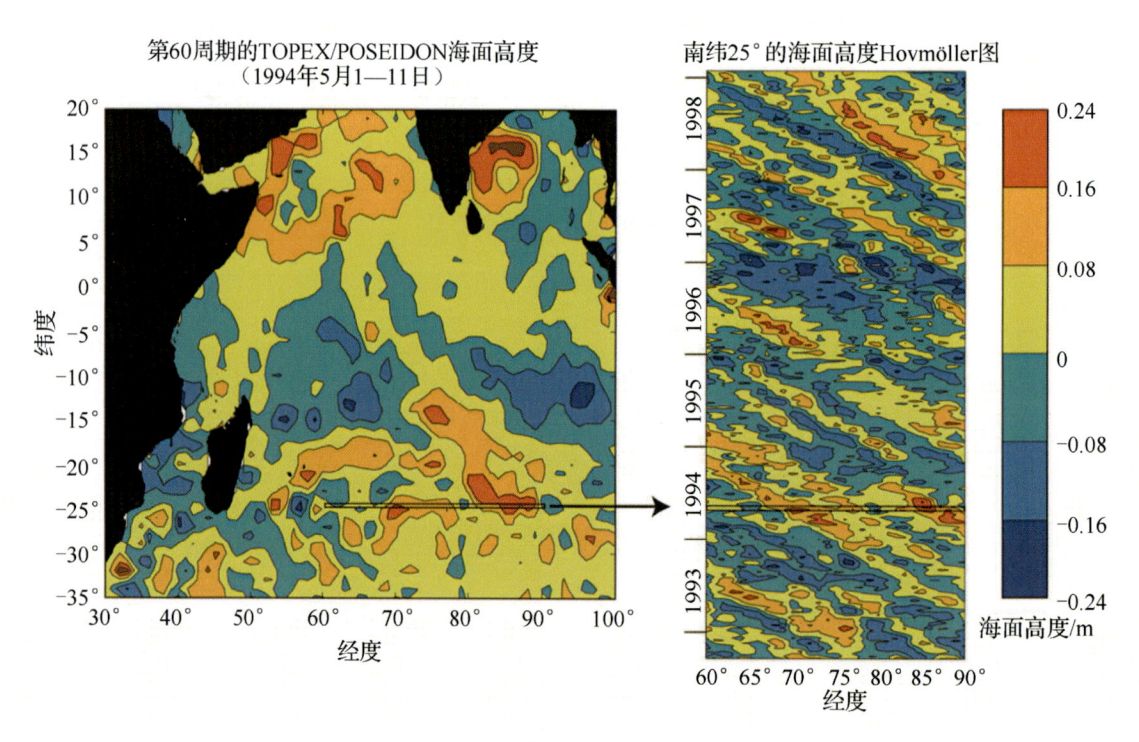

第60周期的TOPEX/POSEIDON海面高度
（1994年5月1—11日）

南纬25°的海面高度Hovmöller图

图 12.24

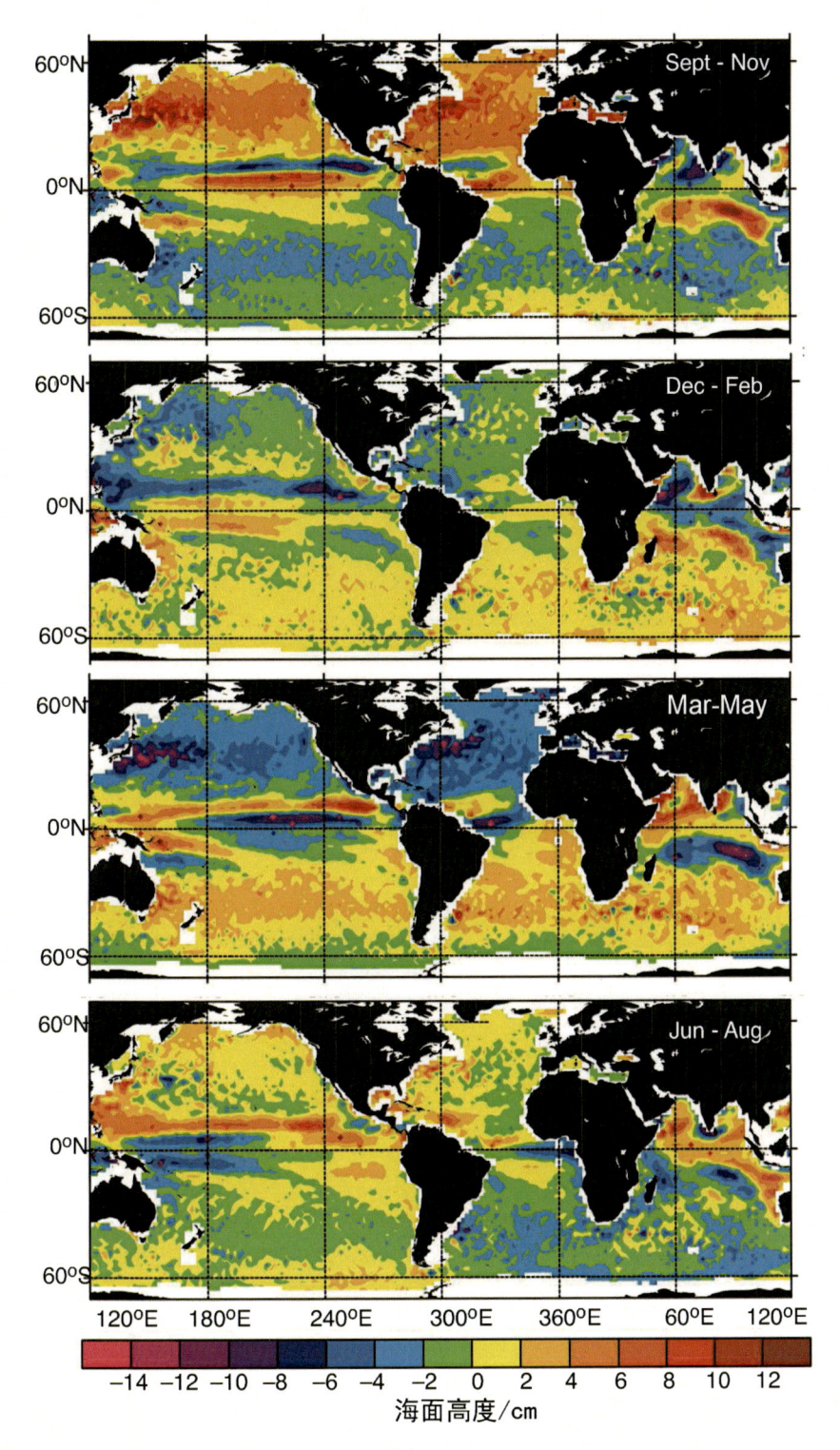

图 12.22

图 13.22

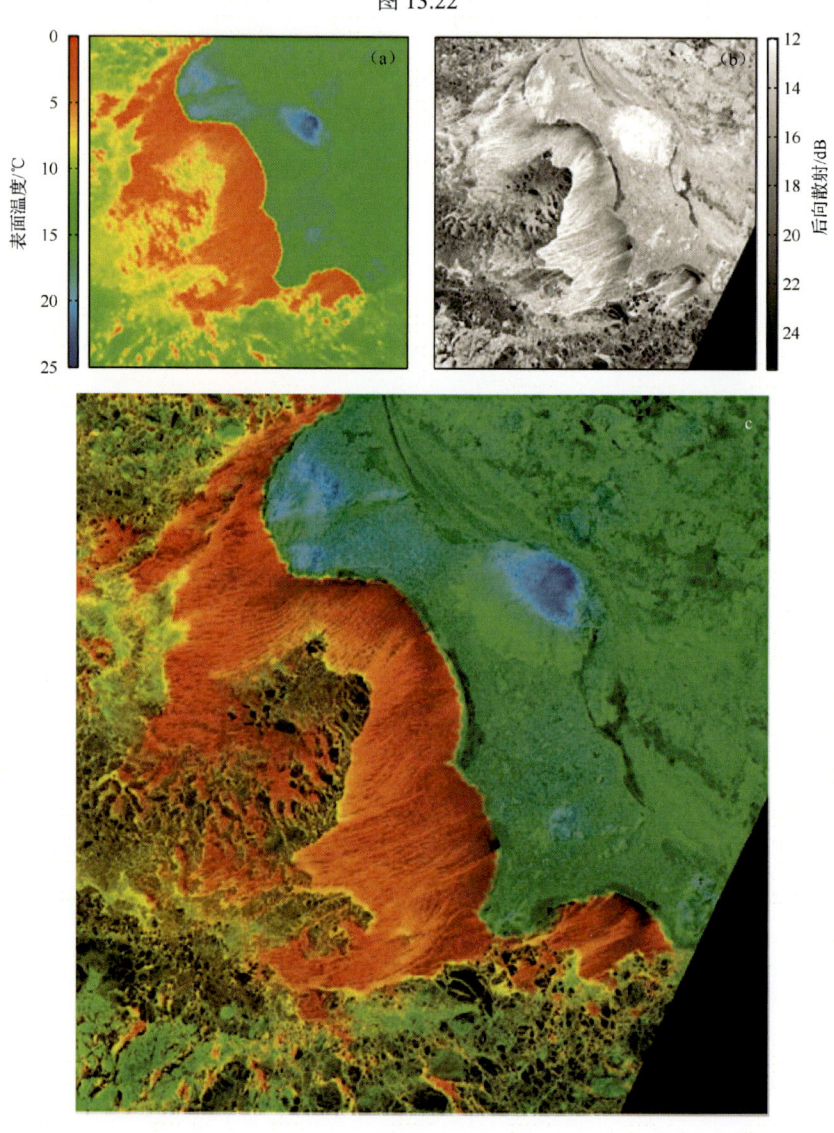

图 13.23

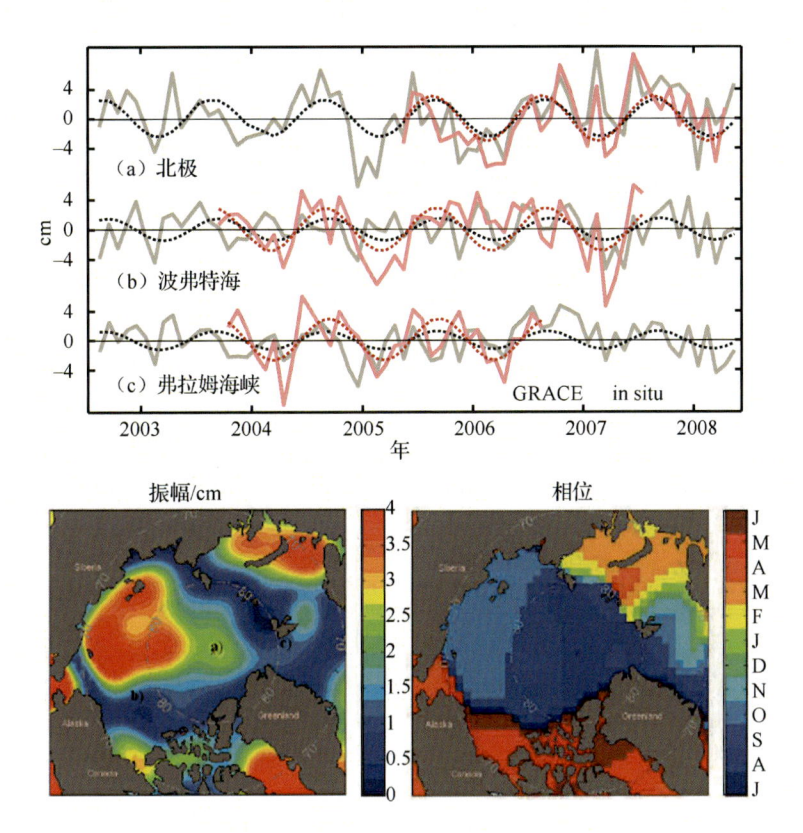

图 14.3

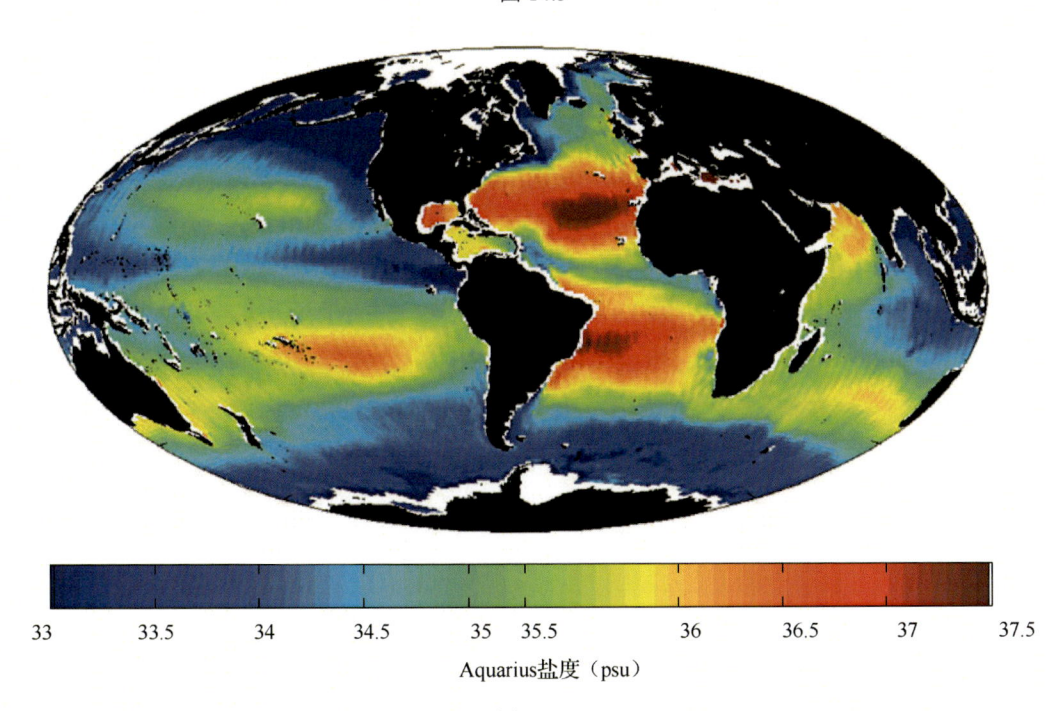

图 14.12

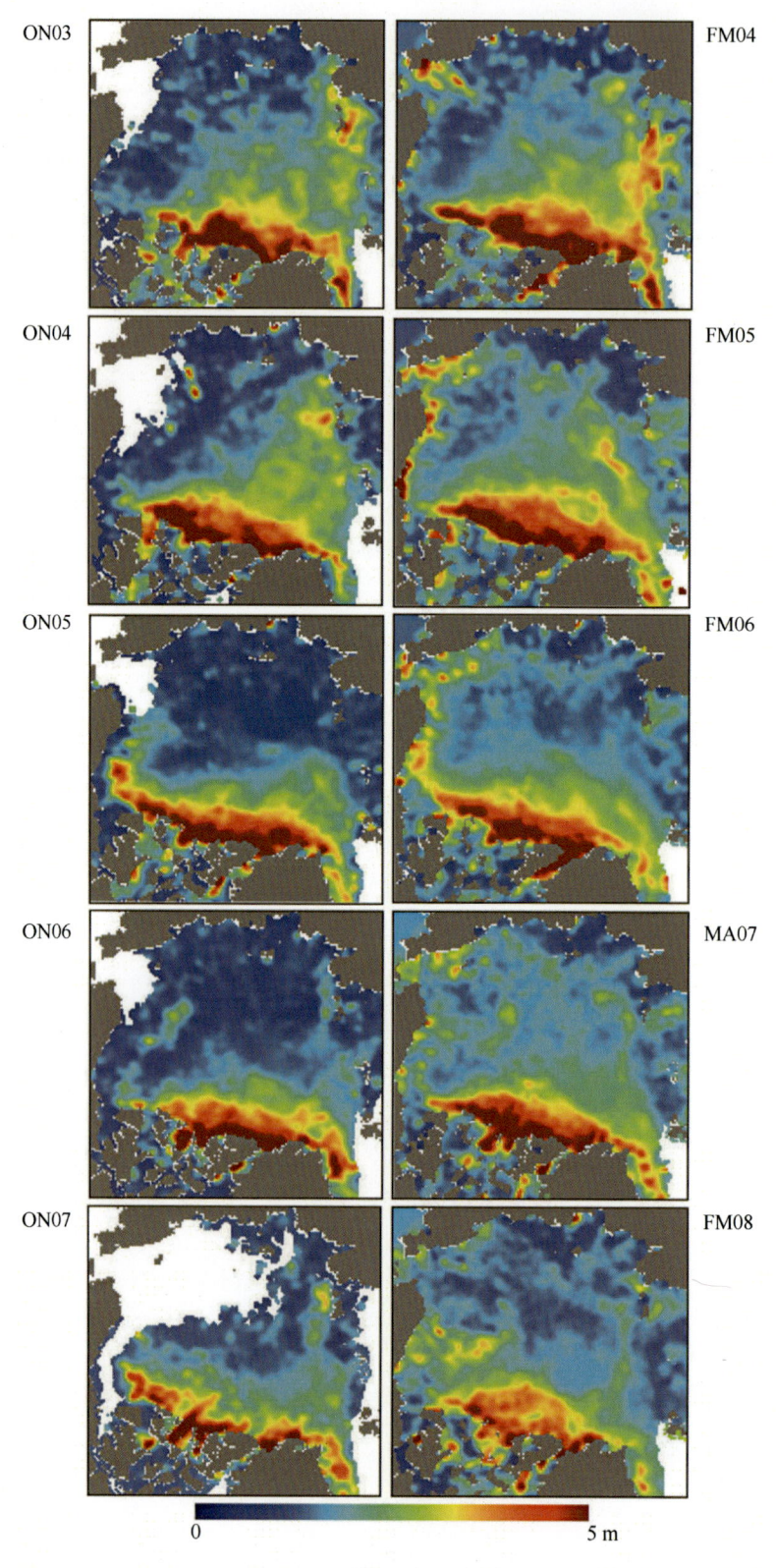

图 14.8